KB154888

반도체 제조기술의 이해

현장 최고 전문가들의 결정체

Recommendation

이번에 메모리 반도체 제조공정에 대한 종합적인 서적이 발간된 것을 무척 기쁘게 생각합니다.

메모리 반도체는 지난 수십 년간 대한민국 경제 발전을 이끈 주력 업종의 하나였으며, 앞으로도 그 역할은 계속될 것입니다. 그 동안의 과정에서 수많은 공정과 장비, 그와 연관된 지식과 역량이 쌓여갔으며 반도체 생태계는 빠르게 구축되어 왔습니다. 반도체 생태계는 많은 재료와 부품 그리고 장비를 기반으로 공정을 확보하고 그로부터 최종제품을 만들어 내기 때문에 매우 방대한 저변을 가지고 있으며 그에 따라 필요로 하는 정보의 범위도 넓고 구체적이며 상호 연관성을 기초로 한 실질적인 내용이 되어야 합니다. 현재도 반도체 공정에 대한 전문자료와 책자는 시중에 넘쳐나고 있고 누구나 쉽게 접할 수 있습니다. 하지만, 막상 실무와 관련된 내용이 궁금하거나 도움을 받을 수 있는 책자는 극히 제한적임을 많은 분들이 느끼고 계셨을 것입니다. 즉, 지금까지의 자료와 책자들은 반도체의 원리와 이론을 주로 다루고 있어, 제조공정과 장비의 내용이 충분히 포함되지 못하거나 혹은 포함되었다 하더라도 많은 부분 시대적으로 뒤처진 내용이라 지금처럼 빠르게 변하는 시대에서는 활용이 제한적일 수밖에 없고 결과적으로 최신의 실용적 지식을 필요로 하는 독자층에는 많은 아쉬움이 있었습니다.

이러한 사회적·시대적 요청에 따라 종합적인 반도체 제조업체에서는 이미 패키지와 테스트에 관련된 실무 전문성 있는 책자를 2020년에 발간한 바 있

으며 본 책자는 그 후속편이라 할 수 있겠습니다. 이는 그룹에서 적극적으로 추진하는 SVSocial Value, 사회적 가치 추구 활동의 일환으로 추진되어온 프로젝트입니다. 전 세계는 코로나 19 시대를 지나오면서 ESGEnvironment, Social, Governance를 새로운 시대적 가치로 설정하였으며, 이는 피할 수 없는 우리의 숙명이 되었습니다. SV 추구는 ESG와 맥락이 맞닿아있고, 따라서 본 책자 발간은 그런 취지의 성과물로서 결과적으로 우리 사회의 행복에 기여할 것이라고 생각합니다.

이 책자가 반도체업에 종사하는 모든 분들께 도움이 될 것으로 생각하며 특히 메모리 반도체인 DRAM과 NAND의 기본적인 이해 및 FabFabrication, 반도체 공장의 제조공정과 각종 장비에 대한 궁금증 또는 필요성이 있는 직접 관련 업무의 종사자분들, 반도체 산업의 기반이라 할 수 있는 재료, 부품, 장비업에 종사하시는 분들, 그리고 교육 현장에서 학생들을 가르치시는 선생님들과 미래의 반도체 세계최고 전문가를 꿈꾸는 대한민국의 많은 희망들께 도움이 될 것으로 기대합니다. 다만 한 가지 아쉬운 점은 산업 보안 등의 이유로 저자들이 담고자 했던 내용들을 온전히 담지 못한것이며, 이에 대해서는 독자 여러분들의 넓은 이해를 구하고자 합니다.

끝으로 이 책이 발간되기까지 물심양면의 격려와 지원을 아끼지 않으셨던 SK 하이닉스 이석희 대표이사님과 진교원 개발제조총괄 사장님, 그리고 최고의 작품을 만들기 위해 열정과 패기로 정성을 다해 본 책자에 혼을 불어 넣어주신 저자분들과 이를 준비해주신 관련 구성원분들께 특별한 감사를 드립니다.

SK 하이닉스 제조/기술 담당

부사장 곽 노 정

Preface

오늘날 현대를 살고 있는 우리가 가장 많이 듣고 사용하는 단어가 4차 산업혁명, 인공지능, 스마트 공장, 스마트 시티, 자율자동차 등입니다.

ICT(Information and Communication Technology)를 활용하여 사회를 더 가치 있게 만드는 과정, 즉 디지털 기술을 사회 전반에 적용하여 전통적인 사회 구조를 혁신시키는 DT(Digital Transformation)가 일어나고 있습니다. 4차 산업혁명의 가장 핵심의 기반에는 메모리 반도체가 있습니다. 메모리 반도체의 대용량화 및 초고속화로 4차 산업혁명이 더 빠르게 진화하며 발전하고 있습니다. 일상생활이나 산업 전반에 메모리 반도체는 반드시 필요한 공기와 같은 존재가 되었습니다. 필요한 가치를 충족시켜주고 기능을 수행하기 위해서는, 복잡하고 난이도 높은 최첨단 공정 기술이 프로세스로 진행되어 생산이 이뤄져야 합니다. 원재료인 웨이퍼에 ThinFilm, Diffusion, Ion Implant, Photo, Etch, Cleaning, CMP 등 제조기술의 단위 공정과 MI의 검사 및 측정 등 수많은 공정이 진행되어 제품으로 완성이 됩니다.

본 책에서는 생산현장에서 제조기술의 각 분야에서 오랜 경험을 통해 많은 노하우를 축적한 엔지니어들이 직접 현장의 언어를 담아 집필한 최초의 책입니다. 기존에 발간된 책들과는 차별성이 있다고 할 수 있습니다. 이 책의 구성은 DRAM과 NAND 메모리 제품에 대한 기본적인 개요, 소자 및 동작에 대한 내용과 각 단위 공정별 제조기술에 대한 내용으로 구성되었으며, 계측까지 총망라하였습니다. 전반적인 반도체 웨이퍼 제조기술 프로세스에 대해 이

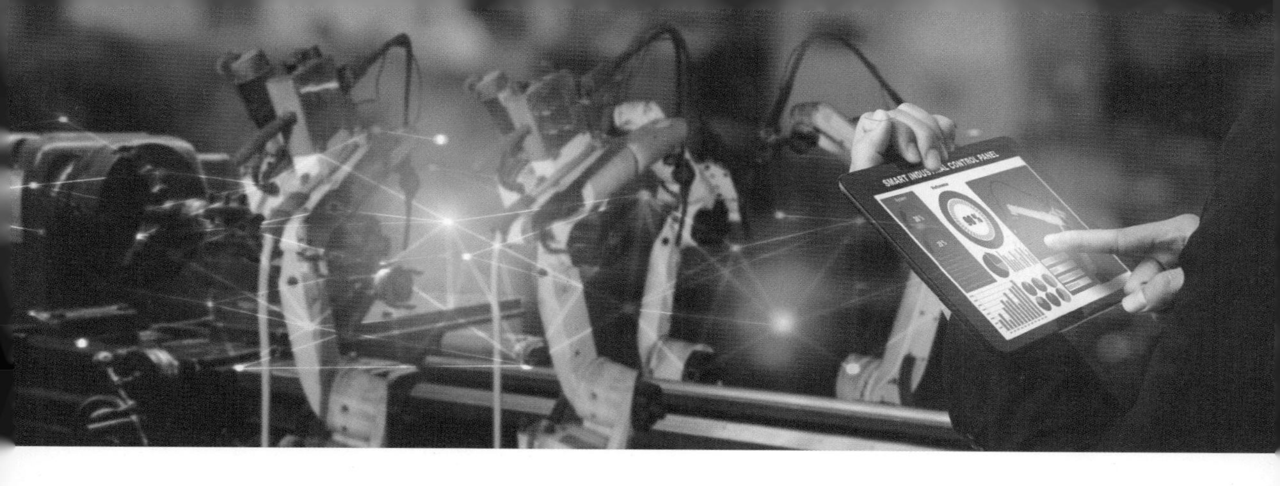

해를 하고자 하는 사람에게는 매우 유용합니다. 반도체 관련 소부장소재, 부품, 장비은 회사의 구성원 및 대학생들이 반도체 제조기술에 대한 기초적인 이해를 하는 데 도움이 될 것입니다. 특히, 반도체 제조 현장에서 직접 체험할 수 없는 분들에게 간접 체험할 수 있는 좋은 기회라고 생각합니다.

1장 반도체 개요(오경택)

우리가 일상적으로 얘기하는 '반도체'가 무엇인지, 반도체 물질은 어떤 특성을 갖는지 개략적으로 이해할 수 있습니다. 그리고 반도체의 역사 부분에서는, 반도체가 세상에 태어나 현재까지의 역사에 대해 살펴보며 전반적인 반도체를 이해하게 됩니다. 가장 궁금한 미래의 메모리 반도체에 대해서 살펴보며 미래를 미리 가보는 시간을 갖게 될 수 있습니다.

2장 DRAM Memory 제품(최호승)

메모리 반도체 강국인 우리나라에서 DRAM Chip 생산의 한 영역을 담당해 오면서, 얼마나 치열하고 어려운 業인지 보아 왔기에, 세계 Top Class를 이룩한 동료 선후배분들의 저력에 감탄이 절로 나옵니다. 반도체 강국이라는 말에 담긴 어려움과 애로 사항은 끝이 없을 것입니다. 우리의 땀과 혼이 담긴 메모리 반도체 역사에 발을 들여 놓으려 하는 분들에게는 이 책이 이정표가 되면 좋겠습니다. 현장 지식들을 통해 어렵게 생각했던 반도체 학문에 대해 접근하는 좋은 기회가 되고, 그 결과 많은 사람들이 함께 하길 기원합니다.

3장 NAND Memory 제품(배병욱)

현대 사회는 메모리 반도체 기반의 사회이고, DRAM과 NAND 메모리가 빠진 전자기기는 거의 찾아볼 수가 없으며, 영역이 더욱 확대되고 있습니다. 반도체 산업에 종사하시는 분이 NAND 메모리에 대한 개념과 동작 특성에 대해 이해하게 되면, 많은 도움이 될 것으로 생각됩니다. 생소했던 부분에 대해 "아~ 이런 것이었구나!" 하는 개념을 정립하는 데 도움이 되도록 했습니다. 반도체 산업에서 가장 중요한 것은 바로 사람들의 협업입니다. 사람들 간의 협업을 통해 새로운 개념이 정립되어, 현재의 반도체 산업으로 눈부신 성장을 이룰 수 있었습니다.

4장 Diffusion_Furnace공정(진수봉)

반도체 공정은 모든 공정이 톱니바퀴처럼 정확하게 맞물려서 돌아가야 우리가 사용할 수 있는 고품질의 제품들을 생산할 수 있습니다. Diffusion은 여러 톱니바퀴 중 하나이고, 자세히 보면 다양한 이론과 메커니즘이 포함되어 있으며, 미세한 제어 및 세부적인 관리가 지속적으로 필요합니다. 모든 사람들이 쉽게 이해할 수 있도록 준비하여, 반도체업계에 입문하려는 학생들에게 방향을 제시하고, 유관 업무를 하고 계신 분들에게는 업무에 도움이 될 것입니다. 앞으로 우리나라 Diffusion공정의 지속적인 발전과 전문인력 양성을 위한 지침서 역할을 기원합니다.

5장 Diffusion_Ion Implant공정(곽노열)

반도체 산업을 일명 '모래의 기적'으로 표현합니다. 특히, 부도체의 모래에 전기적인 성질을 갖도록 하는 것, 즉 실리콘에 전기적인 생명력을 갖게 해주는 공정이 있기에 이러한 기적은 가능합니다. 원하는 트랜지스터를 구현하기 위해서는 원하는 이온을 원하는 깊이에 원하는 양을 주입하고, 이온 하나하나를 선택적으로 조절할 수 있는 정확도가 필요한 공정이 바로 이온 주입입니다. 이론적 원리, 장비 구조, 부품 원리, 반도체 공정에서 적용되고 있는 사례, 미래 기술 방향에 대해 설명하였습니다. 이온 주입공정에 대해 조금이나마 이해되고 도움이 되었으면 합니다. 이러한 작은 노력으로 made in Korea 이온 주입 장비의 탄생을 기원합니다.

6장, 7장 ThinFilm_CVD/PVD공정(홍기환)

최종 반도체 칩에 남아있는 물질의 80% 이상이 CVD와 PVD공정에서 증착된 Film입니다. 신뢰성과 수명 품질에 직접적인 영향을 미치는 Film이 고객의 다양한 사용환경에 만족하여야 합니다. 반도체 제조공정의 전반에 걸쳐 이해하고자 하는 분들에게 CVD와 PVD공정의 핵심사항을 간결하게 전달하고자 하는 입문서입니다. 제조기술의 현장 분위기를 전달하고자 현장에서 사용되는 용어와 생산 중인 장비를 통하여 이해를 돕고자 서술하였습니다. 4차 산업혁명의 근간이 되는 반도체 제조기술에 대해 넓은 이해와 관심을 가지는 계기가 되기를 기원합니다.

8장 Photo공정(윤태균)

평소 존경하던 선후배님께서 작성해 놓으신 우수한 자료들을 기초로 하여 필요하다고 생각되는 기초 이론 및 지식들을 담았습니다. 공정 엔지니어 입장에선 보편화된 지식이지만 이 책의 모든 내용을 알고 있는 엔지니어는 드물 것입니다. 양질의 자료를 작성해주신 선후배님께 존경의 말씀 드립니다.

9장 Etch공정(임정훈)

'수문장'은 국가의 안위를 관장하는 막중한 역할을 지닌 이들인데 반도체업의 중심에 있는 Etch가 그 역할을 하고 있다고 생각합니다. 여러 공정을 거치며 완성이 되는 과정에서 최종 모양을 만드는 Etch는 하나만 잘못 되어도 Zero가 되는 환경에서 미세화에 대한 이해와 많은 연구가 필요한 분야입니다. 그러나 이를 경험하기도 어렵고 복잡한 메커니즘이 많이 포함되어 있어 쉽지 않은 것도 사실입니다. 이 책은 입문서로 너무 이론적이나 복잡한 부분은 제외하고 전체적인 흐름을 알 수 있도록 구성하였습니다. 실무 경험을 바탕으로 설명하여 이해를 돕고자 하였으며, 이 책이 Etch공정을 이해함과 동시에 실무에 도움이 되는 출발점이 되길 기원합니다.

10장, 11장 C&C_Cleaning/CMP공정(이성희)

Cleaning과 CMP는 전체 공정의 30% 이상을 차지할 정도로 그 비중이 크고 연관 공정이 많습니다. 모든 공정이 최고의 성능을 발휘하려면 약방의 감초 같은 Cleaning공정 이해는 필수이고, 제품의 미세화에 따라 요구되는 CMP 평탄화 기술은 더욱 중요성이 증가하고 있습니다. 현장 전문가들의 실무 지식과 생생한 경험을 담으려 노력했습니다. 본 내용은 44개 소주제로 구분하였으며, 빠른 이해와 활용을 위해 '정의-중요성-어려움-해법' 4단 구조로 집필하였습니다.

12장 MI(정용우)

시중에 반도체 소자 제조 관련 도서가 다수 있지만 계측 관련 내용이 제외되어 있거나 Out-line 분석에 국한되어 기술된 경우가 대부분이었습니다. Wafer가 공정 과정을 거치는 동안 진행되는 In-Line 측정/검사 기술까지 포함된 본 도서는 매우 특별하다고 생각됩니다. 최신 반도체 소자 제조기술을 총망라한 본 도서가 현재 반도체 산업 종사자 포함, 향후 한국의 반도체 산업을 이끌 인재들에게 '맨땅에서 헤딩'이 아닌 기술적 도약을 위한 첫 디딤돌로서 도움이 되길 기원합니다.

반도체 제조기술의 이해

Contents

01 반도체 개요

02 DRAM Memory 제품

Contents

03
NAND Memory 제품

04 Diffusion_ Furnace 공정

05 Diffusion (Ion Implant)

07

Thinfilm_
PVD 공정

08 Photo 공정

Contents

10 Cleaning 공정

11 CMP 공정

12 MI (Metrology & Inspection)

Contents

13
반도체
용어해설

01

반도체 개요

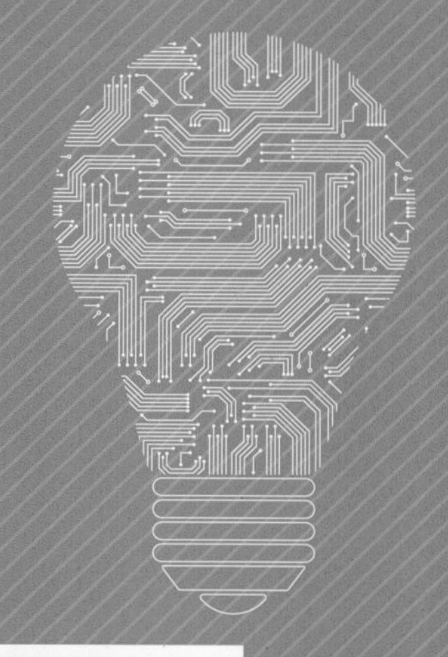

01. 반도체 정의

02. 반도체 역사

03. 미래 메모리 반도체

01
반도체 개요

반도체 제조기술 개요

아래에 보이는 제품처럼 반도체가 제품으로 완성되어 필요한 곳에 사용되기 위해서는 웨이퍼Wafer에 수많은 필요 공정을 진행하고 패키지공정과 테스트를 진행해야 한다. 본 책에서는 이러한 웨이퍼Wafer 반도체 제조기술에 대한 내용으로 구성하였다.

그림 1-1 완성된 메모리 제품

©www.hanol.co.kr

반도체 웨이퍼 제조기술 공정이 반도체 전체 공정에서 어디에 해당되는지 전체 공정에 대해 간략히 살펴본다. 제조기술의 앞 공정인 웨이퍼공정에 대해서는 〈그림 1-2〉를 참조하여 이해한다. 먼저, 웨이퍼Wafer 소재는 원재료를 만드는 회사에서 생산을 하여 반도체를 만드는 회사에 공급을 한다. 반도체 생산회사에서는 소비자가 필요로 하는 제품에 대한 상품 기획을 하고, 그 제품에 맞는 설계를 진행하며, 설계된 대로 마스크 제작을 한다. 반도체 제품을 만들기 위한 원재료인 웨이퍼를 생산 라인에 투입하여 반도체 웨이퍼 제조공정을 진행하게 된다.

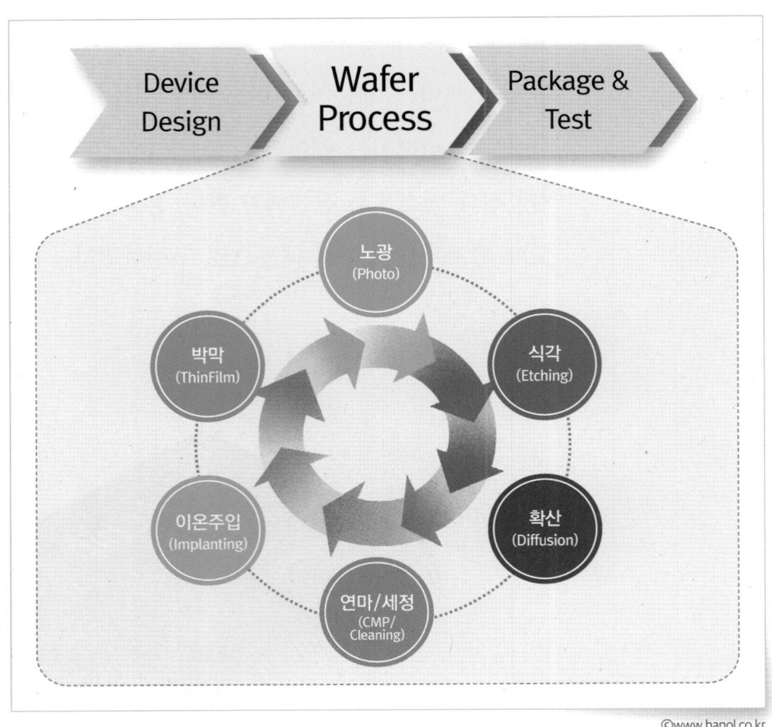

그림 1-2 반도체 공정 Flow

©www.hanol.co.kr

웨이퍼 프로세스wafer Process 각 단위 공정을 진행하게 된다. 반도체는 자동차 생산 방식과 다르게 컨베이어 방식으로 진행하지는 않는다. 박막Thin Film 또는 확산Diffusion공정을 진행하고, 노광Photo공정과 식각Etch공정을 진행하기도 하며, 식각공정이 완료되면 세정Cleaning공정을 진행하기도 한다. 제품의 특성을 만들기 위해서는 노광Photo공정을 진행하고 이온주입Ion Implant공정을 하기도 한다. 이렇듯, 반도체 제조기술은 특정한 방향으로 공정을 하지 않고 제품에 필요한 패턴이나 특성을 만들기 위해서 그에 맞는 공정 순서대로 진행한다. 그렇기 때문에 스마트공장Smart Factory이 가장 필요한 산업이다. 수많은 공정이 진행되면서 단 한 공정도 문제 없이 진행되어야 양품이 만들어 지므로 단위 공정별 공정 특성의 산포가 중요하며, 패턴이 아주 미세하기 때문에 이물질Particle이 완벽하게 제어된 상태로 생산을 해야 한다.

01 반도체 정의

반도체란?

고체 물질은 전기적 특성 중 전기전도율electrical conductivity에 따라 도체con-ductor, 반도체semiconductor, 부도체절연체, insulator 세 가지로 분류하고 있다. 반도체는 전기전도율이 도체와 부도체의 중간되는 물질을 말한다. 도체는 10^4[S/cm] 이상되는 물질로 대표적인 도체로는 은, 구리, 알루미늄, 백금 등이 있으며, 부도체는 전기전도율이 10^{-8}[S/cm] 이하의 물질로 대표적인 부도체는 유리, 석영, 다이아몬드이다. 전기전도율이 도체와 부도체 중간 범위에 있는 것을 반도체라고 하며 게르마늄Ge, 실리콘Si, 갈륨비소GaAs, 갈륨인GaP 등이 있다.

그림에서 보는 것처럼 도체나 절연체는 점으로 표시하지만, 반도체는 선으로 범위를 표시하여 불순물의 도핑에 따라 전도도가 변화됨을 알 수 있다. 반도체는 도체부터 부도체까지 넓은 범위에 걸쳐서 변화

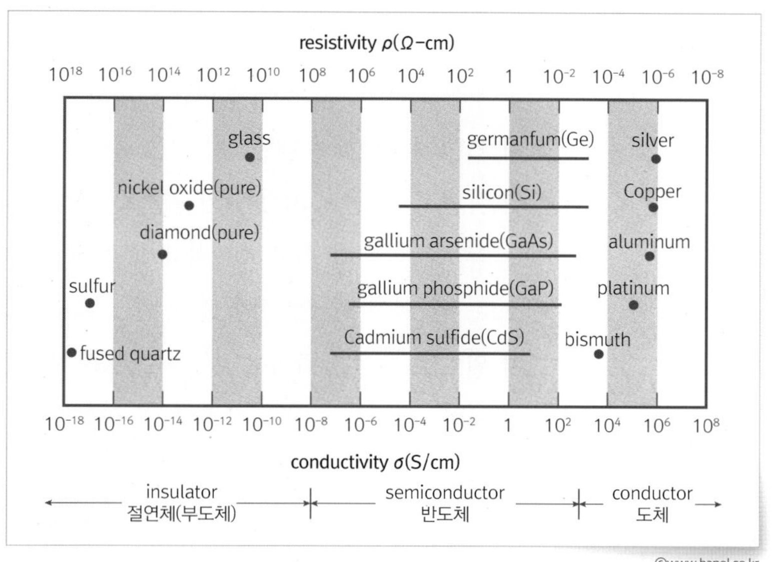

그림 1-3 전도도에 따른 재료의 구분

©www.hanol.co.kr

시킬 수가 있어서 집적회로 제작에 유용하여 널리 이용되고 있다. 순수한 상태에서는 반도체와 비슷하지만, 불순물의 첨가나 기타 조작에 의해 전기전도도가 변한다. 반도체의 전도도 조절은 불순물 도핑 기술을 이용한다. 반도체는 다음과 같은 주요한 전기적 고유한 성질이 있어서 도체가 될 수도 있고 반도체가 될 수도 있다. 이러한 특성으로 인하여 반도체가 전자 소자로 많이 사용된다.

① 온도에 따라 전기전도율은 현저하게 변화한다.
② 빛 또는 열에 대한 효과가 크다. 빛을 비추면 전기전도율이 증가하며, 온도 차로 인하여 기전력을 발생시킨다.
③ 불순물의 첨가량에 비례하여 전도율이 증가한다.

반도체의 종류

반도체 재료로는 실리콘Si을 포함하여 많은 재료가 사용되고 있다. 가장 많이 적용되는 반도체는 주기율표 4족에 속하는 실리콘Si 원소이다. 반도체는 쉽게 결정crystal을 이루는 4족 원소를 중심을 발전하여, 초기에는 게르마늄Ge이 개발되어 적용되었지만 전기적 특성이 우수한 실리콘Si으로 대체되었다. 실리콘Si은 지구상에 존재하는 원소들 가운데 산소 다음으로 두번째 많은 원소로 자연에서 쉽게 구할 수 있으며, 가격이 저렴하여 대량 양산성을 고려하여 발전하게 되었다.

실리콘Si과 게르마늄Ge처럼 단일 원소로 구성된 반도체를 원소 반도체elemental semiconductor라 하고 주기율표 IV족에 있으며, 두 종류 이상의 원소로 결합된 반도체를 화합물compound semiconductor 반도체라고 한다. 두 가지 원소로 구성된 화합물 반도체를 2종 화합물 반도체binary compound라고 하며, III-V족, II-VI 등의 원소 간 화합물에 의한 반도체를 말한다. 이 2종 화합물 반도체 갈륨비소GaAs는 실리콘Si에 비해 속도가 빠른 장점이 있다. SiC 화합물 반도체는 누설전류leak current가 작다는 장점으로 초고집적회로ULSI, Ultra Large Scale Integration에 활용되지만 가격이 고가이다. 세 원소로 구성된 반도체를 3종 화합물ternary compound 반도체라 하며, 예를 들어 GaAsP III-V-III족으로 구성한다.

네 가지 원소로 구성된 반도체를 4종 화합물quaternary compound 반도체라 하며, In GaAsP와 같이 네 가지 원소로 결합되어 있다. 화합물 반도체compound semiconductor는 실리콘Si과 같은 원소 반도체elemental semiconductor 대비하여 광효율과 전자의 이동도가 뛰어난 장점이 있지만, 인위적으로 제작해야 하기 때문에 가격이 고가이고 대구경 결정을 만들기가 어렵다. 그러나 화합물 반도체compound semiconductor의 장점이 필요한 반도체 제품에는 제한적으로 활용하고 있다. 트랜지스터가 발명되기 이전에는 원소 반도체elemental semiconductor 게르마늄Ge을 반도체 재료로 사용하였으나, 정류 소자나 광다이오드로 사용했을 때 몇 가지 단점이 있었다.

비교적 낮은 온도에서도 높은 누설전류leakage current가 흐르고, 게르마늄Ge 산화물이 수용성이기 때문에 소자로 제조하기에 적합하지 못하였다. 그래서 실리콘Si이 이러한 문제점도 해결하고 자연에 존재하는 원소 중에 많이 존재하여 반도체 재료로 제일 적합하여 사용하게 되었고, 오늘날까지 DRAM과 NAND 메모리 제품에 사용되고 있다.

02 반도체 역사

트랜지스터

최근 제4차 산업혁명의 요소 기술로 빅 데이터Big Data, 인공지능AI; Artificial Intelligence 사물 인터넷IoT; Internet Of Things , 무인 운송수단 등으로 메모리 반도체의 중요성과 수요가 급격히 증가하고 있다. 매년 지속적으로 성장하였지만, 최근에는 슈퍼 호황으로 급성장하였으며, 미래의 메모리 반도체 시장은 더욱 크게 확대될 것이다.

정보통신기술ICT; Information and Communications Technologies을 활용하여 전통적인 사회 구조를 혁신 시키는 DTDigital Transformation의 한 가운데에 있는 반도체 기술의 오랜 역사를 돌아보고, 미래의 반도체를 살펴보면 반도체 산업을 이해 하는데 도움이 될 것이다.

트랜지스터Transister는 "Transfer"와 "Resistor"의 합성어로 오랜 역사적인 기술 발전을 통하여 발명되었다. 반도체의 역사는 19세기 1821년부터 토마스 Tomas Seebeck의 PbS 반도체 발견부터 시작되었고, 1875년 지멘스Werner von Siemens가 셀런 포토미터Se Photometer를 발명하여 반도체의 토대를 이루고, 1905년에 플레밍J. Abbrose Fleming이 최초로 다이오드를 이용하여 2극 진공관을 발명하였다. 플레밍은 전구 안에 있는 필라멘트 주위에 양극판의 금속판을 만들고 필라멘트를 가열하였다. 그 결과 금속판에서 튀어나오는 전자들에 의하여, 금속판이 양극으로 대전 되면 전자들이 금속판으로 이동하여 전류가 흐르고, 음극으로 대전 되면 전자들이 금속판으로 이동하지 않으면서 전류가 흐르지

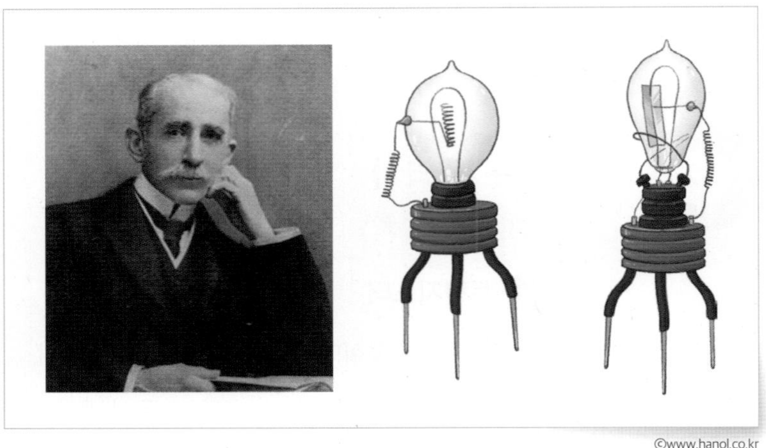

그림 1-4 플레밍과 진공관

©www.hanol.co.kr

그림 1-5 ▶
디포리스트(Lee DeForest)

않는다는 것을 발견하였다. 즉, 전극에 전류가 흐르면 열전자가 튀어 나오는데, 진공관은 이 때의 열전자를 이용하여 정류 작용을 하게 된다. 이 진공관은 전류를 한 쪽 방향으로만 흐르게 한다는 것을 발견하였는데, 이것이 플레밍이 최초로 만든 2극 진공관이 되었다.

디포리스트Lee Deforest가 전자 3극 진공관을 발명하여, 필라멘트와 양극판 사이에 그리드grid 금속판을 넣어서 전자들을 가속시켜 작은 신호를 크게 증폭할 수 있게 되어, 교류를 직류로 바꿔주는 기능, 신호 증폭 기능, 전류를 흐르게 하는 스위치 기능이 가능하게 되어 논리 회로를 형성할 수 있게 되었다. 2극 진공관의 필라멘트와 금속판 사이에 한 조각의 금속을 넣은 것에 지나지 않은 것인데, 2극 진공관이 교류를 직류로 바꾸는 정류 작용 만을 하는 데 비해, 3극 진공관은 전압이나 전류의 작은 변동에 따라서 전압이나 전류의 변화를 크게 하는 증폭 작용을 한다는 것을 발견하였다.

1940년대에 미국의 벨 연구소에서 진공관을 대체할 제품을 연구한 결과, 1947년에 윌리엄 쇼클리Schockly, 존 바딘Bardeen, 윌터 브래튼Bratain 등이 반도체를 발명하였다. 이때 발명한 반도체의 이름은 증폭 기능을 의미하는 '앰플리스터amplister'와 신호를 전달한다는 의미의 '트랜지스터transistor' 중에 최종 트랜지스터transistor로 결정하였다. 세 명은 1956년에 노벨물리학상을 수상하였다.

1951년에 전계 효과 접합 트랜지스터JFET; Junction field effect transistor가 발명되었다. 단결정 실리콘single crystal silicon이 제조되고 1954년 텍사스 인스트루먼트사TI; Texas Instruments Inc.가 실리콘 트랜지스터silicon transistor를 생산하였다. 그리고, 산화 마스킹 공정Oxide Masking Process이 개발되고, 산화막을 불순물 확산 마스크로 사용하는 플래너 기술Planar Technology, 집적회로 기술이 접목되며 1950년대는 트랜지스터Transistor의 양산 기술이 정착되었다.

메모리

1958년 텍사스 인스트루먼트사TI; Texas Instruments Inc.사의 킬비Jack Kilby에 의하여 최초로 전자회로를 이루는 저항, 커패시터, 트랜지스터 모두를 실리콘Si 반도체에 하나의 회로로 구성하였다. 1960년대 반도체 기술이 본격적으로 발전하여 집적회로IC; Integrated Circuit가 실용화 되면서부터 집적회로 시대가 시작되었다.

1960년에 강대원 박사*Kahang와 아탈라Atalla가 MOSFETMetal Oxide Semiconductor FET 트랜지스터를 개발하고, CMOSComplementary Metal Oxide Silicon 공정 기술도 개발하였다. 이로서, 트랜지스터의 기술 발전으로 진공관을 대체하게 되었다. 이 당시부터 반도체 산업의 획기적인 발전이 시작되었다. 이러한 트랜지스터의 발명으로 소자의 소형화와 신뢰도는 확보하였으나, 전자제품들을 서로 접속하여 종합적인 전자회로를 구성해야 하는 부분이 필요하였다.

* 강대원 박사는 서울대학교 물리학과를 졸업하고 미국 오하이오 주립대학교에서 전자공학 박사학위를 취득하고 반도체 연구개발의 산실인 벨 연구서(Bell Lab)에서 30년을 연구원으로 활동하며 반도체 기술과 산업의 역사를 만든 연구 성과를 냈으며, 미국 NEC 연구소 소장을 마지막으로 61세의 젊은 나이에 유명을 달리한 천재 과학자이다.

훼어차일드Fairchild사의 노이스Robert N. Noyce와 무어Moore가 플래너 공정Planar process을 이용하여 실리콘 산화막Silicon Oxidation, SiO_2 위에 금속Metal을 증착

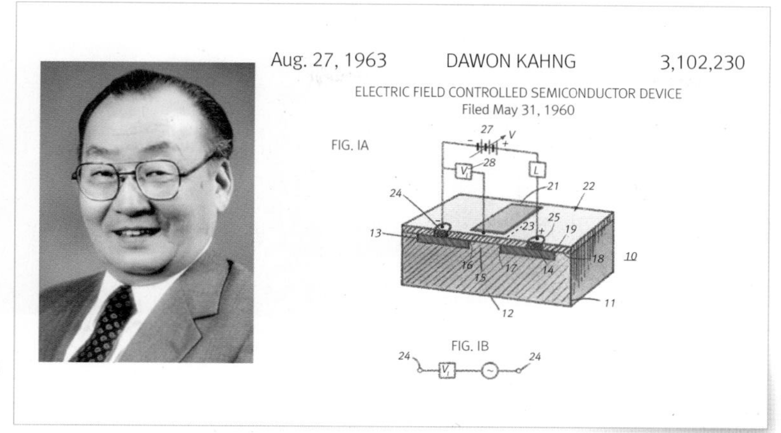

그림 1-6 강대원 박사의 모스펫(MOSFET) 모형 구조

하여 배선을 형성하는 직접 회로를 만들었다. 금속 증착 방식을 이용한 배선으로 트랜지스터, 에미터, 베이스 전극을 연결하여 절연막 위로 배선을 형성하여 소형 직접 회로를 만들 수 있었다. 집적회로를 통하여 소형화, 경량화, 고성능화 되며, one chip에 많은 소자를 구성할 수가 있게 되어 성능이 좋아졌다.

SSI에서부터 MSI, LSI, VLSI까지 발전하게 되었다. 1960년대에는 SSI급 20게이트 집적에서 MSI급 20~200개의 게이트 집적까지 발전하였고, 1968년에 MOS 메모리 회로가 도입되었다. 최초의 반도체 메모리는 페어차일드사가 256비트bit 용량으로 Illiac-4 컴퓨터에 사용하였다. 1980년대에는 VLSI급 집적회로를 개발하였다.

그림 1-7 킬비(Jack Kilby), 킬비의 첫 번째 집적회로(IC)

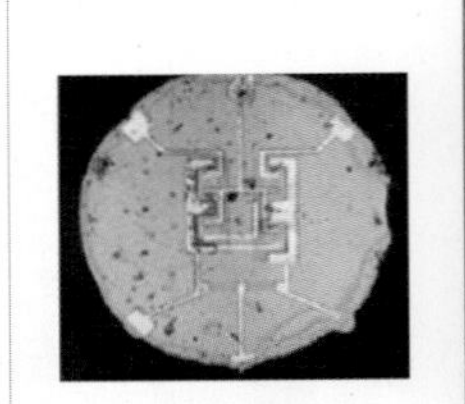
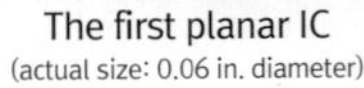

그림 1-8 페어차일드(Fairchild)사의 첫번째 플래너공정 적용한 집적회로(IC)

플래너 기술planar technology이 도입되고 인텔사의 고든 무어Goden Moore가 유명한 무어법칙Moore's law을 발표하였다. 무어법칙은 마이크로칩 기술의 발전속도에 관한 것으로 마이크로칩에 저장할 수 있는 데이터의 양이 18개월마다 2배씩 증가한다는 법칙이다. 1965년 페어차일드사Fairchild의 연구원으로 있던 고든 무어Goden Moore가 마이크로칩의 용량이 매년 2배가 될 것으로 예측하며 만든 법칙으로, 1975년 24개월로 수정되었고, 그 이후 18개월로 정의되었다.
특히, 디지털혁명으로 이어져 1990년대 말 미국의 컴퓨터 관련 기업들이 정보기술IT에 막대한 비용을 투자하게 하였다. 그러나, 집적도가

그림 1-9 고든 무어(Goden Moore)

더욱 높아지면서 현대에서는 무어의 법칙Moore's law과는 일치하지는 않고 있다.

세계 메모리 반도체 선도하는 대한민국

우리나라에서 반도체 소자를 최초로 생산한 것은 1965년이며, 메모리Memory 반도체 제품을 본격적으로 생산한 것은 64Kb DRAM 개발을 시작한 1983년이다.

1992년에는 64M DRAM을 세계 최초로 개발하며 일본 반도체 기술을 추월 하였고, 1994년에는 256M DRAM, 1996년에는 1Gb DRAM 등을 개발하고 생산하여 메모리 반도체시장을 한국이 주도하였다. 1990년대 중반부터는 비메모리 반도체Non-Memory Semiconductor 분야인 시스템 반도체도 개발 및 생산도 하였다. 우리나라는 주로 메모리 제품을 개발 및 생산하며, 현재 DRAM 메모리 반도체는 세계시장에서 한국 기업이 주도하고 있다. 2000년 전후부터 본격적인 경쟁에 뛰어든 NAND는 1년에 2배씩 집적도를 증가시켜 10년 만에 64Gb를 달성한 바 있다. 2017년경에는 NAND 기반의 1Tb-SSD를 상용화하여 노트북에 탑재함으로써, 반도체에 비하여 부피가 크고 속도가 느린 기존의 HDDHard Disk Drive를 급속히 대체해 나가고 있다.

메모리 반도체는 고집적화를 위한 설계 기술과 Photo와 Etch 공정의 미세 패턴을 할 수 있는 공정기술 경쟁력이 있어야 한다. 또한, 지속적으로 신규 제품 개발 및 양산을 할 수 있는 신제품 전환이 가능한 제품 개발 역량이 있어야 한다. 양산 시에도 품질과 수율Yield을 확보하며 효율적인 생산을 할 수 있는 원가에 대한 경쟁력이 중요하다. 비메모리 반도체는 설계가 매우 어려워, 설계 능력이 비지니스의 성

* 메모리 반도체의 전체 성장률을 설명할 때 사용하는 용어로 메모리 용량을 1비트 단위로 환산해 계산하는 개념이다. 출하량 개수 기준으로 따질 때 생길 수 있는 성장률 왜곡을 방지하기 위해 도입한 개념이다.

패를 결정한다. 시간이 지나면서 반도체의 미세 패턴의 크기를 작게 해야하는 요구는 점점 강화되고 있으며 한계에 다다르고 있다. 점점 더 작은 패턴을 형성하기 위해 기술의 한계 및 공정 난이도 증가로 신제품 개발 기간이 증가하고 Bit Growth* 감소로 제품 개발을 위한 소부장소재, 부품, 장비의 발전도 연계 되어야 한다. 반도체 산업은 대규모 설비 투자를 요구하는 장치 산업이며, 수요와 공급 변화에 따라 시장 환경 요인에 대한 영향 정도가 대단히 크다. 즉, 반도체 산업은 제품의 짧은 수명 주기, 시황에 따른 급격한 가격 변동, 공정 미세화에 대한 요구 등이 매우 큰 산업이다.

DRAM 메모리 제품의 경우 1980년대에는 40개 회사가 생산을 하였고, 2000년대에는 15개 회사가 생산을 하였으며, 2020년 현재는 SK 하이닉스를 포함한 주요 3개 회사만이 생산하고 있을 만큼 신제품 개발에 대한 역량과 품질 경쟁력, 수율 경쟁력, 원가 경쟁력이 있어야만 생존하는 매우 치열한 산업이다.

생산 경쟁력 확보 즉, Bit Growth를 높이기 위해 웨이퍼 1장에서 더 많은 반도체 제품을 생산하기 위하여 웨이퍼의 구경 크기도 4인치, 5인치, 6인치, 8인치, 12인치까지 시대에 따라 발전하며 변천하였다.

4차 산업혁명으로 도래하면서 그 중심에 있는 반도체는 고성능 정보처리를 위해 초고성능, 초 저전력의 반도체 기술이 필요하다. 데이터의 양과 질 측면에서의 수요가 급격히 증가하고 있어서 최근의 슈퍼 호황 이상으로 반도체 산업이 지속적으로 성장할 전망이다. 대한민국이 지속적으로 세계 반도체 시장을 주도하기 위해서는 반도체 제품의 기술 경쟁력과 더불어 반도체 생산 장비, 소재, 부품 등의 반도체 생태계 전체가 지속적 발전이 되어야 한다.

03 미래 메모리 반도체

New Memory 가운데 PCRAM, ReRAM 그리고 STT-MRAM이 무엇인지 간단히 소개하고, 각각의 device에 대해 기본적인 이해를 돕고, 간단한 동작 원리, application에 대해 소개를 하면 다음과 같다.

메모리 시장

예를 들면 플로피 디스크, CD, 하드 디스크, SSD, USB, Micro SD card 등이 있다. 또한, PC, 노트북, 모바일 애플리케이션에는 다양한 종류의 RAM이 사용되고 있다. 이렇게 다양하게 사용되고 있는 메모리의 시장은 다음의 그래프와 같이 계속 성장하고 있는 추세이다. 앞으로는 보다 폭넓은 분야에서 지금보다 더 좋은 성능의 다양한 메모리가 요구될 것으로 예상하고 있다.

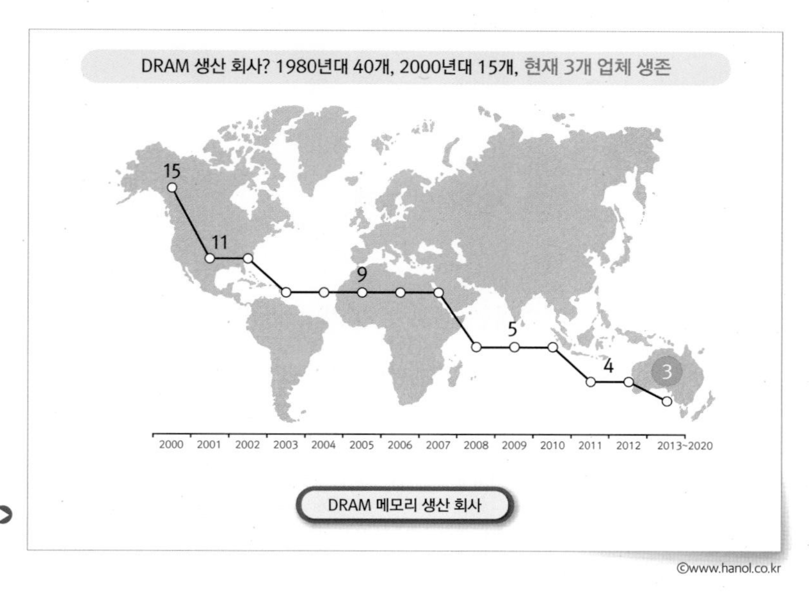

그림 1-10 DRAM 메모리 생산 회사

©www.hanol.co.kr

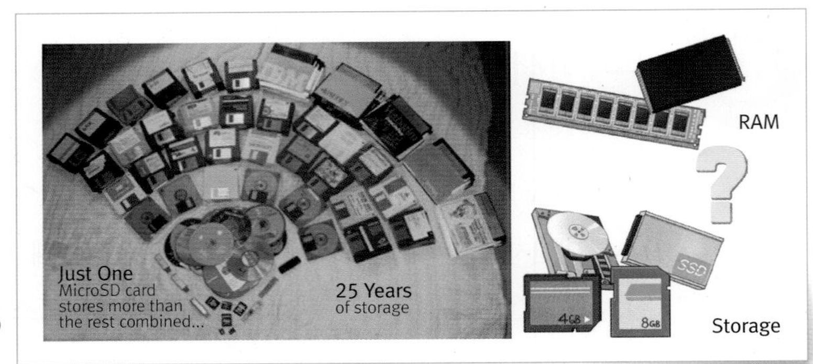

그림 1-11 다양한 저장매체

©www.hanol.co.kr

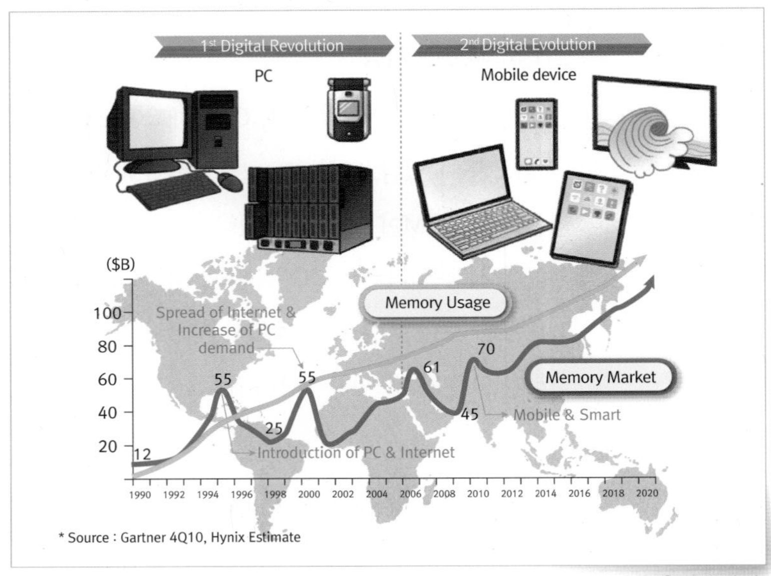

그림 1-12 시기별 메모리 시장 추이

©www.hanol.co.kr

기술적인 한계

DARM NAND는 지금까지 계속 scaling-down되면서 발전을 거듭해왔지만, 앞으로 물리적 scaling 한계에 다다를 것으로 보인다. 이를 돌파하기 위한 기술적인 도전은 계속되겠지만, 더불어서 앞으로의 다양한 시장 수요를 만족할 수 있는 새로운 대안이 필요한 것도 사실이다. 그 대안 중 하나로 뉴 메모리New Memory가 대두되고 있다.

DRAM과 NAND의 현재 한계는 무엇이며, 이를 극복하기 위해서

new memory에서 어떤 것이 필요한지에 대해 살펴보면, 일반적으로 고객들은 DRAM과 같이 빠르고, NAND처럼 가격이 싼 고용량의 메모리를 원한다. 또한 메모리 시장에서는 서버와 모바일 쪽 수요가 많아지면서 낮은 소비 전력과 높은 사용 온도를 원하는 등 메모리에 대한 요구 조건은 점점 까다로워지고 있다. 하지만 고객 또는 시장이 원하는 수준의 메모리 구현은 아직까지는 만족스럽지 못한 것이 사실이다. DRAM은 빠른 동작 속도와 좋은 신뢰성 특성을 갖추고 있지만, 휘발성 메모리로 많은 전력 소모가 필요하고 제한적인 용량이 문제이다. NAND는 비휘발성 메모리로 가격이 싸며 대용량 구현이 가능하다는 장점이 있지만, 동작 속도가 느린 단점이 있다. 그래서

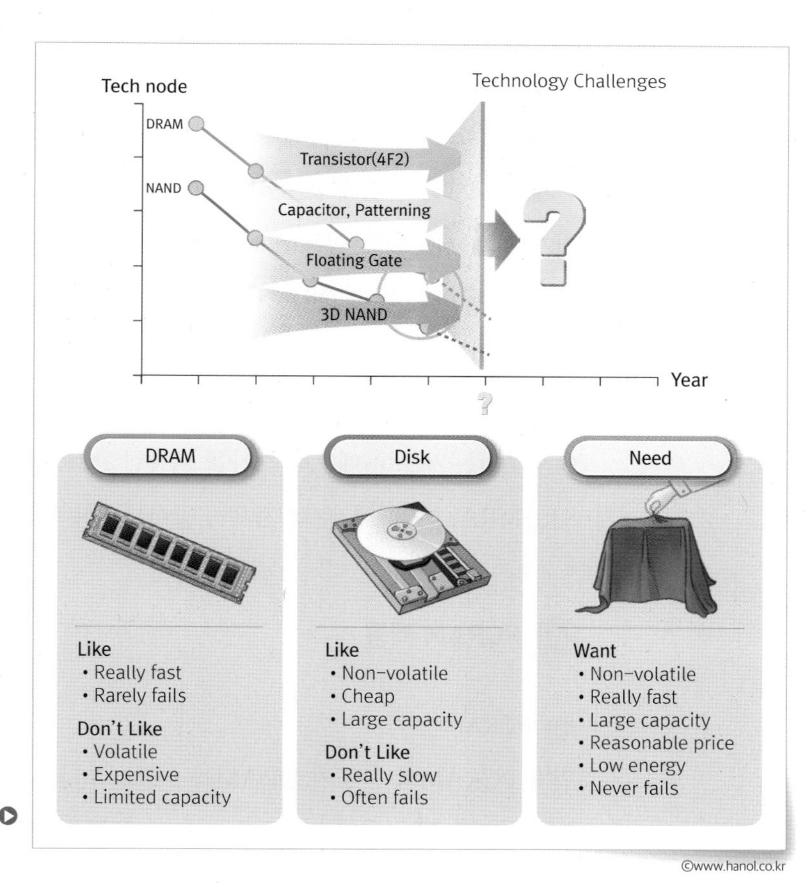

그림 1-13 ▶ 뉴 메모리의 니즈

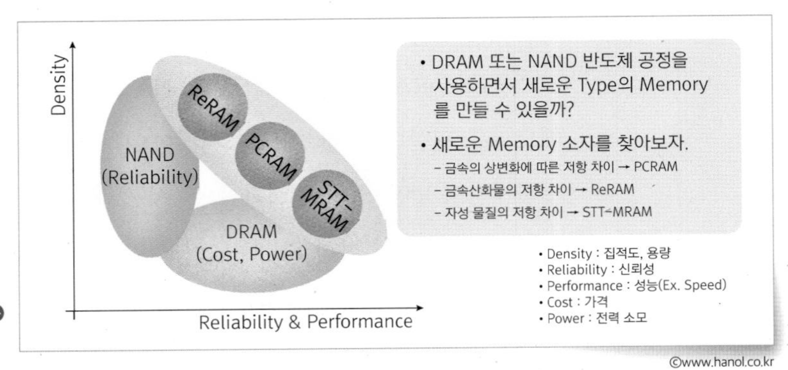

그림 1-14 뉴 메모리의 소자

©www.hanol.co.kr

DRAM과 NAND의 장점은 가능한 유지하면서, 단점을 보완할 수 있는 새로운 type의 new memory를 생각하게 되었다.

지금까지 많은 새로운 type의 memory가 시도되었는데, 현재 시점에서 연구 개발이 이뤄지고 있는 new memory의 종류는 매우 한정적이다. 많은 이유가 있겠지만 결국엔 DRAM 또는 NAND에 필적하는 성능을 구현하지 못했거나, 가격 경쟁력을 갖추지 못해서였다. 이런 한계를 극복하기 위해 ReRAM, PCRAM, STT-MRAM 이렇게 3가지가 현재 시도되고 있는 new memory이다. 모두 비휘발성 메모리이며, 보는 바와 같이 DRAM 또는 NAND와 비교 시 각각의 고유한 특징을 갖고 있다. ReRAM은 NAND향, STT-MRAM은 DRAM향, PCRAM은 그 중간 단계를 targeting한다고 이해하면 쉬울 것 같다. 이후부터는 새로운 메모리 소자를 이용한 PCRAM, ReRAM 그리고 STT-MRAM에 대해 좀 더 자세히 알아보도록 하겠다.

PCRAM 제품

PCRAM이란?

먼저 PCRAM의 구조가 DRAM과 어떻게 다른지 간략히 살펴보면, DRAM의 기본 구조는 하나의 transistor와 하나의 capacitor로 이뤄져 있다. 이 capacitor에 전하를 채웠다 뺐다 하는 동작을 이용해서 0과 1을 구분하게 된다. 저항 메모리 소자의 경우 capacitor 대신 저항 소자가 capacitor 역할을 대신하게 된다. PCRAM의 경우는 앞으로 살펴볼 GST라는 물질이 저항 소자가 된다. 이 저항 소자의 저항이 크고 낮음을 이용해서 0 또는 1을 구분할 수 있다.

PCRAM 물질Material

PCRAM은 상변화 물질이 결정질과 비정질일 경우 발생하는 저항 차이를 0과 1이라는 digital 신호로 변환하여 사용하는 저항 메모리 소자이며, 여기서 결정질과 비정질이라고 하는 것은 물질의 상태를 말한다. 상변화 물질은 결정질-비정질 상태로 가역적으로 상변화가 가능하기 때문에 비휘발성 메모리 소자로 사용할 수 있다. 원소 주기율표상 6족에 해당하는 Se셀레늄, Te텔레륨 등이 포함된 화합물로 GST가 가장 대표적인 상변화 물질이다. 이러한 상변화 물질은 re-writable CD 및 DVD에 이미 사용되고 있다.

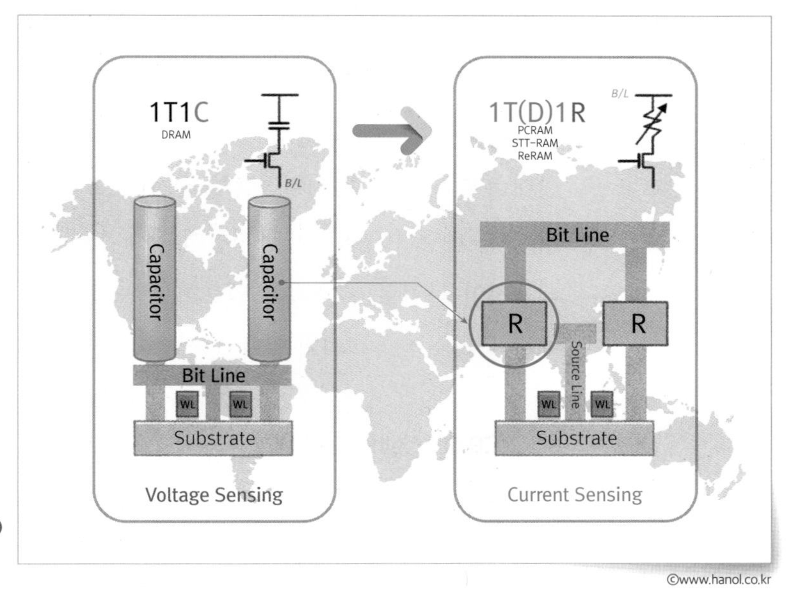

그림 1-15 DRAM과 PCRAM 비교

©www.hanol.co.kr

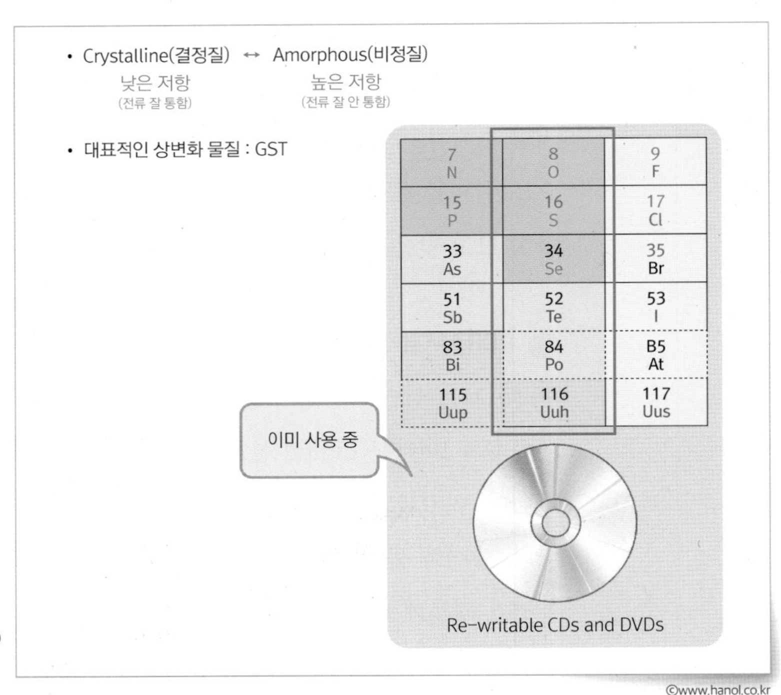

그림 1-16 PCRAM 물질

PCRAM은 결정질과 비정질의 저항 차이를 설명했는데, 그 차이점에 대해 좀 더 자세히 알아보면, 먼저 〈그림 1-17〉의 왼쪽 그림은 비정질 결정 구조와 비정질 금속의 예시이며, 원자 배열이 무질서하며 저항이 매우 높은 특성을 보인다. 대표적인 물질로는 유리가 있으며, 금속의 경우 증착 방식 또는 성분에 따라 비정질 상태로도 만들 수 있다. 반대로 오른쪽 그림은 결정질의 결정 구조와 결정질 금속의 예시이며, 원자 배열이 규칙적이고 저항이 상대적으로 작은 특성을 보인다. 대표적인 물질로는 금속이 있으며, 반도체에서 사용되는 대부분의 배선은 금속으로 이뤄져 있다.

PCRAM Cell의 동작 원리

PCRAM의 동작 원리를 설명하기 위해서 생활 속 예제와 비유하여 설명하면, 달고나의 재료인 설탕은 결정질로 비유할 수 있다.

이 경우를 set 상태, 즉 저항이 낮은 상태로 볼 수 있다. 달고나에 열을 가하면 설탕이 녹으면서 흐물흐물한 상태로 변하게 된다. 이 경우는 저항 소자에 전류를 가해 열을 발생시켜 상변화를 일으키는 단계로 볼 수 있다. 달고나를 식히게 되면 처음 설탕일 때와는 전혀 다른 상태로 굳어지게 된다. 이 경우를 상변화가 된 reset 상태, 즉 저항이 높은 상태로 볼 수 있다. 실제 반도체 소자에서 PCRAM의 동작 원리는 PCRAM은 전류를 통해 열을 가하는 과정을 통해서 "상변화 물질의 온도를 몇 도에서 얼마의 시간 동안 유지하는가"에 따라 결정질과 비정질 두 가지 상태를 만들 수 있다. 즉, GST가 녹을 만큼 높은 온도로 열을 가해준 후 식히면 저항이 높은 상태로 변하고, 그보다 낮은 온도로 긴 시간 열을 가해주면 다시 저항이 낮은 상태로 변하는 원리를 이용하고 있다. 이러한 저항 차이를 0과 1이라는 digital 신호로 구분하여 메모리 소자로 사용하게 된다.

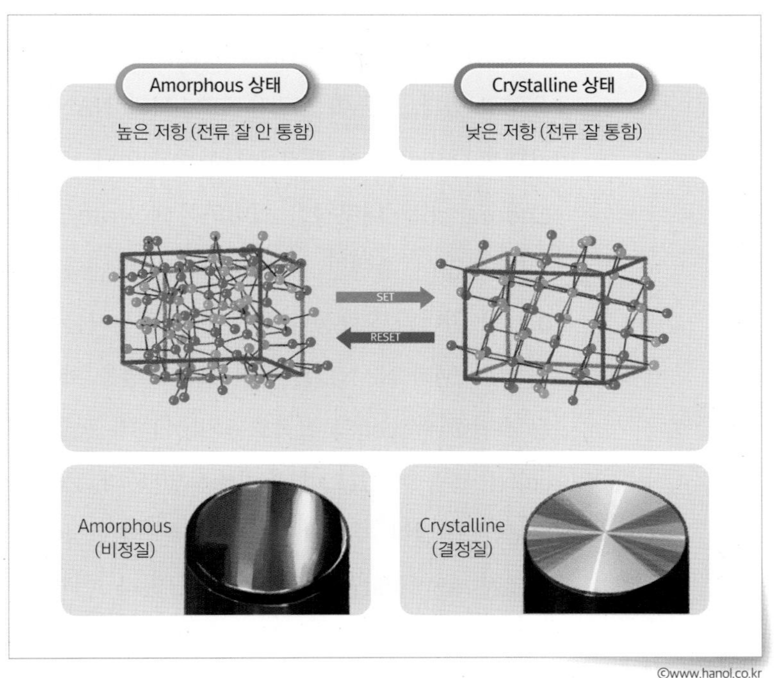

그림 1-17 ▶ PCRAM 상변화 물질

©www.hanol.co.kr

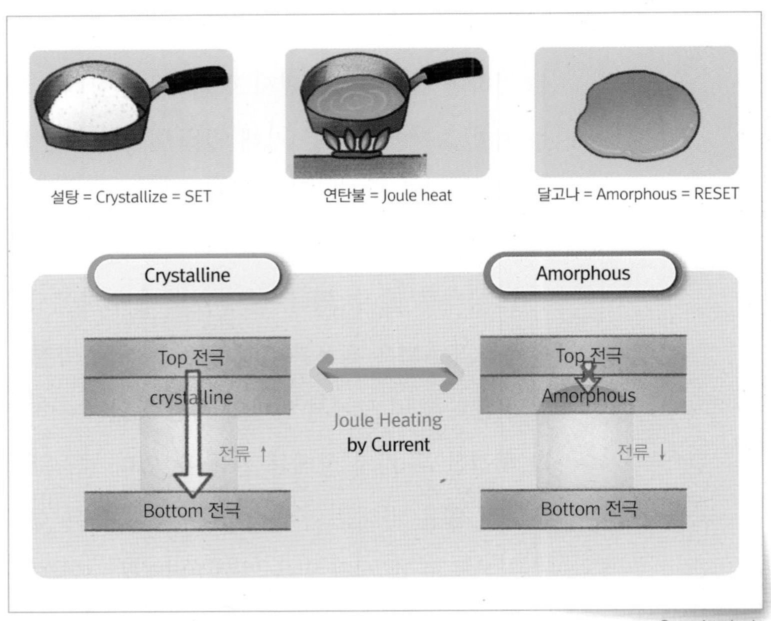

그림 1-18 PCRAM Cell의 동작원리

©www.hanol.co.kr

응용Application

PCRAM의 application에 대해 알아보면 〈그림 1-19〉의 왼쪽 그림에서 볼 수 있듯이 PCRAM의 성능은 DRAM과 NAND의 중간을 점유하고 있다. 오른쪽 그림은 DRAM과 NAND 또는, 하드디스크 드라이브HDD의 성능과 특징을 보여주고 있다.

Endurance는 내구성을 의미하는데 write/read 동작을 error 없이 얼마나 많이 수행할 수 있는지를 나타낸다. Retention은 write한 data를 얼마나 오랫동안 유지할 수 있는지를 나타낸다. 보는 바와 같이 DRAM과 NAND는 정반대의 특성을 보이고 있고, Capacity 또는 density는 cell의 집적도를 말하는데, 동일한 면적에 얼마나 많은 cell을 넣을 수 있느냐로 이해하면 된다. PCRAM은 DRAM 또는 NAND의 일부 기능을 대체하면서 비휘발성이라는 장점을 바탕으로 새로운 application을 모색하고 있다. 따라서 그 application도 DRAM과 SSD 사이를 채우는 방향으로 가고 있다.

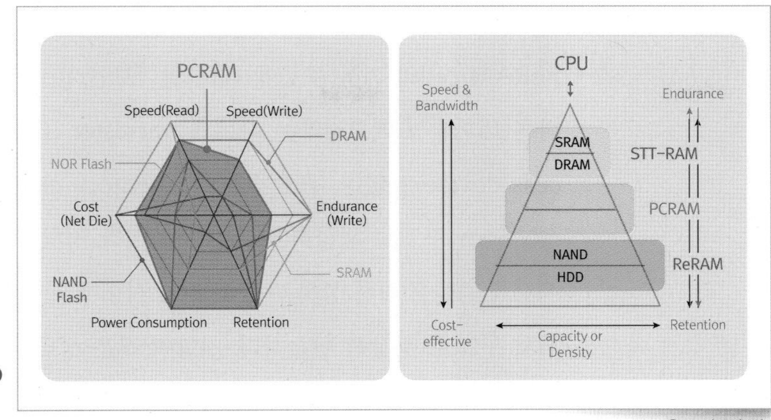

그림 1-19 PCRAM 의 응용

ReRAM 제품

ReRAM이란?

ReRAM은 저항 변화를 이용해서 저항의 크고 작은 상태를 0과 1이라는 digital 신호로 변환하여 사용하는 저항 메모리 소자이다. 저항의 변화는 저항 소자에 가해주는 전압이나 전류의 크기 또는 방향에 따라 발생하게 된다.

저항 소자의 구조는 매우 간단하다. 상하부 금속 전극 사이에 절연막이 존재하는 샌드위치 구조로 구성되어 있다. 절연막은 일반적으로 metal oxide 계열이 사용된다. PCRAM과 STT-MRAM도 저항 차이를 이용한 메모리이지만, 이 두 메모리는 동작 원리가 확실히 규명되어 이 두 디바이스를 제외한 저항 변화 소자를 ReRAM이라고 부르고 있다.

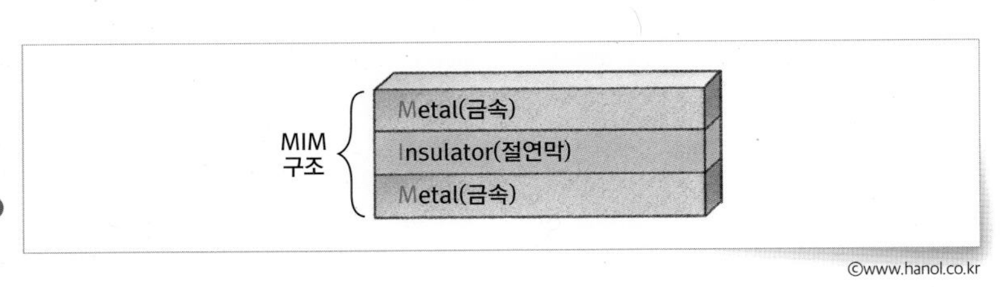

그림 1-20 ReRAM의 단면 구조

ReRAM cell의 기본 구조

ReRAM cell의 기본 구조에 대해 알아보면, ReRAM은 DRAM 또는 다른 비휘발성 메모리와는 다르게 transistor 또는 diode와 같은 access device가 없는 구조이다. 즉, memory element만으로 구성된 cross-bar 구조로 굉장히 단순한 구조이다. 저항 소자의 구조 역시 앞에서 설명한 것처럼 상하부 금속 전극 사이에 절연막이 존재하는 샌드위치 구조로 굉장히 단순하다. 저항이 작은 상태를 SET, 반대로 저항이 큰 상태를 RESET이라고 정의하고 있다. ReRAM은 memory element 영역에 전압 또는 전류를 흘려주었을 때 생성되는 filament가 연결되어 있느냐 아니면 끊어져 있느냐를 이용한다. filament를 전류의 연결 통로라고 할 수 있는데 filament의 연결 여부가 저항 차이를 발생시킨다고 이해하면 된다. 이러한 저항 차이를 0과 1이라는 digital 신호로 구분하여 메모리 소자로 사용하게 된다.

응용Application

ReRAM의 application에 대해 알아보면, DRAM은 속도와 endurance가 좋고, NAND는 가격이 아주 낮다. ReRAM은 DRAM만큼 빠르거나 NAND만큼 싸지는 않지만, 이 두 메모리의 단점을 보완할 만한 많은 장점을 보여준다. Simple한 구조를 보이며, 물질도 반도체

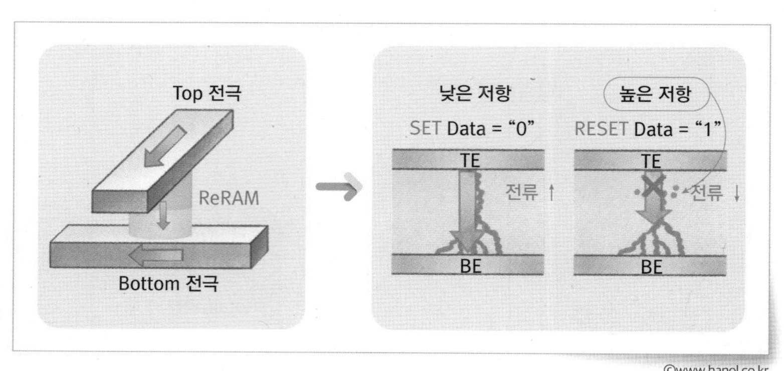

그림 1-21 ReRAM cell의 구조

©www.hanol.co.kr

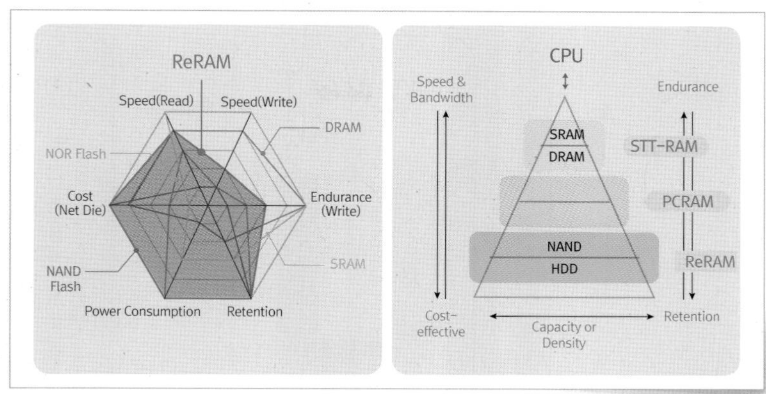

그림 1-22 ReRAM의 응용

©www.hanol.co.kr

와 같이 사용하기에 좋다. 동작 특성은 NAND와 비교했을 때, 훨씬 빠른 속도와 좋은 endurance 특성을 보인다. 집적도를 높일 수 있는 multi-level cell MLC 또는 적층 구조 MLS로도 구현이 가능하다. 게다가 소자 동작에 transistor를 사용하지 않기 때문에 고집적화가 가능하다. ReRAM은 high performance SCM 시장의 좋은 후보이며, NAND를 대체할 수 있는 차세대 메모리로 개발 중이다. 참고로 SCM은 Storage Class Memory의 약자로 DRAM에 비해 속도는 조금 느리더라도 비휘발성 속성을 갖기 때문에 속도가 느린 NAND보다 좋은 특성을 보일 수 있다. ReRAM은 다양한 spec으로 개발 가능성이 무궁무진하므로, 필요한 application에 맞춰 개발 가능한 차세대 메모리라고 할 수 있다.

STT-MRAM 제품

STT-MRAM이란?

먼저 STT-MRAM의 구조가 DRAM과 어떻게 다른지 간략히 살펴보면, DRAM의 기본 구조는 하나의 transistor와 하나의 capacitor로 이뤄져 있다. 이 capacitor에 전하를 채웠다 뺐다 하는 동작을 이

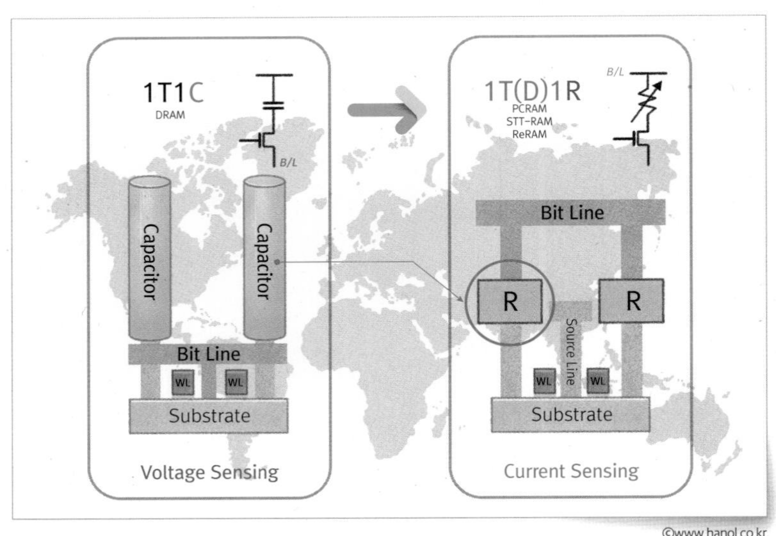

그림 1-23 DRAM과 STT-MRAM 비교

용해서 0과 1을 구분하게 된다. 저항 메모리 소자의 경우 capacitor 대신 저항 소자가 capacitor 역할을 대신하게 된다. STT-MRAM의 경우는 앞으로 살펴볼 MTJ라는 물질이 저항 소자가 된다. 이 저항 소자의 저항이 크고 낮음을 이용해서 0 또는 1을 구분할 수 있다.

다양한 Magnet 물질Material

먼저 우리가 일상생활에서 쉽게 접할 수 있는 영구 자석에 대해 살펴보면, 가장 쉽게는 막대 자석을 생각할 수 있다.
지구도 N극과 S극을 갖고 있는 하나의 큰 자석이라고 생각할 수 있다. 원소로는 철Fe, 코발트Co, 니켈Ni이 대부분을 차지하고 있고, 희토류 자석과 같이 Nd네오듐-Fe-B, Sm사마륨-Co의 합금을 이용하는 경우 매우 강력한 자석을 만들 수 있다. 주기율표를 보면 실제 사용되는 자석의 원소는 상당히 제한적이라는 것을 알 수 있다.

Magnetic Recording 역사와 응용Application

다음으로 물질의 자성 특성을 이용한 magnetic recording의 역사에

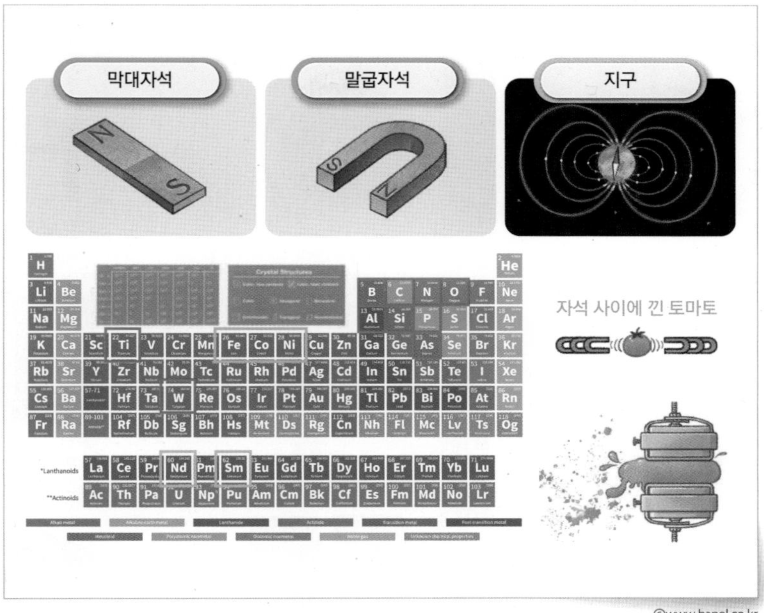

그림 1-24 다양한 Magnet 물질

©www.hanol.co.kr

대해 알아보면, 자성 물질을 이용한 memory는 그 역사가 상당히 오래되었다. Magnetic tape를 시작해서 hard disk와 floppy disk를 거쳐 MRAM이 시장에 등장하였다. 몇 년 전까지도 사용하던 floppy disk도 magnetic 물질을 coating한 memory이다. 현재는 더 빠르고 작은 크기로 대용량의 random access memory를 만들기 위한 방안으로 STT-MRAM이 개발 중에 있다.

STT-MRAM의 동작 원리

STT-MRAM의 저항 소자를 Magnetic Tunnel Junction이라고 한다. 이 MTJ는 두 개의 자성층과 그 사이의 절연층으로 구성되어 있다. 두 개의 자성층에 쓰이는 물질은 일반적으로 자성 물질이라고 알려진 철Fe, 코발트Co, 니켈Ni을 기반으로 하는 합성 금속이다. 절연물질로는 oxide 계열이 사용되는데 MgO라는 물질을 사용하고 있다. MTJ에 있는 각각의 자성층은 극성을 나타낸다. 자석의 N극과 S극을

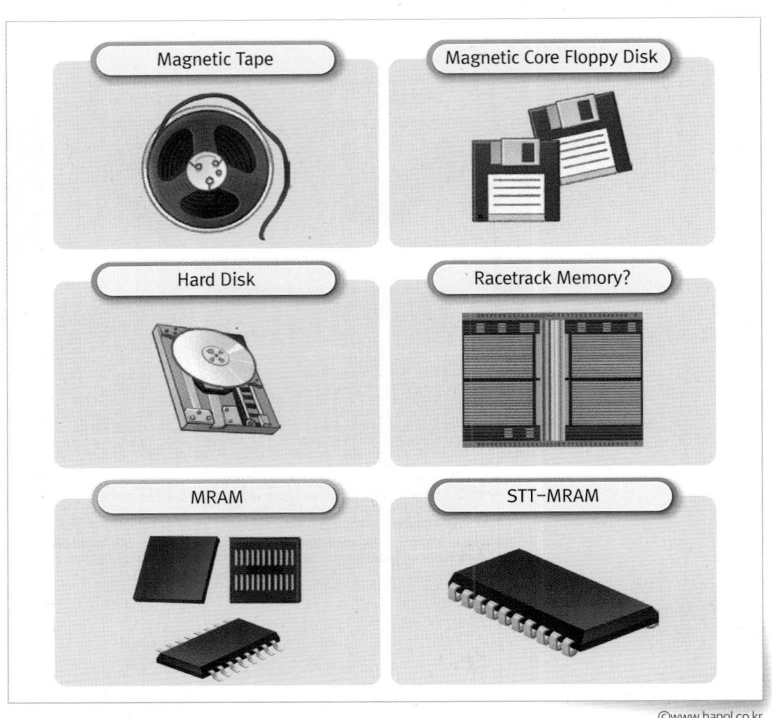

그림 1-25 Magnetic Recording 제품 유형

©www.hanol.co.kr

생각하면 쉬울 것 같다. 그리고 자성층의 방향은 위/아래로 흘려주는 전류의 방향에 따라 변화시킬 수 있다. 이 원리를 이용해서 두 개의 자성층이 같은 방향이면 전류가 많이 흐르기 때문에 작은 저항, 반대 방향이면 전류가 적게 흐르기 때문에 큰 저항을 나타낸다. 이러한 저항의 차이를 MR이라고 정의하고, 0과 1이라는 digital 신호로 구분하여 메모리 소자로 사용하게 된다.

• **응용**Application

STT-MRAM의 application에 대해 알아보면, STT-MRAM은 동작속도가 DRAM에 견줄 정도로 빠르다. DRAM과 달리 비휘발성으로 refresh 동작이 없기 때문에 대기 상태에서의 전력 소모가 낮다. 따라서 적은 전력 소비를 필요로 하는 application에 적용하기 좋을 것으로 보인다.

요약

New memory 제품에 대해 요약하면, PCRAM은 전류, 즉 온도 차이에 따른 금속의 상변화가 저항 차이를 만드는 원리를 이용한 memory이다. 저항 메모리 소자를 GST라고 하며 write 후 data가 소실되지 않은 비휘발 특성을 갖고 있다. PCRAM은 DRAM과 NAND의 중간 performance를 보이며, 이들을 대체하는 것이 아닌 새로운 memory 시장을 target으로 개발 중에 있다.
ReRAM은 전류 또는 전압의 차이에 의해 저항이 변하는 원리를 이용한 memory이다. 동작 메커니즘이 비교적 정확히 규명된 PC-RAM과 STT-MRAM을 제외한 저항 메모리를 ReRAM이라고 칭하고 있다. 저항 메모리 소자로는 다양한 metal-oxide 계열의 화합물이 사용되고 있으며 비휘발 특성을 갖고 있다.
ReRAM은 단순한 물질과 구조가 장점이며, NAND나 하드 디스크 드라이브 HDD 등의 storage 대체가능성이 큰 차세대 메모리이다. STT-MRAM은 전류의 방향 차이에 따른 자화 상태의 변화가 저항 차이를 만드는 원리를 이용한 memory로 저항 메모리 소자를 MTJ라고 하며 비휘발 특성을 갖고 있다. STT-MRAM은 DRAM만큼 빠른 speed와 저전력이 필요한 memory 시장을 target으로 개발 중에 있다.
최근에는 STT-RAM은 DRAM 용도 있지만, PCM처럼 SCMStorage Class Memory Tier로 준비되고 있기도 하다.

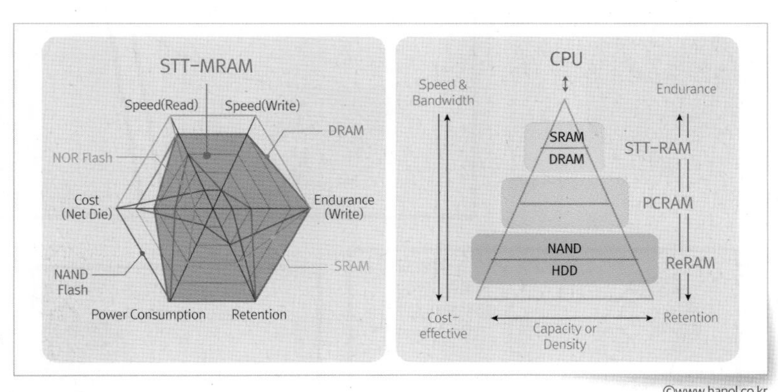

그림 1-26 STT-MRAM의 응용

©www.hanol.co.kr

집소성대
아… 총관,
요즘 고민이 많소.
하문인.
무슨 고민이 있으십니까?
무슨 고민이
그리 많으신지요?
우리나라를 넘어
세계적으로
우리 스도문파의
무공을 넘어 보려고
많은 도발이
일어나고 있소.
아!!! 그들끼리 연합도
한다고 들었습니다.
스도 문파
이럴 때일수록 고수를 발굴하여
새롭고 막강한 무공을 만들어야
하는데 어찌하면 좋겠소?
막강한
무공을
만든다라…
아하!!! 어느 한 부분을 보강한다고
막강한 무공이 만들어 지지는 않을 것
같습니다. 우리 스도문파 각 부문별
고수를 발굴하고 그들끼리 연구하여
새로운 무예를 만들면 어떨지요?
좋은 생각이오.
고수 한 명이 출중하기는 하나
절대 무공을 만들어 내려면
집소성대하여 각자의 장점을
모아 완성된 무공을
만들어야 할 것이고.

그럼 어떤 분야의 고수를
발굴하는 것이
바람직할까요?

총 8 분야의 고수를
발굴하시오.

반도체 fab공정은 어느 한 부분으로 이루어지는 것이 아니라 수 백여개 공정에 달하는 단계를 거쳐 웨이퍼가 제품으로 완성됩니다. 각 제품마다의 단계가 모두 다르기 때문에 공정의 다양성은 그 수를 헤아릴 수 없고 그렇기에 반도체는 기술의 종합예술이라 볼 수 있습니다.

02

“
DRAM Memory 제품

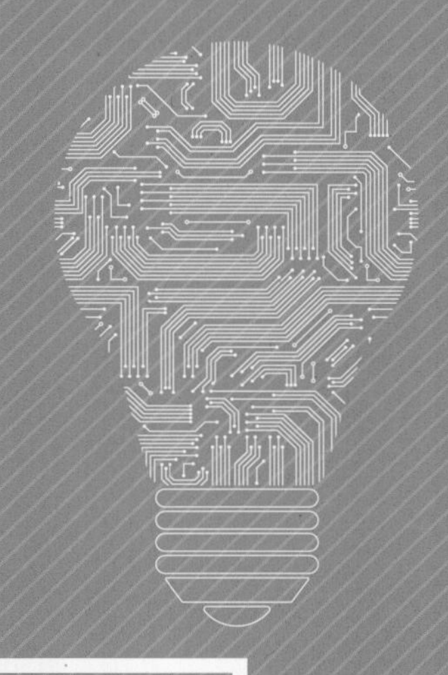

02
DRAM
Memory 제품

DRAM Memory 소개

DRAM이란?

램RAM/Random Access Memory

원하는 정보를 꺼내어 쓸 수 있는 반도체 기억장치로 Computer의 기본 기억장치이며 명령에 의해 정보를 꺼내어 쓰거나 넣을 수 있다. 정기적으로 Refresh 동작이 필요한 DRAM과 전원을 끊어도 기억 정보가 유지되는 에스램SRAM 등이 있다. 램RAM은 읽고 쓰기가 자유로운 컴퓨터 기억장치로 데이터를 임시로 저장하는 데 주로 쓰인다.

DRAMDynamic Random Access Memory

- **Dynamic RAM : 수시 기입Write과 읽기Read를 하는 메모리**

  DRAM은 램의 한 종류로 저장된 정보가 시간에 따라 소멸되기 때문에 주기적으로 재생시켜야 하는 특징을 가지고 있다. 구조가 간

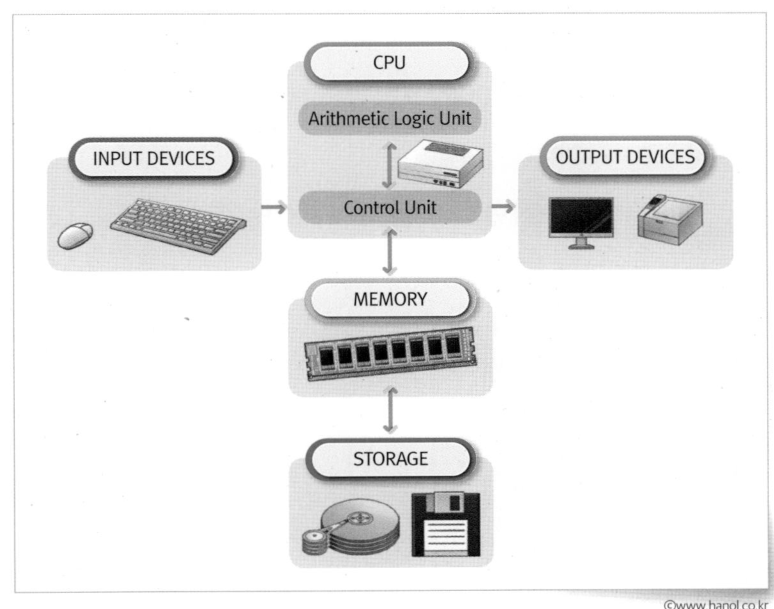

그림 2-1 System 구성

©www.hanol.co.kr

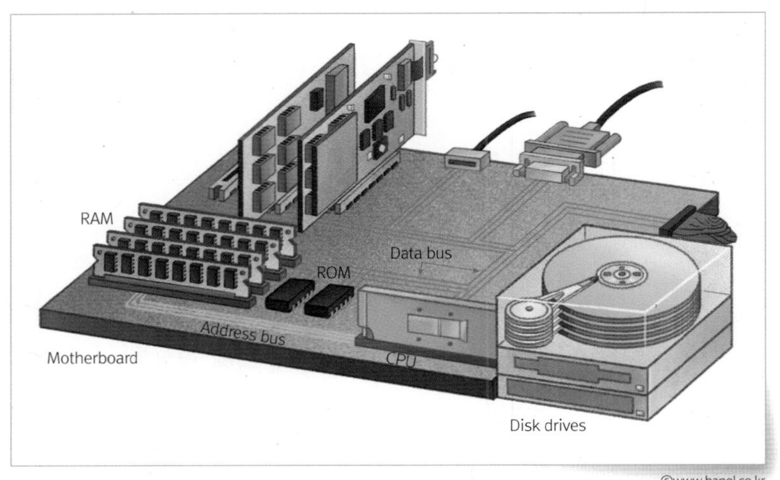

그림 2-2 Memory in System

©www.hanol.co.kr

단해 집적이 용이하므로 대용량 임시 기억장치로 사용된다.

- DRAM에서 사용하는 전압

크게 외부 전압과 내부 전압의 구성으로 나눠지며, 외부 전압은 VDD, VSS로 외부 전원에 의해 공급되고 그 이외의 내부 전압은 외부 전압을 이용하여 내부 전압 생성기Generator를 통해 만들어진다.

SDR / DDR

- SDRSingle Data Rate

1회에 1번씩 읽고 쓰고 하는 방식

클럭 사이클Clock Cycle 한 개당 한 개의 커맨드Command를 받거나 한 워

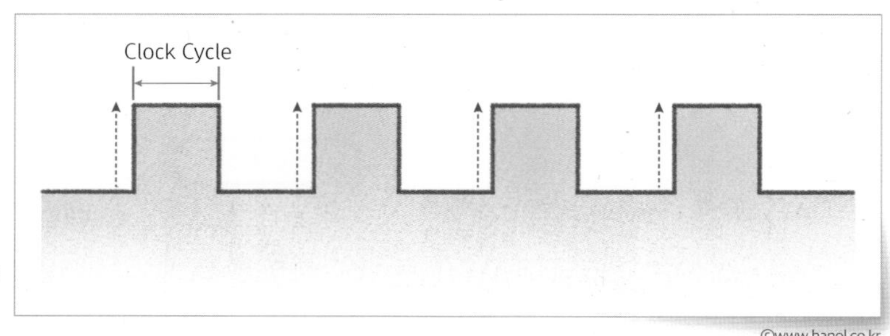

그림 2-3 SDR(Single Data Rate)

©www.hanol.co.kr

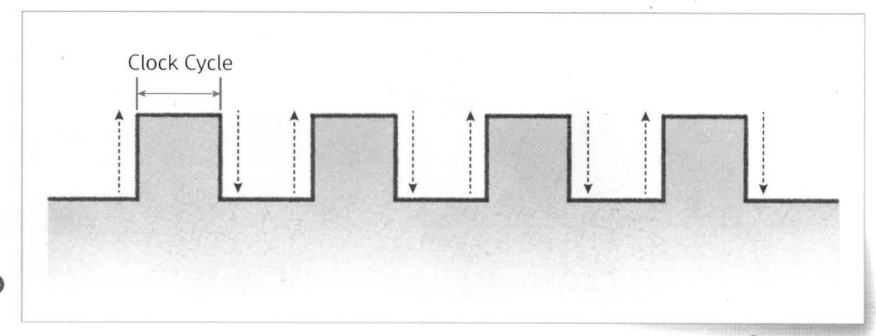

©www.hanol.co.kr

그림 2-4
DDR(Double Data Rate)

* Clock Signal에는 Rising edge와 Falling edge가 존재하는데, DDR은 두 edge 모두에서 data를 전송

드Word 만큼의 데이터data를 주고받을 수 있는 것에서 나온 명칭*

• DDRDouble Data Rate

Clock의 Positive와 Negative Edge를 모두 활용 SDR에 비해 동작 주파수를 두 배 증가시킬 수 있다. 즉, SDR에 비해 대역폭을 2배로 늘려 메모리 속도가 기존보다 2배로 작동한다.

DRAM 운용 제품별 특징Computing / Mobile / Graphic

Computing DRAM 특징

• High Density

많은 Data 처리가 필요한 Data Center와 같은 곳에서의 수요가 지속적으로 있고 Channel / Slot 수의 증가에 따른 고용량 DIMM 지원이 필요하다.

Multi 패키징 기술의 발전으로 단일 PKG 1ea의 용량 증가 추세이다.

DIMM
Memory Module 종류. PCB전면과 후면의 pin수는 같으나 pin들이 기능을 달리하는 제품을 말함. Module PCB의 단자(Pin)가 양쪽에 있으며 각각 독립적인 신호로 동작하는 형태의 Module

• Reliability신뢰도 중요

Server Data 안정성에 기여하기 위해 Reliability가 중요하며 Server 운영 중에 발생하는 불량에 대해 검출 또는 정정하기 위한 별도의 Error Correction Code 사용 등을 통해 안정성 확보가 필요하다.

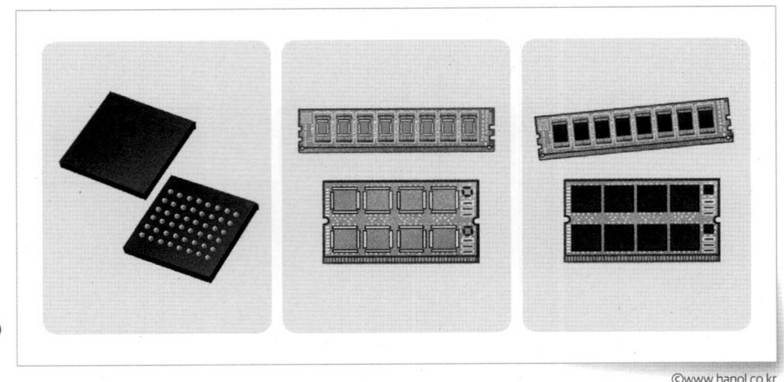

그림 2-5 Memory Module

©www.hanol.co.kr

• PCB Module 형태로 시스템에 장착

PCB 형태로 제작되어 Board Socket에 직접 DIMM Loading하는 형태를 가지며 Module 제작이 필요하기 때문에 Module 제작 후의 실장 평가가 주요 양산 단계에 포함된다. 필요에 따라 원하는 형태 크기의 DIMM으로 사용 가능하다.

Mobile DRAM 특징

Bandwidth : 높은 주파수와 낮은 주파수 간의 차이

• Low Power Consumption저전력 소비으로 Power 경쟁력 확보가 중요하다.LPDDR

• High Bandwidth 필요

Mobile Phone 고사양화High Resolution LCD, higher Spec Camera에 따른 5G Network을 활용한 실시간 Data 절대량이 증가한다. 또한 AI, ML 등을 활용한 다양한 Application 활용이 가능하고, Automotive Application에서의 High BW 처리에 필요하다.

• Wide Temperature

Automotive 지원 제품은 -40 ~ 125℃까지 지원해야 하고, Temperature에 따른 Refresh 주기 제어가 필요하며, Cold 특성 확보를 위해 온도에 따른 내부 전압 변조 방식을 사용하고 있다.

 Graphic DRAM 특징

• **High Speed 동작**

Graphic DRAM의 가장 큰 특징으로 2019년 이후 14Gbps의 High Speed 동작이 Trend이며, 점차 빠른 Speed 사양을 구현하기 위한 개발을 지속하고 있다. High Speed 동작 지원을 위한 다양한 특성 및 설계적 보완을 구비하고 있다.

• **Signal Integrity신호 무결성 최적화 기능 지원**

고객 혹은 System마다 최적의 Interface 최적화 Setting 값이 각기 다르며, High speed로 동작하는 다양한 Interface 환경에서의 Signal 최적화가 필요하여 이를 보장하기 위한 여러 기능을 지원하고 있다.

표 2-1 DRAM 운용 제품별 특징

구분	Computing	Mobile	Graphics
DRAM	DDR3/DDR4/DDR5	LPDDR3/LPDDR4/LPDDR5	GDDR5/GDDR6
주요 고객	Server / Client	Mobile	Graphic
System	Intel/AMD 등	Qualcomm/Apple 등	NVIDIA/AMD 등
특징	① High Density ② Low Cost	Low Power	High Frequency

02 DRAM 기본 동작 소개

 MOSFET

Metal Oxide Semiconductor Field Effect Transistor의 약자로 MOS 구조를 쓰면서 Gate 전압에 의해 발생된 Field로 동작되는 Transistor를 말한다.

MOSFET 구성 및 구분

- **구성**

Source, Gate, Drain, Bulk$_{\text{Substrate}}$의 4단자로 구성되어 있으며 Gate 아래의 Source와 Drain 간 거리를 Channel Length라고 한다. Gate 아래의 Source나 Drain 영역의 폭을 Channel Width라고 한다.

- **MOSFET 구분**

MOSFET은 크게 NMOSFET과 PMOSFET으로 나뉜다.

NMOSFET은 N type Channel MOSFET을, PMOSFET은 P type Channel MOSFET을 의미하며, NMOSFET은 Channel Inversion Carrier가 Electron이고, PMOSFET은 Channel Inversion Carrier가 Hole이다. 따라서 S/D는 Channel과 같은 type이며, Bulk$_{\text{Substrate}}$는 반대 type이다.

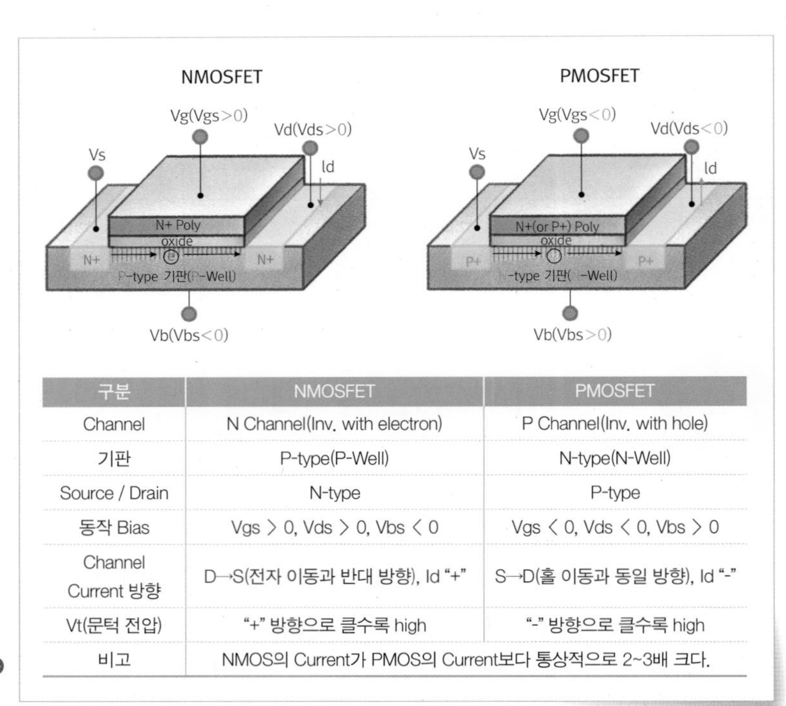

구분	NMOSFET	PMOSFET
Channel	N Channel(Inv. with electron)	P Channel(Inv. with hole)
기판	P-type(P-Well)	N-type(N-Well)
Source / Drain	N-type	P-type
동작 Bias	Vgs 〉 0, Vds 〉 0, Vbs 〈 0	Vgs 〈 0, Vds 〈 0, Vbs 〉 0
Channel Current 방향	D→S(전자 이동과 반대 방향), Id "+"	S→D(홀 이동과 동일 방향), Id "-"
Vt(문턱 전압)	"+" 방향으로 클수록 high	"-" 방향으로 클수록 high
비고	NMOS의 Current가 PMOS의 Current보다 통상적으로 2~3배 크다.	

그림 2-6 NMOS & PMOS 구조

MOSFET 동작 Bias NMOSFET 기준

Source, Gate, Drain, Bulk 단자 전압이 Vs, Vg, Vd, Vb라면 Source 전압 Vs는 기준 전압이 되며, 일반적으로

GND 0V Vg ≥ Vs Channel Inversion Layer를 형성하기 위해서

- Vd ≥ Vs Source의 Electron이 Drain으로 가야 함
- Vb ≤ Vs, Vb ≤ Vd 즉, S/D와 Bulk 간에는 역방향 Bias이어야 함

문턱 전압 이상에서의 전류I - 전압V 특성

- **문턱 전압 이상의 동작 시 MOSFET 동작 변화** NMOSFET 기준

  Gate 전압 Vgs>Vt Threshold Voltage, 문턱 전압일 경우 Si 표면은 Strong Inversion N Channel 형성되어 상당한 수준의 Free Carrier Electron가 존재하게 된다. 이때, Drain 전압 Vds+값을 가해주게 되면, 수평 전계에 의한 Drift에 의해 Source에서 Drain으로 Electron이 이동하게 된다. 따라서 Drain 전류 Id는 Inversion charge량과 이 전자의 속도에

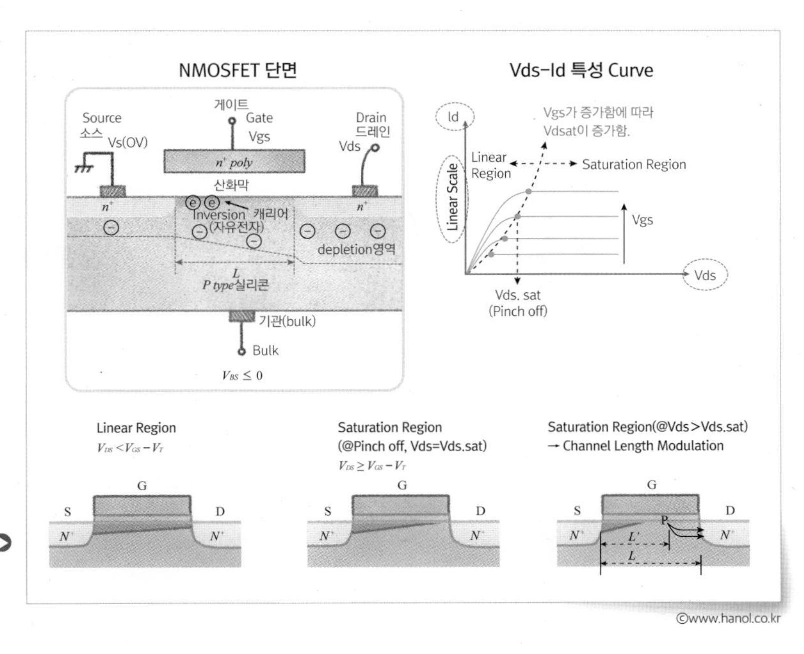

그림 2-7 NMOSFET Vds - Id 특성 정성적 이해

의해서 결정되게 된다. 그리고 gate 전압이 증가할수록 더 많은 Electron이 Channel로 끌려오므로 Inversion charge량은 증가한다. Drain 전압 Vds가 증가하면, Source/Drain 간의 Field가 증가하고 이에 의해 Drain 전류 Id도 증가하게 된다.

➔ **Vds가 증가함에 따라 Id값도 선형적으로 증가한다고 하여 Linear Region이라고 한다.**

Vds를 더 증가시키면 Si Surface Potential을 증가시켜Electron을 밀어낸다 Inversion Chargeelectron량은 감소하게 되고, Vds 증가에 따른 Drain 전류 Id의 증가율은 감소하기 시작한다.전류 감소가 아니라 증가율이 감소하는 것

Vds가 더욱 증가하여 어느 전압 이상이 되면, Drain쪽에 더 이상 Inversion charge가 존재하지 못하게 되는데, 이 현상을 Pinch off라고 하며 이 때의 Drain 전압Vds.sat을 Pinch off 전압이라 한다.

➔ **Vds가 증가해도 Id값이 증가하지 않는다 하여 Saturation Region이라고 한다.**

Pinch offVds.sat 이후에는 Drain쪽 Channel에 Inversion Charge가 없이 Depletion 영역만이 존재하는데, 이 영역에 Vds - Vds.sat에 해당하는 전압이 걸리게 된다. Vgs가 증가하면, Vds.sat이 증가한다. 왜냐하면, Vgs가 크면 그만큼 Inversion Charge가 많아져서 Drain쪽 Channel의 Inversion Charge를 없애기 위해 Vds가 더 커져야 하기 때문이다. Pinch off 이후 계속 Vds를 증가시키면 Pinch off 위치가 Source쪽으로 이동하게 되고 이는 결국 Channel Length를 감소L → L'시키는 결과를 낳고 Channel Length가 짧아 지는 만큼 Id값은 증가하게 된다. 이를 Channel Length Modulation이라 한다.

Long Channel에서는 L이 충분히 커서 L≒L'이므로 전류의 증가는 무시할 수 있다.

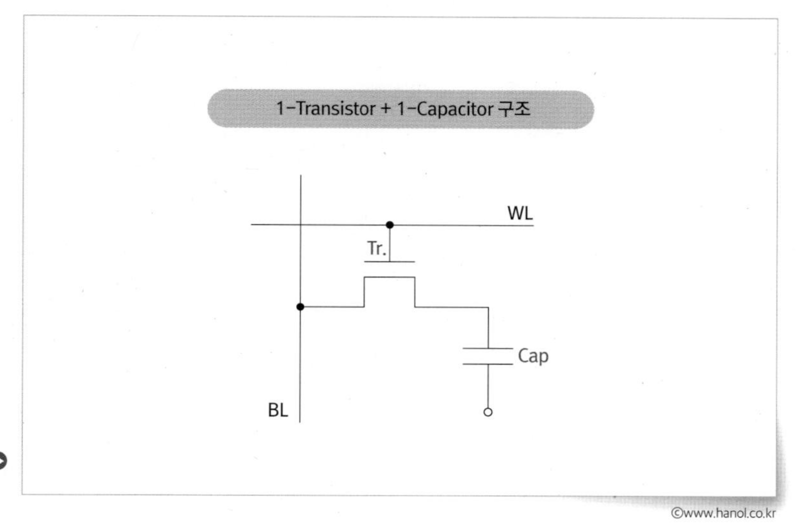

그림 2-8 DRAM 단위 Cell 구성

©www.hanol.co.kr

DRAM Architecture

DRAM 단위 Cell 구성

- WL Word Line

  Transistor Gate Control On / Off

  Storage Node Cap의 High Data 전위보다 높은 전원 Level 사용

- BL Bit Line

  Data Transfer Line Read / Write 공용

- Tr. Transistor

  Switch 기능의 NMOS Transistor 1개

- Cap Capacitor

  Data 저장 장소

  Storage Node의 Charge량에 의해 Data 유지

  주기적인 Refresh를 통해 Data 유지 필요

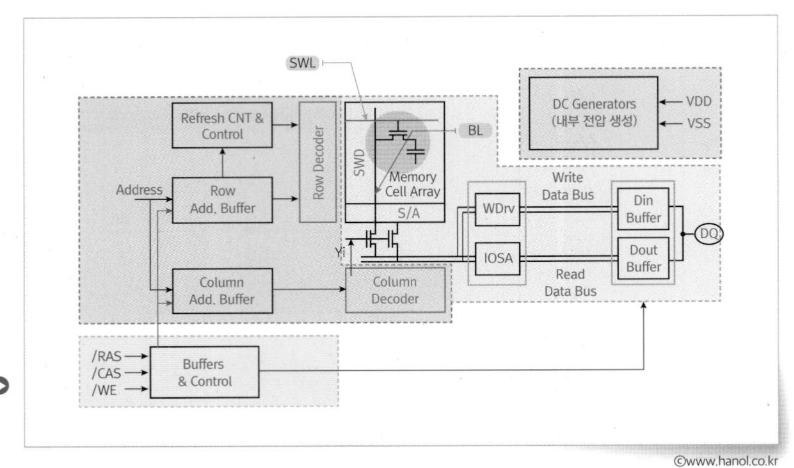

그림 2-9 DRAM Chip 구성 Block Diagram

한 장의 Wafer 내 수많은 단위 Chip(Die)이 존재하며, 양품 Chip에 대해 후속 PKG 및 모듈로 제작을 진행한다. 이후 여러 Test를 거친 최종 양품만이 고객에게 인도될 수 있다.

DRAM Wafer 구성 및 Core 구조

단위 Chip 내에는 약 만여 개가 넘는 단위 Mat이 존재하며, Mat 내에는 또한 수많은 단위 Cell Transistor와 Cap 조합이 배열되어 있다.

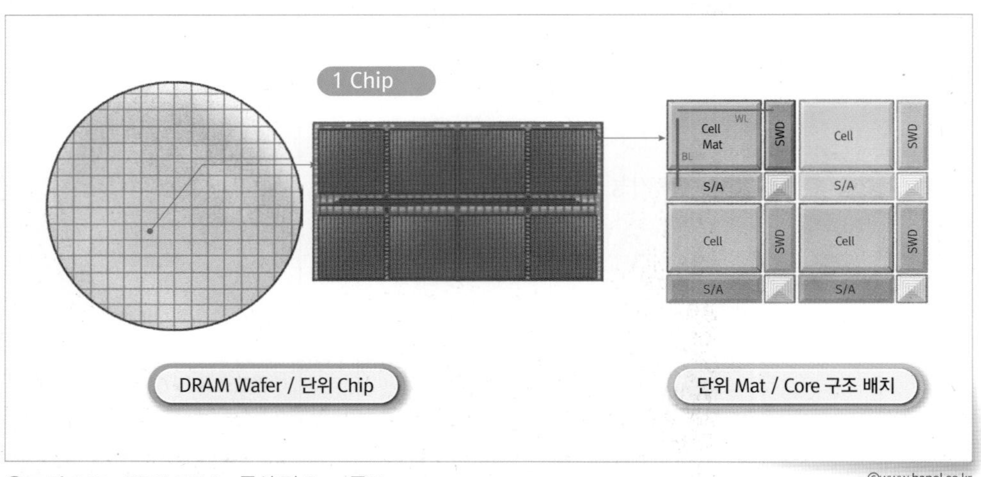

그림 2-10 DRAM Wafer 구성 및 Core 구조

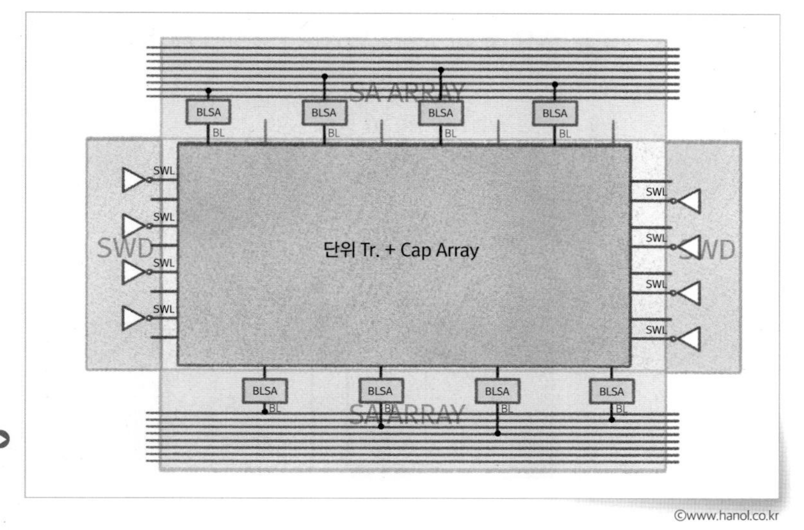

그림 2-11 DRAM Chip 내 Mat + Core Tr. 구조

각 Mat 인접은 단위 Cell. Transistor의 WL을 Control하는 회로-SWD Sub Word Line Driver와 BL을 Control하는 S/A Sense Amplifier가 위치해 있다.

쉬어가기 흔히들 DRAM산업에는 사이클이 있다고 한다.

대규모 투자가 선행되어야 하는 산업 특성상 "투자 증가 → 공급 증가 → 가격 하락 → 투자 축소 → 공급 감소 → 가격 상승 → 투자 증가" 무어 법칙(Moore's Law)의 순환 구조가 있다.

보통 4년 주기로 사이클이 반복되어 "올림픽 주기"라고도 한다.

세계 반도체 시장 통계(World Semiconductor Trade Statistics : WSTS) 상 2010년 이전 통계 자료로 볼 때 95년 $408억으로 호황이었으며, 96~99년은 불황 다시 2000년에 $289억으로 호황이었으며, 이후 3년간 불황이었다.

06년에 $338억으로 호황이었으므로 07, 08년은 사이클 입장에서 downturn(불황)에 해당된다. 최근에는 이러한 메모리 사이클이 짧아져서 점차 3년~2년, 최근 DRAM 업계 고위층에서는 1년으로 사이클이 짧아지고 있다고 한다. downturn이 있으면 upturn(호황)도 있는 만큼 호황 시에 불황을 대비하는 준비 작업을 각 부서에 걸쳐, 원가 절감 등 이익 극대화하여 불황 시 이겨 낼 수 있는 힘을 기르려고 노력하고 있다.

주요 동작 소개 - Write / Read / Charge Sharing

Data Write / Read 동작

• Write 동작

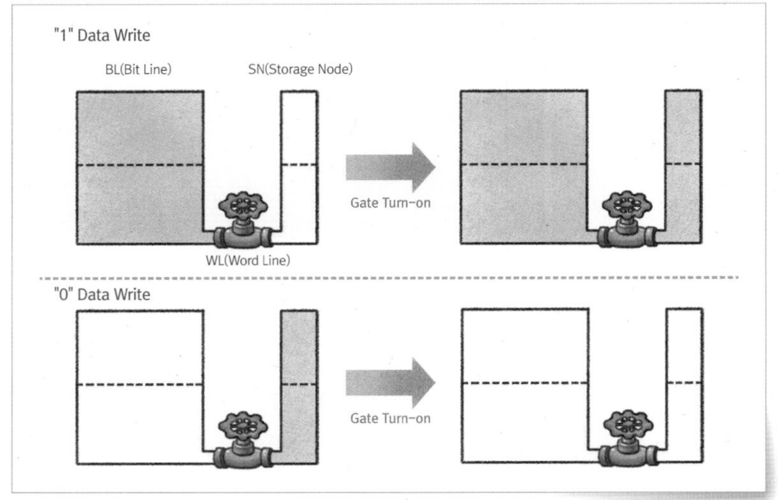

그림 2-12 "1" Data Write / "0" Data Write (모식도)

©www.hanol.co.kr

Storage Node의 전위 변동 중요

⋆Write "1" : BL의 High Data가 Storage Node에 저장되는 형태이다.

⋆Write "0" : Storage Node High Data가 BL의 Low쪽으로 빠져버린 형태이다.

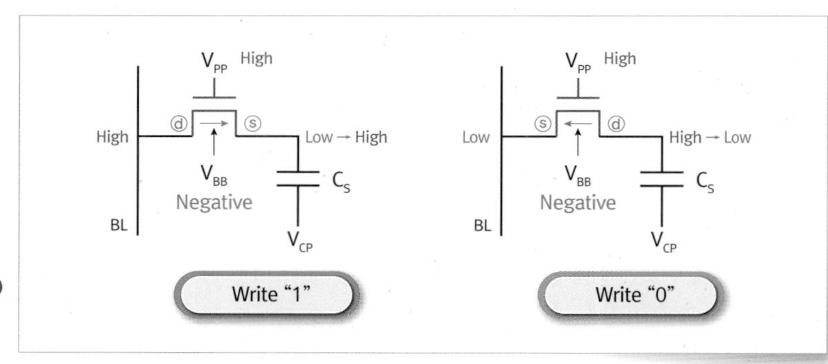

그림 2-13 "1" Data Write / "0" Data Write(Cell. Tr. 동작)

©www.hanol.co.kr

* Write "1" : BL - Drain / SN - Source가 되며, BL의 High Level 전위가 SN으로 유입되어 SN 전위가 Low → High Level로 상승하는 모습이다.
* Write "0" : BL - Source / SN - Drain이 되며, SN의 High Level 전위가 BL으로 유입되어 SN 전위가 High → Low Level로 하향되는 모습이다.

• Read 동작

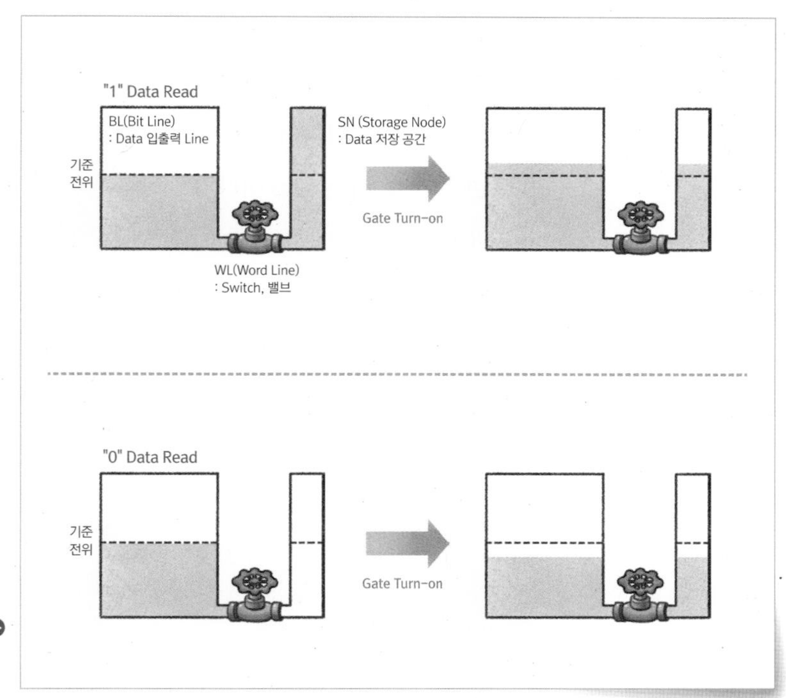

그림 2-14 "1" Data Read / "0" Data Read(모식도)

©www.hanol.co.kr

BL Node의 전위 변동 중요

* Read "1" : Storage Node의 High Data가 BL로 이동하여 BL의 기준 전위가 일정량 증가된 형태이다.
* Read "0" : BL Node의 기준 전위에서 빈 SN Node로 이동하여 BL의 기준 전위가 일정량 감소된 형태이다.

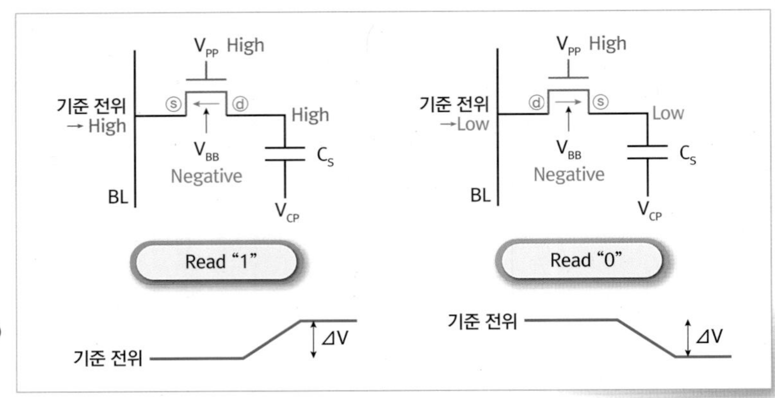

그림 2-15 "1" Data Read / "0" Data Read(Cell. Tr. 동작)

©www.hanol.co.kr

⋆ Read "1" : BL - Source / SN - Drain이 되며, SN의 High Level 전위가 BL로 유입되어 BL 전위가 기준 전위 → 기준 전위 + @ Level로 상승 하는 모습이다.

⋆ Read "0" : BL - Drain / SN - Source가 되며, SN의 Low Level 전위가 BL로 유입되어 BL 전위가 기준 전위 → 기준 전위 - @ Level로 하향 되는 모습이다.

• Charge Sharing

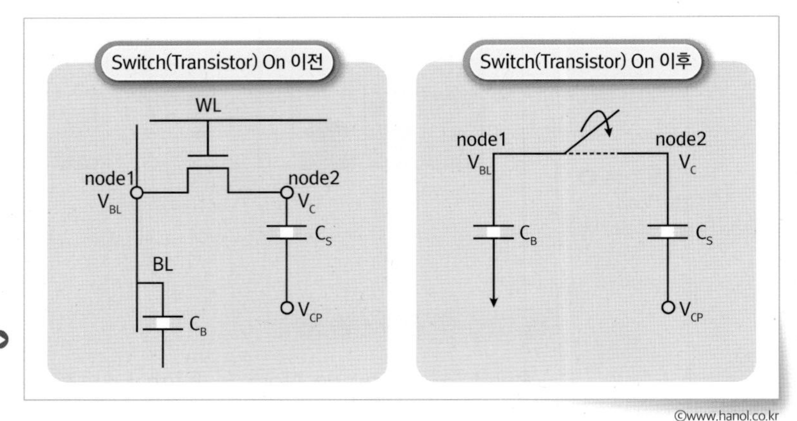

그림 2-16 Charge Sharing Mechanism

©www.hanol.co.kr

Switch_{Transistor} On 이전

⋆ Node1=V_{BL} / Node2=V_C

Q_c(Cap 영역 전하량) = $C_s \times (V_C - V_{CP})$

Q_b(BL 영역 전하량) = $C_b \times (V_{BL})$

Q_{total}(이전) = $Q_c + Q_b = C_s *(V_C - V_{CP}) + C_b \times V_{BL}$

Switch$_{\text{Transistor}}$ On 이후

⋆ $V_{BL} = V_C = V_{after}$

Q_{total}(이후) = $C_s \times (V_{after} - V_{CP}) + C_b \times V_{after}$

전하량 보존의 법칙에 의거

⋆ Q_{total}(이전) = Q_{total}(이후)

$C_s \times (V_C - V_{CP}) + C_b \times V_{BL} = C_s \times (V_{after} - V_{CP}) + C_b \times V_{after}$

∴ 아래와 같이, V_{after} 값이 정리된다.

$$V_{after} = \frac{C_S}{C_S + C_b}(V_c) + \frac{C_b}{C_S + C_b}(V_{bl})$$

Charge Sharing 이후의 Sensing Margin Voltage$_{\triangle V}$

$V_{BL} = ½V_{CORE}$

⋆ $\triangle V = V_{after} - V_{BL}$

$$\Delta V = \frac{C_s V_C + C_b V_{bl} - C_s V_{bl} = C_b V_{bl}}{C_s + C_b}$$

$$= \frac{C_s (V_C - V_{bl})}{C_s + C_b} = \frac{V_C - V_{bl}}{1 + C_b / C_s}$$

$$\Delta V = \pm \frac{½V_{core}}{1 + C_b / C_S}$$

➲ Charge Sharing 이후, 상기 $\triangle V_{\text{Sensing Margin Voltage}}$공식을 살펴보면, Sensing Margin은 Bit Line Cap과는 반비례하며, Storage Node Cap과는 비례 관계인 것을 알 수 있다.

SWD, S/A 동작 이해

SWD_{Sub Word Line Driver} 동작 이해

• 동작 개요

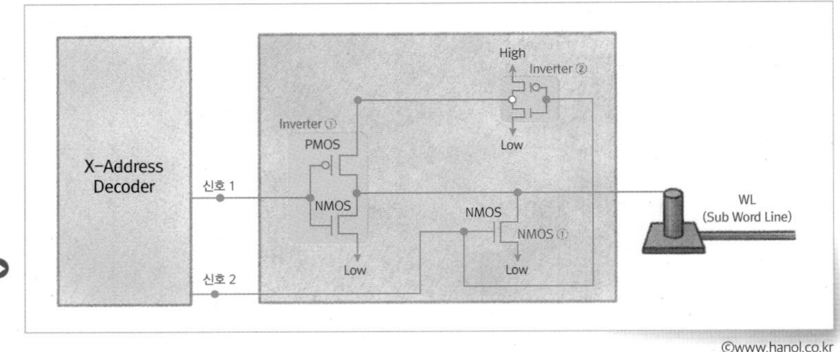

그림 2-17 SWD(Sub Word Line Driver) Circuit 구성

©www.hanol.co.kr

• Active 동작

Step 1 Decoder에 의해 X-address$_{WL}$가 선택되면 해당 SWD를 동작하기 위한 '신호1'과 '신호2'가 모두 Low Level 전위로 각 Inverter①과 NMOS①에 전달된다.

Step 2 신호2의 Low 전위는 Inverter②의 PMOS를 동작시켜, High 전위$_{VPP}$가 Invertet①의 PMOS단 Source로 공급된다.

Step 3 한편 신호1의 Low 전위는 Invertet①의 NMOS를 OFF, PMOS를 ON시켜, PMOS단 High 전위$_{VPP}$를 출력$_{Drain}$으로 내보내게 된다.

Step 4 PMOS Drain으로 나온 High 전위$_{VPP}$는 Word Line에 공급되어 CELL Tr.을 Turn On 시키게 된다.

• Standby 동작$_{Active\ 동작과\ 반대\ 양상}$

Step 1 해당 X-address$_{WL}$를 Control하는 SWD의 '신호1'과 '신호2'에 두 High Level 전위로 Inverter①과 NMOS①에 전달되고

Step 2 신호2의 High 전위는 Inverter②의 NMOS를 동작시켜, Low 전위$_{VSS}$가 Invertet①의 PMOS단 Source로 공급된다.

Step 3 한편 신호1의 High 전위는 Invertet①의 NMOS를 ON, PMOS를 OFF시켜, NMOS단 Low 전위를 출력$_{Drain}$으로 내보내게 된다.

Step 4 NMOS Drain으로 나온 Low 전위는 Word Line에 공급되어 CELL Tr.을 Turn Off 시키게 된다.

S/A$_{Sense\ Amplifier}$ 동작 이해

• 동작 개요

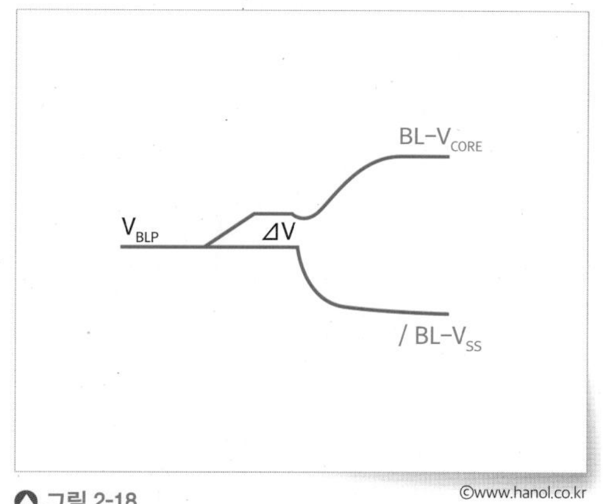

©www.hanol.co.kr

그림 2-18
S/A(Sense Amplifier) Develop 파형

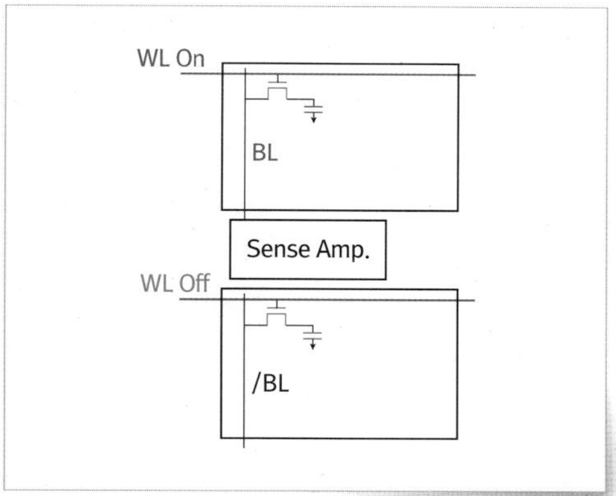

WL On
BL
Sense Amp.
WL Off
/BL

©www.hanol.co.kr

그림 2-19
Bit Line / Reference Bit Line 배치 및 동작

Charge Sharing에 의한 ΔV는 약 100mA 수준으로 매우 작기에 Cap에 저장된 Data를 Read 시, 0인지 1인지 제대로 판정하기 위해서는 Data 증폭이 필요하다. 이렇게 Data 증폭을 하는 역할을 하는 회로를 S/A$_{Sense\ Amplifier}$라 한다.

Voltage는 상대적이라, Noise 성분이 있으면 판정이 어렵기에 High Level인지 Low Level인지 판정하기 위해서는 비교 전위가 있는 것이 좋다.$_{BL\ -\ /BL}$

WL On된 BL은 Charge Sharing이 되어 +ΔV 만큼의 변화가 있고. WL Off된 /BL은 VBLP를 유지하고 있다.

$$BL = VBLP + \Delta V$$

$$/BL = VBLP$$

S/A_{Sense Amplifier}에서는 BL과 /BL의 Voltage Level 차이를 감지하여 증폭을 실시한다.

• **세부 S/A**Sense Amplifier **동작**

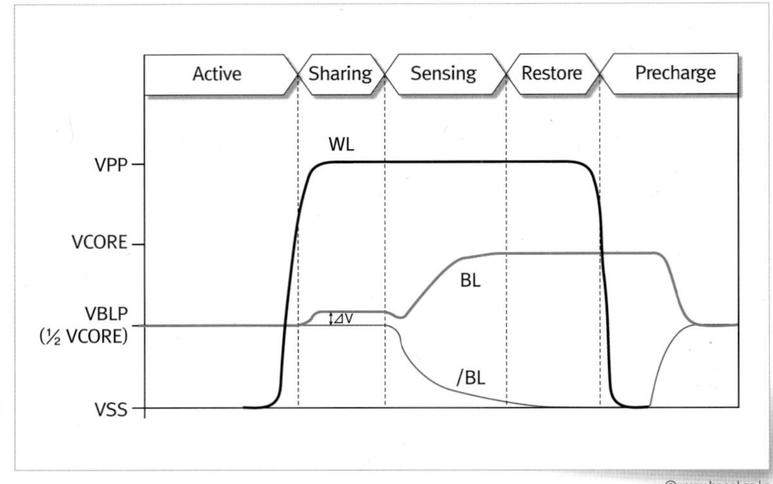

그림 2-20 S/A 각 동작별 Bit Line / Reference Bit Line Level 파형

©www.hanol.co.kr

• **Standby 상태: WL**Word line **Off**

이때 모든 Bit line들은 동일한 기준 전압 Level VBLP=VCORE/2 로 Pre-Charge되어 있는 상태이다.

• **Active 상태: WL**Word line **On**

Step 1 BL들은 기준 전위VBLP를 유지한 채 외부와 단절된 floating 상태

Step 2 외부에서 입력된 Row Address에 의해 선택된 Word Line이 On되면 해당 WL의 전압이 High Level VPP로 상승되며, 선택된 Cell의 전하가 해당 Bit Line에 실리며 BL의 전압은 Cell의 Data에 따라서 △V만큼 높아지거나, 낮아지게 된다.

Step 3 이때까지 반대쪽 /BL의 전압은 Pre-charge 상태로 기준 전압 VBLP 전압을 유지하고 있지만

Step 4 S/A Driver가 구동이 되면서 BL은 VCORE 또는 VSS로, /BL은 반대 전위인 VSS 또는 VCORE로 둘 간의 전압 차가 증폭되게 된다.

Step 5 증폭 된 Level Data가 이후 Path Line으로 넘어가게 되면, 해당 WL은 Off되고 BL과 /BL은 다시 기준 전위 VBLP로 돌아가게 된다. =Pre-Charge 상태

REFRESH

Refresh란?

- 정의

DRAM의 가장 큰 특징은 Dynamic이란 것이고, 이는 물리적으로 Data를 저장하기 때문에 일정 시간이 지나면 Data의 소실이 발생한다. 따라서 이를 방지하기 위하여 일정 시간이 지나면 종래에 썼던 Data를 다시 보충해주는데 이를 Refresh 동작이라고 한다. DRAM 동작의 필수 요소이다.

- Refresh Time tREF - Data Retention Time

Memory Cell에서 Data를 잃어버리기 직전까지의 시간을 말한다. 즉, 원하는 Data를 Write하고, 누설전류 등에 의해 Write한 Data의 판정이 되지 않고 Fail로 발생한 시간을 말한다.

DRAM Chip Maker 회사마다 tREF의 Spec을 정하는 기준은 다르나 기본 개념은 다음과 같다.

• Refresh 불량 종류

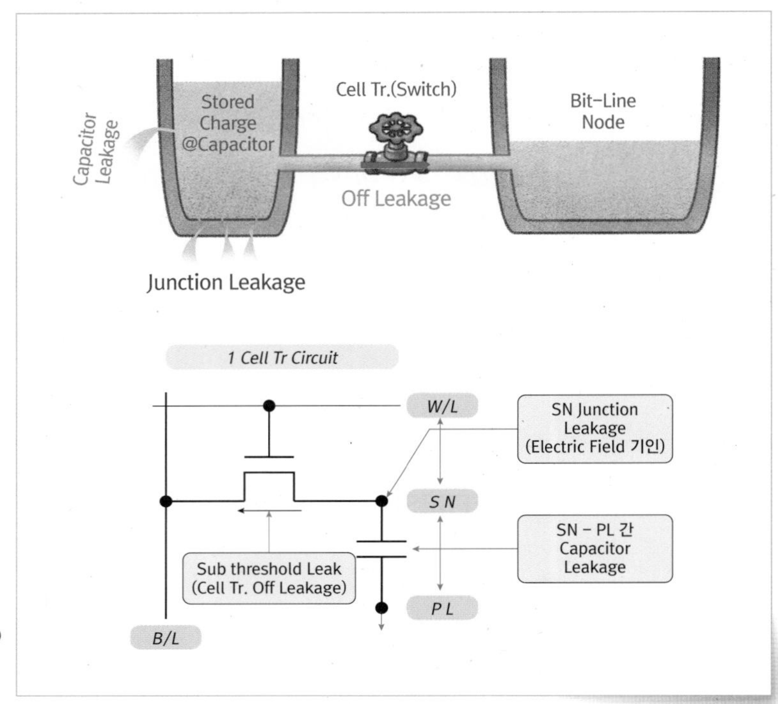

그림 2-21 Refresh 불량 - Cell Leakage 성분

©www.hanol.co.kr

표 2-2 Refresh 불량 - 발생 원인 및 연관 인자 확인

Refresh 불량	원인	연관 인자
Storage node Junction Leakage	높은 전계	• Source / Drain Imp : Doping 농도
		• Junction Depth 외 구조 기인
	구조 결함	• Gate Oxide 품질
		• Imp. 공정 Damage
		• Etch공정 Damage
Cell Tr. Subthreshold Leakage	Cell Vth low	• Gate Oxide 두께 외
Capacitor Leakage	절연체 Leakage	• 유전체 두께(Low Thickness)
		• 유전 물질(High Leakage Material)

DRAM 주요 Process Module

ISO / GATE

ISO Isolation

Data를 저장하는 Cell Tr.과 주변 회로인 Periphery Tr. 이하 Peri Tr. 들은 각각의 Tr.이 분리되어 서로 영향을 받지 않아야 한다. Tr.을 물리적, 전기적으로 분리해주기 위해 STI Shallow Junction Isolation Process를 사용한다. STI는 Tr.이 형성될 Si과 Si 사이를 Trench Etching으로 분리시키고 절연 물질을 Deposition하여 진행한다.

이렇게 형성된 Si 영역을 ISO라 명명하고, 절연 물질이 Gap Fill된 영역을 Fox Field Oxide라 명명 할 때, Cell Tr.에 형성된 ISO 깊이와 CD는 Tr.의 Read, Write, Refresh 등의 동작에 직접적인 영향을 주기 때문에 Key Parameter 로 꼽힌다. Peri Tr.은 많은 종류의 Tr.들이 존재하는 만큼 ISO 모양 및 크기가 다양하다.

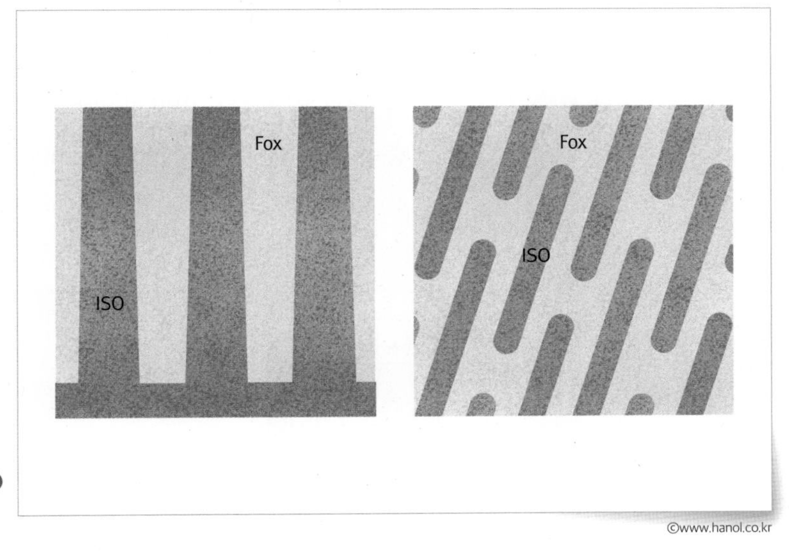

그림 2-22 Cell Tr. ISO 단면(좌), 평면(우)

GATE

Cell 및 Peri Tr.의 Switching 역할을 하는 Gate 구조를 형성하는 Process이다. Cell Tr.의 경우 Tech Shrink_{Tr. 및 Chip 면적 Scale Down}에 따른 누설전류Leakage Current 증가 방지 및 특성 개선을 위해 Planar Gate 에서 Recess Gate, Fin-FET, Buried Gate 등의 모습으로 변화하였다. Peri Tr.의 경우 Planar Gate를 많이 사용하고, Gate Oxide 두께에 따라 크게 Slim또는 Thin / Thick Tr.로 나뉜다. 주로 Speed 특성 확보가 중요한 Tr.은 Slim, Reliability 특성 확보가 중요한 Tr.은 Thick Gate Oxide를 사용한다. WLWord line을 Control하는 SWDSub Word line Driver, Capacitor에 저장된 Data를 증폭해주는 BLSABit Line Sense Amplifier 등이 있다.

IMPLANTATION

주요 Process Module에 공정Process이 등장한 이유는 현재 DRAM Process상 진행되는 Implantation공정의 대부분을 GATE 에서 진행하기 때문이다. Cell 및 Peri Tr.이 각자의 역할을 제대로 수행하기 위해서는 Channel 및 JunctionSource, Drain이 형성될 영역에 알맞은 Type과 적절한 양의 불순물Dopant을 주입하여 최적화된 VtThreshold Voltage, 문턱 전압를 갖도록 하는 것이 중요하다. Implantation Process는 이러한 다양한 요건을 충족 시켜 줄 수 있다. Implantation은 분자 또는

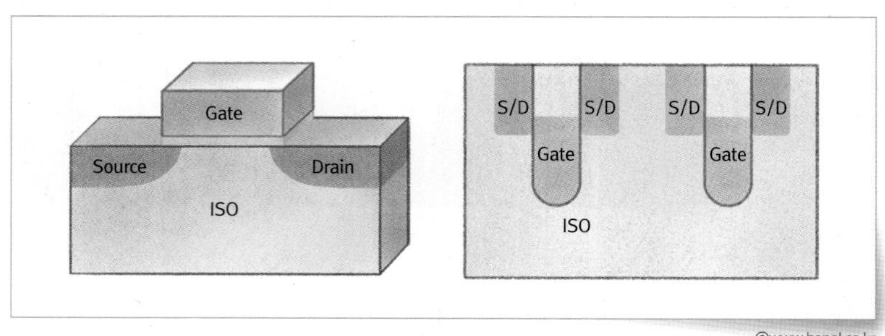

그림 2-23 Planar Gate(좌) 및 Buried Gate(우)

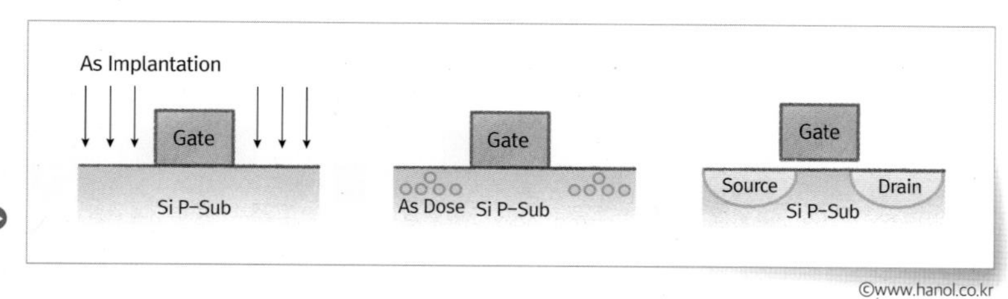

그림 2-24 Implantation Process

©www.hanol.co.kr

원자 이온을 고전압하에서 가속시켜Target Material의 표면층을 뚫고 들어갈 수 있는 충분한 에너지를 갖게 함 Target Material 내부로 불순물을 주입시키는 Process이다. Dopant의 종류로 Donor와 Accepter가 있으며 주로 Phosphorus, Arsenic, Boron 등을 사용한다. Implantation Process가 끝난 후에는 주입된 불순물들이 Si 원자와 결합Activation, 활성화 할 수 있도록 고온의 열처리 Process를 진행한다.

표 2-3 대표적 Ion Implantation 형성공정 종류 및 구분

적용 공정	목적
Well Implant	• P, N Well 영역 형성 → P, N - MOS 형성
Channel Field stop Implant	• 각 Active transistor 사이의 전기적 분리 효과(Isolation)
Source/ Drain Implant	• Heavy doping에 의한 Carrier의 Source와 Drain 영역 형성
Contact plug Implant	• Cell Tr.의 landing plug 및 P+, N+ contact 영역의 저항 감소

SACSelf Align Contact

정의 및 특성

Cell Tr.의 Storage Node에 저장되어 있는 전하를 Bit Line을 통해 외부에서 읽고 쓸 수 있게 전달해주는 Contact을 형성하는 Process이다. DRAM의 고집적도를 결정하는 주요 공정 중 하나로 점차적으

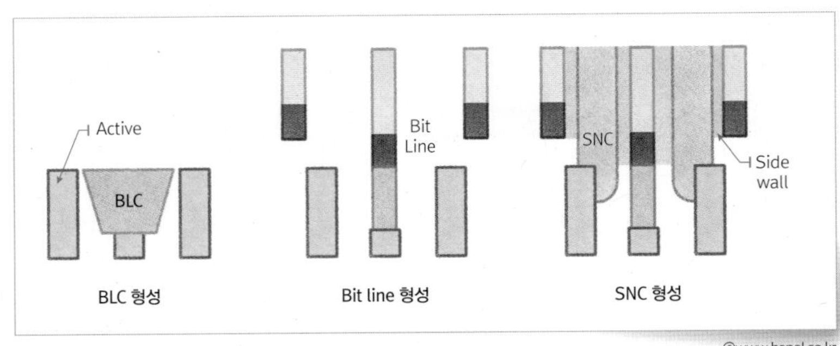

그림 2-25 Contact 모식도

로 Shrink되는 DRAM의 Unit Cell Pitch선폭 안에 Bit Line 과 SNCStorage Node Contact를 Self-Align주변 구조와 미리 증착된 Film을 활용하여 별도의 Photo Lithography 없이 Pattern 형성하는 Process 기법으로 형성시키는 Process이다. Self-Align Contact의 주요 공정은 형성 순서에 따라 BLCBit Line Contact, Bit Line, Sidewall, SNC로 이루어져 있다.

- BLCBit Line Contact: Active또는 ISO와 Bit Line을 연결
- Bit Line: Data를 읽고 쓰는 Metal Line
- Sidewall: Bit Line과 SNC를 분리시켜주는 역할, 절연 특성이 중요
- SNCStorage Node Contact: Active와 Storage Node를 연결

역할

Bit Line과 BLC, SNC Contact이 제 기능을 수행할 수 있도록 물성과 크기의 최적점을 찾고 특성을 안정화하는 것이 SAC Process의 역할이다. 이러한 구조들은 한정된 Pitch 안에서 형성되므로 OverlayPhoto Lithography Process에서 상/하부 Layer 간 정렬 정도 및 Process 산포에 따른 필연적인 불량이 발생하게 된다. SAC Process의 주요 구조적인 불량은 Bit Line과 SNC가 연결되어 발생하는 Short 불량 및 각 Contact들의 미형성 기인 Open 불량이 있으며, 특성 관련 불량으로는 BLC, SNC의 고저항성 불량 및 Bit Line의 기생 Capacitance 불량이 있다.

SN Storage Node

정의 및 특성

전하를 저장하는 소자인 Capacitor를 형성하는 Process로 Storage Node의 약어이다. 두 개의 전극과 유전물질로 구성되며 Refresh 특성에 영향을 주는 주요 항목 중 하나로 정전 용량Capacitance 확보와 유전물질의 누설전류Leakage Current 감소가 중요하다.

정전용량Capacitance 확보와 누설전류Leakage Current 감소

DRAM 고집적화에 따른 Unit Cell당 할당되는 면적 감소로 Capacitor 면적도 감소되고 있으나, Refresh 특성 확보를 위해 일정 수준 이상의 정전용량 확보가 필요하다.

정전용량은 Capacitor의 전극 면적 및 유전물질의 유전율Permittivity에 비례하고, 유전물질의 두께에 반비례한다. 누설전류는 유전물질의 두께 및 Band Gap에 반비례한다.

- 면적 측면: 정전용량 확보를 위해 평판 구조에서 원통형 구조로 전환되었다.
- 유전물질 측면: 정전용량 확보와 누설전류 감소는 단일 물질 사용으로는 만족할 수 없어 유전율이 높은 물질과 Band Gap이 높은

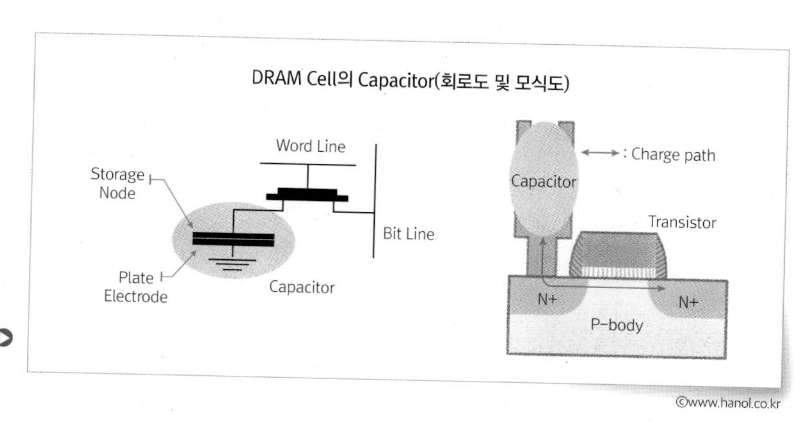

그림 2-26 DRAM Cell Capacitor

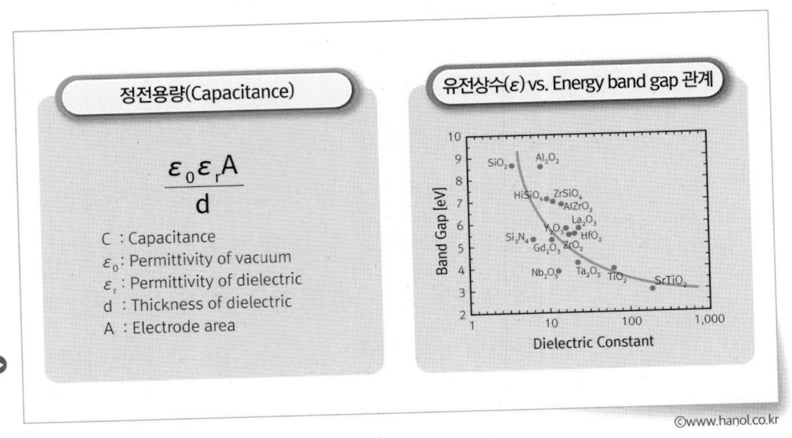

그림 2-27 정전용량(좌) 및 유전물질(우)

물질을 적층Stack하는 방식으로 사용하고 있다.

역할

정전용량 확보와 누설전류 감소라는 상반된 두 가지 특성을 동시에 만족해야 하는 고난이도 Process이다. 공정Process 산포 및 결함Defect 기인한 인접 Capacitor 간의 Bridge, 유전물질의 누설전류 기준 초과, Capacitor 하부 전극과 하부 Contact 간의 Open 불량 등이 발생할 수 있다. 산포 개선 및 최적의 Process 조건을 도출하여 개선한다.

MLMMulti Layer Metal

정의 및 특성

Cell, Peri Tr.의 정상적인 동작을 위한 Power 공급 및 소자 간 Signal Line 형성 등 DRAM 내, 외부 배선 연결을 위한 Metal Line을 형성하는 공정이다. Chip의 집적도가 증가함에 따라 Power 및 Signal Line, Architecture, Interface 특성의 고도화로 다층의 Metal Line이 필요하다. 이를 MLMMulti Layer Metal이라 하며 Metal 배선이 2중인 것을 DLMDouble Layer Metal, 3중인 것을 TLMTriple Layer Metal이라 한다.

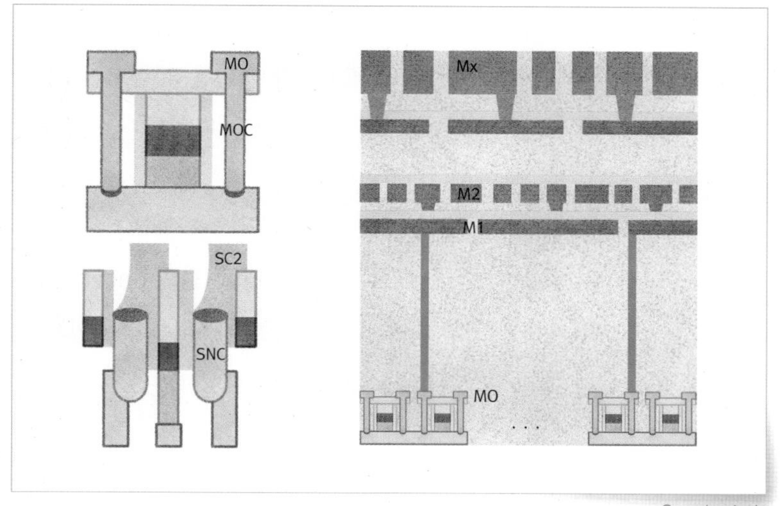

그림 2-28
Metal Layer 단면(@DRAM)

©www.hanol.co.kr

저항Resistance 과 Layer 간 정전용량Capacitance 감소

Tech Shrink에 따른 Contact, Line 및 Space의 Dimension 감소로 저항 및 정전용량이 증가한다. 이는 RC DelayRC 회로의 시간적인 지연의 증가로 소자의 Speed 특성 열화를 유발한다.

Contact 저항을 낮추기 위한 방법으로 Ion-Implantation Process 조건과 Interface 특성 개선, Silicide규화물, Si과 금속 원소와의 화합물 형성 및 RTARapid Thermal Annealing 조건 최적화가 중요하다.

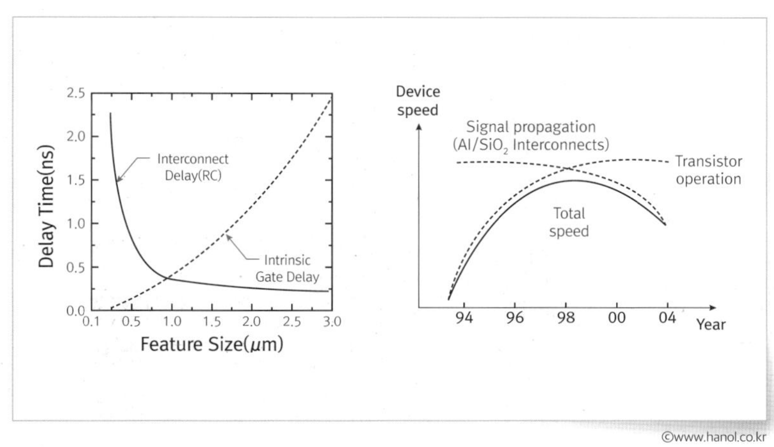

그림 2-29
배선 간격 감소에 따른
RC Delay(좌) / 그에 따른
Chip 속도 감소(우)

©www.hanol.co.kr

Metal Line의 저항을 낮추기 위한 방법으로 저항이 낮은 Low Resistivity 물질의 적용과 Metal Line 간 정전용량 감소를 위해 낮은 유전율을 갖는 IMD Inter Metal Dielectric 물질을 사용한다.

역할

Contact의 Open 불량, Metal Line 간의 Short와 Line 끊어짐, Line 간 간섭에 의한 Speed 특성 열화 등의 불량이 있으며, Process Margin과 산포 개선을 통해 불량을 개선한다.

04 DRAM 변화 방향

DRAM Memory 기술 변화 요구

DRAM Process 미세화의 둔화와 용량 증가의 한계 봉착

• DRAM Process 미세화의 둔화

DRAM 제조 Process의 미세화는 둔화되고 있고 미세화 한계가 가까워지고 있다. 이는, Capacitor의 용량을 유지하는 것이 한계에 도달하고 있기 때문이다. 미세화에 따라 Capacitor 용량을 유지하는 것이 어려워지는데, Capacitor의 Aspect ratio는 이미 비정상적 수준 상태로 한계에 가까운 상황이다. 10nm대의 1xnm 19nm 정도 ~ 1ynm 15nm 정도까지 미세화는 가능할 수도 있으나, 현재 DRAM Spec에서 1znm 13~10nm까지 미세화 및 이의 양산화가 가능한 업체가 있을 수 있지만, 기존 치킨 게임 1차 2008년 / 2차 2011년 때와 같이, 이러한 미세화에 실패하여 새로운 국면을 맞는 업체가 발생할 수 있다.

DRAM Process 미세화 둔화 → DRAM Chip의 용량화 한계

DRAM Chip의 용량은 일부 16G-bit 제품으로 전환이 시작되고 있지만, 향후 현재 동일한 방식으로의 대용량화는 기대할 수 없는 상황이 되고 있다. 물론 단일 Package 내 Die Stack을 통한 용량 증가는 가능할 수 있지만, 단일 Chip 용량은 한계에 도달하고 있다.

변화하는 DRAM과 Memory 기술

- TSV Die Stacking 통한 대용량화 / 광대역화

최근 각 DRAM Chip Maker 업체에서 Die Stack에 주안점을 두고 있는 것은 단일 Chip 자체의 용량 한계점을 극복하기 위함에 있다. 현재 Server 등 주요 Market에 도입되고 있는 DDR4 제품도 TSV Die Stacking을 통해 용량을 증가시켜 이러한 대용량화 요구에 대응하려 하고 있다. 그러나 TSV를 채택하는 것은 TSV를 통해 대용량화뿐 아니라 광대역 / 저전력 DRAM을 구현하여 고부가가치 제품을 만드는 데 의미가 있다.

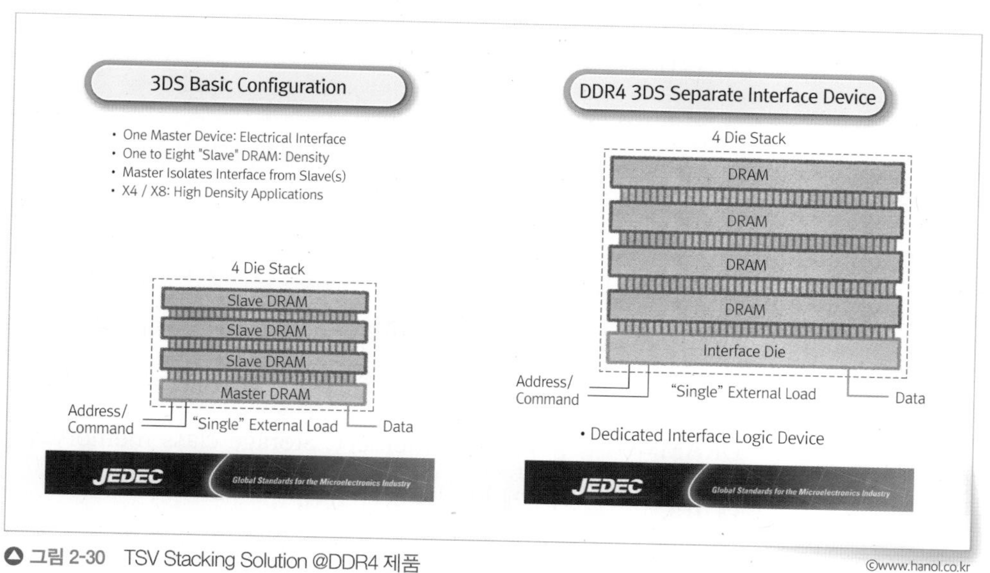

그림 2-30 TSV Stacking Solution @DDR4 제품

©www.hanol.co.kr

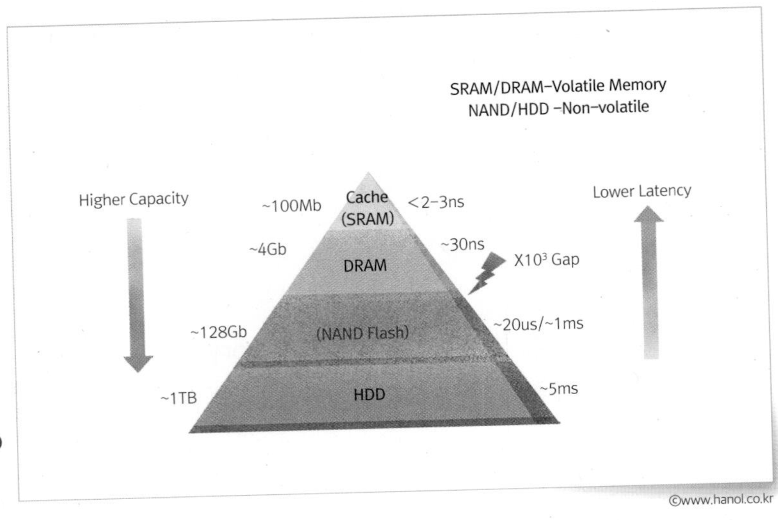

그림 2-31 천준호, 「차세대 메모리 설계기술」(산학과제, 연세대, 2017)

현재 DRAM에서는 광대역 기술인 「HBM High Bandwidth Memory」이나 「Wide I/O2」가 도입되고 있으며, TSV 기술이 도입된 HBM 적용은 Memory Module 기반의 DDR계 Memory의 고속화 방법이 없는 상황에서 Memory 광대역이 요구되는 GPU에서 먼저 도입되고 있다. 그러나 향후 Server 向 등 고성능 CPU에서도 부분적으로 채용될 가능성이 있는데, 이는 CPU 또한 높은 연산 성능에 맞는 Memory 광대역이 필요하기 때문이다.

출처 「미국 현대미술의 의미」, 『PC Watch』, 2014년 5월 26일

Memory 계층 구조 변화 가능성 및 차세대 메모리 기술 등장

- 현재의 Memory 계층 구조

장기적으로 DRAM Process 미세화의 둔화와 대용량 DRAM에 대한 요구는 점차적으로 차세대 비휘발성 Memory로 대체될 가능성이 있다. 그러한 흐름이 되면, Off-Chip Memory 계층은 광대역 DRAM과 대용량 비휘발성 Memory, Storage class memory의 3 계층의 구성을 이루게 될 가능성이 있다.

D램이 전원을 끄면 데이터가 사라지는 단점과 플래시 메모리의 느

린 데이터 처리 속도를 보완하는 목적으로 차세대 메모리 개발에 관심이 높아지고 있다. P램상변화 메모리, R램저항변화형 메모리, STT-M램스핀주입 자화반전 메모리은 메모리 반도체 미세공정이 한계를 맞으면서 기존 메모리를 대체·보완할 것으로 거론된 대표적인 차세대 메모리이다.

P램은 D램 대체용으로, STT-M램은 임베디드 메모리로 사용하거나 D램을 대체하는 용도로, R램은 낸드플래시 대체용으로 개발되고 있다.

이 중 가장 빠르게 시장에 진입할 것으로 예측되는 제품은 P램으로 현재 가장 기술 완성도가 높기 때문이다. 플래시 메모리보다 데이터를 읽고 쓰는 속도가 100배 이상 빠르고 전원이 끊어져도 데이터가 지워지지 않는 특성이 있다.

R램은 재료의 저항 변화를 이용해 데이터를 저장하는 메모리로 반도체 chip make 회사들이 수년 전부터 기술을 개발하고 있다. A사는 데이터 쓰고 지우기를 1조회 이상 반복할 수 있는 R램을 개발하기도 하였다.

STT-M램은 전력을 공급하지 않아도 데이터를 계속 보관할 수 있고 정보 기록·재생도 무제한에 가까운 수준이어서 안정성이 높은 것으로 평가받고 있다. 10나노미터 이하에서도 회로를 집적할 수 있고, 일부 반도체 chip make 회사에서 기술 개발에 속도를 내고 있다.

이처럼 세계 반도체 chip make 회사에서 차세대 메모리 개발에 속도를 내고 있지만 기술 개발에 걸리는 시간뿐만 아니라 시장 수요를 만드는 것은 해결해야 할 숙제이다.

과거 차세대 메모리들이 D램과 낸드플래시를 대체할 것으로 거론됐지만 기술이 진화함에 따라 시장에서 어떤 영역을 차지할지 아직 불투명하기에 기존 제품을 대체하기보다 보완하는 역할로서 새로운 시장을 형성할 것이라는 관측이 있다.

유지경성
제자는 듣거라 … 우리 스도문파가 전체중원의 문파들 중 1, 2위를 어찌 유지하는지 아느냐?
물론입니다. 우리의 차별화된 무공과 첨단 기술에서 오는 차별화된 경쟁력 아닙니까?
그렇단다. 우리의 차별화된 무공과 첨단무기는 타 문파에서 따라오기, 아니 흉내내기도 어렵지
으쓱~
하지만 스승님 타 문파에서도 최근 우리의 무공과 무기를 연구하여 매우 근접한 실력을 보인다는 첩보가 있습니다.
그럼 어찌하면 좋겠느냐?
글쎄요… 너무 어렵습니다. 스승님…
방법은 두가지가 있느니라
무공의 고수를 길러 그 수를 늘리는 방법이 하나 있고
또 하나는 차별화된 무기를 생산하여 장비의 우위를 가져올 수 있느니라
무공의 고수를 길러 그 수를 늘리는 것은 무척 오랜 시간이 걸리지 않습니까?
명확히 지적했다…^^
고수를 확보하는 것은 시간이 필요하단다.
우선 당장은 차별화된 무기를 생산하여 장비의 우위를 가져야 한다.

반도체 칩 완제품의 품질과 성능 개선을 위해 꾸준히 노력중이며, 한정된 웨이퍼 내에서 양질의 많은 칩을 생산해내기 위해(품질 확보 + 수율 향상) 끊임없는 연구와 시도가 지속되고 있습니다.

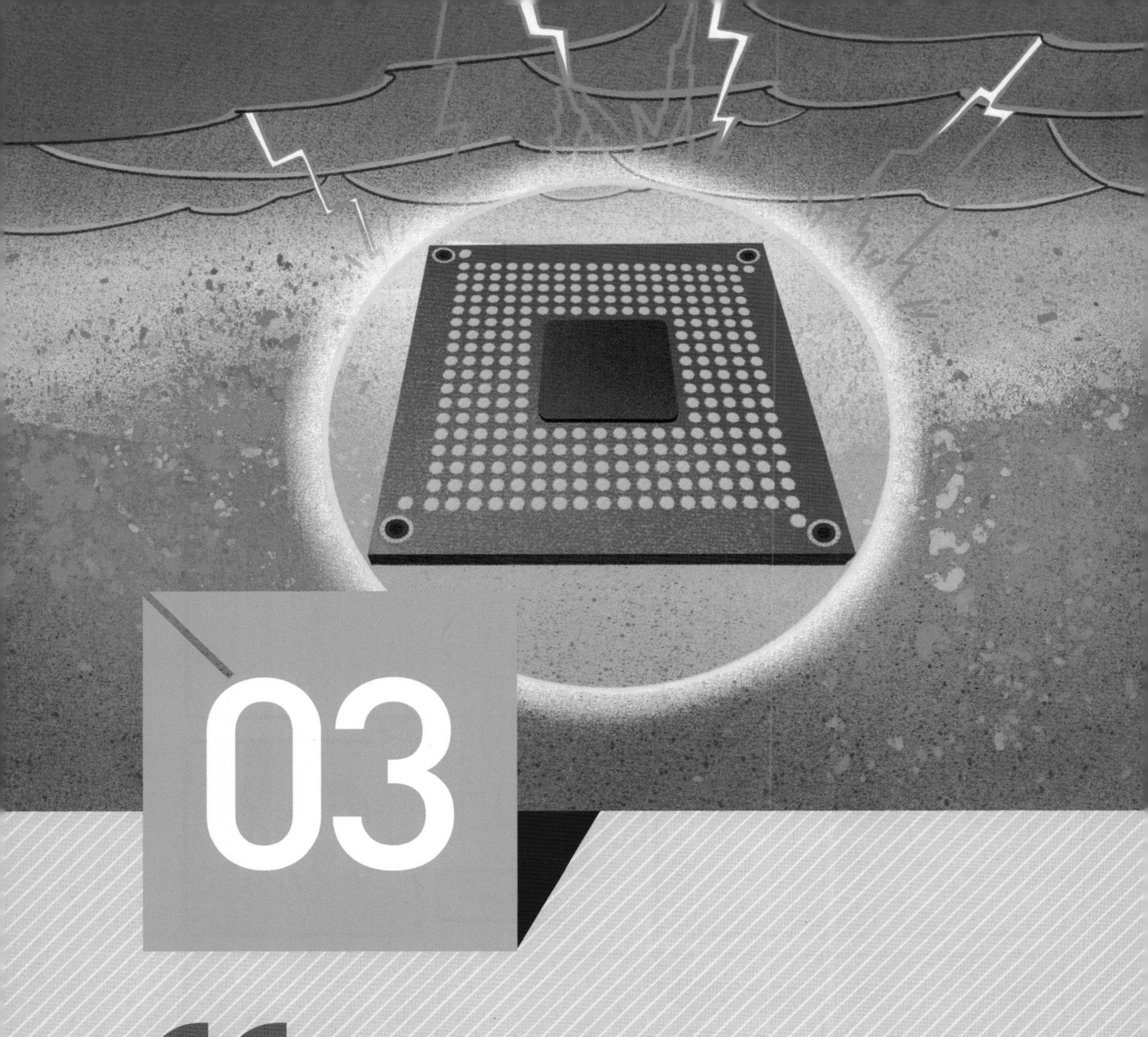

03

NAND Memory 제품

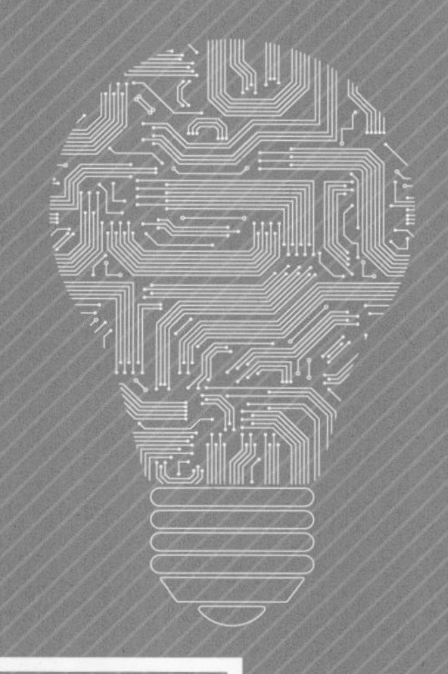

03
NAND Memory 제품

01 NAND FLASH Memory 소개

FLASH Memory란?

FLASH는 흔히 '섬광' 혹은 '번쩍이다'를 뜻하는 영어 단어로 순간적인 찰나를 의미한다. 그리고 Memory는 '기억'을 뜻한다. 그러면 이 둘의 합성어인 FLASH Memory는 그대로 직역하면 섬광 같은 기억?, 아주 짧은 기억이라는 말인가? 라고도 할 수 있다. 의미로만 본다면 이해하기 어려울 수도 있고, 대체 왜 이런 말이 생겼지 라고 할 수도 있다. FLASH Memory라는 뜻을 이해하기 위해서는 FLASH Memory의 동작 방식에 대해서 이해를 해야만 한다.

흔히 반도체에서 Memory라는 것은 저장 소자, 즉 정보를 저장할 수 있는 소자를 의미한다. 정확하게는 전기 신호로 이루어진 정보의 저장을 의미한다. 전기 신호는 보통 없다를 의미하는 '0', 그리고 있다를 의미하는 '1'의 두 가지 신호를 의미하며, bit라는 단위를 사용한다. FLASH Memory는 무수히 많은 bit의 열로 이루어진 정보를 단 한 번의 동작으로, 그야말로 일순간에 쓰고 지울 수 있다고 해서

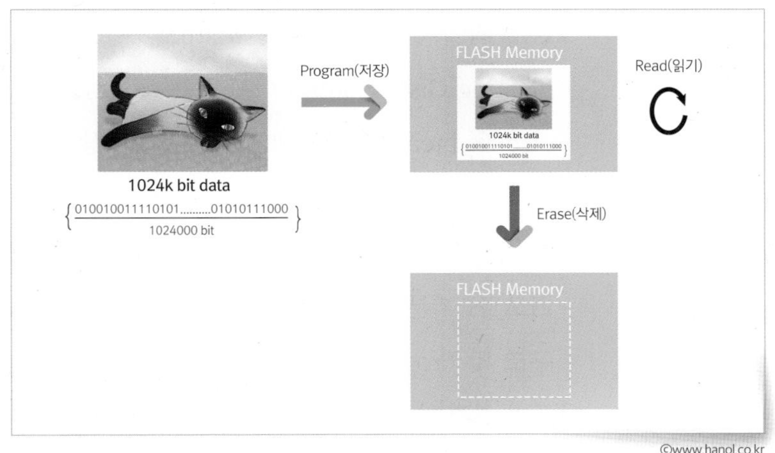

그림 3-1 FLASH Memory Program(저장) - Read(읽기) - Erase(삭제) 개념도

©www.hanol.co.kr

FLASH Memory라고 한다.

전기 신호를 반도체에서는 Data라고 하며, FLASH Memory에서는 이 Data의 저장 및 삭제 그리고 읽기가 이루어진다.

FLASH Memory의 기본적인 동작은 data를 저장하는 Program 동작, data를 읽는 Read 동작, Data를 삭제하는 Erase 동작으로 이루어져 있으며, 이 Program - Read - Erase 동작을 묶어서 1cyc 동작이라고 한다. FLASH Memory의 Data 저장은 Cell이라고 하는 Floating Gate를 가지는 transistor에서 이루어진다. Floating Gate는 전압을 인가할 수 있는 Control Gate와 전자를 다량 가지고 있는 Sub 사이에서 oxide$_{SiO_2}$라는 물질로 전기적으로 분리되어 있다. Control Gate에 아주 높은 〈+〉 전압을 인가하여 Floating Gate에 전자를 집어 넣는 것을 Program 동작이라고 하며, 반대로 Sub에 아주 높은 〈+〉 전압을 인가하여 Floating Gate의 전자를 빼는 것을 Erase 동작이라고 한다. Program과 Erase 동작으로 인해 Floating Gate에 존재하는 전자의 수가 변함에 따라 Floating Gate의 전위가 달라지고 이에 따라 Cell Transistor의 상태가 달라지는데, 이 상태를 확인하기 위해 Cell Transistor를 동작시켜 특성을 확인하는 것을 Read라고 한다. 이렇게 전압으로 Floating Gate에 전자를 주입하거나 빼는 동작을 반복하다 보면 Floating Gate와 Control Gate, 그리고 Floating Gate와 Sub 사이에 있는 oxide$_{SiO_2}$가 약해지고 결국엔 Dielectric breakdown이 발생하면서 더 이상 Data 저장이 불가능하게 된다. 그래서 FLASH Memory는 각 제조사별로 cyc 동작의 횟수에 제한을 두고 있다. NAND FLASH의 동작에 대한 내용은 NAND FLASH 기본 동작 소개에서 더 자세하게 다루도록 하겠다. Cell의 구조 및 Program - Read - Erase의 기본적인 동작에 대한 이해를 돕기 위해 다음의 〈그림 3-2〉를 참조하기 바란다.

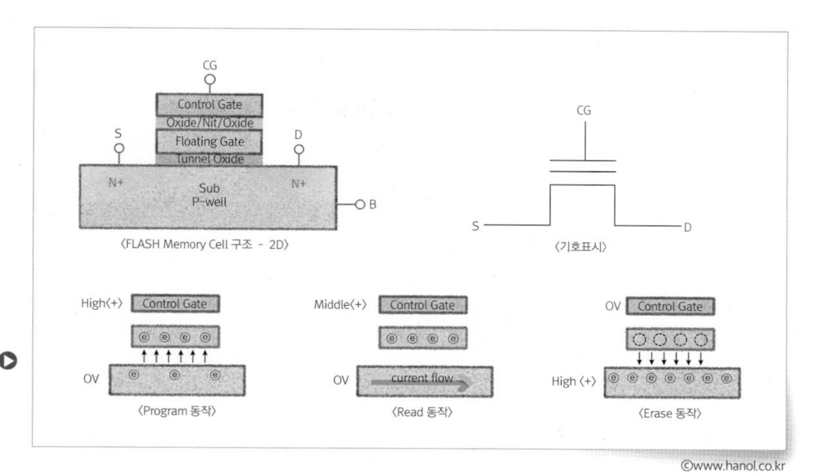

그림 3-2 FLASH Memory Cell 구조 및 Program - Read - Erase 동작 설명

©www.hanol.co.kr

FLASH Memory는 흔히 NAND FLASH Memory로 주로 거론된다. NAND FLASH Memory에서 NAND는 Logic 회로에 쓰이는 연산자를 말하며, 우리말로는 부정 논리곱이라고 한다.

$NAND_{A,B}$ 혹은 $\overline{A\cdot B}$, $\overline{A}+\overline{B}$의 형태로 의미하는 바는 "입력된 전기신호 A와 B의 값이 둘 다 1이 아닐 때만 1을 출력하라."이다. 즉, 'A=0 and B=0', 'A=1 and B=0', 'A=0 and B=1'의 경우는 1을, 'A=1 and B=1'의 경우는 0을 출력을 한다. FLASH Memory는 NOR type과 NAND type의 2가지가 있다. NOR 역시 Logic 회로에 쓰이는 연산자를 의미하여 $NOR_{A,B}$ 혹은 $\overline{A+B}$, $\overline{A}\cdot\overline{B}$의 형태로 의미하는 바는 "A와 B의 값이 둘 다 0일 때만 1을 출력하라."이다. NOR type의 경우에는 응답 속도는 빠르지만 data 저장을 위해 필요한 면적이 커서 작게 만들 수 없는 단점이 있고, NAND type은 응답 속도는 NOR type 대비 느리지만, data 저장을 위해 필요한 면적이 NOR 대비 작다는 장점이 있다. 우리에게 익숙한 USB와 같은 FLASH disk들은 data를 저장하는 Cell transistor가 모두 NAND type으로 만들어져 있다. Cell transistor 한 개당 1 bit의 data를 저장할 수 있는데, NOR type의 경우에는 BL과 SL 사이에 Cell transistor를 1개만 배

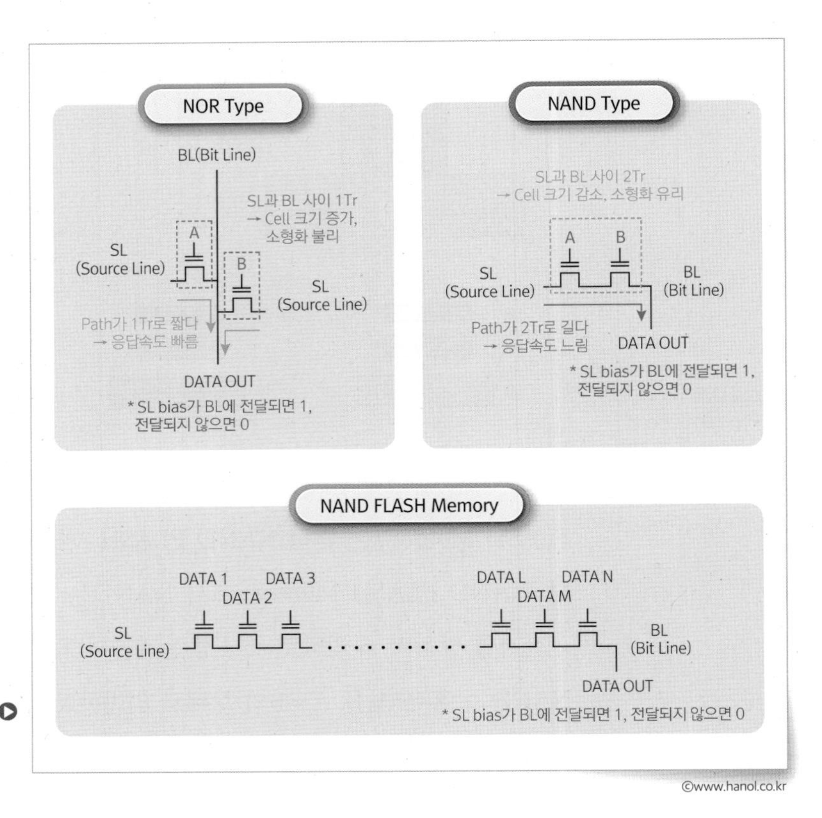

그림 3-3 NOR type, NAND type, NAND FLASH Memory 설명

치할 수 있고, NAND type의 경우에는 Cell transistor 배치 개수에 대한 제한이 없어 소형화에 더 유리하고 동일 면적에서 더 많은 정보를 저장할 수 있다.

BL은 Cell transistor에서 Data output node를 말하며, SL은 Low bias apply node를 말한다.

FLASH Memory Market Trend

Mobile phone의 변화 과정을 보면 과거 통화만 가능하던 1세대에서 출발해 동영상 재생, 사진 촬영, 인터넷 검색과 같은 다양한 기능을 수행하는 multi media 기기의 5세대로 변화를 거듭하고 있다. 최근 IOT Internet Of Things라는 말은 사물 인터넷이라는 것으로 전자 기기와 우

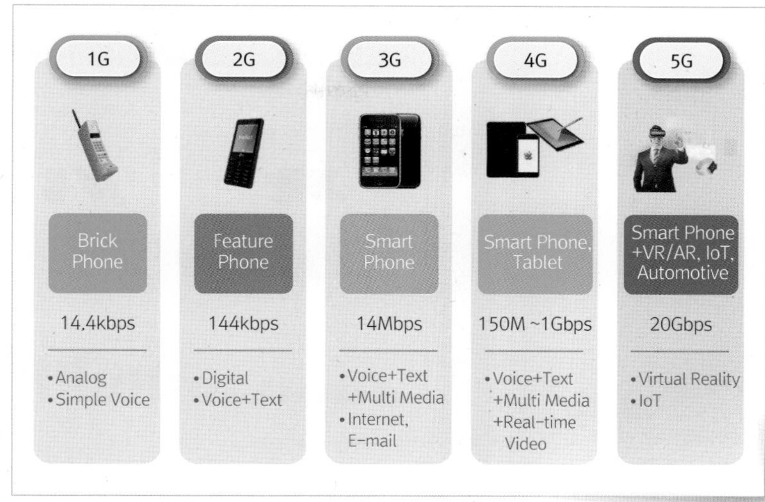

그림 3-4 Mobile phone의 세대별 변화 과정
*출처: IITP(정보통신기술진행센터)

리 주위에 있는 모든 사물을 인터넷으로 연결하여 실시간 컨트롤이 가능하게끔 인프라를 구축하는 것을 의미한다. Mobile phone은 이 IOT의 중심에서 인간과 사물을 연결하는 주요 매개체로 그 역할을 수행하고 있고, 앞으로 더 많은 기능을 수행할 것이다.

더 많은 기능을 수행하기 위해서는 더 많은 data 처리 능력이 필요하고 더 많은 data를 처리하기 위해서는 더 많은 용량의 정보를 care 할 수 있는 Memory가 필요하다. NAND FLASH Memory는 그 구조상 많은 용량의 data를 handling 할 수 있으며, 구조적으로 소형화에 적절하기 때문에 NAND FLASH Memory에 대한 수요는 폭발적으로 증가할 것으로 예상된다.

다음 〈그림 3-5〉에서 NAND Memory와 DRAM Memory의 연도별 판매량을 표시하였다.

NAND FLASH Memory의 판매량 증가는 mobile 기기의 탄생 및 발전과 함께 하고 있으며, IOT와 AI의 발전으로 인해 그 수요가 폭발적으로 급증하고 있다는 것을 알 수 있다.

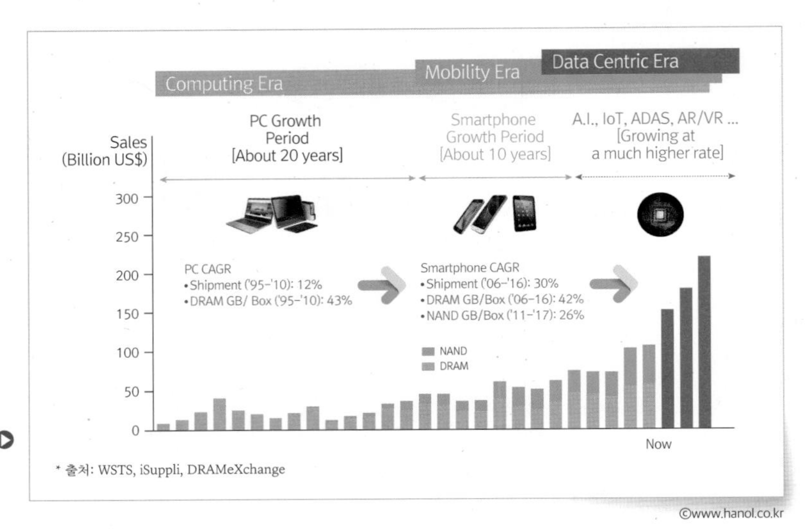

그림 3-5 NAND/DRAM world sales trend & estimation

현재 NAND FLASH Memory의 주요 고객들을 보면 전세계의 주요 전자/통신 기기를 생산하는 거의 모든 회사들이 포함되어 있다. NAND FLASH 용량도 2018년까지는 128/256G가 주류를 이루었으나, 2019년부터 512G에 대한 수요가 증가하였으며, 2021년 이후에는 GB를 넘어선 TB 단위의 용량을 가지는 제품들이 시장의 주류를 이룰 것으로 예상하고 있다.

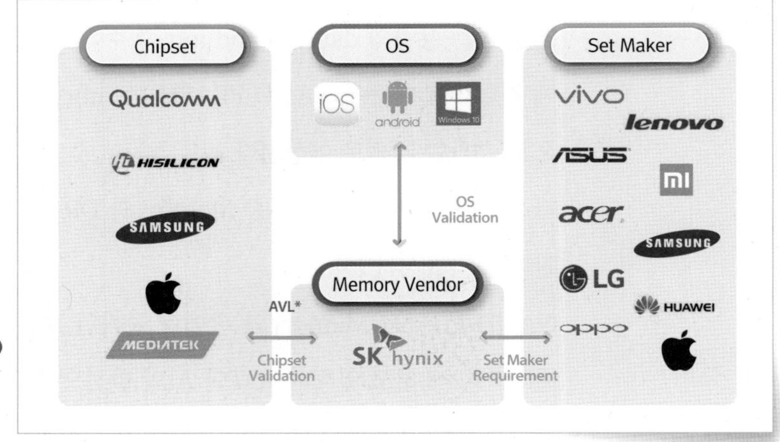

그림 3-6 NAND FLASH Memory 주요 고객사와 SK hynix
*출처: SK hynix

NAND FLASH 기본 동작 소개

NAND Architecture

Flash Memory의 구조

전형적인 플래시 메모리의 구조는 Cell 배열, Column 디코더, Row 디코더, 감지 증폭기, HV High Voltage 컨트롤 회로를 포함하고 있는 장치이다*. Flash Memory의 일반적인 구조는 〈그림 3-7〉에서와 같이 되어 있다. HV High Voltage Control Circuit은 Program과 Erase 동작을 실행하기 위하여 꼭 필요한 장치로서 FLASH Memory Cell에서 Program 혹은 Erase 동작에 필요한 전압들을 제어하는 역할을 하고 있다. Cell의 배열은 여러 개의 하위 배열 단위로 나누어져 있는데 이 하위 배열을 Block이라고 명명한다. Column 디코더와 Row 디코더는 Address에 따라 Cell 배열에 접근하고 감지 증폭기에서 Cell 배열의 값들을 확인 할 수 있도록 하는 회로이다. Cell의 address는 연속된 bit의 열로 나타내며 Memory의 용량에 따라 bit 수는 달라진다. 기본적으로 NAND FLASH Memory의 Row address는 16진수로 표현이 되며 각각의 Block은 Row Address로 주소 값을 지정할 수 있는데, 예를 들어 Row address A12라는 값이 주어지면 A12는 가장 왼쪽 숫자인 'A'는 MSB, 가운데 '1'은 CSB, 가장 오른쪽 숫자인 '2'는 LSB로 명명하며, MSB는 행 주소의 Block 위치를 보여주고, LSB는 Block의 접근 WL을 위해 사용된다. 만약 사용자가 Block 1의 n+1 번 WL Word-Line의 특정 Cell을 Read 하고 싶은 경우에는 MSB의 값을 1로 할당하고 LSB의 값을 n+1로 지정하면 원하는 Cell의 값을 Read 할 수 있다.* 가운데 숫자인 1은 NAND FLASH Memory의 Block 구성 방법에 따라 Block ad-

* P. Cappelletti, C. Golla, P. Olivo, and E. Zanoni, Flash Memories, Boston, MA: Kluwer Academic, 1999.

* T. H. Kim, H. Chang, KIPS Tr. Comp. and Comm. Sys., Vol.3 No.5 pp 129, 2014.

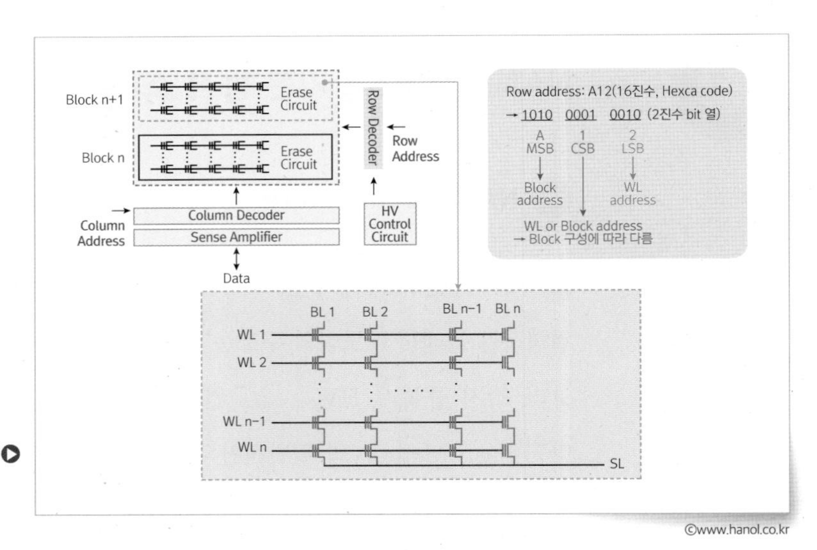

©www.hanol.co.kr

그림 3-7 전형적인 Flash Memory의 구조 및 Row address bit 설명

dress 혹은 WL address로 지정된다. 그 외 Program 동작은 지정된 WL에 전하를 주입하는 방식으로 Cell에 논리 값 0을 입력하고 String 별로 Program 하는 방식이며, Erase 동작은 각 서브 배열에 내장되어 있는 Erase 회로를 통해 BL과 SL을 동시에 Erase Bias를 인가하여 Block 단위의 Erase 방식을 사용하여 Cell에 논리 값 1을 Write 한다.

Flash Memory는 Cell 배열의 구조에 따라서도 구분이 되는데 크게 BL과 SL 사이에 Cell의 배치가 병렬로 배치된 구조를 보이는 NOR 형, 그와 반대로 BL과 SL 사이에 Cell이 직렬로 배치된 NAND형 구조로 구분될 수 있다. 드 모르간 법칙에 따르면 모든 논리 게이트$_{\text{Logic Gate}}$는 NAND형과 NOR형 구조만으로도 구현할 수 있다. Table 1>은 전형적인 NAND형과 NOR형의 특성을 비교한 것이다. NAND형의 읽기 동작이 NOR형보다 느린 이유는 Cell의 Data를 읽기 위해 Address 라인 한 개를 활성화한 상태에서 연결된 Cell을 직렬로 액세스 해야 하기 때문이다. 하지만 그 외 모든 특성에서 NAND형이 NOR 보다 뛰어난 성능을 보여주며 특히 획기적으로 배선수를 줄일 수 있기 때문에 고용량의 제품을 저가로 공급이 가능하다.*

* Wikipedia, “NAND FLASH Memory”

표 3-1 NAND형과 NOR형 특성 비교

구분	NAND형	NOR형
용도	USB, SSD 저장 매체	실행 가능한 코드 저장
읽기	NOR 대비 느림	빠름
쓰기	빠름	느림
밀도	고밀도	저밀도
가격(용량 대비)	저가	고가

NAND형 Memory의 구조

NAND형 Flash Memory는 BL, SL, Drain Select Line$_{DSL}$, Source Select Line$_{SSL}$ 그리고 Main WL으로 이루어져 있다. 〈그림 3-8〉과 같은 형태를 One String이라고 칭하며, 여러 개의 String이 모이면 한 개의 Block이 된다. 또한, 이렇게 5개$_{BL, SL, DSL, SSL, WL}$의 Electrode의 Bias를 제어하게 되면 Cell의 기본 동작인 Program, Erase, Read 동작을 구현할 수 있다. NAND형 Flash Memory 구조는 BL과 WL이 각각의 Cell에 직렬로 연결되어 있기 때문에 Random Access가 불가능하고 각 Cell을 순차적으로 데이터를 읽어내는 방식을 사용하기 때문에 Read 속도가 느리다. 하지만 메모리의 Block을 여러 개의 Page로 구분하기 때문에 Program과 Erase 속도가 빠른 장점을 이용하여 다양한 이동식 저장매체에 활용되고 있다.

WL은 Page로 표현하기도 하며 String에 있는 각각의 Cell을 Control하는 Gate의 역할을 수행하고 있다. WL은 BL의 수직 방향으로 달리면서 하나의 Electrode로 연결되어 있으며, BL은 Bias를 조절하여 Se-

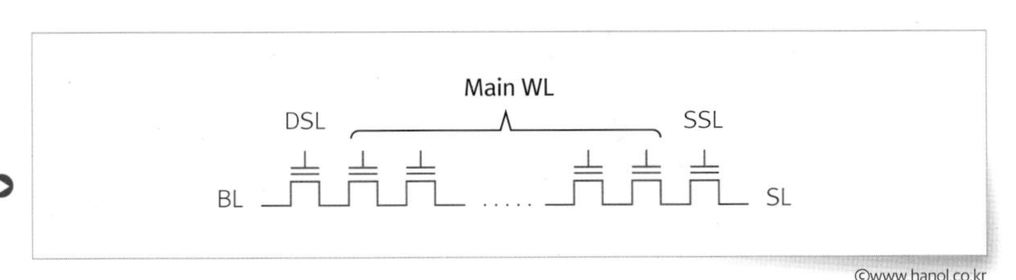

그림 3-8 One Sting의 NAND Flash Memory 구조

lected-BL 혹은 Unselected-BL으로 구분지을 수 있다. Selected-BL에 연결된 특정한 Cell을 WL에 Bias를 인가함으로써 NAND형 Flash Memory의 기본 동작인 Program을 실행할 수 있다. 즉, BL과 WL의 Bias 조합을 통하여 각각의 Cell들을 Control할 수 있는 것이다. String 양끝의 BL과 SL에 Bias 인가를 통해서 String 내의 Cell에 Bias 전달 준비가 되면 DSL/SSL의 열고 닫기 기능에On/Off 따라서 BL과 SL의 Bias가 String 내부로 적용될지의 여부가 결정이 된다.

NOR형 Memory의 구조

NOR형 Flash Memory Cell 구조는 반도체 칩 내부의 전자회로 형태에 따라 구분되는데 〈그림 3-9〉와 같이 WL과 BL이 모두 병렬로 이루어진 형태이다. 또한, 각 Cell이 병렬로 이루어져 있기 때문에 각 Cell을 개별적으로 Control하기 위해서 추가 배선이 필요하고 그 덕분에 NAND Flash Memory 대비 필요한 면적이 넓어진다는 단점이 있다. 결국, 집적도가 낮아져서 대용량 Memory 시장에 불리한 조건을 가지고 있다. NOR형 Flash Memory는 Cell이 병렬로 배열된 구조이기 때문에 데이터 Read 시 Random Access가 가능하다. 즉,

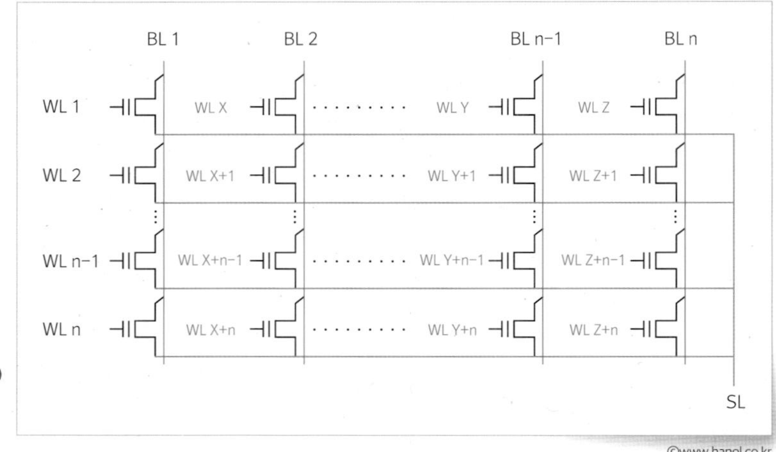

그림 3-9 일반적인 NOR Flash Memory 구조

Read 속도가 NAND에 비해 빠르고 안정성이 우수하지만 Program 이나 Erase 하는 동작은 Random Access가 불가능하기 때문에 그 속도가 느리며, Read 시 페이지 단위로 읽을 수는 있지만, 해당 페이지를 지우는 것은 모든 Block을 지워야 하기 때문에 속도가 느리다.

Erase/Read/Write Operation

Basic Operation of Transistors

MOS 트랜지스터는 반도체 계면에서 얇은 통로channel를 통해 통하는 전류의 제어에 의해 동작된다. Gate 하부에 반전층inversion region이 형성될 때 전류는 nMOS의 경우 Drain에서 Source로 흐를 수 있다. 이때 반전층이 형성되는 전압을 문턱 전압Vth, Threshold voltage이라고 하며, Flash Memory의 경우 Floating Gate 혹은 CTNCharge Trap Nitride에 전자electron/정공hole의 양을 제어하여 문턱 전압을 변화시킨다. Floating Gate or CTN 영역에 전자를 넣어 문턱 전압이 양의 값을 가지는 경우$V_{th}>0$ Program이라고 하며, 반대로 Floating Gate or CTN 영역에 정공이 들어가 음의 문턱 전압 상태$V_{th}<0$를 Erase라고 한다.〈그림 3-10〉 참조

칩이 설계되어서 웨이퍼로 만들어지게 되면 그 다음 공정은 반도체 패키지와 테스트이다. 반도체 설계는 제조공정이 아니므로 반도체 제품의 제조공정을 간략히 설명하면 웨이퍼공정, 패키지공정, 테스트

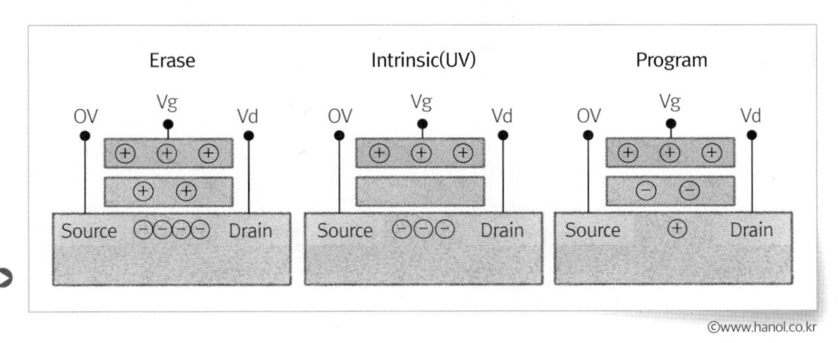

그림 3-10 Unit Cell Operation

©www.hanol.co.kr

순서가 된다. 반도체 제조공정에서 프론트 엔드Front End공정이라고 하면 웨이퍼 제조공정을 의미하고, 백 엔드Back End공정이라 하면 패키지와 테스트공정을 의미한다. 웨이퍼 제조공정 내에서도 프론트 엔드, 백 엔드를 구분하는데, 웨이퍼 제조공정 내에서 프론트 엔드는 보통 CMOS를 만드는 공정을, 백 엔드는 CMOS를 만든 후에 진행되는 메탈 배선 형성공정을 의미한다.

Program-Read Operation

NAND Flash Memory에서 Program/Erase는 FN tunnelingFowler-Nordheim tunneling을 이용하여 수행한다. FN Tunneling 이란 양자역학에서 장벽의 높이보다 작은 에너지를 가진 입자라도 그 장벽을 넘어갈 수 있다는 것으로써 그중 특별히 전자가 Electric field가 존재하는 절연 막에서 절연 막의 Conduction band로 tunneling이 발생한 이후, 절연 막의 Conduction band에서 drift가 이루어지는 tunneling을 F-N tunneling이라 부르고 실리콘 산화 막SiO_2이 이에 해당한다. Electric field가 강하게 가해지면 절연 막이 얇아지는 것과 같은 효과를 얻게 되므로 두께, t = B/E B는 상수, E는 절연 막에 걸리는 electric field로 나타낼 수 있다. Tunneling current는 절연 막의 두께, t에 대해 exp(-t) 만큼 비례하므로 exp(-B/E) 항이 생기고 이것을 energy 전체에 대해 적분하면 FN tunneling 전류식을 얻을 수 있다.

Control Gate에 일정 이상의 고전압을 인가하여 Floating Gate와 기판 사이의 절연 막Oxide layer에 높은 전계가 걸리게 되면, 실리콘 기판에서 실리콘 산화 막을 통해 FN Tunneling이 발생하여 Floating Gate에 전자가 주입된다. 이를 Program 동작이라 한다. FLASH Memory Cell에 저장된 정보를 읽어내기 위해서는 Control Gate에 특정 전압을 인가하면 Floating Gate에 있는 전자의 수에 따라 Cell

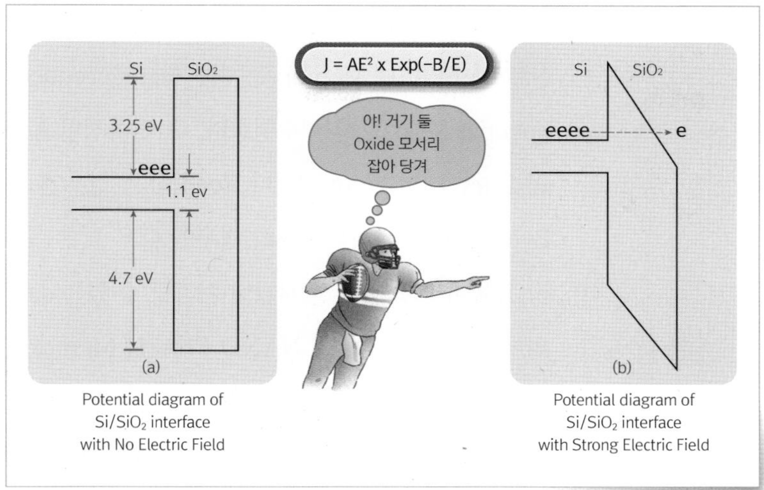

Potential diagram of Si/SiO_2 interface with No Electric Field

Potential diagram of Si/SiO_2 interface with Strong Electric Field

그림 3-11 FN Tunneling

의 문턱 전압Vth이 다르기 때문에 전류가 흐르거나 흐르지 않게 되는데, 이러한 전류의 흐름을 판독함으로써 정보를 얻을 수 있으며, 이를 Read 동작이라 한다. 이러한 Program, Read 동작을 쉽게 이해하기 위해서는 Floating Gate는 컵, 전자는 물로 생각하면 이해하는 데 도움이 된다. 컵의 물을 비우는 작업은 정보를 지우는 작업, 컵에 물을 따르는 것은 정보를 저장하는 작업, 컵에 물이 담겨 있는지 눈으로 확인하는 것은 정보를 읽어내는 동작이 된다.

NAND FLASH Memory의 Cell은 크기가 매우 작고, 직렬로 연결되어 있어 고용량의 메모리를 구현할 수 있는 반면, Cell Current가 매우 작기 때문에 액세스 속도가 느리다3D NAND FLASH Memory의 경우 Poly silicon channel을 사용하기 때문에 Cell Current는 <300nA 수준. 또한 Program에 사용되는 FN-Tunneling에 의한 Current도 매우 작기 때문에 Program 속도 역시 느릴 수밖에 없다. NAND FLASH Memory는 이러한 Cell의 느린 Read 속도를 보완하기 위해 다량의 Data Register를 사용하여 Cell Data를 한꺼번에 읽어내거나 Program 할 수 있도록 함으로써 NAND FLASH Memory 외부에서 봤을 때는 빠른 읽기, 쓰기 속도

를 얻을 수 있다.

NAND FLASH Memory는 기본적으로 Sequential Program과 Sequential Read 동작을 수행한다. 즉, 연속적인 Address를 가지는 다량의 Data를 Program 하거나 Read 하는 경우엔 동작 효율이 좋지만 1 Byte씩 grouping된 Data의 경우엔 매우 낮은 동작 효율을 가진다. 동작 효율이라 함은 단위 시간당 처리할 수 있는 data량을 의미한다.

위에서 언급한 것처럼 NAND FLASH Memory는 Sequential Program/Read 동작을 수행하는데, 이를 위해 1 Page의 Data 저장용 Buffer인 Page Buffer를 가지고 있다. 예를 들어, 4kByte의 Page Buffer를 가지는 NAND FLASH Memory 의 경우 Program을 수행할 때 먼저 4kByte 크기의 Data를 I/O Pin을 통해 순차적으로 4kByte의 Page Buffer에 입력한다. 그런 다음 4kByte의 Cell을 tPROG$_{\text{Program time}}$ 동안 동시에 Program을 수행한다.

NAND FLASH Memory의 Program 동작에 소요되는 시간은

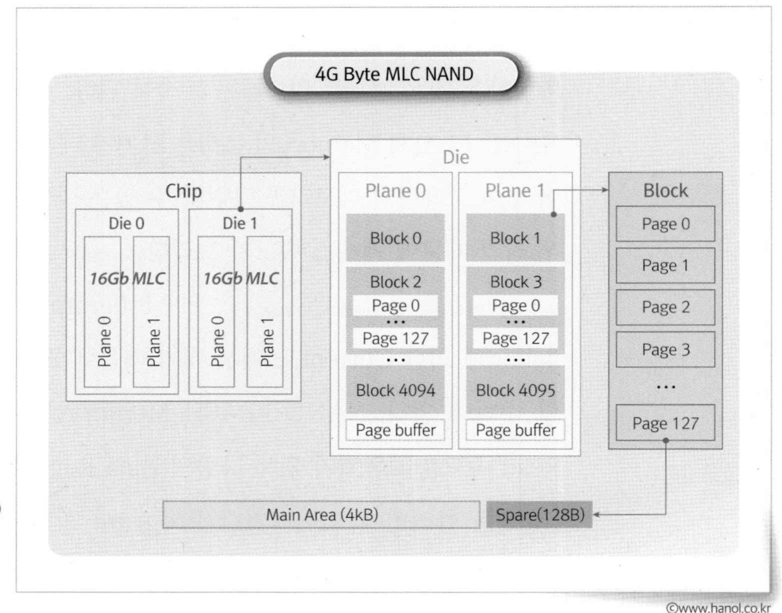

©www.hanol.co.kr

그림 3-12 Page buffer를 가지는 NAND FLASH Memory Architecture

① IO Pin을 통해 Data를 Page Buffer에 입력하는 시간: tWC

② Page Buffer의 Data를 Cell에 Program 하는 시간: tPROG으로 나눌 수 있다.

- tWC를 25ns, tPROG를 800us로 가정한다면, Program 동작 효율MB/s은 4kByte인 경우이므로

1 Page Program Throughput = 4k Byte/[tWC(25ns) × 4kByte + 800us] = 4.4MBytes/sec

- 만약 1 Byte를 Program 하는 경우엔

1 Byte Program Throughput = 1/(tWC(25ns) × 1 + 800us) = 1.25kBytes/sec

로 동작 효율은 1 Page4kByte를 Program 하는 경우에 비해 수백 배 가까이 떨어진다.

초기의 NAND FLASH Memory는 512Byte의 Page size를 가졌으나 더 빠른 처리 속도를 위해서 2kByte, 4kByte, 8kByte, 16kByte로

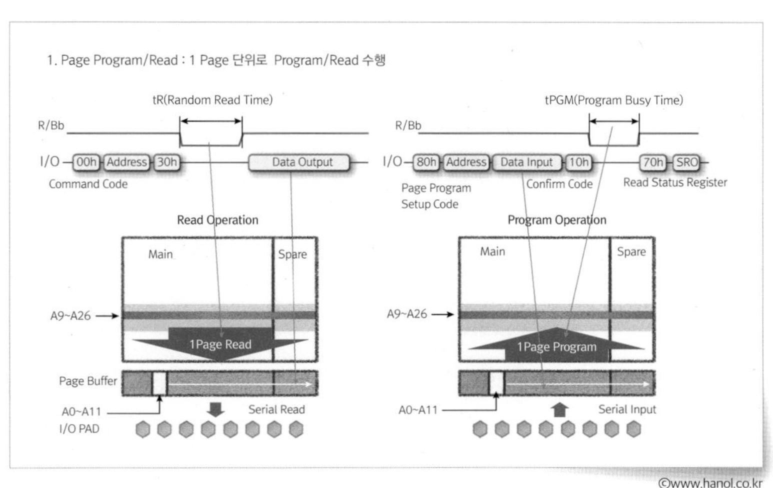

그림 3-13 Sequential Read & Program

©www.hanol.co.kr

계속적으로 Page size를 증가시키고 있다. 하지만 이러한 Page size 증가는 칩 사이즈 증가와 Controller의 Buffer size를 증가시켜 전체 System 비용이 증가하게 된다. NAND FLASH Memory의 Read 동작에 소요되는 시간은 아래와 같이

① 4kByte의 Cell Data를 한번에 PB에 읽어내는 Latency 시간Random Read time: tR

② PB의 Data를 8 I/O Pin을 통해 연속적으로 읽어내는 시간Sequential Read time: tRC

으로 나뉘어진다.

NAND FLASH Memory는 첫 Data를 읽어내기 위한 Latency가 수십 us로 매우 길기 때문에 음악이나 사진과 같이 연속적으로 저장되고 읽어내는 Data 저장용 Application에 적합하다. 대표적으로 MP3 Player, Digital Camera, Camcorder 등이 이에 속하는 것이다. 최근에는 Smart phone과 같은 다양한 Application에 NAND Flash가 사용되면서 작은 용량의 Data를 읽어내는 Random read performance 역시 중요해지고 있다. 이 땐 performance 향상을 위해서 짧은 Latency 시간tR이 요구된다.

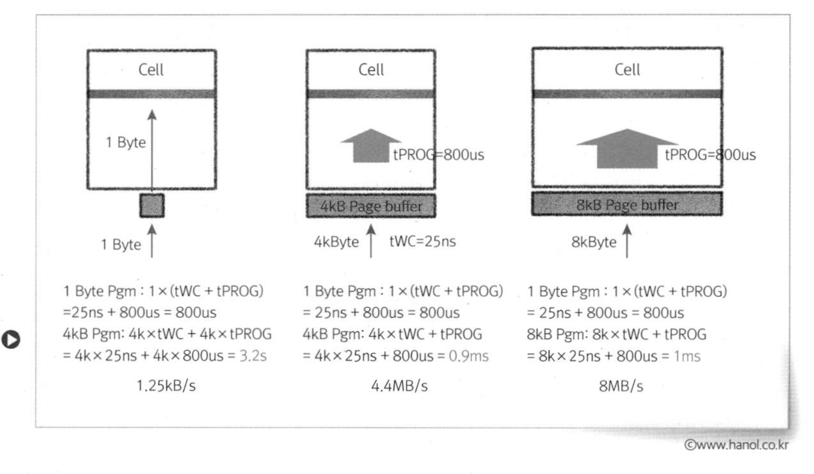

그림 3-14 Page buffer size에 따른 Random read performance 비교

Erase Operation

NAND FLASH Memory는 여러 개의 Page가 모인 Block 단위로 Erase가 가능하다. 특정 Page에 Data를 쓸려고 할 때 이미 Erase가 되어 있는 Void page인 경우엔 바로 Data를 쓸 수 있지만 그 Page에 다른 data가 있는 경우에는 바로 쓰기가 불가능하다. 읽고 쓰기의 단위는 Page이지만 지우기의 단위는 Block 단위이기 때문에 해당 Block에 다른 유효한 Data가 있는 경우 이 Data를 다른 Block에 옮기는 작업이 먼저 수행되어야 한다.

Erase를 수행할 경우 Page Buffer로의 Data Input은 필요 없고, Block Address만이 입력된다.

1 Block 내의 모든 Page가 한꺼번에 Erase되고, Erase가 수행되면 1 Block 내의 모든 데이터는 '1'이 된다. 그 다음 Program 동작이 수행되면 Data가 '0'인 경우엔 해당 Cell이 Programming되고, Data가 '1'인 경우엔 Cell 상태는 Erase 상태를 유지하게 된다.Program Inhibited. 따라서 NAND FLASH Memory에서는 Program 동작만으로는 Cell 상태를 '0'에서 '1'로 바꿀 수는 없고, 새로운 Data를 입력하기 위해

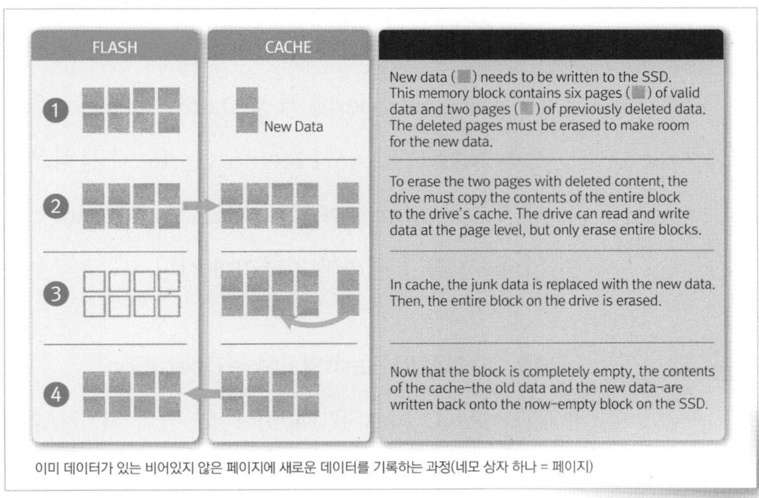

그림 3-15 Reprograming sequence at programmed page

©www.hanol.co.kr

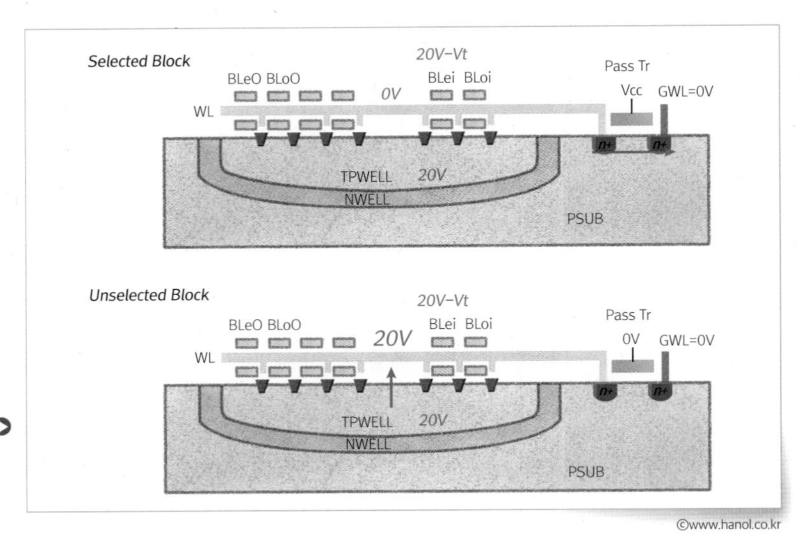

그림 3-16 Erase bias setting in cell array (Erase bias 20V case)

서는 Erase 동작이 선행되어야 한다.

이러한 동작은 종이에 글씨를 쓰는 동작과 유사하다.

NAND FLASH Memory의 Erase에 걸리는 시간은 수 ms 정도로 긴 편이지만 Block 단위로 동작하기 때문에 전체 System Performance에 미치는 영향은 작은 편이다. 하지만 Erase 시간이 오래 걸리면 Controller가 Host로부터 받은 명령을 처리하는 Latency 시간이 문제가 될 수 있다. Controller가 NAND FLASH Memory에 Erase command를 입력하여 Erase 동작을 수행하고 있는 동안 Host가 Controller에 특정 Data를 요청Request할 수 있다. Erase 동작 동안 NAND FLASH Memory는 Read 동작을 수행할 수 없기 때문에 Controller는 NAND FLASH Memory를 Read 할 수 없고 Erase가 끝날 때까지 기다려야 한다.

3D NAND Flash의 Erase Operation

2D NAND FLASH Memory와 달리 3D NAND FLASH Memory는 P-type 기판 유무에 따라 erase 방식이 달라진다. P-type 기판과

channel이 연결된 경우는 2D NAND Flash와 동일하게 기판의 hole을 ONO에 바로 주입FN-Tunneling할 수 있지만, Floating body형이면서 P-type channel이 없는 경우는 hole을 발생시켜 channel에(+) bias가 빨리 전달되도록 하는 방식을 사용한다. TCAT형 3D NAND Flash는 P-type 기판에 Erase 전압positive bias을 인가하여 channel에 직접 hole을 전달할 수 있는 구조이다. P-BiCS 구조와 같이 Floating body 형태를 가지는 3D NAND Flash의 경우 Erase bias 전달 방식은 매우 복잡하다. Floating body형이면서 P-type channel이 없는 경우 channel에 Erase bias 전달 능력이 저하되며, Erase operation을 수행하기 위한 hole의 주입 능력 또한 떨어진다. 이를 개선하기 위해 Floating body 형태를 가지는 3D NAND FLASH Memory의 경우 Erase operation을 수행하기 전에 GIDL 전류를 생성하는 동작을 선행한다. SL 및 BL에 GIDL 전압을 일정 구간 인가하여 BL/DSL 및 SL/SSL 간 GIDL bias 차에 의해 band-to-band tunneling이 발생하고, 이때 EHPElectron-Hole Pair가 형성된다. 발생된 hole이 channel로 주입되며 channel에 Erase bias 전달 능력을 향상시켜 Erase 동작이

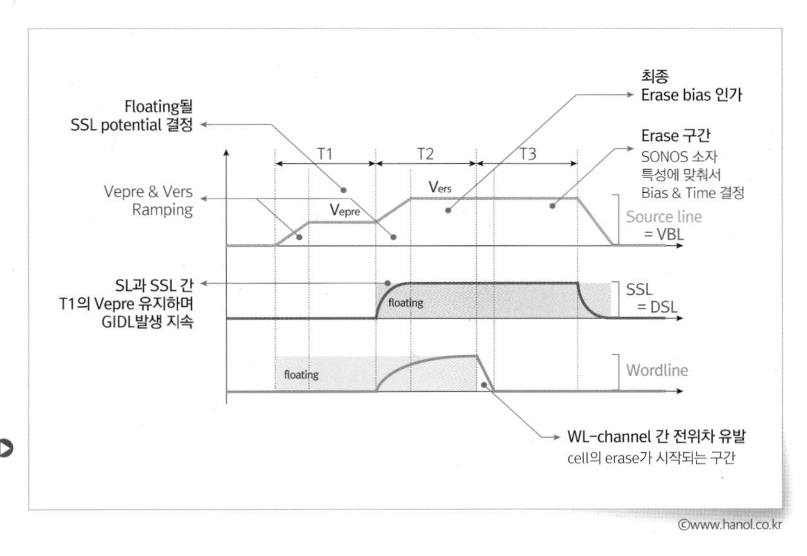

그림 3-17 Floating body 형태를 가지는 3D NAND Flash의 Erase Timing

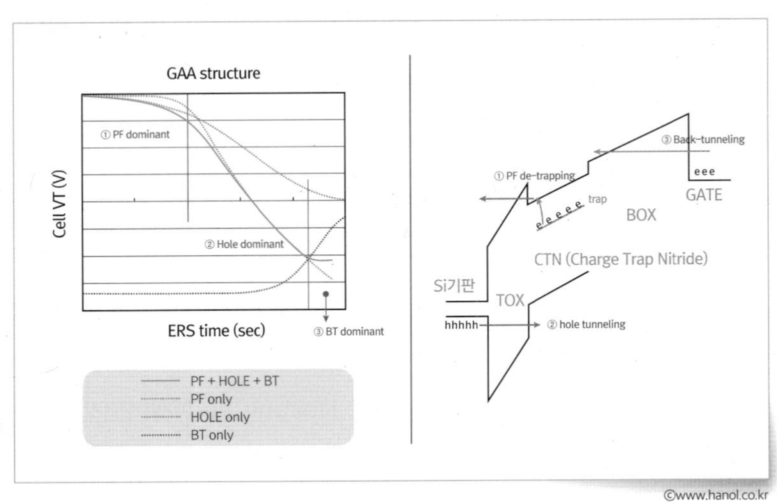

그림 3-18 Erase Model of 3D NAND Flash

©www.hanol.co.kr

가능하다.

SL/BL에 GIDL 전압을 일정 구간 인가하다가, Erase 전압으로 상승될 때〈그림 3-17〉, T2구간, 동시에 SSL/DSL을 floating 하여 BL/DSL 및 SL/SSL 간 GIDL 전압을 유지함으로써 GIDL 전류를 지속적으로 발생시킨다. Channel에 SL의 erase potential이 전달되도록 하다가, Floating되어 있던 WL에 0V를 인가하여 Nitride 내 전자가 de-trap 되고 channel의 hole이 주입되도록 하여 Erase 동작을 한다.

CTN Charge Trap Nitride를 가지는 3D NAND Flash는 3가지 과정을 통해 Erase가 진행된다.

① de-trap에 의한 electron 제거
② Hole FN-tunneling에 의한 hole trapping
③ Back-tunneling에 의한 electron 주입

Electron de-trap과 hole의 trap의 경우 Cell Vth를 하향하는 방향이지만, Erase 전압이 더욱 증가되면 blocking oxide에 전기장이 많

이 걸려 오히려 Gate에서 nitride로 전자가 주입되는 현상이 발생하며, 이를 Back tunneling이라 한다. Back tunneling이 발생하게 되면 오히려 Cell Vth 증가시키게 되므로, Electron de-trap과 hole의 trap의 합이 Back tunneling에 의한 electron 주입 양과 동일하게 되면 더 이상 erase에 의한 Cell Vth가 변화가 없어지게 되며 이를 Erase saturation이라 하고, 이때 Cell의 Vth값을 Erase Sat. Vth라고 한다. Erase Sat. Vth는 NAND Flash의 Cell 특성분포 window 및 cycling 특성Program - Read - Erase 특성에 영향을 주는 주요 parameter이다.

Cell의 형태 및 String 구조

NAND FLASH Memory Cell

NAND FLASH Memory의 Cell은 Gate가 두 개라는 점을 제외하면 MOSFET과 비슷하다. 첫 번째에 위치한 Gate는 MOS 트랜지스터처럼 Control GateCG이지만, 두 번째 Gate는 Oxide Layer산화물 층에 의해 주위가 절연된 Floating GateFG이다. Floating Gate는 Control Gate와 Sub 사이에 위치한다. MOSFET의 Gate에 해당하는 것이 Control Gate로 cell의 bias를 제어하여 cell 동작에 관여하며, 주로 고농도로 doping된 다결정 실리콘을 사용한다. Control Gate 아래

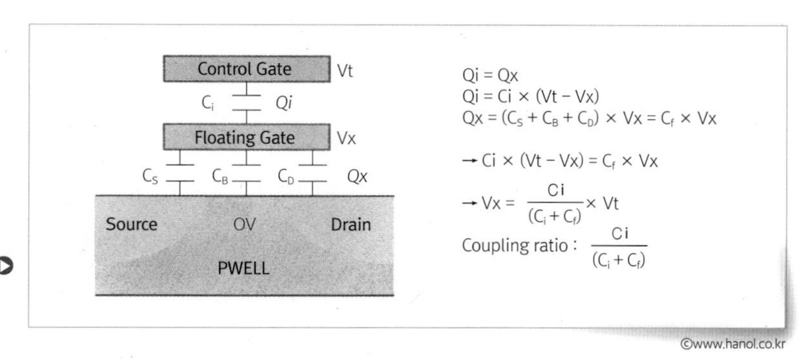

그림 3-19 NAND FLASH cell capacitance modeling and Coupling ratio

에는 실리콘 산화 막$_{SiO_2}$이 있어 Control Gate로의 전하 손실을 방지하며, 이를 Blocking oxide$_{BOX}$라고 한다. BOX의 경우 NAND Flash cell size가 감소함에 따라 capacitance 향상을 위해 SiO_2 단일 막에서 ONO$_{Oxide-Nitride-Oxide}$ 복합 막으로 변경되었다.

BOX 아래에는 또 하나의 Gate가 위치하게 되는데, 이는 프로그램 및 소거 작업 중에 주입된 전하를 저장하는 역할을 담당하게 된다. 이 Gate의 경우 모든 면이 절연체로 둘러싸여, 외부에서 bias를 인가할 수 없어 Floating부유 Gate라 한다. Floating Gate 아래에는 실리콘 산화 막이 있고, 이 산화 막에서 program 및 erase 작업 중에 전하 주입을 허용하는데, 이때 전하의 주입은 FN-tunneling으로 발생하게 되며 이 실리콘 산화 막을 Tunneling oxide$_{TOX}$라 한다. 마지막으로 TOX 아래에 Sub가 있어 program 및 erase 동작을 위한 전하를 제공한다.
Cell은 정보를 저장하기 전에 모든 정보를 지우는 작업Erase 동작이 선행되어야 한다. 이를 위해 먼저 Control Gate를 접지시키고 Sub에 고전압을 인가하면 Floating Gate와 Sub 사이에 고전계가 걸리고 Floating Gate에 저장된 전자가 Sub로 빠져 나오게 된다. 정보를 쓰기 위해서는 Control Gate에 일정 이상의 고전압을 인가하여 Floating Gate와 Sub 사이의 절연 막Oxide layer에 높은 전계를 걸면 Floating Gate에 전자가 주입된다.

이렇게 Cell을 지우고 쓰는 작업은 종이에 연필로 쓴 글을 지우개로 지우고 다시 쓰는 것에 비교할 수 있다. 종이를 자꾸 지웠다가 쓰면 종이가 닳아서 못쓰게 되는 것처럼 Cell도 지우고, 쓰기를 반복하면 전자가 절연 막을 지나 다니면서 절연 막이 열화되어 더 이상 정보를

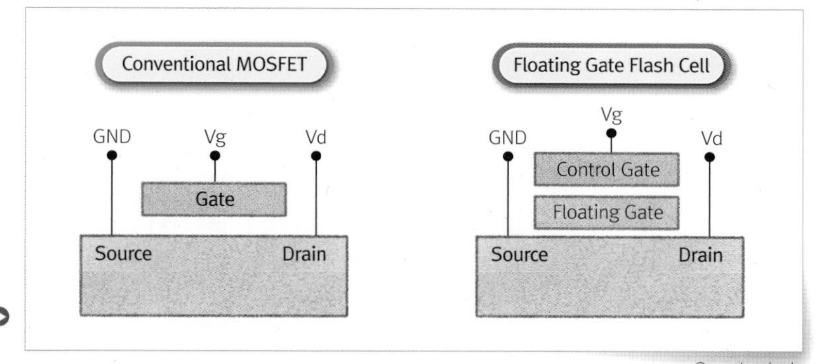

그림 3-20 MOSFET vs. Flash Cell

©www.hanol.co.kr

저장할 수 없게 된다. 이 때문에 NAND FLASH Memory는 Write/EraseW/E Cycling 횟수가 제한된다. 또한 저장된 전자는 시간이 지날수록 절연 막을 통해 빠져나가기 때문에 Data 유지 시간이 제한된다. 이를 Retention 특성이라고 하고, W/E cycling 횟수가 많을수록 Retention 특성은 나빠진다. 이러한 P/E cycling 횟수와 Retention 특성은 Cell의 신뢰성을 나타낸다.

DRAM, NOR Flash 등 대부분의 Memory Cell은 Bit LineBL과 Source LineSL 간에 1 Cell이 연결되어 1 Cell당 1개의 Contact을 가진다. 이와 달리, NAND Flash Memory는 BL과 SL 간에 16~128 Cell이 직렬로 연결되어 16~128 Cell당 1개의 Contact을 가진다. NAND FLASH Memory는 이렇게 Contact 수를 줄임으로써 4F2F: Feature size, 구현 가능한 최소 선폭의 셀 크기를 구현할 수 있다. 이는 NOR FLASH Memory의 셀 크기, ~12 F2는 물론이고, DRAM의 셀 크기, 6~8 F2보다도 작다. 이 때문에 NAND FLASH Memory는 같은 용량의 메모리를 DRAM보다 한 세대 먼저 개발하는 것이 가능하다.

NAND FLASH Memory는 NOR FLASH Memory에 비해 작은 셀 크기를 얻은 대신 BL과 SL 사이에 연결된 셀 수가 많아 저항이 매우

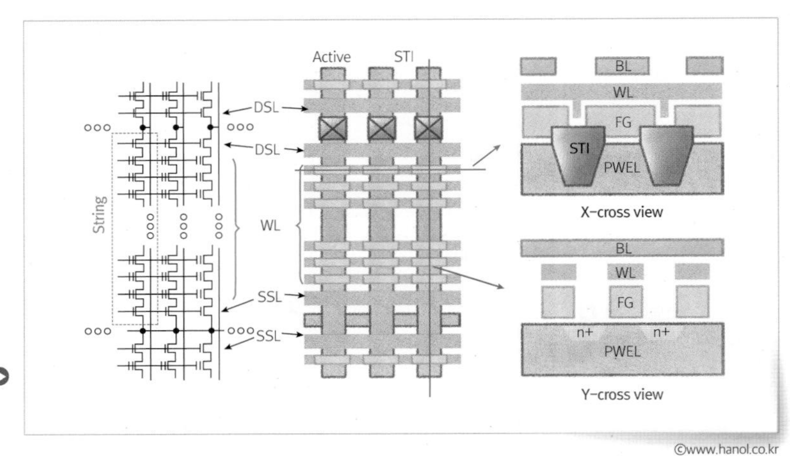

그림 3-21 NAND FLASH Memory Cell array(2D)

커지게 되어 셀의 전류가 매우 작다. 이 때문에 NAND FLASH Memory의 읽기 속도는 여타 메모리에 비해 매우 느리다.

NAND FLASH Memory는 직렬로 연결된 Cell들이 2개의 Select Gate Transistor 사이에 연결되어 1 String을 구성한다. Drain Select Transistor$_{DSL}$와 Source Select Transistor$_{SSL}$는 선택된 Block의 String을 BL과 SL에 연결시켜 주는 역할을 한다. BL과 SL 간의 직렬로 연결하는 셀 수를 16개에서 32개로 늘이게 되면 전체 Cell array에서 차지하는 Select Gate과 contact의 수가 반으로 줄게 되고, 따라서 실질적인 cell 면적$_{\text{Effective cell size}}$을 더욱 줄일 수 있다. 하지만 이 경우 cell에 흐르는 current는 더욱 작아지게 된다. NAND FLASH Memory는 모든 String의 SL이 공통$_{\text{common}}$으로 연결되어 있다. 1 page의 모든 data를 한꺼번에 Read 할 때 1 page의 모든 cell의 current가 Common Source line$_{SL}$에 한꺼번에 유입되면 SL 전압이 일시적으로 상승하여 읽기 오류가 발생할 수 있다. 이러한 SL 전압 상승을 줄이기 위해서 일정 개수의 BL마다 Cell의 Common SL을 상부의 저저항 SL layer를 연결시키는 SL Pickup 공간을 만들어 준다. 이러한 SL Pickup 공간이 많을수록 유입된 전류를 빨리 빼낼 수 있기 때문에 읽기 오류가 감소하지만 chip size를 증가시킬 수 있으므로 적정 수를 선택하여야 한다.

ISPP Incremental Step Pulse Program

ISPP 도입 배경

ISPP 방식을 도입하게 된 배경은 NAND FLASH Memory Chip 내 Cell Vth 산포 개선을 하기 위함이다. 공정 Variation에 의해 NAND FLASH Memory Chip 내 Cell들은 조금씩 다른 특성을 가지게 된다. 이로 인해 동일한 PGM Bias에서도 Program Speed 차이가 나게 되며 아래와 같은 Cell Vth 정규 분포를 가지게 된다.

이러한 특성을 'Intrinsic 분포'라고 하며 공정 Variation 이외에 온도, Cycling 횟수에 따라서도 달라지게 된다. SLC → MCL → TLC → QLC로 가면서, 제한된 Window 내 분포의 개수가 늘어나게 되었다. 이로 인해 Cell Vt 산포 개선이 중요해졌고, ISPP 방식을 도입하게 되었다.

ISPP 정의

ISPP Incremental Step Pulse Programing 란 Program Operation 시 모든 Cell들이 특정 Vth 이상 도달할 때까지 동일한 Voltage 간격으로 Program Bias를 증가시키는 방식이다. ISPP 방식을 사용하게 되면 Program

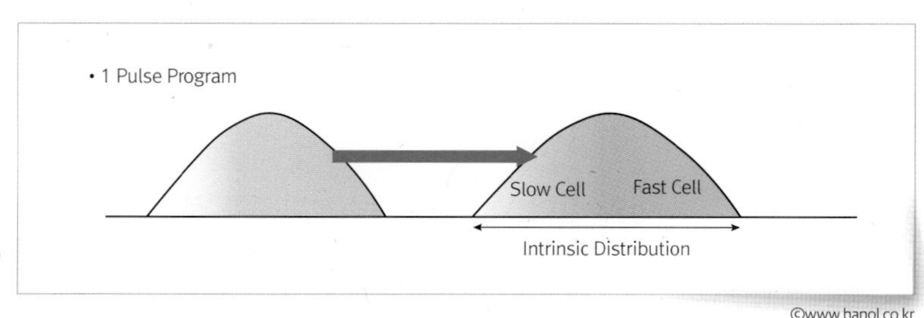

그림 3-22 Cell Vt 정규 분포

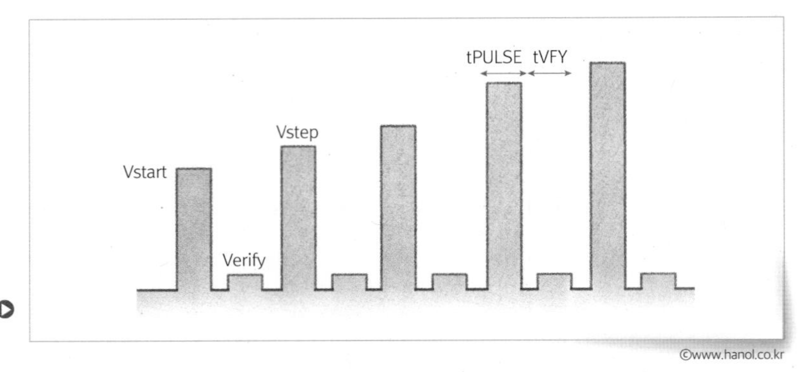

©www.hanol.co.kr

그림 3-23 ISPP Program pulse diagram

Pulse 전압 증가량Vstep에 의해 분포의 폭을 제어할 수 있게 된다.

ISPP 방식은 매 Pulse당 Cell Vth가 PVProgram Verify Level에 도달하였는지 확인하는 Verify 동작을 수행한다. Vth가 PV Level에 도달한 Cell의 경우 Program-Inhibit 동작을 실행하여 더 이상 Vth가 상승하지 않도록 하며, Vth가 PV Level에 도달하지 못한 나머지 Cell들의 경우 추가로 Vstep만큼 증가한 Program Pulse를 인가하게 된다.

〈그림 3-24〉는 ISPP 동작에서 Vstart=16V, Vstep=1V로 가정하였을 시의 각 Pulse별 Cell Vth의 변화를 예시로 보여준다.

1번째 Program Pulse16V 후 Verify 수행 시 PV Level1V을 넘는 C-D 구간의 Cell들의 경우 Program-Inhibit을 진행하게 되고, PV Level에 도달하지 않은 A-B 구간의 Cell들의 경우 다음 PGM Pulse인 17V를 추가로 인가하게 된다. 동일한 방식으로 2번째17V, 3번째18V, 4번째19V Pulse도 동일하게 진행이 되며, Cell Vt가 모두 PV Level을 Pass하는 4번째 Pulse에서의 최종 분포 폭은 Vstep과 동일한 1V인 것을 확인할 수 있다.

이와 같이 Vstep을 감소시킬수록 분포 폭을 Narrow하게 설정할 수 있으나, 이의 경우 수행되어야 할 PGM Pulse의 수가 늘어나게 되어

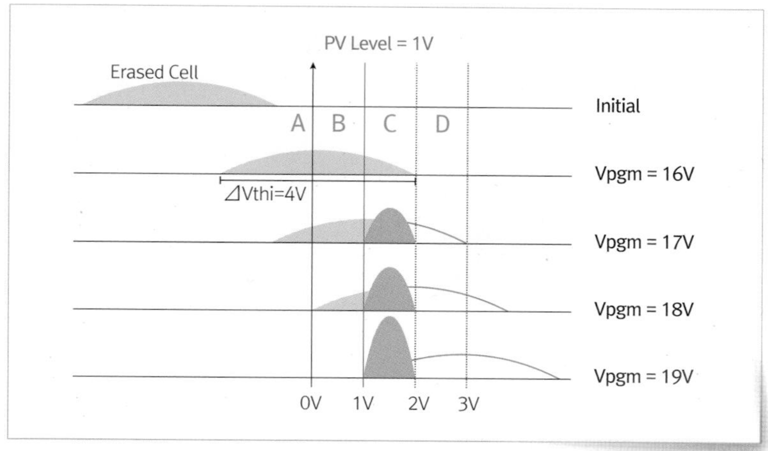

그림 3-24 ISPP step별 Cell Vth distribution

Program 시간t-PROG이 늘어나게 된다.

분포 폭이 좁을수록 신뢰성 Cycling, Retention 등의 Cell 특성이 좋아지지만 Program 시간은 늘어나게 되면서 Performance는 열화되게 된다. 따라서 적절한 Vstep의 설정이 필요하다.

Cell 분포 및 Multi bit cell

Cell 분포의 정의와 주요 인자

NAND FLASH Memory는 Erase 동작이나 Program 동작에 따라 바뀌는 특정한 Vth 특성을 갖게 되며, 이 Cell Vth를 구분Read하여 Data를 비교할 수 있다. Ideal한 case에서 Program 상태인 경우 모든 Cell들은 동일한 Vth를 가져야 하지만, NAND FLASH Memory Array 내에 cell들은 수많은 반도체 공정을 거치면서 특성에 편차를 가지게 된다. 동작 간의 저항과 전류 특성 변동에 의해 비균일성을 갖게 되며, Array 내의 Cell들은 통계적 편차에 의한 정규 분포를 갖게 된다.

프로그램되거나 erase 상태인 cell들은 특성 Vth를 가지도록 동작하

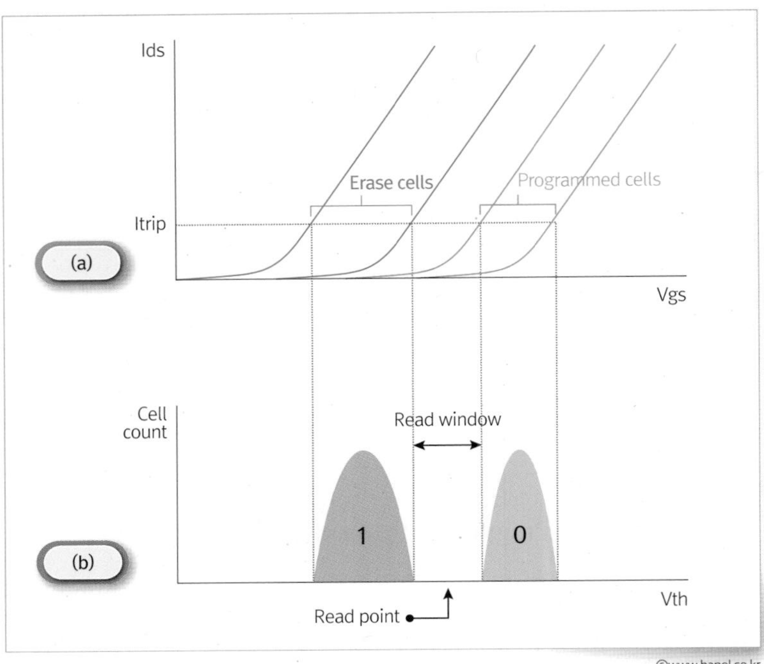

그림 3-25 Erase / Program된 Cell의 current 특성(a) 및 Vth 분포(b)

므로 특정 Vth 수준을 갖게 되는데 Array 내 모든 Cell의 Vth를 측정하면 〈그림 3-25〉의 그래프로 나타낼 수 있다.

위의 그래프와 같이 각 Cell들은 고유 Trip point에 따라 Vth를 정의할 수 있으며, Read point 기준으로 더 높은 Vth를 가지는 그룹이 프로그램된 Cell들이고, 더 낮은 Vth를 가지는 그룹은 Erase cell로 구분할 수 있다.

Program된 Cell들의 Data는 '0'으로, Erase된 cell들의 Data는 '1'로 표현하여 binary code로 표현할 수 있게 된다. 이렇게 하나의 Cell에 대하여 '0' or '1' 의 2가지 데이터를 저장한 Cell을 SLC$_{\text{Single Level Cell}}$라고 표현한다. 모든 Cell들에 대하여 데이터를 정확하게 구분 짓기 위해서는 Read point 기준으로 Read window 확보가 필요하다. SLC 타입의 메모리인 경우에는 1개의 Program Verify level과

1개의 Read level을 가진다. Read level을 결정할 때에는 Array 동작 시 Cell 위치에 따른 특성의 변화와 시간에 따른 Trap charge 변동을 함께 고려해야 한다. NAND FLASH Memory의 경우 일반적으로 Cell 위치에 따라서 Program 순서가 결정되나, 이와 같은 String 내 Program 순서에 의해 Program된 cell의 개수가 변하면 Current 변화 및 Cell들 간의 간섭 효과로 Cell의 Vth는 변동하게 되며, 분포의 통계적 편차는 증가하게 된다. High Density가 요구되면서 인접 Cell의 Gate 간 간격이 좁아짐에 따라, coupling에서 ONO cap.과 Tunnel oxide Cap 외에 Gate 간 Coupling Cap이 중요한 요소로 나타나고 있다. 이를 개선하기 위해 공정process을 변경하거나, Program sequence를 변경하기도 한다.

Multi bit cell

USB 플래시 메모리와 같이 NAND FLASH Memory를 사용한 저장 매체를 보면 SLC, MLC, TLC와 같은 단어를 접할 수 있는데 이는 플래시 메모리에서 데이터를 저장하는 최소 단위인 셀Cell에 데이

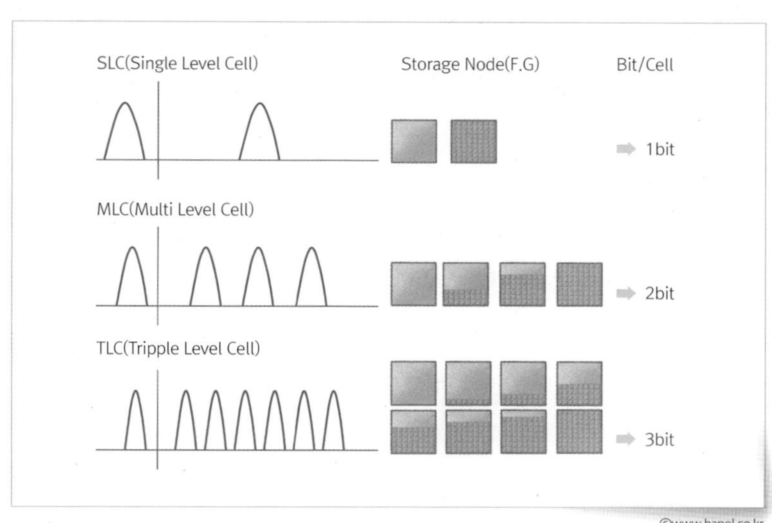

그림 3-26 SLC/MLC/TLC Cell 분포와 Cell에 저장되는 bit 수 비교

터를 저장하는 방식에 따라 그 종류를 나눈 것이다.〈그림 3-26〉 참조
플래시 메모리의 셀은 Program/Erase 횟수가 제한이 되어 있는데 특정 횟수 이후에 Program/Erase가 불가능해지는 특성이 있다. 즉, Program/Erase 가능 횟수가 10,000번이라면 해당 플래시 메모리 셀은 만 번의 재기록Erase → Program이 가능하며, 이후부터는 Cell 특성이 열화되어 더 이상 재기록이 불가능하고 단순히 읽기만 가능하다. 이와 같이 NAND FLASH Memory의 수명은 영구적이지 않다.

성능과 수명은 SLC가 가장 좋고, 그 다음으로 MLC와 TLC 순으로 점차 성능과 수명이 떨어지게 되는데, 특히나 수명의 경우 TLC는 SLC의 1/100 수준에 불과하다. TLC가 SLC보다 성능이나 수명이 떨어져도 사용하는 이유는 단 하나 cost 경쟁력이다. Cell을 구성하는 면적이 SLC와 MLC, TLC가 동일하다는 것이다. 즉, SLC에는 '0', '1'의 1 bit의 정보만 저장이 가능하며, MLC에는 2bit, TLC에는 3bit의 정보를 저장할 수 있다. 그래서 SLC, MLC, TLC NAND FLASH Memory가 서로 동일한 크기일 때, 이론적으로 SLC에 비해 MLC는 2배의 용량을, TLC는 3배의 용량의 data를 저장할 수 있다. 즉, 이는 같은 크기의 Chip에서 셀의 방식에 따라 최대 3배 더 큰 용량을 가지는 NAND FLASH Memory의 제조가 가능한 것이다. 반도체의 제조 원가는 반도체 Chip 크기에서 결정된다. SLC나 MLC나 TLC의 셀은 모두 동일하다. Floating Gate에 data를 저장할 때 Control Gate에 인가한 전압에 따라 주입되는 전자의 양이 달라지고 채워진 전자의 양을 파악하는 것도 가능하다. MLC와 TLC는 바로 이 차이를 이용하는 것인데 즉, SLC는 단순히 Floating Gate에 전자를 채우고 비운다는 개념만을 가지고 셀을 운용했다면, MLC와 TLC는 Floating Gate에 저장된 전자의 양에 따라 데이터를 구분하

는 개념으로 셀을 동작하는 것이다.

이와 같은 내용을 앞에서 설명한 방식대로 다시 고쳐 말하면, SLC 대비 MLC, TLC의 경우 각각 다른 Level을 가지는 정규 분포의 개수가 MLC의 경우 2의 2배승, TLC의 경우 2의 3배승이 된다. 즉, Multi bit cell의 경우 동일 Cell에 2의 $n_{\text{1cell이 저장하는 Multi Bit 수}}$승으로 증가하게 되며, 각각의 일정한 State를 갖도록 프로그램하게 된다.

사용자는 각 정해진 레벨의 정규분포에 대해 2진수 Data의 조합으로 Data를 2의 n배승으로 저장할 수 있게 된다. Multi bit cell 방식을 사용하는 메모리에서는 각 다른 레벨의 정규 분포들의 구분을 뚜렷하게 하는 것이 중요한 과제이다. 동일한 메모리의 수명을 증가시키기 위해서 Intrinsic한 메모리 특성을 개선하는 반면, 또한 다양한 설계 방식을 적용하여 사용하고 있다.

Multi bit cell을 사용하는 메모리의 경우에는 2의 n승의 각 정규 분포를 형성시켜야 하며, 앞에서 설명한 분포 특성에 관련된 인자 중 Interference 특성을 극복하기 위해서는 3D 메모리로의 전환이 중요한 부분이다.

3D NAND 구조 소개

2D NAND와 3D NAND

2D NAND FLASH Memory는 Unit Cell들의 상태를 구분하기 위해 Floating Gate에 전자를 주입한다. Poly silicon으로 형성된 Floating Gate는 절연체로 둘러싸여 있고, 전자를 공급하는 Sub와 전압을 인가하는 Control Gate 사이에 위치하게 된다. N-type으로

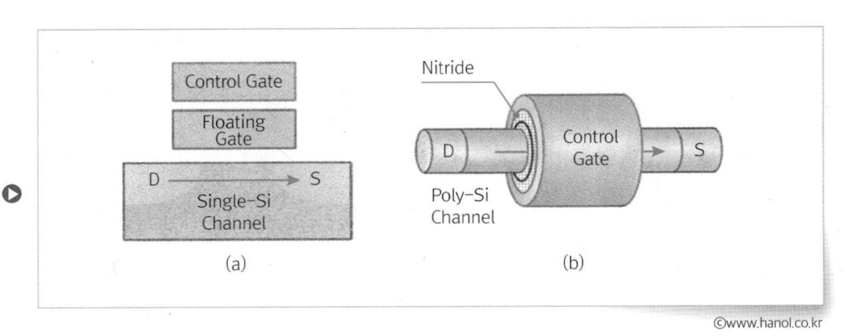

그림 3-27 2D NAND FLASH Memory Cell 구조(a)와 3D NAND FLASH Memory Cell 구조(b)

©www.hanol.co.kr

Doping된 Floating Gate에는 자유 전자가 있으며, F-N Tunneling 방식으로 전자를 Channel에서 Floating Gate로Program, Floating Gate에서 Channel로Erase 이동시킨다.

3D NAND FLASH Memory는 2D와 동일하게 Floating Gate의 구조를 가지는 경우도 있다. 하지만 대부분의 제조사에서는 전자가 포획될 수 있는 Trap site를 갖는 Silicon Nitride를 사용하는 구조를 가진다. 3D NAND의 Cell은 전하를 포획하여 정보를 저장하므로 CTDCharge Trap Device라고 하며, CTFCharge Trap Flash memory라고도 한다. 전자가 포획되는 Silicon Nitride 물질로 형성된 구조를 CTNCharge Trap Nitride이라고 한다. F-N Tunneling 방식으로 Program 하는 것은 2D와 동일하나, Erase는 GIDLGate Induced Drain Leakage 동작을 통해서 진행이 된다.

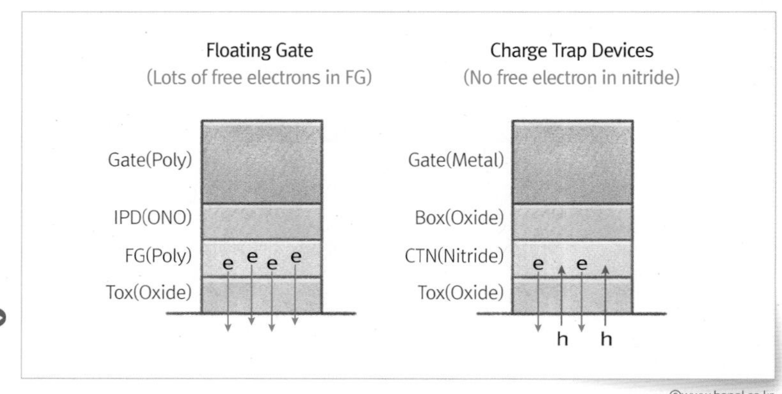

그림 3-28 Floating Gate Flash Cell과 CTD Flash Cell

©www.hanol.co.kr

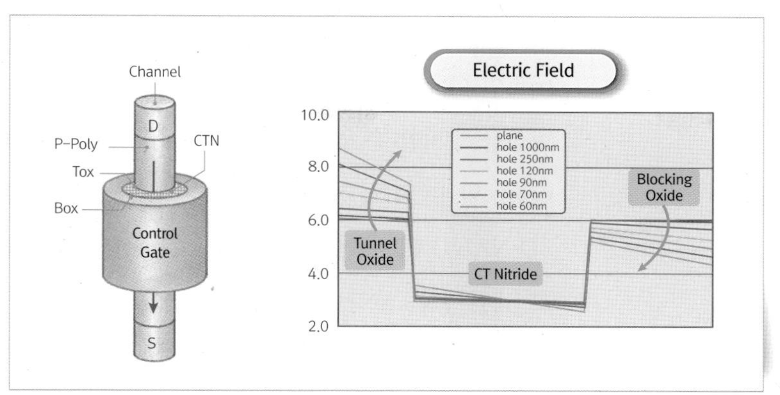

그림 3-29 GAA 구조와 GAA 구조의 Electric Field

©www.hanol.co.kr

3D NAND FLASH Memory에서는 Erase 효율 개선을 위해 GAA(Gate-All-around)구조 라는 것을 사용 한다. GAA(Gate-All-around)구조는 Box(Blocking oxide) 영역보다 Tox(Tunneling oxide) 영역의 곡률을 더 크게 하여 Tox에 인가되는 전계(Field)를 더 크게 할 수 있는 입체적 Cell 구조이다. 이

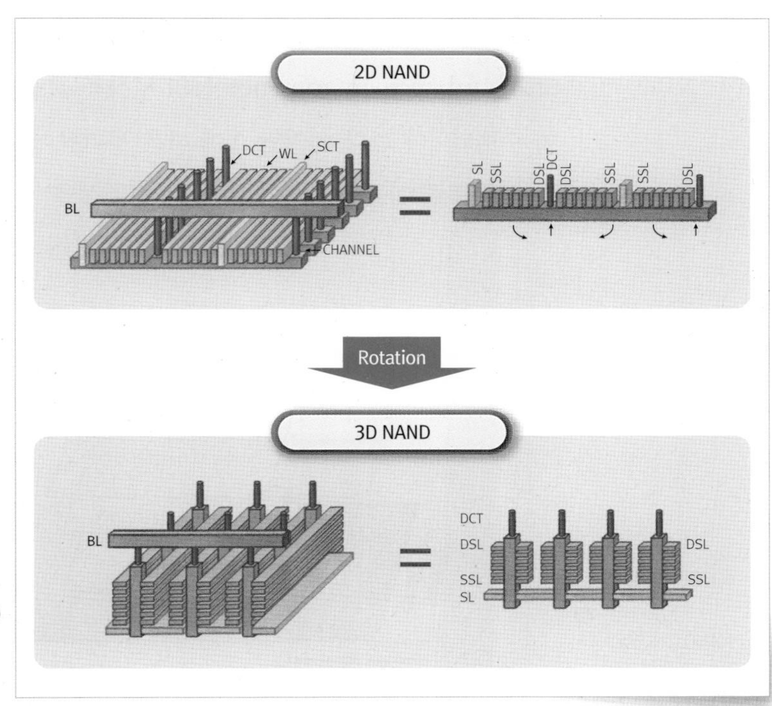

그림 3-30 String 구조 (2D NAND FLASH Memory vs 3D NAND FLASH Memory)

©www.hanol.co.kr

구조의 효과로 Tox 영역에 더 큰 Field가 인가되어 Erase 시 Electron이 Control Gate에서 CTN으로 빠져 나가는 Back Tunneling 현상을 방지할 수 있고, 더 낮은 Control Gate 전압으로 Cell을 Program 할 수 있어, 전력 소모도 줄일 수 있다.

3D NAND FLASH Memory는 2D NAND의 String 구조를 수직으로 세워 놓은 모양으로, 2D NAND FLASH Memory의 미세 선폭 공정의 한계와 인접 Cell 간의 interference로 인한 문제점의 개선 목적으로 개발이 되었다. 오늘날 3D NAND 구조는 HARC High Aspect Ratio Contact 식각공정의 난이도와 제조공정의 시간과 비용 증가의 개선이 주요 도전 과제로 다루어지고 있다.

PUC Peripheral Under Cell 구조

NAND FLASH Memory는 고용량 메모리 칩의 구현을 위하여 지속적으로 그 크기가 축소되어 왔다. Cell size의 축소는 성능은 개선하고 disturbance, interference 등의 부작용 최소화를 동시에 고려하여 수행되어야 한다. 하지만 이에 따른 부작용이 갈수록 심해지고 있는 상황으로 이를 타계하기 위해 메모리 셀을 적층하는 3D NAND

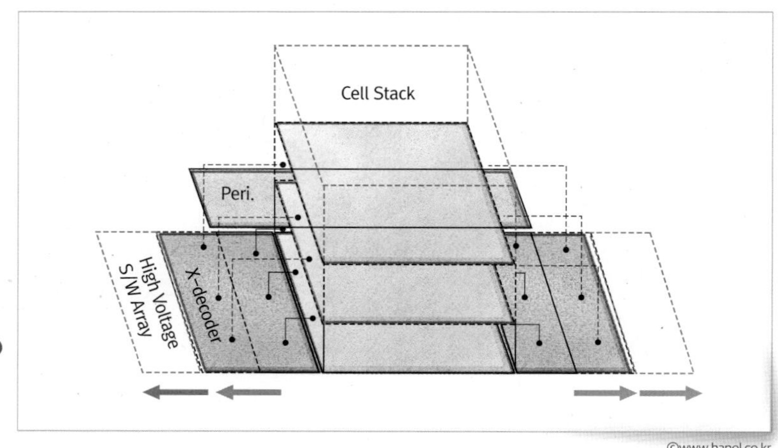

그림 3-31 NAND Cell Stack 적층에 따른 Peri TR 영역 schematic

©www.hanol.co.kr

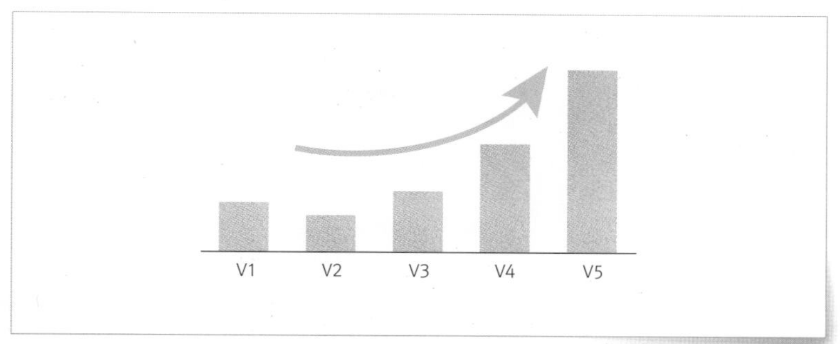

그림 3-32 ▶ 3D NAND X-DEC 면적 비중

©www.hanol.co.kr

가 제안되었다. 3D NAND의 고용량 메모리 칩의 구현을 위해 메모리 셀의 단수가 증가하고 있으나 동시에 3D NAND X-DEC 면적 비중 영역의 크기도 증가되고 있다. 이는 Chip size 증가로 인한 net die 감소를 가져 오며, 최종적으로 Cost당 웨이퍼 수율 감소로 이어진다. 따라서 적층 단수가 증가함에 따라 Chip Size Reduction이 동반되어야 한다. 이를 위해 Peri~Peripheral~ Transistor를 Cell 아래 위치시켜 Chip size를 감소시키는 PUC scheme을 도입했으며, 흔히 4D NAND라 부르기도 한다.

CTF~Charge Trap Flash~

NAND FLASH Memory의 경우 Program/Erase 동작 중에 전하를 주입/저장하기 위해 다결정 실리콘~poly-Si~으로 된 부유 게이트~Floating Gate~를 주로 사용한다. 하지만 NAND FLASH Memory의 Cell size가 감소함에 따라 capacitance 감소를 동반하여 동일한 Program Vth를 유지하기 위해선 Floating Gate에 저장되는 electron의 수는 감소하게 되고, 공정상 어려움으로 인해 Net die 증가를 위한 Tech shrink의 개발도 쉽지 않은 상황이다. 이런 어려운 상황 속에서 Program/Erase 동작 중에 전하를 저장하는 물질로 제안된 것이 실리콘 질화막~Si_3N_4~ 이다. 실리콘 질화막의 경우 다결정 실리콘으로 된

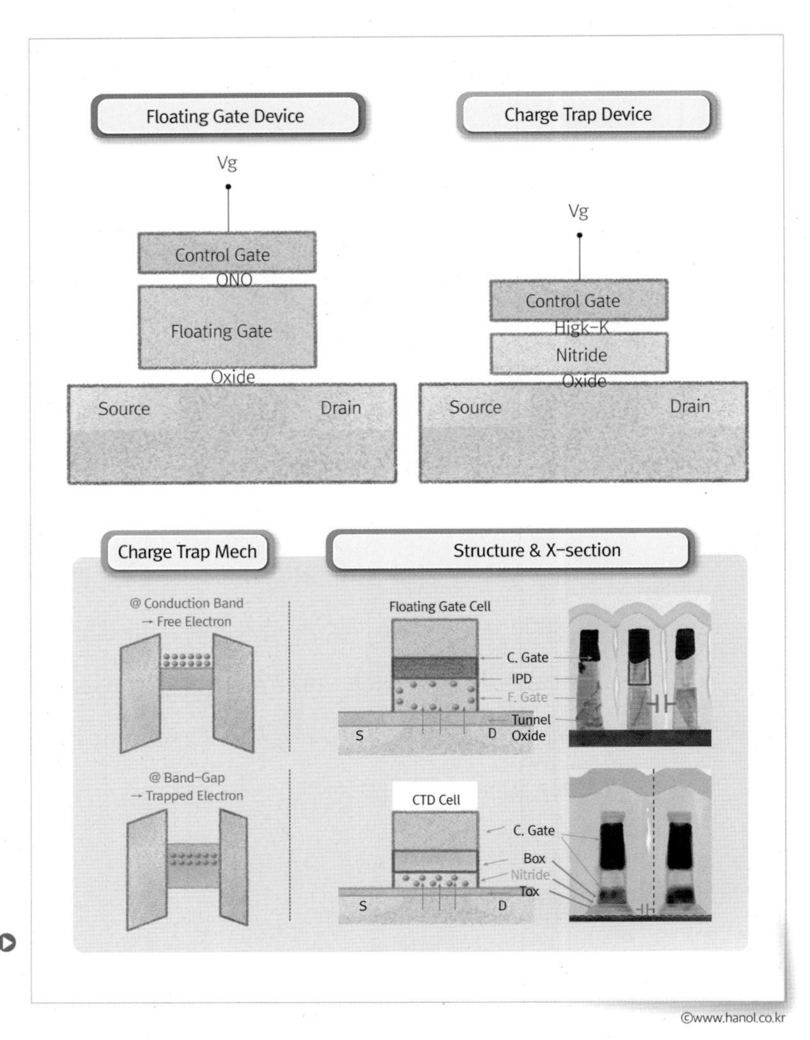

그림 3-33 Floating Gate Flash vs. CTF

Floating Gate와 달리 전하를 절연체인 질화막 내에 trap하는 성질을 가지며, 이러한 특성 때문에 CTN$_{\text{Charge Trap Nitride}}$으로 불리고 있다. 실리콘 질화막을 사용하여 Charge Trap 셀을 사용하는 NAND Flash를 CTD$_{\text{Charge Trap Device}}$ 혹은 CTF$_{\text{Charge Trap Flash}}$라고 한다.

Floating Gate$_{\text{FG}}$ cell과 CTF cell 간의 전하를 저장하는 방식이 차이가 있다면, program 또는 erase 중에 주입된 전하는 각각 어디에 저

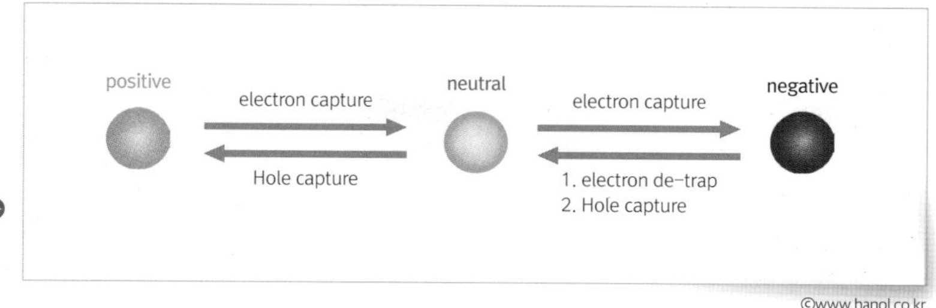

그림 3-34 Charge trap property (amphoteric model)

©www.hanol.co.kr

장될까? FG cell Memory의 경우 주입된 전하가 도체인 FG에 저장된다. 저장된 전하는 전도대에 있어, 주입된 전하가 FG 내에서 자유롭게 이동할 수 있으며자유 전자, 주입된 전하는 FG의 전도성 특성으로 인해 FG 표면으로 빠르게 확산된다.

그러나 CTF cell의 경우 주입된 전하가 절연체인 실리콘 질화물에 저장된다. 따라서 주입된 전하는 energy band gap의 trap site에 저장되며, 각 trap site는 공간적으로 국한될 뿐만 아니라 전도대에서 에너지 단계Energy Level로 분리되며, 전도대로부터의 에너지 분리 정도를 'trap level'이라고 한다.

이러한 CTN 층의 trap site는 평형 위치에서 실리콘Si 또는 질소N 원자의 변위에 의해 생성된다. Si-N 공유 결합, Si-Si 공유 결합 및 N-N 공유 결합에는 약간의 변화가 있고, 이들은 극성을 바꾸기 위해 trap site가 형성된다. trap site가 중성이면 전자를 포획하여 음전하가 될 수 있으며, trap site가 음성이면 전자 트래핑 또는 홀 캡처를 통해 중성일 수 있다. 마찬가지로, 중성 trap site는 각각 정공 또는 전자를 포착하여 양성 또는 그 반대로 될 수 있다. 따라서 CTN 충전 특성에 관한 모델을 양쪽 성 모델amphoteric model이라고 한다.

일반적으로 공유 결합의 전자는 공간적으로 국한되어 있어서, trap site 역시 공간적으로 국한되어 있으며 carrier를 포획capture하는 기능

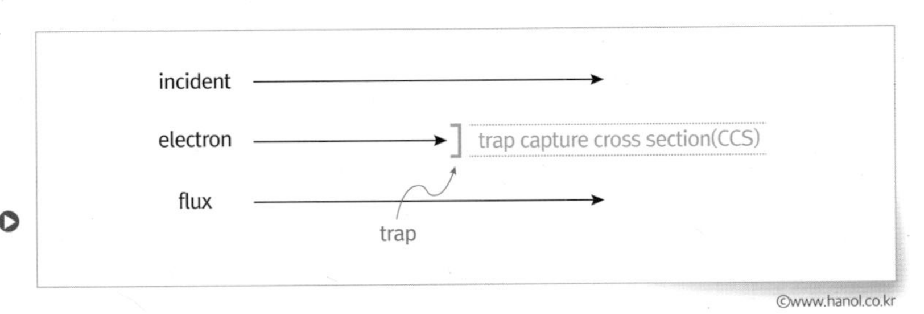

그림 3-35 Charge trap capture cross section(CCS)

©www.hanol.co.kr

이 제한적이다. 〈그림 3-35〉에서 볼 수 있듯이 모든 주입된 전자가 trap site에서 포획되는 것은 아니다. trap site 근처를 통과하는 전자 만 포획되며, 이러한 trap의 공간적 특성을 CCS Capture Cross Section라고 한다.

Pipe와 Pipeless

외형적으로 보았을 때 Pipe와 Pipeless 구조를 구별해주는 가장 큰 특징적 요소는 Pipe의 유무와 Source Line의 연결 형태이다. 말 그대로 Pipe 구조에서는 Pipe가 존재하지만, Pipeless 구조에서는

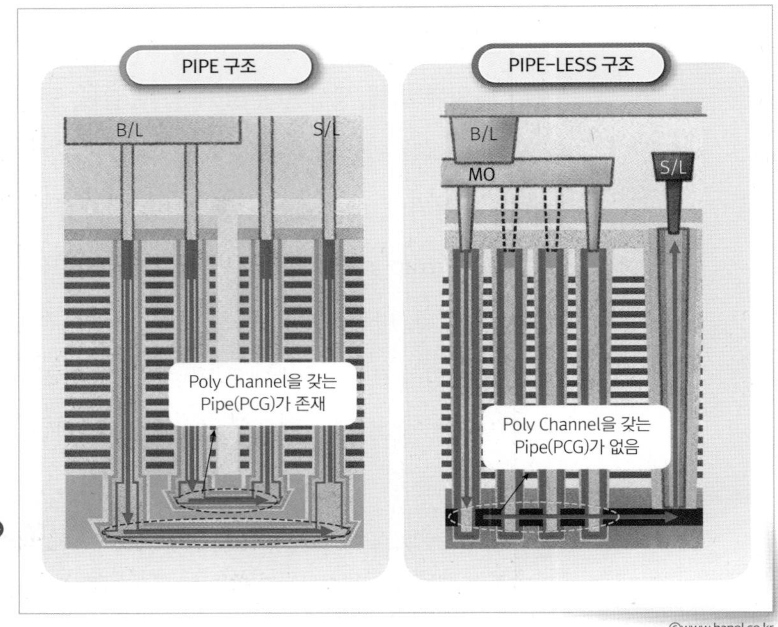

그림 3-36 Pipe 유무에 따른 3D NAND Plug 연결 schematic

©www.hanol.co.kr

Pipe가 존재하지 않는다.

보통 여기서 Pipe를 PCG(Plug Connection Gate)라고도 하는데, 3D NAND 기준 Pipe 구조에서는 2개의 Plug String을 stack bottom 부에서 연결해주는 Pipe가 존재하며, Pipeless 구조의 경우에는 그 Pipe가 필요없는 structure를 갖는다. 그렇기 때문에 〈그림 3-36〉과 같이 Pipe 구조에서는 Source Line이 Stack 상단에서 Plug(Poly Channel)와 직접적으로 연결되는 반면, Pipeless 구조의 경우에는 Stack 바닥으로부터 이어져 있는 별도의 Source contact 부에 연결된다.

A사의 경우 특정 구조 까지는 Chip size 경쟁력 측면에서 유리한 Pipe 구조를 전통적으로 채용해 왔다. 그러나 stack의 고층화와 PUC(Peri Under Chip) 구조 도입에 따라 Pipeless scheme은 3D NAND에 있어 반드시 필요한 scheme이 되었다. 기존의 Pipe 구조는 Channel Poly상 current path의 길이가 Pipe의 길이만큼 더 길어지고 그만큼 저항이 증가해서 Cell current 확보 측면에서 불리할 수밖에 없기 때문이다.

PUC 구조를 도입할 경우 Pipe보다는 Pipeless 구조에 있어서 Chip size 감소를 더 많이 할 수가 있어, Wafer의 Net die 증가를 통한 생산성 측면에 있어 유리한 위치를 선점할 수 있다. 더불어 Pipe를 포기함에 따라 기존 PCG(Plug Connection Gate)를 형성하기 위해 필요했던 공정(Process) step 수를 감소하는 결과를 가져왔고, 이는 동시에 생산 cost 경쟁력 확보에 기여하는 바가 컸다.

3D NAND Process Sequence

3D NAND Process는 ISO/UM, Gate1, Gate2, MLM 4개의 구간으로 나눌 수 있다. ISO 구간은 MOSFET, 즉 Peripheral Transistor를

만들기 위한 구간을 말한다. 만들어진 Transistor는 NAND Cell 동작을 위해 필요한 전압을 생성하고 공급하는 역할을 한다. NAND circuit을 구성하는 다양한 Vth를 가지는 Transistor를 만들기 위해 Bare 상태의 P-type Silicon Wafer에 Phosphorous, Arsenic, Boron과 같은 3/5족 원소를 이온 주입하는 Implant공정을 통해 Transistor를 구성한다.

각 Transistor의 Well, Junction, Channel 영역에 진행하는 Implant의 Source, Doping 농도, Energy 등을 조절하여 다양한 Vth 전압을 가지는 Transistor를 생성하여 주고, 각 Transistor를 구분하기 위해 Well 영역을 나누는 목적으로 STIShallow Trench Isolation를 형성한다.

UMUnder Metal 구간은 PUC Scheme을 채택하면서 도입된 공정 구간으로 회로의 동작에 필요한 Transistor에 전압을 공급해주기 위해 Upper Metal과 Transistor를 연결하기 위한 Metal 배선을 만드는 공정 구간을 말한다.

Gate 구간은 정보를 저장하는 Cell을 만들기 위한 PLUG와 ONO공정, 각 Cell을 동작시키기 위해 계단형 구조의 Contact 영역을 만드는 Slim공정, SLIT 지지대 등을 형성하는 공정 구간을 말한다. Gate1, Gate2의 구간으로 나누는 기준은 PLUG가 최종 형성되는 기

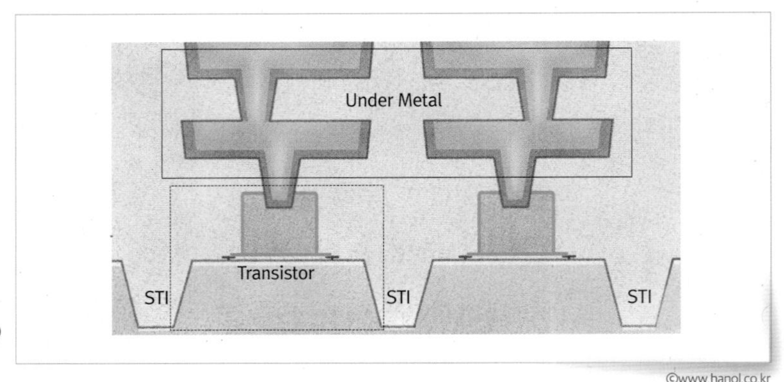

그림 3-37 ISO/UM 모식도

©www.hanol.co.kr

점을 기준으로 이전 공정 구간을 Gate1, 이후 구간을 Gate2 구간이라고 한다. Gate1 구간의 기본적인 Process 순서는 다음과 같다. 각 Cell을 구성하기 위해 Oxide/Nitride Layer를 순차적으로 증착하고 Etch공정을 통해 Plug를 생성해준다. Cell 동작을 위한 Dielectric 박막을 Plug 내부에 증착하여 ONOP 구조를 형성한다. 형성된 ONOP 구조에서 Charge Trap Nitride는 2D의 Floating Gate와 동일한 역할을 한다.

PLUG의 기본구조를 모두 형성한 다음 Cell 동작을 하기 위해 각각의 Word Line을 형성하는 Gate2 구간이 이어진다. Gate2 구간의 시작은 Word line에 전원을 인가해 줄 수 있도록 metal contact과 연결될 계단 형태의 구조인 Slim을 형성한다. Slim의 형성은 Oxide/Nitride 적층 구조에서 metal contact으로 연결될 부위의 Oxide/Nitride를 순차적으로 ETCH해 내어 형성을 한다. 3D NAND 구조에서 WL 형성 시 film간 stress로 인해 구조에 변형이 생길 수 있다. 이를 방지 하기위해 SLIT 지지대를 형성하여 구조의 변형이 생기지 않도록 한다.

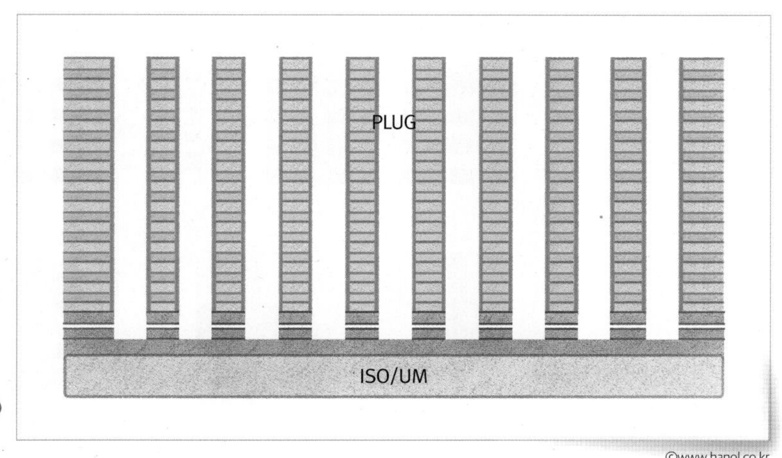

그림 3-38 PLUG 모식도

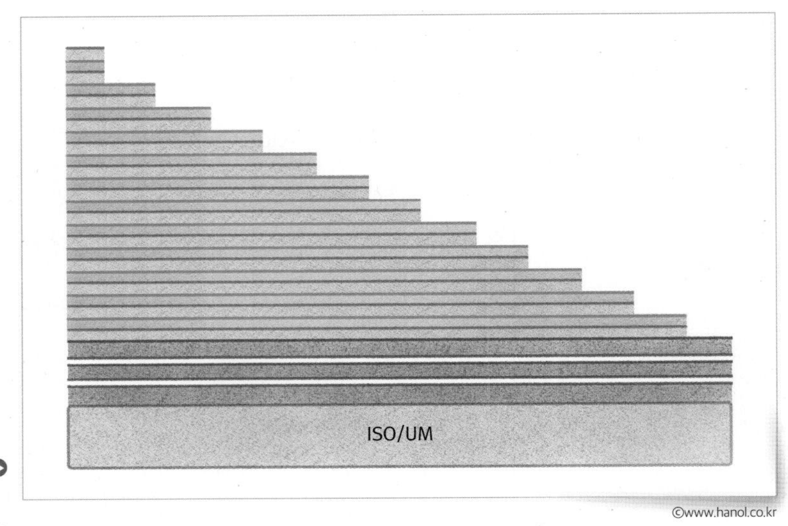

그림 3-39 SLIM 모식도

©www.hanol.co.kr

이후 Gate2 구간의 꽃이라 할 수 있는 Word Line을 형성하는 구간이 이어진다. Gate2 구간의 꽃이라고 명명하는 이유는 공정의 난이도가 크고, 신기술이 많이 적용된 구간이기 때문이다. Oxide/Nitride 적층 구조를 ETCH하여 Line 형태의 Hole을 형성하고 Oxide와 Nitride 선택비가 좋은 ETCH RCP를 사용하여 Nitride를 모두 녹여 낸 다음 Word Line 역할을 할 metal 성분의 물질을 Fill 한다. 각각의 Word Line 분리를 위해 다시 선택비가 좋은 ETCH 조건을

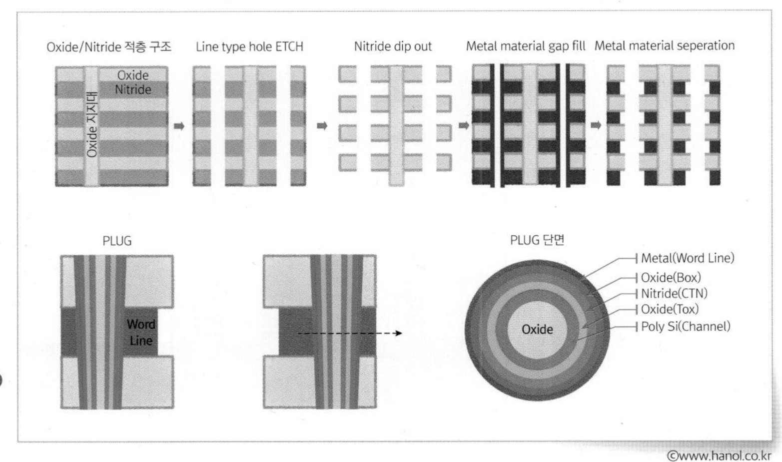

그림 3-40 Word Line 형성 공정 순서 및 PLUG 단면

©www.hanol.co.kr

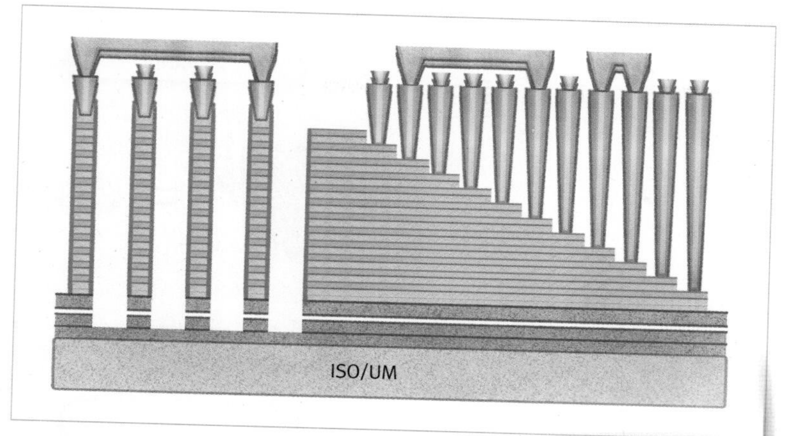

그림 3-41 MLM 모식도

사용하여 metal 성분의 물질을 일정부분 제거하여 Word Line의 각 층을 분리해 내면 Gate2 구간이 끝나게 된다.

MLM 구간은 Peri, Transistor와 각 Cell을 동작시키는 데 필요한 전압을 인가하기 위한 Metal 배선을 만드는 구간을 말하며, PLUG 기준 이전을 Under metal, 이후를 Upper metal이라고 한다.

04 3D NAND Key Process

PLUG

2D NAND 구조에서는 Cell Density를 높이기 위하여 WL(Word-Line)과 BL(Bit-Line) 간격을 감소하는 방법을 사용하여 Chip size는 동일하게 유지하면서 Data 용량을 늘려 왔다. Gate의 높이(FG+CG)가 증가되고 인접 Cell 간 서로 달라 붙는 현상(Gate Leaning) 및 WL과 WL 사이가 가까워지며 인접 Cell 간 BV Margin이 취약해지고 2D 미세공정 한계에 도달하면서 Stacking이나 Cross-Point, 좁은 면적에서 비용 대비 집적도를 향상시킬 수 있는 Vertical NAND가 3D NAND 구조로 주목받

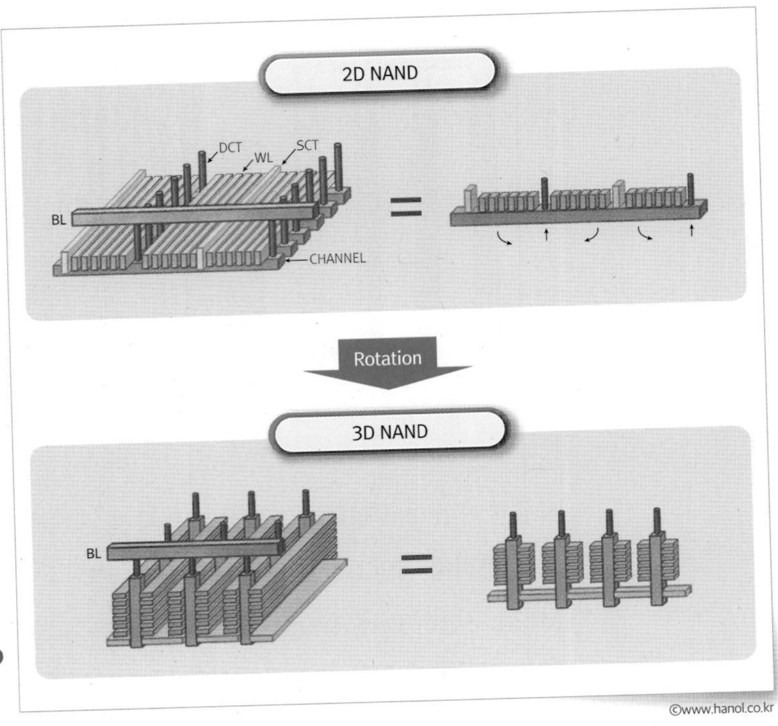

그림 3-42 2D NAND vs. 3D NAND 구조

기 시작했다.

Vertical NAND를 구조적으로 분류하면 Vertical Channel형과 Vertical Gate형으로 나누어진다. Vertical Channel형은 BiCS(Bit Cost Scalable, Toshiba)형과 TCAT(Terabit Cell Array Transistor)형으로 나뉘어지며 Gate가 Channel을 완전히 감싸는 Gate All-Around(GAA) 구조로 Poly Silicon Channel을 사용하여 Gate에 의한 Channel 지배력이 크다는 장점은 있지만, Unit cell size가 크고 Scaling이 어려우며, 높은 층수를 필요로 하기 때문에 공정 난이도가 높다.

반면 Vertical Gate형은 Unit cell이 2D와 유사한 수준까지 shrink가 가능하나, Stack decoding 방법이 어렵거나, 비용이 많이 드는 단점이 있다. 또한 각 층의 Channel을 선택하는 방법이 어려워 Double Gate 형태를 가지며 GAA 구조에 비해 Gate controllability가

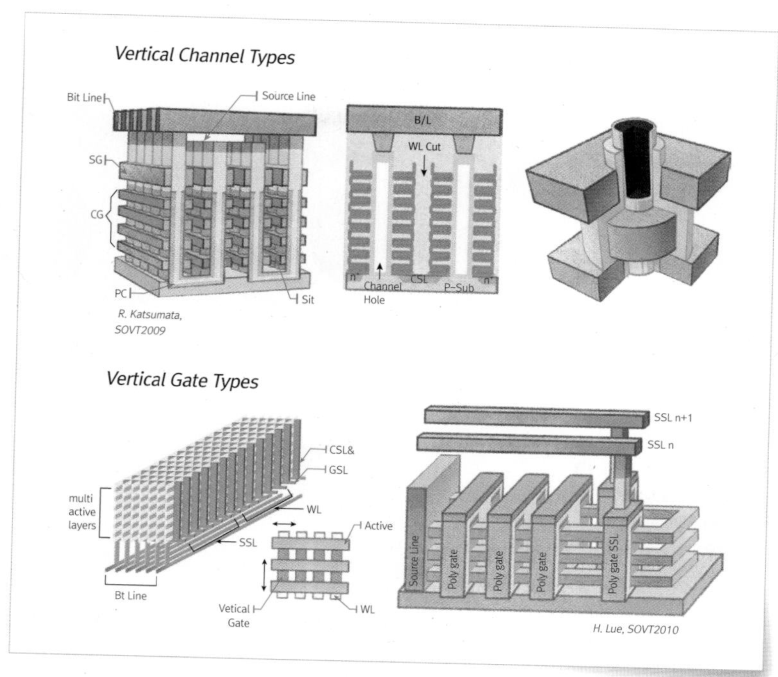

그림 3-43 Vertical Channel 구조 vs. Vertical Gate 구조

낮아질 수 있다.

Field Effect Transistor 구성요소 중, Gate와 Channel이 형성되어 있는 모양에 따라 Double Gate, Triple Gate, 또는 Gate All

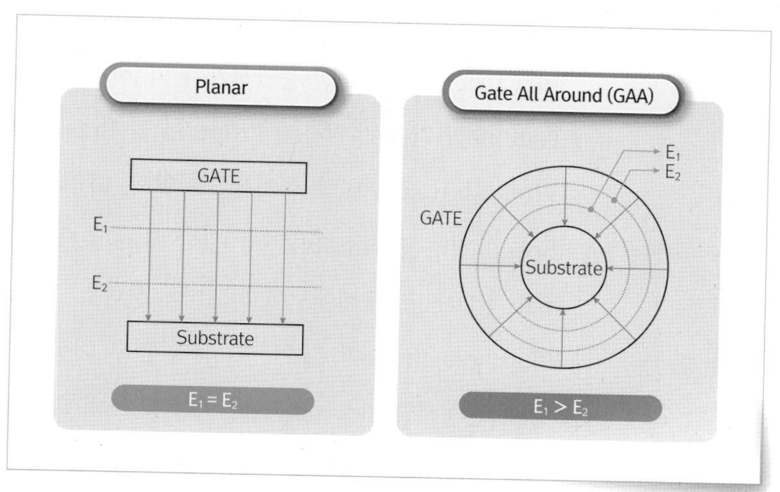

그림 3-44 Cell Structure 및 Electric Field

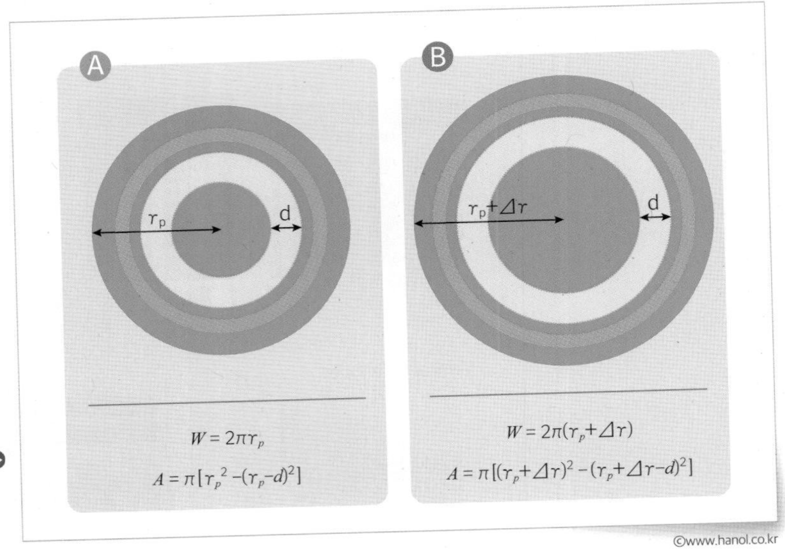

그림 3-45 Cell Structure 및 Electric Field(Initial Ⓐ, Hole size increase Ⓑ)

AroundGAA 등으로 소자를 구분할 수 있다. 이 중 GAA는 Gate가 Channel의 모든 면을 감싸고 있는 모양을 말하며, 3D NAND에서 PLUG라고 흔히 말한다. Fin-FET 구조 대비 Gate drivability를 증가시키기 위해서 구현한 구조로 on/off ratio, swing, gm등이 개선된다.

Plug hole size의 증가는 Channel Poly의 면적도 함께 증가하게 되며, Current path 또한 증가하게 된다. 하지만 Plug hole size 증가는 Gate field 감소로 인하여 Program 및 Erase speed 저하를 야기시키며, Chip size 또한 증가될 수 있다. 따라서 Program 및 Erase Speed 저하를 최소화하면서 Chip size 증가가 없는 PLUG의 Hole size가 Design 단계에서 고려되어야 한다.

Plug hole shape이 Circle Type일 경우 이상적인 GAA(Gate All Aroud) 형태로, 안정적인 Electric Field 형성 및 Cell 특성을 유지할 수 있지만, Vertical NAND Stack이 증가할수록 Plug hole shape이 ETCH

Loading 증가로 인해 Abnormal 하게 형성된다.

Cell 특성이 가장 좋은 Circle type의 PLUG 형태를 관리하기 위해 다음의 〈그림 3-46〉처럼 Hole size, Shape 등을 관리한다.

PLUG의 형태가 변하게 되면 PLUG의 각 위치에서 Electric field가 불균일하게 되고 Program, Erase 시 CTN 내 electron들의 이동 제약 및 농도 변화로 정상적인 Cell 동작을 못하게 된다.

ONOP Oxide/Nitride/Oxide/POLY Si

ONOP공정은 Cell 동작을 위해 필요한 Di-Electric 층을 PLUG 내부에 형성하는 공정으로, 크게 Blocking Oxide, Charge Trap Nitride, Tunneling Oxide, Channel Poly 4가지 공정이 이에 해당한다.

각 Layer별로 형성 방식은 다음과 같다.

Blocking Oxide Box

Back Tunneling Barrier 역할을 하는 Silicon Oxide 박막으로, Control Gate와 Charge Trap Nitride 사이에 존재하는 절연막을 의미한다.

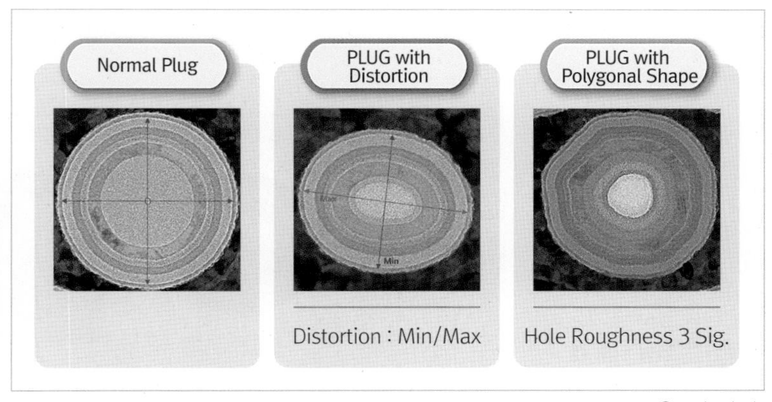

그림 3-46 PLUG Shape at TEM (Transmission Electron Microscope)

©www.hanol.co.kr

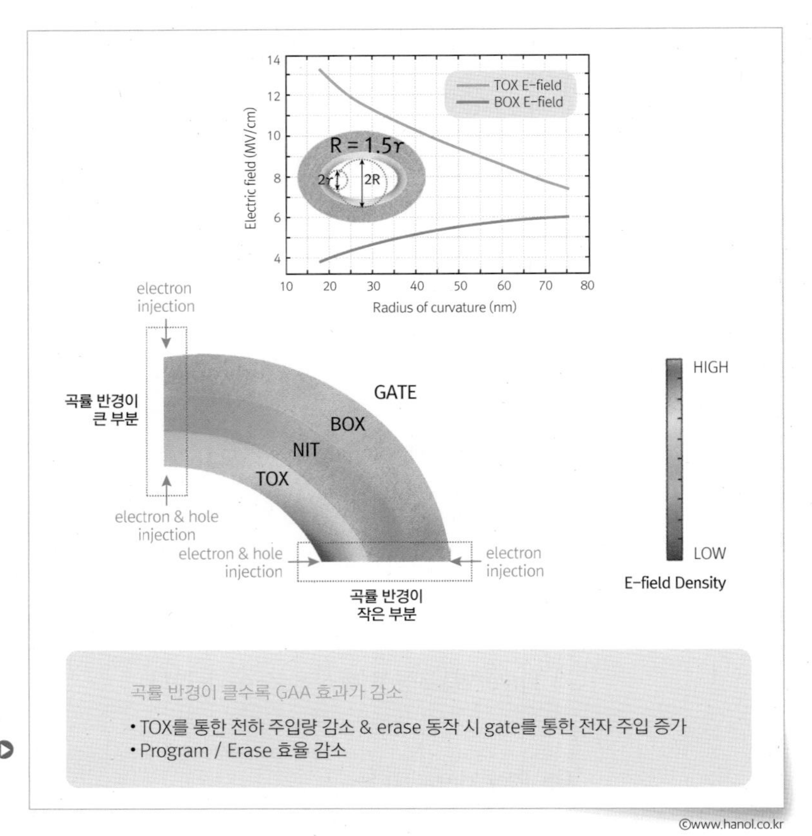

그림 3-47 PLUG 곡률 반경에 따른 E-field 변화(출처: Skhynix)

Charge Trap Nitride CTN

전자를 저장하는 역할을 하는 Silicon Nitride 박막으로, Charge Trap 시 사용된다. NAND 구조에서 Floating Gate에 해당하는 Layer로 전자의 Trap 여부에 따라 Program과 Erase를 판단한다.

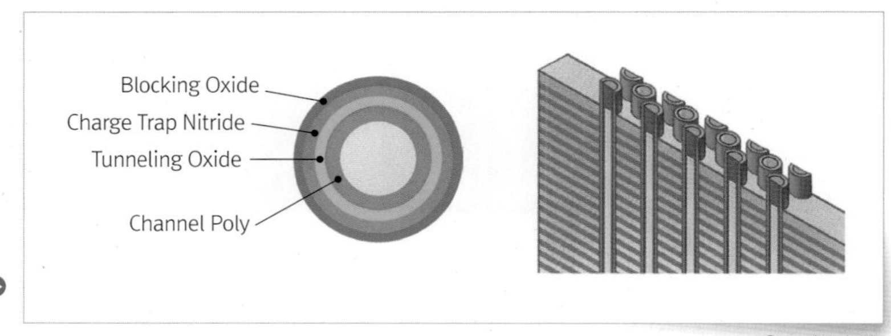

그림 3-48 ONOP 평면 모식도

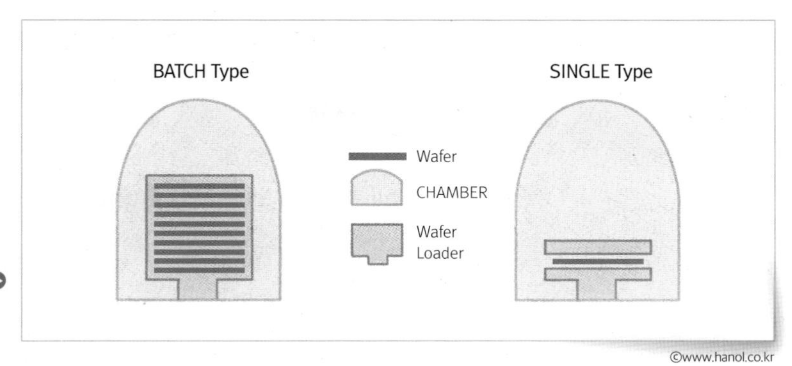

그림 3-49 BATCH type, SINGLE type 장비 모식도

©www.hanol.co.kr

Tunneling Oxide Tox

Program과 Erase 시 전자의 Tunneling Barrier 역할을 하는 Silicon Oxide 박막이다. Program과 Erase 반복 동작 시 Tunnel Oxide가 손상되어 Cell Vth 열화가 발생하므로 신뢰성 특성과 밀접한 연관성이 있다. Tunneling Oxide에 함유된 N농도에 따라 Cell 특성에 영향을 미치므로 N농도 최적화가 필요하다.

Channel Poly

Source와 Drain 사이에 Carrier가 이동하는 통로로써 전류가 흐르는 길 역할을 한다. Chamber에서 SiH4 GAS를 열 분해시켜 만든다. Cell Current가 증가한다. Grain size를 증가시키기 위해서는 증착 두께를 높여야 하는데, Channel Leakage current도 동시에 증가하므로 최적의 두께로 형성하여야 한다.

SLIM

NAND Cell 구조에서 Cell 동작을 하기 위해 각각의 Word Line이하 WL을 X-Decoder이하 X-Dec와 연결하기 위한 Pick-up 영역이 필요하다. 특히 3D NAND 구조에서는 아래 〈그림 3-51〉과 같이 수직 방향으로 배열되어 있는 WL을 수평 방향으로 연결되어 있는 WL 상단에 배열된 Metal 배선과 개별적으로 연결하기 위해서 계단 형태의 Pattern을 형성해야 한다. 이러한 WL의 계단을 만드는 공정을 Slim이라고 한다.

ON Stack은 Cell WL, Select WL, Dummy WL로 구성된다. Cell WL은 Cell 기본 동작을 위한 Gate 역할(Program/Erase/Read)을 하며, Select WL은 말 그대로 String을 Select하는 Transistor의 Gate 역할을 하며, Dummy WL은 Cell 특성을 개선하기 위해 Program/Erase 동작을 통한 Data를 저장하지 않고 단지 current path 형성만 하는 Gate 역할을 한다. 3D NAND는 Data 용량을 늘리기 위해 ON Stack이 점점 고층화되고 있다. 즉, Cell WL 층수가 점점 높아지고 있어 현재는 100층을 넘는 High Stack이 필요하게 되었다. 이에 따라 형성해야 할 계단 수가 더 많아지게 되어 Slim공정 필요 횟수가 급격하게 증가하게 된다. 보통 Tech가 발전할수록 Cell WL의 층수가 33~50%씩 증가하고 있다. Slim공정은 PR(Photo Resist)의 Trim 및 각 층의 Etch를 기반으로 하는 Process이기 때문에 더 높은 Stack일수록 더 두꺼운 PR이 필요하고, 더 많은 층의 계단을 형성하기 위해 더 많은 면적 또는 동일한 면적에서 더 작은 계단을 형성해야 하는 상황

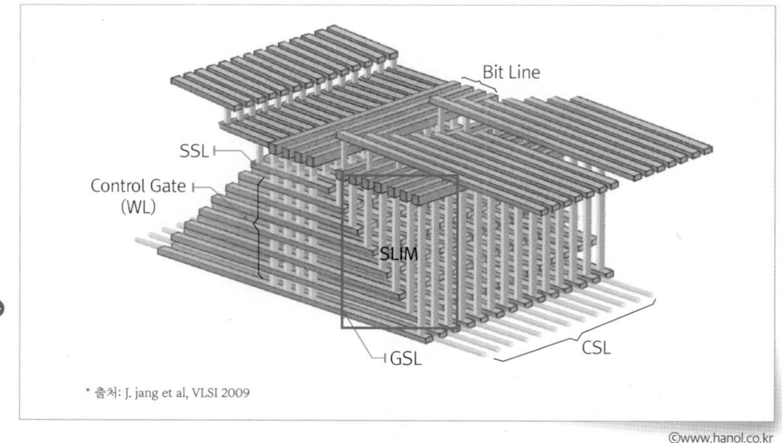

그림 3-50 TCAT 구조의 3D NAND Cell (WL-상단 metal 배선과의 연결)

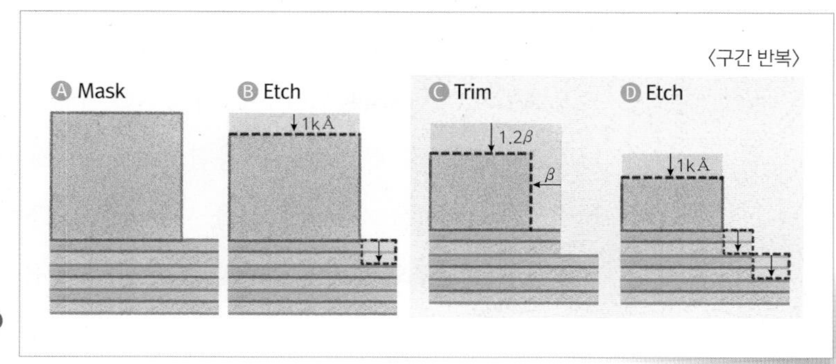

©www.hanol.co.kr

그림 3-51 Slim Process

이다. 이로 인한 PR Collapse 및 계단 형성의 Margin을 고려하는 것이 High Stack에서의 Slim공정의 가장 큰 숙제이며, 구조적 측면, 공정적 측면으로 High Stack에 대응할 수 있는 계단 형성을 위한 연구가 지속적으로 진행 중이다.

SLIM 공정은 〈그림 3-52〉와 같이 A~D까지 진행하며, C~D를 반복하는데 Ⓒ공정을 Trim이라고 한다.

05 Future NAND FLASH Memory

Mobile Data 저장소로 널리 사용되고 있는 NAND FLASH Memory는 앞으로 어떤 모습을 보여줄까? NAND FLASH Memory와 관련하여 어떤 연구들이 이루어지고 있는지 확인해 보도록 하겠다.

3D Re-NAND

3D NAND FLASH Memory의 전체 구조는 유지하면서 ONO 구조를 Re-RAM 구조로 대체하여 낮은 동작 전압<10V으로 고용량 메모리를 구현하는 개념이다.

3D Fe-NAND

3D NAND FLASH Memory의 ONO 구조 대신 Ferroelectric HfO2와 같은 강 유전체를 사용함으로써 Voltage에 따른 전하량의 hysteresis roof를 가지는 특성을 사용하여, CTN에 전자를 주입했던 기존 ONO 구조의 Retention 및 Disturb 특성을 개선한 구조이다.

SGVC Single Gate Vertical Channel

기존의 GAA type의 Cell 구조를 2D NAND의 Cell을 수직으로 세운 구조이다. 동일한 stack 기준으로 GAA 대비 용량을 3배 정도 늘

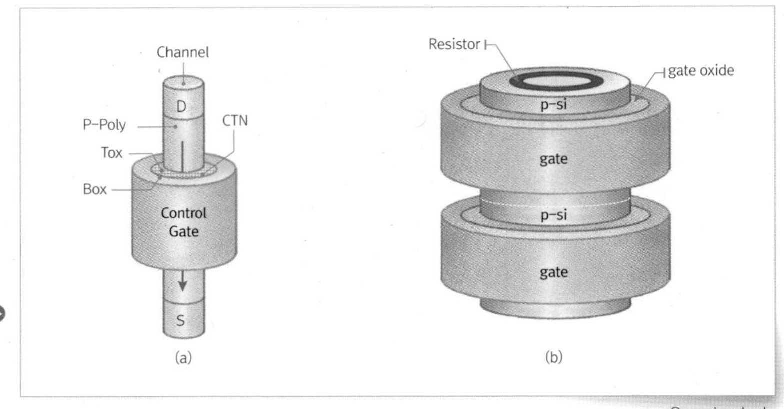

그림 3-52 ONO 구조를 가지는 3D-NAND(a) and 3D Vertical ReRAM(b)

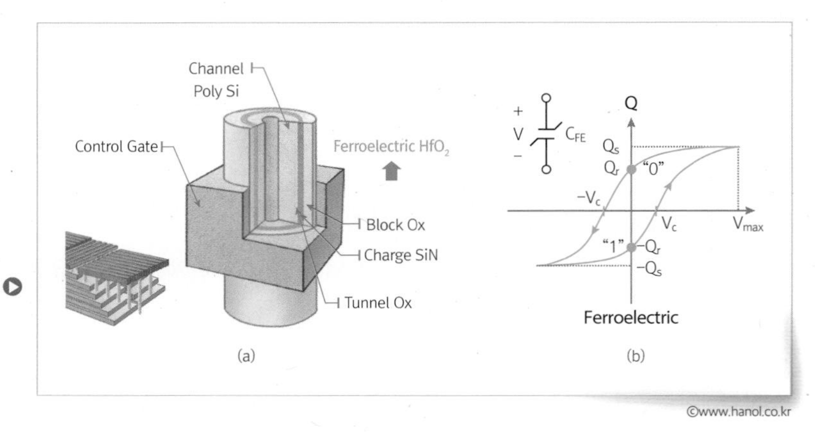

그림 3-53 Ferroelectric NAND FLASH 구조(a) and Ferroelectric hysteresis roof(b)

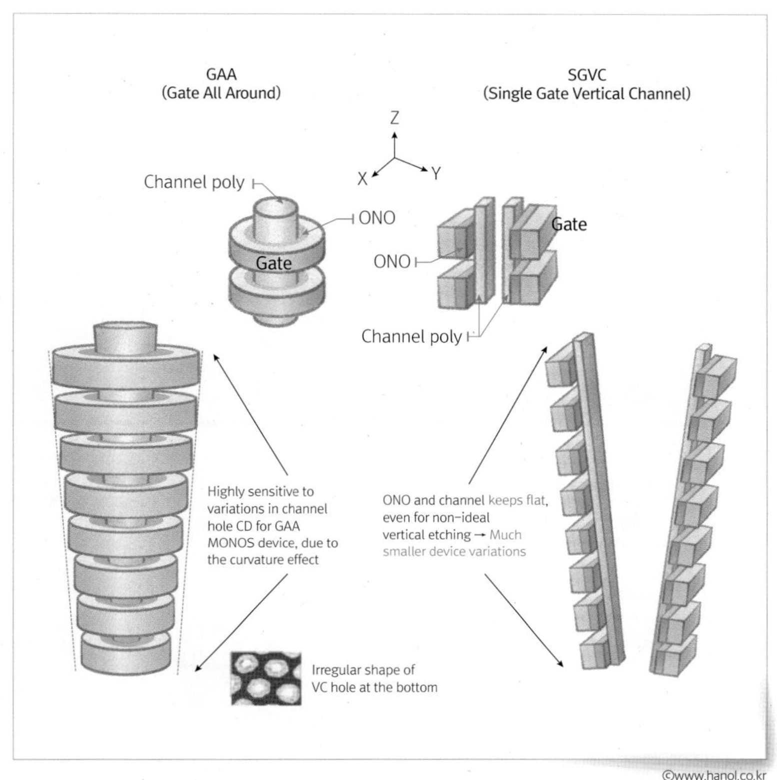

그림 3-54 GAA 구조와 SGVC (Single Gate Vertical Channel) 구조

©www.hanol.co.kr

릴 수 있는 장점이 있다. 하지만 GAA 구조에 비해 Gate controllability 가 낮아질 수 있는 단점이 있다.

3D NAND FLASH Memory가 직면한 가장 큰 문제는 바로 고용량화와 소형화라는 두 마리 토끼를 다 잡아야 한다는 것이다. 고용량화를 위해 Cell size는 작아지고, 적층되는 WL은 늘어나야 하는데, 이는 공정 능력의 한계에 부딪혀 수율이 감소할 수 밖에 없고, Cell size 및 WL을 유지하게 되면 Chip size의 증가로 인해 소형화를 할 수 없다. 앞서 본 ONO 구조의 변경을 이용한 특성의 향상 및 SGVC를 이용한 Cell size의 감소 외에도 3D NAND FLASH Memory의 밝은 미래를 확보하기 위해서는 공정 능력의 향상이 반드시 필요하다고 말할 수 있다.

절전지훈
스도문파의 7대 무공은 각 방면에서 천하 제일이라…
그러나 문하생들 간의다툼으로 조용할 날이 없다…
스도문파
Photo
Etch
TF
DIFF
CLN
CMP
DMI
그런 스도문파의 어지러운 사정을 파악한
이웃 성도문ㅍ파가 심상치 않은데…
성도문파
Photo
빛을 자유자재로 다루는 우리 Photo 무공이 최고지!
Etch
허허… 모르는 소리 목적에 맞게 재료를 구사하는 우리 Etch 무공이 최고지~
TF
이보시오 Etch! 다듬을 재료가 없으면 무슨 소용… 재료 만드는 우리 TF 무공이 최고지
DIFF
온기와 기로 움직이게 하는 우리 DIFF 야 말로 무공의 화룡점정이지
CLN
다들 이렇게 거칠어서야… 우리 CLN 무공이 닦고, 기름칠을 안 하면 아무것도 안 될 것을…
CMP
닦고 기름칠 한들 무엇하오 우리 CMP 무공이 이어붙일 수 있게 다듬어야지…
DMI
우리 DMI 무공이 있어야 잘못된 곳을 알아낼 수 있지 않소? 우리 이전은 다 미완성이오
Photo
빛이 없는데 뭘 어떻게 보려고…
Etch
깎아야 뭐든 만들지…
우리가 없음 안 돼!!!

큰일 났습니다!
무슨 일이냐…

성도문파에서 처음 보는 병기로 쳐들어 왔는데 우리 병사들이 속수무책으로 당하고있습니다…ㅠㅠ
그럴리가… 어허…이를 어쩐단 말인가

무슨 걱정들을 그렇게 하고 있는 게요

성도문파의 신묘한 병기에 대해 걱정하고 있었습니다… 대체 그건 뭐지???
Photo

그럼 우린 그것보다 더 신묘한 걸 만들면 되지 않소?

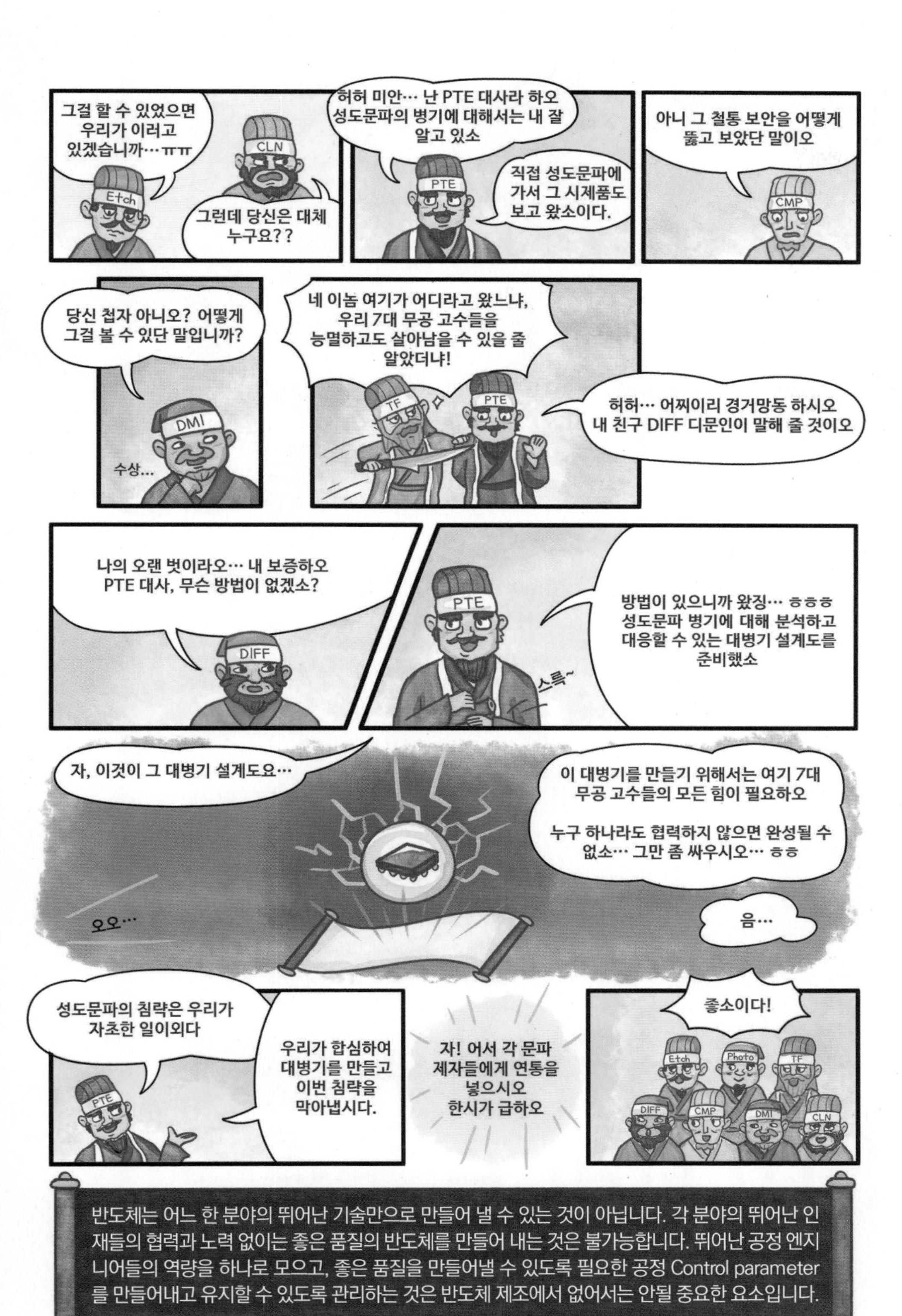

반도체는 어느 한 분야의 뛰어난 기술만으로 만들어 낼 수 있는 것이 아닙니다. 각 분야의 뛰어난 인재들의 협력과 노력 없이는 좋은 품질의 반도체를 만들어 내는 것은 불가능합니다. 뛰어난 공정 엔지니어들의 역량을 하나로 모으고, 좋은 품질을 만들어낼 수 있도록 필요한 공정 Control parameter를 만들어내고 유지할 수 있도록 관리하는 것은 반도체 제조에서 없어서는 안될 중요한 요소입니다.

04

Diffusion_ Furnace공정

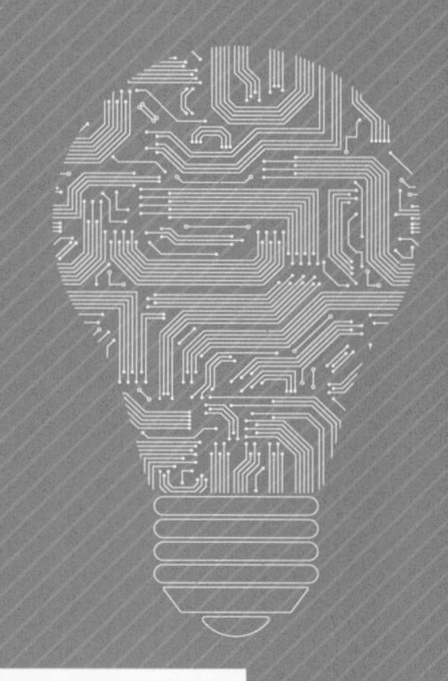

01. Diffusion 소개

02. Furnace공정 이해

03. Furnace 장비의 이해

04. 공정과 장비 관리 소개

05. 미래 기술 해결 과제

04

Diffusion_ Furnace공정

01 Diffusion 소개

반도체 Chip-Maker 회사들은 수많은 협력사들과의 긴밀한 협업을 통해 양질의 제품을 생산하려고 노력하고 있다. 하나의 완제품을 생산하기 위해서는 고품질의 재료들Si Wafer, Gases & Chemical 등을 가지고 각 공정에 맞는 레시피Recipe를 통해 해당 장비에서 반복 생산을 한다. 또한, 장비가 매일 멈추지 않고 똑같은 제품을 생산할 수 있는 관리 기술도 역시 중요하다. 반도체 공정에는 다양한 공정들이 있으며 모두 중요한 공정이다. 이번 장에서는 Diffusion공정에 대하여 전반적으로 소개를 하려 한다. Diffusion과 관련하여 알고 있어야 할 기본 지식을 바탕으로, 내용은 Diffusion 정의, 공정과 장비의 종류, 역할 그리고 박막 증착을 진행하기 위한 공정 순서 등으로 구성되었다. 〈그림 4-1〉은 수백 번의 공정 반복을 통해 Wafer를 가공하여 원하는 제품을

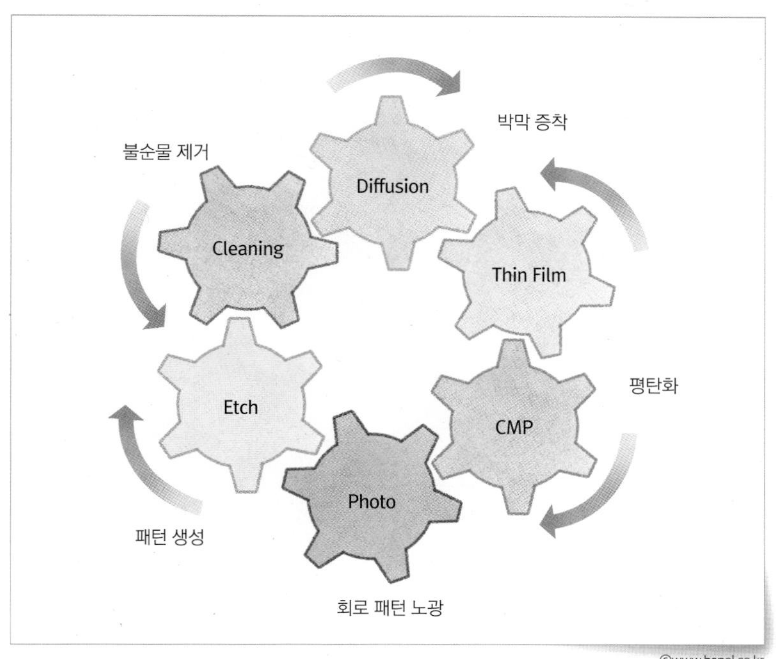

그림 4-1 Fab공정 Process Flow

©www.hanol.co.kr

만드는 Fab공정 과정을 표현하고 있다. 모든 공정이 중요한 역할을 하고 있으며, 톱니바퀴처럼 정확하게 맞물려서 진행된다.

Diffusion 정의

밀도나 농도 차이에 의해 물질Gas, LiquidGas을 이루고 있는 입자들이 밀도 또는 농도가 높은 쪽에서 낮은 쪽으로 퍼져 나가는 현상을 말한다. 예를 들어 〈그림 4-2〉와 같이 분무기의 노즐 부분은 공기에서 보다 높은 농도의 기체를 가지고 있는데, 분무 후 노즐에서 공기로 퍼져 나가면서 먼 부분일수록 기체의 농도가 감소하는 것을 보여주고 있다. 액체 확산의 경우 물 위에 한 방울의 잉크가 떨어졌을 때 확산 현상에 의하여 주변으로 퍼져 나가게 된다. 잉크의 농도는 처음 잉크 방울이 떨어진 곳으로부터 멀어질수록 낮으며, 이와 같은 농도 차이에 의하여 확산이 진행된다.

반도체 제조공정에서는 소자 형성에 필요한 부분에 불순물을 주입시

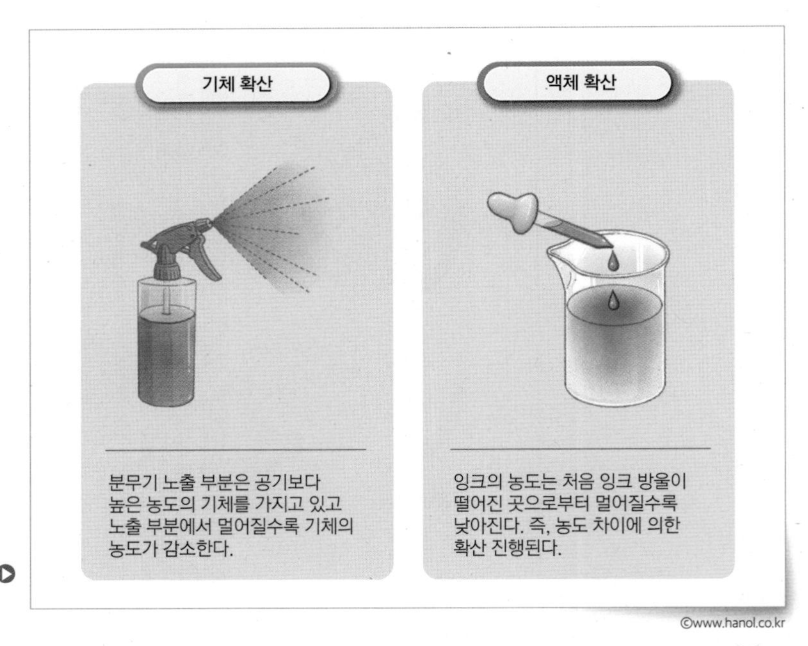

그림 4-2 기체와 액체의 확산

키는 과정에서 확산 기술이 이용된다. Si Wafer 표면의 전도 형태와 저항성을 바꾸기 위해 고온의 전기로Electric Furnace에 Gas 상태의 불순물을 흘려 Wafer 표면에 불순물Dopant을 얇게 증착 및 주입한 후, 열처리를 함으로써, 내부로 원하는 깊이만큼 불순물을 확산시켜 일정한 불순물 영역을 만드는 공정을 말한다.

Diffusion 대표 공정 및 소재 소개

Diffusion 대표 공정으로는 불순물접합Junction, 산화 반응Oxidation과 화학 기상 증착Chemical Vapor Deposition & Atomic Layer Deposition이 있다. 〈그림 4-3〉에서 쉽게 이해할 수 있게 보여주고 있다. 불순물접합Junction은 Si Wafer 내 불순물 주입 후 열에 의해 Si 내에서 불순물이 확산하여 Wafer 내부에 전기적 종류가 다른 두 영역이 만나는 경계를 만들어 주는 것을 의미한다. 불순물접합Junction의 사전적 의미는 반도체의 내부에서 전기적 성질이 다른 두 영역 간의 경계 또는 천이 부분, 동종 반도체 간에 이루어지는 접합을 동종접합Homojunction, 이종 반도체 간의 이종접합Heterojunction이라 한다. 전도형 타입에 따라 분류하면 pn 접합, nn 접합, n+n 접합, pp 접합, pin 접합 등 여러 가지 형태가 있다. 산화 반응은 O_2와 H_2O의 확산을 통해 실리콘 웨이퍼Si Wafer 표면을 산화시켜 실리콘 산화막SiO_2을 형성하는 것을 말한다. 산화 반응으로 형성된 실리콘 산화막SiO_2은 공정에서 발생하는 불순물들로부터 실리콘 웨이퍼를 보호하고, 이온 주입 시 주입되는 곳을 정해주는 마스크 역할을 한다. 또한, 전기적 흐름이 발생하지 않도록 차단하는 절연막 역할을 한다. 공정에서는 얇고 균일한 실리콘 산화막을 형성시키기는 열 산화 방법Thermal Oxidation을 주로 사용하고 있다. 산화Oxidation 반응의 사전적 의미는 분자, 원자, 이온이 전자를 잃고, 산화 수Oxidation number가 증가하는 것을 말한다. 전기적으로 중성인 분자 혹은 원자가 전자Electron를 잃

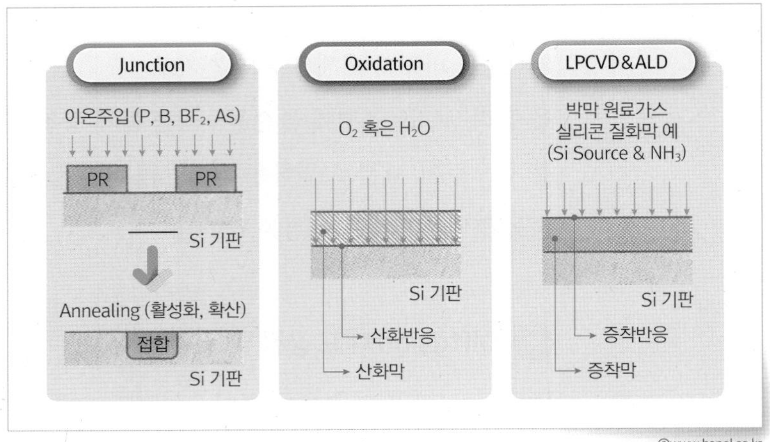

그림 4-3 Diffusion 대표 공정 소개

으면 양이온이 된다. 양성자와 전자의 개수가 같은 원자는 전기적으로 중성이며, 그때 산화 수는 0이다. 만약에 그 원자가 자발적으로 전자 1개를 내놓았든지 혹은 외부의 힘에 의해 전자 1개를 빼앗겼다면 그 원자는 더 이상 전기적으로 중성이 아니다. 결국 그 원자는 전자의 개수보다 양성자의 개수가 1개 더 많은 양이온이 된 것이며, 그 양이온의 산화 수는 +1이다. 분자나 이온의 경우에도 같은 원리가 적용이 된다. 화학 기상 증착CVD, Chemical Vapor Deposition은 반응 Gas를 Chamber 내 공급하고 일정 온도 및 압력에서 Si Wafer 표면에 박막을 증착하는 공정이다. 즉, 화학반응을 통하여 웨이퍼 표면에 필요한 절연물질이나 반도체, 금속 등을 증착하는 것을 말한다.

Diffusion은 크게 Furnace와 Implant로 공정 분류가 된다. Furnace에서는 산화막 생성Oxidation, 열처리Anneal, 화학 증착막 생성Deposition을 주로 하며, Implant에서는 불순물 주입Implant, RTA열처리, Plasma Doping 방식을 이용한 High Dose 주입PLAD을 하고 있다. 공정은 〈그림 4-4〉와 같이 Furnace와 Single로 나누어진다. Furnace공정에서는 Wafer를 수직Vertical으로 Boat에 Loading시켜 진행하며, Single공정에서는 챔버Chamber 내 Heater 또는 Disk 위에 Wafer를 Loading하여 진

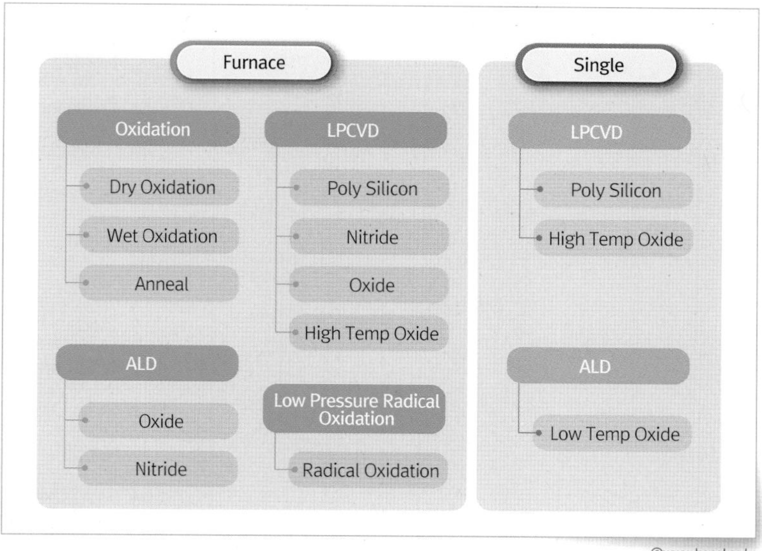

그림 4-4 Diffusion공정 세부 분류

행한다. 각 목적에 맞게 공정이 다양하게 진행되고 있다. 생소한 단어들이 있지만, 앞으로 계속 나오는 용어들이므로 숙지할 필요가 있다.

[표 4-1]은 Furnace공정에서 사용하는 온도 범위를 보여주고 있다. 산화Oxidation공정에는 대표적으로 건식 산화Dry Oxidation, 습식 산화Wet Oxidation와 열처리Anneal공정이 있다. 이는 Si Wafer 표면에 산화막 형성 및 고온 처리를 통한 박막 안정화를 하는 공정이다. LPCVDLow Pressure Chemical Vapor Deposition는 크게 Nitride, Oxide, Poly Silicon, High Temperature Oxide로 나누어져서 각자 공정의 목적에 맞게 고온에서 박막을 합성하고 있다. ALDAtomic Layer Deposition도 Low Temperature Oxide, Nitride로 나누어지며, Low Temperature Oxide는 노광 장비 한계로 30nm급의 선 폭Gate width 구현이 어려운 점을 해결하기 위한 이중 패턴Double Pattern을 형성할 때 사용된다. Nitride는 Sub Film에 의한 Incubation Time을 줄여 균일한 Thickness 제어 및 안정적인 Gap Fill을 위해 사용되는 공정이다. 여기서 Incubation Time이란, 증착 전 표면이 안정화되기 위해 필요한 일정시간을 의미한다.

표 4-1 Furnace공정 분류 및 공정 온도

구분	대분류	소분류	Process Temp
Diffusion	Oxidation	Dry Oxidation	600 - 900°C
		Wet Oxidation	> 600°C
		Radical Oxidation	> 600°C
		Anneal	100 - 1000°C
	LPCVD	Nitride	500 - 800°C
		Oxide	500 - 800°C
		Poly Silicon	400 - 600°C
		High Temp Oxide	600 - 900°C
	ALD	Nitride	500 - 700°C
		Low Temp Oxide	< 100°C

반도체 공정에 사용되는 가스들은 대부분 질식성, 인화성, 폭발성, 부식성, 맹독성 등을 가진 유해한 가스들이다. 공정 진행 시 가스들은 대부분 반응하여 SiO_2, Si_3N_4, ZrO_2, Al_2O_3 박막으로 합성되고, 그때 형성되는 부산물들은 대부분 배기가 되지만 항상 위험성에 대해서는 인지하고 있어야 한다. [표 4-2]에서는 Diffusion공정에서 사용하는

표 4-2 Diffusion 대표 공정 가스

Gas명		Gas 성상
N_2	질소	• 질식성
H_2	수소	• 극인화성 • 가열 시 폭발
O_2	산소	• 강력한 지연성 물질 • 농도가 높은 산소를 흡입 시 폐가 손상
NH_3	암모니아	• 독성가스 • 할로겐과 강하게 반응하여 폭발성 가스 발생
SiH_4	실란	• 물과 반응하여 독성, 가연성 & 부식성 가스 발생 • 자연발화성
PH_3	포스핀	• 맹독성(단시간 적은 양의 유출로도 치명적임)
N_2O	산화질소	• 강산화성 • 조연성(연기 발생)

가스들에 대하여 설명이 잘 되어 있다. 현장에서는 가스 사용 안전 수칙을 준수하여 사용하고 있으며, 사고 예방을 위해 안전장치를 설치 및 운영하고 있다.

Diffusion 대표 장비 소개

[표 4-3]은 Oxidation, LPCVD, ALD에 사용하는 대표 장비들의 구조를 보여주고 있다. 먼저, Diffusion을 대표하는 Furnace 장비에 대하여 소개를 하겠다. Oxidation과 LPCVD공정은 주로 Furnace 장비로 사용하고 있으며, 기본적으로 Inner Tube와 Outer Tube가 있고, Tube는 총 5구간이다. 이 구간들의 온도를 T/C_{Thermocouple}로 구분하며 공정 진행 온도를 내부의 T/C로 확인할 수 있고, 히터_{Heater}를 이용하여 온도를 제어할 수 있다. 또한 대량으로 Wafer를 Loading 하여 한번에 증착이 가능한 장점이 있다. 하지만 대량으로 Wafer를

표 4-3 Oxidation, LPCVD, ALD 장비 비교

구분	Oxidation	LPCVD	ALD
Control Parameters	TIME TEMP GAS	TIME TEMP GAS PRESSURE	CYCLE TEMP GAS PRESSURE
Gas Flow	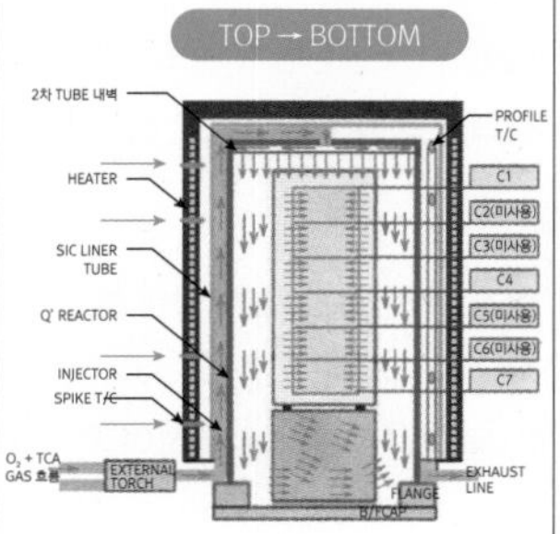 TOP → BOTTOM	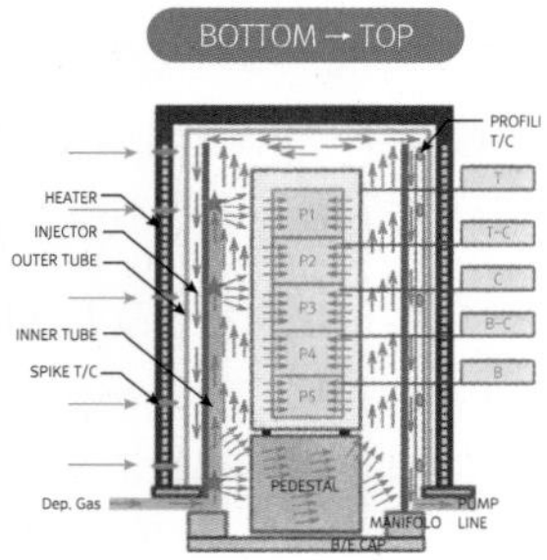 BOTTOM → TOP	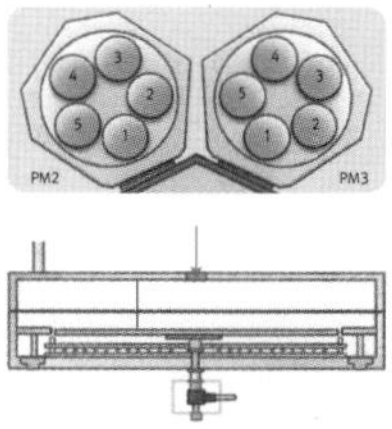
Note	PUMP 없음	PUMP : Low pressure control	PUMP : Low pressure control

©www.hanol.co.kr

Loading 하여 한번에 진행하기 때문에 Defect와 같은 이슈가 발생하면 큰 손실이 발생하는 단점을 가지고 있다. 증착 시 유입되는 전구체$_{\text{Precursor}}$와 가스들이 열$_{\text{Thermal}}$에 의해 분해되고, Boat에 있는 Si Wafer 표면에 흡착, 확산 및 화학 반응을 하여 박막을 형성한다.

ALD$_{\text{Atomic Layer Deposition}}$ 장비에서는 원자층 단위로 박막 조절이 가능하여 소자의 소형화와 공정 미세화가 가능하다. 더하여, 저온에서 공정 구현이 가능하고 CVD$_{\text{Chemical Vapor Deposition}}$에 비해 박막 재현성, 단차 피복$_{\text{Step Coverage}}$, 두께 균일도$_{\text{Thickness Uniformity}}$가 우수하다는 장점을 가지고 있다.

〈그림 4-5〉에서 LPCVD와 ALD공정을 진행하기 위해서는 저진공$_{\text{Low Vacuum}}$ 또는 고진공$_{\text{High Vacuum}}$ 상태를 만들어 주어야 한다. 그러기 위해서 펌프$_{\text{Pump}}$를 사용하고 있다. 진공에 대한 개념 및 이해가 매우 중요하기 때문에, Tip으로 간단하게 진공에 대하여 설명하도록 하겠다.

TIP 진공이란 ?

진공$_{\text{Vacuum}}$은 사전적 의미로는 물질이 전혀 존재하지 않는 공간을 뜻한다. 즉, "비어있다"는 의미로 일정한 공간이 주위 대기보다 적은 양의 기체들이 포함되어 있다는 것을 의미한다. 다시 말하면, 대기보다 압력이 낮은 상태를 말한다.

현실적으로 입자가 전혀 없는 상태인 이상적인 진공 상태를 만들기는 불가능하다. 이유는 아주 가벼운 수소나 헬륨 같은 기체들은 엄청난 성능의 펌프로 뽑아내어도 잔존하기 때문이다. 우주도 가상 입자, 광자, 중력자 등의 입자들로 인해 $1\text{x}10^{-12}$~$1\text{x}10^{-20}$ Torr 진공도를 가진다고 한다.

그래서 우리가 사용하는 진공의 의미는 '대기압보다 낮은 압력 상태'를 말한다. 이러한 진공의 개념은 고대 그리스 시대부터 시작되어 17세기 에반젤리스타 토리첼리$_{\text{Evangelista Torricelli}}$의 수은관 실험으로 정립되었다. 물 대신 수은을 사용하여 시험관에 넣었을 때 수은의 높이가 760mm가 되었고, 시험관 내부에 진공 공간이 형성되는 것을 확인할 수 있었다. 이를 통해 1기압=760mmHg=760Torr가 되었다. 〈그림 4-5〉

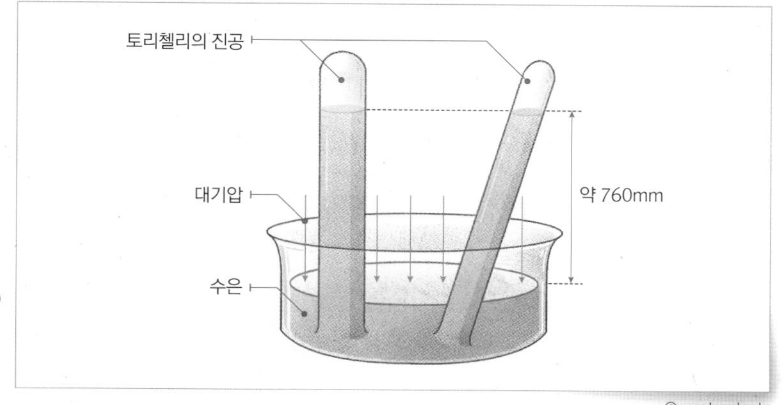

그림 4-5 에반젤리스타 토리첼리(Evangelista Torricelli)의 수은 관 실험

한편, 파스칼Blaise Pascal은 에반젤리스타 토리첼리Evangelista Torricelli의 책을 읽고 기압에 관심을 가지게 되었으며, 수은기압계를 들고 산으로 올라가 고도에 따른 수은 기둥의 높이 변화를 관찰하였다. 그 결과 고도가 높아지면 공기의 무게에 의해 수은 기둥의 높이가 낮아지는 것이라고 판단하고 진공이 존재한다는 것을 증명하였다. 에반젤리스타 토리첼리Evangelista Torricelli는 진공에 의한 압력은 0이라고 생각하였고, 블레즈 파스칼Blaise Pascal은 대기압을 정의하면서 자신의 이름을 따 '1기압 = 101,325Pa'이라고 하였다. 〈그림 4-6〉 실험에 대하여 설명을 하자면 A는 수은 기둥의 압력, B는 대기압을 나타내며, '대기압$_{P_0}$=수은 기둥의 압력$_{\rho gh}$'으로 표현된다. 앞의 식은 다음과 같은 식에서 유도되었다.

$\rho_{밀도} = M_{질량}/V_{부피}$에서 질량은 $M = \rho V$로 표현할 수 있다. 더하여,

$P_{압력} = F_{힘}/A_{면적}$이므로, 위 식을 정리하면

$$P_{압력} = \frac{M_{질량} \times g_{중력가속도}}{A_{면적}} = \frac{\rho_{밀도} \times A_{면적} \times g_{중력가속도} \times h_{높이}}{A_{면적}}$$ 이 되어

$P_{0대기압} = \rho_{밀도} \times g_{중력가속도} \times h_{높이}$가 된다.

1기압일 때 수은 기둥의 길이가 76cm이므로 수은의 밀도는 $\rho = 13.6 \times 10^3 kg/m^3$와 중력가속도 $g = 9.8m/s^2$을 대입하면 대기압은 $P_0 = 101,325Pa$으로 표현할 수 있다.

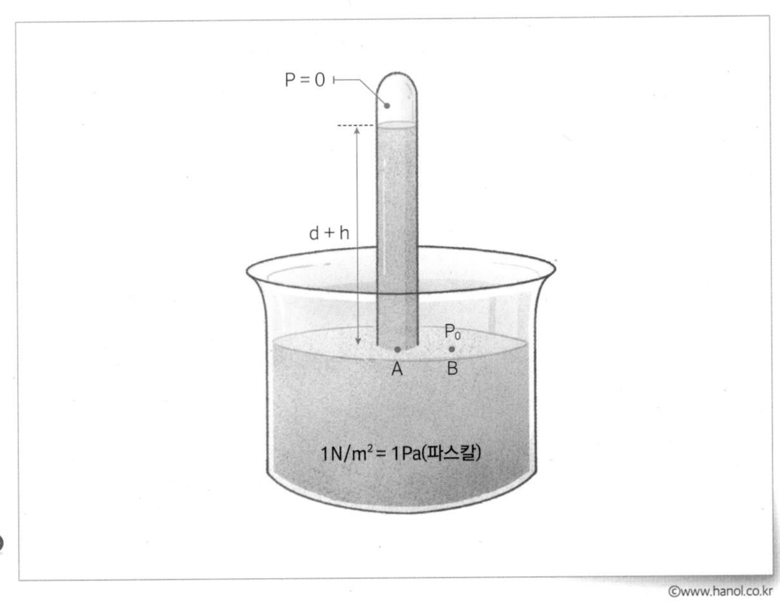

그림 4-6 파스칼의 실험

[표 4-4]에서는 진공 환산표를 볼 수 있다.

대기압은 '1기압=1 atm=760mmHg=760Torr=101,325Pa'이다. 우리가 주로 사용하는 진공 단위는 Torr, Psi, Pa이다.

표 4-4 진공 환산표

단위	atm	bar	mmHg(Torr)	mmH_2O	psi(lb/ft²)	kgf/cm²	Pa
atm	1	1.01325	760	10332.2	14.6956	1.03323	101325
bar	0.986923	1	750.06	10197.1	14.504	1.01972	100000
mmHg(Torr)	0.001316	0.001333	1	13.595	0.01934	0.00136	0.01333
mmH_2O	0.000097	0.000098	0.073556	1	0.001422	0.0001	9.80669
psi(lb/ft²)	0.068046	0.068948	51.715	703.066	1	0.070307	6894.757
kgf/cm²	0.967841	0.980665	735.559	10000	14.2233	1	98066.5
Pa	0.00001	0.00001	0.007502	0.101971	0.000145	0.000011	1

[표 4-5]에서는 진공 영역을 보여주고 있으며, 우리는 주로 저진공Low Vacuum과 고진공High Vacuum 영역에서 사용하고 있다. 앞서 설명한, LP-

CVD공정은 증착Deposition 시 250mTorr~1Torr의 저압에서 주로 공정이 이루어진다.

표 4-5 진공의 영역

진공 영역	압력(Torr)	압력(Pa)
대기압	760Torr	101,325Pa
저진공	대기압~1Torr	> 100Pa
중진공	$1 \sim 10^{-3}$Torr	100~0.1Pa
고진공	$10^{-3} \sim 10^{-7}$Torr	0.1~10Pa
초고진공	< 10^{-7}Torr	< 10μPa

반도체 장비를 운영하는 데 있어 가장 중요한 것은 리크Leak 관리이다. Leak란 압력 차이 또는 농도 차이에 의해 의도하지 않은 곳으로 기체 또는 유체가 흐르는 현상을 말한다. 반도체 공정에서 안정적이고 신뢰성 있는 박막 제어와 미세먼지Particle 관리를 위해서는 Leak 관리가 가장 중요하다. 이 부분에 대해서는 FDCFault Detection and Classification를 통해 생산설비의 Source Parameter를 Monitoring하여 실시간으로 관리하고 있다.

〈그림 4-7〉에서는 고진공High Vacuum과 저진공Low Vacuum에 따른 박막 균일도Film Uniformity를 볼 수 있으며, 장비 특징과 공정에 따른 적절한 진공도의 필요성을 보여주고 있다.

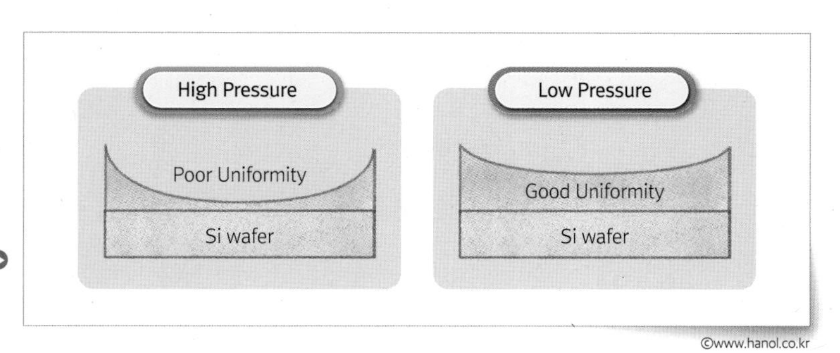

그림 4-7 압력에 따른 박막 균일도(Film Uniformity) 상관 관계

©www.hanol.co.kr

02 Furnace공정 이해

Diffusion공정 소개

Diffusion공정에 대하여 앞에 소개한 것과 같이 Furnace와 Single로 나누고 있지만, 공정 관점에서 보면 〈그림 4-8〉처럼 크게 3분류로 나눌 수 있다. 지금부터 Diffusion공정의 Oxidation, LPCVD와 ALD공정에 대하여 세부적으로 설명을 하겠다.

Oxidation공정 소개

실리콘 웨이퍼Si Wafer는 전기가 통하지 않는 부도체인 실리콘Si으로 이루어져 있는데 이 웨이퍼 위에 목적을 가진 여러 물질들을 증착하거나 주입해 제품을 만든다. 이를 위한 첫 번째 공정으로는 항상 산화Oxidation공정을 진행하는데, 산화막은 보호막과 절연막의 역할을 한다. 절연막은 웨이퍼에 형성되는 많은 회로들의 누설 전류를 차단하기 위해서이며, 이는 아주 미세한 누설 전류도 집적된 회로에서는 치명적인 영향을 끼치기 때문이다. 산화막은 Implant공정에서 이온의 확산

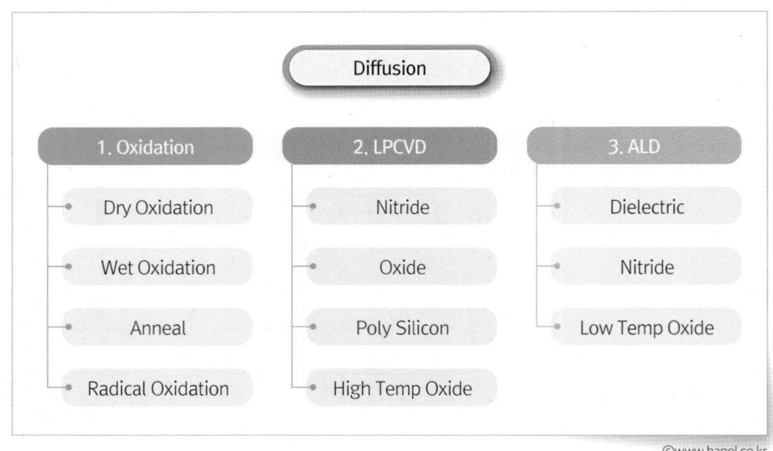

그림 4-8 Diffusion공정 분류

을 방지하는 역할을 하며, 식각Etching공정에서는 원치 않은 부분에 대해서는 식각이 되지 않게 방지막으로서 역할을 한다. 더하여, 실리콘 웨이퍼Si Wafer에 불순물이 결합하는 것을 방지할 수 있다. 즉, 산화Oxidation 목적은 누설 전류 방지, 소자 간 분리, 불순물 확산 방지이다. 산화Oxidation공정은 크게 열 산화Thermal Oxidation와 화학 기상 증착 산화Chemical Vapor Oxidation로 나누어진다. 주로 열 산화Thermal Oxidation 방법을 사용하고 있으며, [표 4-6]과 같이 다양한 방법으로 산화Oxidation를 진행하고 있다.

표 4-6 산화Oxidation의 종류

종류	Source Gas	Temp.	Pressure	Oxidation Rate (동일온도기준)
Wet Oxidation	H_2+O_2	> 600°C	ATM (상압 산화) (N_2 희석 산화)	Fast
Dry Oxidation	O_2 (+N_2)	> 600°C		Normal
Radical Oxidation	H_2+O_2	> 600°C	<1Torr	Slow

열 산화Thermal Oxidation란?

반도체 공정에서 실리콘 표면에 산화막을 형성하기 위해 가장 많이 사용하는 방법 중에 하나이다. 열 산화Thermal Oxidation 방법은 산화 반응에 사용하는 기체에 따라 크게 건식 산화Dry Oxidation와 습식 산화Wet Oxidation 방법으로 분류된다. 600°C 이상 고온에서 실리콘 웨이퍼Si Wafer에 산화성 가스인 산소O_2나 수증기Water vapor를 흘리면 표면의 실리콘Si 원자가 산소O_2와 반응하여 얇고 균일한 산화막SiO_2이 형성된다.

화학 반응식은 다음과 같다.

- 건식 산화(Dry Oxidation): $Si(s)+O_2(g) \rightarrow SiO_2(s)$
- 습식 산화(Wet Oxidation): $Si(s)+2H_2O(g) \rightarrow SiO_2(s)+2H_2(g)$

건식 산화Dry Oxidation는 O_2만으로 Si을 산화시키는 방법으로 산화막 성장속도가 느리지만 막질이 우수하고 얇은 막을 형성할 때 사용된다. 주로 집적도가 높은 MOSFET의 게이트 산화층Gate Oxide에 사용된다. 습식 산화Wet Oxidation는 수증기Water vapor를 사용하여 산화시키며 건식 산화에 비해 성장속도가 상당히 빠르기 때문에 두꺼운 산화막을 형성할 때 사용하고 있다. 일반적으로 동일 온도, 시간에서는 건식 산화보다 습식 산화 방법이 5~10배 정도 두껍게 산화막이 형성된다. 하지만 반대로 산화막의 물성Quality은 상대적으로 떨어진다. 산화 속도Oxidation Rate에 영향을 미치는 인자는 결정 방향, 표면 상태, 도핑 농도, 위치, 압력, 온도 시간이다. 여기서, 1차 영향은 온도, 시간, Gas량이며 2차 영향으로는 Wafer 결정 방향, Dopant, Stress, Water Vapor이다. 〈그림 4-9〉와 같이 기존 표면 위치를 기준으로 위로는 0.56, 아래는 0.44 비율로 산화막이 성장된다.

딜-그로브 모델Deal-Grove Model에서는 시간이 길어질수록 산화막의 두께가 증가하지만, 특정 두께 이상에서 산소가 생성된 산화막 층을 뚫고 들어가서 실리콘Si과 반응해야 해야 하기 때문에 특정 두께 이상부터 산화 속도가 급격히 늦어지는 것을 설명하고 있다. Linear Growth Regime에서는 실리콘과 산소의 반응속도가 성장 속도를 결정하므로 산화 시간Oxidation Time이 짧으면 산화Oxide 두께가 얇을 때 공급해주는 가스의 농도에 의존하는 것을 나타낸다. Diffusion-Limited Regime

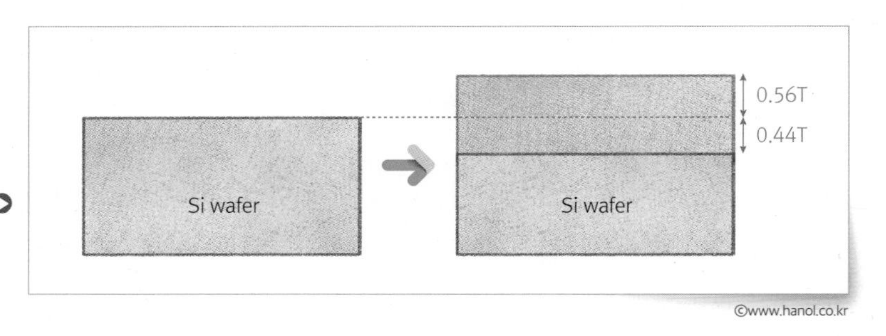

그림 4-9 산화막 성장 비율 (Oxide Growth Rate Regime)

©www.hanol.co.kr

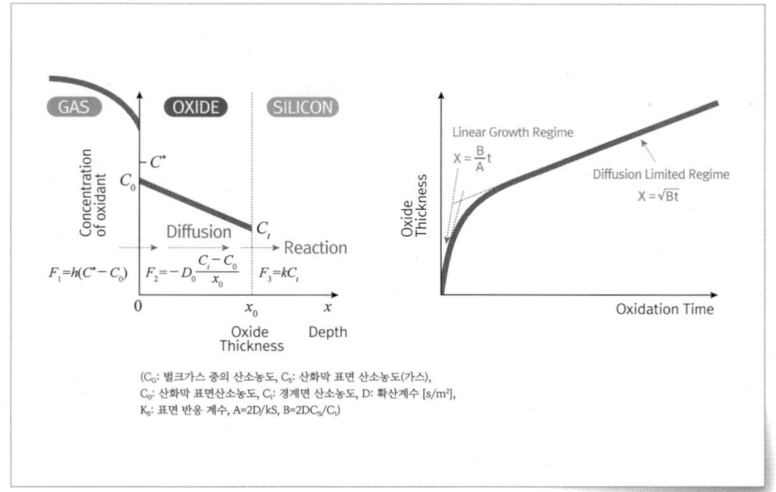

그림 4-10 ▶ 딜-그로브 모델 (Deal-Grove Model)

은 실리콘 위에 산화막이 어느 정도 형성된 구간이다. 이 구간부터는 산소가 실리콘과 반응하기 위해 산화막을 통과하여 확산하는데 걸리는 시간이 산소가 실리콘과 반응하는 데 걸리는 시간보다는 오래 걸린다. 따라서 해당 구간에서는 산소의 산화막 통과 속도가 전체 산화 속도를 결정한다.

TIP 실리콘 웨이퍼$_{\text{Si Wafer}}$의 결정 방향

실리콘 웨이퍼$_{\text{Si Wafer}}$의 결정 방향$_{\text{Crystal Direction}}$은 100, 110, 111로 구분된다. 반도체 산업에서는 결정 방향이 100과 111인 것을 주로 사용하며, 100 방향은 화학적 안정성이 높고 111 방향은 화학적 활성도가 높다. 〈그림 4-11〉 더하여, 딜-그로브 모델$_{\text{Deal-Grove Model}}$에서 선형 속도 상수는 결정 방향에 크게 의존적이며 포물선형 속도 상수는 결정 방향에 비교적 무관하다. 111 실리콘 웨이퍼는 100 웨이퍼보다 산화물 성장 속도가 상당히 큰 것으로 알려져 있다. 즉, 표면 결합 밀도$_{\text{Available Surface Bond Density}}$가 높을수록 산화 속도가 빨라지기 때문에 결정 방향에 따른 산화 속도가 다를 수밖에 없다. 주로 실리콘 웨이퍼$_{\text{Si Wafer}}$ 100 Direction를 사용하는데 그 이유는 웨이퍼 표면에 실리콘이 덜 밀집되어 있을수록 이상 결합이 발생할 확률이 줄어들기 때문이다. 즉, 트랩$_{\text{Trap}}$이 적어지고, 전자가 잡히는 것이 줄어들면서 전류가 더 잘 흘러 이동도$_{\text{Mobility}}$가 좋기 때문이다.

산화와 증착의 개념에 대하여 먼저 설명하자면, 산화Oxidation는 매개체인 Si에 온도, 가스를 이용하여 성장Growth시키는 개념이고, 증착Deposition은 온도, 압력, 가스를 이용하여 새로운 박막Film을 쌓는 개념으로 이해하면 된다〈그림 4-12〉 참조. 즉, Si을 Wafer로부터 공급을 받았는지 아니면 Si계열 가스나 소스로부터 공급을 받았는지 차이라고 생각하면 된다.

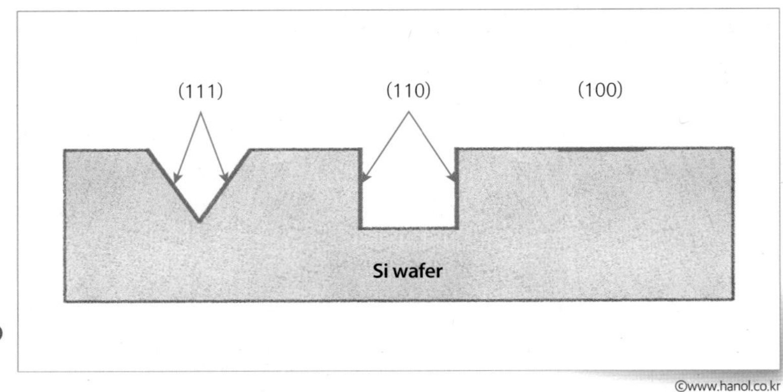

그림 4-11 Si Wafer의 결정 방향

©www.hanol.co.kr

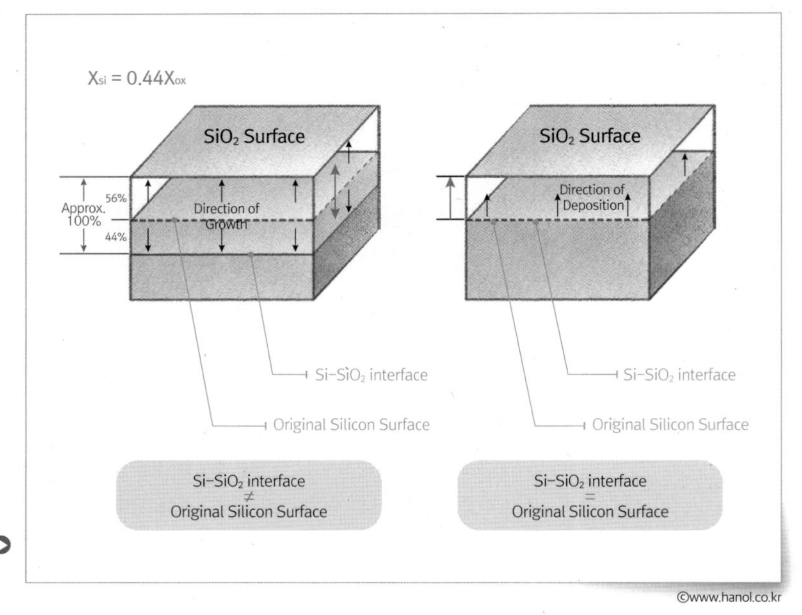

그림 4-12 산화와 증착 개념 설명

©www.hanol.co.kr

지금까지 실리콘 산화막$_{SiO_2}$ 형성 방법에 대하여 설명을 하였는데, Tip으로 실리콘 산화막의 성질 및 역할에 대해 설명하겠다. 반도체 기본 재료인 실리콘 산화막을 신이 준 선물이라고 부르는데, 그 이유는 값싸고 쉽게 구할 수 있는 흔한 물질이면서도 가공 수준에 따라서 엄청난 정보량을 집적할 수 있기 때문이다. 실리콘 산화막의 유전상수$_{\text{Dielectric constant}}$는 3.7~3.9의 값을 가지며, 항복 강도$_{\text{Breakdown Strength}}$는 10 MV/cm 이상으로 고전압에도 터지지 않는 우수한 내전 특성을 가진다. 또한, 우수한 절연 특성$_{\text{비저항 }10^{20}\Omega\text{.cm 이상/ Band gap ~9eV}}$과 Si 표면 형상에 맞게 Conformal한 성장이 가능하다는 장점을 가지고 있다. 실리콘 산화막$_{SiO_2}$은 반도체 공정에서는 Gate Oxide for Transistors, Dielectric in Capacitors, Insulation, Stress Buffer layer, Masking Layer, Screen Oxide during implantation, Passivation으로 다양하게 사용되고 있다. [표 4-7]에서는 건식 산화$_{\text{Dry Oxidation}}$와 습식 산화$_{\text{Wet Oxidation}}$에 의해 형성된 실리콘 산화막의 물성에 대하여 설명이 되어 있다.

표 4-7 실리콘 산화막$_{SiO_2}$ 물성

Density	Dry (g/cm^3)	2.27
	Wet (g/cm^3)	2.18
Thermal Expansion Coefficient	μm/K	0.56
Thermal Conductivity	W/cm*K	0.0032
Dielectric Constant		3.7 ~ 3.9
Dielectric Strength	MV/cm	10
Band Gap	eV	8
Index of Refraction		1.5

마지막으로 습식 산화$_{\text{Wet Oxidation}}$보다 건식 산화$_{\text{Dry Oxidation}}$에서 더 우세한 Si-SiO_2 계면 특성을 가져 MOSFET 게이트 산화$_{\text{Gate Oxidation}}$와 같은 소자 구조에서 가장 중요한 절연 영역을 형성하는 데 사용하고 있다.

라디칼 산화Radical Oxidation란?

라디칼 산화Radical Oxidation 방법은 고온에서 일정 압력, 일정 H_2/O_2 비율에서 다수의 산소 라디칼Oxygen Radical / O*이 발생하는데, 그 산소 라디칼 O*들을 Si과 반응시켜 실리콘 산화막SiO_2을 형성하는 방법이다〈그림 4-13〉 참조. 주로 Stress가 집중된 Corner Rounding, 산화막의 신뢰성 향상, 산화의 Si 결정 방향 의존성 감소 및 Si_3N_4 박막 산화에 사용된다.〈그림 4-14〉 참조

여기서 라디칼Radical이란 홀 전자Unpaired electron를 가진 원자Atom 또는 분자Molecule이며, 라디칼 또는 자유 라디칼Free Radical로 부른다. 예를 들어 〈그림 4-15〉와 같이 염소 가스Chlorine Gas, Cl_2가 공유결합Covalent Bond으로 되어 있는데, 이 결합이 균일 분해Homolytic cleavage 과정을 거치면 각각의 원자는 홀 전자Unpaired electron를 갖게 되며, 이 원자는 라디칼이 된다. 서로 다른 스핀Spin를 가진 전자 두 개가 상으로 존재해야 안정적인데 라디칼은 전자가 홀로 존재하여 일반적으로 매우 불안정하고 반응성이 매우 크다.

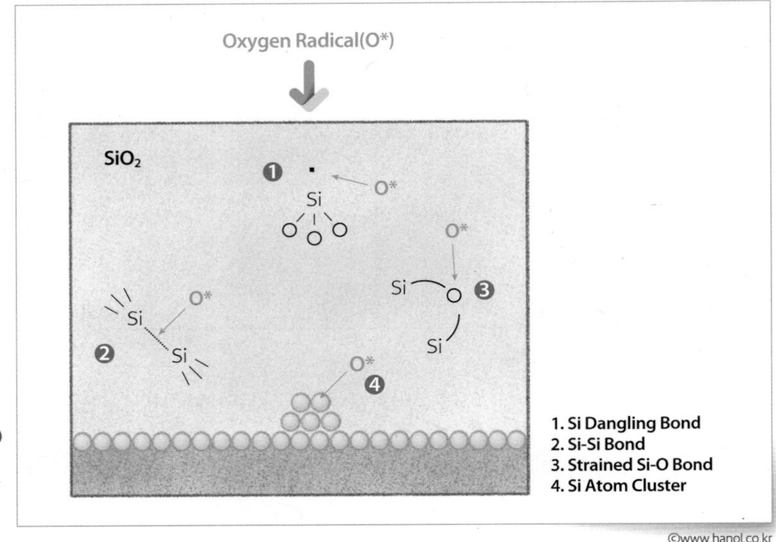

그림 4-13 라디칼 산화(Radical Oxidation) 반응 메커니즘

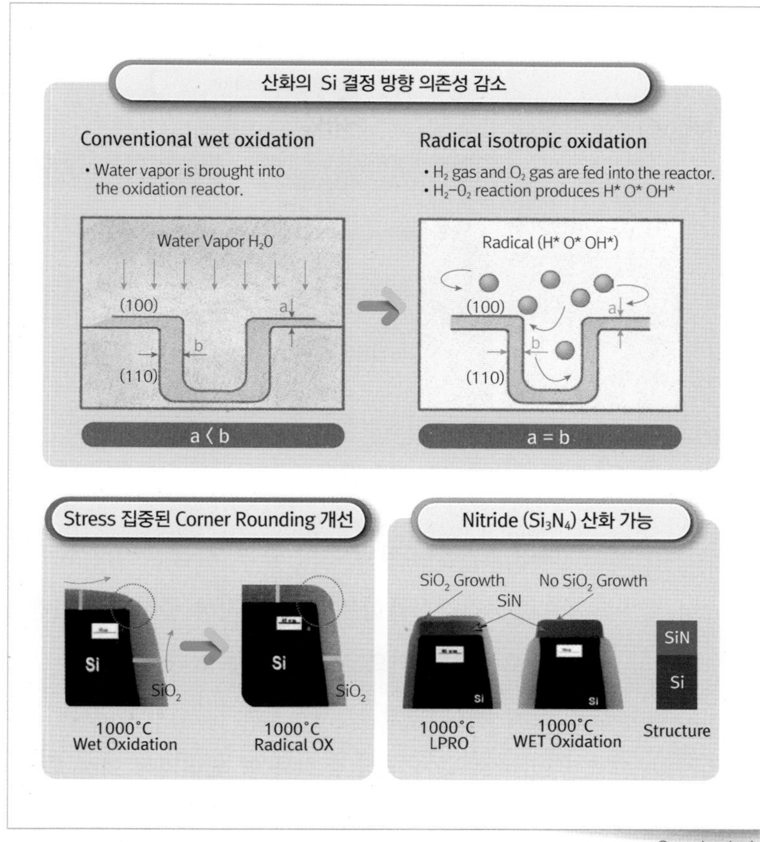

그림 4-14 ▶ 라디칼 산화 (Radical Oxidation) 특징

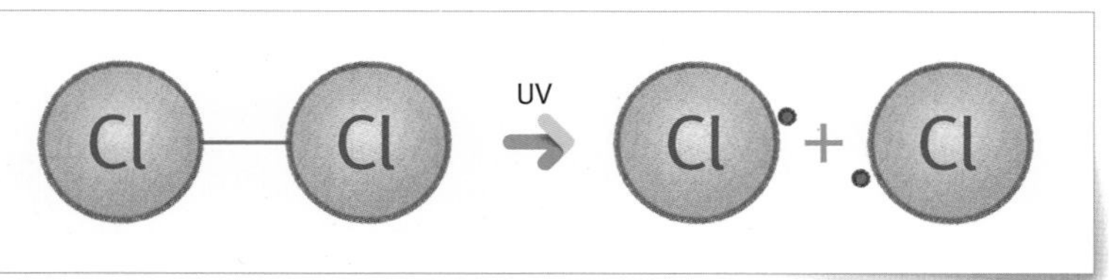

그림 4-15 ▶ 염소(Chlorine, Cl) 라디칼(Radical) 형성 방법

LPCVD Low Pressure Chemical Vapor Deposition / 저압 화학 기상 증착

증착Deposition 방법에는 크게 물리적 기상 증착Physical Vapor Deposition, PVD과 화학적 기상 증착Chemical Vapor Deposition, CVD으로 나눌 수 있으며, Diffusion에서는 주로 화학적 기상 증착 방법을 사용하고 있다. 화학 기상 증착은 사용하는 진공도나 증착 방법에 따라 다양하게 분류가 된다. 〈그림

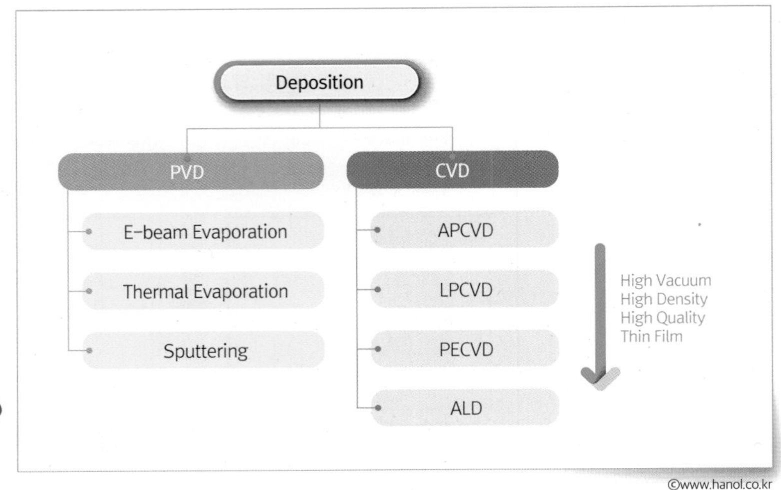

그림 4-16 증착(Deposition)의 방법 소개

4-16>과 같이 상압 기상 증착, 저압 화학 기상 증착Low Pressure Chemical Vapor Deposition, LPCVD, 플라즈마 화학 기상 증착과 원자층 증착Atomic Layer Deposition, ALD으로 세부적으로 분류할 수 있다.

상압 기상 증착Atmospheric Pressure Chemical Vapor Deposition, APCVD은 상압대기압 760Torr의 반응 용기 내에 단순한 열 에너지에 의한 화학반응을 이용하여 박막을 증착하는 방법이다. 플라즈마 화학 기상 증착Plasma Enhanced Chemical Vapor Deposition, PECVD은 플라즈마Plasma에 의해 분해된 가스들이 기판 표면

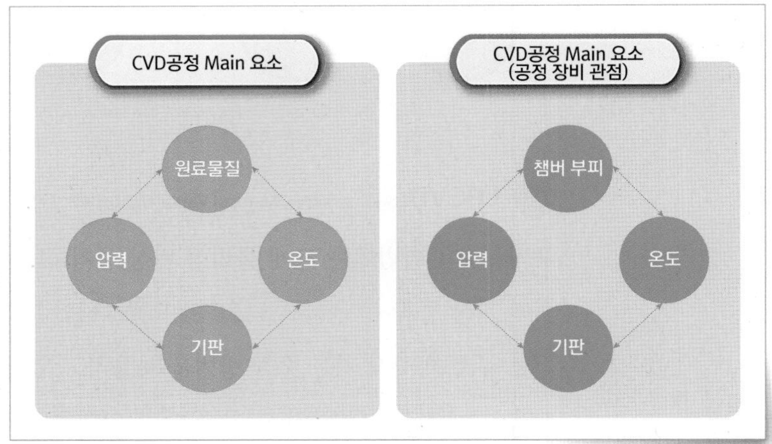

그림 4-17 화학 기상 증착(Chemical Vapor Deposition, CVD)공정 Main 요소

에 부착되는 반응을 이용하여 박막을 증착하는 방법이다. 먼저, 플라즈마에 대하여 간단히 설명을 하자면, 전자와 가스 분자가 비탄성In-elasticity 충돌Collision로 인하여 전자Electron를 잃어 이온화Ionization된 가스와 전자가 동일하게 고밀도High Density로 공유하는 상태로 설명할 수 있다. 즉, 기체가 이온화된 상태를 말한다.

플라즈마Plasma에 대한 세부 내용은 사용하는 해당 공정에서 세부적으로 다루도록 하겠다. 화학 기상 증착Chemical Vapor Deposition, CVD은 원료 기체 가스들이 화학반응을 통해 박막으로 증착하는 공정이며, 단순히 물리적 상태를 변화시켜서 박막을 증착하는 물리 기상 증착Physical Vapor Deposition, PVD과는 달리 고온의 웨이퍼 표면 위에서 가스가 반응하여 원래 기체와는 다른 화학적 조성을 가지는 박막으로 증착하는 공정이다. 화학 기상 증착 공정의 핵심요소는 진공 압력, 온도 및 화학적 원소이며, 챔버Chamber를 제어하는 요소로는 부피 변화를 포함한 진공 압력과 온도가 있다. 보통 막의 두께를 얇게, 밀도는 높이는 목적을 가지고 진행하는데, 그에 따라 작업을 진행하는 공정 챔버의 내부 환경이 중요하다. 진공을 어느 정도로 할지, 박막의 위치와 공정 진행 방식에 따라 온도를 조절하여 가스를 활성화할 것인지 조절해야 한다.〈그림 4-17〉 참조

Diffusion에서는 저압 화학 기상 증착Low Pressure Chemical Vapor Deposition, LPCVD 방법을 주로 사용하고 있다. 약 200 ~ 1000 mTorr의 저압에서 반응 용기 내에 열 에너지에 의한 화학반응을 이용하여 박막을 증착하는 방법이다. 정확한 화학 조성이 가능하고, 박막의 두께 및 저항의 균일성Uniformity이 우수하다. 더하여, 박막 형성과 동시에 도핑Doping이 가능하며, 다른 CVD들에 비해 Step Coverage가 우수하다. 저압 화학 기상 증착 반응 메커니즘Mechanism은 〈그림 4-18〉에서 보여주고 있다.

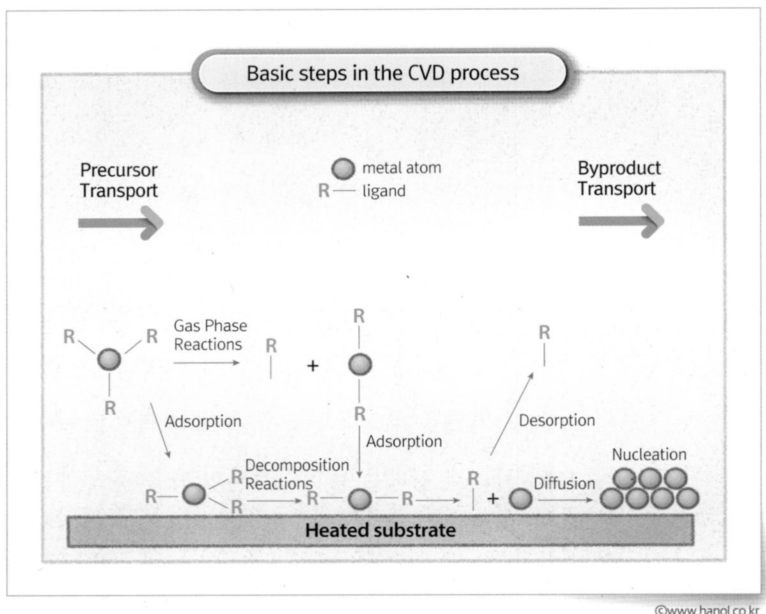

그림 4-18 저압 화학 기상 증착(LPCVD) 반응 메커니즘(Mechanism)

LPCVD 공정 진행시 튜브Tube의 내부 압력이 저압Low Pressure인 상태에서 튜브 안으로 반응 가스를 유입 시켜야 한다. 저압 상태에서 반응 가스들은 쉽게 표면으로 이동이 가능하다. 이동한 반응 가스들은 실리콘 웨이퍼SI Wafer의 표면Surface에 흡착 후 열 에너지Thermal Energy에 의해 화학 반응을 일으켜 반응 생성물들이 형성된다. 반응 생성물들을 만들고 난 나머지 가스들이 표면에서 탈착Desorption 후 배기Exhaust된다. 반응 생성물들이 표면에 축적되어 박막Film을 형성한다.

① 확산Diffusion - Tube 속으로 주입된 반응 가스가 웨이퍼 표면 위로 이동

② 흡착Adsorption - 반응 가스가 표면에 흡착

③ 표면 반응 및 이동Surface reaction & Migration - 화학반응을 거쳐 웨이퍼 표면에 박막을 형성 및 반응 부산물 생성

④ 탈착 및 부산물 배출Desorption & Byproduct Diffusion - 반응 부산물Byproduct 가스는 탈착하여 가스 상태로 배출

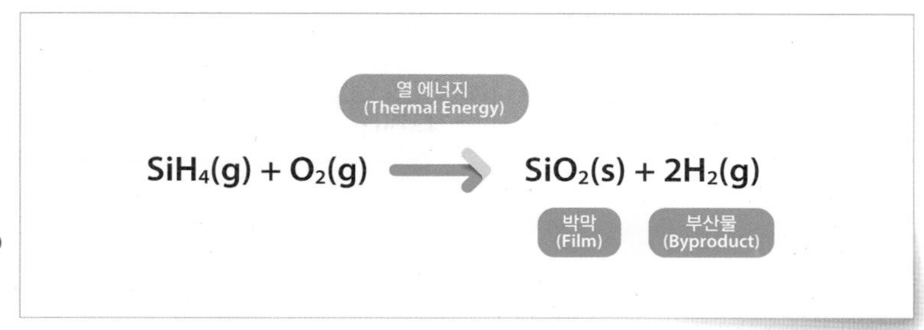

그림 4-19 실리콘 산화막(SiO_2) 증착 예시

〈그림 4-19〉에서는 실리콘 산화막$_{SiO_2}$ 증착 예시를 보여주고 있다.

반도체 산업에서는 박막 증착 공정의 주요 인자Main Factor인 품질Quality, 두께 균일도Thickness Uniformity, 필링Filling, 스텝 커버리지Step Coverage, 종횡비Aspect Ratio 등을 집중적으로 모니터링Monitoring하고 있다〈그림 4-20〉 참조. ① 품질Quality은 전기적, 물리적 특성의 전반적인 우수함을 의미하며, 고온High Temperature에서 고품질High Quality 박막을 얻을 수 있다. 또한, 결함Defect들이 없어야 한다. ② 두께 균일도Thickness Uniformity는 웨이퍼상의 전체적인 두께가 얼마나 균일하게 증착되었는지를 의미하며, 균일도가 후공정에 미치는 영향이 크다. ③ 필링Filling은 단차 사이의 공간을 잘 채우는지의 척도를 의미한다. ④ 스텝 커버리지Step Coverage는 윗면에 증착된 박막 두께와 벽면에 증착된 박막 두께의 비율로 수직·수평 방향 간 증착 비율의 균일도를 나타내는 척도이며, 윗면과 벽면의 두께가 비슷할수록 스텝 커버리지가 좋다는 것을 의미한다. ⑤ 종횡비Aspect Ratio는 높이Height와 폭Width의 비율로 단차를 의미한다. 고종횡비High Aspect Ratio일수록 폭이 좁다는 것을 의미하고, Filling이나 Step Coverage가 좋지 않기 때문에 공정의 어려움이 따른다.

증착 속도Deposition Rate는 증착된 두께Film Thickness를 증착 시간Deposition Time으로 나눈 것을 의미한다. 모든 두께 타깃Thickness Target 조정은 해당 장비의 증착 속도를 기준으로 계산하여 조정하는 것을 기본 원칙으로 하고 있다. 증착 속도에 영향을 주는 인자는 〈그림 4-17〉에서 설명한 온

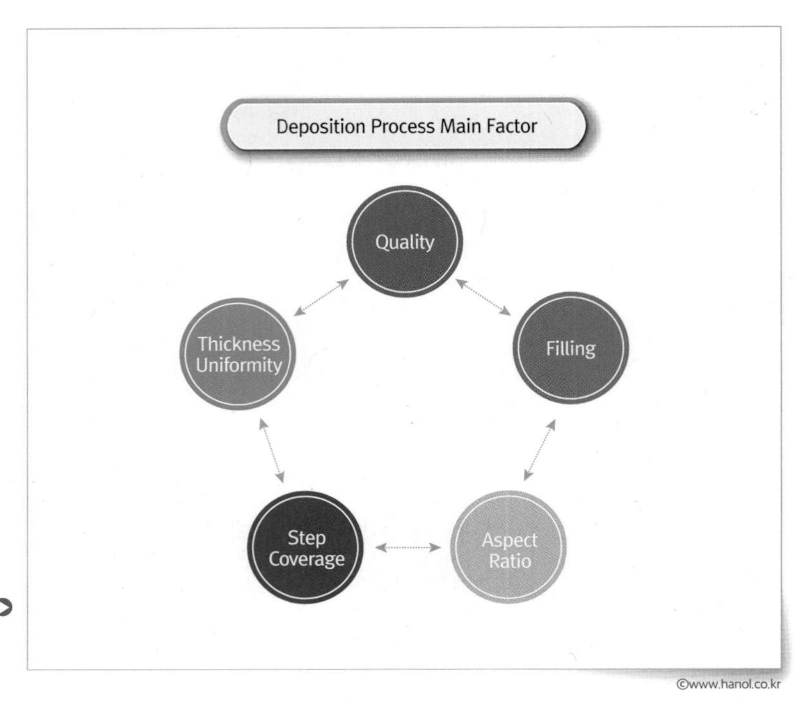

그림 4-20 증착공정의 주요 인자(Main Factor)

©www.hanol.co.kr

도Temperature, 압력Pressure, 가스량Gas Volume, 웨이퍼Wafer의 수량이다. 온도와 압력이 높고 가스량이 많을수록 증착 속도가 증가하고, 웨이퍼 수가 많을수록 증착 속도가 감소한다. 더하여, 압력이 낮을수록 웨이퍼 내의 균일도Uniformity가 좋은 이유는 압력이 낮아 이동하면서 부딪힐 만한 입자들이 없기 때문에 가스들의 충분한 자유 이동이 가능하여 웨이퍼 중앙까지 쉽게 확산이 가능하기 때문이다. 앞에서 설명한 균일도와 진공Vacuum의 필요성 및 중요성을 이해하기 위해서는 평균 자유 행로Mean Free Path를 알아야 한다. 평균 자유 행로는 기체 분자들이 움직일 때 다른 입자와 출동하지 않고 움직인 평균 거리를 의미한다. 즉, 서로 다른 입자가 충돌 직후부터 다른 입자와의 충돌 직전까지의 평균 이동 거리를 자유 행로Free Path라 하며, 입자 전체의 자유 행로를 평균 자유 행로라고 한다. 웨이퍼 측면에 증착되는 경우나, Step Coverage의 경우에는 압력에 반비례하는 경우도 있다.

더하여, 로딩 효과Loading Effect에 대하여 설명을 하려고 한다. Loading Effect의 의미는 패턴Pattern 밀도의 차이 및 Pattern 크기에 따라 증착 두께, 식각Etch 등의 증착 속도 및 식각 속도Etch Rate가 달라지는 현상을 말한다. 증착Deposition 시 패턴의 높이Height와 폭Width에 따라서 두께가 다르게 되는데, 예시로 〈그림 4-21〉에서처럼 패턴이 없을 때는 1000Å 증착이 되고, 패턴이 있을 때는 Top쪽은 800~840Å, Bottom쪽은 700Å이 증착이 된 것을 확인할 수 있다. Non-Pattern에 비해 Pattern이 형성된 웨이퍼Wafer의 표면 면적Surface Area이 더 크기 때문에 실제 평판에서 증착하는 것보다는 두께가 낮아진다. 즉, 패턴Pattern이 고종횡비High Aspect Ratio로 갈수록 증착 표면적이 넓어져 쌓이는 두께가 낮아지는 것을 알 수 있다. 더하여, Diffusion Furnace의 경우, 한번에 많은 웨이퍼가 들어감에 따라 다양한 Loading effect가 존재한다. Zone to Zone, Wafer to Wafer, Within Wafer, Pattern Density 등 다양하게 있다. 실제로 제품 생산 시 장비에서 공정 Pattern별 두께 편차 데이터를 레퍼런스Reference화하여 관리하고 있다.

저압 화학 기상 증착LPCVD, Low Pressure Chemical Vapor Deposition을 사용하여 주로 Nitride, Oxide, Poly Silicon, High Temperature Oxide공정을 진

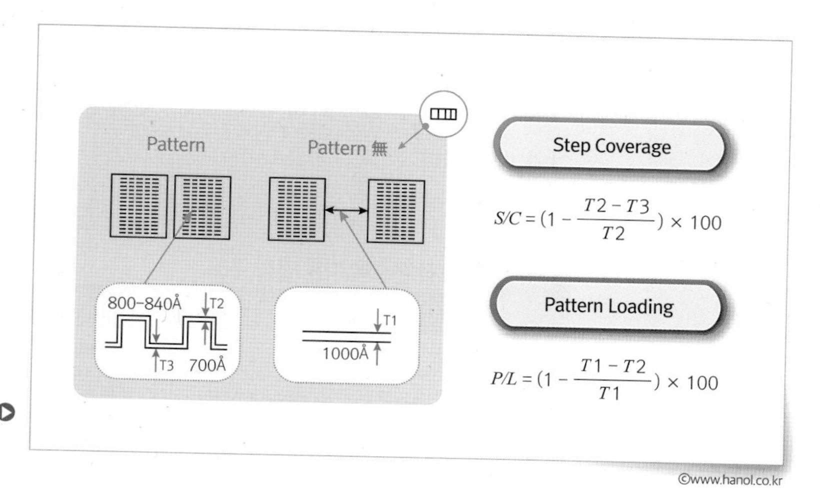

그림 4-21 Effect of Pattern Loading

행하고 있다[표 4-8] 참조. 다음과 같이, 증착하는 박막과 공정 온도가 다른 것을 확인할 수 있다.

표 4-8 LPCVD공정에 따른 생성 박막의 종류

대분류	소분류	박막	공정 온도
LPCVD	Nitride	Si_3N_4	500~800°C
	Oxide	SiO_2	500~800°C
	Poly Silicon	P-Doped Si	400~600°C
	High Temp. Oxide	SiO_2	600~900°C

폴리 실리콘 증착Poly Silicon Deposition공정

Poly Silicon 증착공정에서는 주로 다결정질 실리콘Polycrystalline Silicon 박막을 증착한다. 증착된 다결정질 실리콘 박막은 높은 저항을 갖는 저항체이지만, 사용 목적에 맞게 Doping하여 전극으로 사용이 가능하다. 반응식은 [표 4-8]과 같이 고온에서 실란Silane, SiH_4을 Tube 내부에 Flow하여 증착한다. 증착시 온도는 매우 중요하며, [표 4-9]와 같이 다양한 결정립 크기Crystal Grain Size를 얻을 수 있다. 여기서 결정립 크기가 커질수록 결정 입도Grain Size가 커지며, 이에 따라 전기적 특성이 달라진다. 그 이유는 다결정질 실리콘 박막은 수많은 Grain들로 존재하며, Grain과 Grain의 경계인 결정 입계Grain Boundary들도 많이 존재하는데, 이 Grain Boundary를 따라 수많은 전자 또는 정공들이 이동할 수 있기 때문이다.

표 4-9 공정 온도에 따른 결정 구조

공정 온도	구조	Grain Size
500~600°C	Amorphous	Anneal 처리 시 Grain 형성(0.2μm)
570~600°C	Microcrystal	Anneal 처리 시 Grain 형성(0.2μm)
600~650°C	Poly Crystal	Grain Size 변화 적음(0.03~0.1μm)

결정 구조

결정 구조는 크게 비정질Amorphous과 결정질Crystalline로 구분되며, 결정질에는 단결정Single Crystalline과 다결정Poly Crystalline으로 구분된다. 비정질은 결정의 성질을 갖고 있지 않고, 내부의 원자 배열이 불규칙하여, 특정적인 외형을 만들지 못한다. 단결정은 원자가 규칙적으로 배열되어 한 결정을 형성한 것을 말하며, 다결정은 미세한 결정 입자의 집합의 배향이 서로 다르게 배치된 것을 말한다.〈그림 4-22〉

Un-doped와 Doped 다결정 실리콘Polycrystalline Silicon 박막을 각각의 공정 목적에 맞추어 사용하고 있다. 〈그림 4-23〉과 같이 Un-doped는

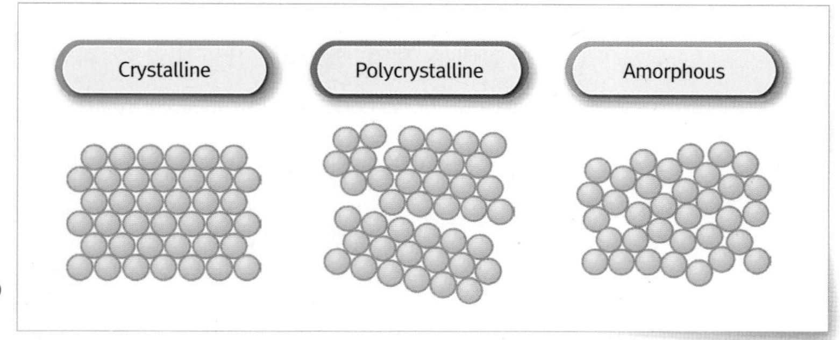

그림 4-22 결정 구조의 종류

©www.hanol.co.kr

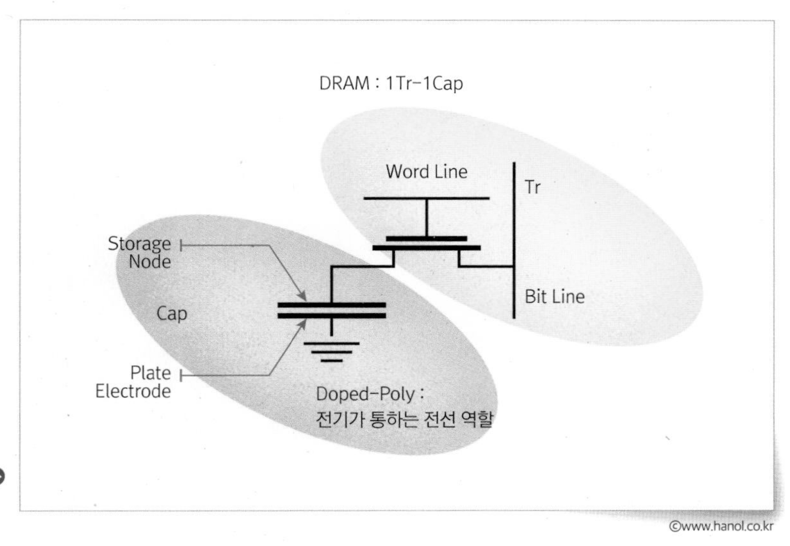

그림 4-23 DRAM 회로 구조 소개

©www.hanol.co.kr

주로 HM Hard Mask 또는 불순물 주입을 통하여 Doped로 사용하며, Doped는 트랜지스터 Transistor와 축전기 Capacitor를 연결해주는 전선 및 트랜지스터와 Bit Line을 연결해주는 전선 역할로 사용되고 있다.

질화막 증착 Nitride Deposition 공정

질화막 증착 Nitride Deposition 공정에서 합성된 질화규소 Si_3N_4 박막은 반도체에서 주로 유전막, 산화 보호막, 배선 절연막으로 사용이 되고 있다. 기본적으로 진공 Vacuum 상태에서 약 600~800℃ 분위기의 Tube 내부에 실리콘 계열 소스 Silicon Based Source와 암모니아 NH_3 가스를 Flow 하여 Loading된 100~150매 가량의 실리콘 웨이퍼 Si Wafer에 질화규소 Si_3N_4 박막을 증착한다. 공정별 요구하는 물성에 맞추기 위해서는 적당한 온도에서 실리콘 계열 소스와 NH_3 비율을 최적화하는 것이 중요하다. 또한, 박막 합성 시 생성되는 부산물인 염화암모늄 NH_4Cl을 튜브 Tube에서 잘 배기를 시켜야 결함 Defect들이 발생하는 것을 막을 수 있다. 여기서 결함은 다양한 형태로 생성되는 파티클 Particle을 의미한다. 고온에서 공정을 진행하다 보니 열 스트레스 Thermal Stress에 의한 박막의 필링 Peeling이 발생되기도 한다. 질화막 Nitride 공정은 공정/장비 엔지니어들이 가장 많이 신경을 쓰고 있는데, 그 이유는 Defect 제어가 쉽지 않기 때문이다. 앞에서 말한 반응 부산물 Byproduct들이 Tube 내부에 남아있거나

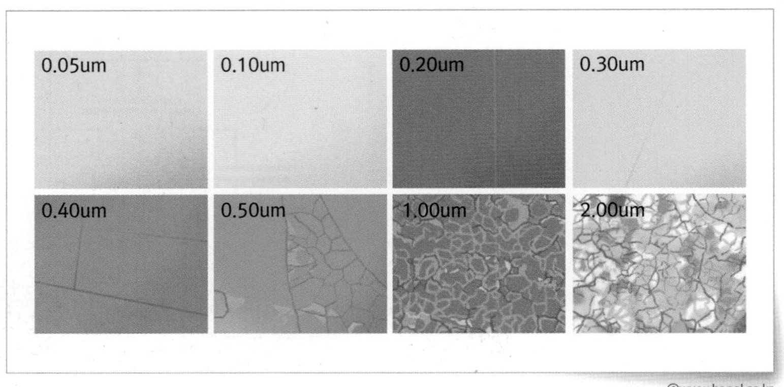

그림 4-24 Si_3N_4 누적막 두께에 따른 Tube Crack의 상관 관계

©www.hanol.co.kr

Tube 내 증착된 박막Film에서 크랙Crack이 발생하여 Drop성 Defect들이 발생한다. 〈그림 4-24〉 관리를 위해 쿼츠 튜브Quartz Tube 내부에 증착되는 박막 두께를 실시간으로 관리하여 일정 두께 이상이 되면 주기적으로 습식/ 건식 세정Wet/ Dry Clean하여 Defect가 발생하는 것을 방지하고 있다. 더하여, Tube 내부의 잔류 가스나 아웃개싱Outgasing을 증착 전/후 또는 주기적으로 질소N_2로 Purge/ Pumping 하여 Defect 발생을 최소화하고 있다. 현장에서는 Nitride공정에서 형성되는 Defect들의 Zero화를 위해 다양한 개선 활동을 하고 있으며, 이를 통해 제품의 품질 및 생산성을 향상시키고 있다.

산화막Oxide 증착공정

반도체에서 산화막Oxide, SiO_2을 형성하는 방법은 실리콘 전구체Si Precursor를 사용하여 증착하는 방법이다. 열 산화막Thermal Oxide에 비해 하부 구조 및 재료에 영향이 없고, 상대적으로 증착 속도가 빠른 장점을 가지고 있다. 반응로의 압력 및 온도 등의 증착 조건과 후속 열처리에 의해 특성이 변한다. 고온 열처리 후에는 열 산화막에 가까운 특성을 얻을 수 있다. 주로 전기적 특성을 가지는 막 사이의 층간 절연막, Side Wall Spacer 및 이온 주입의 Buffer 역할로 사용된다.

고온 산화막High Temperature Oxidation 증착공정

반도체에서 산화막Oxide, SiO_2을 형성하는 방법으로 실리콘 계열 소스Silicon Based Source를 사용하여 증착하는 방법이 있다. 기본적으로 진공Vacuum 상태에서 600~900°C 분위기의 Tube 내부에 소스와 반응 가스를 흘려 Loading된 다량의 실리콘 웨이퍼Si Wafer에 산화막SiO_2을 증착한다. Diffusion공정에서 매우 중요한 공정이며, Si 기판의 산화 방지를 통하여 Si의 Loss를 최소화하는 공정이며, Cell 대비 Peri쪽의 Oxide

두께를 증가시켜 소자가 열화되는 현상을 개선하는 목적을 가지고 있다.

ALD Atomic Layer Deposition / 원자층 증착공정

반도체 소자의 소형화 및 박막 제조공정의 미세화로 인하여 기존에 사용하던 화학 기상 증착CVD, Chemical Vapor Deposition 방법으로는 한계에 도달하여 원자층 증착Atomic Layer Deposition 방법으로 전환하여 사용하게 되었다. ALD 공정이 각광받는 이유는 저온에서 원자 단위의 박막을 한 층 씩 증착할 수 있기 때문이다. ALD공정은 2가지 이상의 반응 기체를 각각 번갈아가며 펄스형으로 반응기에 주입하고 각 펄스 사이에는 Ar 또는 N_2 가스 등과 같은 불활성 기체로 퍼지 후 증착한다. 〈그림 4-25〉 표면 반응을 이용하여 원자층 단위로 박막을 성장시키며, 증착 속도가 보통 0.5~2Å/Cycle 정도로 상당히 느리다. 이러한 특성으로 인하여 박막

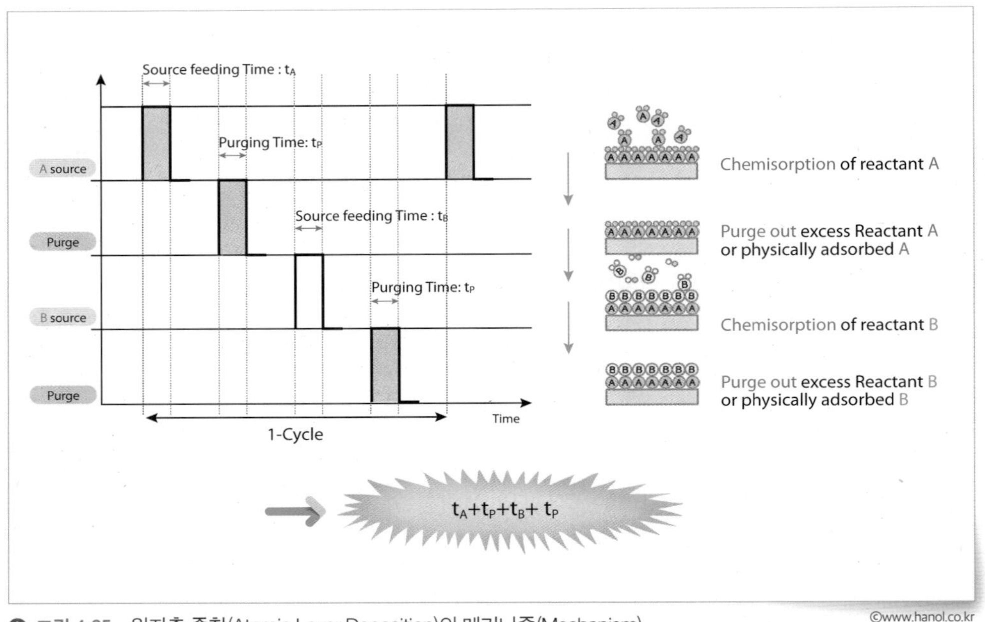

©www.hanol.co.kr

그림 4-25 원자층 증착(Atomic Layer Deposition)의 메커니즘(Mechanism)

치밀도가 좋고, 핀 홀Pin Hole이 없으며, 박막 성장 제어가 가능하고 고에너지High Energy를 가지는 이온 충격에 의한 피해가 적다. 우리가 중요하게 생각하는 불순물 생성이 크게 억제되어, 정확하고 정밀한 박막의 두께 형성에 유리하며, Step Coverage와 Thickness Uniformity가 매우 우수하다. ALD공정을 주로 Gate Dielectric이나 DRAM의 Capacitor 등을 증착할 때 사용한다 [표 4-10]. 하지만, 단점으로는 CVD에 비해 Throughput이 낮고, Gas 소모가 더 많다. CVD와 ALD공정의 차이를 [표 4-11]에서 쉽게 설명해 놓았다.

표 4-10 ALD공정 소개

대분류	소분류	박막	Process Temp
ALD	Nitride	Si_3N_4	500~700°C
	Low Temp Oxide	SiO_2	〈 100°C

표 4-11 CVD vs. ALD공정

Characteristics	CVD	ALD
Reaction	Gas phase reaction	Surface adsorption
Deposition Temperature	High	Relatively low
Gas Flow	Simultaneous flow	Alternating isolated flow
Thickness Parameter	Time, Flux	Cycle
Deposition Rate	**High**	**Very low**
Thick Uniformity	Controllably good	Intrinsically excellent
Step Coverage	Controllable but limited	Super Excellent
Film Density	Medium	High

반면에 원자층 증착Atomic Layer Deposition, ALD을 반도체 공정으로 사용하는데 있어 가장 큰 문제점은 낮은 증착 속도로 인해 생산량Throughput이 떨어지는 부분이다. 이런 문제들을 해결하기 위해 공정과 장비 측면에서 꾸준한 개선 활동이 필요하다. 공정 측면에서는 PseudoCyclic ALD 방식 등을 통한 증착 속도Deposition Rate 향상 및 증착 속도를 올릴 수 있

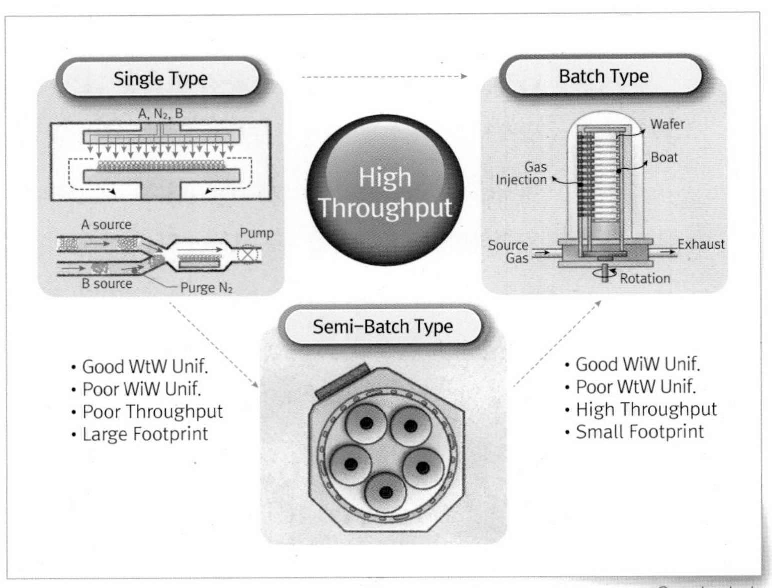

그림 4-26 Throughput 향상을 위한 증착 장비의 변화

는 원자층 증착ALD 전용 전구체Precursor들을 개발하여 해결해왔다. 장비 측면에서는 반응기 볼륨Reactor Volume을 감소시키면서, 펌핑Pumping 능력을 증대하여 주기 시간Cycle Time을 감축하였으며, ALD를 Batch와 Semi Batch 장비에 적용하여 적재Loading 매수를 증대하여 극복하였다. 〈그림 4-26〉

캐패시터Capacitor 유전물질Dielectric Material 증착공정

DRAM 회로 및 캐패시턴스Capacitance에 대하여 간단하게 이해할 수 있다. 〈그림 4-27〉 캐패시터는 정전용량을 얻기 위해 사용하는 부품으로 전자회로를 구성하는 중요한 소자이며, 다른 말로는 콘덴서Condenser로 부른다. 쉽게 말하면 전하를 저장하는 소자이며, Leakage를 최소화하면서 정전용량을 키우는 것이 가장 중요하다. 계량의 척도를 정전용량C: Capacitance이라 하며, 단위는 fF/Cell로 표기한다.

앞에서 설명한 것과 같이 캐패시터Capacitor는 낮은 누설 전류Leakage Current와 정전용량Capacitance을 향상시키는 것이 중요한데 유전체의 두께 하

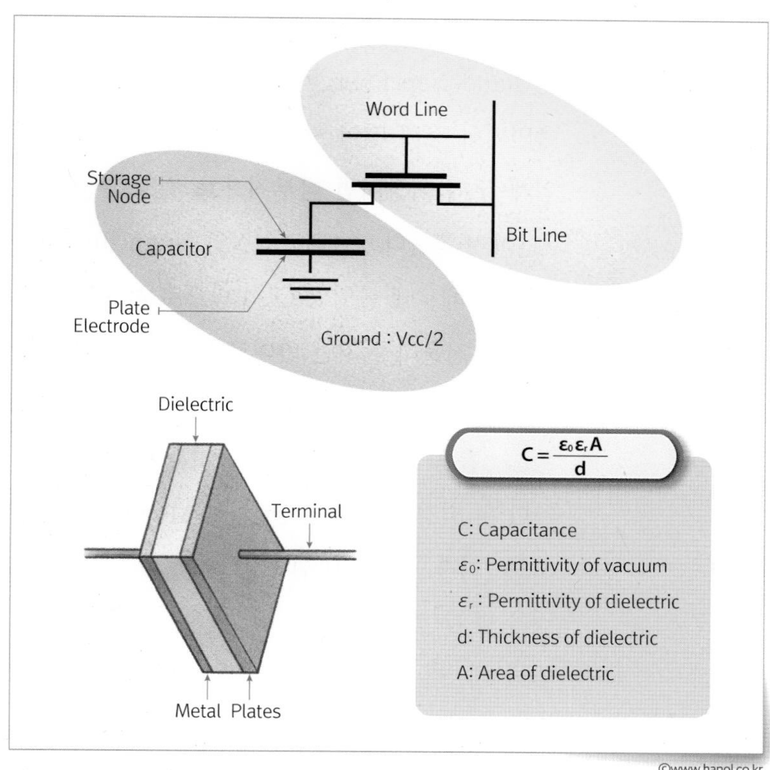

그림 4-27 DRAM 회로 및 캐패시터(Capacitor) 소개

향, 단면적 증가, 높은 유전율High-K Material을 가지며 Band Gap이 큰 물질을 사용하는 방식으로 가능하다. [표 4-12]에 보이는 것처럼 ZrO_2가 높은 유전율과 넓은 Band Gap을 가지고 있어 Leakage 측면에선 유리한 장점을 가지고 있기 때문에 대표 물질로 사용되고 있다.

표 4-12 유전체의 종류와 특성

Material	Dielectric Constant (k)	Band Gap(eV)	ΔE_c(eV)	Crystal Structure (s)
SiO_2	3.9	8.9	3.2	Amorphous
Al_2O_3	9	8.7	2.8	Amorphous
ZrO_2	25	7.8	1.4	Monoclinic, Cubic, Tetragonal

ZrO_2는 High-K Material로 25의 유전상수Dielectric Constant와 7.8eV의 높은 Band Gap Energy를 가지고 있어 다른 재료들보다는 Leakage 측면에서 강해 많이 사용하고 있다. ZrO_2 물질 특성상 어느 정도의 임계 두께 이상이면 국부적으로 결정화가 이루어져 결정 상Crystalline Phase이 변화한다. ZrO_2 결정질의 Grain Boundary는 Leakage Path가 되기 때문에 단일 ZrO_2 박막으로 사용하지 않는다. 또한, ZrO_2 박막이 유전율이 높지만 반대로 Band Gap이 적어 누설 전류가 크다. 그래서 ZrO_2 박막 사이에 Al_2O_3박막을 증착하여 표면 거칠기Surface Roughness를 낮추어 누설 전류를 최소화하고 있다. 〈그림 4-28〉과 같이 ZrO_2은 결정화에 따른 상Phase이 Monoclinic → Cubic → Tetragonal로 격자 구조가 바뀌면서 20 → 37 → 47로 유전상수가 증가하는 것을 볼 수 있다.

앞에 내용을 정리하자면, ZrO_2 박막의 두께를 상향시키면 결정화가 진행되면서 Monoclinic 구조에서 Tetragonal 구조로 바뀌게 된다. 그로 인한 유전상수의 증가로 정전용량이 향상되고 캐패시터Capacitor 성능이 좋아지게 된다. 이러한 특성을 이용하여 각각의 공정에 맞게 다양하게 사용할 수 있다.

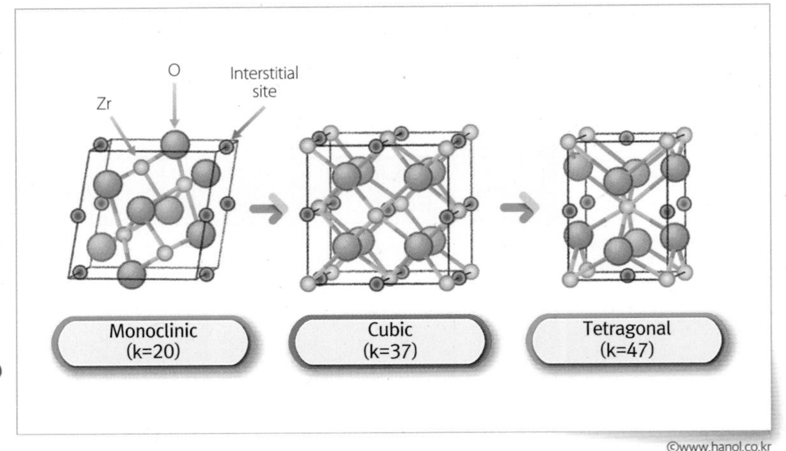

그림 4-28 ZrO_2의 격자 구조에 따른 유전상수(k) 값

Low Temperature Oxide 증착공정

노광 장비 한계로 30nm급의 선 폭Gate with 구현이 어려워 이를 해결하기 위해 스페이서 패터닝Spacer Patterning 기술이 필요하여 도입되었다. 특히 탄소Carbon가 열에 약한 성질을 가지고 있기 때문에 Amorphous Carbon Layer와 PRPhoto Resist 위에 데미지Damage가 없는 100℃ 이하의 SiO_2 박막 증착 기술과 우수한 Step Coverage, 안정적인 두께Thickness 제어가 필요하다. SPTSpacer Patterning Technology에 대해서는 〈그림 4-29〉에서 쉽게 이해할 수 있게 표현하였다.

Low Temperature Oxide공정 진행은 One Point Injector를 통하여 가운데로부터 바깥쪽으로 Flow되는 방식으로 증착되는 Semi-

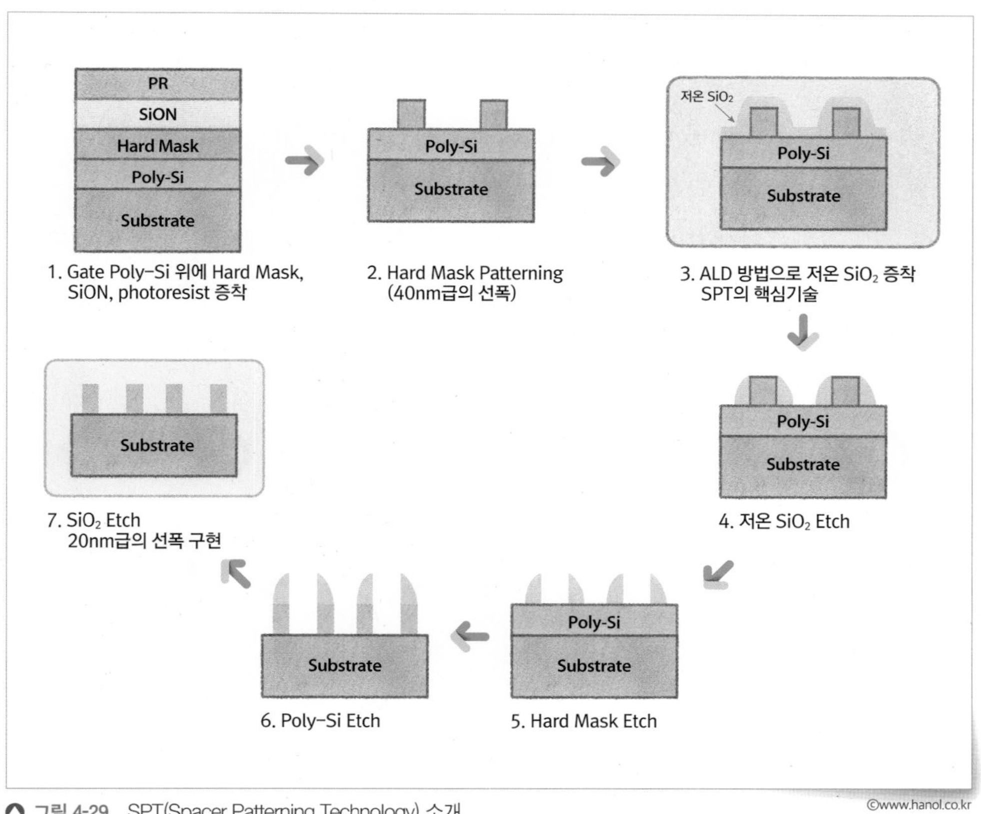

그림 4-29 SPT(Spacer Patterning Technology) 소개

Batch에서 Pumping을 통해 고진공High Vacuum 분위기를 형성하고, 약 50~100°C에서 해당공정에 맞는 전구체Precursor와 반응 가스H_2O, O_2, Pyridine 들을 흘려 Loading된 실리콘 웨이퍼Si Wafer에 아래와 같은 ALD공정을 통하여 실리콘 산화막SiO_2 박막을 증착한다.

Nitride 증착공정

도입된 배경은 Sub. Film을 보호해 주는 역할을 위해 저온에서 균일한 두께Thickness와 우수한 갭 필Gap Fill 능력을 가진 박막이 필요했기 때문이다. 주로 Spacer, Hard Mask, Gap Fill, Leaning 방지, CMP Layer, Etch Stop Layer 등으로 사용되고 있다. 이 증착공정은 약 500~700°C 분위기의 Batch 장비에서 실리콘 계열 가스와 NH_3반응 가스의 비율을 맞추어 흘려, Loading된 실리콘 웨이퍼Si Wafer에 실리콘 질화막Si_3N_4을 형성한다. 〈그림 4-30〉. 다른 공정과는 다르게 Nitride공정에서는 RF Plasma를 사용하여 NH_3 gas를 분해하여 증착하기도 한다.

앞에서 다루어진 플라즈마Plasma에 대하여 자세히 소개를 하려고 한다. 플라즈마는 이온화Ionization된 가스를 의미한다. 기체가 어떠한 에너

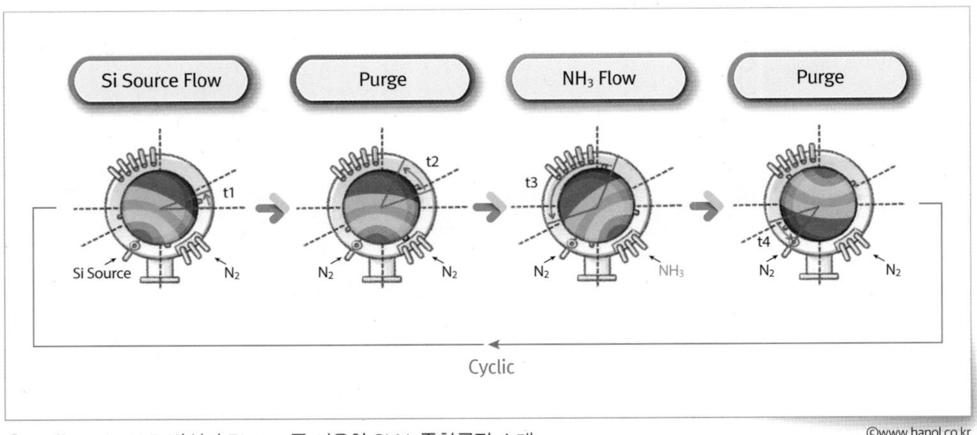

그림 4-30 ALD 방식과 Plasma를 이용한 Si_3N_4 증착공정 소개

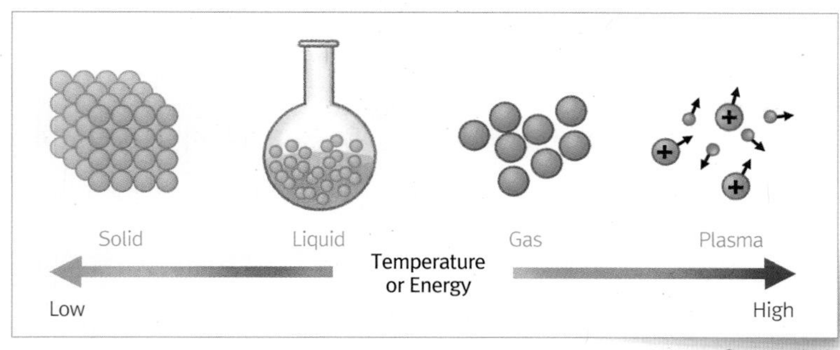

그림 4-31 ▶ 플라즈마 상태 이미지

지Energy에 의해 분해Decomposition되어 이온Ion, 전자Electron, 광자Photon, 분해된 가스, 라디칼Radical 등으로 이루어진 상태이며, 이것들은 중성 가스Neutral Gas와 공존한다.〈그림 4-31 ~32〉.

플라즈마를 이해하기 위해서는 기체의 특성에 대하여 먼저 이해해야 한다. 질량과 원자량, 운동에너지와 온도와의 관계, 기체의 압력, 기체의 밀도, 충돌 플럭스Impingement Flux, 증착 속도, 평균 자유 행로Mean Free Path, 가스 유동Gas Flow 형태, 펌핑 속도Pumping Speed, 챔버 또는 튜브 내 기체의 잔류시간Residence Time 등을 제어하는 정도에 따라 원하는 증착속도, 두께 균일도, 박막물성들을 얻을 수 있다. 더하여 플라즈마 밀도Density 제어가 중요한데, 그 이유로는 Nitride 장비에 사용하고 있는

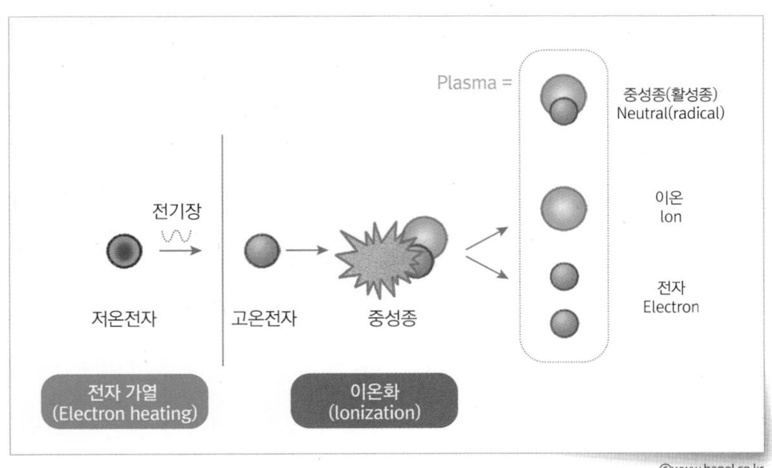

그림 4-32 ▶ 플라즈마 발생 원리

Metal 계열 전극을 Doped-Quartz로 커버하여 사용하고 있는데, 플라즈마 밀도가 너무 높으면 Doped-Quartz Parts가 식각Etching되어 Defect 발생에 영향을 주기 때문이다. 플라즈마 밀도에 대한 개념을 이해하기 위해서는 먼저 플라즈마 발생에 대한 이해가 필요하다. 반도체 공정에서는 고주파인 RFRadio Frequency를 사용하여 발생되는 전기장에 의해 이온과 전자는 각각 서로 다른 방향으로 가속이 된다. 전자는 전기장 반대편으로, 이온은 전기장의 방향으로 이동하면서 서로 충돌하게 된다. 이때 두 입자 간의 충돌은 크게 2가지로 설명할 수 있다. 탄성 충돌Elastic Collision과 비탄성 충돌Inelastic Collision이 있다. 탄성 충돌의 경우 주로 운동 에너지Kinetic Energy와 에너지 보존을 가지고 설명할 수 있다. 탄성 충돌 시 두 입자의 질량이 같으면 100% 탄성 에너지 전달이 가능하지만, 전자와 이온의 탄성 충돌에서는 질량 차이는 상당히 크기 때문에 탄성 에너지의 전달이 거의 제로Zero에 가깝다. 비탄성 충돌의 경우 운동 에너지와 내부 에너지Internal Energy의 변화에 영향을 준다. 즉, 전자는 전기장에 의해 지속적으로 에너지를 받아 기체들과 끊임없이 충돌하며 기체들을 이온화 한다. 플라즈마 발생과 유지에는 전자가 가장 중요한 역할을 하고 있으며, 플라즈마 밀도 유지 및 제어를 위해서는 전자를 어떻게 효율적으로 제어할 것인지가 중요하다. 전자와 원자 간의 비탄성 충돌 확률을 제어하거나 전자에 지속적으로 에너지를 줄 수 있어야 한다.

반도체 Diffusion공정에서 고주파인 RF를 사용하는 이유는 반도체 Diffusion공정에서 다루는 물질들이 주로 SiO_2, Si_3N_4, Al_2O_3 등의 절연체이기 때문이다. 직류DC 플라즈마는 음극이나 양극 두 전극 중의 한 전극이 절연체로 둘러싸여 있으면 회로에 전류가 흐르지 못하기 때문에 사용을 할 수가 없다. 절연체 표면에 축적된 전하를 제거해야 플라즈마를 유지할 수 있다. 여기서 절연체 표면에 전하가 축적되는 이유는 이온보다 전자의 이동속도가 빠르기 때문이다. 하지만 RF를 사용하면 절연체 표면에 전하가 축적되더라도 반 주기 동안 음극으로서 양전하를 축적 할 수 있어 지속적으로 플라즈마를 유지할 수 있다. 즉, RF Voltage가 Sine Wave인 경우 한 주기에서 반 주기는 음극(-), 다른 반 주기는 양극(+)이 반복적으로 유지가 된다. 또한, 플라즈마 내 Electric field에 영향을 주고 전자의 진동을 유발하여 쉽게 원자와 충돌을 일으키기 때문에 DC보다는 RF를 사용했을 때 플라즈마 밀도가 더 높다.

마지막으로 RF사용 시 Matching Network를 같이 사용하여야 한다. 〈그림 4-33〉 그 이유는 RF Generator를 보호하고 플라즈마 방전 Plasma Discharge 시 인가한 Power를 전극에 손실 없이 전달하기 위해서이다. 대부분의 경우 RF Generator의 Output Impedance는 50Ω의 값을 가지기 때문에 Matching Box 사용 시 Matching+Load Impedance를 50Ω으로 만들어야 한다. 모든 회로의 입력단과 출력단의 저항이 다르면 그 차이만큼 Reflect Power가 발생하여 RF Generator로 되돌아간다. 즉, 전력의 Loss가 생기게 된다. 그리고 Reflect Power는 RF Generator 고장의 주 원인이 되기도 한다.

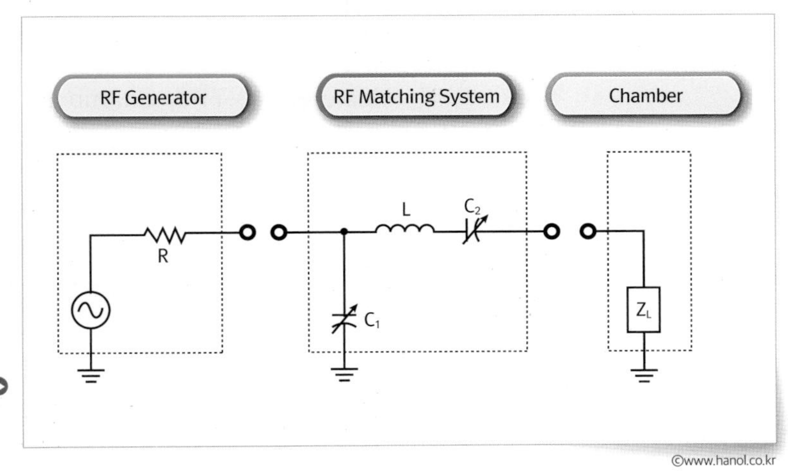

그림 4-33 Matching Box 정합회로 형태

Furnace 장비의 이해

Furnace 장비 소개

Diffusion공정은 실리콘 웨이퍼Si Wafer 위로 원하는 특성을 가진 막을 만들기 위해 사용 목적에 따라 장비를 사용하고 있다. 장비들은 크게 Oxidation, LPCVD, ALD로 구분한다.[표 4-3] 참조

Furnace 장비는 사용목적에 맞추어 크게 Batch와 Chamber Type 장비로 구분한다. [표 4-13] Batch 장비의 가장 큰 장점은 한번에 많은 양의 Si Wafer 위에 공정을 진행할 수 있어 우수한 생산성을 가지고 있다는 것이다. 증착 위치에 따른 균일도 및 품질이 우수하며, 복잡한 구조 표면 위에 고르게 덮을 수 있는 뛰어난 Step Coverage를 가진다. 더하여 Fab Line 내 장비 공간 활용이 좋고 Single 장비보다 투자비가 저렴한 장점을 가지고 있다. 하지만 반대로 기판에만 증착이 되는 것이 아니라 Tube 내부에도 전체적으로 코팅이 되어서 박막이 쌓이다 보면 파티클Particle들로 떨어져 나와 공정 중 박막을 오염시킬 수 있기 때문에 주기적으로 Cleaning 및 파트Part 교체 작업이 필요하다. Defect 이슈가 발생 시 큰 손실이 발생하는 단점을 가지고 있기 때문에 지속적인 Monitoring이 필요하다. Batch type에서는 열전도가 잘되는 Heater를 사용하며, Chamber Type에서는 온도가 빨리 올라가거나 내려갈 수 있는 AlN Heater를 사용한다.

표 4-13 Batch와 Chamber Type 소개

Type	Batch	Chamber
Loadlock 수	Transfer Stage 1/2개	Vacuum Loadlock 2개
Boat / Chamber	1개 (Boat)	2개 (Chamber)
Boat / Chamber Loading 수	25~175장	1~6장
Heater Type	Mid-Temp	Lamp/ Plate

Batch 장비

주로 수직 타입Vertical Type Furnace Batch 장비를 사용하며, 〈그림 4-34〉와 〈그림 4-35〉에서는 Batch 장비 구성 및 Foup 이동에 대해 잘 보여주고 있다.

장비 구성에 중요한 파트Part들이 많이 있지만 대표적으로 펌프Pump, 고속 밸브Valve, MFC, 진공 게이지Vacuum Gauge에 대하여 〈그림 4-36〉과 같이 정리를 하였다. 세부 설명은 뒤에서 자세히 설명하겠다.

Batch 장비는 〈그림 4-37〉과 같이 Oxidation과 LPCVD공정 장비로 나누어 사용하고 있다. 기본적 구조는 Inner Tube와 Outer Tube 사이에 총 5~7구간을 T/CThermocouple로 온도를 구분하여 공정 온도를 내부의 T/C로 확인 및 조절Control하여 산화 및 증착을 하고 있다.

산화Oxidation공정 장비에서는 H_2와 O_2 가스가 토치Torch를 통해 수증기Water vapor로 만들어지고 Quartz Tube로 Flow된다. 이 장비는 가압 방

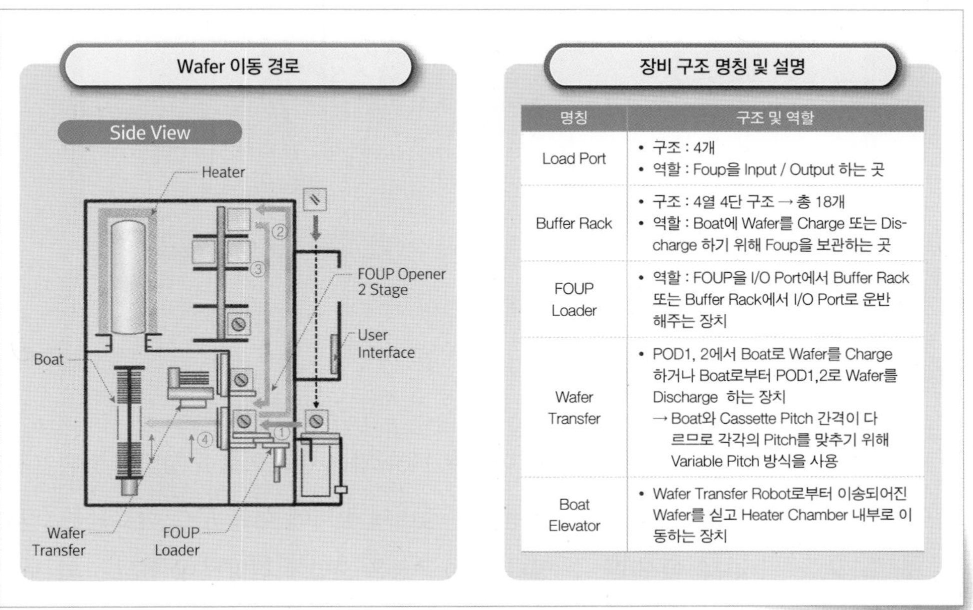

명칭	구조 및 역할
Load Port	• 구조 : 4개 • 역할 : Foup을 Input / Output 하는 곳
Buffer Rack	• 구조 : 4열 4단 구조 → 총 18개 • 역할 : Boat에 Wafer를 Charge 또는 Discharge 하기 위해 Foup을 보관하는 곳
FOUP Loader	• 역할 : FOUP을 I/O Port에서 Buffer Rack 또는 Buffer Rack에서 I/O Port로 운반해주는 장치
Wafer Transfer	• POD1, 2에서 Boat로 Wafer를 Charge 하거나 Boat로부터 POD1,2로 Wafer를 Discharge 하는 장치 → Boat와 Cassette Pitch 간격이 다르므로 각각의 Pitch를 맞추기 위해 Variable Pitch 방식을 사용
Boat Elevator	• Wafer Transfer Robot로부터 이송되어진 Wafer를 싣고 Heater Chamber 내부로 이동하는 장치

그림 4-34 수직 타입 Furnace Batch 장비 구조 및 설명

©www.hanol.co.kr

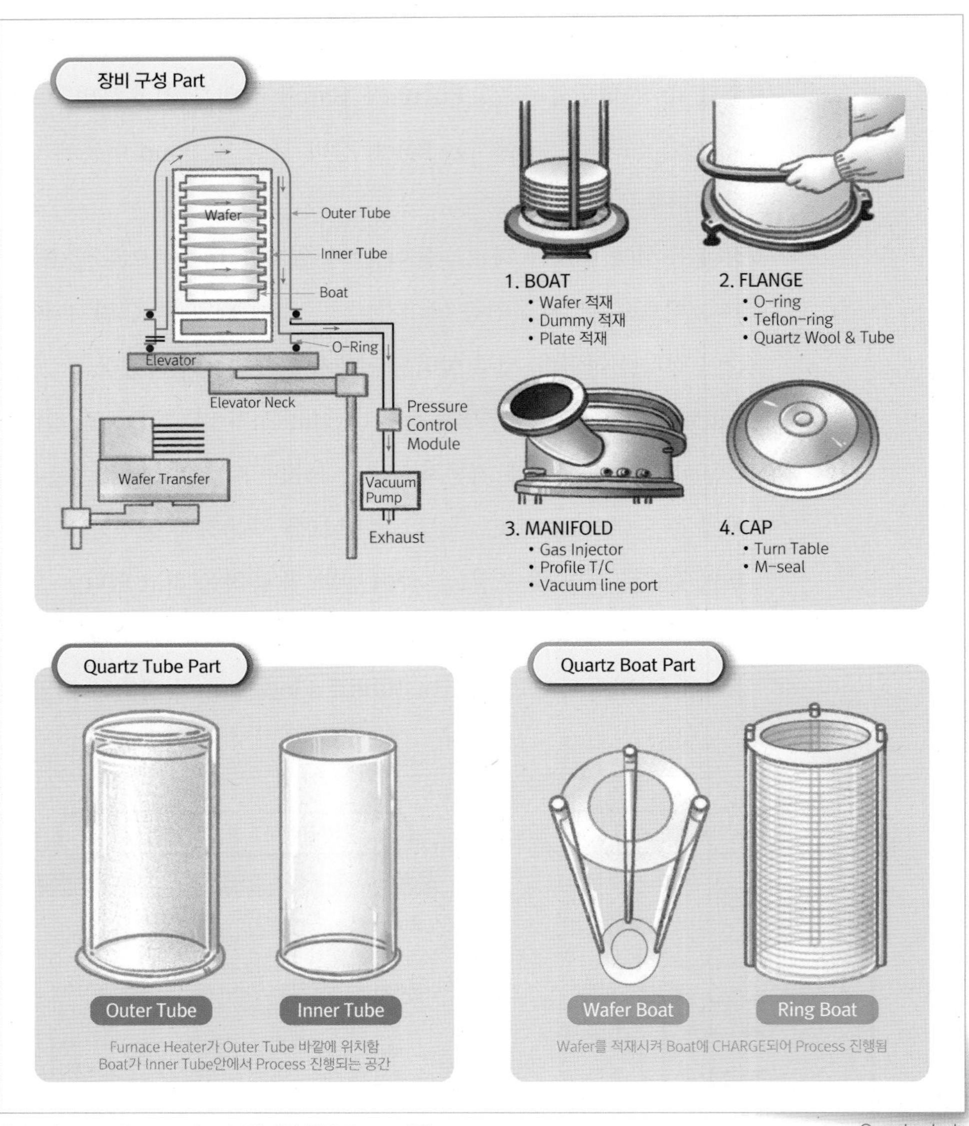

그림 4-35 Furnace Batch 장비의 주요 Parts 사진 ©www.hanol.co.kr

식으로 Tube 위에서 아래로 Flow되는 방식으로 구성되어 있다. 대표 산화Oxidation공정을 진행하는 장비에 장비에 대한 구성 파트들은 〈그림 4-38〉에서 볼 수 있다. 산화공정은 오염에 취약하여 튜브Tube와 보트Boat 외에 파트Part들에 대한 오염Contamination 관리가 가장 중요하다. 미세한 오염에도 반도체 전기적 특성에 크게 영향을 주기 때문이다. 따라서 습식 세정Wet PM 진행 시 발생할 수 있는 Carbon과 Fluorine 등의 오염에 대하여 매우 주의 깊게 관리하고 있다.

LPCVDLow Pressure Chemical Vapor Deposition공정은 증착 시 Flow되는 소스Source 또는 전구체Precursor와 가스Gas들이 열Thermal에 의해 분해되고 보트Boat에 있는 웨이퍼 표면Wafer Surface에 흡착Absorption, 확산Diffusion 및 화학 반응Chemical Reaction을 하여 박막Film을 형성하는 공정이다. LPCVD공정에서는 Rod Boat=Wafer Boat를 사용하고 있으며, Loading되는 실리콘 웨이퍼 장수와 구조도 장비업체마다 약간씩 다르다. 증착공정 진행 시 안쪽

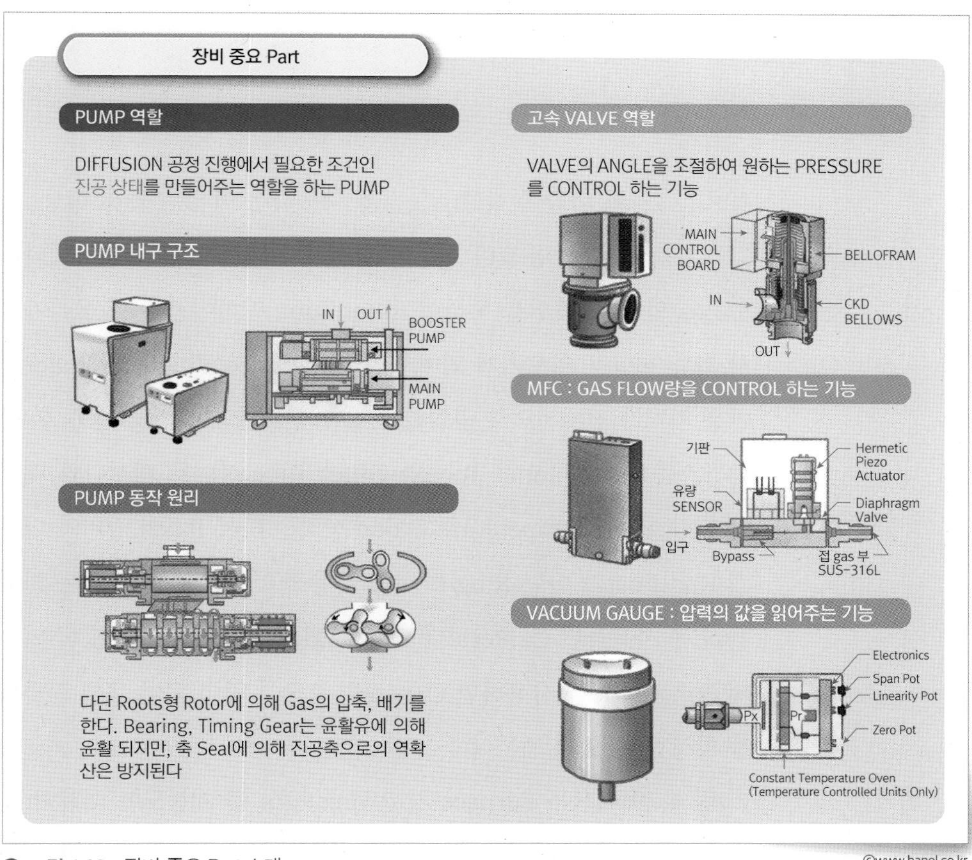

그림 4-36 장비 주요 Part 소개

©www.hanol.co.kr

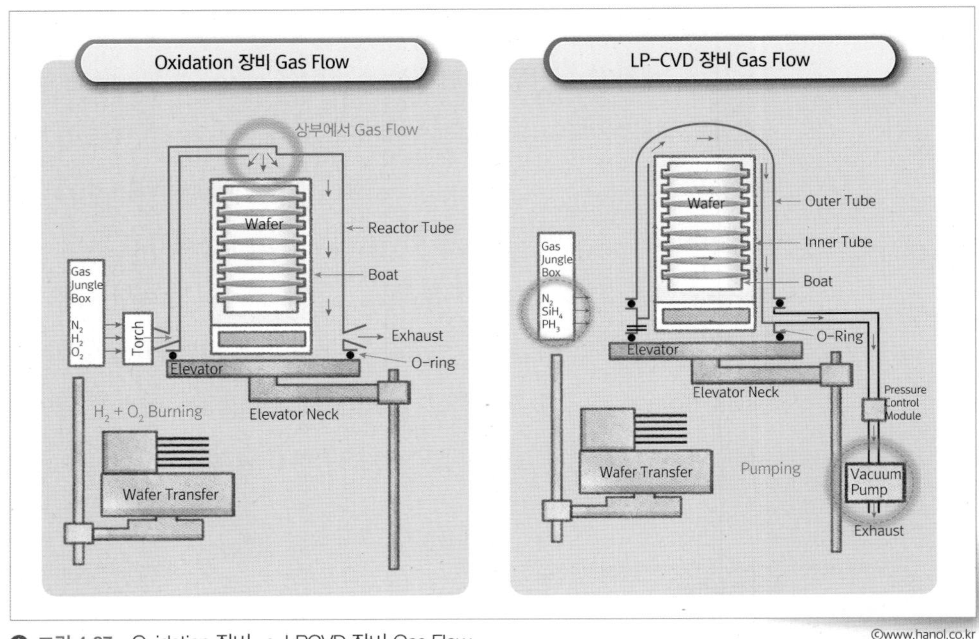

그림 4-37 Oxidation 장비 vs. LPCVD 장비 Gas Flow

©www.hanol.co.kr

튜브Inner Tuber와 바깥쪽 튜브Outer Tube을 사용하는 이유는 와류 현상Turbulence Phenomenon, 즉 소용돌이 현상을 만들기 위해서이다. 가스가 메니폴드Manifold의 가스 라인을 통하여 Inner Tube 안쪽에서 위로 올라가면서 와류 현상을 일으키게 되며, 그때 Boat에 Loading된 Si Wafer에 반응 기체가 전체적으로 균일하게 접촉하게 된다. 그리고 반응 후 잔류가스들은 다시 Inner Tube와 Outer Tube 사이로 빠져나와 배기가 된다. High Temperature Oxide 장비는 다른 Batch 장비와 다르게 Rod Boat가 아닌 Ring Boat를 사용하고 있는데 그 이유는 Rod Type을 사용하면 Center보다 Wafer Edge쪽으로 증착이 많이 되는데, Ring Type을 사용하면 Center로 증착이 많이 되어 두께 균일도를 향상할 수 있기 때문이다.

〈그림 4-39〉에서는 Furnace 장비 Unit 구성 및 계통도에 대하여 잘 보여주고 있다. 증착공정을 위해서는 항상 진공Vacuum을 통하여 원하

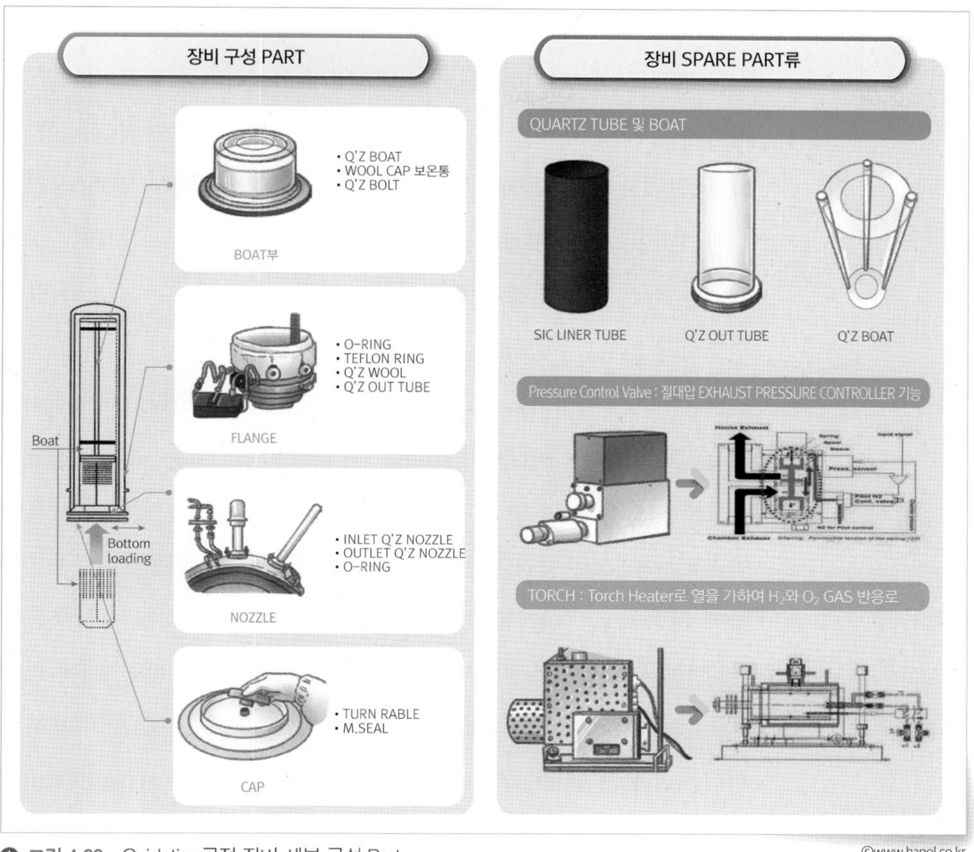

그림 4-38 Oxidation공정 장비 세부 구성 Part

는 압력Pressure에 도달해야 하기 때문에 항상 드라이 펌프Dry Pump가 필요하다. 계통도를 보면 Rear와 Fore로 표현되어 있는데 Rear는 진공도가 1×10^{-2}Torr 이하로 도달할 수 있는 로타리 펌프Rotary Pump이며, Fore는 진공도가 1×10^{-3}Torr 이하로 도달할 수 있는 부스터 펌프Booster Pump이다. 부스터 펌프는 Rotary Pump와 항상 연결하여 사용이 가능하며 역할은 단시간 내 많은 양의 기체를 Pumping 하기 위해 사용된다. Tube와 펌프 사이를 연결해주는 배관에 VG11과 VG12는 저진공Low Vacuum과 고진공High Vacuum 게이지Gauge이며, Tube 또는 배관의 실제 압력을 보여주는 장치이다. 주로 바라트론 게이지Baratron Gauge를 사용하며 가스 종류에 영향을 받지 않는다. Valve Box Unit에서는 메인 밸브Main Valve인 고속 밸브는 대기압 Tube와 진공 펌프 사이에 위치하며 유체의 흐름을 차단 및 통제하여 Tube 내의 압력Pressure을 원하는 압력으로 조절하는 장치이다. Gas Box Unit에서 가스 라인Gas Line은 Tube와 Gas Bottle을 연결해주는 것이며, 여기서 MFCMass Flow Control는 가스 라인의 중간에 위치하며 Tube에 들어가는 가스의 양을 정확하게 컨트롤Control해주는 역할을 한다.

MFC는 열선 타입Thermal Type과 압력 타입Pressure Type이 있다. Diffusion에서는 주로 열선 타입을 사용하고 있다. 또한, MFC는 증착공정에서 중요한 역할을 하며 항상 관리 및 공정 용도에 맞게 선택하여 사용해야 한다. 즉, 고온공정이면 고온용 Type으로 사용하며, 가스 종류에 맞게 사용하고, 사용 유량에 맞는 유량 Range를 선정하여 사용해야 한다. 사용이 끝났을 때는 충분히 N_2 Purge를 하여 배관 내에 잔류 Gas 등이 남지 않도록 해주어야 한다. 주로 공압Pneumatic을 이용하여 셔터Shutter 또는 밸브Valve의 Open 또는 Close를 한다. Furnace Unit에서는 고온 공정을 진행하고 있어 정확한 온도 제어를 위해 지속적인 Monitoring이 필요하다. 이때 필요한 서머커플Thermocouple, T/C에 대하여 설명을 하면, 서머커플은 서로 다른 금속이 온도가 다른 두 접점에서 전위차를 갖는 현상을 이용하여 온도를 모니터링Monitoring하는 장치이다. Furnace의 경우 각 Zone별로 5~7개의 T/C가 들어가며, Inner와 Outer Tube 사이에 삽입되어 온도를 모니터링하고 Tube의 온도를 나타낸다. T/C는 매 PM 시마다 교체를 하고 있다. T/C에 사용하는 재료는 사용목적에 따라 다르며, Diffusion에서는 대표적으로 R-Type과 K-Type을 사용하고 있다. R-type 경우 백금-13%로듐(+)과 백금 100%(-)으로 제작하고, K-Type은 니켈-10%크롬(+)과 니켈-5% (알루미늄, 실리콘)(-) 제작한다.

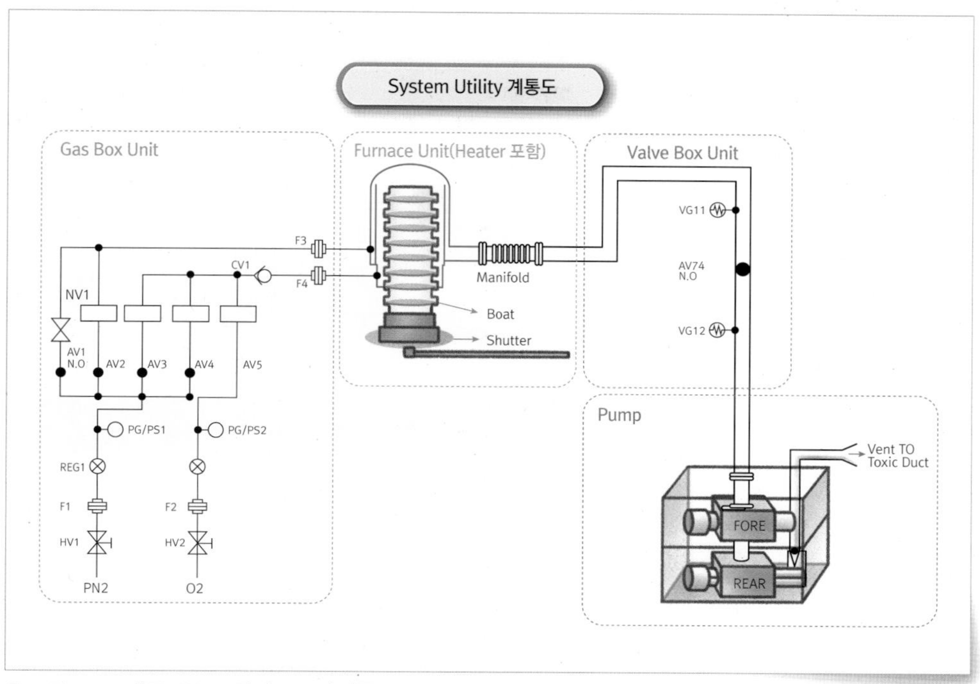

그림 4-39 대표 LPCVD 장비 Unit 및 계통도

LPCVD 장비에서 유일하게 플라즈마Plasma를 사용하는 Nitride 증착 공정 장비에 대하여 소개를 하려고 한다. 기본 구성은 LPCVD 장비와 비슷하지만, 500~700℃ 대역의 ALD 방식을 사용하고 있으며, 사용하는 암모니아NH_3 가스를 분해하기 위해 플라즈마를 쓰고 있다. 장비 기본 구성도는 〈그림 4-40〉과 같다. ALD 방식을 위해서 Tank 안에 Si Source를 모은 후 순간적으로 들어오는 N_2 압력을 이용해 Feeding으로 분사한다. 짧은 시간 동안 적은 양의 가스를 분사하기 위해서이며, Si Source와 NH_3 노즐Nozzle은 Injector가 아닌 샤워헤드Showerhead 방식을 사용하고 있다. Plasma 발생 시 이온Ion에 의한 데미지Damage를 예방하기 위해 버퍼Buffer에 머무르게 하며, 전기적으로 중성인 라디칼Radical만 균일하게 튜브에 흩어지도록 하기 위해 NH_3 Buffer Room을 사용한다.

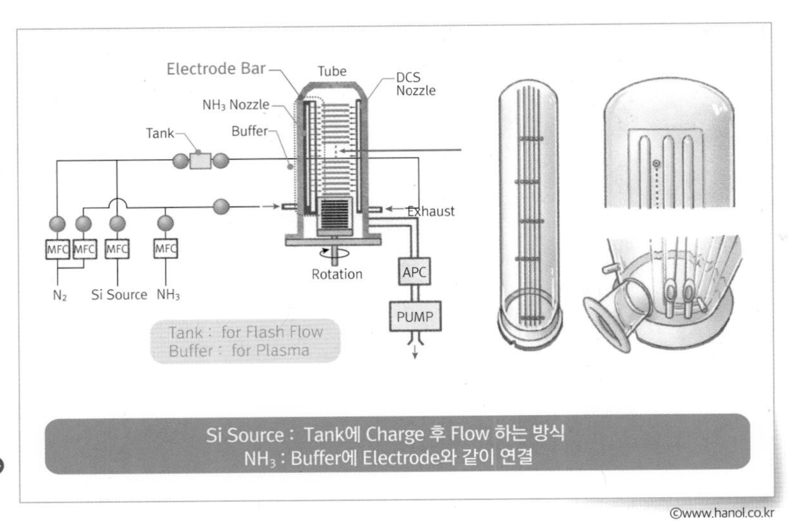

그림 4-40 Nitride 장비 구성도

증착공정 시 플라즈마를 발생시키기 위해서는 전극봉Electrode bar이 필요하다. 중요한 구성품으로 〈그림 4-41〉과 같이 똑같은 길이의 전극봉을 설치해야 한다. 전극봉 재료는 기본적으로 구리Cu이며, 공정시 오염방지를 위해 노출 부분을 Quartz 계열 재료로 Sealing 하여 사용하고 있다. 전극봉은 관리가 매우 중요한데, 그 이유는 전극과 연결된 리드 케이블Lead Cable의 간격을 일정하게 유지해야 하며, 공정 시 반사 파워Reflected Power를 3W 이하로 관리를 해야 하기 때문이다. 만약, 반사 파

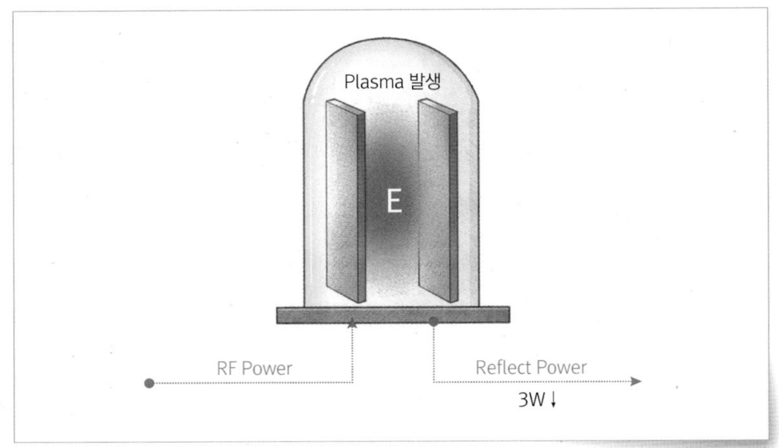

그림 4-41 전극봉 구조 개념도

워가 3W 이상이 되었으면, RF 관련 Part에 문제 발생 가능성이 있어 RF Generator, 전극Electrode, 케이블Cable 등을 점검해야 한다.

Chamber 장비 소개

대표적으로 많이 사용하는 A社 장비를 예시로 Si Wafer가 Chamber에 Loading이 되는 것을 설명하려고 한다. 〈그림 4-42〉에서처럼 ① Load Port에 Foup이 Loading이 되고 ② EFEMEquipment Front End Module을 통해 Foup에서 Loadlock으로 Wafer가 이동한다. ③ Loadlock은 ATM Robot과 Transfer Module 사이의 Wafer 이동 통로로 왼쪽과 오른쪽 총 2개가 있다. ④ Transfer ModuleTM은 Loadlock과 Chamber 간 Wafer 이동을 담당하며 항상 Vacuum 상태를 유지하고 있다. ⑤ Process Chamber는 실제로 증착공정이 진행되는 곳이다. 대부분 Single 장비의 Wafer Loading은 위에 설명한 부분과 거의 비슷하다.

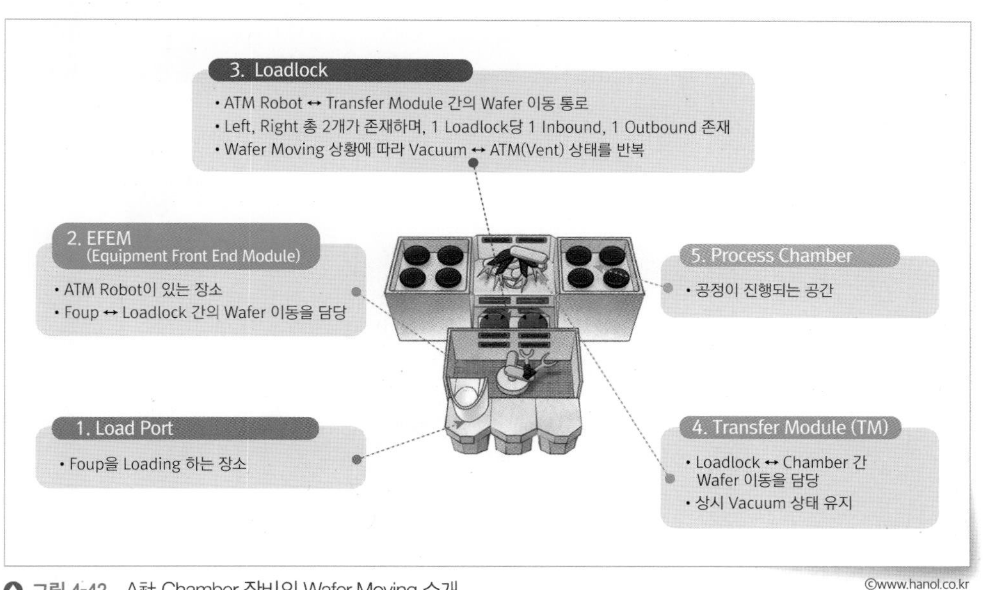

▲ 그림 4-42 A社 Chamber 장비의 Wafer Moving 소개

〈그림 4-43〉에서는 EFEM Equipment Front End Module에 대하여 세부적으로 보여주고 있다. 내부는 대기압 Atmosphere, ATM 상태로 유지하면서도 직접적인 외기의 노출을 막기 위해 FFU Fan Filter Unit를 사용하여 EFEM 내부 압력을 외부 압력보다 높여 외기로부터 파티클 Particle과 습도 Humidity 등을 제어하고 있다. EFEM 압력 표준화 활동을 통한 FAN의 RPM 제어로 내부 압력을 1.25Pa로 표준화를 하였다. ATM Robot Arm은 대기압 ATM 상태에서 Wafer를 이동시키는 기구이며, Wafer와 접촉 포인트 Contact Point에는 총 3개의 엘라스토머 마찰 패드 Elastomer Friction Pads가 있어서 웨이퍼 슬라이딩 Wafer Sliding을 방지하고 있다.

〈그림 4-44〉는 로드락 챔버 Loadlock Chamber의 구조를 잘 보여주고 있으며, Loadlock은 Wafer를 TM Transfer Module으로 이동 시 압력을 맞춰주는 역할을 하게 된다. 대기압 분위기의 EFEM에서 진공 상태인 TM Transfer Module의 양방향 이동을 위해서 좁은 공간의 Loadlock에서

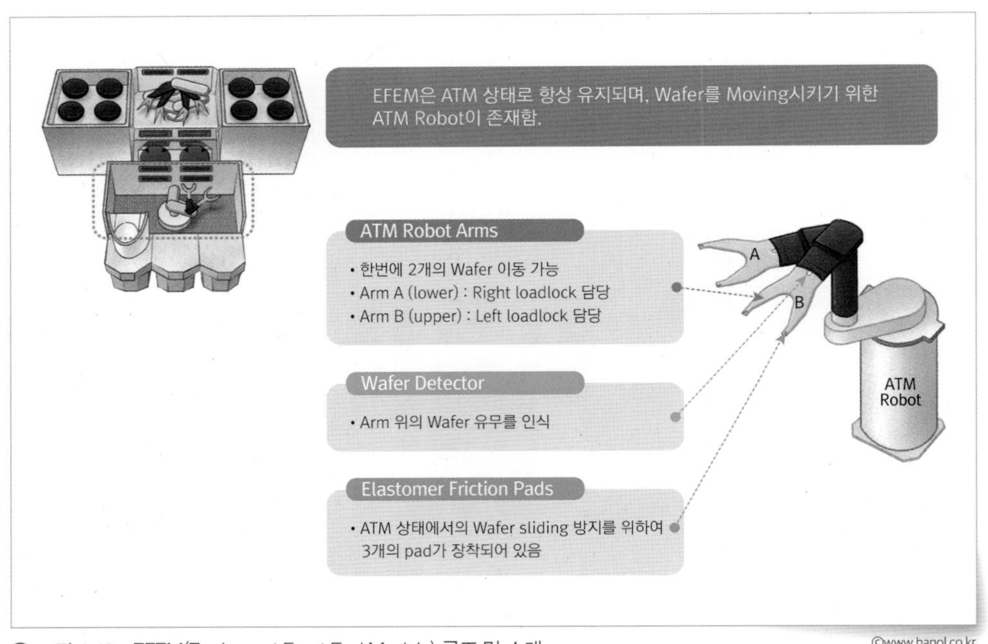

그림 4-43 EFEM(Equipment Front End Module) 구조 및 소개

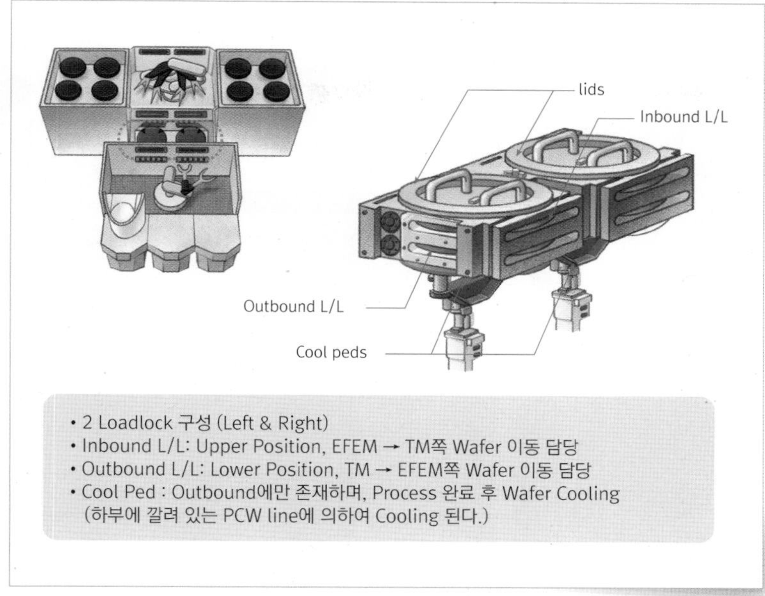

그림 4-44 Loadlock Chamber 구조 및 소개

©www.hanol.co.kr

Pumping과 Vent를 반복한다. 그리고 Wafer의 온도 제어를 위하여 Preheat와 Cooling 기능을 사용한다. 더하여 공정 이후 아웃개싱Out-gassing을 제거하기 위해 Purge와 Pumping을 반복적으로 진행한다.

〈그림 4-45〉에서는 TMTransfer Module Robot 구조 및 역할에 대하여 잘 보여주고 있다. 담당 장비 엔지니어들은 생산성 향상을 위해 Wafer가 최단 거리로 이동할 수 있게 고민하여 설정하고 있다. 예를 들어 공정 전/후로 Wafer를 넣거나 빼주는 방법이나 순서, 대기 시간, 이동 시간 등을 직접 설정한다.

〈그림 4-46〉에서는 Process Chamber에 대하여 잘 보여주고 있다. TM으로부터 이동된 Wafer들은 Ceramic Pedestal로 이동이 되며, Station 1과 2에서만 Wafer가 In/Out된다. STMSpider Transfer Mechanism에서는 Carrier Ring을 Up & Down과 Rotation을 시킬 수 있다.

각 업체들은 특허Patent로 인해 챔버 구조, 장비 Part, 증착 Concept 및 사용하는 재료들이 모두 다르다. 따라서 대표적으로 사용하는 장

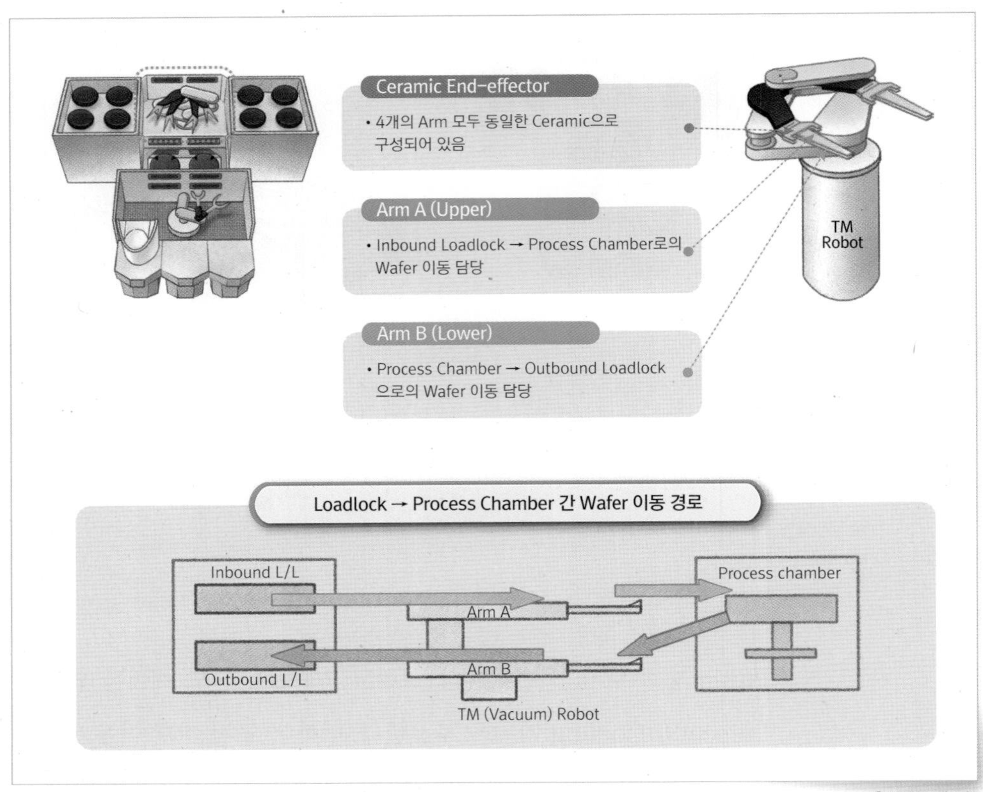

그림 4-45 TM(Transfer Module) 구조 및 소개

비 구조 및 공정 Concept에 대하여 간단하게 설명을 하려고 한다. 장비들은 다양해도 공정 방식은 크게 시간 분할 방식과 공간 분할 방식으로 구분한다.[표 4-14 참조]

B社의 Low Temperature Oxide공정 장비는 한번에 5장의 Wafer를 Loading 하여 시간 분할 방식으로 증착을 할 수 있다. SiO_2 박막을 100℃ 미만에서 증착이 가능하며 높은 적합성High Conformity과 높은 작업량High Throughput의 장점을 모두 가지고 있다. 공정 온도는 열 교환기Heat Exchanger를 사용하여 챔버 온도가 일정하게 유지될 수 있게 하고 있다. 장비 도입 배경은 Cell CD가 작아짐에 따라 기존 Photo공정 장비로 Pattern 구현이 힘들어지게 되어 Spacer를 Mask로 사용하여 Etch

를 하는 SPT Space Patterning Technology 기술 적용이 필요했다. 더하여 SPT공정 적용을 위해서는 100°C 이하의 매우 낮은 온도에서 증착이 필요하다. ALD공정 진행 시 촉매제는 상시 Flow되며 Si Source Dose → Ar Purge → H_2O Dose → Ar Purge를 ALD 1 Cycle로 원하는 두께만큼 Cycle을 반복적으로 진행하여 증착한다. 유전물질 Dielectric Material 증착 장비는 시간 분할 방식과 공간 분할 Space Divided Plasma, SDP 방식이 있으며 한번에 5장의 Wafer를 Loading 하여 증착을 할 수 있는 장점을 가지고 있다. 공간 분할 방식은 시간 분할 방식보다 챔버 내 압력 변화가 없어서 안정적인 공정을 진행할 수 있다. ZrO_2 박막 증착공정의 온도는 하부 Bottom 쪽에 할로겐 램프 히터 Halogen Lamp Heater 를 사용하여 정밀하게 제어하고 있다.

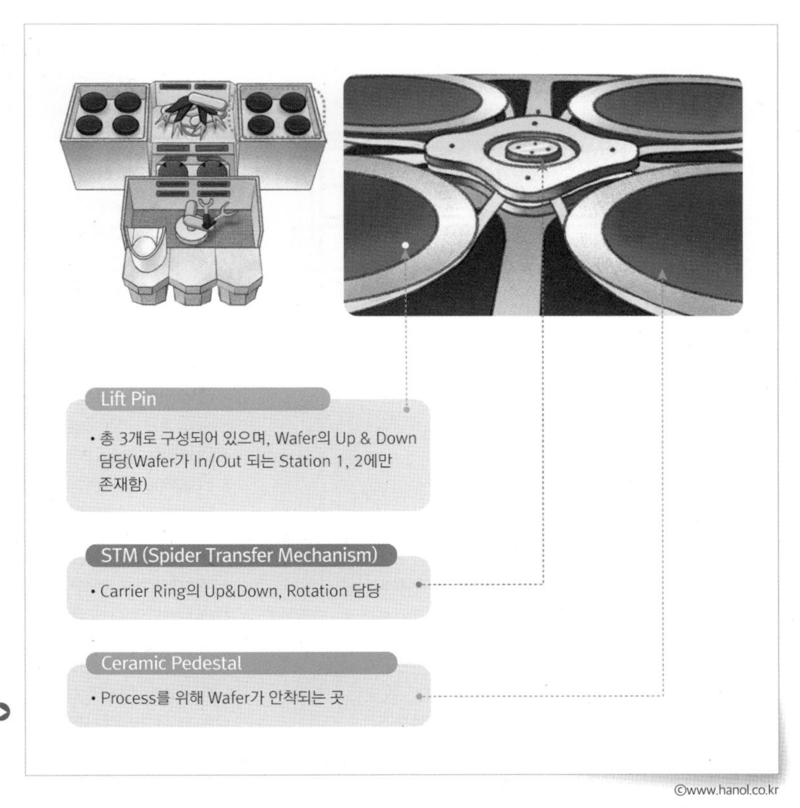

그림 4-46 Process Chamber 구조 및 소개

표 4-14 시간 분할 방식 vs. 공간 분할 방식 소개

구분	시간 분할 방식	공간 분할 방식
ALD Process Type	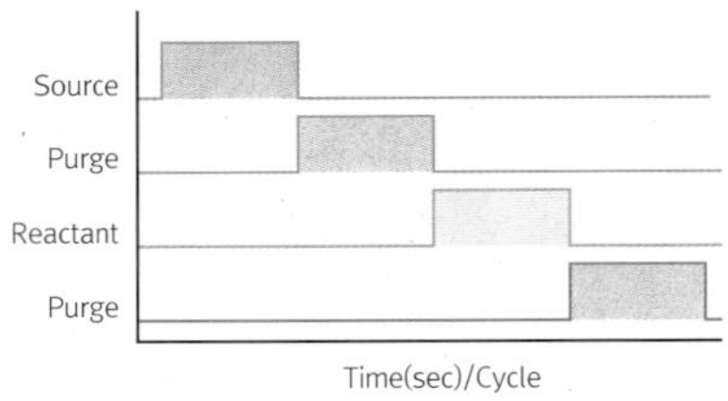 Pulse Flow Source / Purge / Reactant / Purge Time(sec)/Cycle	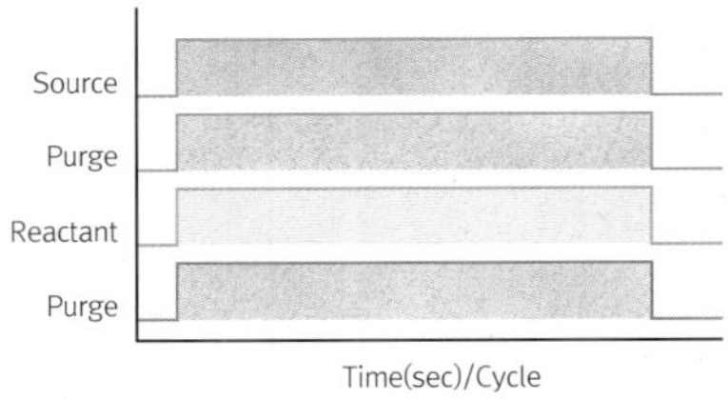 Continuous Flow Source / Purge / Reactant / Purge Time(sec)/Cycle
Top & Cross View	 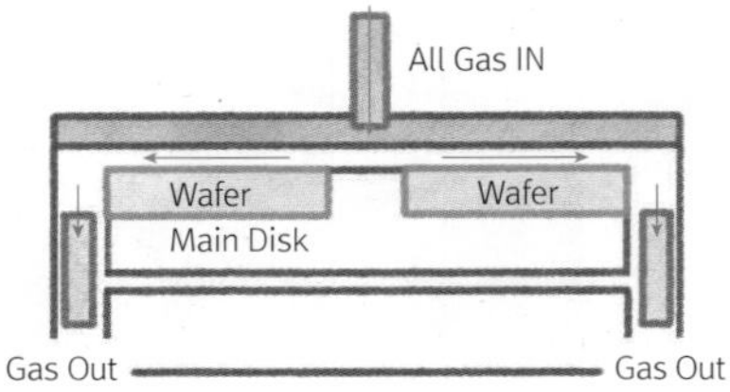 All Gas IN Wafer / Wafer Main Disk Gas Out / Gas Out	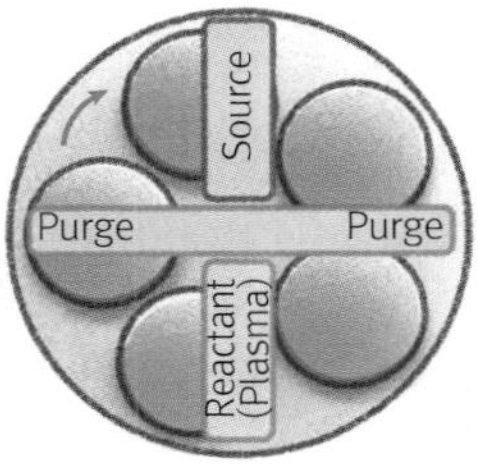 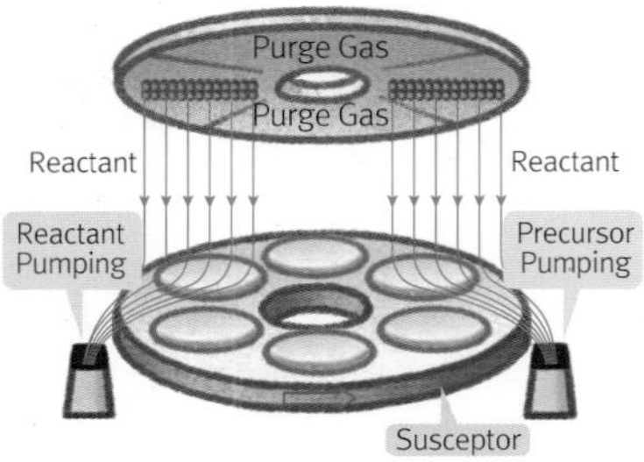 Source / Purge / Purge / Reactant (Plasma) Purge Gas / Purge Gas Reactant / Reactant Reactant Pumping / Precursor Pumping Susceptor
Merit	• Pure ALD 구현 유리 • ALD Step 독립 제어 가능 • 다성분계공정 유리 • 공정품질 우수	• 생산성 유리(High UPH) • Shower Head 방식 : W/F 전면에 균일한 Gas 공급 가능, Drop성 Particle Free • Bottom Cap Leak Free • Process Vol. 최소화 가능 • Plasma Treatment 사용으로 특성 제어
Demerit	• One Point Injection - Gas 분산 공간 필요 : Process Vol.大 - Drop성 Particle 발생 - 공정시간 증가 • Wafer Bottom Thickness Drop (Feeding Time or 온도 보상 필요) • Wafer center/edge 간 두께 차 • Bottom Cap Leak Issue	• Hardware Geometry 영향성 큼 • ALD 제어 인자 부족 • Source Usage 증가 • Source와 Reactant Pumping Line 분리 필요 • Pump의 PM 주기가 짧음 • 높은 유지비용 필요

초기에는 ZrO_2 증착공정 진행 시 시간 분할 방식으로 진행을 하였으나, 공정 개선, 생산성 향상, 단가 절감의 개선을 위해 공간 분할 방식으로 변경하게 되었다. 주의사항으로 ZrO_2공정 진행 후 배관에 달라붙는 파우더는 대기 노출 시 매우 위험하기 때문에 주기적으로 배관교체를 진행하고 있으며, 주 관리 대상이다.

C社 장비는 Thermal CVDChemical Vapor Deposition 방식으로 증착이 되며, 챔버당 1장의 Wafer만 Loading이 가능하다. 가스가 챔버 위 가운데 부분에 있는 가스 라인을 통하여 Showerhead 내부 Plate들을 거쳐 균일하게 퍼지는 구조로 되어 있다. 챔버 상부와 하부에는 상시 N_2 가스가 Flow되어 SiH_4와 도핑가스들이 Wafer 표면 균일도를 높일 수 있도록 설계되어 있다. 주로 Poly Silicon, Oxidation, Nitridation 등의 공정에 사용한다. 공정 온도는 150~700°C 영역에서 사용하고 있고, AlN Heater를 사용하여 온도를 빠르게 올리거나 내릴 수 있다. Thermal 방식은 박막 품질Quality은 좋으나, 직접 Heating 방식을 사용하고 있어서 박막 균일도가 좋지 않다. 이를 개선하기 위한 방법으로는 Block Plate의 Hole을 부분적으로 막는 BLP 상판/하판을 장착하거나, Heater Temp Uniformity를 제어하기 위한 Bottom Plate와 Bottom space를 장착하여 제어하는 방법이 있다. 두 가지 모두 Uniformity 개선을 위해 PM을 다시 해야 하는 단점을 가지고 있다. 또한, 장비 구조가 복잡하여 파티클Particle에 취약하며, 챔버 PM 후 재 조립할 때 시간이 상당히 오래 걸린다.

각 장비업체마다 서로의 특허를 침해하지 않는 선에서 장비를 제작하다 보니 챔버가 다양한 형태로 제작되었으며, 그에 따른 장/단점들이 다양하게 보여진다. 따라서 장비를 사용하는 엔지니어들은 각 장비들의 특징 및 장/단점들을 파악하고 잘 활용할 수 있어야 한다.

04 공정과 장비 관리 소개

전산 시스템 활용 관리생산성 향상 & 유지 관리

엔지니어가 직접 동일 장비들을 관리하다가 실수를 자주 범하게 되는데 이때 발생되는 손해가 크기 때문에 전산 시스템을 사용하여 생산관리를 진행하고 있다. 대표적으로 FDCFault Detection & Classification를 사용하고 있으며, 이는 생산설비의 Source Parameter를 실시간 Monitoring 하기 위한 시스템이다.

간단하게 소개를 하자면, ① 장비의 결함을 실시간 Detecting 및 Classification, ② 장비의 Source Para의 변동 여부를 Auto로 Display 및 Detection을 하여 실시간 Monitoring, ③ APC 활동의 연장선상의 시스템, ④ 사후관리이며 사전 예측 시스템, 장비에 대한 Real Time Monitoring 및 Trend 분석 등에 FDC 시스템을 사용하고 있다. 각 해당 모듈 담당 엔지니어는 공정 진행 시 문제나 관리가 필요한 부분에 대하여 따로 Spec.을 설정해 관리를 하고 있다. 최근에는 생산성에 영향을 주는 Defect와 장비 결함 등도 관리 Spec.에 포함시켜 관리 Spec.의 표준화 및 활용도를 극대화하고 지속적으로 편의성 향상 및 시스템 Upgrade를 진행 중이다. 하지만 데이터를 보관하기 위해서는 많은 저장공간을 가진 서버가 필요하고 가격이 비싸다는 단점을 가지고 있다. 또한, 데이터를 활용하기 위해서는 가공이 필요한데 엔지니어마다 데이터 가공 수준과 해석이 달라 데이터의 일관성이 떨어질 수도 있다.

PMPreventive Maintenance / 예방 정비

생산공정을 진행하면 Tube나 Chamber 내부에 누적막이 계속 쌓이게 된다. 누적막이 계속 쌓이다 보면 크랙Crack이 발생하게 되며 공정 진행 중 떨어지면서 다양한 Defect들을 발생시키게 된다. 장비와 공정마다 사용할 수 있는 누적막 두께가 다르기 때문에 담당 엔지니어들이 지속 모니터링Monitoring하면서 일정 주기마다 예방 정비Preventive Maintenance, PM를 진행하고 있다.

예방 정비Preventive Maintenance, PM란 설비의 건강관리로 표현할 수 있으며, 설비의 고장과 사고를 예방해 장비 수명을 연장하려는 목적이 있다. 설비의 노화 및 열화를 방지하기 위해서 윤활, 청소, 조정, 점검, 교체 등 일상의 정비 활동과 함께 설비를 계획적으로 정기 점검, 정기 수리, 정기 교체를 진행하고 있다. PM 종류는 크게 Wet PM과 Dry PM이, 비용과 생산성 관점에서는 Dry PM을 주로 진행하고 있으며, 일정 주기 사용 후 Wet PM을 하고 있다. Dry PM 진행 시 노즐Nozzle 및 간단한 파트를 교체하고 있으나, Wet PM 시에는 전체적으로 장비 점검을 하고 재사용이 가능한 부품들은 부품 교체 및 Chemical 세정을 하고 있다.

챔버 타입Chamber Type도 마찬가지로 재사용이 가능한 부품은 세정하여 사용하고 있으며, 챔버는 직접 세정하여 사용하고 있다. Dry Clean 시 주로 NF_3, F_2, ClF_3 가스를 사용하고 있으며, 그 이유는 박막 증착 시 주로 Si 계열 재료를 사용하고 있기 때문이다. Dry Clean 진행 시 생성된 플루오린 라디칼Fluorine Radical, F*이 실리콘 계열 박막Silicon Based Film과 반응하여 SiF_3나 SiF_4 가스 형태로 배기된다. 즉, Tube나 Chamber 내부에 쌓여있는 누적막이 제거가 되는 것을 의미한다. 하지만 〈그림 4-47〉과 같이 튜브Tube 내 잔류 F기에 의해 증착 시 두께가 낮아지거나 또는 박막이 떨어져 Defect가 발생할 수 있기 때문에 충분한 Purge와 Pumping을 통해 잔류 F기를 제거해 주어야 한다. 안정

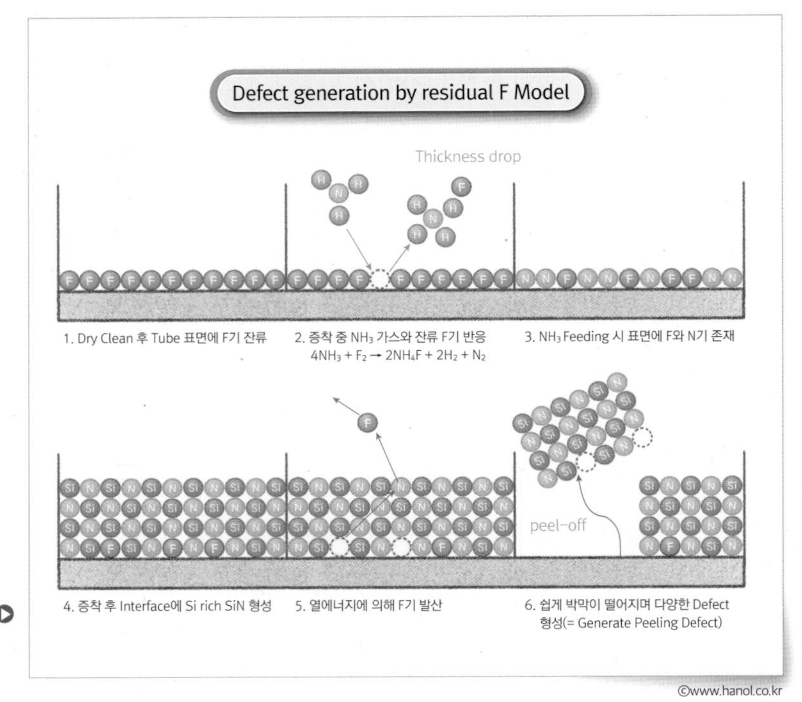

그림 4-47 잔류 F기에 의한 Defect 발생 모델

적 생산을 위해서 장비 운영 및 관리가 매우 중요하기 때문에 개선 연구를 진행하고 있다.

05 미래 기술 해결 과제

반도체 미래 기술의 핵심은 한정된 공간에 기존 기술 대비 소형화/집적화하여 단위 셀Unit Cell 크기를 더 줄이는 것이다. 하지만 단위 셀 크기가 수십 나노미터 이하로 내려가면 반도체 능력이 약해져 저장 정보가 모두 사라지는 현상이 발생한다. 효율적으로 소형화/집적화할 수 있는 설계 및 공정 기술, 신소재들과 더불어 이를 개발할 수 있는 인력들이 필요하다. 따라서 새로운 신소재 개발, 합리적인 회로 설계,

지속적인 인재 양성을 통해 앞으로의 시련을 극복해 나갈 필요가 있다. 또한, 앞으로 공정 데이터 분석이 중요한데 수십년 동안 쌓인 노하우Know-How 및 기술들을 데이터화하여 사전에 발생할 수 있는 사고들을 예측하여 생산성 향상 및 안전사고에 대하여 예방이 필요하다. Diffusion은 반도체에서 가장 중요한 Transistor와 Capacitor를 만드는 공정을 진행하고 있으며, 반도체 성능 향상을 위해 지속적인 학습과 연구를 통하여 현재의 Transistor와 Capacitor의 기술 한계를 뛰어넘어야 한다. 더하여, 장비 관점에서 보면 FAB 내 한정된 공간에서 Throughput을 어떻게 향상시킬 것인지, 그리고 항상 고품질의 제품이 나올 수 있게 두께Thickness 개선, Defect 개선, 장비의 지속적 안정화를 위한 개선 활동들이 필요하다. 엔지니어의 관점에서 보면 공정의 단순화, Wafer 산포 개선, 저온공정, 산화공정의 품질향상 및 개선 등이 필요하며 [표 4-15], 모두 관심을 가지고 있는 전산의 인공지능AI화를 통해 비정상적인 활동에 대하여 사전 감지하여 안전사고 방지 및 생산성 향상에 기여해야 한다.

표 4-15 장비 관점 미래를 위한 기술 개발 및 방향성 예상

현재	미래
Batch Type의 장비 구조 • 한번에 여러 장의 Wafer를 동시에 진행 • Wafer 전/후면 증착막 생성 가능	**Chamber 장비화** • Wafer 간 산포 개선 • Wafer 전면 증착막 생성 가능
Thermal(열처리)공정 : 고온 • 100~1,000도의 저/고온 열처리 가능 • 증착막 생성 온도 높음	**Low Thermal & ALD : 저온** • Nitride : LPCVD 〉 ALD NIT • Oxide : HTO 〉 LTO • Poly : Crystal → Doped Poly
Pyro 장비 • Wet → Dry Oxidation • Anneal을 통한 열처리	**Radical Oxidation** • H*, O* 반응을 통한 Film 신뢰성 개선 • Batch 장비 → Chamber 장비 (ALD : High Quality Oxide)

먼저 청자 chip은 사용 장소와 목적에 따라 도자기 위에 여러 재료들을 지정된 온도에서 적절한 두께와 밀도로 만들어야 합니다. 이제 청자 chip들을 하나씩 만들어 가며 설명 드리도록 하겠습니다.

이것은 '산화 청자 chip'입니다. 도자기 표면에 '산화막'을 올린 것으로 두께가 두꺼울수록 외부 공기를 막아내는 능력이 뛰어납니다. 가장 보편적인 '청자 chip'으로 750℃ 이상의 화로에서 제조하며 도자기 내부 보호가 필요할 시 사용합니다. '산화막'을 올릴 때 더 좋은 재료를 사용할 시 제작 속도는 느리지만 더 밀도가 높은 '산화막'을 올릴 수 있습니다.

이건 도자기 표면에 '질화막'을 올린 '질화 청자 chip' 입니다. '산화 청자 chip' 보다 외부 공기를 막아내는 능력이 뛰어난 '청자 chip'으로 기본적으로 700℃ 이상의 고온 화로에서 제조하지만 '반복법'을 이용하면 더 낮은 온도에서 '질화막'을 도자기 표면에 더 골고루 올릴 수 있습니다.

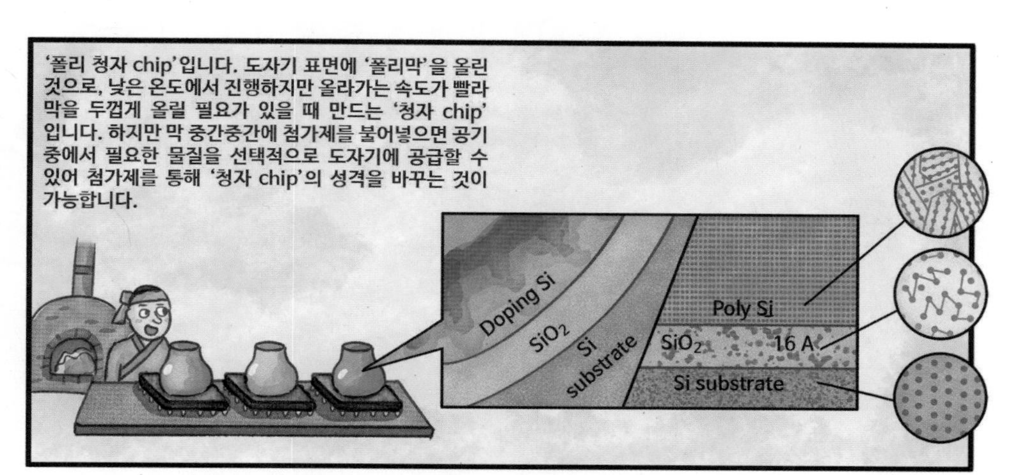

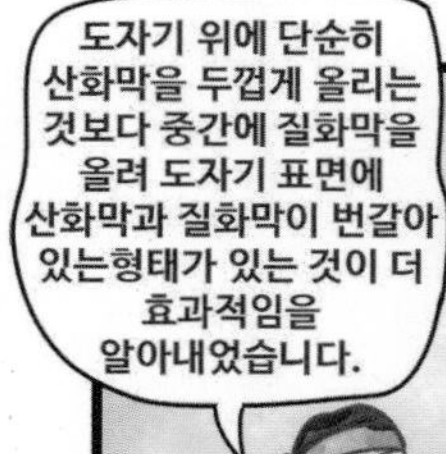

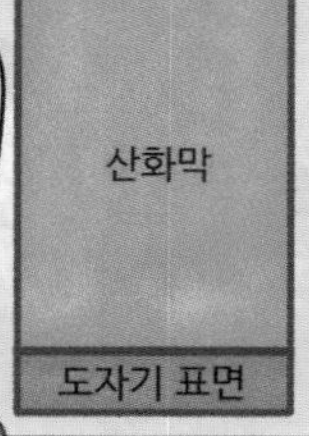

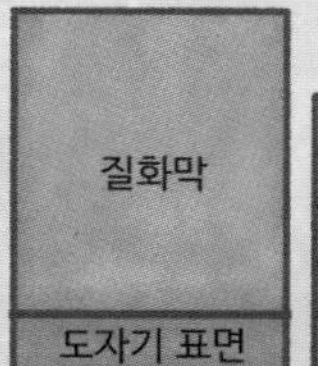

산화막
질화막
산화막
질화막
도자기 표면

오랜 경험을 가지고 있는 각 분야의 최고의 엔지니어들은 다양한 재료와 적당한 온도, 목적에 맞는 첨가제를 사용하여 고객이 원하는 우수한 제품을 만들고 있습니다.

05

Diffusion
(Ion Implant)

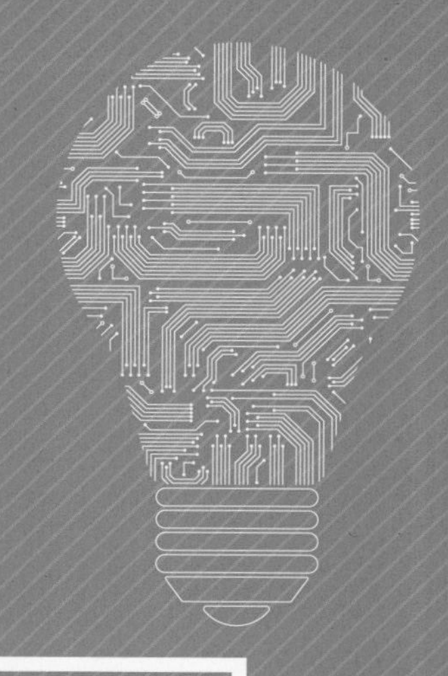

01. Ion Implantation공정 개요

02. DRAM/NAND Ion Implantation Application

03. Ion Implantation 구성과 Hardware

04. Ion Implantation Physics

05. Ion Implantation 관련 미래 기술

05

Diffusion

(Ion Implant)

Ion Implantation공정 개요

Ion Implantation공정의 역사와 정의

이제 이온주입이라는 공정을 소개하고자 한다. 이온주입공정을 이해하기 위하여 일단, 이온주입공정이 소개되기 이전에 사용하는 DIFFUSION공정을 이용한 필요한 영역의 도핑Doping 방법을 이해해야 한다. 아래 그림에서 볼 수 있는 바와 같이, 반도체 공정 초기에는 원하는 도핑Doping을 위해서는 최소의 패터닝Pattering을 통해 도핑Dopping 영역을 선택하고, Dopant를 포함한 증착Deposition층Layer을 증착한 뒤, 원하는 깊이만큼의 확산을 얻기 위하여 후속에서 고온의 열처리공정을 통해 실리콘Silicon 기판 내로 확산시키는 방법을 사용한다.

그러나 이러한 방법은 후속 열처리공정에서 길게는 24hr 이상의 긴 후속 열처리 공정을 필요로 하게 되고, 〈그림 5-1〉의 윗쪽 왼쪽 그림

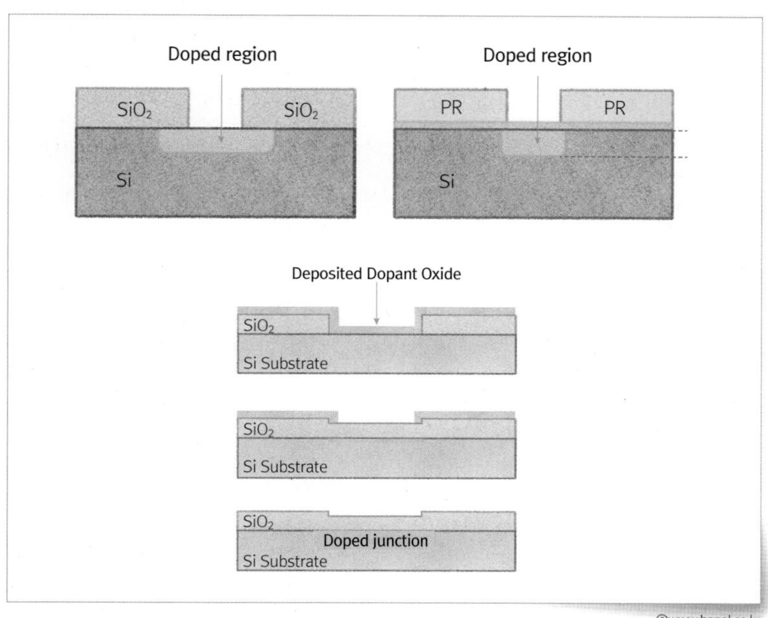

그림 5-1 DIFFUSION공정을 이용한 Traditional Doping Concept

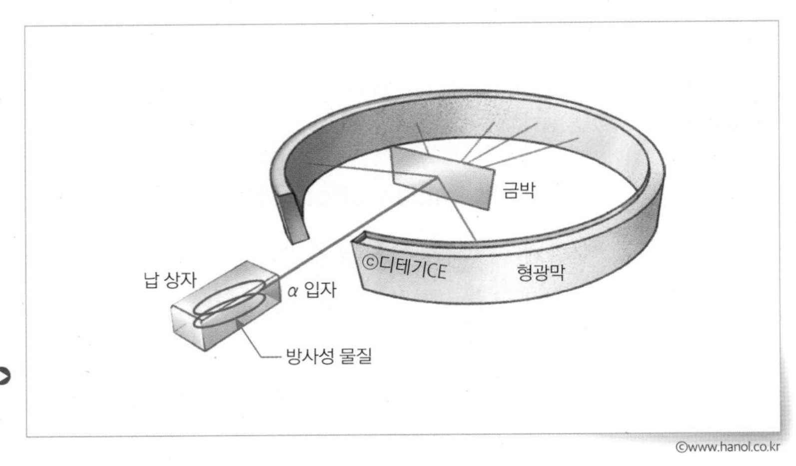

그림 5-2 Rutherford Backscattering 개념도

에서 확인할 수 있는 바와 같이 원하지 않는 영역으로의 확산을 제어할 수 없어서 원하는 영역만을 선택적으로 도핑Doping하기도 어렵다는 것이다.

이러한 문제를 해결하기 위하여 원하는 영역과 깊이로 원하는 원소를 선택적으로 Doping 하는 방법이 무엇일까? 이러한 필요에 부합하는 공정이 이 장에서 소개하고자 하는 Ion Implantation이온주입이다.

이온주입Ion Implantation의 정의는 사전적으로는 반도체 결정에 불순물 원자를 주입하는 방법으로 간단하게 소개된다. 즉, 실리콘에 원하는 이온을 선택하고, 선택된 이온을 필요한 에너지로 가속화하여 강제 주입하고, 강제로 주입된 이온의 양으로 필요한 저항을 얻는 방법이다.

이온주입Ion Implantation의 시작은 원자나 분자의 이온화가 가능해서 이루어졌다. 1906년 영국의 Rutherford경이 방사능 동위원소인 라돈Radon을 소스source로 이용하여 알파α 입자인 +2의 전하를 갖는 헬륨Helium 이온을 얻고, 이를 알루미늄 포일foil에 Ion Bombardment하고, 이 때, 발생한 Backscattering 현상을 최초의 이온주입으로 평가하고 있다. 그러나 이러한 Ion Implantation이 최초로 반도체 공정에 소개된 것은 1953년 영국의 Cussins의 Idea였고, 1954년 트랜지스터를 발명한 미국의 Schockley의 특허에서 도입된 것으로 평가된다.

Ion Implantation의 특징으로는 정확한 Ion 주입량, 정확한 Ion 주입 깊이, 원하는 이온의 선택이다. 각각의 특징을 구현하기 위해서, 장비에서 Monitoring 하는 방법과 이온을 Control 하는 방법은 다음에서 설명하겠다.

Ion Implantation 관련 주요 공정

현재 DRAM/NAND 제조공정에서는 아래 그림에서 확인할 수 있는 바와 같이, Body, Source/Drain, Gate의 4-Terminal 구조를 갖는 가장 기본적인 MOSFET을 구성하게 된다. 이온주입을 이용해 실리콘 기판의 깊은 영역에 Well을 형성하기 위한 공정, 폴리실리콘 게이트를 도핑하기 위한 공정, Channel Vt를 조절하기 위한 Doping공정, 그리고 Source/Drain과 같이 고농도 이온주입을 위한 공정 등으로 구성된다.

〈그림 5-3〉은 폴리실리콘 계열의 Gate와 N-type 계열의 Source/Drain 구조를 갖는 nMOS이다. MOSFET을 Control 하기 위해 Channel Doping까지 진행된 그림이다.

그림에서와 같이 Ion Implantation을 이용한 공정은 Silicon 표면에

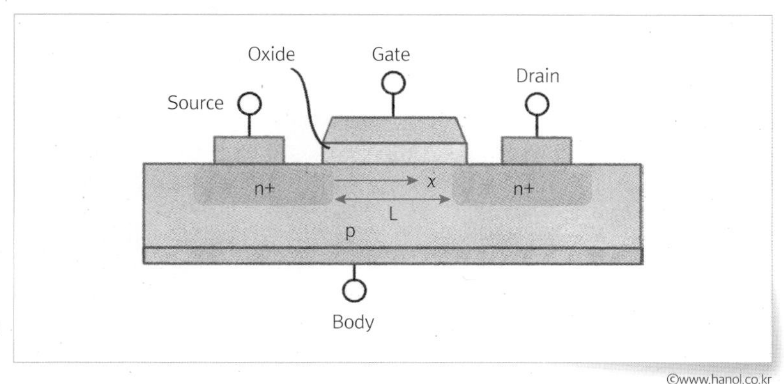

그림 5-3 MOSFET 기본 구조

©www.hanol.co.kr

서 깊은 영역에 Well 형성을 위한 공정, Channel Vt 조절을 위한 공정, 그리고 Source/Drain과 같이 고농도 이온주입을 위한 공정이 개략적으로 구성된다. Tech 발전으로 이온주입공정은 보다 많은 목적으로 반도체 제조공정에서 사용되고 있다.

Ion Implantation공정의 주요 장비

〈그림 5-4〉는 현재 반도체 제조공정에서 사용하고 있는 300mm용 Implanter 장비 중, AMAT사의 810XP Model의 외부 모습이다.

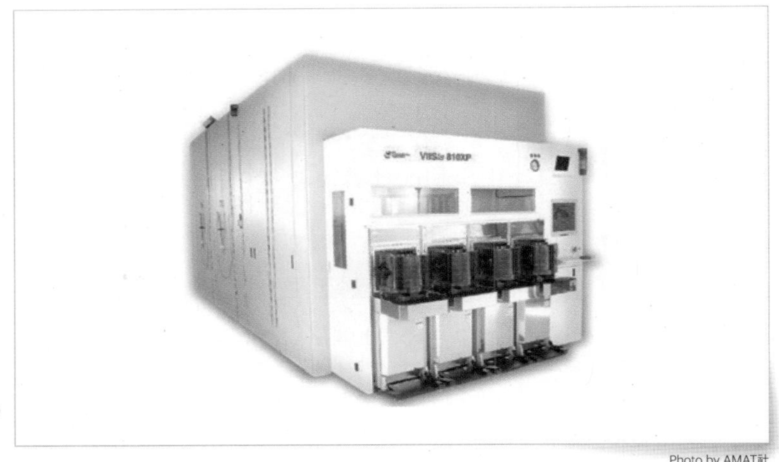

그림 5-4
Ion Implanter Schematics

Photo by AMAT社

초기 개발된 Ion Implanter는 지금의 모습과 차이는 있지만, High Energy Ion Implanter영역과 High Current Ion Implanter영역까지 이온주입을 실시하였다.

각각의 영역을 진행하기 위해 주입하는 이온의 깊이와 양을 조절하여, Well 영역을 형성하기 위한 높은 에너지가 필요로 되는 영역은 에너지를 조절을 하였고, Source/Drain Junction을 형성하기 위한 이온주입되는 양을 높이기 위한 공정은 이온주입 진행 시간을 늘려

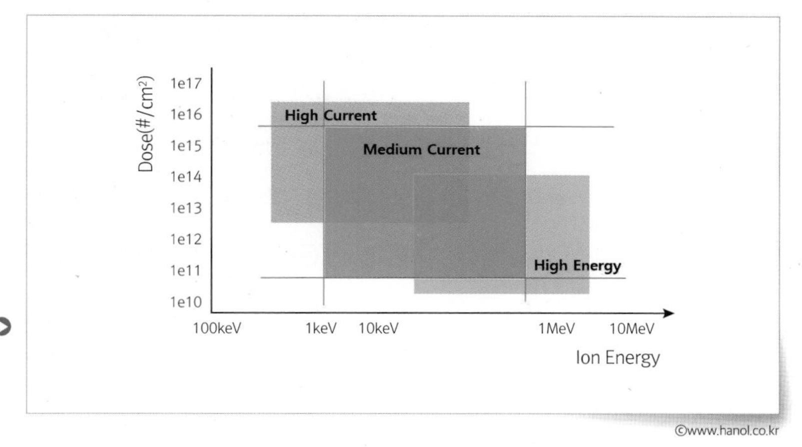

그림 5-5 이온주입 에너지와 이온주입 양에 따른 Ion Implanter 영역

©www.hanol.co.kr

High Dose 영역을 진행하였다.

그러나 Ion Implantation공정에서 모든 공정을 진행하는 것보다는 각각의 필요에 적합한 이온주입기를 구비하여 높은 에너지를 효과적으로 전달하는 High Energy Ion Implanter와 Source에서 이온주입을 위한 Source를 다량으로 생성하는 High Current Ion Implanter 장비를 준비하여 해당 공정을 대체하였다. 또한 Tech 발전에 따라서 최근에는 보다 많은 양의 이온주입이 필요한 공정과 보다 높은 에너지 영역대의 이온주입이 필요하게 되었다.

현재 Ion Implantation은 수백 keV에서 10MeV로 대략 1만배의 Energy 영역을 Cover할 수 있고, 이온주입 양으로는 1E10 ~ 1E17 $_{ion/cm^2}$로 천만배 정도의 양 조절이 가능하게 되었다.

〈그림 5-5〉는 이온주입기의 종류별 에너지와 이온주입 양에 따른 적용 영역대를 표시한 그림이다. 그림에서 확인할 수 있는 바와 같이 대부분의 영역대를 Medium Current Ion Implanter로 진행할 수 있고, High Energy Implanter는 이온주입 에너지가 높은 영역에서, High Current Implanter는 다량 이온주입이 필요한 영역에서 사용되고 있다.

Ion Implantation 장비의 주요 구성

〈그림 5-6〉은 이온주입기 장비 구성도이다. 간략하게 이온주입기를 구성하는 성분은 원하는 Ion을 이온화하는 Source영역과 이온화된 이온을 원하는 이온주입 깊이로 도핑하기 위해 가속화 시키는 Beam Line 영역, 그리고 이온주입이 진행되며 이온주입의 대상이 되는 Wafer를 Handling하는 End Station으로 구성되어 있다.

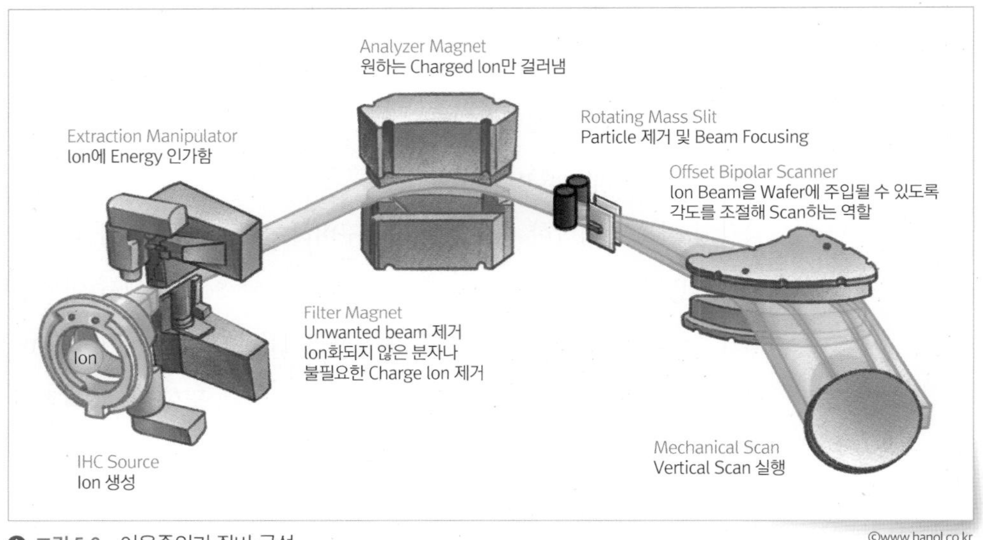

그림 5-6 이온주입기 장비 구성

02 DRAM/NAND Ion Implantation Application

다음은 이온주입을 이용한 DRAM/NAND Device에서 공통적으로 사용하고 있는 공정을 간략하게 소개하고자 한다. 현재 DRAM/NAND Device에서는 개략적으로 40개 전후의 공정에서 이온주입을 사용하고 있다. 각각의 공정은 필요 목적에 따라 다양한 모습으로 사용하고 있고, 다음에서는 가장 기본이 되는 대표적인 이온주입공정에 대해서 소개하도록 하겠다.

Well Formation

실리콘 기판 위에 만들고자 하는 MOSFET을 설정하고 일반적으로 사용되는 4-Terminal 구조의 MOSFET을 형성하기 위한 Well을 형성한다. Well의 기본적인 뜻은 우물의 의미로 이와 유사한 역할을 하고 있다. 이후 공정에서 형성되는 Source/Drain과 Channel을 형성하기 위한 기초가 된다. 이온주입을 적용하는 공정에서는 비교적 높은 에너지를 적용함으로써 실리콘 깊이 방향으로 깊은 곳까지 원하는 이온이 들어갈 수 있도록 한다.

〈그림 5-7〉은 Triple Well 또는 Deep N-well 구조를 갖는 Well Formation 모식도이다. 그림에서는 가장 일반적인 Well 구조의 모식도를 소개한다. DRAM과 NAND에서는 공통적으로 많이 적용하고 있는 CMOS 구조를 형성하기 위해, nMOS 영역은 11Boron을 이용하여 P-Well을 형성하고, pMOS 영역은 31Phosphorous를 이용하여 N-Well을 형성하는 Twin Well 구조에서, 각각의 Well을 Photo Mask 작업을 최소화하며 Implant공정을 최소화하는 Deep N-well 또는 Triple Well 구조가 적용된다는 것까지만 이해하기로 한다.

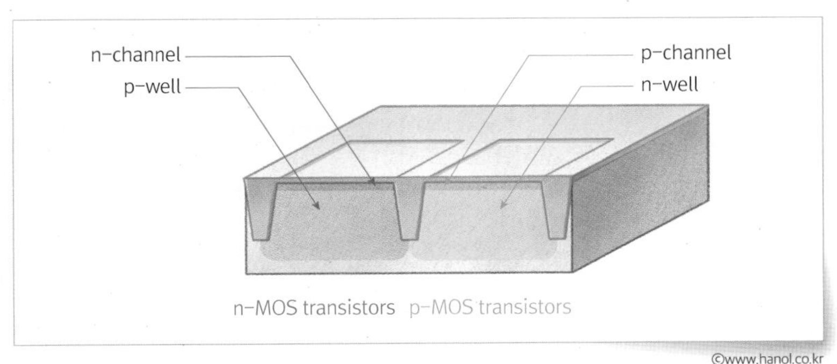

그림 5-7 Triple Well Formation Schematics

©www.hanol.co.kr

Threshold Adjust Implant

다음은 Vt_{Threshold Adjust Voltage} Implant, 일명 문턱 전압 Adjust용 Implant에 대한 개략도이다. 앞장에서 소개된 Well Implant가 진행된 영역에 Vt 조절을 위한 Implant가 진행된다. 가장 기본적으로 사용되는 방법은 P-well과 N-type Source/Drain으로 형성되는 nMOS의 Vt 조절을 위해서 p-type Dopant를 적용하고, N-well과 P-type Source/Drain으로 형성되는 pMOS의 Vt 조절을 위해서 n-type Dopant를 적용한다. 그러나 이러한 일반적인 Vt Adjust Implant도 여러 가지 이유로 조건이 바뀌고 있다. 이때 적용되는 이온주입의 조건이 실리콘 표면에 가깝게 비교적 적은 양의 이온이 Doping된다. 개략적으로 에너지가 수십 keV에서 1E12 ~ 1E14$_{ion/cm^2}$의 이온주입 양이 적용됨으로 일반적으로 Medium Current Implanter를 사용하여 적용된다.

Source/Drain Implant

Well과 Vt Adjust Implant공정이 진행된 후, 반도체는 Gate를 형성하기 위한 공정을 진행한다. Gate 형성 이후, Source/Drain Junc-

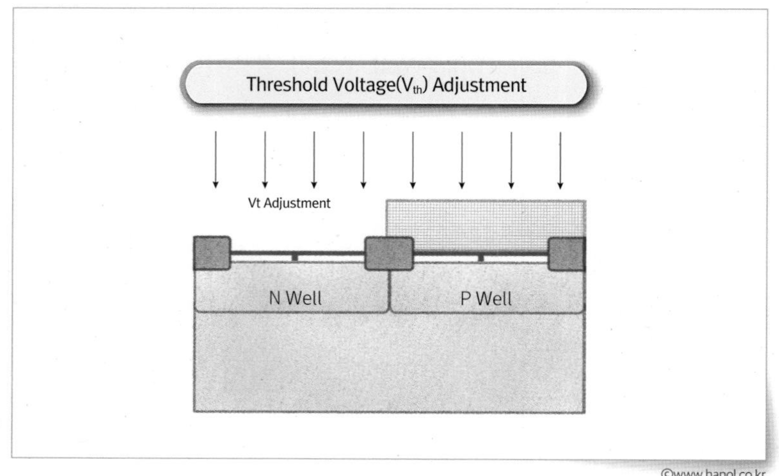

그림 5-8 Vt Adjust Implant 개념도

©www.hanol.co.kr

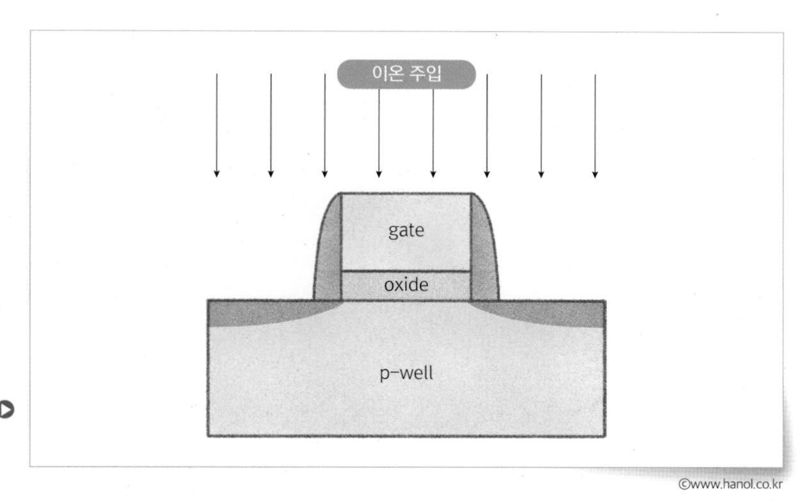

그림 5-9 Source/Drain 형성 Schematics

©www.hanol.co.kr

tion을 형성하기 위한 이온주입을 실시한다. 여기에 적용되는 것이 High Current Ion Implanter로 1E14~1E16$_{ion/cm^2}$의 이온주입이 진행된다. 앞서 소개된 Vt Adjust Implanter 조건 대비 이온주입 양이 수백배에서 수천배까지 차이가 생긴다. 이러한 High Dose공정에 최적화된 High Current Ion Implanter를 사용한다.

Lightly Doped Drain

다음은 일반적으로 Tech. Migration에 따라 수반되는 여러 가지 Side Effect 중에서 Hot Electron에 의한 Gate Oxide 열화를 방지하기 위해 적용 중인 LDD$_{Lightly\ Doped\ Drain}$ 구조에 대한 설명이다.

트랜지스터$_{Transister}$의 사이즈가 작아지면서 Channel의 길이도 짧아지는데 이 경우 전계는 커지게 되고 이동하는 전자는 높은 전계를 받아 지나치게 이동성이 커지게 된다. 이러한 전자를 Hot carrier라고 한다. 이동성이 지나치게 커진 전자는 절연막을 뚫고 가기도 하고, 절연막에 축적되어 전기적 특성을 교란시키기도 한다.

이렇게 고농도 이온주입된 Source/Drain에 의해 형성되는 강한 전계를 인위적으로 줄이고자 Channel과 Source/Drain 인근 영역의

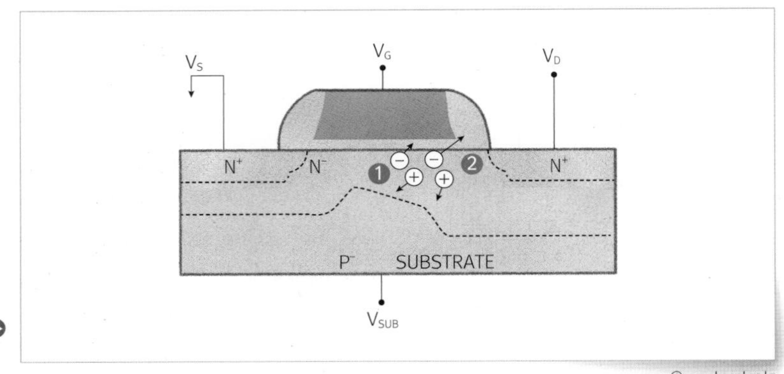

그림 5-10 Lightly Doped Drain

©www.hanol.co.kr

Doping 농도를 감소시켜 형성하는 기술을 LDD라 하고, 일반적인 이온주입 조건은 수 keV의 에너지로 1E13 ~ 1E15$_{ion/cm2}$의 이온주입 양으로 형성된다. Tech가 발전되면서 Channel이 짧아지고, 조절이 되지 않는 확산 등의 이유로 누설전류와 같은 전기적인 특성의 열화가 발생하게 된다. 이러한 전기적인 특성을 개선하기 위해 비정질층 형성, 원소들의 확산 방지, 이온화 효율 증대, 소자 특성 개선을 위한 다양한 이온주입공정이 적용되고 있으며, CMOS에서 사용되는 주요 Application은 〈그림 5-11〉과 같다.

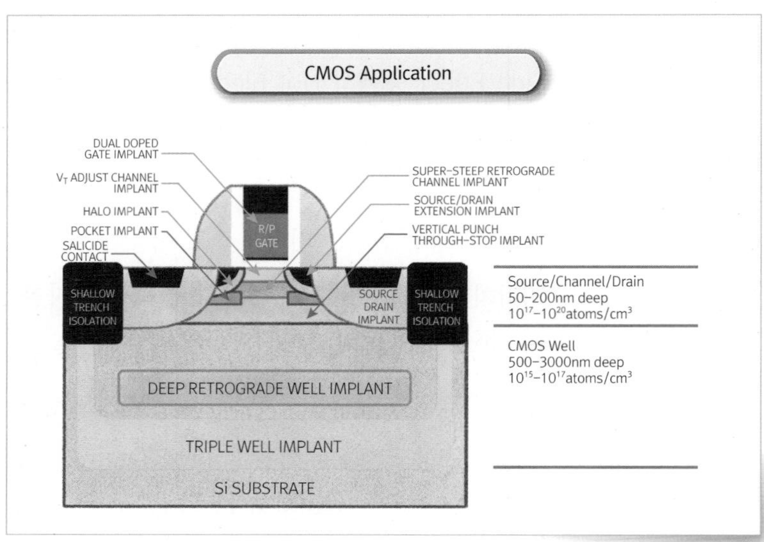

그림 5-11 CMOS 구조에서 다양한 이온주입 적용 사례

©www.hanol.co.kr

03 Ion Implantation 구성과 Hardware

이제부터는 이온주입의 실질적인 모습을 소개하고자 한다. EUV로 대표되는 Photo공정 장비를 제외하고 단일 장비가격으로는 가장 비싼 이온주입기는 매우 복잡한 구조로 되어 있다. 기본적으로 이온주입은 주입하고자 하는 Gas를 선택하고 열전자를 이용하여 이온화하고 이온화하고 일정량의 Energy를 인가하기 위한 Hardware로 구성된다.

Gas 구성

우선, 이온주입을 위한 Gas에 대해서 간단하게 소개한다. 〈그림 5-12〉는 일반적인 주기율표의 구성에서 반도체 제조공정에서 주로 사용되는 원소를 나타내었다. 이론적으로 이온주입은 지구상의 모든 원소와 분자에 대해서 이온주입이 가능하다. 물론 이온화와 가속화에서 발생할 수 있는 효율의 문제로 몇몇 이온에 대해서만 선택적으로 이온주입을 실시한다. 특히, 다음 주기율표에서 표시된 바와 같이

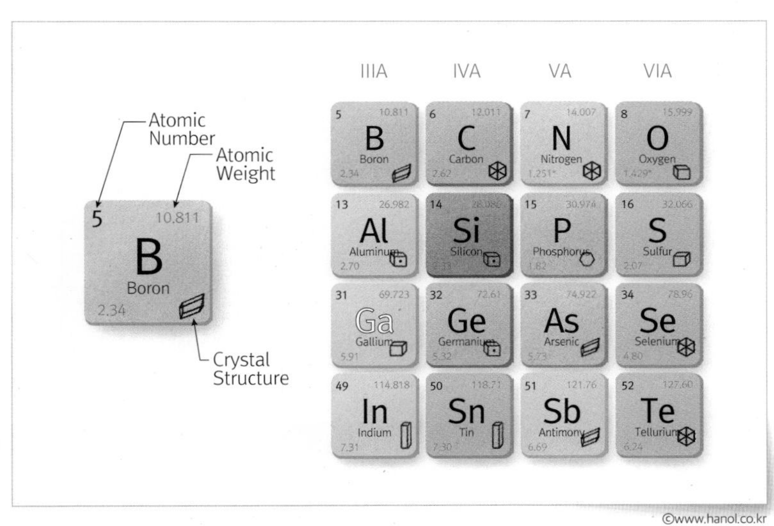

그림 5-12 반도체 공정에서 적용되는 이온과 주기율표 구성

현재 반도체 제조공정에서는 초기에 3족/5족 원소를 주로 이온주입 하였다. P-type 이온주입을 위해서는 원자번호 5번 3족 이온 Boron 질량이 10.811로 주로 '11 Boron'으로 지칭을 주로 사용하며, N-type 이온주입을 위해서는 원자번호 15번 5족 Phosphorus질량이 30.974로 주로 '31 Phosphorus'로 지칭를 사용한다.

일반적으로 알려진 바와 같이 원자번호 5번 3족 이온인 Boron은 〈그림 5-13〉에서 볼 수 있는 바와 같이 최외각 전자가 3개로 구성되어 있다. 그러나 지구상에서 존재하는 Boron은 질량으로 10 Boron과 11 Boron으로 존재하고 있다. Boron을 이온화하여 Boron 이온으로 활성화시킨 후, 10 Boron과 11 Boron 중에서 구성 비율이 높은 11 Boron만을 선택하는 단계를 진행하게 된다. 그리고 그림에서 볼 수 있는 바와 같이, 5가의 Boron은 Energy Level이 상당히 높아 이온화가 그만큼 어렵다. 이온화에 따른 순도는 높으나 이온화율이 낮은 이유로 반도체 공정에서는 다른 Source Gas로 3족 이온의 이온주입 공정이 대체되고 있다.
현재 11 Boron을 대체하는 Source Gas로는 68 BF_3 분자를 적용하고 있다. 〈그림 5-14〉에서 볼 수 있는 바와 같이, 68 BF_3 분자를 이온

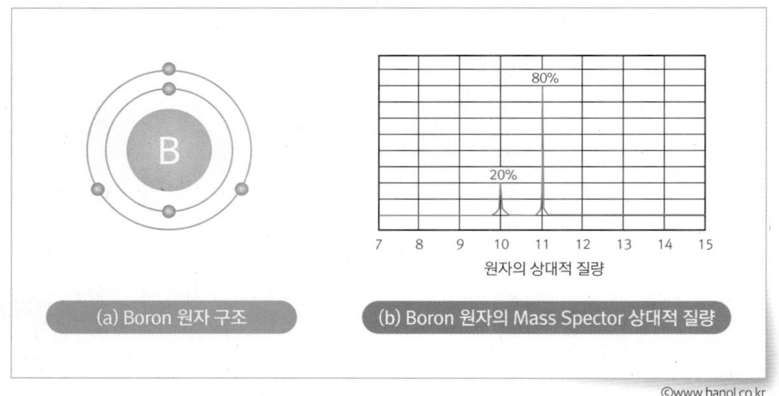

그림 5-13 Boron의 원자 구조와 Boron 원소 구성

©www.hanol.co.kr

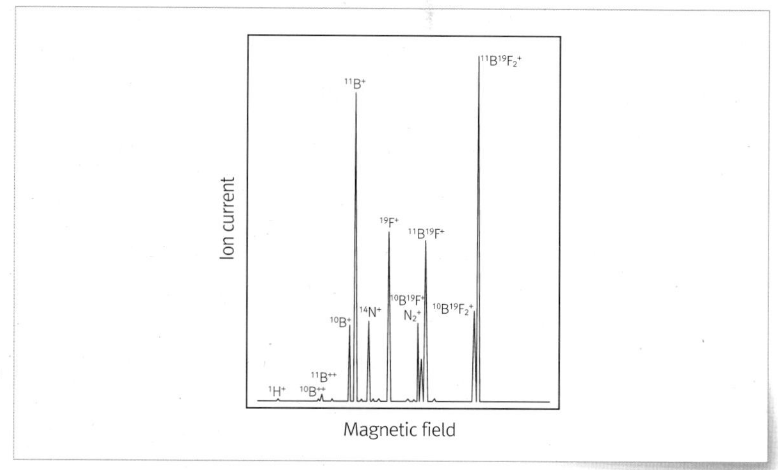

그림 5-14 BF3 Gas를 이용한 Ionization 후의 Mass Spectrum 구성

화하면 극미량의 1 Hydrogen부터 68 BF_3 이온까지 얻을 수 있다. 68 BF_3 Gas에서 이온화율이 가장 높은 49 BF_2를 11 Boron 이온주입할 영역에 대체로 주입하기도 한다. 이때 11 Boron과 동시에 분자 형태로 이온주입된 19 Fluorine은 불활성 Gas로 Silicon의 전기적인 특성을 나타내는 데는 역할을 하지 않는다. 또한 그림에서와 같이 11 Boron 이온도 얻을 수 있어서, 반도체 공정에서 3가 P-type Source의 이온주입에는 68 BF_3 분자를 주로 사용하고 있다.

또한, N-type Dopant 31 Phosphorus는 이온주입 후 진행하게 되는 고온의 증착공정이나 열처리공정에 의해 Random한 방향으로 원자 이동이 발생하게 된다. 이러한 확산을 통한 원자 이동은 반도체 제조 공정에서 원하지 않는 누설전류의 발생, 신뢰성 열화와 같은 Side Effect를 유발하게 되어, 최근에는 31 Phosphorus보다 질량이 2.5배 가량 큰 75 Arsenic을 적용하고 있다.

이처럼, 반도체 공정 초기에는 많이 적용되었던 68 BF_3와 75 Arsenic도 또 다른 문제를 발생하게 됨에 따라, 현재 다른 대체 Gas 또는 11 Boron과 31 Phosphorus의 Gas로 원복되고 있기도 하다.

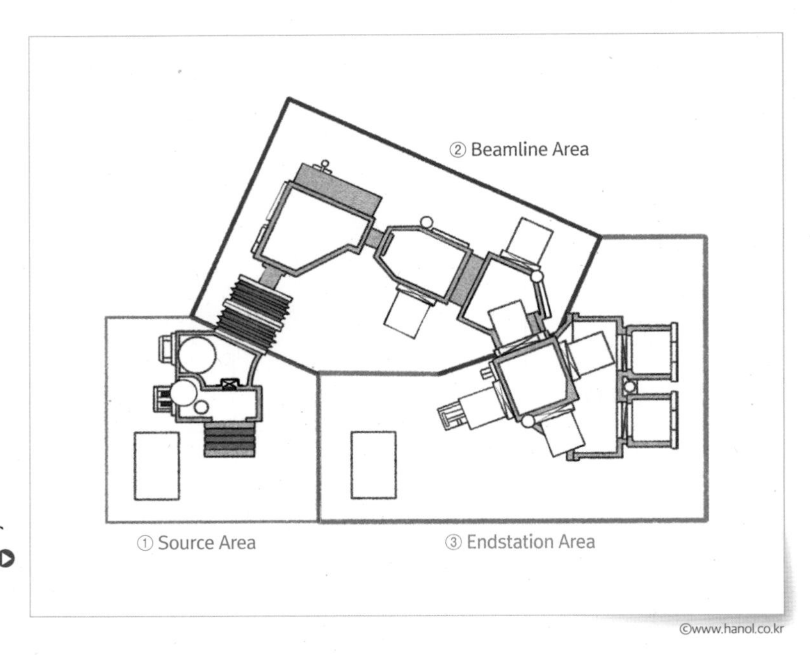

그림 5-15 Ion Implanter Basic Schematics

HW 기본 구성

이온주입공정을 구성하는 Gas를 확인하였으니, 이제 본격적으로 Gas를 이온화하고 원하는 깊이만큼의 이온주입을 위해 에너지를 인가하는 Hardware를 확인하도록 하자.

〈그림 5-15〉에서와 같이, 이온주입을 위한 이온주입기의 Hardware 구성은 크게 Gas를 이온화하는 Source Area, 이온화된 Gas를 가속화 시키기 위한 Beamline Area, 그리고 이온주입이 진행되는 End-station Area로 구성된다.

Source Area의 구성과 Ionization

〈그림 5-16〉에서와 같이 Source Area는 기본적으로 Source Gas와 충돌하기 위한 열전자Hot Electron를 발생하는 Filament, 발생된 열전자의 충돌 확률을 높이기 위해 나선형의 운동을 만드는 Source Filament Magnet, 그리고 자유전자Free Electron을 Filament로부터 Arc

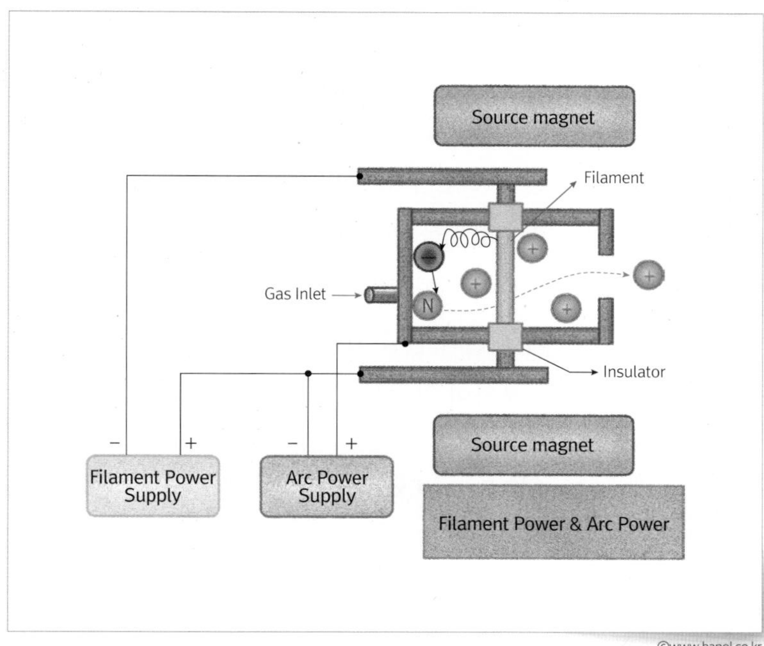

그림 5-16 Ion Implanter Source Area Schematics

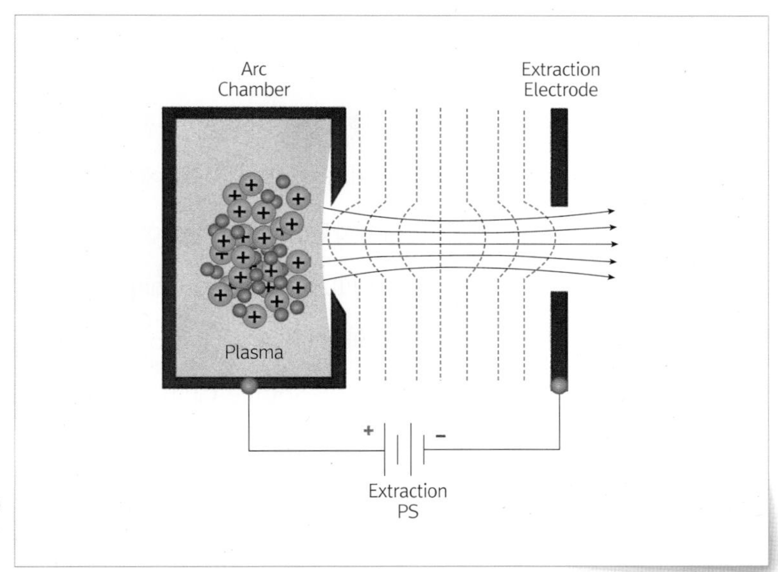

그림 5-17 Source Area Ion Beam Extraction Schematics

Chamber로 움직이는 Potential을 인가하는 Arc로 구성된다.

이온화가 되는 과정을 순차적으로 설명하면, Gas 이온화가 발생할

Chamber 영역은 불순물을 제거하기 위해 10^{-6}Torr 이상의 고진공을 유지하게 된다. 원하는 Gas를 Source에 넣고, Filament에 Bias를 인가하여 열전자Primary Free Electron를 얻는다. 그리고 이렇게 얻어진 전자를 Arc 전압을 이용하여 Source Wall 쪽으로 이동을 시키기 위한 Potential을 인가한다. 이때, 주입된 Gas Potential을 갖는 전자가 충돌하여 이차 전자를 발생하면서 Gas는 이온화가 된다. 이때, 열전자가 이온과 만날 확률을 높이기 위하여 Source Filament Magnet을 이용하여 열전자가 회전 운동을 하게 한다.

Beam Extraction

열전자에 의해서 이온화된 이온들은 Extraction Power Supply를 이용하여 Extraction Voltage에 30~40KeV의 전압을 인가하고 Terminal Ground로 되어 있는 Suppression Electrode 방향으로 이온 Flux를 강제적으로 이동시킨다.
이때, Suppression Electrode는 Ground Electrode 주위에 있는 이온과 Beam에 의한 발생하게 되는 전자들이 Arc Chamber로 되돌아 가는 것을 방지한다. 즉, Source에서 강제로 Extraction Voltage를 인가하여 이온화된 이온을 실리콘 기판까지 이동시키기 위한 첫 공정이다. 이 Ion Flux는 Source Chapter에서 설명한 바와 같이 68 BF_3 분자를 이온화할 경우, 1 Hydrogen부터 68 BF_3 이온까지 다양한 형태로 이온화되어 Source Chamber에서 나오게 된다.

AMUAnalyzer Magnet Unit

Extraction을 통과한 많은 종류의 이온들 중에서 각각의 공정에 필요한 이온들을 선별한다. 〈그림 5-18〉은 이온들을 선별하기 위한 AMUAnalyzer Magnet Unit의 모식도이다. Source Chamber를 통과한 Beam Flux는 양이온의 전하를 띠게 되고 이 Beam Flux에 자기장을 걸어

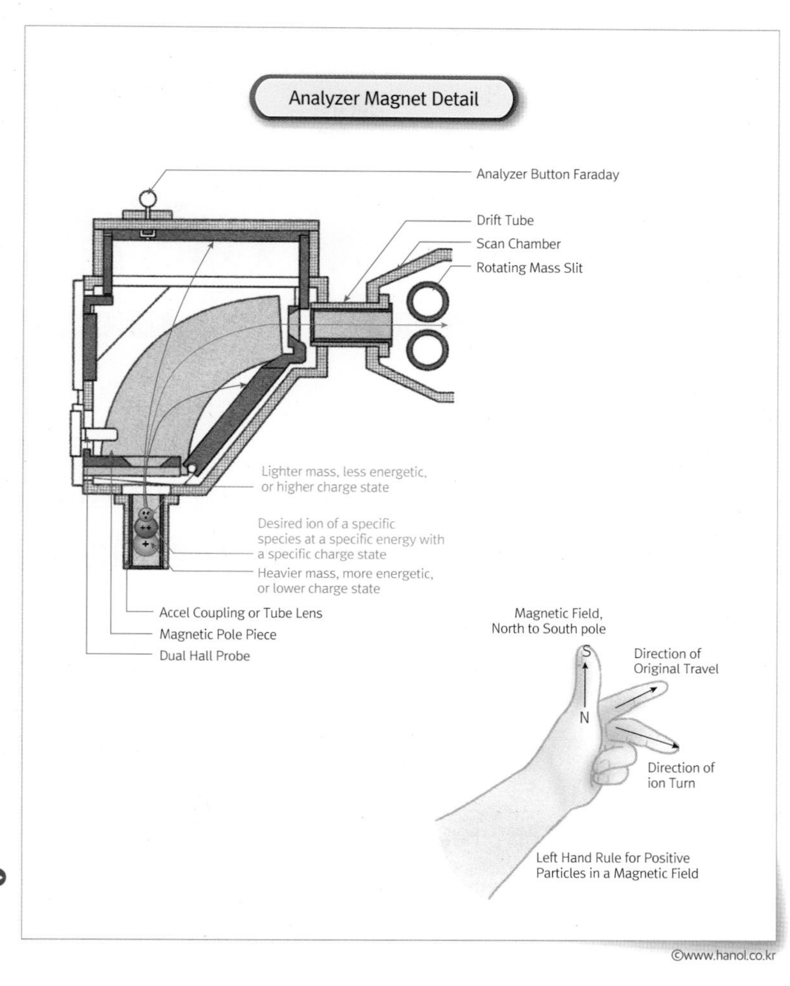

©www.hanol.co.kr

그림 5-18 AMU(Analyzer Mass Unit)의 Schematics

*플뢰밍의 왼손 법칙
전자기장 내부에서 전류가 흐르는 방향과 자기장이 흐르는 방향이 주어지면 전류가 흐르는 방향을 알 수 있다는 법칙으로 왼손의 엄지, 검지, 중지를 각각 직각으로 만들고 검지를 자기장 방향, 중지를 전류의 방향으로 향하면 엄지의 자기장의 크기로 전류(Beam)를 선택하게 된다.

자기장에 의해 느끼는 양이온의 질량 차이에 따른 Beam Flux 분리를 이용한다. 즉, 내가 원하는 질량에 따른 이온을 선택적으로 자기장을 조절하여 얻게 된다. 선택된 자기장보다 무거운 질량을 갖는 이온은 아래로, 가벼운 질량을 갖는 이온은 위로 보내지게 된다. 이는 플뢰밍의 왼손 법칙*을 이용한 것이다.

Beam Current Focusing

AMU를 통과한 각각의 이온들은 일부는 서로 같은 양이온으로 하전

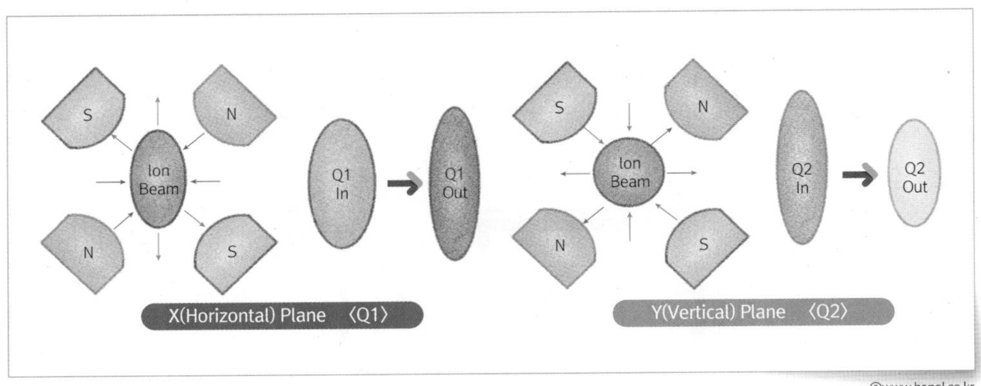

그림 5-19 Quadruple Lens Schematics

되어 있어 상호 충돌이 발생하게 되어 Extraction을 통해 인가된 Energy를 잃게 된다. 이러한 이온의 손실은 이온주입의 효율적인 손실뿐만 아니라 Particle성 Defect 발생의 원인이 되기도 한다. 또한, 이온화된 매우 작은 이온들은 Source부터 End Station까지 전체적으로 긴 Beam Path를 이동하게 된다. 이러한 이유로 Beam Passing 효율은 매우 중요한 변수가 된다.

이러한 Beam Loss를 줄이기 위해서 양이온 각각의 충돌을 방지하고, 개별적으로 인가된 Extraction 전압을 보존해야 한다. Beam Loss는 Beam Flux 상호간의 Beam Current 흐름 내에서 방향 차이에 의한 충돌 가능성을 줄여야 한다. 이러한 목적으로 이온들 간의 충돌을 최소화하기 위해 Ion Beam Flux를 Dense 하게 모아 주기 위한 Aperture를 사용한다.

〈그림 5-19〉는 Quadruple Magnet의 모식도이다. 그림에서 보는 바와 같이 Quadruple Magnet은 두 쌍의 N, S극을 갖는 Magnet으로 X축, Y축 방향으로 압축할 수 있도록 구성되어 있다. 각각의 축 방향에서 "+" charge로 하전된 Ion Beam Flux가 Quadruple을 통과할 때, N극의 magnet에 의해 Dense하게 된다.

Space Charge Neutralization

Quadruple을 통과한 Beam Flux는 Endstation까지의 상당한 거리를 지나게 됨에 따라 〈그림 5-20 (a)〉의 같이 + Charge로 하전된 이온들끼리 서로 간에 척력을 미치게 되어 Beam 폭이 증가하는 Beam Blow-up 현상이 발생하게 된다. 이미 Quadruple을 설치하여 다시 Dense하게 만들어준다 하더라도 이온주입을 위한 기판까지 전달되면서 +로 하전된 Beam은 지속적으로 Beam Current Drop이 발생하게 된다.

이러한 양이온 Repulsion에 의한 Beam Loss를 방지하기 위해 Space Charge Neutralizer를 이용하여 Beam Current에 일정량의 전자를 같이 흘려보낸다. 양이온 간의 Repulsion을 전자의 추가에 따라 Attraction이 발생해서 Beam Loss를 방지한다.

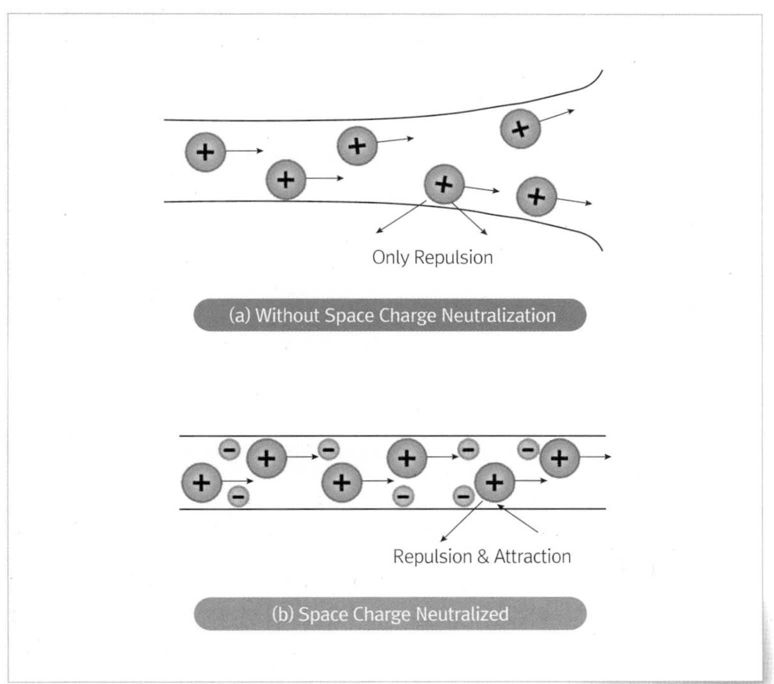

그림 5-20 Beam Loss 방지

End station Unit

이제 Beam Line을 통과한 Ion Flux는 〈그림 5-21〉과 같은 End Station에 도달한다. 기본적으로 End station은 Dense 하게 이동된 Beam Flux를 나눠주는 Deflection과 나눠진 Deflected Beam을 마지막 Wafer까지 이동하기 위한 Module로 나눠고, Source단에서 보내진 Beam이 정확하게 도착하고 Doping이 진행되는지를 판단하기 위한 Faraday Cup으로 이온주입되는 양을 확인하게 된다.

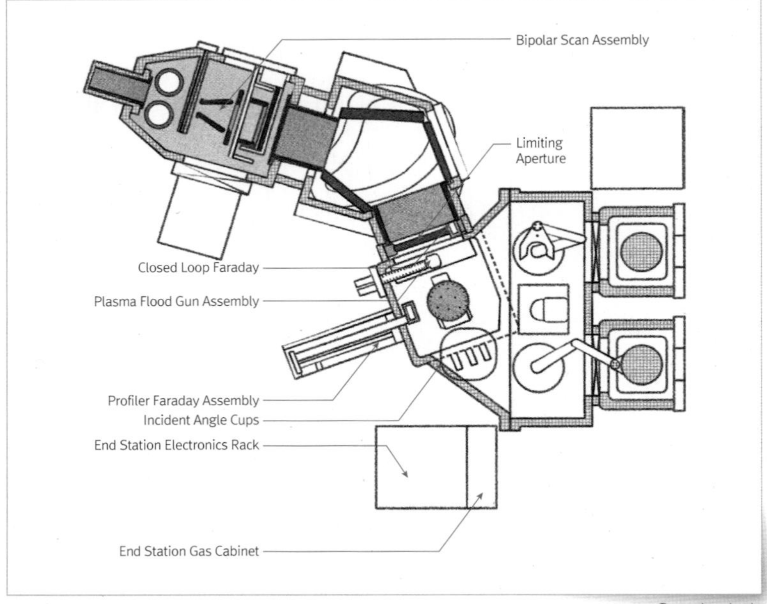

©www.hanol.co.kr

그림 5-21 End station Schematics

Deflector

앞 단락에서 간단하게 설명한 바와 같이, Beam Line을 지나온 Dense한 Beam Flux는 일반적으로 Deflector를 통해서 Wafer 전면에 균일하게 Doping되도록 Beam을 분산시켜 준다. 이온의 충돌에 의한 Loss를 방지하기 위해 Dense하게 모아서 이동시킨 Beam은 Deflector에서 Ground Potential과 Electrostatic Potential을 이용하여 Electrostatic scanning을 이용한다. 그러나 분산된 Beam은 〈그림 5-22〉에서 볼 수 있는 바와 Beam의 방향이 분산된 Point에서부터 다양하게 나뉘어져 Wafer에 수직으로 인가될 수는 없다.

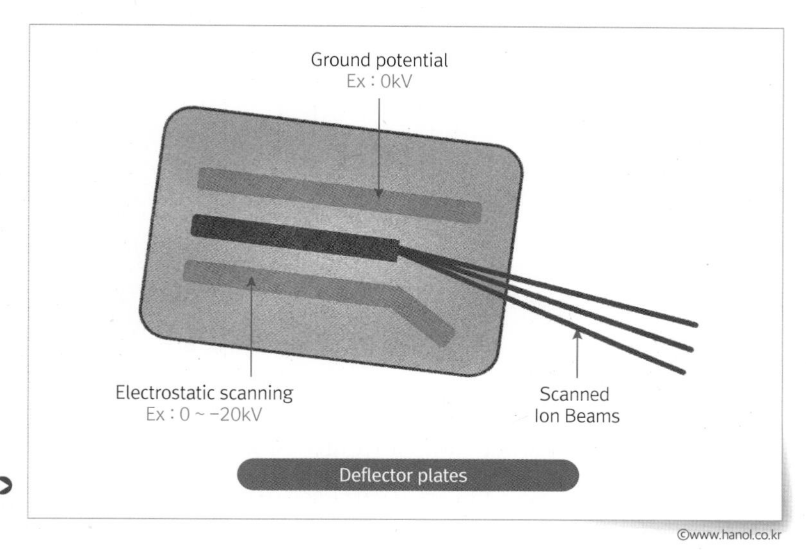

©www.hanol.co.kr

그림 5-22 Deflector Schematics

Deflected Beam Parallelism

이제 일정량의 Width를 갖게 된 Beam Flux를 Wafer에 수직방향으로 Beam을 인가하기 위하여 〈그림 5-23〉에서와 같이 Magnetic field를 이용하여 앞장에서 설명된 AMU와 유사하게 Coil Current

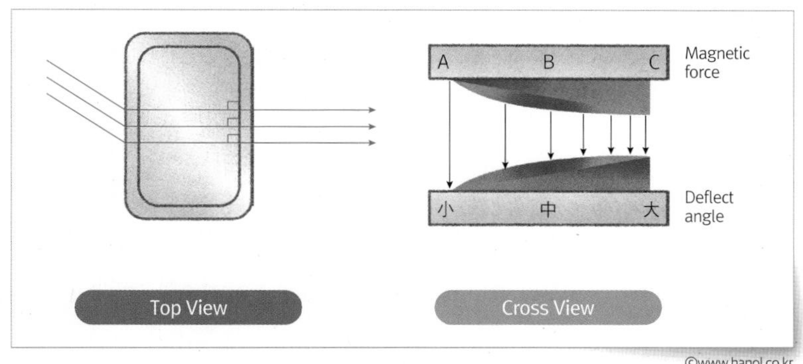

©www.hanol.co.kr

그림 5-23 Beam Parallelism

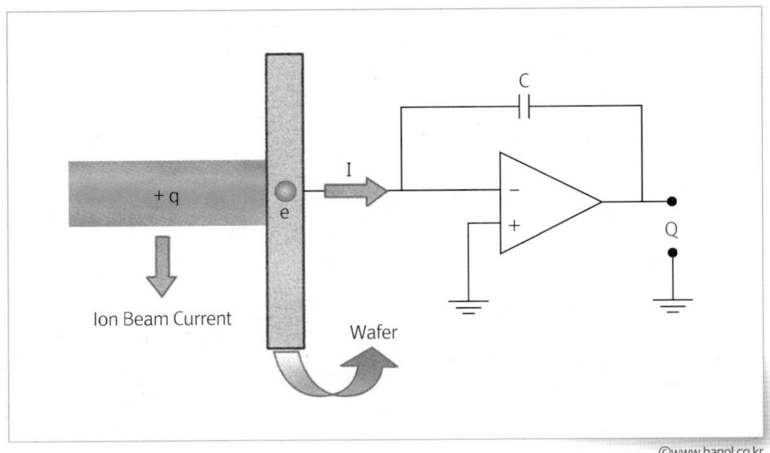

그림 5-24
Faraday Cup Schematics

를 조절하여 Beam Current의 방향을 조절한다. 또한 Magnetic field는 Coil Current에 의해 조절되며, Ion Beam의 Mass에 의해 Magnet Coil Current는 자동으로 변하게 된다.

Beam Flux를 유지할 수 있는가가 이온주입의 정확성을 결정할 수 있다. 결국 이온주입을 조절할 수 있는 변수로 일정 Beam Flux의 면적을 Loss 없이 조절할 수 있는가가 또 다른 이온주입의 정확성을 의미한다.

Faraday Cup

이온주입된 양을 단위시간, 단위면적을 통해 주입되는 Beam Flux로 계산할 수 있다. 이온 하나하나의 개수를 counting 할 수 있다는 표현으로 이온주입 기술의 정확도를 표현할 수도 있다.

$$Q = \int_0^t F/dt = \int_0^t (I/nqA)dt$$ < t : 이온주입 시간>

Ion Implanter에서는 3개의 Faraday Cup을 구성하고 있다. Analyzer magnet을 지나면서 Source를 통과하는 양을 Monitoring 하는 Set-up cup, Wafer에 Implanting 하기 전에 Beam의 위치에 따

른 Uniformity를 측정하는 Target Cup, Target chamber의 Top Cover Plate에 위치하여 이온주입하는 실시간의 양을 측정하는 Focus Cup의 3가지 Faraday Cup을 구성된다.

〈그림 5-25〉는 현재 사용 중인 Medium Current Implanter의 Faraday Cup의 위치에 대한 모식도이다. 위의 설명에서 Pattern Wafer에 주입되는 Real Dose를 Monitoring 하기 위해 CLF(Close Loop Faraday) Cup을 추가로 적용하여 사용하고 있다.

이온주입의 정확성에 대해서 한마디로 표현하면 '이온주입되는 이온 하나하나를 이온주입이 진행되는 동안 On-time으로 셀 수 있는 공정'이라는 표현으로 정확성을 나타낼 수 있을 것이다.

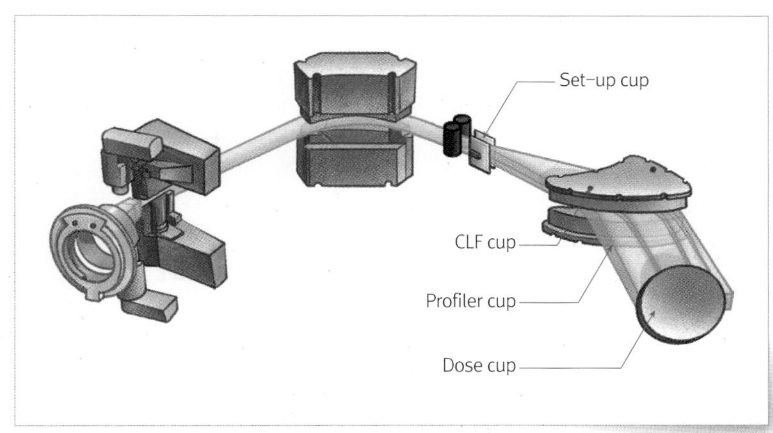

그림 5-25 Real Faraday Cup Schematics in Medium Current Implanter

04 Ion Implantation Physics

이온주입공정에서는 반도체 제조를 위해 적용되는 다른 공정에서는 알 수 없는 현상이 발생하게 된다. 이를 이온주입 Physics라는 개념으로 알아보도록 하자.

Scattering 현상

높은 에너지로 하전된 이온들이 실리콘 격자 또는 하전된 이온들끼리 충돌하여 흩어지는 현상이 발생하게 된다. 이러한 현상은 Energy 보존의 법칙으로 설명할 수 있으며, 이를 이온 scattering이라 한다. 좀 더 정확한 표현으로 탄성 산란 효과Elastic Scattering로 규정할 수 있다.

이온주입에서는 이온화된 이온들과 실리콘의 Scattering이 발생하면서 동시에 실리콘의 최외각 전자가 실리콘에서 분리되기도 하고, 분리된 전자에 의해서 또 다른 이온주입된 이온이나 실리콘에서 2차 전자가 발생하기도 한다. 탄성 충돌의 가장 기본적인 개념을 알고 있다면 어렵지 않게 이해할 수 있을 것이다.

하전된 에너지가 사라져야 더 이상 이온이 움직이지 않는데, 즉 하전된 에너지를 어떻게 제거할 수 있을까를 다음 Chapter에서 확인하도록 하자.

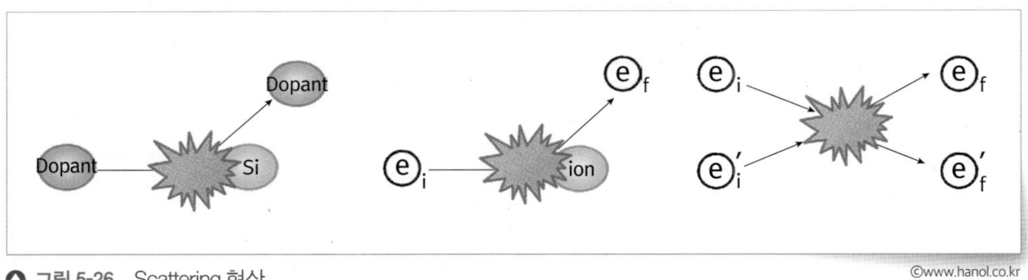

그림 5-26 Scattering 현상

©www.hanol.co.kr

Stopping Mechanism

이온주입공정은 Ion과 실리콘 Substrate로 대표되는 Solid의 Interaction으로 이해할 수 있다. 주입된 이온이 Target 물질Wafer 내의 실리콘 원자와 충돌하여 자신의 에너지를 잃는 과정이다. 이러한 Energy Loss 과정은 Electron Energy Loss와 Nuclear Energy Loss에 의한

Combination Energy Loss에 의해 진행된다는 이론이 지배적이다.

Electronic Energy Loss는 이온과 목표물 원자 주위의 전자들과의 비탄성 충돌에 의한 에너지 감소에 의한 결과로 원자들은 여기 상태Excited State 또는 이온화 상태Ionized State가 된다. Nuclear Energy Loss는 Target 물질Wafer 원자와 이온 간의 탄성 충돌이며, Target 물질의 물리적 손상Damage의 주된 요인으로 작용한다. 이때 이동하는 원자와 목표물 원자 간의 충돌 확률은 서로의 반지름 이내에 존재해야 하는데, 이 충돌 확률은 이온주입 에너지의 제곱에 반비례한다고 한다.

그러므로 각 이온 종류에 따라 일정한 에너지 이상으로 이온의 에너지가 크면 충돌 확률은 급격히 감소하게 되며, 이에 따라 격자 결함을 유도하는 Nuclear Energy Loss는 감소하게 된다.

그럼 실제 DRAM 제조공정 중 하나인 Deep N-well Implant 조건인 31P 1MeV1000keV 이온주입의 경우를 생각해 보면, 1000keV로 이온주입된 31P는 실리콘 기판의 Si 격자와 부딪치면서 에너지를 잃어

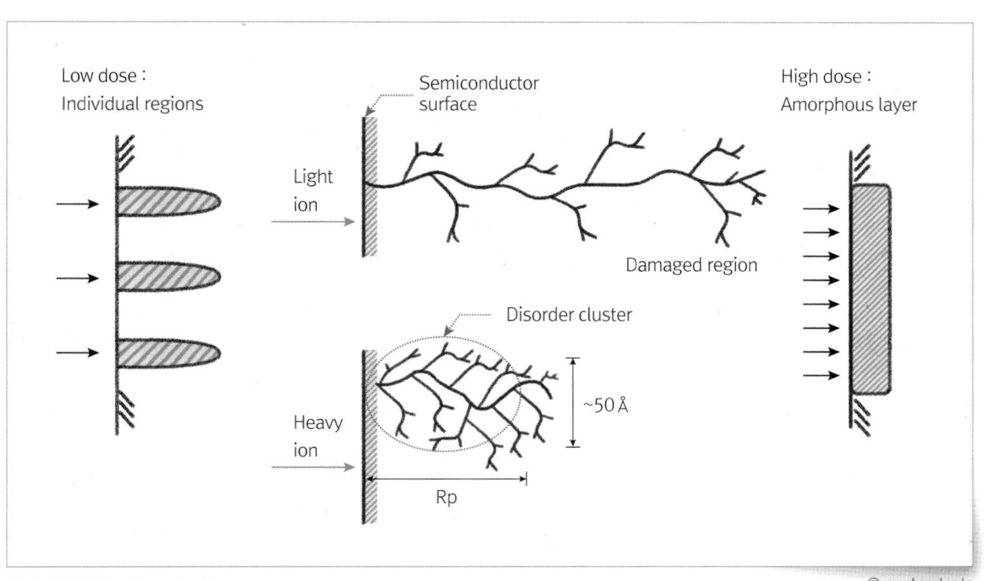

그림 5-27 Stopping Energy

버리게 된다. 처음 실리콘과 만나서 에너지를 잃어버리는게 아니라, 〈그림 5-28〉에서와 같이, 초기의 Energy Loss는 Electronic Stopping에 의해 Energy가 Loss되기 때문에 이때는 주로 격자들을 이온화$_{\text{Ionized State}}$시키거나 여기$_{\text{Excited State}}$시키면서 실리콘 깊이 방향으로 들어가게 된다. 그리고 에너지가 줄어 130keV 영역에서 Nuclear Energy Loss가 우세해지기 시작한다. 이때부터는 실제로 Si 격자들과 충돌하며 이온은 Stopping 을 하면서, 이온주입의 대상이 되는 실리콘에 Damage를 준다.

이렇게 Electron Energy Loss에서 Nuclear Energy Loss로 전환되는 에너지가 Dopant별로 차이가 나는데, As은 700keV, P는 130keV, B는 10keV 정도로 알려져 있다. 쉽게 이야기하면, Mass가 큰 75As이 실리콘에 Nuclear Stopping에 의한 가장 큰 Damage를 주고, 31P, 11B 이온 순으로 Mass가 작아질수록 Implant Damage는 줄어든다.

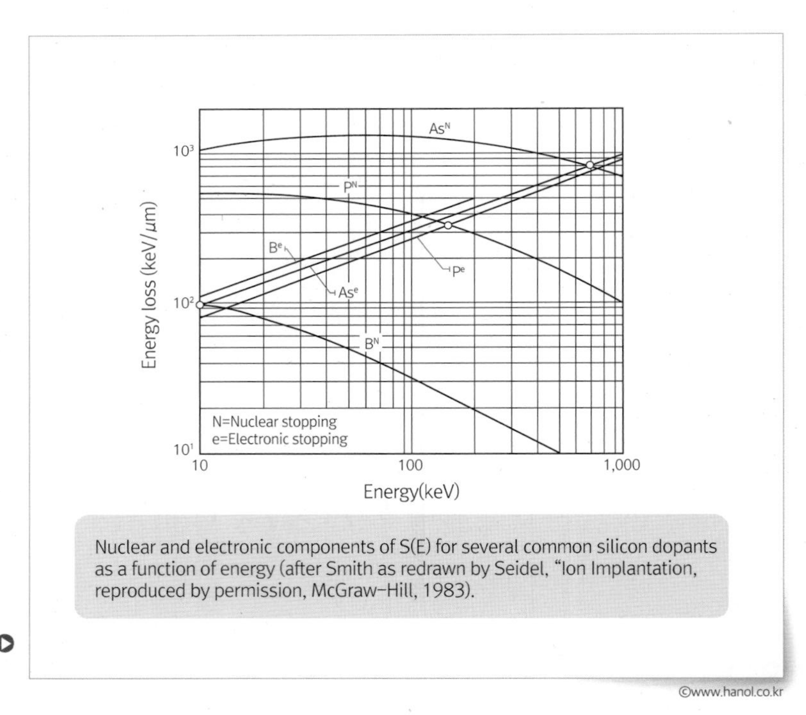

Nuclear and electronic components of S(E) for several common silicon dopants as a function of energy (after Smith as redrawn by Seidel, "Ion Implantation, reproduced by permission, McGraw-Hill, 1983).

그림 5-28
Energy Loss Trend

또한, 주입량이 많아도 실리콘 격자 손상은 누적되어 Damage는 증가하게 된다. 이온주입 시, 결정질Crystal 형태의 실리콘이 임계 이상 주입되면 결정의 결정성이 파괴되고 비정질화Amorphization된다.

Ion Projection Range

하전된 Energy의 Loss를 통한 이온 Stopping은 〈그림 5-29〉에서 보는 바와 같이, 평균적으로 물질에 주입된 이온들의 다수가 정지하는 Profile을 형성하고 이를 표면으로부터 수직방향으로 평균 투사 범위라 정의하며, Rpprojected range라 한다. 또한, 이온주입된 이온의 분포는 거의 Gaussian 분포를 갖는데, 이때 표준편차에 해당하는 거리를 ΔRpprojected straggle라 한다. 만약에 이온주입되는 대상이 비정질의 균일한 Target이라면, 다음 그림에서와 같이 대칭형에 가까운 Gaussian 분포를 갖게 된다.

목표물에 주입된 이온 분포 형태는 주입 에너지와 이온 종류, 목표물의 종류 및 구조, 이온 주입량dose, 주입 각도 등에 의해 Rp의 깊이와 ΔRp의 폭이 변하게 된다. 에너지가 클수록, 질량이 작을수록 깊이 주입된다.

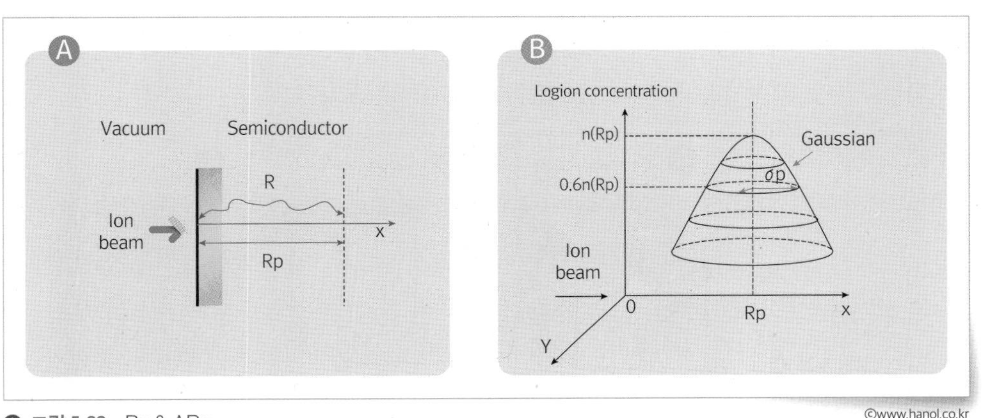

그림 5-29 Rp & ΔRp

Channeling Effect

〈그림 5-30〉은 일반적으로 알려진 반도체 제조공정에서 사용하고 있는 실리콘의 구조이다. 실리콘은 기본적으로 공유결합을 하는 Diamond 형태의 Cubic 구조로 되어 있다. 그래서 실리콘 기판을 수직 방향으로 보게 될 경우, 〈그림 5-30〉의 Ⓒ와 같이 기판의 위와 아래가 터널 형식으로 된다.

단결정에서의 이온 분포는 비정질에서와는 다르다. 이는 단결정의 원자들이 규칙적인 배열을 갖기 때문에 실리콘 결정 방향에 따라 원자가 없는 빈 공간으로 들어간다면 이온 농도 분포가 Channeling 현상을 유발하게 된다. 이러한 Channeling은 크기가 작은 원자일수록 심하다. Mass가 작은 이온일수록 격자 구조의 실리콘에 충돌할 수 있는 확률이 감소하고 실리콘 깊이 방향으로의 주입이 증가하게 된다.

〈그림 5-31〉은 반도체 제조공정에서 고에너지 이온주입기를 이용하여 300KeV의 Energy로 11 Boron을 Channeling이 발생하기 쉽게 Zero Tilt로 이온주입한 경우와 인위적으로 Tilt를 적용하여 Channeling이 발생하지 않도록 조절한 실제 Doping Profile을 SIMS 분석을 통해서 얻은 자료이다. 동일 에너지, 동일 이온을 갖고도 Channeling 유무에 따라 Doping 양상이 다름을 알 수 있다.

〈그림 5-31〉의 Ⓐ와 같이 Wafer 내부에 불균일한 이온 분포는 전기적

그림 5-30 ▶
SILICON 격자 모형

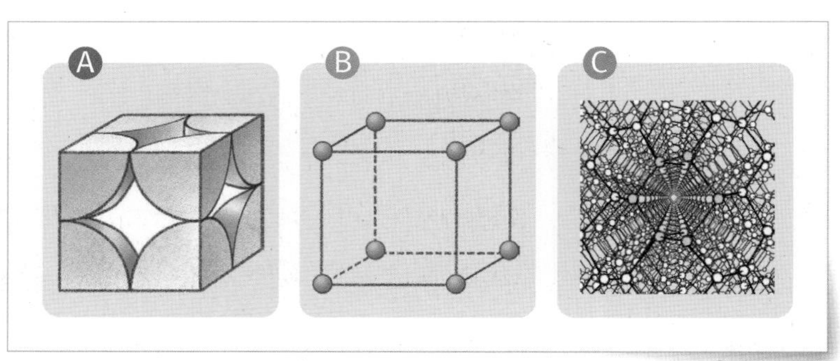

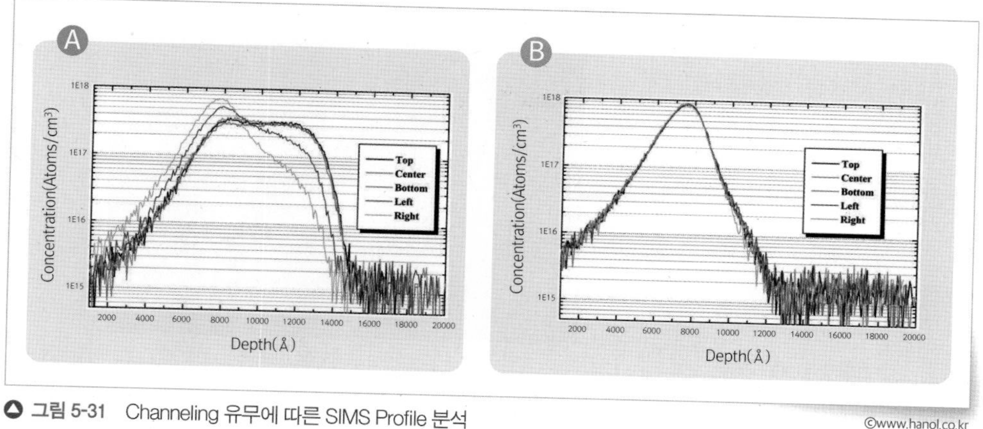

그림 5-31 Channeling 유무에 따른 SIMS Profile 분석

©www.hanol.co.kr

인 특성 차이를 유발하게 된다. 이에 균일한 Rp와 ΔRp를 확보하기 위해, 즉 Dopant Channeling 현상을 피하기 위해 〈그림 5-32〉에서와 같이 이온주입 시 이온주입하는 Beam Flux와 Wafer의 수직 입사를 Tilt & Twist Angle로 조절하기도 한다. Tilt는 이온주입되는 Beam Flux의 수직방향을 조절하는 것이고, Twist는 실리콘 기판을 회전하는 것이다. Tilt가 Zero, 즉 Beam Flux가 수직으로 입사될 경우에는 Twist의 효과가 미비하나, Tilt가 인가된 조건에서 Twist는 이온의 Channeling을 억제하는 데 효과적인 방법이 된다.

〈그림 5-33〉은 Tilt/Twist를 이용한 방법 중, Tilt 변화에 따른 Chan-

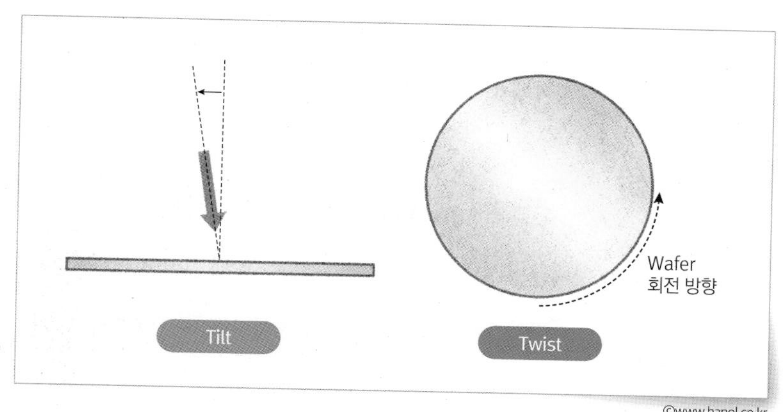

그림 5-32 Tilt & Twist 모식도

©www.hanol.co.kr

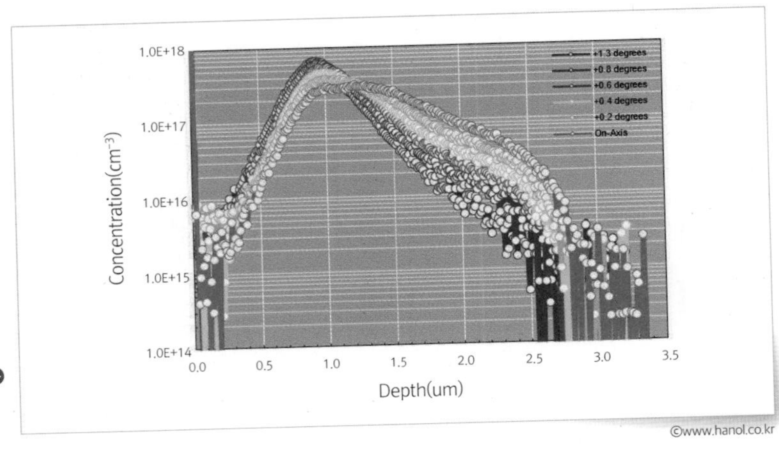

그림 5-33 Tilt 변화에 다른 Doping Profile

neling의 차이를 SIMS 분석을 통해서 보여주는 결과이다. 붉은 색의 Channeling이 다발했던 Profile이 Tilt Angle 증가에 따라 Channeling이 감소하는 것을 확인할 수 있다.

이외 다른 방법으로 이온주입을 진행할 영역에 Channeling을 방지할 수 있게 다른 종류의 희생막을 증착하고, 해당 희생막을 통과하는 Implant를 실시한다.

즉, Silicon 격자와 다른 결정방향을 갖는 구조의 희생막이나 비정질막을 통과하게 함으로써 Channeling 을 조절한다. 그리고, 최근에는 이온주입하고자 하는 이온을 주입하기 전, 다른 이온을 이용하여 이온주입할 영역에 먼저 이온주입을 실시하는 Pre-Amorphization을 실시함으로써 실리콘의 격자구조를 제거하고 원하는 이온을 이온주입하여 이온의 Channeling을 억제하기도 한다.

Shadowing Effect

단순하게 평면 구조에서는 Tilt/Twist를 이용한 Channeling 방지 방법이 매우 효과적이다. 그러나 〈그림 5-34〉 그리고 이미 앞장 Device에서 소개된 것처럼, 이온주입은 평면 구조에서 이온주입되기 보다는

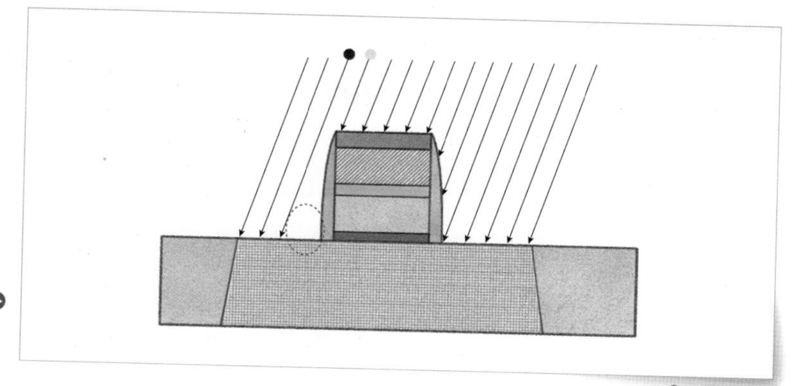

그림 5-34 ▶ Shadowing Schematics

©www.hanol.co.kr

포토레지스크Photo resist나 Gate 등과 같은 입체적인 구조를 갖는 대상을 포함하며 이온주입을 실시하게 된다. 이러한 입체적인 구조는 Tilt 인가로 〈그림 5-34〉의 모식도처럼 이온주입이 되어야 할 영역에 이온주입되지 않거나, 이온주입이 되지 말아야 할 영역에 이온주입이 되는 현상이 발생하게 된다. 이를 Shadow Effect라 하고, 이러한 shadowing 현상은 이온주입하고자 하는 양과 영역에 차이를 유발하여 트랜지스터 특성을 트랜지스터의 특성을 열화시킴으로써 제어되어야 한다.

Damage Engineering

〈그림 5-35〉는 이온주입된 실리콘 기판에 대한 개략적인 모식도이다.

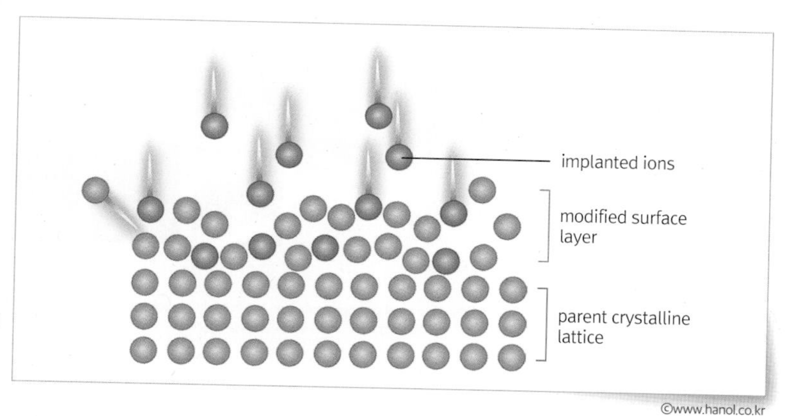

그림 5-35 ▶ Implanted Surface Damage Schematics

©www.hanol.co.kr

기본적으로 가속화된 이온의 Energy Loss에 의해 가속화된 이온의 Stopping을 필요로 하는 기술이다. 즉, 이온주입을 위해 가속화된 이온이 갖고 있는 에너지를 실리콘 기판과 충돌하면서 실리콘 기판의 결합이 깨지는 일종의 Damage를 갖게된다.

이러한 에너지의 변위는 실리콘 웨이퍼의 입장에서 보면 결함Defect으로 생성된다. 〈그림 5-36〉은 실리콘 기판에 300KeV 에너지로 이온주입양을 증가시키며 실리콘의 결함 이동을 비교한 사진이다. 앞에서 설명한 바와 같이 300keV 에너지로 하전된 실리콘 이온이 Electron Energy Loss와 nuclear Energy Loss에 의한 에너지 손실을 통해 가장 빈도가 높은 Stopping Range인 RpProjected Range를 형성하며, 해당 Rp에서 결정질의 실리콘이 비정질로 바뀌며 이온주입되는 양의 증가로 비정질층의 두께는 증가하게 된다.

또한, 〈그림 5-37〉은 일부 Dopant들이 동일한 80keV 에너지에서 이온주입량의 변화에 따른 실리콘의 굴절률을 비교한 그림이다. 그림에서 확인할 수 있는 바와 같이, Mass가 클수록 이온주입 양이 증가할수록 굴절률이 증가하는 것을 확인할 수 있다. 이것은 단위 부피가 큰 이온일수록 균등한 실리콘 격자에 충돌될 수 있는 확률이 증가하

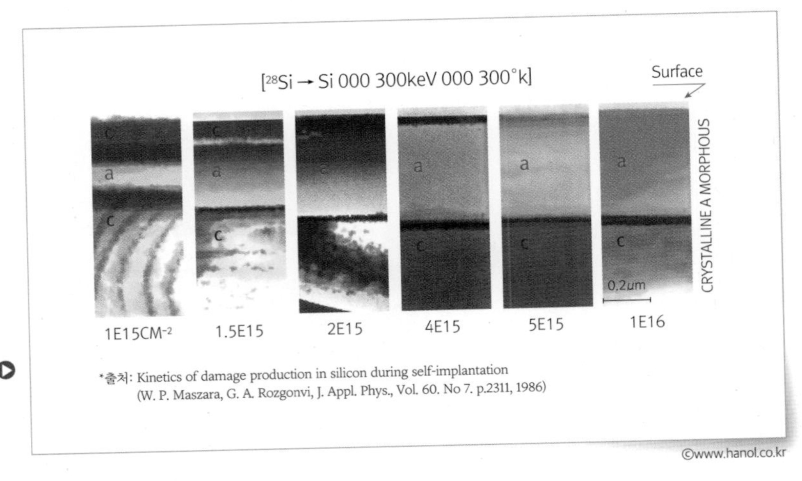

*출처: Kinetics of damage production in silicon during self-implantation (W. P. Maszara, G. A. Rozgonvi, J. Appl. Phys., Vol. 60. No 7. p.2311, 1986)

그림 5-36 Implanted Dose량의 차이에 의한 실리콘 Damage TEM

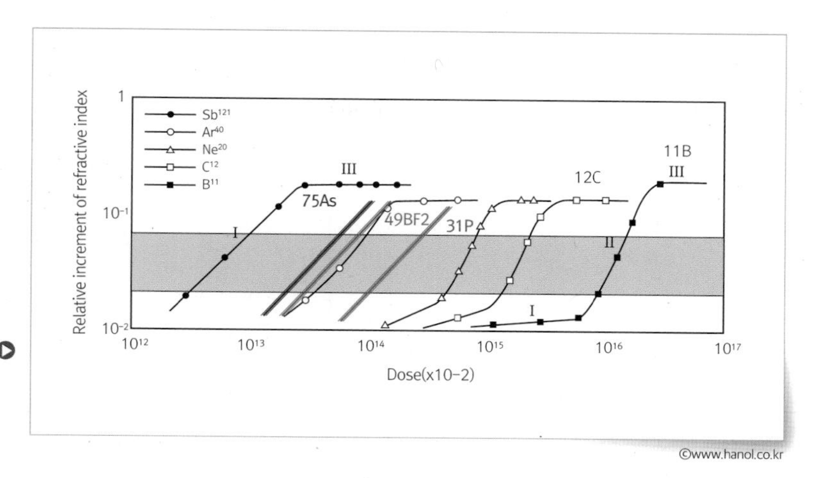

그림 5-37 Implanted Dose량의 차이에 의한 실리콘 Damage TEM

고 electron stopping보다는 nuclear stopping이 우선하여 Damage 발생가능성을 높이는 것을 알 수 있다. 또한 일정량의 이온주입양에 도달하면 더 이상 굴절률이 증가하지 않는 비정질 상태가 만들어졌음을 확인할 수 있다.

Annealing

이온주입된 dopant가 실리콘과 만나서 결합을 형성하기 전까지는 단순한 interstitial일 뿐 전기적인 특성을 얻기 위해서는 실리콘과 결합하여 자유전자를 갖거나 정공을 가져야 한다. 즉, 실리콘 결합을 위해서는 일정량의 열처리공정을 필요로 하게 된다.

〈그림 5-38〉은 150keV 11B 이온주입 후, 후속 열처리 온도에 전기 활성도를 보여준다. 일반적으로 온도에 따른 전기 활성도는 온도가 승온할수록 증가한다. 이온주입 후, 600~1,000℃ 정도의 열처리annealing를 통해 격자의 손상을 회복시켜주고, 비정질화된 영역이 있다면, 이는 SPESolid Phase Epitaxy에 의한 re-growth 형태로 재결정화re-crystallization 된다.

이때, 주입된 dopant들은 열처리를 통해 실리콘 결정의 치환형 자리

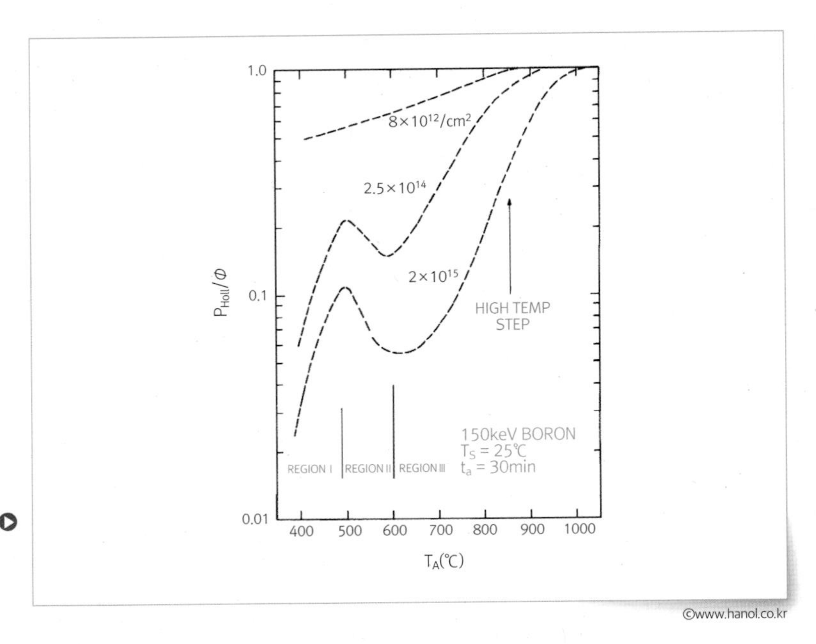

그림 5-38 150keV 이온주입된 Boron의 열처리 온도대역별 활성화 정도

에 위치하게 돼 전기적으로 활성화activation된다. 그리고 이러한 dopant activation 및 damage recovery를 위한 annealing 과정 중 thermal diffusion에 의한 dopant profile broadening 현상이 발생한다. 여기서 특이한 것은 이온주입 dose가 낮은 경우 온도가 올라감에 따라 dopant의 활성화가 잘 이루어지는 반면, dose가 높은 경우 500~800℃ 영역에서 온도가 올라감에도 불구하고 dopant의 활성화 거동이 저하되는 구간이 존재한다. 이를 dopant의 de-activation이라 한다. 이 구간에서는 dopant들이 열처리 시 2차 결함, 예를 들면 dislocation loop 등의 형성이 Si과의 공유결합 형성보다 더 용이하기 때문으로 알려져 있는데, 이런 경우 열공정이 추가되었음에도 불구하고 저항이 증가하는 현상이 생긴다.

RTARapid Thermal Annealing 도입 및 특징

〈그림 5-39〉는 70keV 11B를 이온주입한 후, Batch Type의 Anneal

인 Furnace Anneal을 이용하여 700℃에서 1100℃까지 후속 열처리를 진행한 후 dopant의 거동을 확인하기 위하여 SIMS Profile을 측정한 결과이다.

No annealing의 As-Implanted Profile이 후속 열처리공정의 온도가 증가할수록 Gaussian Profile이 사라지고, 실리콘 내부로 확산Diffusion이 Broad하게 증가하는 것을 확인할 수 있다. 이렇게 원하지 않는 확산TED, Transient Enhanced Diffusion으로 이온주입 초기에 원하던 깊이와 넓이 방향으로의 정확성을 잃게 된다.

이온주입 후, 갖게 되는 Silicon 격자와의 재결정화와 Activation을 위해 후속 열처리는 필수불가결하게 필요하나, 고온의 장시간 열처리를 진행할 경우 이온주입된 도펀트의 Lateral Diffusion을 피할 수 없고, Heater Type의 열원을 이용하는 Furnace Anneal 열처리에서는 승온을 위한 시간이 길고, Activation Ratio를 증가시키기 위해 1000℃의 고온 Anneal을 적용하기 어려웠다.

이에 Halogen Lamp 방식을 적용하여 승온Ramp-Up Rate 온도를 조절할 수 있는 열처리 장비를 이용한 RTARapid Thermal Anneal 또는 RTPRapid Thermal Process 공정을 적용하게 되었다.

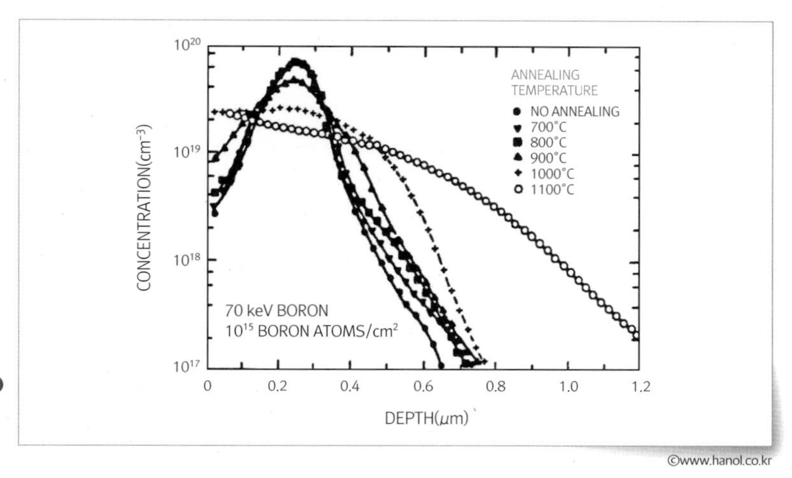

그림 5-39 Furnace Annealing에 의한 Dopant의 거동

©www.hanol.co.kr

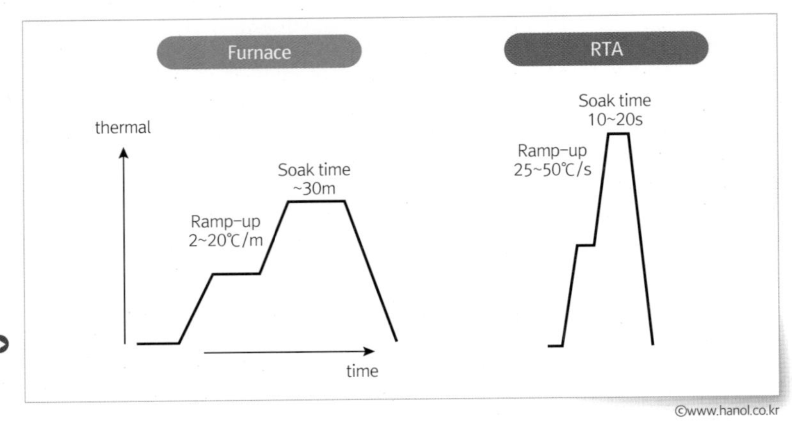

그림 5-40 RTP(Rapid Thermal Process) Schematics

〈그림 5-40〉과 같이 RTA공정은 기존 Furnace공정보다 빠른 승온 Ramp-up Rate 조절을 통해 전체적인 열확산 시간을 단축시킬 수 있다. 그리고, 단축된 열공정 노출시간만큼의 TED에 의한 도펀트의 확산을 줄일 수 있다. 그러나 이온의 활성화가 고온과 공정 진행 시간에 비례하므로 원하는 전기 저항이온의 활성화 정도을 얻기 위해서 Furnace Anneal 대비 고온의 공정으로 진행하게 된다.

이온주입 후의 Monitoring 방법

Faraday Cup을 이용하여 실시간 Dose Counting을 실시하지만, 다음은 Post Implant Monitoring입니다.

크게 SIMSSecondary Ion Mass Spectroscopy, SRPSpreading Resistance Profiling, 4 point probe를 이용한 Rs 측정, Cross Sectional TEM 분석, 그리고, Therma wave 측정 등이 있다.

a. SIMSSecondary Ion Mass Spectroscopy: 일반적으로 많이 사용되는 방법으로 이온주입 직후와 열처리 후의 불순물 농도를 Secondary Ion 검출을 통해서 이온주입된 영역의 농도를 확인하는 방법이다.

b. SRPSpreading Resistance Profiling: 저항을 측정하여 이온주입된 정도를 확인

하는 방법으로 저항 측정을 위해서 SRP 분석은 반드시 후속 열처리 진행을 필요로 한다, 깊이 방향으로 Sweep하며 활성화된 Carrier 농도의 정도를 확인할 수 있다.

c. 4 point probe를 이용한 Rs 측정: 4 Point Probe도 Doping된 영역에 Voltage를 인가하고 전류를 Detecting함으로써 저항을 측정한다. 측정된 저항의 정도에 따라 이온주입된 정도를 비교한다.

d. Cross Section TEM: 이온주입된 영역의 단면을 통해 손상된 정도와 결함을 비교하여 이온주입의 정도를 비교한다.

e. Therma Wave: Optical Thermal을 Source로 사용하여 이온주입된 결함에서 반사되는 정도를 비교하여 이온주입의 정도를 비교한다.

〈그림 5-41〉에서는 SIMS 분석을 제외한 다른 Monitoring 방법에 대한 개략도이다.

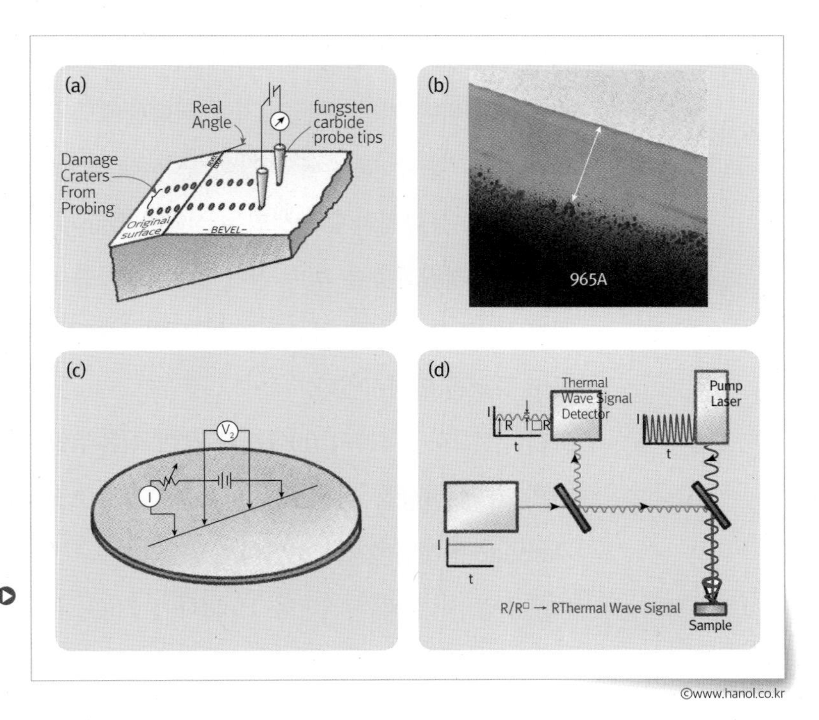

그림 5-41 이온 주입 후 Monitoring 방법 (a) SRP, (b) TEM, (c) 4 Point Probe, (d) Therma Wave

©www.hanol.co.kr

05 Ion Implantation 관련 미래 기술

다음은 이온주입공정과 RTA공정에서 최신 공정을 소개하고자 한다. 기술의 발전에 따라서, High Energy공정은 더 깊게, Medium Implant공정은 더 적게, High Current Implanter공정은 더 낮고 더 깊은 공정을 요구하고 있다.

Cold & Hot Implantation

우선, 소개할 기술은 Cold/Hot Implant이다. 이온주입은 이미 앞장에서 설명한 바와 같이 Beam Flux에 의한 실리콘 Damage를 피할 수 없고, 다량의 이온주입에서는 더욱 더 실리콘 기판이 비정질화되기까지 한다. 즉, 가속된 이온은 Energy Loss를 통해 Stop되고 실리콘 기판은 가속된 이온이 갖고 있던 가속 에너지가 열 에너지로 변환되며 기판 내부에 열을 발생하게 된다. 이러한 열 발생은 현재 상온 수준의 실리콘 기판 승온 방지를 진행함에도 불구하고 〈그림 5-42〉의 (a)에서 볼 수 있는 바와 같이 붉은 색 계열의 비정질층과 비정질층 아래로 불규칙하게 형성되는 실리콘 Damage를 확인할 수 있다. 이러한 비정질화층은 후속 전기적인 활성화를 위한 열처리에서 불규칙한 EOR Defect를 형성하고 이로 인한 누설전류가 발생하며 Device 특성을 열화시킨다.

그러나, 〈그림 5-42〉의 (b)에서와 같이 이온주입 공정에서 실리콘 기판의 가열 현상을 상온보다 낮은 온도로 조절함으로써, 불규칙한 Damage 경계면을 개선하였다.

이온주입 시 실리콘 기판을 Hold하는 ESC_{Electro Static Chuck}에 Coolant를 이용하여 상온보다 낮게 온도 조절한 Simulation 결과이다. 그림

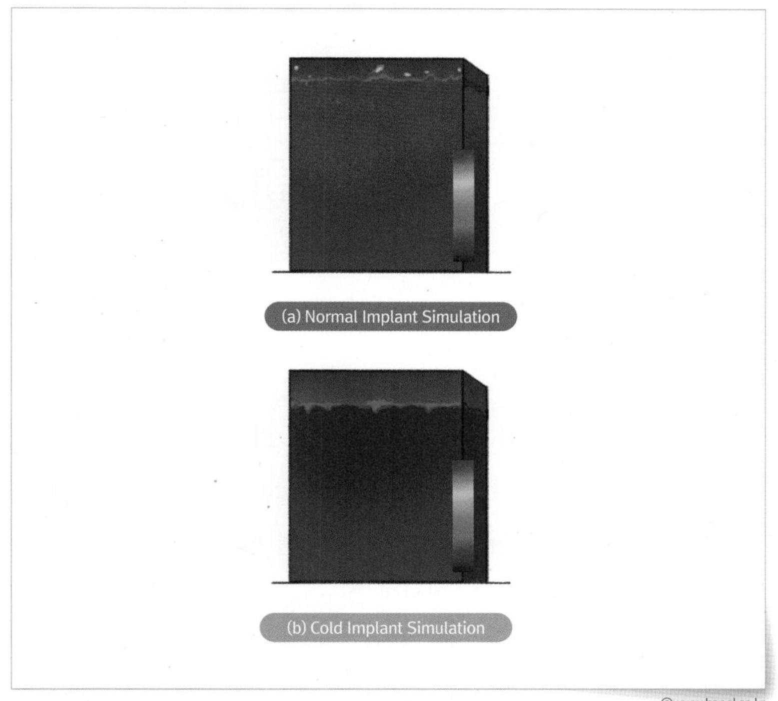

그림 5-42 Cold Implant Simulation Data from AMAT

©www.hanol.co.kr

에서 볼 수 있는 바와 같이 Normal Implanter에서는 Random하게 진행되는 이온 Channeling이 Cold ESC를 적용함으로써 균일하게 분포시킬 수 있다.

Plasma Doping

다음의 기술은 Plasma Doing이다. Tech의 발전에 따라 Design Rule이 감소되고 Channel Length가 짧아지게 됨에 따라, 일부 이온주입공정은 좀 더 낮은 에너지, 더 많은 이온주입 양의 이온주입공정을 요구하게 되었다. 이러한 요구는 기존의 Beam Line 구조를 사용하는 이온주입으로는 낮은 에너지에서 이온화 효율이 떨어지고, Beam Line 이동에서 Beam Loss가 확대되어 기존의 이온주입으로는 한계에 도달했다.

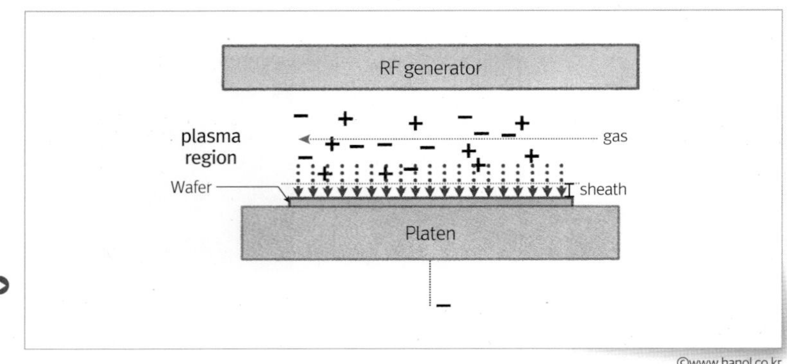

그림 5-43 Plasma Doping Schematics

©www.hanol.co.kr

〈그림 5-43〉에서와 같이, 기존의 이온주입과는 다르게 Chamber 내 이온주입을 위한 Source에서 Plasma를 형성하고 대상이 되는 Wafer에 필요한 에너지를 인가하여 "+" Charge로 하전된 이온이 끌어당기는 형식의 Doping이 개발되었다.

〈그림 5-43〉에서와 같이 Beam Line Implant는 Dopant 하나 하나에 가속화된 Energy를 이용하여 이온주입을 실시하기 때문에 가속된 Energy가 실리콘과의 충돌에 의해서 다량의 Stopping이 발생하는 $Rp_{Projected\ Range}$를 형성하게 된다. 그러나, $PLAD_{Plasma\ Doping}$는 Platen에 Bias를 걸어 $Rp_{Projected\ Range}$를 형성하게 된다. 그러나 PLAD는 plat-

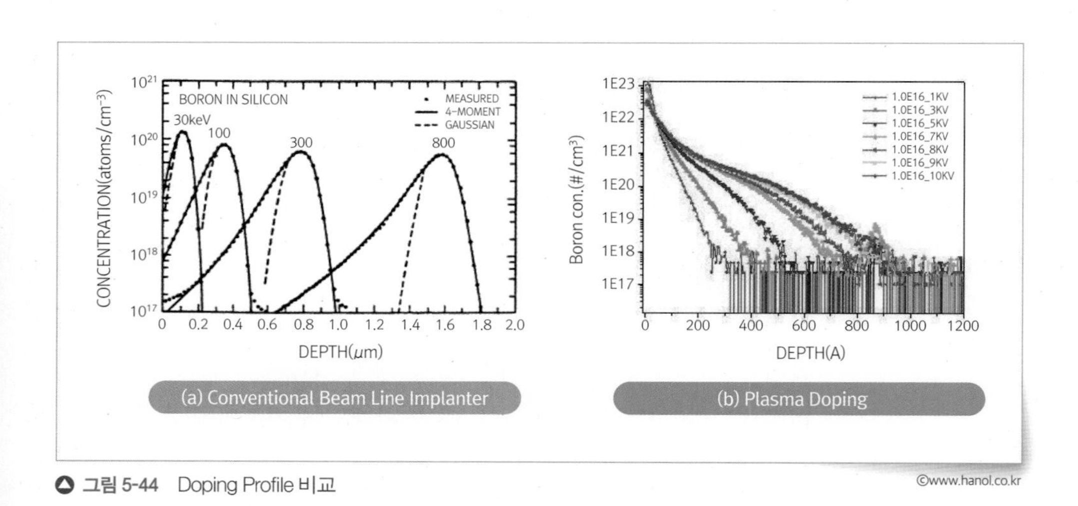

그림 5-44 Doping Profile 비교

©www.hanol.co.kr

en에 bias를 걸어 이온을 당기기 때문에 각각의 Dopant가 균일한 Energy를 갖지 못하고, Total Ion Flux의 에너지에 따른 Doping이 된다. Flux 내에서의 Energy Loss도 실리콘 기판의 표면에서 다량의 이온 Stopping이 형성된다. 이러한 Plasma Doping 기술은 얕은 깊이<1000Å에 고농도>E15/cm² 주입이 필요한 Gate Poly Doping이나 Contact 영역의 저항 감소를 위해 사용되고 있다.

Co Implantation

다음은 Co-Implant 또는 Cocktail Implant를 소개하고자 한다. 이온주입된 이온들의 활성화를 위해서는 고온의 후속 열공정은 반드시 수반되어야 한다. 이렇게 고온의 후속 열처리공정은 이미 앞장에서 설명한 바와 같이 이온들의 TEDTransient Enhanced Diffusion를 피할 수 없게 된다. 이러한 TED를 효과적으로 제어할 수 있는 방법으로 소개되고 있는 기술이 〈그림 5-45〉에서와 같은 Co-Implant이다. 그림에서 볼 수 있는 바와 같이 실리콘 기판의 Pre-amorphization을 위한 목적과 실리콘 내부에 dangling을 증가시키기 위한 목적으로 전기적 성

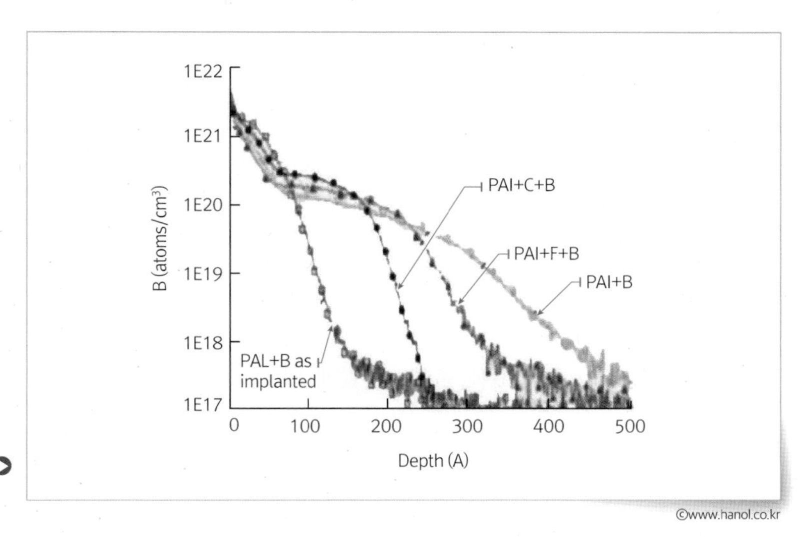

그림 5-45 Co-Implant 효과

질을 띠지 않는 도펀트와 전기적 성질을 띄우는 도펀트를 순차적으로 이온주입하여 TED Transient Enhanced Diffusion을 억제할 수 있는 방법이다.

즉, 후속 열처리에서 발생하는 Dopant의 확산을 Co-Implant을 진행함으로써, 다른 함께 이온주입된 다른 이온에 의한 충돌 확률 및 실리콘 비정질화를 높임으로써 TED를 효과적으로 억제할 수 있다.

〈그림 5-45〉은 11Boron Only Implant 조건과 12Carbon, 19Fluorine을 Co-Implant 도펀트를 이용하여 이온주입한 조건에서 Post Annealing을 실시한 SIMS Doping Profile이다. 해당 실험은 각각의 이온주입을 실시하기 전, Dopant Channeling을 조절하기 위하여 PAI Pre-amorphization Ion Implantation를 실시하였다.

〈그림5-45〉에서 확인할 수 있는 바와 같이 12Carbon과 19Flourine을 Co-Implant 도펀트로 이용한 이온주입을 실시한 Case에서 11Boron Only Implant 조건 대비 TED가 억제된 것을 확인할 수 있다. 특히, 12Carbon 도펀트를 이용해서 Co-Implant를 실시한 Case에서 크게 TED가 억제된 것을 확인할 수 있다.

이는 이미 앞에서 소개한 바와 같이, 이온주입에서는 가속화된 도펀트의 Energy Loss를 동반하게 되고, Energy Loss에 의한 실리콘 내부에 Implanted Damage가 발생하게 된다. 이러한 Damage는 Silicon 내부에서는 실리콘의 결함을 깨뜨리는 결함 즉, 실리콘 Interstitial을 갖게 된다. 이러한 Silicon Intersititial에 의해서 11Boron의 TED Inter Diffusion이 증가하게 된다.

그러나, Co-Implant를 적용하게 됨에 따른 12Carbon과 19Flourine이 먼저 Silicon Interstitial과 결합하게 되어 11Boron의 Inter Diffusion을 줄일 수 있게 되는 것이다. 이온주입 후 Dopant의 Activation과 Silicon 재결정화를 위한 Post Annealing으로 1055℃ 5sec. RTA Rapid Thermal Annealing을 실시하였다.

Advanced Anneal

기술의 발전과 함께 Effective Channel Length도 감소하였고, Source/Drain Junction, Poly Add Implant, Contact Junction을 위한 이온주입은 얕고 고농도의 Junction을 필요로 하게 되었다.

낮은 에너지를 이용한 이온주입으로 얕은 Junction을 확보하였음에도 불구하고, 기존 Conventional RTA의 적용으로 RTA Process 동안 발생하는 Lateral Diffusion을 제어할 수 없어 RTA에 대한 개선이 필요하게 되었다.

이로 인해 〈그림 5-46〉에서 볼 수 있는 바와 같이, 기존의 Conventional RTA의 승온 Rate를 개선하고 Thermal Treatment Process Time을 최소화하기 위한 Flash RTA와 Laser Anneal과 같은 새로운 공정이 도입되었다.

Millisecond Anneal의 경우, 기존 RTA공정에서 사용하던 Lamp 가열 방식을 유지하며 Lamp 효율을 극대화하여 기존 대비 3~4배의 승온 효율을 개선하고 Process Soak Temp는 높이고 Time은 최소화하여 원하지 않는 온도와 조건에서의 Dopant 확산을 억제하고 Activation 효율을 극대화하고자 하였다.

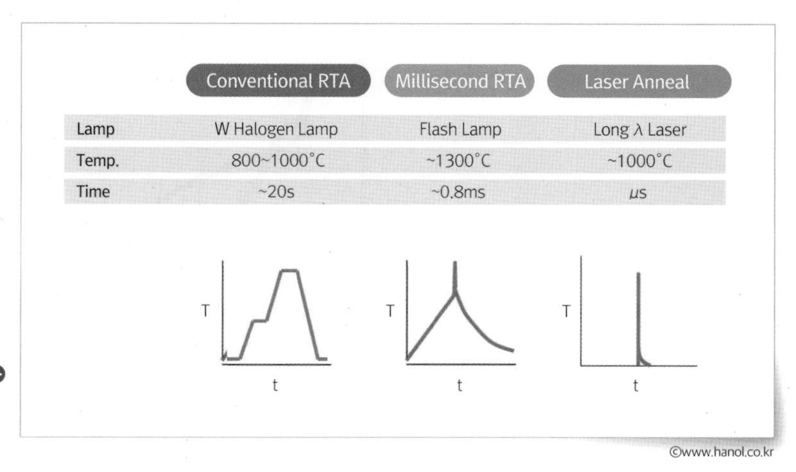

그림 5-46 Advanced RTA Introduction

MillisecondAnneal이라는 표현처럼 고온의 노출공정인 Soak Time까지 도달하는 시간을 최소화하고 Soak Time 자체시간을 최소화한다는 의미이며, 또 다른 표현으로는 Flash Anneal이라고도 한다. 섬광처럼 매우 짧은 공정시간을 이용하여 열처리를 진행함으로써, 고온까지 도달하는 시간도 억제하고 원하는 공정 온도에 극히 짧은 시간만 노출시키는 공정이다.

또한, Laser Anneal은 기존 Halogen Lamp Type의 열원에서 Excimer, YAG, CO2등의 Source를 열원으로 사용한다. Laser Anneal은 Laser에 노출되는 시간과 Laser의 세기를 조절하여 Annealing하는 방법이다. 즉, 현재 개발중인 방법은 Excited된 열원인 Laser를 Scanning 방식이나 Shot 방식을 이용하고 있다.

현재, 반도체 공정에서 활용하기 위하여 평가되고 있는 Laser Anneal 방식으로는 표면 Annealing을 위한 단파장 Laser Anneal과 깊은 영역 Annealing을 위한 장파장 Laser Anneal이 평가되고 있다.

〈그림 5-47〉은 10keV 49 BF_2 1.2E15로 이온주입된 시편을 기존 RTA, Millisecond Anneal, Laser Anneal을 각각 이용하여 Post Annealing을 진행하고 SIMS를 이용하여 Dopant의 확산을 비교 분

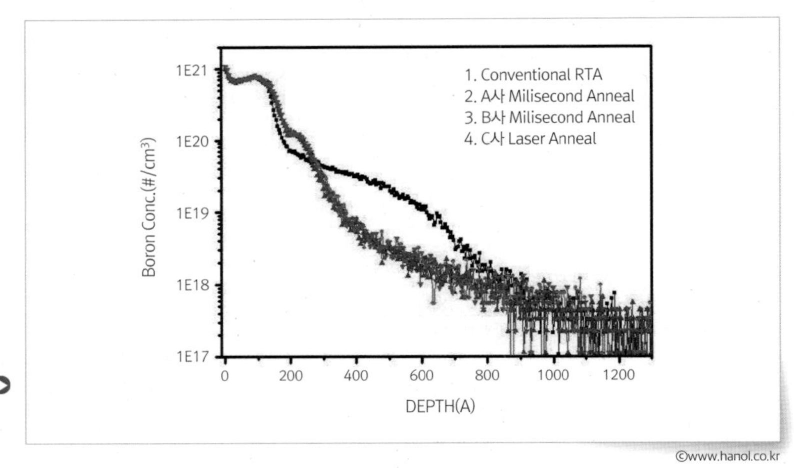

그림 5-47 Advanced RTA Process 적용 Doping Profile

석한 결과이다.

기존 RTA공정보다 Flash Anneal과 Laser Anneal을 진행한 경우에서 깊이 방향으로의 확산에서 개선되는 모습을 확인할 수 있다. 원하지 않는 TED가 억제된 Profile을 얻을 수 있다. 이러한 후속 열처리 공정의 발전으로 기존의 Side Effect는 효과적으로 제어할 수 있게 되었으나, 신규 공정의 적용에 따른 새로운 Side Effect는 끊임없는 이온주입공정의 발전을 요구하고 있다.

웨이퍼에 수많은 반도체 제조기술 공정이 진행되면서 모든 공정에서 문제가 없어야 합니다. 그 많은 공정 가운데에서 단 한 공정이라도 문제가 생기면 폐기 처리 해야합니다.

그래서, 예를 들어 1000 공정 가운데 1공정이 잘못되면 999가 아니라, 0이라는 의미입니다. 반도체 공정을 전자 회로로 비교하여 표현하면, 직렬회로에 해당한다고 말할 수가 있습니다. 문제가 있으면 병렬회로처럼 바이패스가 안되고, 한 지점에만 문제가 있어도 회로가 완전히 단절되는것과 같습니다.

사실, 0이 아니라 0보다 적은 마이너스(-)입니다.

마이너스의 의미는 웨이퍼를 포함하여 공정에 사용된 수 많은 종류의 재료비와 고가의 장비를 사용하면서 들어간 비용 등을 고려하면 손실이 발생된다는 뜻입니다. 그래서, 딥러닝과 빅데이터가 가장 필요한 곳이 반도체 공정입니다.

공정 진행중에 문제 없는지를 모니터링하고, 정밀하게 공정이 진행되도록 자동으로 공정을 조절하는 공정들이 증가하고 있습니다.

무결점과 완전함을 추구하기 때문에 메모리 반도체 사업은 누구나 할 수 없는 이유가 되며, 도전 할 가치가 있습니다. 여러분, 한 번 도전 해보시죠!!!

철심석장
총관, 가장 완벽한 성의 축조를 위해 너무 너무 수고해 주셨습니다.
석공들의 모든 노력이 결과물이라고 사료됩니다.

이 성문(GATE)을 만드는 데 가장 중점을 둔 것은 무엇인가요?
정확한 돌(Source), 정교한 모양(Energy), 알맞은 수량(Dose)이었습니다.

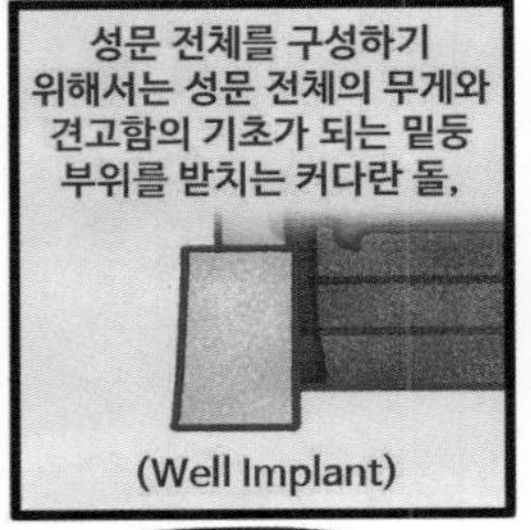

성문 전체를 구성하기 위해서는 성문 전체의 무게와 견고함의 기초가 되는 밑동 부위를 받치는 커다란 돌,
(Well Implant)

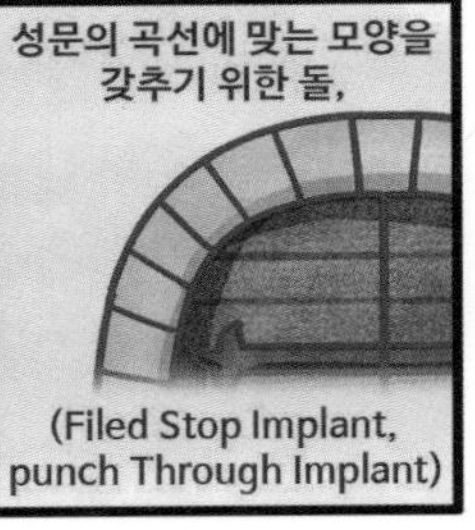

성문의 곡선에 맞는 모양을 갖추기 위한 돌,
(Filed Stop Implant, punch Through Implant)

견고한 성문

그리고 나가는 자들과 들어오려는 자들을 선택적으로 선별할 수 있는 망루를 만드는 일입니다.
각각의 구조물들은 어느 한 쪽에서의 실수가 있어서는 아니됩니다. 사상누각이라는 말을 아시지요?

물론이요. 튼튼한 기초의 중요성을 일깨워주는 말이지요

네, 하지만 성문을 만드는 저희들은 밑둥부터 망루까지 모든 노력에서 철심석장의 마음으로 일을 진행하였습니다.

처음부터 마지막까지의 모든 일을 철심석장의 마음으로… 대단합니다.
맞소, 우리 고을의 안위는 견고한 성문이 있어서라 해도 과언이 아닐 듯하오

맞습니다. 그래서, 저희는 각각의 구조물을 만들기 위해 필요한 석재를 정확한 모양으로 다듬고 쌓아 올리는데 최선을 다하였습니다.

아닙니다. 이렇게 정교하게 만든 성문도 세월이 지나면 부식이 발생하고 잔목이 틈새에서 자라서 사람들이 다닐 정도로 틈새가 커지게 됩니다.

반도체의 생명은 전자를 얼마나 안정적으로 조절할 수 있는가가 가장 중요합니다. Tech Migration으로 이러한 안정적인 조절은 더욱 더 중요해지고, 공정은 복잡해지고 있습니다. 절연막과 금속배선을 통한 구조물에 이온주입은 부도체의 반도체 변화뿐만 아니라, 성문으로 표현되는 Gate 형성까지 복잡해지는 공정에 효과적으로 대응하기 위한 노력을 하고 있습니다.

06

Thinfilm_CVD 공정

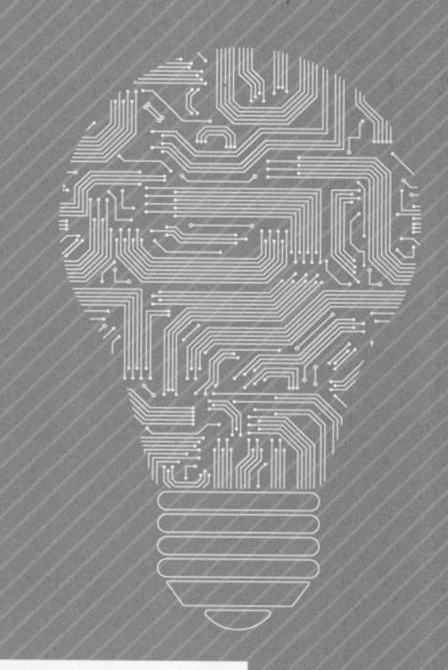

06 Thinfilm_CVD 공정

01 CVD공정 소개

Thinfilm은 얇은 박막의 의미로서 반도체 제조공정에 증착되어 패터닝Patterning되어지는 여러 종류의 물질 필름Fim을 총칭하는 의미이다. 이러한 Thinfilm의 물질은 최종적으로 남겨지면서 각각에 그 역할을 하게 된다. 반도체 소자에서 Thinfilm공정은 크게 CVD, PVD 두 부분으로 나누어 공정을 진행하게 된다. 이러한 Thinfilm은 소자에서의 역할은 절연막과 파워Power 및 시그널signal 라인 전달하는 물질을 증착하는 주요 기능을 하고 있다. 〈그림 6-1〉에서 표현된 것처럼 초기 공정의 절연막부터 층간의 절연까지 CVD공정에서 주로 그 역할을 하게 되었고, 메탈 배선은 PVD공정으로 진행하여 그 역할을 하게 된다. 이번 장에서는 CVD공정과 PVD공정의 세부 역할과 특성에 대해 알아보기로 하겠다.

CVD공정은 반도체에서 절연막은 크게 STI, ILD, IMD 크게 구분해서 적용되고, 마지막으로 소자의 보호막으로 Passivation막을 적용

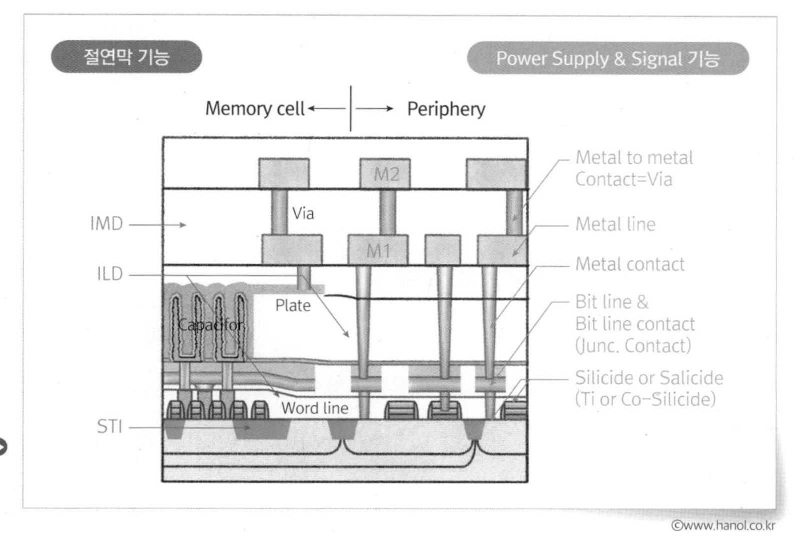

그림 6-1 Thinfilm공정의 역할의 이해

©www.hanol.co.kr

하여 최종 제조공정을 마무리한다. 개별 공정은 특징에 따라 절연막 증착하는 장비 Application에 차이가 있으며, 일반적으로 PE CVD 방식으로 증착한다. 소자 내에서 절연막과 Gap Fill이 함께 요구되는 공정은 HDP, SOD 방식으로 적용한다. 또한 Interconnection지역 Low-k의 증착이 요구되고 제조공정의 최종 Passivation 역할로는 HDP Oxide, Nitride 박막으로 적용된다.

PVD공정의 적용은 Gate/Bit Line Ti, W Film이 Capacitor 전극TiN Metal 배선 Cu, Al 주로 적용되고 Gate/Bit Contact Ti, CoMetal Contact은 CVD W Deep Contact은 ALD TiN으로 적용하게 된다.

표 6-1 Thinfilm 증착공정의 특성

구분	Chemical Vapor Deposition	Physical Vapor Deposition
정의	• 반응기체의 화학적인 반응에 의한 기판에 증착하게 하는 방법	• 물리적인 힘에 의해 대상물질을 기판에 증착하게 하는 방법
종류	• PE CVD, Thermal CVD, AP CVD, LP CVD	• SPUTTER
장점	• Good Step Coverage • THK Control Easy • Doping / 조성 조절 용이	• Clean Process • Low Temperature • Good Adhesion
단점	• Using Toxic gas • Hard Ware 복잡 • High Impurity	• Poor Step Coverage • Poor Uniformity • Very Thinfilm 관리 곤란
적용 물질	• SiO2, Si3N4, BPSG ,SiON, CVD W, TiN	• Al, Co, Ti,TiN, W

CVD공정 정의

일반적으로 CVD Chemical Vapor Deposition의 약어는 화학기상 증착 방법을 총칭하여 말한다. 좀 더 구체적으로 화학 반응을 이용하여 웨이퍼Wafer 표면위에 단결정의 반도체 막이나 절연막을 형성하는 방법이다. 이러한 CVD공정의 주요 반응 메커니즘은 반응 Gas에 적절한 에너지를 공

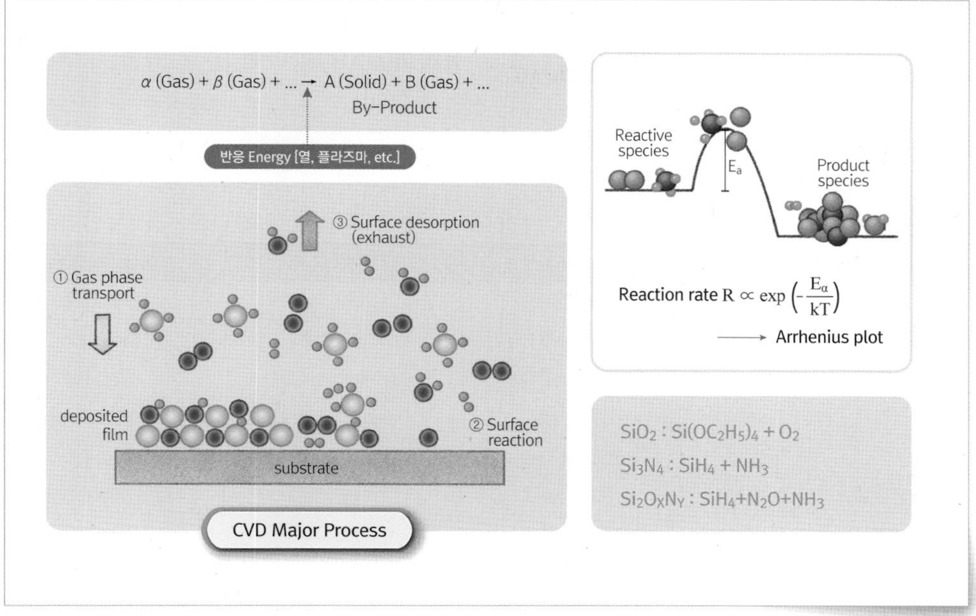

그림 6-2 CVD공정의 반응 도식도

©www.hanol.co.kr

급하면 웨이퍼Wafer 표면에 원하는 박막Film이 증착되고 이로 인한 반응 부산물이 배출되는 과정이다. 우리가 원하는 주요 박막Film의 화학식은 SiO_2, Si_3N_4, SiOxNy등이 있다.

CVD공정의 분류는 반응 압력, 반응 에너지별로 구분되며 [표 6-2]와 같이 세부 특징에 따라 각각의 명칭으로 불라고, 주요 박막의 공정역할로 구분할 수 있다.

표 6-2 CVD공정 분류 기준

압력별 분류	반응 에너지 분류	박막 Film 역할 분류
• AP(Atmospheric Pressure) CVD • SA(Semi Atmospheric) CVD • LP(Low Pressure) CVD	• PE(Plasma Enhanced) CVD • Thermal CVD • HDP(High Density Plasma) • Coating + Oxidation	• Dielectric • Hard Mask • Gap Fill • ARC(Anti Reflect Coating) • Low-k

일반적으로 사용되고 있는 Material명은 [표 6-3]과 같이 세부 특징에 따라 각각의 명칭으로 불리고, 주요 박막의 공정 역할로 구분할 수 있다.

표 6-3 CVD Film별 분류 및 주요 역할

Material명	화학식	Source	반응에너지	Application
Oxide	SiO_2	TEOS, O_2	PE CVD	Dielectric
	SiO_2	SiH_4, N_2O	PE CVD	Dielectric
	BPSG	TEOS/TMB/TMP	Thermal CVD	Gap Fill
	HDP	SiH_4, O_2	HDP(High Density Plasma)	Gap Fill, Passn
	SOD	SOD 외 다수	Coating + Oxidation	Gap Fill
NITRIDE	Si_3N_4	SiH_4, NH_3	PE CVD	Hard Mask, Passn
OXYNITRIDE	SiO_xN_y	SiH_4, N_2O, NH_3	PE CVD	ARC, Passn
Carbon	Carbon	C_3H_6	PE CVD	Hard Mask

02 CVD공정의 역할 및 이해

절연막 역할

반도체 공정의 배선과 배선 사이 또는 층과 층 사이는 동작의 특성을 위하여 절연막 기능이 필요하다. 대부분 CVD 필름Film의 근본 역할은 절연막 역할부터 시작되고 전통적으로 Oxide 막인 SiO_2 필름Film이 주로 사용된다. 반도체 소자 단면 확인 시 2/3 가량이 절연막으로 차지하고 있으며 이는 웨이퍼Wafer 전체의 Warpage 관리와 Thermal에 대한 안정성도 확보해야 하고 보호막 역할도 하게 된다. 박막 특성을 관리하는 주요한 물성은 RI, Step coverage, Stress 등이 있다. 굴절률 RIRefractive Index란 해당 물질로 빛이 입사할 물질 내에서 빛의 속

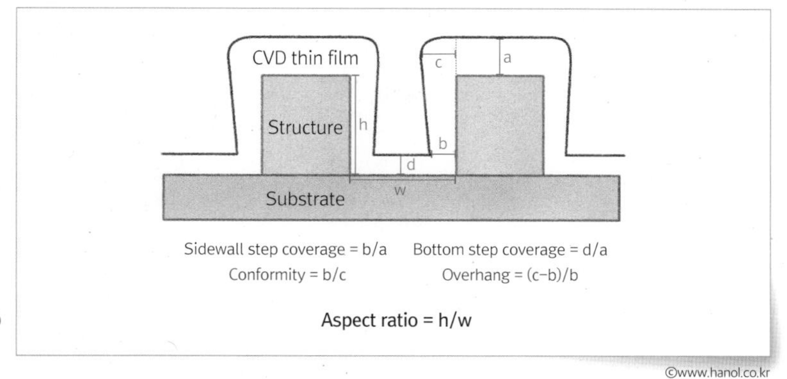

그림 6-3 Step Coverage

©www.hanol.co.kr

도가 줄어드는 비율이다. 굴절률 n은 다음과 같이 정의된다.

$$RI, n = \frac{C\ (\text{진공에서의 빛의 속도})}{V\ (\text{매질에서의 빛의 속도})}$$

대표적인 SiO_2, Si_3N_4 박막이 각 1.46, 2.0 수준이다빛의 파장은 633nm. Step Coverage란 단차가 있는 Pattern에서 각종 박막이 증착될 때 평평한 부분과 단차 있는 부분에 쌓이는 두께가 각 부위별로 다름을 알 수 있고 그에 대한 비율을 말한다.

Film Stress는 근본적으로 두 물질 사이에 Mismatch에 기인하여 발생하게 되고, 크게 두 가지로 Intrinsic Stress와 Extrinsic Stress가 있다. Intrinsic Stress는 필름Film이 초기 핵형성Nucleation과 성장Growth하는 과정에서 생겨난다.

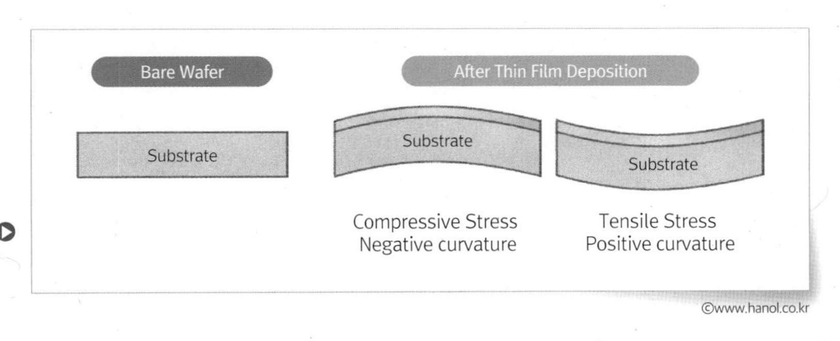

그림 6-4 용어 정의 Compressive와 Tensile Stress

©www.hanol.co.kr

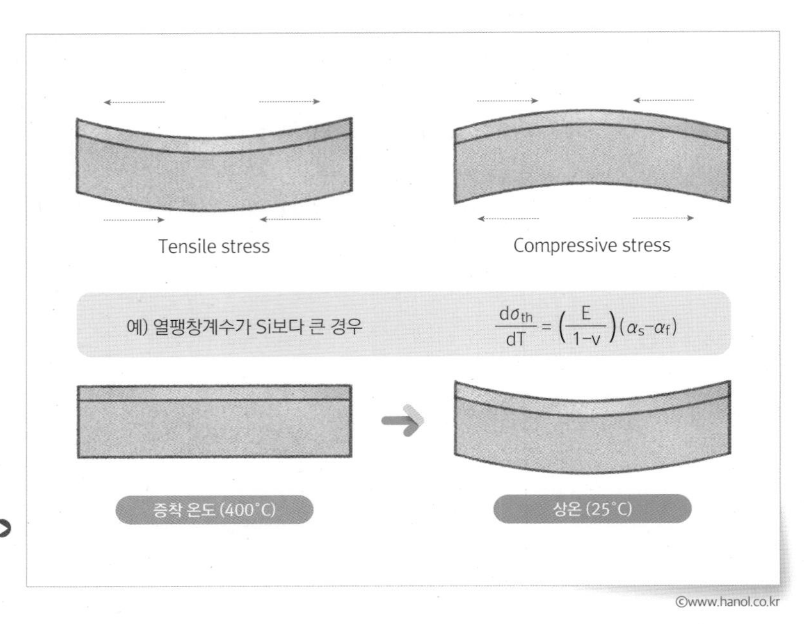

그림 6-5 Thermal Stress of Si Substrate

Extrinsic Stress는 Substrate와 증착된 필름Film 사이의 열팽창계수의 차이로 인하여 발생하게 된다. 방향이 Negative Curvature(-)로 Compressive, Positive Curvature(+) 방향은 Tensile로 용어를 정의한다.

다음은 IC 집적회로에 사용되어지는 주요한 물질의 열팽창계수이다.[표 6-4]

표 6-4 Coefficients of Thermal Expansion @10^{-6}°C-1

Material	α(Coefficient of Thermal Expansion)
Si	3
SiO_2	0.5
$Si3N_4$	2.8
Co	12
W	4.5
Cu	16
Al	23.2

Gap fill 특성

반도체 공정을 진행 시 배선과 배선 사이가 절연막으로 채워질 때 공극Void 없이 채워야 한다. 공극Void 발생 시 후속 공정 패터닝Patterning 시 문제를 유발시키는 경우가 있어 반드시 공극Void을 없애야 한다.

발생 원인은 상부 방향과 측면 방향에서의 증착 속도가 일정하지 않아 내부 빈 공간을 만들고 증착이 종료되면서 발생한다.

전통적으로 SiO_2에 SiH_4 TEOS가 우수한 Step coverage를 나타낸다. 그 차이로 Precursor TEOS가 SiH_4보다 Sticking coefficient가 낮아 우수한 특성을 나타낸다.

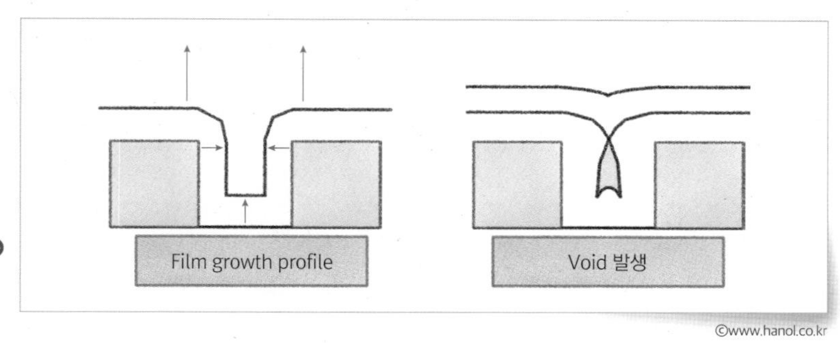

그림 6-6 CVD 증착에서의 Void 발생 원리

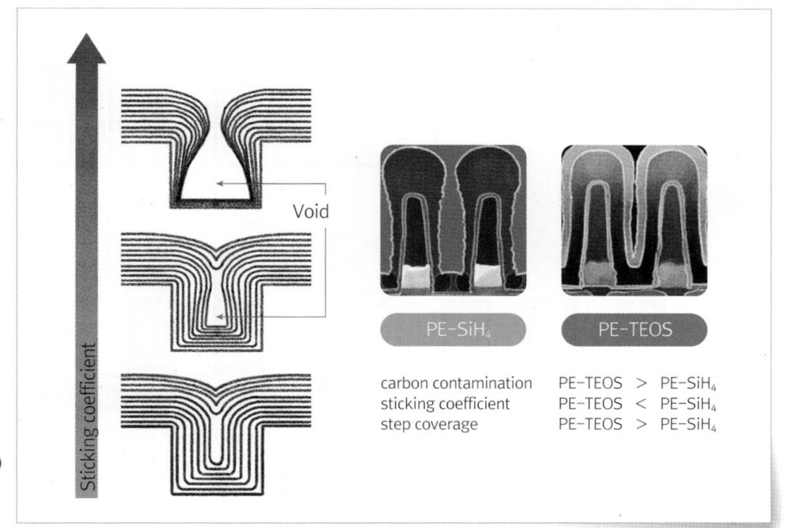

그림 6-7 EOS vs SiH_4 Precursor의 공정 장단점 비교

SiH_4 Oxide < TEOS Oxide < BPSG < HDP < SOD순으로 Gap Fill 특성이 우수하다. 미세 선폭이 작아질수록 채워지는 Aspect Ratio가 높아짐에 따라 이를 극복하기 위한 공정 개발도 함께 해왔다. Gap fill에 대한 과제는 과거부터 현재까지 CVD공정에서 늘 한계를 극복해야만 하는 당면 과제이고 세부 공정에 대한 특징은 후속에서 논의하겠다.

HARD MASK 역할

Hard Mask란 패터닝Patterning에 필요한 필름Film으로 서로 다른 두 개의 박막 필름Film을 제거하는 속도A/Min의 차이를 이용하여 Etch하는 방법을 말한다. 전통적으로 Etch의 패터닝Patterning 방법은 남기고자 하는 필름Film 위로 PR을 남기고 Etch를 하는 방법이나 선폭이 작아져서

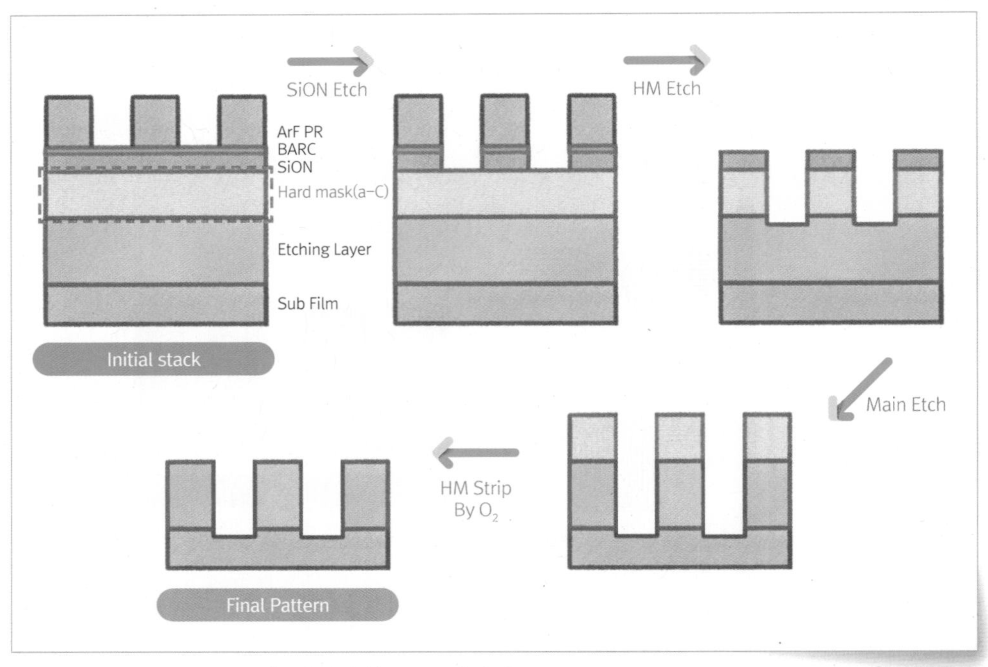

그림 6-8 HARD MASK를 이용한 패터닝(Patterning) 방법

©www.hanol.co.kr

이 방법으로 한계에 다다르면서 Hard mask를 이용한 Etch를 한다. 초기에는 Oxide Etch 시 선택비 차이를 이용한 Nitride Film이 사용되었다. 이후 선폭이 작아져서 대부분 공정에 Hard Mask가 필요한 사항으로 PR과 비슷하게 패터닝Patterning이 완성된 후 쉽게 O_2 Ashing 되어 처리 가능한 Carbon Film이 일반적으로 사용된다.

Low-k 절연막

반도체 Design이 Shrink됨에 RC Delay로 인한 동작 속도의 손실을 유발한다. Metal과 Metal 사이의 절연막dielectric의 물질이 유전율k 이 큰 경우 실제 동작에 따른 Cap이 존재하여 실제 배선의 속도에 영향을 주어 속도 저하를 유발하고 있다.

절연막 SiO_2 Film막의 유전율 수준으로 오랫동안 사용되어 왔으며, 이후 유전율k 값을 지속해서 낮춰가고 있으며 이러한 기술은 Logic공정에서 선도적으로 접목해왔다.

최근에 Low-k 기술이 DRAM Metal 배선에 도입되어 적용되고 있다. Low-k Film에 대한 응용은 광범위하게 발전해 왔으며 기존 USG$_{SiO_2}$

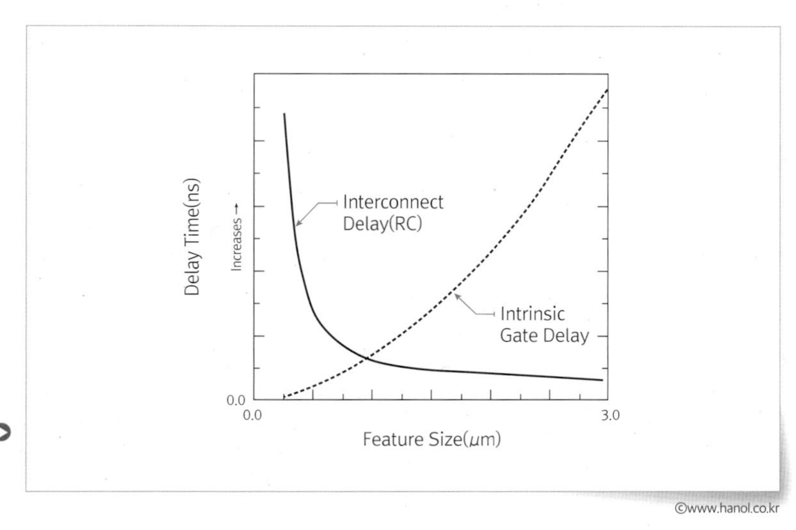

그림 6-9 Tech Size별 RC Delay 상관관계

©www.hanol.co.kr

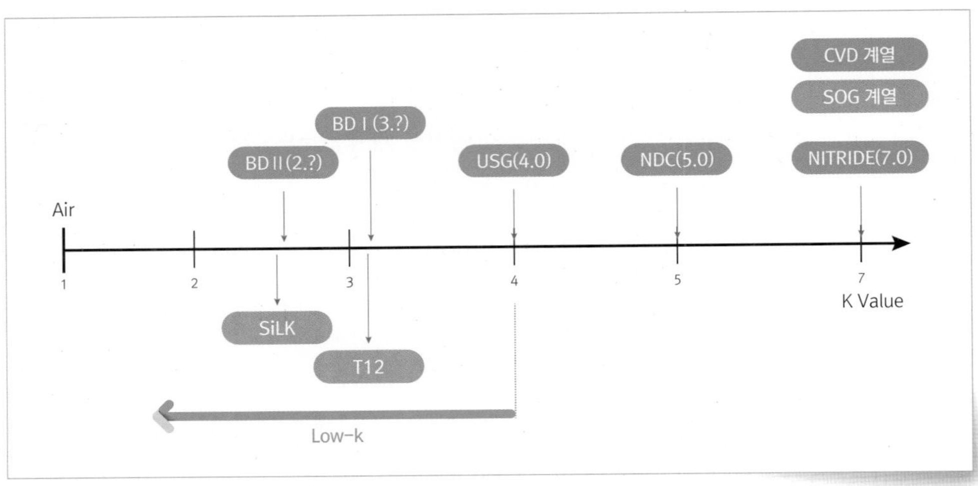

그림 6-10 Material별 유전율 K 상수값

에 C, H 함유량이 증가될수록 더 낮은 k값을 만들 수 있다. CVD 방식과 SOG Coating 방식으로 Low-k Film을 증착할 수 있으며 대부분 제조사에서 CVD 증착 방식을 선호하였으나, 향후 k가 낮아질수록 혼전양상을 보이고 있다.

유전율이 낮아질수록 수분 흡수와 경도Hardness가 취약해지고, 열에 의한 Stress 변화 폭 차이가 더 크게 발생하게 된다. 이로 인한 연관 공정의 최적화 조건을 찾아야 하는 어려움이 있다.

03 CVD 제조 Fab 장비의 이해

반도체 장비의 기본요소는 원하는 필름Film이 만들어져야 하고 불필요한 by product는 evacuate 원활해야하고 지속적으로 재현성 있게 구현되어야 한다. 일반적인 300mm Fab 장비 구성 배치는 Clean Room에 Main 장비를 배치하고, 기타 장비 Component는 2F,

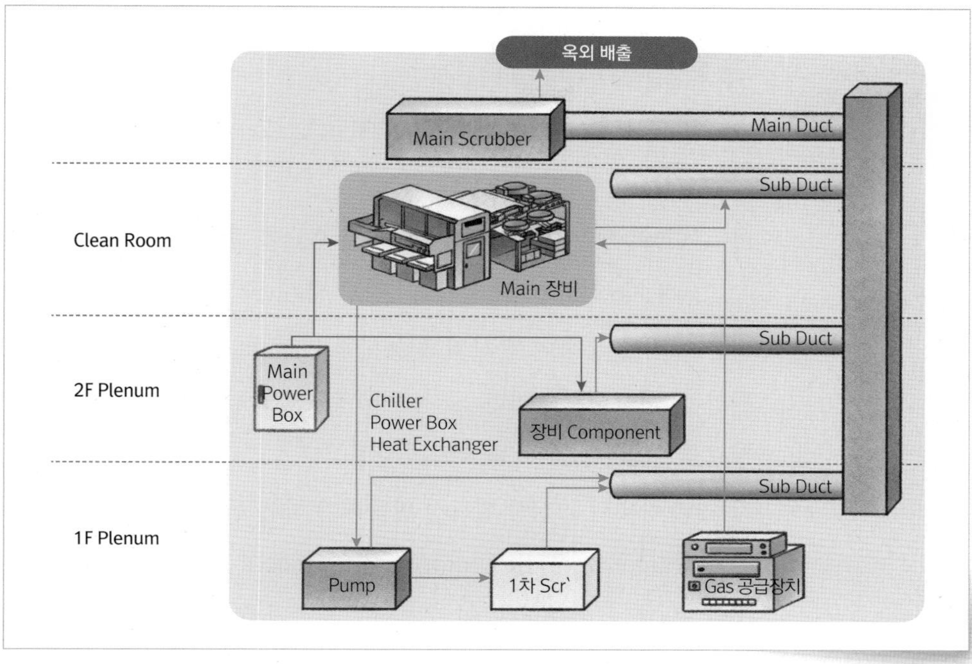

그림 6-11 반도체 Fab 장비 일반적인 배치도

©www.hanol.co.kr

Pump와 Gas 공급장치는 1F으로 배치하고 유지 관리한다.

장비 관리 특성

개별 공정의 특성에 따른 Main 장비의 챔버Chamber 내부 구성이 달라지고 이에 수반되는 Gas, 부수적인 Component까지 개별 장비의 특성에 맞게 구성된다. Main 장비에서의 웨이퍼Wafer가 챔버Chamber로 이동하여 증착하게 되는데, 일반적인 순서는 다음과 같이 진행한다.

- FOUP at Load Port → Front Robot
- Front Robot → Aligner → Lord Lock
- Lord Lock → TMTransfer Module
- Transfer Module → Chamber

*FOUP
웨이퍼(Wafer) 이동 장치인데 보통 25장의 웨이퍼(Wafer)가 들어간다.

- Chamber → TM Transfer Module
- TM Transfer Module → Lord Lock
- Lord Lock → Front Robot → FOUP at Load Port

PE CVD의 경우 주요 증착에 필요한 Gas를 주입구를 통하여 챔버 Chamber 내 Flow된 후 챔버 Chamber 상부 Shower head 상부에 무수히 많은 구멍을 통하여 분사되고 동시에 Plasma가 ON되면서 우리가 원하는 필름 Film 은 웨이퍼 Wafer 기판에 증착되고 나머지 부산물은 휘발성으로 Evacuate되어 배출되는 사항이다.

각 개별 장비의 특성상 반드시 만족해야 하는 필요충분조건이 있다. THK Target 값, THK Uniformity, Particle이 필수이다. Uniformity란 300mm 웨이퍼 Wafer 의 증착되는 두께가 Center와 Edge 부위에 얼마나 균일하게 증착 되었는지 측정값으로 산출하는 지수이다. 그 수식은 다음과 같다.

$$\text{Uniformity}(\%) = \frac{\text{THK Range(Max Min)}}{2 \times \text{THK Average}} \times 100$$

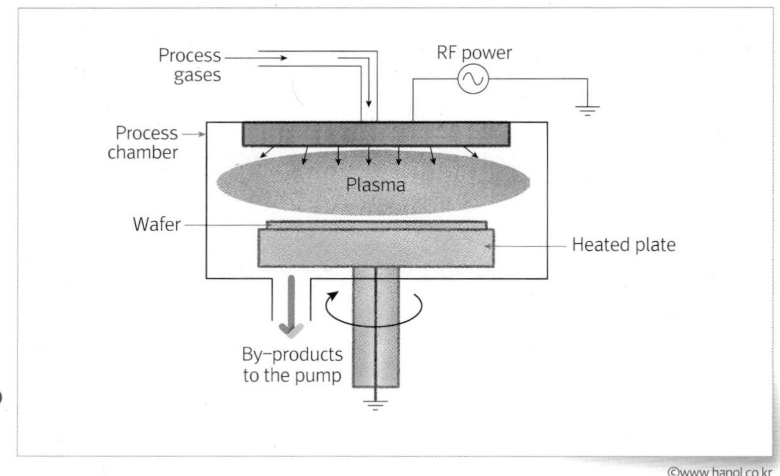

그림 6-12 PE CVD Chamber 개념도

©www.hanol.co.kr

추가 Deposition 장비의 특성상 Deposition Rate가 중요한 관리 인자이다. 이는 물질의 특성과 웨이퍼Wafer 가공시간에 영향을 주어 Through put에 직접 영향을 준다. 그 수식은 다음과 같다.

$$DR(Å/min) = \frac{\text{증착된 Thickness(Å)}}{\text{Deposition Time(s)}} \times 60$$

*WERR 시 BOE Chemical과 Temp의 민감한 차이로 WET Bath가 잘 관리되어야 한다.

반도체 공정에서 주요 CVD Fim은 Wet Etch Rate도 주요한 특성이고, Oxide 박막을 Wet Chemical일반적 BOE Chemical에 의하여 시간당 제거되는 양을 측정하고 절연막 물질의 특성을 잘 알려주어 항상 일정하게 유지 관리되어야 한다. 그 수식은 다음과 같다.

*WER이란 Thermal Oxide 대비하여 CVD Film이 Etch된 양으로 상대적으로 비교 점검하기도 한다.

$$WER(Å/Sec) = \frac{\text{제거된 Thickness량 (Before Thickness - After Thickness)}}{\text{Deposition Time(s)}}$$

주요 부품 특성의 이해

RF Power 공급장치

RF Generator와 Matcher로 구분된다. Generator는 챔버Chamber 내에 Plasma를 Ignition 하는 데 필요한 RF Power를 공급하는 역할을 하고, RF Matcher는 RF Generator의 Impedance와 챔버Chamber의 Impedance를 Match시켜 Reflect Power를 최소화함으로써 RF Generator에서 생성된 Power Loss를 최소화하여 챔버Chamber로 전달하는 역할을 한다.

그림 6-13 RF Generator 모습

©www.hanol.co.kr

Chamber Clean RPS Remote Plasma System

• 목적과 특징

Process Deposition이 챔버Chamber 내부에 생성된 필름Film 잔재는 다음 Process 진행의 Particle Source가 되어 이를 제거해야 한다. 하지만 이를 제거하기 위하여 챔버Chamber를 Open할 경우 매번 장비의 Down 시간이 길어짐에 따라 효과적으로 챔버Chamber 내부에 Clean 효율이 좋은 F_2를 Radical로 공급하여 Insitu Clean을 하여 지속적인 필름Film 품질과 높은 가동 생산성과 유지 확보할 수 있다.

세부 특징은 다음과 같다

- Radical만을 이용한 Chemical Clean 진행 - 높은 선택비, 높은 Clean Rate
- 챔버Chamber 외부에서 Plasma를 생성하면서 Shower Head와 Heater에 Damage 발생이 적어 부품 수명이 길어진다.

• 장치 구성

챔버Chamber 외부에서 Plasma로 반응성이 높은 Radical을 만들어 Process Chamber 내부를 Clean 하는 장치로 그림과 같다.

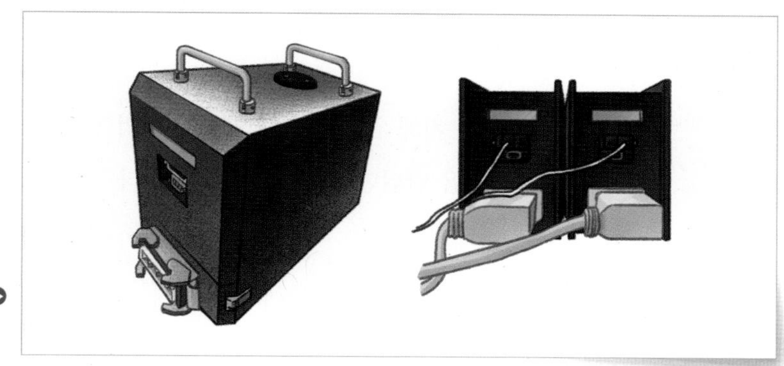

그림 6-14 RPS Cleaning 장비 부품

©www.hanol.co.kr

• RPS의 동작 Sequence

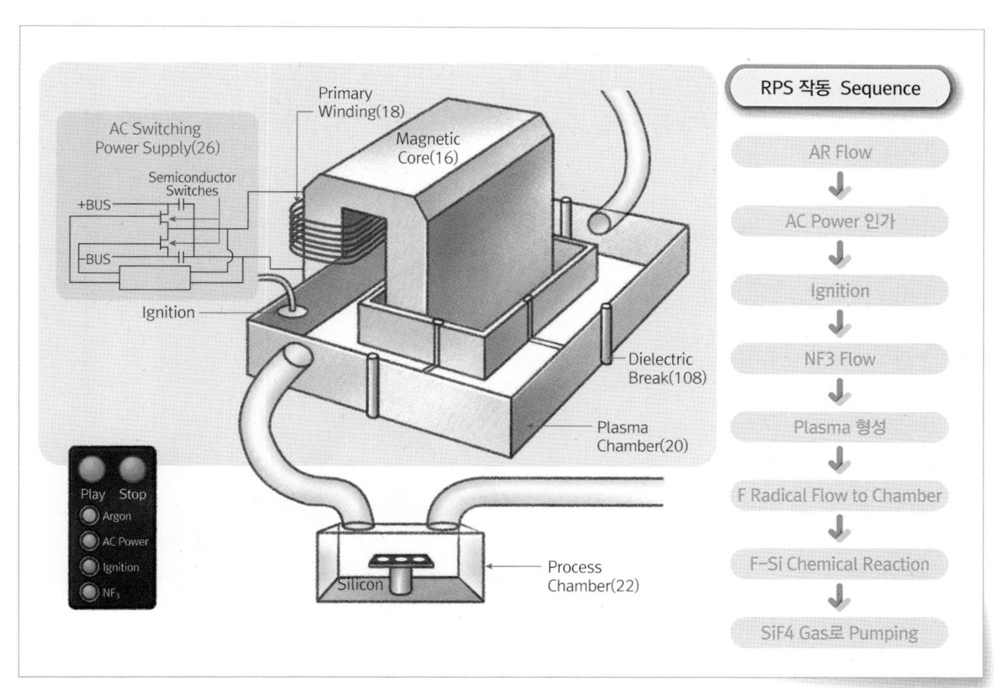

그림 6-15 RPS Cleaning Flow

©www.hanol.co.kr

Pump

- **진공의 정의**

주어진 공간 안에 물질기체, 분자, 유기물이 없는 공간의 상태를 의미하며, 실제적으로 넓은 의미로 대기압보다 낮은 기체의 압력 상태를 지칭한다.

- **압력**

기체에서 기체 입자의 수와 입자 충돌의 강도에 의해 압력이 결정되고, 압력은 단위면적당 힘으로 정의한다.

***압력의 단위**
kgf/cm^2, mmHg 등이 쓰이며, SI 단위에서는 Torr, bar, N/m^2, Pa 등이 쓰인다.

$$P = \frac{F}{A}(kgf/cm^2)$$

- **진공이 필요한 이유**

반도체 물질의 도핑 정도를 따질 때 ppm단위 수준이다. 그러므로 Fab 제조공정에서 해당 Process역할에 맞는 불순물기체 및 개개 분자이 없는 상태를 만들고 유지하는 기술을 위하여 필요한 조건이 진공 기술이다. 그러므로 개별 공정 특성에 맞는 적절한 진공 조건의 환경 제공이 필수항목이다.

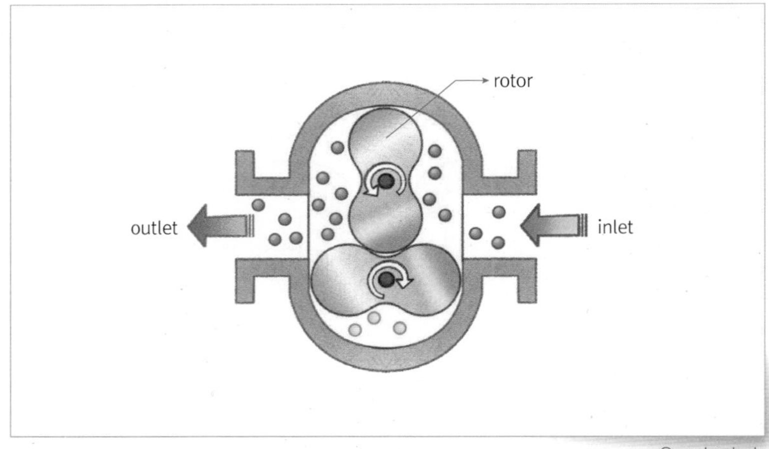

그림 6-16 펌프 구성 개념도

©www.hanol.co.kr

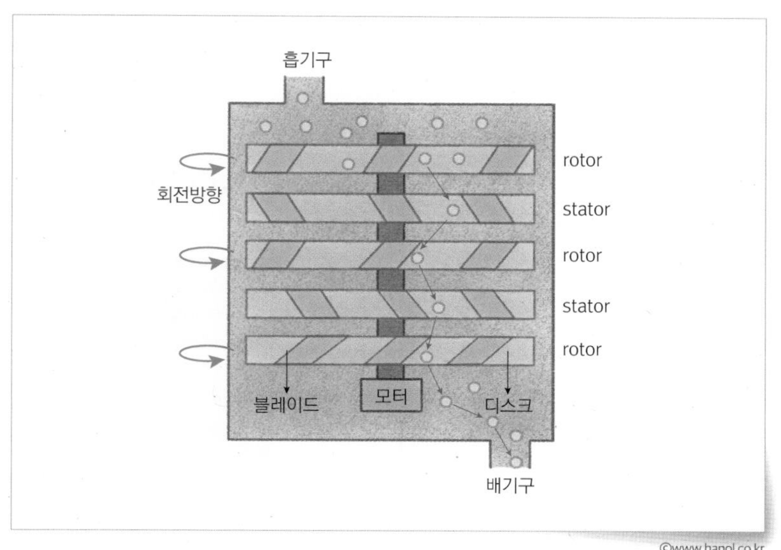

그림 6-17 Turbo Pump의 원리

©www.hanol.co.kr

- PVD$_{Sputter}$ 장비: 10^{-8}Torr 압력 유지 및 공정 진행
- CVD 장비: 10^{-3}Torr 압력 유지 및 공정 진행

• Pump의 종류

① Dry Pump

동작 원리 2개의 Rotor가 반대로 회전하며, '흡입-압축-배기'의 과정이 동시에 이루어진다.

장점 Rotary Pump와 달리 내부에 Oil이 없기 때문에 Oil의 역류에 의한 진공용기의 오염 가능성이 없다.

단점 Rotor와 Rotor 사이, Rotor와 실린더 사이 등 경계를 Oil로 Sealing 하지 않아 기체가 빠져나갈 수 있는 확률이 높아지며, 그로 인해 단번에 진공을 잡기가 어렵다.

② Turbo Molecular Pump$_{TMP}$

동작 원리 기체 분자가 흡기구를 통해 디스크 사이로 유입되어 Blade에 충돌하고, Blade의 각도에 따라 방향이 꺾이면서 다음 디스크 쪽으로 이동한다.

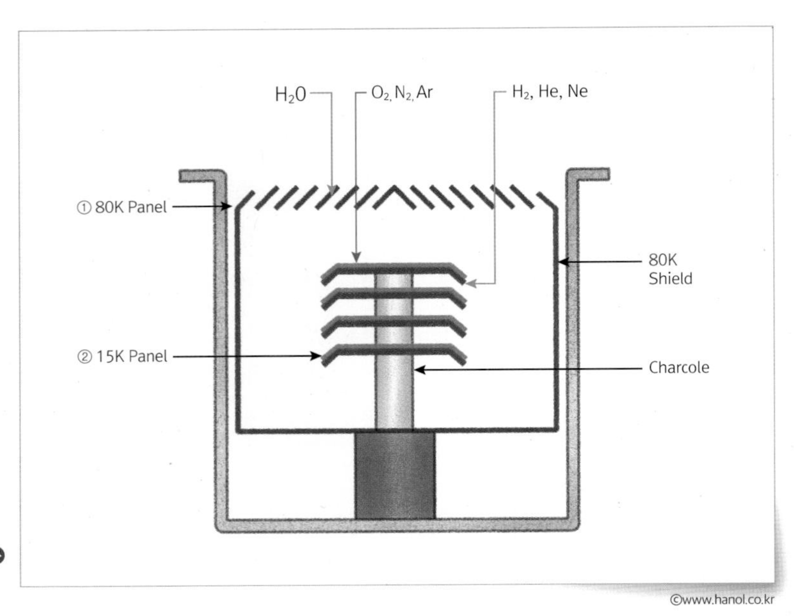

그림 6-18 Cryo PUMP의 원리

©www.hanol.co.kr

블레이드의 각도 초기에 비교적 크고약 30°~40°, 배기구 쪽으로 갈수록 낮추어약 10°~20° 기체의 압축비를 높인다.

③ Cryo Pump

Pump 내부에 극저온 영역을 만들고, 그곳에 기체를 응축시켜 제거하는 방법으로 진공 생성한다. He 가스를 팽창시키는 방법으로 냉각을 만드는 냉각단Cold Head 2개로 단계적으로 온도 하강, 냉각단 위쪽의 활성탄Charcoal이 기체 흡착, Baffle이 온도가 외부로 빠져나가는 것 방지하게 구성되어 있다. 단점으로는 기체가 Pump 내부에 저장, 저장 용량의 한계로 인해 Regeneration이 필요한 사항이다.

④ Pump 조합 구성도

저진공/고진공 Pump 조합으로 구성해야 제대로 성능을 발휘할 수 있다. Dry Pump는 고용량화를 위해 상단에 Booster Pump와 조합으로 구성되어 있으며, Turbo Pump와 Dry Pump의 조합으로 구성되어 있다. Cryo Pump와 Dry Pump의 조합 구성의 특징적인 것은 Cryo Pump는 배기구가 없다는 것이다.

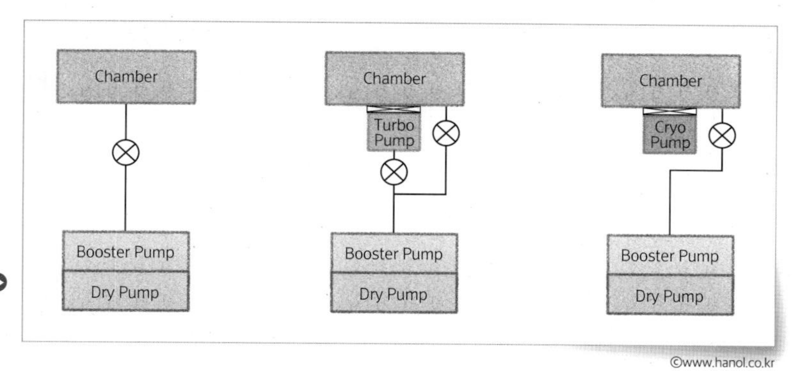

그림 6-19 저진공/고진공 Pump 구성도

04 CVD 주요 공정 장비의 소개

PE CVD USG공정

공정의 역할

PE CVD공정에서 USG(Undoped Silicate Glass)는 크게 TEOS와 SiH_4 Precursor를 이용하여 SiO_2를 만든다. 절연막 적용에 따라 STI(Shallow Trench Isolation), ILD(Inter Layer Dielectric), IMD(Inter Metal Dielectric)로 구분되어 불린다. 이에 ILD, IMD Film으로 역할에 많이 접목되어 사용한다.

PE CVD Oxide 막은 크게 두 가지 조건으로 반응식은 다음과 같다.

$$SiH_4(g) + N_2O(g) \xrightarrow[\text{Heat}]{\text{Plasma}} SiO_2(s) + \text{by products}(g)\uparrow$$

$$\text{TEOS}(g) + O_2(g) \xrightarrow[\text{Heat}]{\text{Plasma}} SiO_2(s) + \text{by products}(g)\uparrow$$

공정 관련 가변 Parameter가 SiH_4/N_2O, TEOS/O_2 비율, Pressure(2~10torr), Inert Gas He, N_2량, HF(13.56MHz), LF(126~135KHz) 등이 있다.

개별 필름Film 특성에 맞는 조건으로 Setting하여 최적의 조건을 찾아 내어 적용한다. TEOS의 경우 Liquid로 공급되고, LFMLiquid Flow Meter을 거쳐 injection Valve를 통하여 Vapor되는 형태로 공급됨으로써 공급 배관Delivery Line의 온도 관리가 중요하다.

장비 관리 인자

Process 관련 장비 주요 인자이며, 해당 장비 관리를 위한 정밀한 유지 조절이 필요하다.

- Gas Flow
- Pressure 관리
- RF Power 관리
- Heater Temp 관리
- Delivery line Temp 관리Liquid Source ex) TEOS, TMB, TMP

Thermal CVD BPSG공정

공정의 역할

일반적인 USG Film에 B, P 농도를 주입하면 Flow 특성이 향상된다. 이는 B, P Oxide가 Glass의 Meting Point를 낮추는 효과를 주어 후속 낮은 온도에서 Flow 특성을 가질 수 있도록 하며, 일반적으로 Gap fill과 평탄화공정에 많이 사용된다. 이러한 Thermal CVD공정은 PIDPlasma Induced Damage 걱정 없이 아직도 널리 사용되고 있다. 반응식은 다음과 같다.

$$TEOS(g) + TMB(g) + TMP(g) + O_3/O_2(g) \xrightarrow{Heat} BPSG(s) + by\ products(g)\uparrow$$

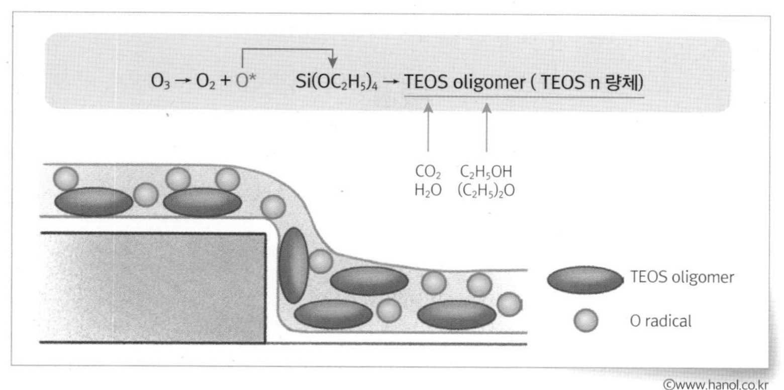

그림 6-20 TEOS -O_3 Flow 특성

©www.hanol.co.kr

TEOS -O_3 Oligomer 형성시키고 표면 이동을 통한 Flowing 특성이 향상되고 탈착 현상 Desorption으로 자연스럽게 Gap fill 및 평탄화 특성을 갖게 된다.

BPSG공정 직후 SEM 사진의 경우 내부 Void 및 단차가 명확하게 나타난다. 하지만 후속 Anneal공정을 진행하면 Flow가 진행이 되어 Void도 사라지고 평탄화가 이루어지는 모습이 관찰된다. 이러한 Flow 특성은 BP 농도와 Anneal 시 온도는 높을수록, Anneal Gas는 N_2 보다 H_2O일수록 좋아지기는 하나 반대 급부로 물질의 WET 특 성 저하, 온도 증가 시 소자 회로의 특성 열화 등을 고려하여 최적화 조건으로 설정하고 관리해야 한다. 최근 제품에는 Flow 특성보다는 WET Etch Rate 조절을 통한 공간 면적 확대CAP 용량 향상를 주 목적으로 사용되고 있다.

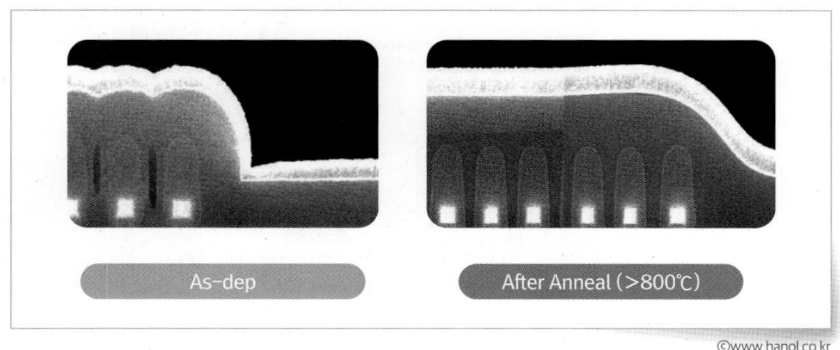

그림 6-21 BPSG 증착과 Anneal에 따른 평탄화 모습

©www.hanol.co.kr

장비 관리 인자

앞에서 언급한 PE CVD와 비슷하게 관리되며, 특히 B, P Doping 농도 관리가 중요하여 정밀하게 관리를 해야 한다.

- Gas Flow
- Pressure 관리
- Heater Temp 관리
- Delivery line Temp 관리TEOS, TMB, TMP

*BPSG Precursor는 장비사 특성에 맞게 선택된다.

PE CVD ARCAnti Reflection Coating공정

공정의 역할

Photo공정의 노광 시 Under layer Film에 대한 빛의 반사로 인하여 패터닝Patterning 불량이 발생하고, 이를 제어하기 위해 PRPhoto Resister 도포 전에 ARC 막을 증착하여 빛의 반사를 줄여 정확한 패터닝Patterning이 될 수 있도록 하고 있다.〈그림 6-22〉

Mask공정 자체에서 사용되는 Organic ARC 및 CVD로 증착되는

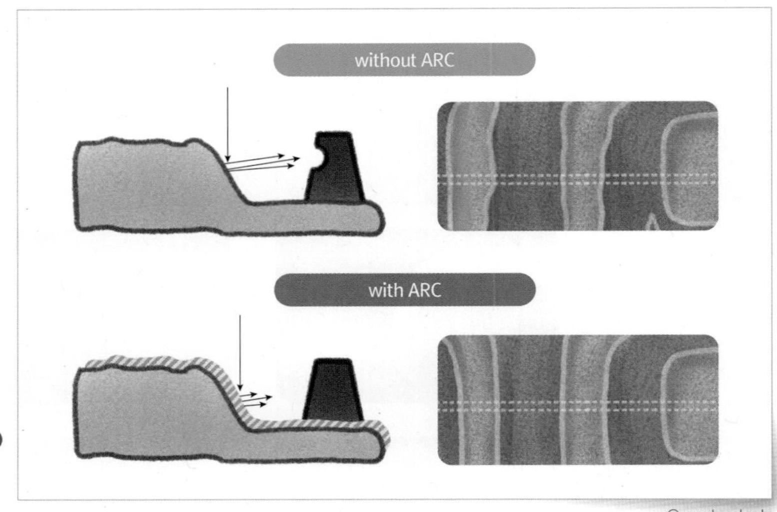

그림 6-22 ARC 사용 유무에 따른 차이 비교

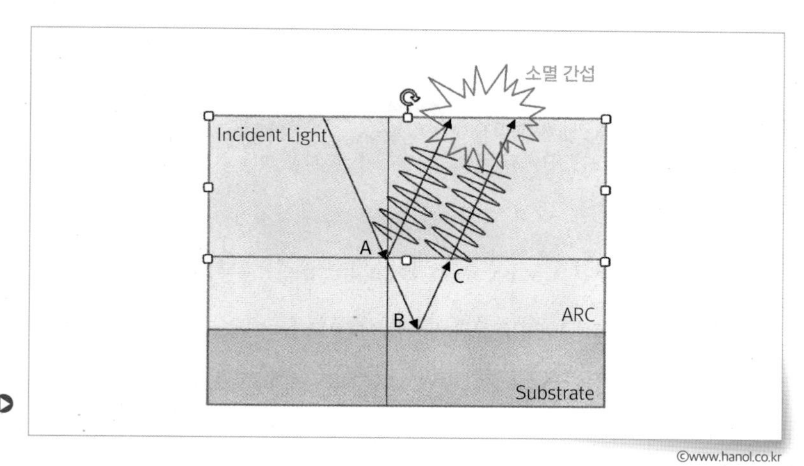

그림 6-23 ARC Film 빛의 특성

©www.hanol.co.kr

SiO_xN_y물질을 적용하고 있다. 반응식은 다음과 같다.

$$SiH_4(g) + N_2O(g) + N_2(g) \xrightarrow[Heat]{Plasma} SiO_xN_y(s) + \text{by products}(g)\uparrow$$

CVD 막질 중 ARC 역할에 대한 필요조건으로 Topology상의 빛의 파장을 상쇄소멸간섭의 조건이 필요하며, 이는 필름Film 두께 Thickness 및 굴절률 RIReflective Index와 연관되어 있다. 대개의 ARC Film은 이러한 두 가지 물성을 자유롭게 조절이 가능한 SiH_4 기반의 PE CVD공정을 채택하여 사용하고 있다.

장비 관리 인자

앞에서 언급한 PE CVD와 동일하게 관리되고, 특히 RI 물성 관련 SiH_4/N_2O 비율관리가 제일 중요하며 정밀하게 관리해야 한다.

- Gas Flow
- Pressure 관리
- RF Power 관리
- Heater Temp 관리

HDP High Density Plasma 공정

반도체 공정의 소자의 집적도가 증가함에 따라 절연 특성과 함께 Gap fill 특성이 더욱 더 요구되며, 초기 Overhang 현상에 기인하여 후속 필름Film이 더 이상 채워지지 않고 Void가 발생하게 된다. 이를 극복하고자 초기 Dep Film의 상부 Overhang 부분을 Ar 입자로 Sputtering 함으로써 개구부를 열어주고 다시 Dep을 하는 Cycle을 반복적으로 하여 Void free 하게 만든다.

HDP공정상 PE CVD 비교 시 Plasma 밀도와 Pressure 차이가 현저하게 발생한다.

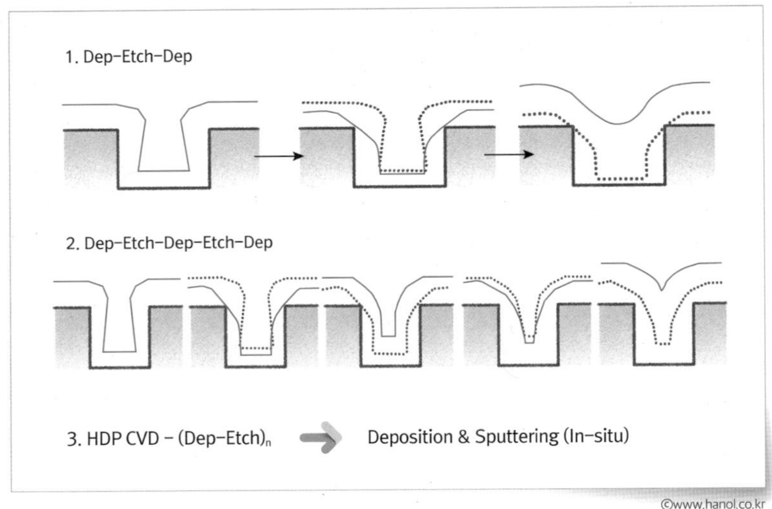

그림 6-24 공정의 증착 원리

©www.hanol.co.kr

표 6-5 HDP vs PE CVD공정 조건 차이 비교

	HDP	PE CVD
Plasma Density	$>10^{11}$ cm^3	10^{10} cm^3
Pressure	수 mTorr	수 Torr
Heater	E_Chuck	Heater

HDP공정은 'Dep - Sputter - Dep'을 지속해서 반복함으로 이에 대한 Dep과 Sputter 비율 관리가 중요하다.

$$\text{DS Ratio} = \frac{\text{Net Deposition 양} + \text{Sputter된 양}}{\text{Sputter된 양}}$$

이러한 HDP공정 특성상 E-Chuck 사용Chucking & Dechucking과 Plasma Damage를 해소하기 위하여 여러 가지 공정 STEP이 필요하다. Step은 다음과 같다.

- Wafer In
- Pump down
- Ar, O_2 Flow
- Source RF On
- E-Chuck ON
- He Pressure ON
- Bias RF ON, SiH_4 FlowDeposition
- Bias RF Off, Stop SiH_4
- He Pressure off
- E-Chuck off
- Source RF Off
- Stop Ar, O_2
- Chamber Vent
- Wafer Out

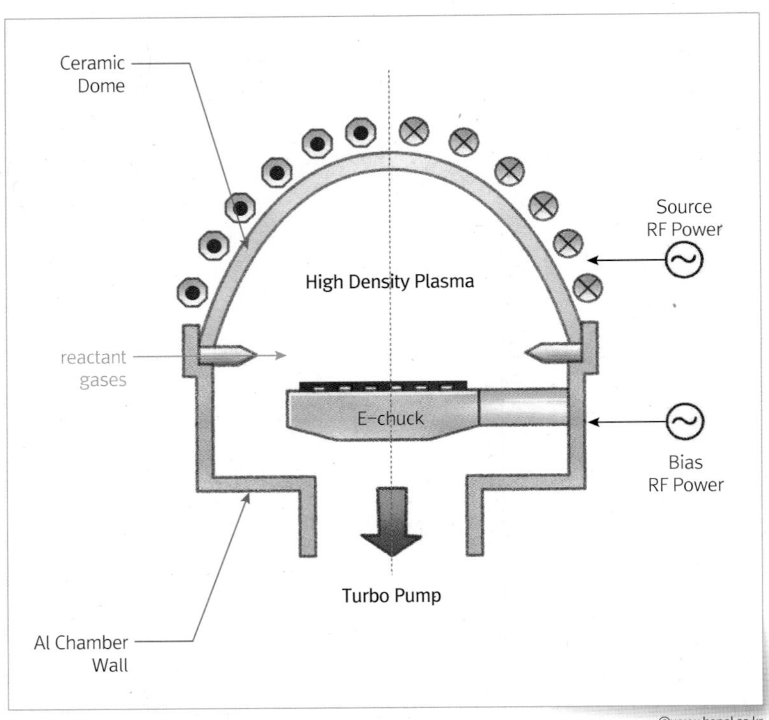

그림 6-25 HDP 장비 개념도

장비 관리 인자

HDP 장비 구조는 High Plasma를 위한 ICP 구조로 이루어져 있으며, 고진공 상태를 유지하기 위해 Turbo Pump와 Rough Pump 2개가 동시에 필요하다.

Process 관련 장비 주요 인자이며, 해당 장비 관리를 위한 정밀한 유지가 필요하다.

- Source RF Power
- Bias RF Power
- O_2/SiH_4 Ratio
- He, H_2, NF_3 Flow rate
- He Backside Pressure
- Turbo Pump

SOD$_{\text{Spin on Dielectric}}$공정

공정의 역할

반도체 소자의 집적도가 높아짐에 따라 Gap fill이 주요 이슈가 되고 있어 초기 증착은 액체 형태로 Coating하고 후속 열처리 거쳐 SiO_2 절연막 역할을 할 수 있는 방식이다. 현재까지 가장 우수한 Gap fill 방식이다. 원액은 PSZ$_{\text{Polysilazane}}$ 폴리머 구조이며, 화합물의 성분 및 비율 등은 제조 공급사의 노하우로 공개되지 않고 있다.

〈그림 6-26〉과 같이 3단계로 이루어진다.

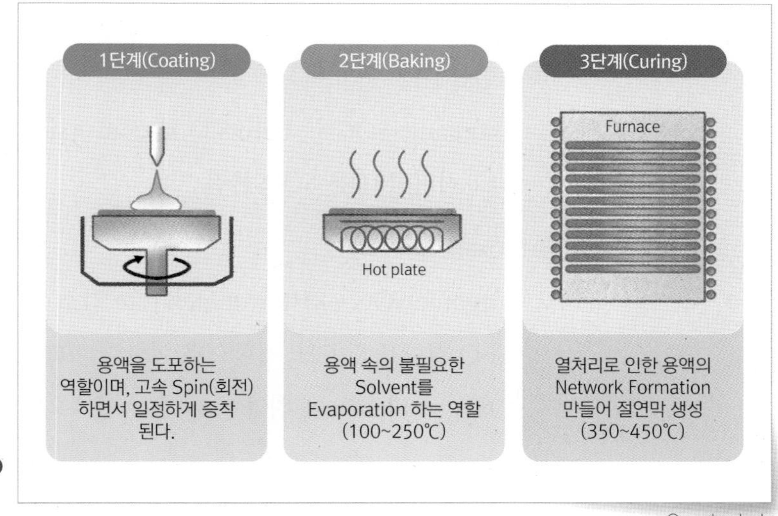

그림 6-26 SOD공정의 진행 절차

©www.hanol.co.kr

화학 반응식은 다음과 같다.

$$-\overset{H}{\underset{H}{Si}}-\overset{H}{N}- \xrightarrow[-NH_3,\ -H_2]{+H_2O} -\overset{OH}{\underset{OH}{Si}}-OH \xrightarrow[-H_2O]{} -\overset{O}{\underset{O}{Si}}-O-$$

Coating 후 → Curing 완료된 SOD

비교적 공정 수순은 간단하나 액상으로 Deep Pattern 표면에 따른 기포 발생의 억제, Curing 시 열처리 차이로 인한 Pattern 상, 하부 Oxide 막의 Density 차이가 존재할 수 있어 이에 대한 관리가 필요하다. SOD 물질은 많이 상용화되었으며, 지속적으로 연구 개발하고 있다. 대표적으로 사용되고 있는 Chemical은 다음과 같다.

① Polysilazane_{PSZ}

- Steam Curing 필수_{Oxidation 과정이 반드시 요구}
- Low film shrinkage → Narrow space에서의 film density 우수
- STI, ILD용에 적합한 SOD 물질

② Hydrogen silsesquioxane

- FOx, T-12
- Inorganic SOG → Pure SiO_2로 conversion 가능
- 대표적인 IMD용 SOD 물질

③ Siloxane_{IMD → Low-k}

- Organic SOG → HF wet etch rate 감소
- Si-O 결합을 Si-CH_3 결합으로 치환한 형태_{소량의 methyl 농도}
- Oxygen Plasma에 취약함 ⇒ 수분 흡수와 outgassing

④ Methyl Silsesquioxane

- Organic SOG → HF wet etch rate 감소
- Low-k Dielectric으로 연구 중

장비 관리 인자

일반적인 PR_{Photo Resist} 도포공정과 비슷하게 관리해야 한다.

- 용액 관리_{보관, Impurity}
- Dispense 양
- RPM 회전 속도
- Bake Temp
- EBR_{Edge Bead Remove}

PE Nitride Si_3N_4 공정

공정의 역할

Oxide 막질보다 밀도가 높은 특성으로 Passivation Layer, 산화 방지막, Hard Mask, Wet Etch Stopper 역할을 한다. Film Density를 높이기 위하여 550℃ 고온공정을 사용하며 특징은 다음과 같다.

- 유전율 4인 Si oxide에 비해 밀도가 높아 유전율 상수 7을 가진다.
- 2가인 O에 비해 3가인 N에 의해 bonding density가 높아 barrier 특성에 적합하다.
- Mechanical Strength가 크다.

화학식은 다음과 같다.

$$3SiH_4(g) + 4NH_3(g) \xrightarrow[\text{Heat}]{\text{Plasma}} Si_3N_4(s) + 12H_2(g) + \text{by products}(g)\uparrow$$

장비 관리 인자

- Gas Flow
- RF Power 관리
- Pressure 관리
- Heater Temp 관리

ACL Amorphous Carbon Layer Hard Mask공정

공정의 역할

비정질 형태의 Carbon 화합물로, 어떠한 결정 구조도 가지지 않고 반응 조건에 따라 여러 가지 구조의 형태로 존재한다. 그림과 같이 Sp^3, Sp^2, H 구조에서 결정 구조 없이 생성하는 막질이다. 이러한 막질은 Etch의 Selectivity가 우수하고 O_2 Ashing이 가능한 특성이 있

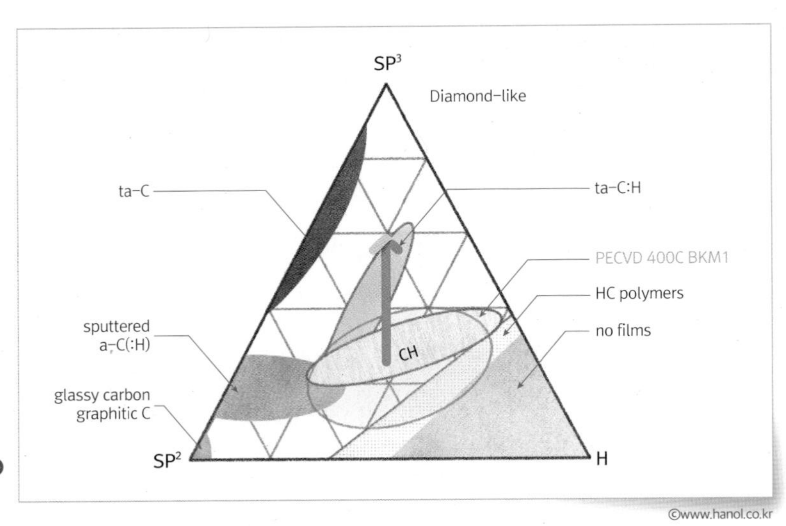

그림 6-27 Carbon 물질의 성상

©www.hanol.co.kr

어 아주 유용한 Hard Mask 역할을 해준다. 반도체 패터닝Patterning공정에 100nm Tech에서 처음 도입 이후 꾸준히 사용되고 있다. 반응식은 다음과 같다.

$$C_3H_6(g) + 3H_2(g) \xrightarrow[\text{Heat}]{\text{Plasma}} a\text{-}C(s) + 6H_2(g) + \text{by products}(g)\uparrow$$

ACL공정은 온도에 따라 물성 차이가 많이 발생한다. 온도가 높아질수록 필름Film 내 H_2 함유량이 낮아지고 Etch Selectivity가 증가함을

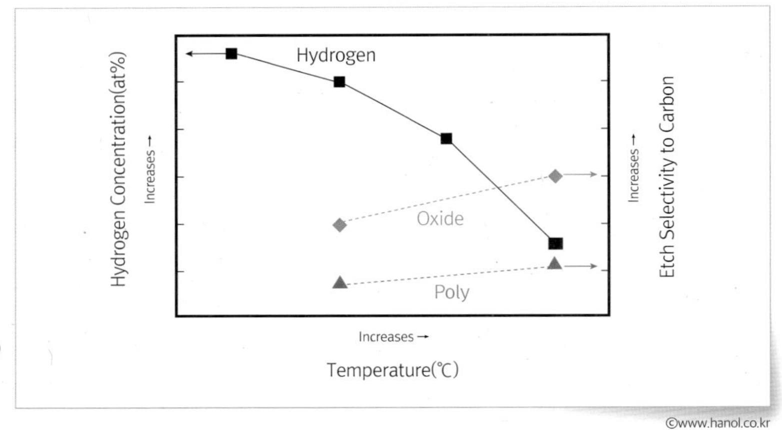

그림 6-28 온도에 따른 H_2 농도 및 Etch Selectivity

©www.hanol.co.kr

알 수 있다. 하지만 빛의 흡수율 k값이 증가하여 Photo Mask공정에서 Alignment 하기에 곤란한 사항으로 이러한 여러 가지 조건을 고려하여 적절한 온도대역300~650℃을 선택하여 사용한다.

장비 관리 인자

앞서 언급된 PE CVD와 동일하게 관리되며, 특히 Temp 관련 세밀하게 관리가 요구된다.

- Gas Flow
- Pressure 관리
- RF Power 관리
- Heater Temp 관리

Low-k공정

공정의 역할

Metal 배선 간의 절연을 하는 것을 목적으로 하고, 배선 간의 Coupling을 최소화하기 위해 Low-k를 가지는 물질을 사용하며, 적은 전하로 RC Delay를 줄여 신호 전달의 속도를 유지하고자 한다. 대부분 SiO_2에 C, H 함유량을 증가시키면 k값이 낮춰지는 특성을 갖는다. 이러한 Low-k Film은 Porous하여 Mechanical 강도가 약하고 Moisture 흡습에 취약한 조건으로, 연관된 Etch, Clean공정 조건도 함께 최적화 방향으로 조절해야 한다. 이러한 공정을 만족하기 위해 단위공정 물성 RI, Stress, k 값을 주기적으로 측정 관리해야 한다.

장비 관리 인자

- Gas Flow
- Pressure 관리

• RF Power 관리

• Heater Temp 관리

• Delivery Line Temp

NDC Nitrogen Doped Carbide 공정

공정의 역할

전통적으로 SiH_4 & NH_3를 이용하여 Nitride Si_3N_4 DEP공정을 적용하였지만 Low-k 특성을 구현하기 위해 Carbon을 넣어 결합된 SiCN Film이 사용되고 주요 역할은 Low_k 특성 구현과 Cu Migration 제어이다. 이를 효과적으로 하기 위하여 Dep 진행 전 CuO 제거를 위한 PSAB 전처리 Pre Treatment, Soaking, Pining Step에서 Cu와의 Adhesion 강화하고 추가로 SiCN NDC 증착을 한다. PSAB 세부 단계는 CuOx 제거 및 CuSix 형성으로 진행되고 Cu와의 Adhesion을 강화함으로써 후속 Thermal Stress로 인한 Cu Migration을 제어할 수 있어 소자 신뢰성에 중요한 역할을 한다.

공정 조건은 다음과 같다.

• PSAB Step Pre Treatment, Soaking, Pining

• NDC DEP Nitrogen Doped Carbide

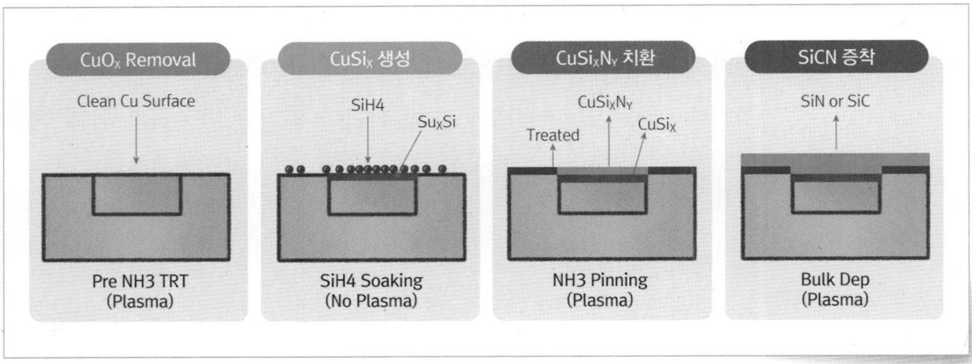

그림 6-29 NDC 증착 STEP 모식도

Precursor로써는 TMS$_{\text{Tetra Methyl silane}}$를 사용한다.

장비 관리 인자

- Gas Flow
- Pressure
- RF Power 관리
- Heater Temp 관리
- Dep Rate

Gate ON$_{\text{Oxide/Nitride}}$ Stack공정

공정의 역할

D NAND Oxide/ itride 증착 횟수가 ech 명칭으로 불린다. x) 48, 96, 128단

3D NAND공정에서 수직으로 Gate를 패터닝$_{\text{Patterning}}$하기 위해 Oxide/Nitride Stack공정이 필요하게 되며, ON공정의 특징은 동일 챔버$_{\text{Chamber}}$ 내에서 Oxide와 Nitride Film을 반복하여 증착을 하는 방법으로 진행된다. Oxide/Nitride 1Pair로 하여 원하는 Stack 수만큼 증착하게 되고, 후속 공정에서 Nitride Film은 제거되고 이 부분에 Word Line$_{\text{W Gap fill}}$ 영역이 되는 공간이 만들어진다.

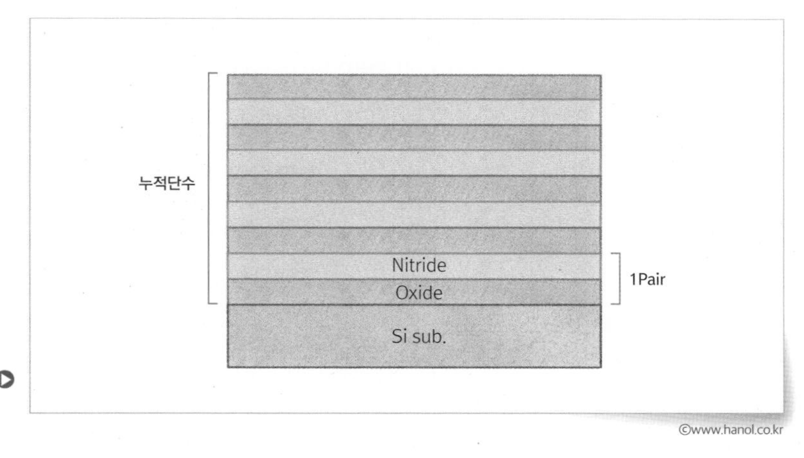

그림 6-30 ON Stack 구조

ON Stack 구조는 누적단으로 높아짐에 따라 전체 Stack의 Stress, THK Uniformity가 중요한 양산성 관리에 중요한 인자들이 있다. 특히 Edge 부위의 변화에 민감하여 주기적으로 관리해야 한다.

장비 관리 인자

- Gas Flow
- Pressure
- RF Power 관리
- Heater Temp 관리
- Dep Rate

05 CVD 장비 향후 Trends

반도체 공정은 점차 Shrink 됨에 따라 Dielectric 물성과 Hard Mask에 요구되어 있으며 이는 반도체 양산공정의 기술 개발과 나란히 하고 있다.

절연막Gap fill

앞에서 설명하였듯이 Gap fill 특성을 필요로 하는 공정은 ALD 방식과 액체를 도포하는 SOD 방식으로 지속해서 연구, 발전되고 있다. 수백여 공정 중에서 Gap fill 마진이 부족한 공정은 이미 ALD 또는 SOD 방식으로 진행하고 있으며 점차적으로 확산되는 추세이다.

Hard Mask공정

Hard mask는 Film Height가 높아지고 선폭이 작아짐으로 인한 패터닝Patterning의 극복을 위하여 꾸준히 요구되고 있다. NAND HARC용, DRAM Storage Node, EUV에 필요한 Hard Mask Film이 지속적으로 필요한 사항이며, Dep Temp를 올리고, Doping을 추가하여 Etch Selectivity를 개선하는 방향으로 개발되고 있다.

Low-k IMD 기술

Cu 배선의 Pitch size가 작아짐에 따라 배선 간 Coupling에 기인한 RC Delay를 유발한다. 이를 극복하기 위해 배선 간 절연 물질에 대해 지속적으로 더 낮은 k값을 요구하고 있으며, 세계적인 IITC 학회에서는 Dense SiCOH에서 Porous SiCOH의 방향으로 보고되고 있다. Low-k 박막의 Hardness 저하에 기인한 문제 발생을 최소화하기 위해 낮은 k값을 가지면서 동시에 Mechanical Strength를 극대화하는 개발이 요구되고 있다. 전통적으로 Low-k 증착 기술은 CVD 방식이 많이 사용되나, 최근 SOD 방식에 의한 연구도 활발히 진행되고 있다.

Warpage Control 기술

3D NAND공정의 누적되는 공정 Word Line 물질이 W Dep공정으로 Gap Fill이 됨으로써 이로 인한 Saddle 형태로 웨이퍼Wafer가 휘어짐이 발생한다. 이러한 웨이퍼Wafer는 Flat하지 않아 후속 공정의 Robot이나 Heater상에 안정적으로 안착이 되지 않아 공정 진행이 어려워진다. 이러한 어려움을 극복하기 위하여 Wafer back side의 반대쪽에 증착하여 다시 Flat하게 만들어 후속 공정 진행에 어려움이 없게 하는 공정이다.

철옹성
혁!!! 그게 사실이라면 정말 큰일 아닙니까?
총관, 성도문파에서 우리 스도문파의 성벽구축 비법을 빼가기 위해 첩자를 심었다는 이야기가 있소
성도문파
첩자를 색출할 좋은 방법이 없겠소?
이런건 니가 알고 있어야 하는거 아냐?
쯧~
우리의 비법을 3중 금고에 담아 아무도 접근하지 못하게 하는게 어떻습니까?
생각하는 거 하고는… 그런 1차원적인 생각으로 어찌 첩자를 잡을 수 있겠소?
우리가 알지 못하는 첩자라면 어떻게든 금고에 접근해서 비법을 뱉 수 있지 않겠소?
아하!!! 총관 말대로 해봅시다.
면박 주더니 그 방법 뿐이징… ㅠ.ㅠ
내부첩자가 비법을 가져갈 수 있도록 경계를 허술하게 하시오
엥!!! 비법을 주자는 말씀이신지요?
그렇소. 내 비법 서책을 줄 터이니 금고에 잘 보관하고 주위 무사들에게 살짝 흘리시오
엥… 어쩌자고 우리의 철옹성 비법을 준다는 거야
도둑이다!!!
하문인, 어쩌면 좋습니까? 왜 그걸 금고에 넣자고 해서 난처한 상황을 만드셨나요?
총관, 그런 걱정은 말고 총 공격 준비를 하시오
성도문파도 철옹성을 구축할텐데~~ 무슨 공격이란 말씀이십니까?
글쎄 하라면 하시오…

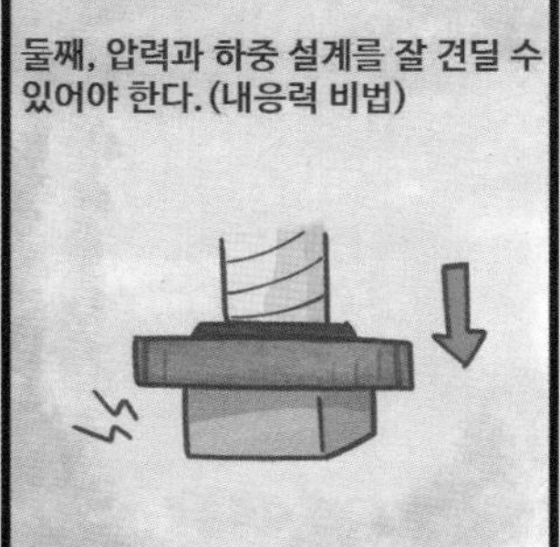

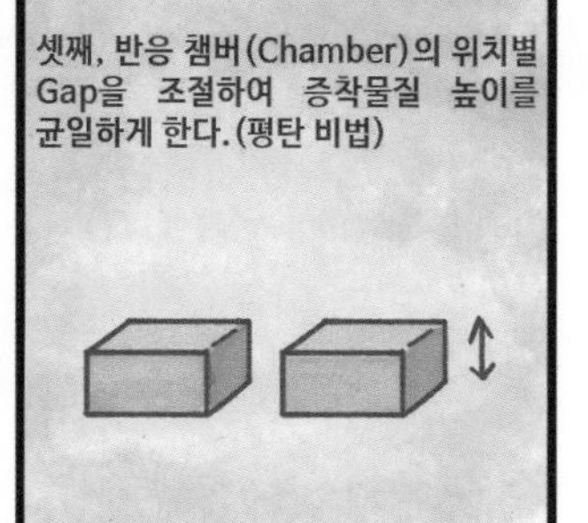

갈수록 회로는 좁아지고 극복해야 할 과제가 많아집니다. 이 중 하나가 Wafer Warpage, Thermal 안정, Passivation 역할을 하는 절연막입니다. 반도체 내부의 70%가 절연막 CVD 필름이고 요구되는 특성을 안정되게 확보해야 품질 및 수율을 장담할 수 있게 됩니다.

07

"Thinfilm_ PVD공정

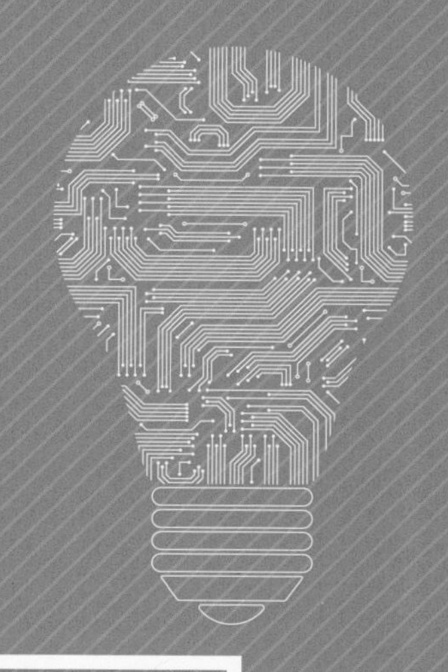

07

Thinfilm_PVD 공정

01 PVD공정

PVD공정 소개

일반적으로 PVD(Physical Vapor Deposition)의 약어로, 물리기상 증착 방법을 말한다. PVD(Physical Vapor Deposition)의 약어로 물리적 기상 증착 방법을 말하여 일반적으로 반도체의 도체 역할을 하는 물질을 증착하는 것을 지칭하여 사용 한다. 공정의 주요 반응 메커니즘은 원하는 막질(모체) Ar Gas로 Sputtering 하여 웨이퍼(Wafer) 표면에 원하는 박막필름(Film)이 증착되는 과정이다. 우리가 원하는 주요 박막 필름(Film) 물질은 Al, Ti, TiN, W, Co, Cu 등이 있다.

표 7-1 Metal 물질에 따른 증착 방법 분류 기준

용도	Material	증착 방법
Barrier Metal	Ti, TiN	Sputter, CVD
Contact Gap Fill	W	CVD
Capacitor	TiN	ALD
Salicide	Ti, Co	Sputter
Line	Al, W	Sputter
Seed Barrier	Ta, TaN, Cu	Sputter
Line + Contact Gap Fill	Cu	EP(Electric Plating)

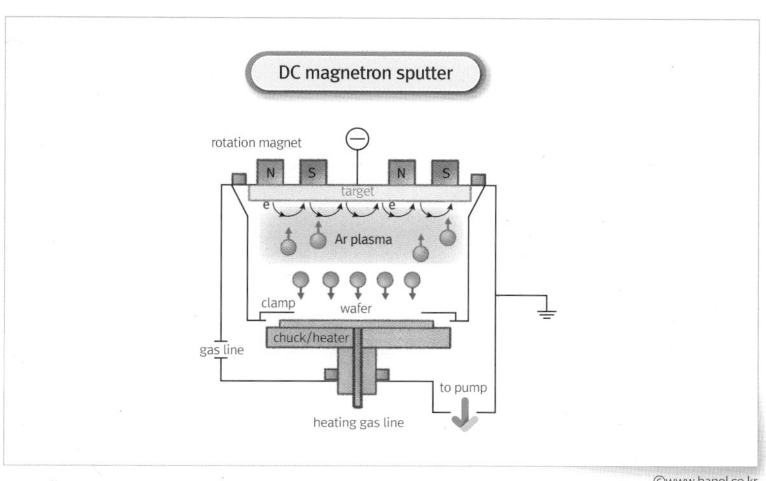

그림 7-1 Sputter 장치 원리의 이해

©www.hanol.co.kr

02 PVD공정의 요구사항

Metallization의 역할은 저저항이 중요하다. 이는 Speed 이른바 RC time이고, 이는 Metal 배선의 저항에 비례하는 특성이다. 배선의 낮은 저항은 RC Time을 짧게 하고, 동작 속도는 더욱 빠름을 의미한다. 반도체 설계 배치의 Metal 배선은 Substrate 위에 형성된 수백만 개의 Tr과 Contact로 연결되어 있으며 최종적인 저항은 동작 속도 및 제품의 신뢰성에 중요한 역할을 한다. 뿐만 아니라 패터닝Patterning이 용이하게 되어야 하고 EMElectromigration과 Under layer Adhesion의 특성 또한 우수해야 한다. 이로써 반도체에서 파워Power와 시그널Signal을 전달하는 대표적인 물질은 Al, Cu 등이 있다. 다음은 반도체 공정에 적용하기 적합한 요구사항이다.

- Low Resistivity
- Easy film formation
- Stability of mechanical properties
- Resistance to Electro-migration & Stress-migration
- Corrosion resistance
- No contamination to wafer chip & Machines
- Low film stress
- Good controllability for film deposition & patterning

Metal 물질의 특성

반도체 공정에 사용되는 도체 물질에 대한 특성은 다음과 같다.

Aluminum 물질

- 원소 중 4번째로 낮은 비저항과 제조상 쉽게 Etch되는 장점 등으로 인해 Metal Line에 사용
- Logic에서는 일찍부터 Cu로 변경되었으나, 메모리 Device에서는 아직도 널리 사용
- 낮은 Melting temperature로 인해 후속 공정에 thermal의 제약 <400℃ 이하
- 저저항 물질 순서: 은 > 구리 > 금 > 알루미늄

표 7-2 Aluminums Properties

이름	Aluminum
화학식	Al
주기율표 번호	13
원자량	26.98
Melting point	660℃
Boing Point	2519℃
Electrical Resistivity	2.7 (μΩ·cm)
Young's Modulus	70GPa
Reflectivity	71%

*출처: www. Webelements.com

Titanium Barrier Metal 물질

- Ti 물질은 Si 과의 직접 만나 TiSilicide $TiSi_2$를 만들어 저항 감소 목적
- Ti/TiN: Al line 의 Under layer 및 Capping layer로 사용되어 Al 의 Reliability 향상 목적에 활용

표 7-3 Titanium Properties

이름	Titanium
화학식	Ti
주기율표 번호	22
원자량	47.86
Melting point	1668℃
Boing Point	3560℃
Electrical Resistivity	40 (μΩ·cm)
Young's Modulus	116GPa
Reflectivity	No data

*출처 : www. Webelements.com

Tungsten 물질

- Al으로는 매립이 힘든 deep contact나 후속 열공정 온도가 높은 contact에 적용
- Al이나 Cu에 비해 상대적으로 높은 비저항을 가지므로, Contact 내부에만 W을 형성하고 Line은 Al을 적용하는 Plugging공정으로 CVD 방식

표 7-4 Tunsten Properties

이름	Tungsten
화학식	W
주기율표 번호	74
원자량	183.8
Melting point	3422℃
Boing Point	5555℃
Electrical Resistivity	5.4 (μΩ·cm)
Young's Modulus	411GPa
Reflectivity	62%

*출처 : www. Webelements.com

Cobalt 물질

• 반도체 Contact Size가 작아짐에 따라 $TiSi_{2}$Tisilicide의 저항 증가로 인한 개선이 필요하여 CoSilicide공정으로 채택

표 7-5 Cobalt Properties

이름	Cobalt
화학식	Co
주기율표 번호	27
원자량	58.9
Melting point	1495℃
Boing Point	2927℃
Electrical Resistivity	6 (μΩ·cm)
Young's Modulus	209GPa
Reflectivity	67%

*출처 : www. Webelements.com

Tantalum 물질

• Cu는 SiO_2로 확산이 쉽게 일어나며, 이에 대한 Cu barrier로써 적합한 물질로 사용

표 7-6 Tantalum Properties

이름	Tantalum
화학식	Ta
주기율표 번호	73
원자량	180.9
Melting point	3017℃
Boing Point	5458℃
Electrical Resistivity	13.5 (μΩ·cm)
Young's Modulus	186GPa
Reflectivity	90%

*출처 : www. Webelements.com

Copper 물질

- Interconnection으로써 Al 저항의 한계를 극복하고자 Cu 물질이 도입
- Dry Etch공정의 어려움으로 Damascene공정으로 진행해야 한다.

표 7-7 Copper Properties

이름	Copper
화학식	Cu
주기율표 번호	29
원자량	63.5
Melting point	1084℃
Boing Point	2927℃
Electrical Resistivity	1.7 (μΩ·cm)
Young's Modulus	130GPa
Reflectivity	90%

*출처 : www. Webelements.com

PVD 주요 특성의 이해

Sheet Resistance

단위 면적당 저항을 말하고 명목상 동일한 두께에서의 박막의 저항을 말해주는 척도이다. Metal Film에서 제일 중요한 특성이며, Rs로 표시하고 단위는 Ω/□이다. 지속해서 선폭이 작아져서 실제 동작 속도가 영향을 받게 되므로 Metal 물질의 비저항은 언제나 낮게 요구된다. 다음은 저항에 관련한 설명이다.

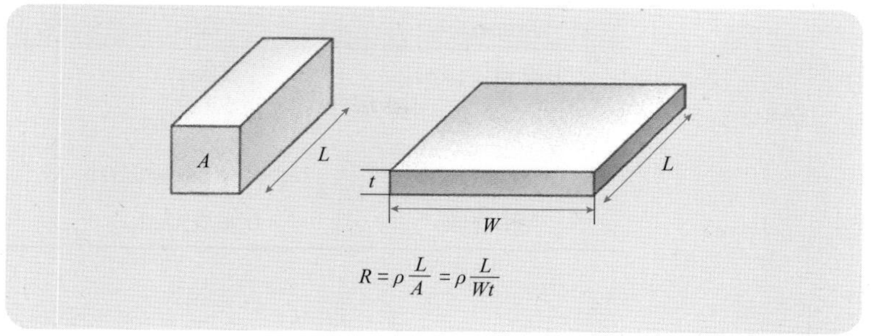

©www.hanol.co.kr

- R: 저항
- ρ: Resistivity
- A: 단면적, W × t W : width , t : Thickness
- L: 길이

Contact Silicide 특성 Ti, Co, Ni

반도체 집적 소자에서 Si와 Metal 간의 접합이 발생하게 된다. Metal과 Silicon 간의 Conduction band 차이로 인한 고저항 Schottky contact이 발생한다. 현 공정에서는 MOS Tr. 동작 Current 열화를 방지하고자 저저항 Ohmic contact으로 만들어야 한다. 일반적인 방법은 Metal 과 맞붙은 Si 내의 Carrier B, P 물질을 Implant 방식으로 주입하고 적절한 Thermal을 주어 Metal과 Si 간의 Silicidation이 잘 형성되도록 해야 한다. 이에 적합한 Metal 물질 및 특징은 다음과 같다.

표 7-8 Metal과 Si의 화합물의 특성

Properties	$TiSi_2$	$CoSi_2$
Thin Film Resistivity (μΩ·cm)	13~16 (60~80 for C49)	16~18
Formation Temperature	600~700℃ : $TiSi_2$(C49) 800~900℃ : $TiSi_2$(C54)	400~450℃ : CoSi 700~800℃ : $CoSi_2$
Si Consumption	Ti : Si = 1 : 2.3	Co : Si = 1 : 3.6
Moving Species	Si	Co

Properties	$TiSi_2$	$CoSi_2$
Thermal Stability	Bad	Good
생성온도	700 → 850°C	530 → 760°C
Rs Dependency to Size	higher Rs below 0.3μm	Less dependency
한계선폭	0.25/0.22um	0.1um 이하

EM_{Electro Migration} 현상

Electro Migration, 즉 electron의 흐름에 의해 Metal atom이 이동하는 현상을 의미한다. Al과 같이 원자번호13가 작은 물질은 Electron의 Flux에 의해서도 Momentum transfer를 받고 electron의 수가 많거나 속도가 빠를 때Current density에 그 영향이 나타나게 된다. 예를 들면, W과 같은 Heavy element들은 electron의 흐름이 아무리 커도 그 영향이 나타나기 어렵다. EM은 실제로 Al이 이동해서 배선의 failure가 나타나는지 여부가 중요하다. Al은 주로 Grain Boundary G.B.를 통해서 fast migration이 일어난다. 〈그림 7-2〉와 같이 전류 전자의 흐름에 의해 금속원자*ex : Al가 Grain Boundary로 이동 → Vacancy 생성 → Void 생성 → Open Circuit Failure가 발생하게 된다. EM 내성에 영향을 주는 요인으로는 배선의 종류Material, 결정구조, 미세구조,

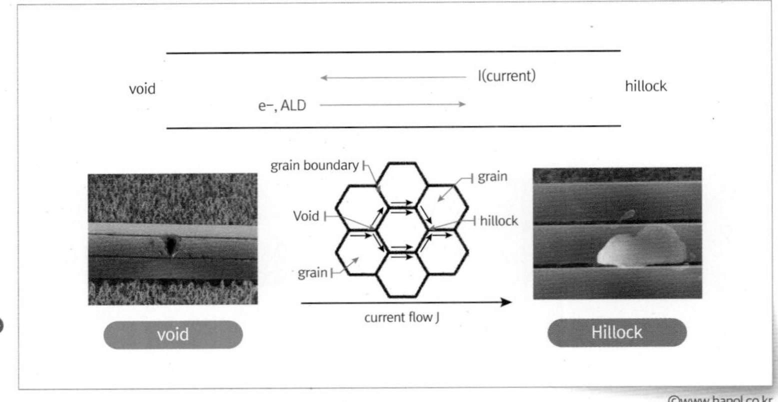

그림 7-2 Electron Migration 발생 경로 모습

©www.hanol.co.kr

선폭, 두께, Contact 및 Via 구조, 동작 전류 밀도, 그리고 동작 온도 등이있다. 이에 대한 대책방안으로 Al Alloy(Cu 포함)로 마진을 확보하고 있다.

ALD(Atomic Layer Deposition) 방식

ALD 방식 원자 증착 방식으로 화학 반응 중에는 Gap Fill 성능이 가장 우수하다. 보통 Cycle로 증착이 되며 필요한 두께만큼 Cycle이 반복하면 된다. 1Cycle에는 Feeding / Purge Time으로 구성된다.

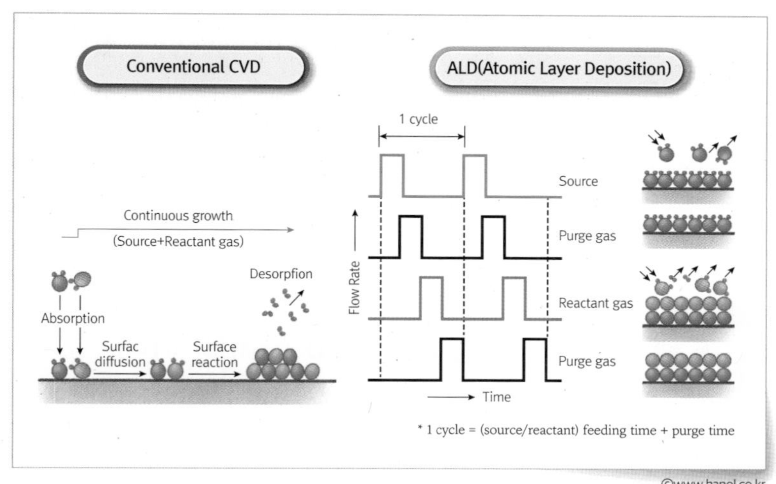

그림 7-3 CVD vs ALD공정 증착 방식 비교

Damascene 구조

대표적인 배선 절연 방법으로는 RIE(Reactive Ion Etch)와 Damascene 방법이 있다.

RIE는 Metal을 증착하고 이를 패터닝(Patterning)한 뒤에 절연막인 Oxide나 Nitride를 매립하는 방법이고, Damascene은 Dielectric을 먼저 증착하고 패터닝(Patterning)한 뒤에 Metal을 채워 넣는 방법이다. Al이나 W 등을 포함한 대부분 공정에서는 RIE 방식을 많이 사용하나, Cu의

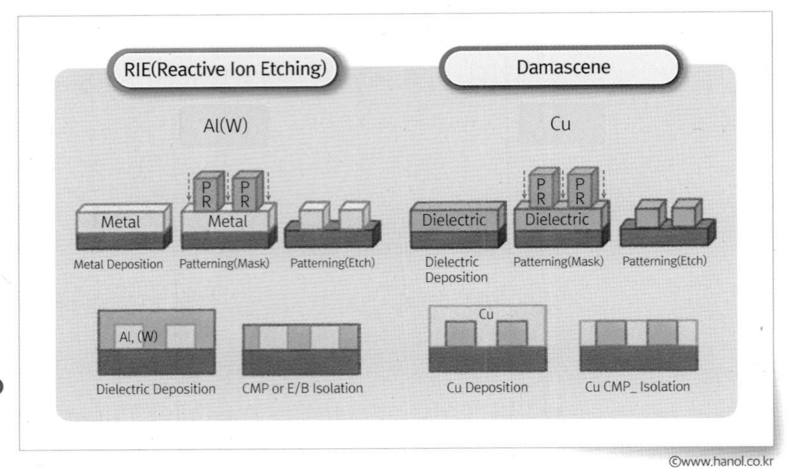

그림 7-4
RIE vs Damascene 공정 비교

*Damascene
사전적 의미는 "상감하다"라는 말로서 필요한 부분만 금속으로 채우는 기법

경우에는 Cu 물질을 패터닝Patterning할 수 있는 적절한 Etchant를 아직 발견하지 못하였기 때문에 Dielectric을 먼저 증착하고 패터닝Patterning하는 Damascene공정을 사용한다.

05 PVD공정의 Fab 장비의 이해

장비 구성 배치를 Clean Room에 Main 장비를 배치하고 기타 장비 부속 Component는 2F에 , Pump와 Gas 공급 장치는 1F으로 배치하고 유지 관리한다. CVD 장비와 큰 차이는 없다.

대부분 Metal PVD공정은 단일 챔버Chamber로 구성되지 않고 Under layer Film 반응을 억제하기 위한 Barrier 역할 및 Contact 산화막 등을 제거하기 위하여 각각의 기능을 할 수 있는 챔버Chamber 구성이 함께 되는 특징이 있다. Sputter 진행 과정은 고진공 상태에서 Ar Gas에 강한 전기장을 걸어주어 모체 Target 표면에 Ar 이온들이 충돌하여 Target에서 떨어져 나온 원자들이 웨이퍼Wafer 위에 증착되

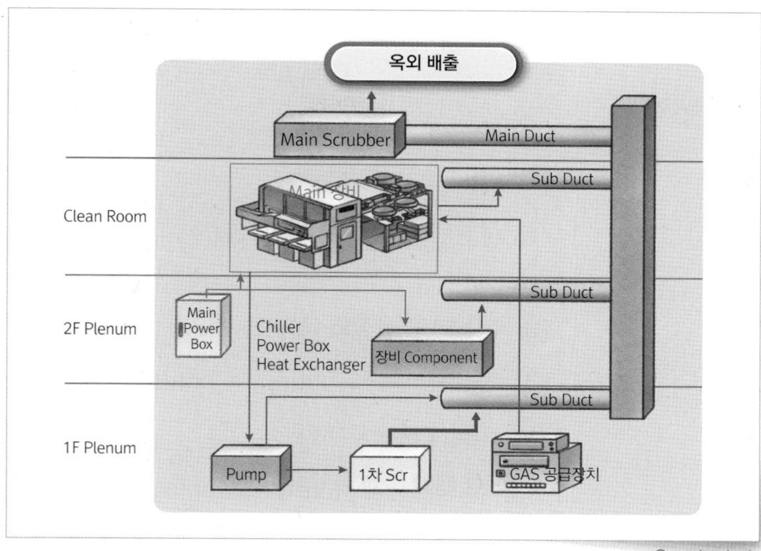

그림 7-5 Fab 장치 구조

©www.hanol.co.kr

는 Process이다.

공정의 이해를 돕기 위하여 대표적으로 진행되는 웨이퍼Wafer 경로는 다음과 같다.

- FOUP at Load Port → Cool
- Cool → Degas

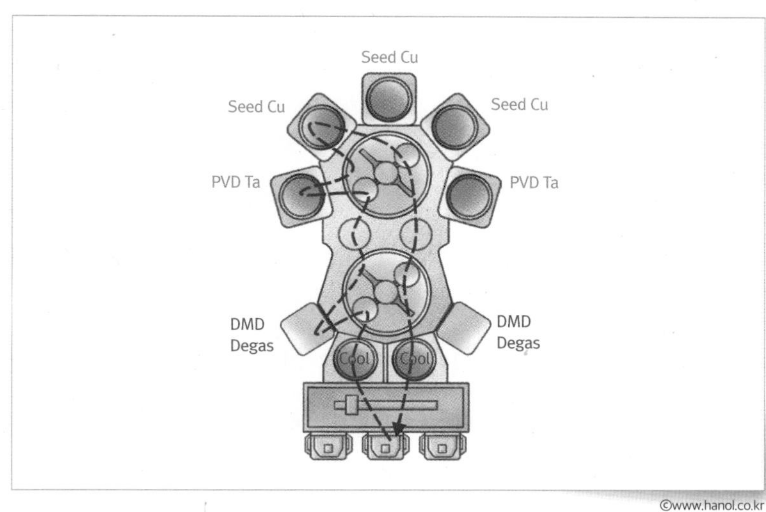

그림 7-6 PVD 장비 구성

©www.hanol.co.kr

*FOUP
웨이퍼(Wafer) 이동 장치인데 보통 25장의 웨이퍼(Wafer)가 들어간다.

- Degas → $TM_{Transfer\ Module}$
- $TM_{Transfer\ Module}$ → $Chamber_{Ta}$ → $Chamber_{Cu}$
- Chamber → $TM_{Transfer\ Module}$
- $TM_{Transfer\ Module}$ → Cool
- Cool → FOUP at Load Port

주요 PVD 물질의 용도

- Ti: Si 하부막과의 Ohmic Contact Layer 형성 TiSix, Al Film의 Wetting Layer로 사용
- Co: Si 하부막과의 Ohmic Contact Layer 형성 CoSix
- TiN: CVD W Glue layer, Al to Si의 Barrier Layer, Al 반사 차단막 ARC용
- Ta: Cu Barrier에 사용
- Al: 금속 배선 및 Power 공급
- Cu: EP-Cu의 Wetting Layer로 사용

Sputter공정 장비 적용 물질: Al, Co, W, Ti, TiN

공정의 역할

금속공정은 집적회로에서 서로 다른 물질 간의 접촉$_{Ohmic,\ Schottky}$, 소자들 간의 연결$_{interconnection}$, 칩과 외부 회로와의 연결의 기능을 갖고 있다. Sputter 증착은 진공 상태에서 Target에 고전압을 공급하여 주면 Target 주위에 Plasma 방전이 발생하고 방전 영역에 존재하고 있는 양이온들이 전기적인 힘에 의해 Target 표면에 충돌하여 Target에서 떨어져 나온 원자들을 기판 위에 증착시키는 기술로 DC Sputtering, Magnetron Sputtering, RF Sputtering, Reactive Sputtering으로 구분되어진다. 〈그림 7-7〉 참조

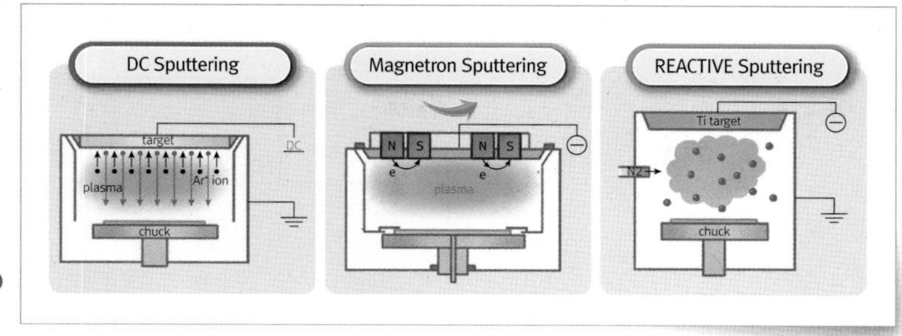

그림 7-7 Method of Sputtering

©www.hanol.co.kr

특징은 다음과 같다.

- DC Sputtering은 Target에 '-' 인가하면 Ar^+ 이온이 충돌하게 되고 Target에서 분리되어 Wafer에 증착한다.
- Magnetron Sputtering은 자기장이 일정한 세기를 넘으면 전자는 음극을 나가서 양극에 도달하지 못하고 양극 사이에서 나선 운동을 한다. 전자의 충돌 횟수를 증가, 이온화 가능성을 높여 Deposition Rate를 증가시킨다.
- Reactive Sputtering은 반응성 기체$_{N_2,\ O_2,\ C,\ S\ 등}$와 불활성 기체$_{Ar}$가 혼재되어 있는 특정 진공 상태에서 Sputtering에 의해 기판에 compound film을 형성한다.

Al 배선공정의 진행은 RF ETCH / Liner Ti TiN / Al Cu alloy / Ti / TiN으로 진행하게 된다. RF ETCH는 Under layer 산화막을 제거하고, Liner Ti는 AlO_3 형성을 막아주고 Ti 증착으로 인한 Al Grain Size를 증가시키는 역할을 하여 전체적인 저항을 낮추고 소자 신뢰성을 증가시킨다. Top Ti/TiN공정은 Al의 난반사를 줄여줌으로써 후속 Photo Mask 작업을 원활하게 해주는 ARC 역할을 한다. Serial로 진행되는 모든 챔버$_{Chamber}$를 한 장비에 구성하여 생산성 개선 및 Delay Time 없이 진행하여 자연 산화막을 원천 제어하는 장점이 있다.

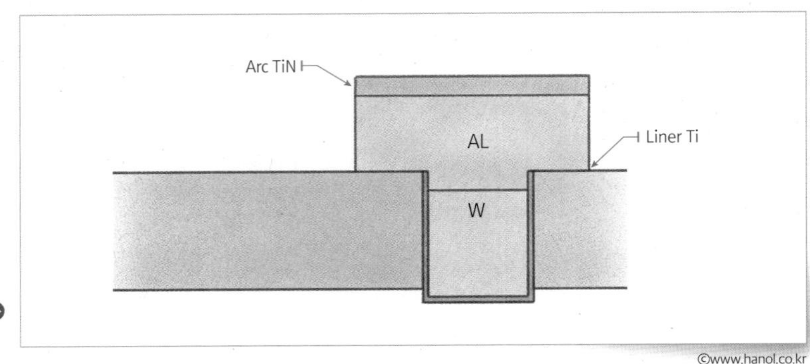

그림 7-8 Al 배선공정의 Film 증착

©www.hanol.co.kr

TiN Film에서의 Ti와 Nitride의 조성은 중요하다. 각각의 조성 비율에 따른 특성은 다음과 같다.

- Ti < N인 경우

  Resistivity가 높아 Conductance로 좋지 않은 특성이 있다.

- Ti > N인 경우

  Ti rich Film으로 Ti 성분이 많아 Under Layer로 쓰이는 Ti가 Si-Sub와 반응하여 Silicidation될 때 더 많은 Si을 Consumption 하여 Junction Depth가 짧아지고 Device에 Leakage Fail을 초래할 수 있다.

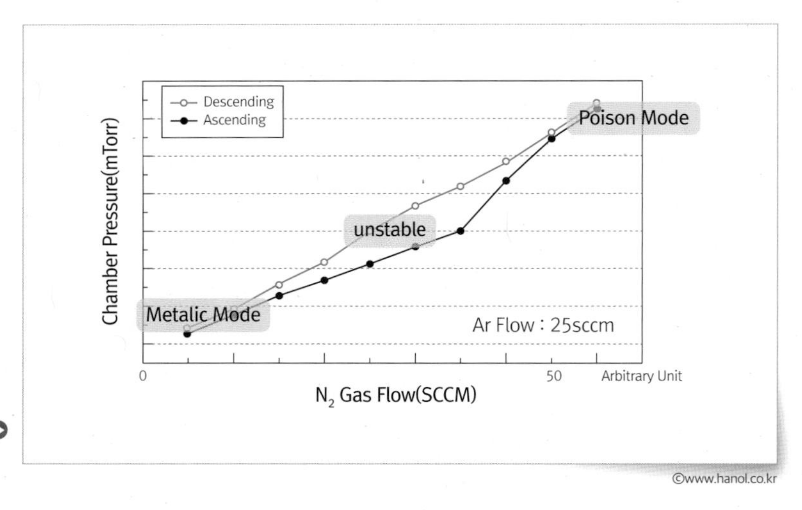

그림 7-9 IMP TiN Hysteresis curve

©www.hanol.co.kr

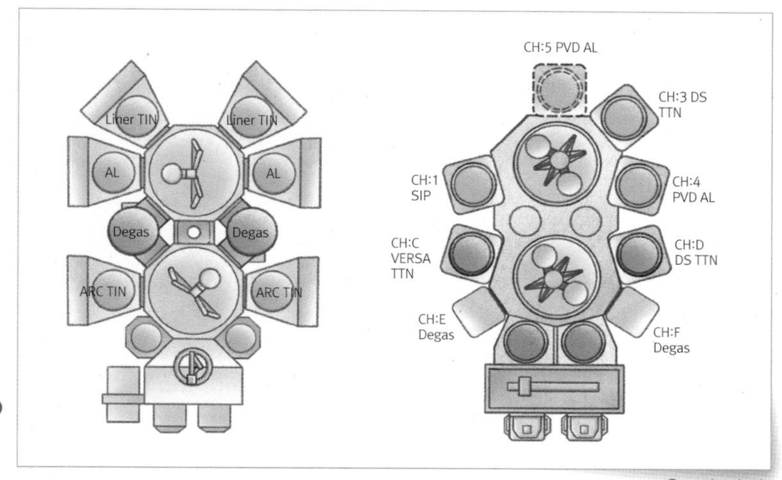

그림 7-10 일반적인 L사(좌), A사(우) PVD 장비 구성도

장치 구성

- RF Etch, Degas, SiCoNi
- Liner Ti/TiN
- PVD AL
- ARC Ti/TiN

이미 언급되었듯이 PVD공정은 Step coverage가 CVD에 비해 좋지 않지만, 물질의 저항과 막질 내 Impurity 특성이 우수하여 지속적으로 사용되고 있으며 장치 개선 또한 활발하게 진행되어왔다. Collimated, Long through Sputter, IMP 방식 순으로 지속적으로 개선해 왔다. 각 방식의 원리는 다음과 같다.

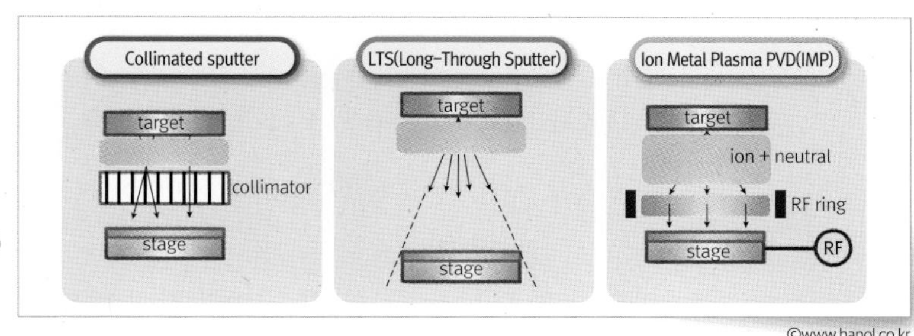

그림 7-11 Step Coverage 향상을 위한 장비 발전사

장비 관리 인자

Process monitoring은 Thickness, Rs & Rs Map Particle 관리를 하고, 주요 인자는 다음과 같다.

- Target의 순도
- DC Power
- Cryo pump
- Temp
- Degas

Contact Silicide

TiSilicide TiSix 공정의 이해

CVD 방식으로 Ti을 고온 증착 >600℃ 하고 Si 위에서 In-Situ TiSilicidation이 가능한 공정이다. Contact 바닥에 Si와 접촉해야 하므로 Bottom step coverage가 우수하고 후속 열공정을 거쳐 $TiSi_2$가 형성되므로, 최종적으로 얼마나 균일하게 형성하는지에 따라서 Contact 저항을 최적화할 수 있다. Contact 표면에 잔류 Oxide가 남아 있다면 이 또한 저항 증가의 원인이며, Ti 증착 전 표면에 Oxide을 제거하는 Pre-Clean을 In-situ 진행을 한다.

접촉하는 물질에 따라 SiO_2와 Si에서의 최종 생성 물질이 달라지고 반응식은 다음과 같다

$$TiCl_4 + H_2 + Ar \rightarrow Ti + HCl\ [on\ SiO_2]$$
$$TiCl_4 + H_2 + Ar \rightarrow TiSi_2 + HCl\ [on\ Si]$$

TiSix공정 Process는 〈그림 7-12〉와 같이 형성된다.

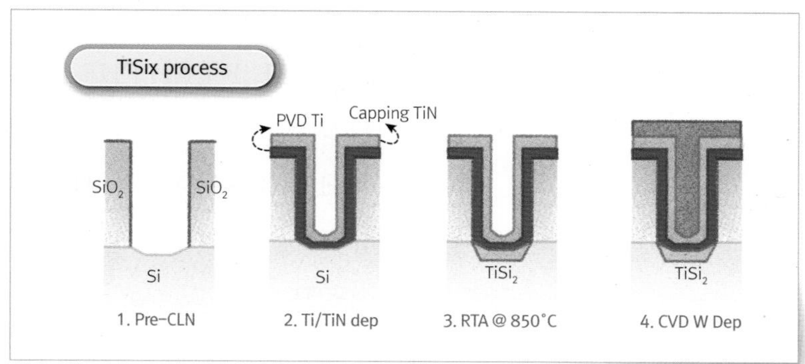

©www.hanol.co.kr

그림 7-12 TiSix 형성공정 Flow

Cobolt silicide_CoSix_ 공정의 이해

점차적으로 Contact CD가 작아짐에 따라 Si와 접촉 면적이 그만큼 줄어들었다. 물론 충분하게 열처리가 TiSix_54상_될 경우 저항을 만족할 수 있지만 고온의 열처리는 소자 특성의 열화를 동반하므로 제한적일 수밖에 없다. 일반적으로 TiSix보다 Grain이 1/10이나 작기 때문에 Line Width가 작아도 충분한 핵형성_Nucleation_이 되므로 상변화_Phase-Transform_에 큰 영향을 받지 않아 온전하게 CoSix로 만들어지며 면적이 작은 경우에 저항이 개선된다. 이러한 PVD Co 증착공정은 저항개선을 위하여 SiCoNi 방식으로 Pre Clean을 동시에 진행하고 있다.

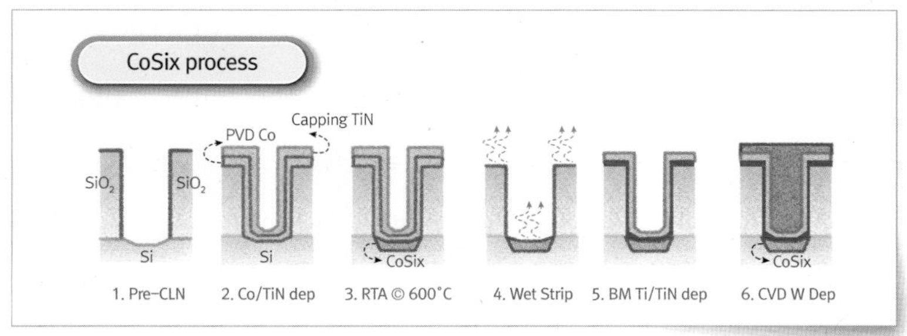

©www.hanol.co.kr

그림 7-13 CoSix 형성공정 Flow

• SiCoNi란?

Si/Co/Ni에 형성된 산화막을 제거하는 Pre clean 명칭이다. 다음과 같이 반응이 이루어진다.

1단계 Etchant 생성

$NF_3 + NH_3 \rightarrow NH_4F + NH_4F.HF$

2단계 Etch 진행 @ Wafer

$NH_4F + NH_4F.HF + SiO_2 \rightarrow (NH_4)2\ SiF_6\ (S) + H_2O$

3단계 승화 과정

$(NH_4)2\ SiF_6(S) \longrightarrow SiF_4(g) + NH_3(g) + HF(g)$

장비 관리 인자

Process monitoring은 Thickness, Rs, Dep rate, Particle 관리를 하고, 주요 인자는 다음과 같다

- SiCoNi
- RF Power
- Pressure
- Temp

ALD TiN 장비

공정의 역할

ALD TiN공정의 목적은 기존 CVD TiN과 동일한 barrier metal의 용도로 사용되며, High aspect ratio contact에서의 TiN Step coverage를 개선하기 위하여 도입되었다. 공정 process는 $Source_{TiCl_4}$ → Purge → $Reactant_{NH3}$ → Purge 등의 Cycle 방식으로 deposition이 진행되며, 1Cycle time은 1초 이하에서 사용된다.

ALD 장점으로는 Low temp공정이 진행 가능하고, Cycle process로 진행되어 막질 내 Cl 농도가 감소하여 비저항이 낮고, Step-coverage, Film의 Roughness 등이 우수하다. 단점은 Cycle process로

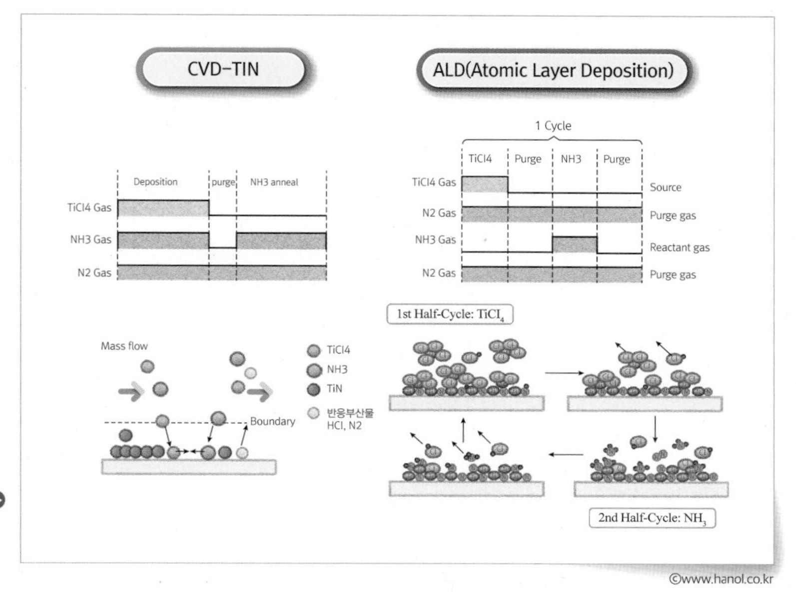

그림 7-14 CVD TiN vs ALD TiN 반응 비교

진행되어 Process time이 길어서 Through-Put이 떨어진다.

앞에서 언급되었듯이 ALD공정은 매 Cycle 마다 반복되는 Purge time이 중요한 역할을 하고 있으며 이에 따라 필름Film의 물성과 Dep Rate와 Trade off 관계에 있다. 양산공정에서의 Dep rate은 장비 소요 댓수와 직접 연관이 되어 필름Film 물성을 유지하면서 Dep rate를 향상시키려고 Cycle Time 최적화 활동을 하고 있다.

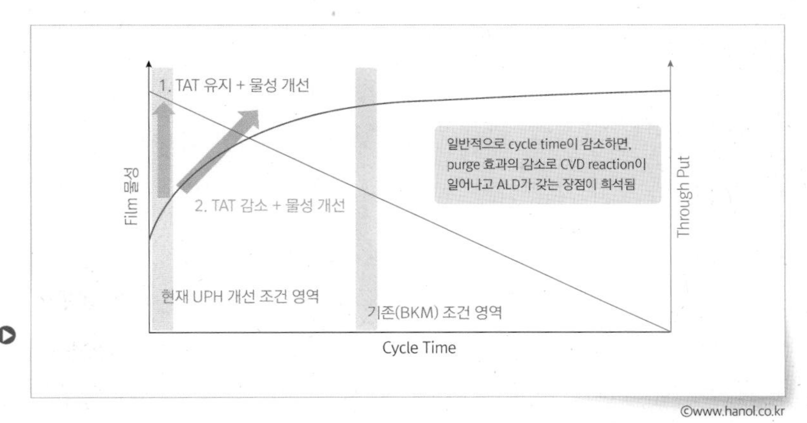

그림 7-15 Purge Time에 따른 Dep Rate 및 물성

장비 관리 인자

Process monitoring은 Thickness, Rs, Dep rate, Particle 관리를 하고, 주요 인자는 다음과 같다.

- Stage Heater Temp
- Chamber Valve CDA Pressure
- Gas Flow
- Module Heater Gas Line Temp
- Stage Heater Power Ratio
- Chamber Pressure Leak포함
- APC Angle
- Tank Pressure

CVD W 장비 Contact Fill

공정의 역할

CVD-W은 고융점의 내열 금속으로 Si와의 열적 안정성이 우수하고, 소자 집적도 증가 및 Contact 저항 감소에 효과적인 물질이다. Thermal CVD공정으로 Step coverage 측면에 유리하며, 매립이 중요한 공정에 주로 사용된다. 하지만 WF_6의 사용으로 인한 불순물이 포함된 텅스텐 필름Film이 형성되어 PVD W 대비 저항이 높고 SiO_2 Adhesion이 취약한 점과 WF_6 Gas에 존재하는 'F'에 의한 Attack이 발생하는 단점이 있다. 이를 제어하기 위하여 공정 진행 전 Barrier Metal Ti/TiN을 반드시 진행시켜야 한다.

- Glue Layer Ti/TiN
- SiH_4 Initiation
- SiH_4 Nucleation SiH_4/WF_6 Reduction
- Bulk Deposition H_2/WF_6 Reduction

Glue Ti/TiN은 이미 증착된 사항에서 CVD W 장비에서 3단계로 반응이 일어나면서 증착이 이루어진다. SiH_4 or B_2H_6 Initiation → SiH_4/WF_6 Reduction → Bulk H_2/WF_6 Reduction Deposition 순으로 진행한다.

SiH_4 or B_2H_6 Initiation은 균일한 W 생성을 위한 Incubation 역할 및 WF_6의 'F'에 의한 Under layer와의 반응을 제어한다. SiH_4/B_2H_6은 WF_6에 대한 환원 반응이 뛰어나고 PNL Pulsed Nucleation layer 방식을 적용하는데, 이는 유사 ALD 방식으로 Step coverage, Gap fill을 향상시켜준다.

Bulk Deposition에서는 H_2/WF_6 환원 반응으로 Bulk W을 성장시켜 준다. 챔버 Chamber 내부에 Station 4개로 구성되어 각각의 Station에서 역할을 수행하고 진행 시간이 긴 Bulk Dep은 Station #3, 4를 동시에 진행하여 효과적으로 시간을 분배하였다.

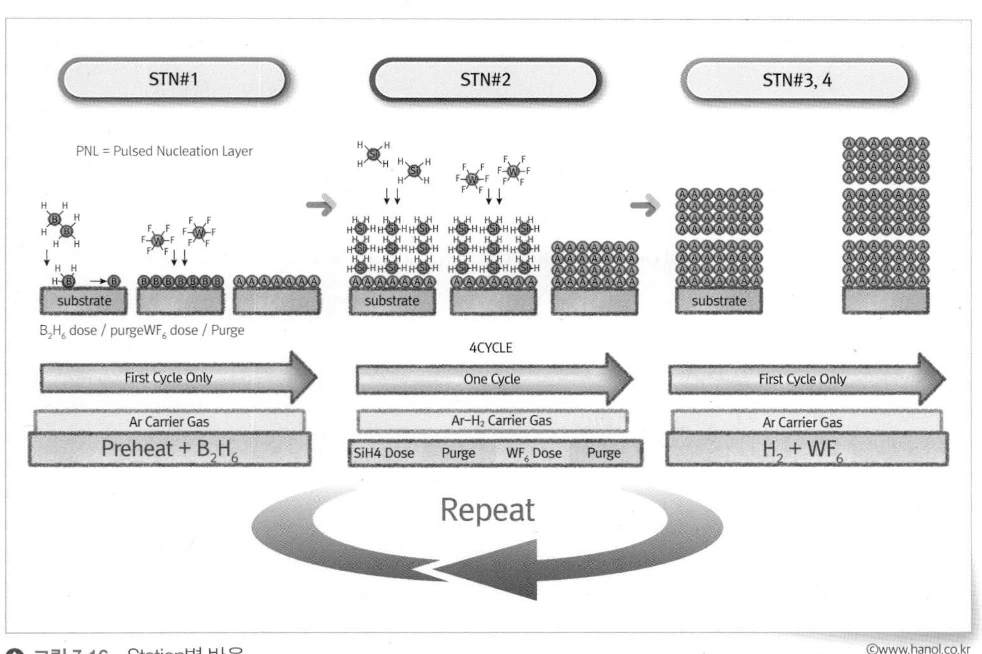

그림 7-16 Station별 반응

©www.hanol.co.kr

1단계 Station 1 Preheat + B_2H_6는 SiH_4보다 Initiation 반응성이 좋아 Seed Layer 형성에 유리하며, 또한 W Grain Size가 SiH_4를 사용했을 때 보다 더 저항을 낮추는 효과가 있다.

$$WF_6(g) + B_2H_6(g) \xrightarrow[\text{Heat}]{} W(s) + 2BF_3(g)\uparrow + 3H_2(g)\uparrow$$

2단계 Station 2 WF_6 + SiH_4은 H_2보다 반응성이 좋아 NucleationLayer 형성에 용이하고 비저항이 큰 Nucleation Thickness를 최소화할 수 있는 장점이 있다.

$$2WF_6(g) + 3SiH_4(g) \xrightarrow[\text{Heat}]{} 2W(s) + 3SiF_4(g)\uparrow + 6H_2(g)\uparrow$$

3단계 Station 3, 4 WF_6 + H_2공정은 Uniformity가 좋은 H_2를 이용하여 Bulk Deposition을 증착한다.

$$WF_6(g) + 3H_2(g) \longrightarrow W(s) + 6HF(g)\uparrow$$

장비 관리 인자

CVD process monitoring은 Nucleation & Bulk thickness, Rs, Particle을 관리한다. 공정Step으로는 핵반응Nucleation Step을 정밀하게 관리해야 한다.

- Gas Flow rate
- Heater temp
- Dep Rate
- Pressure
- Specialty Gas 농도B_2H_6

LFWLow Fluorine Tungsten 장비

공정의 역할

3D NAND 메모리 디바이스에서 Word line이후 WL으로써 주로 사용되는 물질은 dopant가 도핑된 Poly-Si이나 텅스텐 물질이 사용되고 있다. 이 중 텅스텐 물질 증착공정이며 ALD Atomic Layer Deposition 방식으로 별도로 LFWLow Fluorine Tungsten공정이라 명칭한다.

3D NAND 메모리 반도체의 고용량화로 인해 〈그림 7-17〉에서 보는 바와 같이 정보를 저장하는 단위 소자인 Metal gate / Al_2O_3 / Blocking oxide / Charge trap nitride / Tunnel oxide / Sichannel 구조를 갖는 Cell의 층수가 증가함에 따라 텅스텐이 적용된 Metal gate인 WL의 층수도 함께 증가한다.

이러한 WL의 층수가 증가할수록 상부의 WL부터 하부의 WL까지 텅스텐을 채워 넣는 매립 특성과 이 과정 중에서 배출되는 가스의 제어가 매우 중요하게 된다.

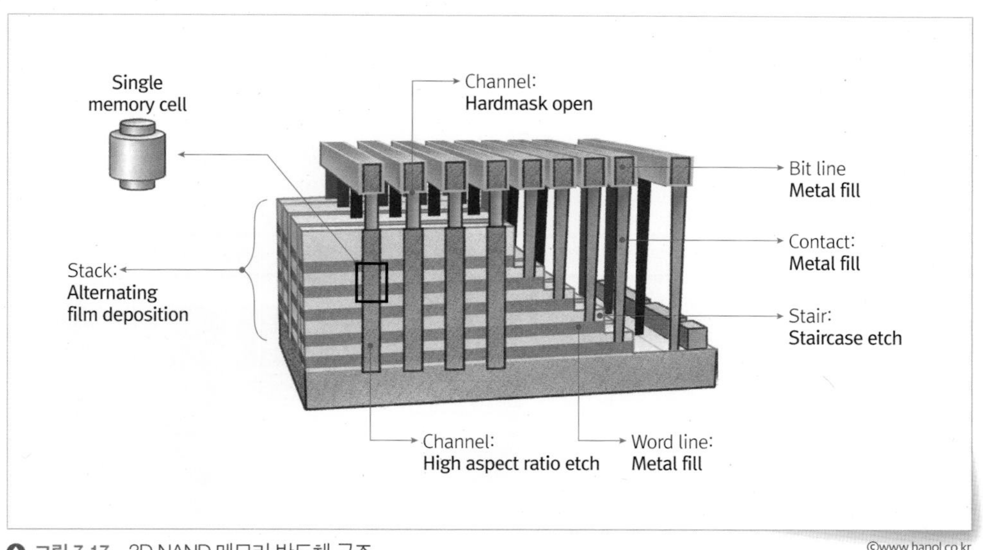

그림 7-17 3D NAND 메모리 반도체 구조

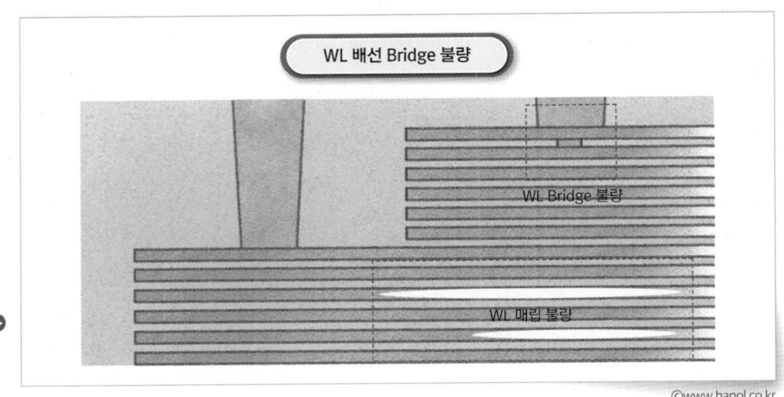

그림 7-18 WL과 WL 배선 Bridge 불량

©www.hanol.co.kr

텅스텐 매립불량은 WL 저항을 증가한다. 또한 〈그림 7-18〉 에서 보는 바와 같이 바와 같이 WL과 이후 배선공정을 연결하기 위한 공정에서 하부의 WL까지 연결되는 불량으로 인해 WL과 WL이 연결되는 배선 Bridge 불량으로 이어진다.

또한 LFW공정은 B_2H_6와 WF_6 가스를 사용하여 핵 생성층 Nucleation layer를 증착하며, 핵 생성층 위에 WF_6와 H_2 가스를 사용하여 Bulk층을 증착하는 형태로 텅스텐을 증착함으로써 공정 중에 배출되는 가스와 텅스텐 내에 잔존하고 있는 Fluorine과 Hydrogen은 HF를 형성하여 텅스텐이나 주변 절연막을 녹여 〈그림 7-19〉에서 보는 바와 같이 WL과 WL이 연결되는 배선 Bridge 불량 및 Cell 내에

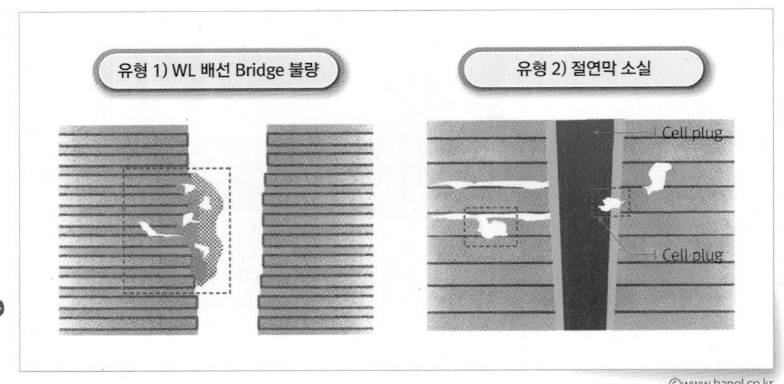

그림 7-19 공정배출가스에 의한 Damage유형

©www.hanol.co.kr

침투하여 Cell을 구성하고 있는 유전체 물질에 영향을 미쳐 정보 저장 능력 저하 등 3D NAND 메모리의 구동 동작을 저하시키는 요인으로 작용한다.

반응식

핵 생성 : $B_2H_6 + WF_6 \rightarrow W + 2BF_3 + 3H_2$

Bulk 생성 : $WF_6 + 3H_2 \rightarrow W + 6HF$

그러므로 3D NAND 메모리 디바이스 품질 향상을 위해 Fluorine 성분을 최소화시킬 수 있는 ALD공정 방식의 LFW공정이 도입되었다. ALD공정 방식의 LFW는 CVD 방식의 텅스텐보다 Fluorine 성분이 낮고 높은 step coverage 및 매립 특성을 갖고 있다.

장비 관리 인자

LFW process monitoring은 Nucleation & Bulk thickness, Rs, particle 관리를 진행한다.

- Gas Flow rate
- Dep Rate
- Heater temp
- Pressure

EP Electro Plating Cu 장비

공정의 역할

EP Cu Process는 DRAM, NAND, Logic 등 모든 반도체 공정에 사용되는 공정이며, 가장 오랫동안 BEOL Back End of Layer의 Metal 배선 형성을 담당하는 공정이다.

Cu Film은 저항이 낮은 특징과 고융점을 갖는 금속이기 때문에 선

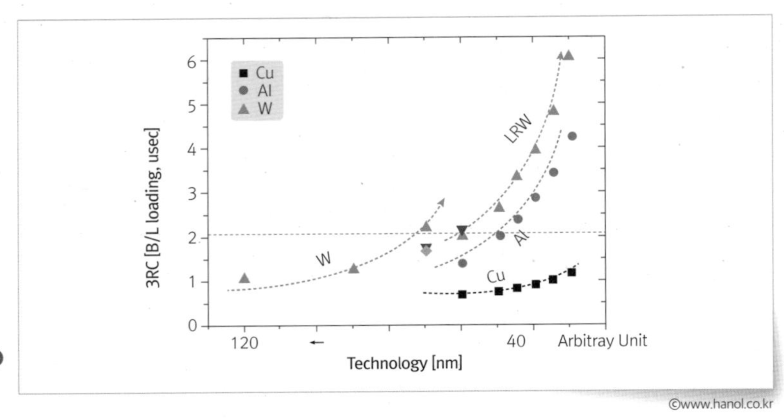

그림 7-20
Metal Line CD vs RC Delay

폭 감소에 따른 저항 증가가 우려되는 집적 소자에서의 금속 배선 물질로 사용하기 적합하다. Cu 증착은 전기 도금 EP(Electroplating) 방식이고, Chemical 내에 산화/환원 반응을 통하여 금속 이온 물질을 박막으로 형성시키는 방법을 말한다.

Chemical을 통한 증착이 가능하기 때문에 매우 빠른 공정 속도를 가지며, 그에 따른 비용 절감 측면이 우수하다. Copper electroplating에서 전해질은 황산과 황산구리가 포함된 수용액을 사용한다. 그림에서 Anode는 구리로 되어 있으며 (+)전극과 연결되어 있어서 전해질 내에 구리 이온을 공급하는 역할을 하고, Cathode는 (-)전극과 연결되어 있으며, 전해질 내의 구리 이온이 환원되어 구리 박막으로 성장하게 된다.

• Anode : $Cu \rightarrow Cu^{2+}$ (hydrated in Sol.) + $2e^-$

• Cathode : $Cu^{2+} + 2e^- \rightarrow Cu$

EP Cu가 증착되는 과정이다. 초기 웨이퍼(Wafer)가 Chemical 혼합된 bath로 입수해서 Bottom Fill 방식으로 증착되어진다. 전해질에는 황산과 황산구리 이외에도, Void 없이 Copper를 매립하기 위하여 leveler, accelerator, suppressor와 같은 첨가물들이 포함되어 있으며, 그 역할은 다음과 같다.

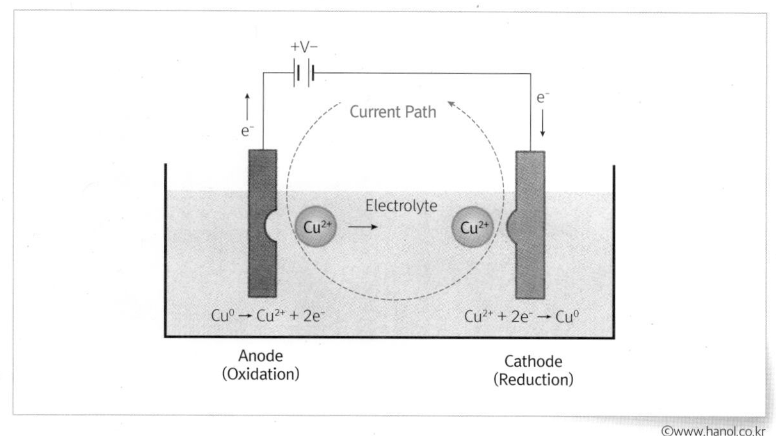

그림 7-21 전기 화학 도금의 원리

©www.hanol.co.kr

- Accelerator: EP 증착 속도 높이는 역할
- Suppressor: Cu 증착을 억제하는 역할
- Leveler: Pattern Top 부위에서 Cu가 Over plating되는 현상을 억제하는 역할

공정의 패터닝Patterning을 위한 Cu Etch가 불가능하여 Damascene 공법을 적용해야 하고, 평탄화를 위한 Cu CMP공정이 필수적이다. 또한 절연막 내에서 매우 높은 확산계수를 갖기 때문에 Cu Capping Nitride를 반드시 사용해야 하는 특징을 갖는다.

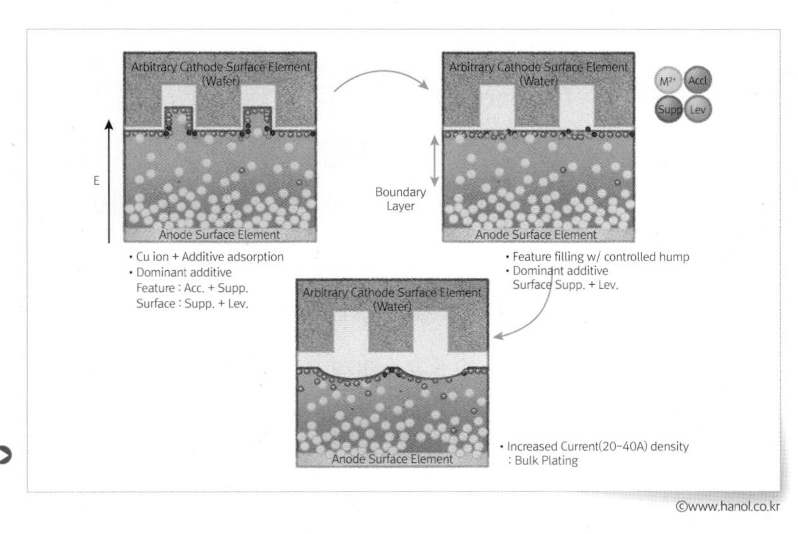

그림 7-22 EP Cu 증착 과정의 이해

©www.hanol.co.kr

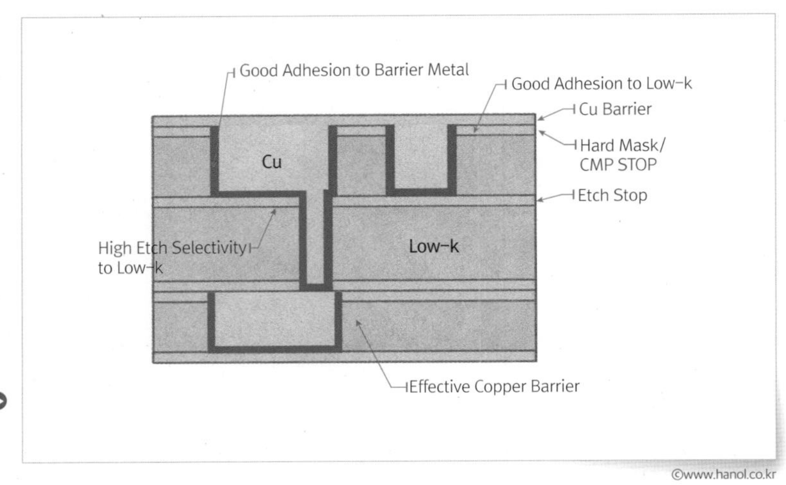

그림 7-23 Cu Integration에서의 Barrier Metal공정의 요구 특성

장비 관리 인자

- Cationic Membrane
- Pot Entry Ref. Probe
- HRVA High Resistance Virtual Anode
- Contact Lip seal

Cu Barrier Metal 장비 Ta/Seed Cu

공정의 역할

Cu Barrier metal 물질로 Ta, TaN, TiN, WN 등이 있으며 Damascene공정에서는 일반적으로 PVD 방식의 Ta, TaN 물질을 사용한다. Bi-Layer TaN/Ta로 Barrier를 사용하면 IMD 절연 물질과의 반응을 억제하면서 낮은 저항의 Barrier 증착이 가능하다. 이후 진행되는 PVD Cu는 후속 Electro Plating의 Seed 역할을 한다. Barrier 특성 유지 및 Cu Gap-fill을 위해서 Step Coverage가 중요하며, 이를 위해서 기존 SIP PVD 대비 Coil, Collimator, Side Electro Magnet 등이 있는 장비가 요구된다.

Dual Damascene공정은 〈그림 7-24〉와 같이 4단계를 거쳐 진행한다. 1단계 RPC Step은 Etch residue와 노출되어 있는 M1 copper 표면의 산화막을, 수소를 Remote plasma 방식으로 활성화시켜서 제거한다.

2단계는 Copper diffusion barrier이며, copper와 반응이 일어나지 않는 물질이어야 하고 지금까지 Ta과 TaN가 가장 적합한 barrier metal로 사용되고 있다. 3단계는 Seed layer로는 현재 PVD copper 공정을 사용하고 있으며, 후속 공정인 Electroplating copper를 void 없이 균일하게 증착하기 위하여 사용하는 layer이다. 4단계 공정은 EP Electro Plating Cu공정을 사용하여 Contact/Line을 완전히 매립하며 추후 Cu Anneal 및 CMP를 거치면 : Cu Patterning종료된다.

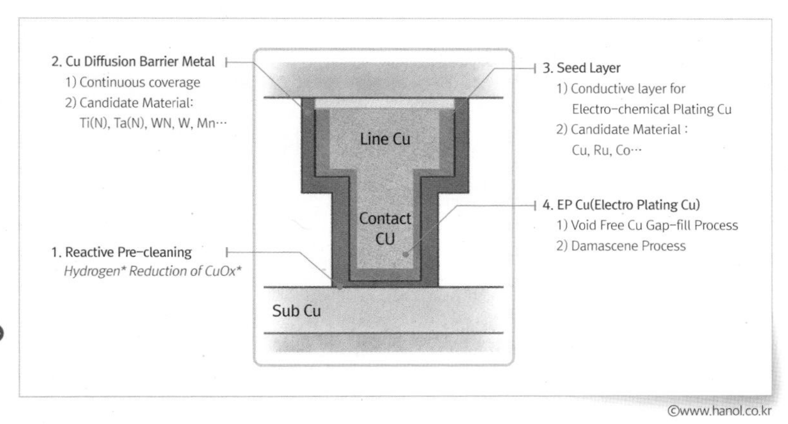

그림 7-24 Dual Damascene에서의 Cu 매립공정 이해

©www.hanol.co.kr

그리고 Barrier Metal 공정의 각 챔버 Chamber 의 역할은 다음과 같다.

1 step RPC Reactive Pre Cleaning 하부막 CuOx 제거 역할

2 step BM TaN/Ta Cu 증착을 억제하는 역할

3 step Seed Cu EP Cu공정의 Void 없이 균일하게 증착시키는 역할 Continuous와 Smooth 증착이 중요

장비 관리 인자

- DC Power 및 AC Bias Power
- Re-Sputtering 및 DC Etch
- Dep Rate, 비저항, Step Coverage

PVD공정 향후 Trends

Gate 저저항 물질

Gate 전극에 사용되는 Fulorine Attack을 줄이기 위하여 CVD W에서 LFW공정으로 변경되었지만, 아직도 소자 특성상 Fulorine Free를 위해 지속적으로 장비/공정에서 연구개발 중에 있다.
근본적으로 W보다 비저항이 낮은 물질로 대체하려는 방향으로 가고 있다. 아직은 개발 초기 단계이며, 낮은 공정 성숙도와 열 안정성, Gate oxide에 대한 신뢰성 등 풀어야 할 과제가 많아 조기에 대체하기는 어려워 보인다.

Interconnection

Metal line과 contact의 CD가 작아지기 때문에 copper를 void 없이 매립하기 위한 장비/공정에서의 연구들이 계속 진행되고 있다. 위에서도 언급되어 있듯이 Barrier metal, seed copper, EP copper에 대한 장비와 공정의 최적화가 지속적으로 개발되고 있으며, Conformal하게 barrier와 seed copper를 ALD 증착과 EP Cu Gap Fill 능력 향상을 위한 Chemical이 지속적으로 연구개발되고 있다. Logic과 같이 수nm tech의 미세한 pattern에서는 배선 저항을 확보할 목적으로 Carbon nano tube나 Graphene과 같은 신물질 개발에도 많은 연구들이 학계에 보고되고 있다.

※ 위에서 언급된 Thinfilm CVD, PVD 장비의 증착 방법은 이해를 돕기 위해 일반적으로 사용되는 장비로 부연 설명하고 있다. 절대적으로 이 방법으로만 필름Film을 증착하고 사용한다는 의미는 아님을 밝혀둔다.

ESG(Environmental, Social and Governance) 경영

기업들이 경영에 있어 친환경, 사회적 가치(SV) 창출, 투명한 지배구조 등을 추구하는 것을 말한다. 전문가들은 "인간의 탐욕과 이기심 등이 환경재앙을 초래한 이른바 '인류세(Anthropocene)'에 우리는 살고 있다."며 환경을 해치는 잘못된 행동들을 궁극적으로 바꿔나가기 위해 새로운 시스템과 방법론들을 시급히 강구해야 하고 이 해법으로 ESG 경영을 제시하고 있다. 반도체 제조 공정에서 배출되는 대기, 수질 오염들의 저감이 시대적인 과제이기에 반도체 관련 업체들도 동참하고 있다.

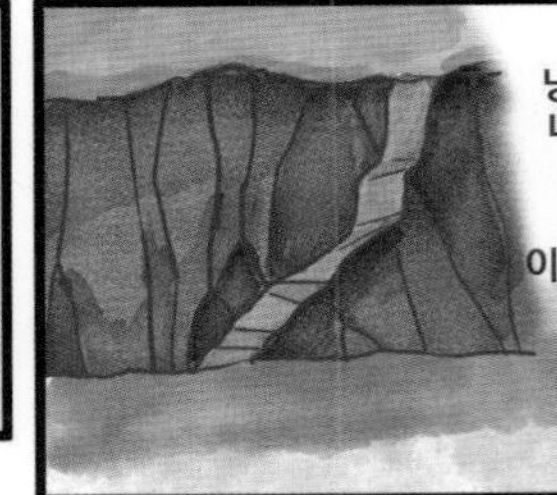

※ 반도체 선폭은 작아지지만 속도는 더욱 빨리, 전력 소모는 적게 해야 하는 시장의 요구사항이다. 이에 맞는 새로운 Metal 재질을 고객요구사항에 맞춰 적기에 개발해야 한다.

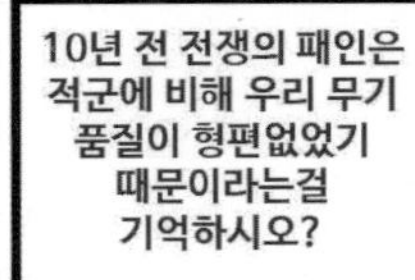

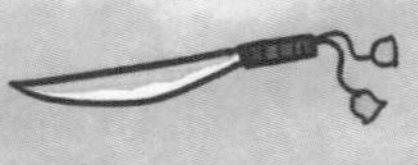

※ 외부 고객의 다양하고 극한의 환경 속에서 반도체의 품질에 이상이 없도록 Metal 특성이 항상 일정하게 유지될 수 있게 하기 위하여 내부 조성을 균일하게 해야합니다.

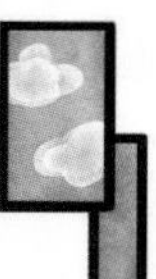

비록 작은 전투에서는 우리가 승리했지만…

이번 전투는 천하의 주인을 결정하는 절체절명의 순간입니다.

이번에는 전략을 짜는데 꽤 신중하네. 머리털도 얼마 없는데 다 빠지겠어 ㅋ

단순한 공격으론 절대 이길 수 없습니다. 공격의 타이밍에 따라 공중전으로 감시망을 돌리고, 해상 침투로 지하 성문을 통과하여 성문을 열어야 합니다. 이때 가장 선두로 용머리 불을 뿜는 거대 기구를 앞세워 적의 기세를 완전히 제압해야 승리를 할 수있습니다.

드디어 최후의 전투에서 승리를 쟁취하고, 유장군과 장촌관 둘이 함께 '우리는 반도체 천하를 평정했도다'

※ 이제는 단순한 하나의 Metal 물질이 아닌, 고객의 요구를 만족시키기 위한 하이브리드 METAL 접합으로 대응해야만 시장을 선도할 수 있다.

갈수록 반도체에서 요구되는 특성이 저전력과 하이 스피드입니다. 점점 작아지는 배선크기에서 요구사항을 만족하기 위해서는 적합한 Metal 물질을 개발해야 합니다. 이러한 특성 최적화를 위해 신물질 개발 및 하이브리드 융합기술이 필요합니다.

08

“
Photo 공정

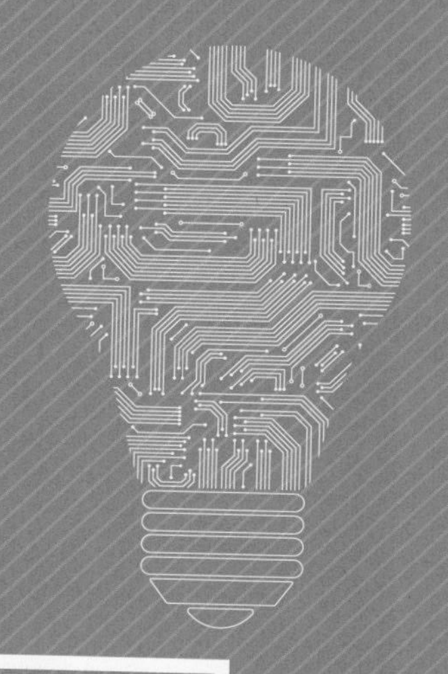

08 Photo 공정

01 Photo공정의 역할

Photo공정 소개

반도체는 눈에 보이지 않는 나노 단위의 미세한 회로 패턴으로 이루어져 있으며 결국 이러한 미세한 패턴을 구현하려면 어느 부분을 깎고 어느 부분을 유지할 것인가에 대한 경계를 명확히 지정해 주어야 한다. 반도체 공정에서 이 공정을 Photolithography라고 부르고 있다. Lithography는 석판화를 뜻하며 도면을 석판에 새겨서 찍어내는 방식을 말하는데 도면을 찍어내기 때문에 동일한 모양을 반복적으로 새길 수 있으며 반도체 공정에서는 이런 동일한 모양을 한 치라는 표현보다도 더 미세한 수십 나노 단위 오차도 없이 찍어내야 한다. Photo는 이 Lithography 기법을 빛을 사용해 구현한 것으로 도면을 Mask라는 판에 새긴 후 빛을 쬐어 빛이 투과되는 영역만 광학계 렌즈를 통해 한 곳에 모아 작은 패턴으로 Wafer에 찍어낸다. Wafer에 코팅된 감광액Photo Resist은 빛이 닿은 부분만 화학 작용을 일으켜 빛이 닿지 않은 부분과 용해도 차이가 생기게 되고 이후 현상을 통해 Etch공정에서 원하는 패턴 영역만 깎거나 Implant공정에서 원하는 영역만 Implant를 주입할 수 있도록 만들어준다.

여기서 중요한 것은 앞서 말한 바와 같이 동일한 패턴을 얼마나 ① 정확한 크기로 ② 정확한 위치에 형성하는지가 관건이다. 반도체 회로는 다층으로 이루어져 있기 때문에 하나의 반도체 칩을 만드는데 Photo공정만 수십 개를 거치도록 되어 있다. 따라서 각 Photo공정 간 동일한 위치에 진행을 시켜야 패턴 간 연결이 정상적으로 이루어질 수 있다. 마지막으로 ③ 결함이 없어야 한다. Photo공정을 진행하는 도중 빛의 경로에 이물질이 끼어 막히게 될 경우 해당 영역은 빛이

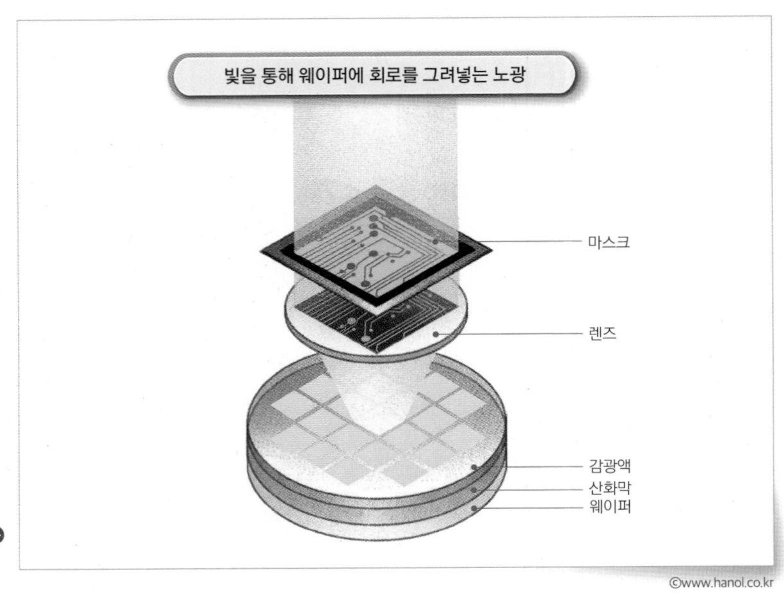

그림 8-1 Photolithography 모식도

©www.hanol.co.kr

닿지 않았기 때문에 정상적인 패턴이 형성되지 않는다. 정리하면 Photo공정의 목적은 반도체 기판에 회로를 형성하는 것이고, 이것을 위해 정확한 위치에 정확한 모양의 크기를 형성해야 하며, 이물질의 유입이 없어야 한다.

Photo Process의 이해

앞서 간단히 Photo Process에 대해 소개하였지만 좀 더 자세히 다뤄 보겠다. Photo Process는 크게 Coating, Expose, Develop으로 나뉜다.

먼저 Coating은 원하는 패턴이 새겨지는 물질인 PR을 Wafer에 도포하는 것으로, 순서를 세분화하면 PR Coating 전 Wafer 표면과 PR의 접착력을 좋게 하기 위해 HMDS 처리를 하거나 빛의 난반사로 인한 패턴 불량을 방지하기 위해 BARC 처리를 하며, PR Coating을 진행하고 나면 Solvent를 제거하고 PR 구성 화합물들을 고루 확산시킬 수 있도록 SOB 처리를 하고 물을 사용하는 Immersion공정일 경우 물이 PR에 스며드는 것을 방지하기 위해 TARC 처리를 하며 Wafer Edge에 PR로 인한 오염을 방지하기 위해 Wafer Edge 영역을 노광하는 WEE 처리를 한다. 자세한 내용에 대해서는 3.1 Track Process에서 다루도록 하겠다.

이후 원하는 패턴을 Wafer에 쪼여주는 Expose공정의 순서를 세분화하면 노광을 진행하기 전에 Wafer와 장비의 위치를 맞추는 작업인 Wafer Align과 Lens로부터 Wafer까지 Focus를 맞추기 위한 Wafer Leveling을 수행하며 이후 노광을 진행할 때 Wafer와 MASK의 위치를 맞춰준 다음 Wafer Expose를 진행한다. Expose 과정은 더 세분화 되어있지만 장비사 그리고 장비 모델마다 조금씩 차이가 있으며 본 내용에서는 ASML 장비를 대상으로 3.2 Scanner Process에서 자세히 다루도록 하겠다.

마지막으로 Develop 순서에 대해 세분화하면 노광을 통해 화학 반응이 일어난 경계를 명확히 하기 위해 PEB 처리를 하며 용해도가 높

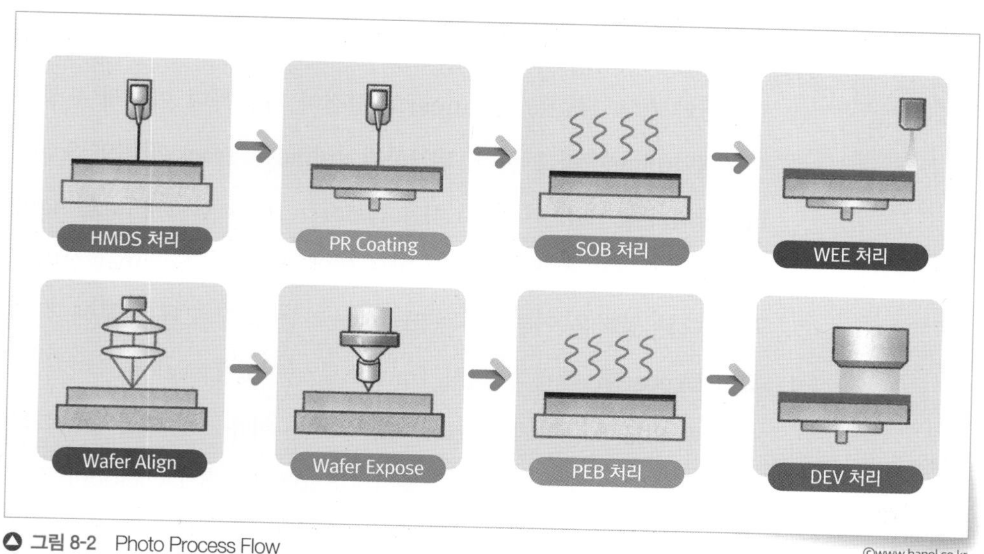

그림 8-2 Photo Process Flow

아진 영역을 씻어내기 위해 DEV 처리를 함으로써 Photo Process가 마무리된다.

Photo Process가 마무리되면 정상적으로 진행되었는지 확인하기 위해 새겨진 Pattern 크기를 측정하는 CD를 측정하고, 패턴의 위치가 제대로 맞춰졌는지 확인하기 위해 Overlay를 측정하며 상황에 따라 Etch 이후 Cell 패턴을 직접 확인하는 Incell 측정을 하기도 하며 Defect 발생 유무를 검사하기 위해 Inspection을 실시하여 해당 Lot, 장비, 제품 등의 정상 유무를 판정한다.

Photo 장비의 종류

앞서 Photo Process에 대해 소개할 때 크게 Coating, Expose, Develop으로 나뉜다고 하였는데 이 중에 Coating과 Develop은 같은 장비에서 진행이 가능하다. 이와 같이 Coating과 Develop을 진행하는 장비를 Track이라 부르며 Expose를 진행하는 장비를 Stepper 또는 Scanner라고 부른다. Stepper와 Scanner의 차이는 노광 방식에 기인하며 자세한 설명은 3.2 Scanner Process에서 다루도록 하겠다. Coating과 Develop을 Track 장비에서 모두 진행이 가능하기 때문에 Photo의 경우 Track과 Scanner의 연결이 가능하며 이렇게 구성한 구조를 In-line이라고 한다. 부연하면, Inline은 Track 장비와 Scanner 장비가 붙어있는 구조로 처음 Wafer가 Track 장비에 Loading이 되어 Coating을 진행하고 나면 바로 옆에 붙어있는 Scanner 장비로 서로 다른 장비를 연결해주는 Transfer라는 중간 모듈을 통해 전달되어 Expose를 진행 후 다시 Track으로 돌아와 Develop을 마저 진행할 수 있도록 구성되어 있다. 이렇게 하는 이유는 동선을 단순화하여 생산성을 높이기 위함이며, 동시에 Expose 이후 Develop이 진행되기까지 대기시간에 따라 노광된 영역이 시간에 따른 감광제 확산

source : https://www.tel.com/(좌), https://www.screen.co.jp/(우)

그림 8-3 TEL사 LITHIUS_PRO_Z(좌), SCREEN사 SOKUDO DUO(우)

정도의 차이로 인해 Wafer 간 CD 차이를 만들기 때문에 그 대기시간을 일정하게 하기 위함도 포함되어 있다. Track 장비의 경우 대표적인 장비 회사로 TEL과 SCREEN이 있다. 두 회사 모두 일본 회사에 속하며 현재 TEL 대표 장비는 LITHIUS Pro_V, LITHIUS_Pro_Z가 있고 주요 차이는 Throughput에 있다. Pro_V나 Pro_Z 끝에 I가 붙은 Model도 있는데 Scanner Immersion 장치에 대응하기 위한 모듈이 추가된 장비를 가리킨다. 현재 SCREEN 대표 장비는 RF3와 DUO가 있는데, 주요 차이는 정비 작업성과 생산성에 있다.

Scanner 장비의 경우 장비 그룹이 Light Source에 의해 나뉘어진다. 그 전에 미세 패턴을 현상해낼 수 있는 능력인 분해능Resolution에 대한 이해가 필요하다. Pixel을 예로 들면 특정한 면적에 고양이를 표현한다고 하자. 칸 하나의 색으로는 당연히 표현할 수 없을 것이다. 하지만 10x10, 100x100으로 칸을 나누어 표현한다면 더욱 세밀하게 묘사되어 누가 보더라도 고양이라는 것을 알아볼 수 있을 것이다. 여기서 각 Pixel은 구분 지을 수 있는 최소 단위가 되며 이렇듯 Pixel Resolution은 Pixel의 개수를 따지지만 Image Resolution은 Pixel

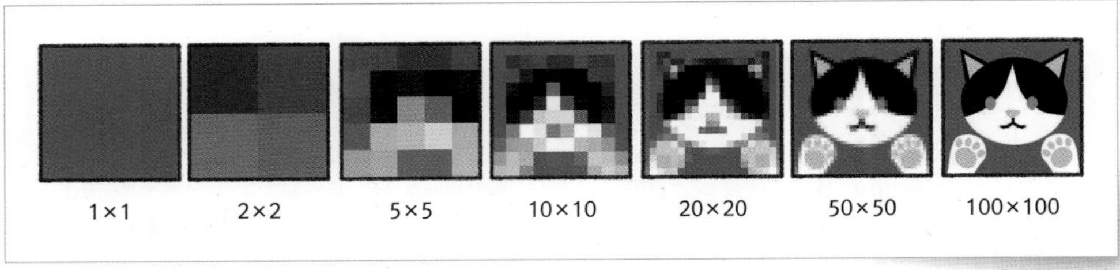

그림 8-4 Pixel Resolution

간 가능한 최소 거리를 따지며 Rayleigh Criteria에 따라 빛의 파장에 의해 결정된다. Rayleigh Criteria는 2.1 Imaging에서 좀 더 자세히 다루도록 하고 중요한 것은 빛의 파장에 의해 Resolution이 결정된다는 사실이며 사용하는 파장에 따라 Scanner의 등급을 결정하게 된다.

반도체의 집적도 향상을 위해 더욱 세밀한 패턴을 구현해야 하였기에 Scanner 장비의 파장은 365nm대인 I-line에서 248nm인 KrF, 193nm인 ArF를 거쳐 현재 13.5nm인 EUV까지 오게 되었다. Scanner 장비의 대표적인 장비 회사로 ASML과 NIKON, CANON이 있다. ASML은 네덜란드 회사로 EUV를 포함한 전 파장대역에서 업계 선두를 달리고 있고, NIKON과 CANNON은 카메라로도 유명한 일

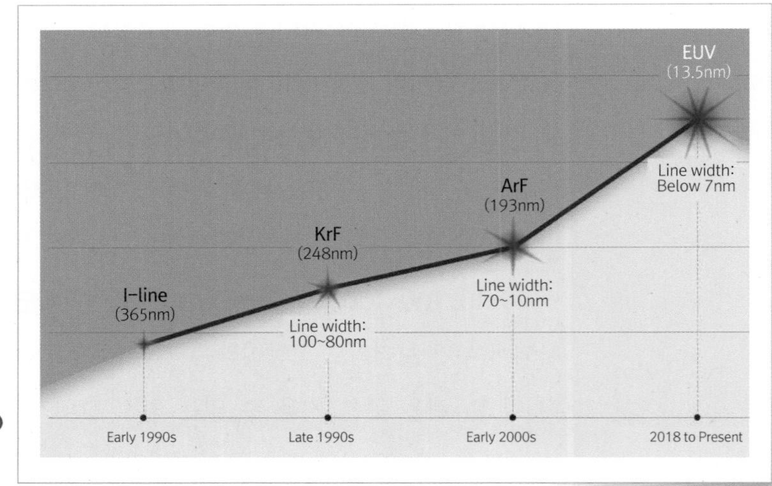

그림 8-5 Lithography Light Source의 변화

source : https://www.asml.com(좌), https://sekr.canon(중), https://www.nikon.com(우)

그림 8-6 ASML사 EUV NXE3400(좌), CANON사 KrF 6300ES6a(중), NIKON사 I-line SF155(우)

본 회사로 현재 I-line과 KrF, ArF 장비 모델을 보유하고 있다.

패턴이 정확한 위치에 배치되었는지 계측할 수 있는 Overlay 장비의 경우 대표적인 장비 회사로 ASML, KLA, AUROS가 있다. Overlay는 측정 방식에 따라 크게 Image Based Overlay$_{IBO}$와 Diffraction Based Overlay$_{DBO}$ 방식으로 나뉘는데 자세한 설명은 3.3 Overlay Process에서 다루도록 하겠다. 네덜란드 회사인 ASML은 DBO 방식의 대표 장비인 Yieldstar가 있고 미국 회사인 KLA-Tencor는 IBO와 DBO 방식의 장비 모두 있으며 대표 장비인 Archer Series가 있다. AUROS는 대한민국 회사로 IBO 방식의 장비가 있으며 대표 장비는 OL-700N, OL-800N 식으로 이름이 붙는다. CD나 Defect 검사를 위한 Inspection 장비는 Photo 전용 측정 장비가 아니므로 여기서 다루지 않겠다.

source : https://www.asml.com(좌), https://www.kla-tencor.com(중), http://www.aurostech.com/(edited)(우)

그림 8-7 ASML사 Yieldstar 380G(좌), KLA사 Archer 750(중), AUROS사 OL-800n(우)

Photo에 사용되는 소재

Photo에서 대표로 사용되는 소재는 MASK와 PR이 있다. MASK는 Reticle이라고도 불리며 미세한 패턴을 그려넣은 Quartz 재질의 Glass 기판으로 실제 Wafer에 새겨지는 크기는 MASK 패턴의 1/4 크기가 된다. MASK에 새겨진 패턴 크기가 더 큰 이유는 여러 가지가 있을 수 있겠지만 그중에 가장 큰 이유는 MASK에 Particle이 묻을 경우 그 영향을 감소시키기 위함인데 1:1인 경우보다 4:1인 경우가 같은 Particle의 크기에도 Wafer에 전사되는 크기가 1/4로 축소되기 때문에 Defect에 의한 위험을 줄일 수 있다. 또한 MASK 자체도 제작하는 데 있어 패턴이 미세할 경우 제작 난이도가 상승하며 그만큼 MASK 제작에 들어가는 비용도 높아지므로 MASK 패턴은 Wafer 패턴 크기 대비 4배 크게 제작한다. MASK가 패턴이 새겨지기 전 Glass에 코팅만 되어있는 상태를 Blank라 부르는데 일반적인 칩메이커에서는 이 Blank를 수입한 뒤에 자사에서 패턴을 새겨 사용하고 있다. Blank의 종류에는 Binary Blank와 HTPSM(Half-Tone Phase Shift Mask) Blank가 있으며 주로 I-line, KrF와 같은 Non Critical공정에는 Binary Blank가, ArF와 같은 Critical공정에는 HTPSM Blank가 사용된다. 또한 MASK 패턴이 위치한 면에는 얇고 투명한 막이 씌워져 있는데 이것을 Pellicle이라 하며 Pellicle은 MASK 패턴면에 Particle이 달라붙는 것을 방지하며, 만약 Pellicle에 원하지 않던 Particle이 달라붙

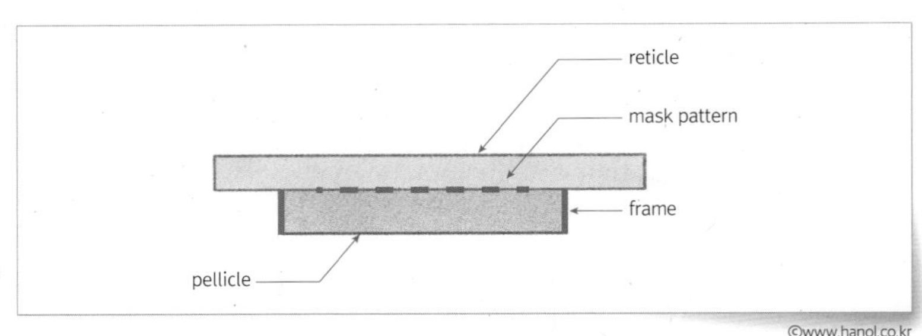

그림 8-8 MASK 측면 View

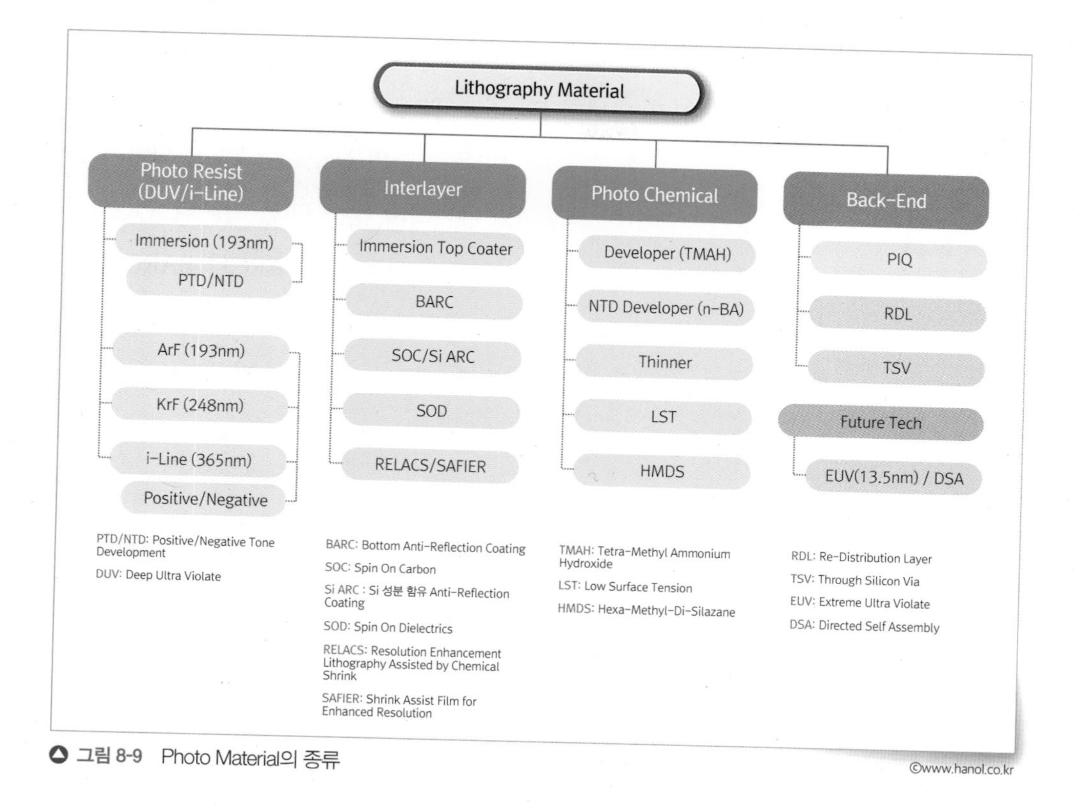

그림 8-9 Photo Material의 종류

©www.hanol.co.kr

더라도Mask 패턴 기준 초점 심도 영역 밖이기 때문에 문제의 Particle 형상을 Wafer에 형성하지 못하게 한다. 그러나 문제의 Particle Size가 한계 이상일 경우, Wafer에 Imaging되어 문제를 일으키게 된다.

PR은 MASK를 통해 선택적으로 빛을 받은 영역만 분리할 수 있도록 해주는 고분자 화합물로서 종류가 매우 다양하며 광원에 따라 나뉘기도 하며 화학 반응 방식에 따라 나뉘기도 한다. 광원에 따라 나뉘는 경우에는 용해억제형과 화학증폭형으로 나뉘며 용해억제형은 빛을 받은 영역은 현상액에 잘 녹는 화합물로 변하고 빛을 받지 않는 영역은 용해억제제가 그대로 존재하여 현상액에 녹지 않게 하는 방식의 PR이고, 화학증폭형은 빛을 받은 영역에 산이 발생되어 이후 Bake 과정에서 발생된 산에 의해 용해도가 높은 물질로 변화시키는 방식의 PR이다. 화학 반응에 따라 나뉘는 경우에는 Positive PR과 Negative PR로 나뉘며 Positive PR은 빛이 닿은 부분의 용해도가 높아져 현상 후에 제거되는 PR을 말하며 Negative PR은 빛이 닿은 부분이 경화되어 현상 후에도 제거되지 않는 PR을 말한다. PR 외에도 앞서 언급한 PR Coating 전후에 사용되는 TARC나 BARC 같은 Interlayer 소재들이 사용되며, 세정액이나 현상액, 첨가제들도 사용된다. 각 소재들에 대한 설명은 2.4 PR의 종류에서 다루도록 하겠다.

Photo공정

Imaging

Scanner 장비의 종류를 소개하면서 빛의 파장에 따라 나뉜다고 하였는데 빛은 전자기파로서 파동성을 띠며 직진한다. 빛의 이중성에 대해 들어보았을텐데 빛은 파동성뿐만 아니라 입자성을 띠며 Energy를 가지고 있는데 이 Energy는 파장에 반비례한다. 빛을 양자화한 입자를 Photon이라 부르며 Photon 1개 입자가 가지고 있는 Energy는 플랑크 상수를 통해 구할 수가 있다. 다음은 ArF 광원일 경우 Photon 1개 입자의 Energy를 계산한 것으로 1.0×10^{-18}J에 해당하며

$$v = \frac{c}{\lambda} = \frac{3 \times 10^{8}}{193 \times 10^{-9}} = 1.6 \times 10^{15}\text{Hz}$$

$$U = h \times v$$
$$= 6.6 \times 10^{-34} \times 1.6 \times 10^{15}$$
$$= 1.0 \times 10^{-18} J$$

c: 빛의 속도
h: 플랑크 상수

그림 8-10 ArF(193nm) Photon 1개 입자의 Energy

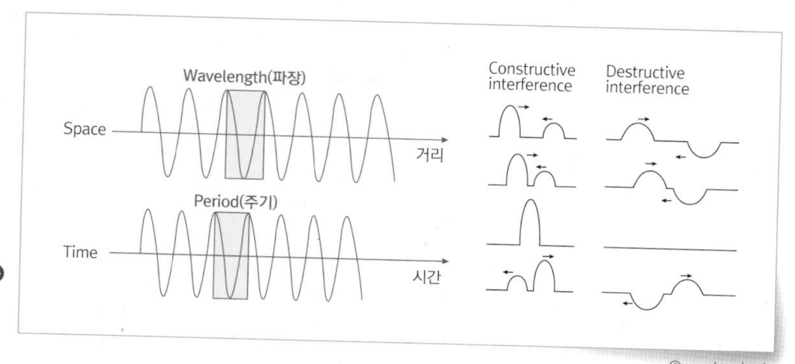

그림 8-11 파장과 주기(좌), 보강간섭과 상쇄간섭(우)

파장이 작아질수록 Photon이 갖는 Energy는 커질 것이다.

빛의 Energy를 구했다면 정확한 위치에 정해진 Energy만큼 누적시켜야 PR의 화학 변화를 일으킬 수 있을 것이다. 빛은 파동이기 때문에 시간과 거리에 따른 위상을 가지고 있다. 위상이 동일해지는 거리가 파장이 되고, 위상이 동일해지는 시간이 주기가 된다. 두 파장이 만나게 되면 중첩이 일어나게 되는데 같은 위상일 경우 보강이 일어나고, 반대 위상일 경우 상쇄가 일어나게 된다. 상쇄가 일어나면 마치 아무것도 없는 것처럼 관찰되며 우리가 원하는 방향이 아니므로 빛의 보강이 잘 일어나도록 해야 한다. 따라서 빛의 Energy를 원하는 위치에 정확히 누적시키려면 빛의 위상을 잘 고려해야 한다.

빛의 간섭을 잘 일어나게 하려면 우선 빛이 발생하는 Source부터 고려해야 하는데 파장이 일정하고 위상도 동일하면 빛이 모두 보강 중첩되어 매우 강력한 세기를 지닐 것이다. 여기서 파장이 일정한 경우를 단색성Monochromatic이라 하고, 위상이 동일한 경우를 가간섭Coherence이라 부르며, 두 가지 모두를 만족한다면 빛이 모두 중첩되어 보일 것인데 이런 형태의 빛을 보내는 장치가 바로 우리가 익히 알고 있는 LASER이다. 이제 이 LASER를 가지고 Wafer에 노광을 시키면 되는데 여기서 더 고려해야 할 점이 있다. 빛이 MASK에 새겨진 매우 작은 패턴들을 통과하면서 회절 현상이 일어나는 것이다. 회절 현상이

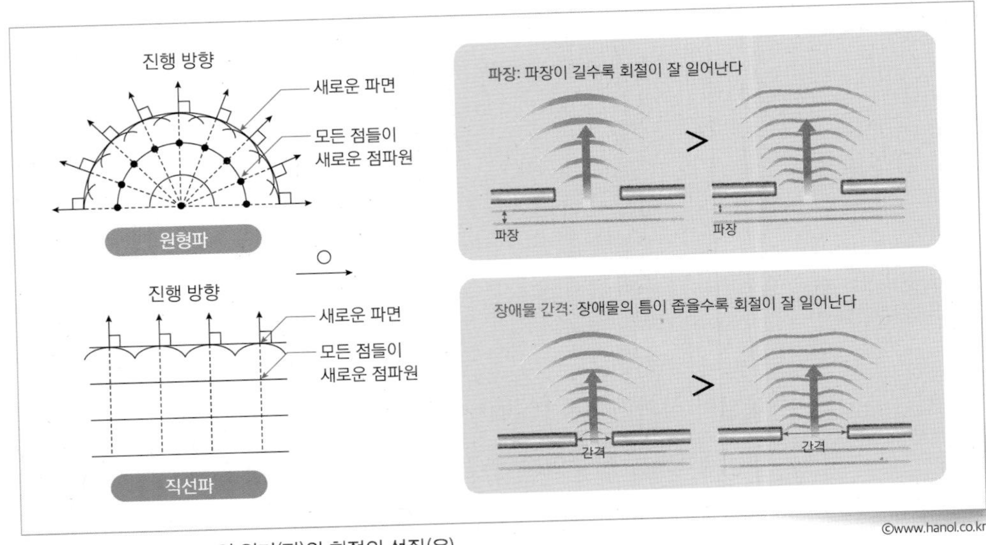

그림 8-12 Huygens의 원리(좌)와 회절의 성질(우)

란 Huygens의 원리로 설명이 가능한데 파면상의 각 점들이 새로운 파동의 Source가 된다는 원리로 직선파가 좁은 홈을 만나게 되면 경계에 부딪히면서 꺾이고 새로운 파면을 만들게 되어 원형파로 바뀌어 퍼지게 된다. 또한 회절의 성질로는 파장이 길수록, 홈의 크기가 좁을수록 회절각이 커진다.

MASK에서 회절이 일어난 상태로 빛이 퍼져서 Wafer에 도달하게 되

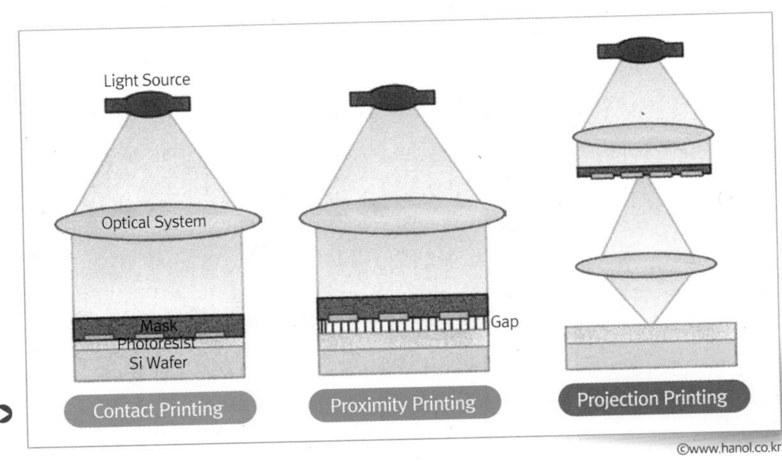

그림 8-13 노광 방식의 종류

면 Image가 제대로 형성되지 못하기 때문에 MASK와 Wafer 사이에 빛을 모아주는 Lens가 추가되었다. 노광 방식의 종류에는 접촉Contact, 근접투영Proximity, 투영전사Projection 방식이 있으나 Contact 방식은 MASK의 오염을 유발하며, Proximity 방식은 MASK와 Wafer 간 회절 현상이 발생하기 때문에 현재는 생산성과 비용을 고려하여 Projection 방식이 채택되어 사용된다.

다시 회절로 돌아가서 MASK에서 회절된 빛이 Wafer에 정확하게 도달하도록 계산하려면 보강 간섭이 일어나는 구간을 알아야 한다. 이제 MASK에 새겨진 패턴 간격을 Pitch라고 표현하도록 하겠다. 빛이 지나는 Space와 막혀 있는 Line의 합이 하나의 Pitch로서 무수히 반복되어 있다. 각각의 Space를 통과한 빛에서 회절이 일어나고 서로 간섭을 하는데 같은 위상에 위치하게 되는 보강 간섭이 일어나는 각도가 Bragg 회절에 의해 파장과 Pitch Size로 결정이 되며 0차, 1차, -1차의 회절광이 만들어지게 된다. Lens에서 이 회절광들이 2개 이상 모이게 해야 Wafer에 빛의 보강과 상쇄로 인한 빛의 세기 차이를 만들게 되고 제대로 된 Image 형성이 가능하다.

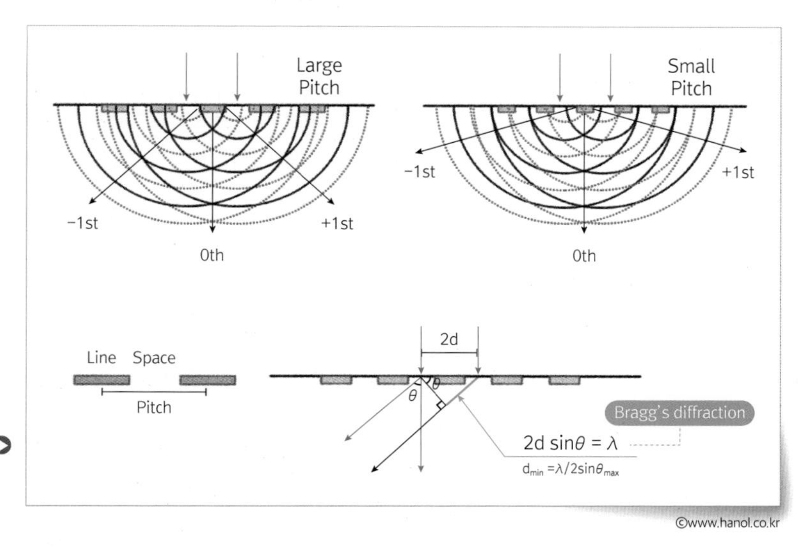

그림 8-14 MASK에서 일어나는 회절과 Bragg 회절에 의한 회절각 계산

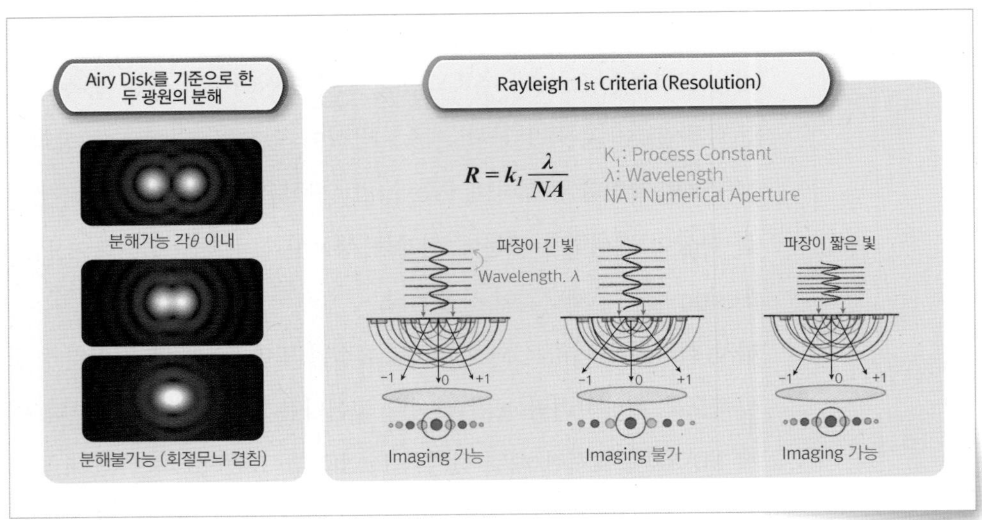

그림 8-15 Airy Disk(좌)와 Rayleigh의 Criteria(우)

Bragg 회절에 따라 회절각이 결정되며, Lens에 1차 이상의 회절광이 도달해야 Image 형성이 가능하다. 이는 다른 말로 Lens에 1차 이상의 회절광이 도달해야 각각의 패턴을 통과한 빛을 분해할 수 있다고 표현할 수 있다. 한 점광원으로부터 투영된 빛은 중심에서 세기가 가장 강할 것이고, 중심에서 벗어날수록 위상차가 발생하면서 빛의 세기가 약해질 것이다. Airy Disk는 중심의 가장 밝은 영역을 말하며 Airy Disk를 기준으로 두 광원이 가까이 붙게 된다면 두 광원을 구분할 수 없는 지점에 이르게 된다. Rayleigh는 Rayleigh Criteria에 의해 Lens를 기준으로 두 광원을 구분할 수 있는 최소 지점에 대해 정의하였고, 이 정의가 바로 Resolution이다. Rayleigh Criteria에선 Bragg 회절에서의 각도 Θ가 Lens의 상대적 크기인 NA$_{\text{Numerical Aperture}}$로 치환되어 표현되었으며, k1은 공정 상수$_{\text{Process Constant}}$로 조명 조건이나 MASK, Material 등 여러 기술에 의해 Resolution을 더욱 좋게 만들 수 있다. Rayleigh Criteria에 의해 NA가 클수록 회절각이 높은 1차광을 받을 수 있고, 파장이 작을수록 회절각이 작아지기 때문

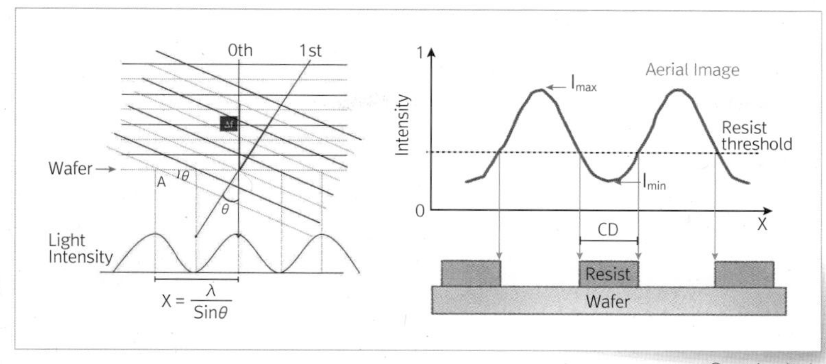

그림 8-16 Wafer에서 일어나는 최종 Imaging

©www.hanol.co.kr

에 Resolution이 향상된다.

이제 Wafer에서 일어나는 최종 Imaging에 대해 알아보자. Lens에서 0차와 1차 회절광이 Wafer에 도달한 경우를 가정하면 아래와 같이 보강이 일어나는 영역과 상쇄가 일어나는 영역이 생긴다. 보강이 일어나는 영역은 빛의 세기가 최대가 되고, 상쇄가 일어나는 영역은 빛의 세기가 최소가 되는데, Positive PR을 예로 들면 PR에 도달하는 빛의 세기가 역치 이상이 되는 영역에서 화학반응이 일어나 PR이 남는 영역과 제거되는 영역을 구분 짓게 된다. 여기서 Intensity의 최대 최소 차이가 크게 날수록 Image의 Contrast가 좋아지는데 1차광이 Lens를 통과하는 비율이 높아야 하며 MASK와 Lens 사이에 Pupil을 장착하여 그 비율을 높일 수 있다.

Pupil을 설명하기에 앞서 Off-Axis Illumination에 대해 알아야 한다. 실제 MASK에 도달하는 빛은 일직선이 아닌 비스듬한 각도에서도 도달하도록 설계되어 있다. 그 이유는 직선으로만 빛이 MASK에 도달할 경우 Lens에 맺히는 0차와 1차광도 점으로 맺히는 데 1차광이 Lens에 도달하지 못하면 Image가 형성되지 않기 때문이며 1차광이 Lens에 도달할 수 있도록 빛을 비스듬히 입사하여 크기를 키우는 조명 방식을 Off-Axis Illumination이라 한다. 여기서 크기를 키운다고 무조건 좋은 것이 아니다. Imaging에 기여를 하는 것은 결국 갈

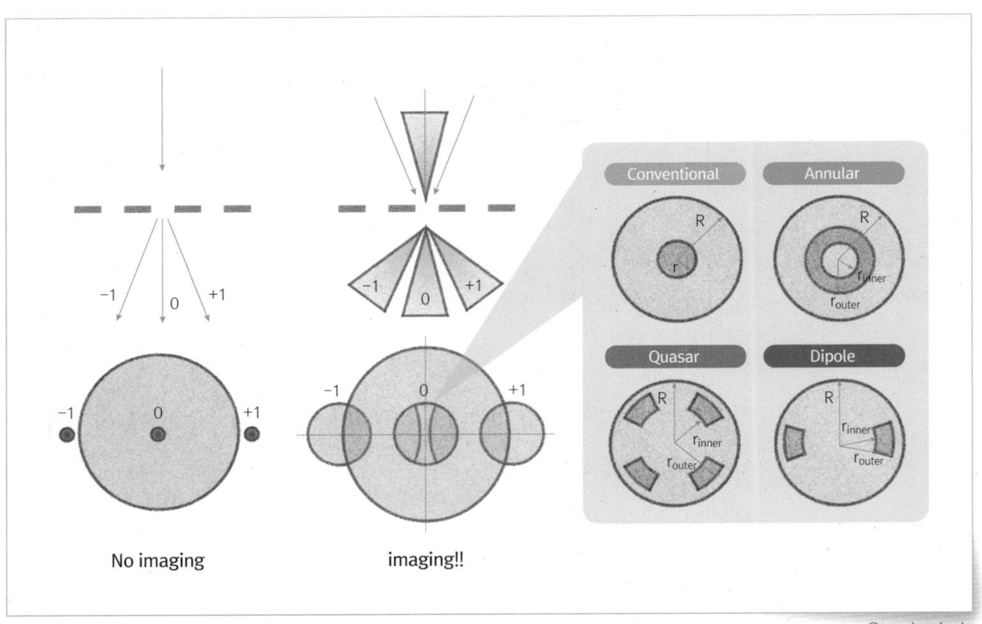

그림 8-17 Off-Axis Illumination과 Pupil의 형태

은 위상의 차광이 모여야 하는데 1차광의 일부만 Lens에 도달하게 되면 겹치지 않는 0차광은 Noise가 되어 Image Contrast를 나쁘게 한다. 따라서 빛이 Lens에 도달하기 전에 Filter를 달아 Imaging에 기여를 하지 않는 영역을 차단하는 장치가 Pupil이 되고, Pupil은 패턴의 형태에 따라 다양하게 존재한다.

Focus

Lens를 사용하여 빛을 모으기 때문에 정확하게 Wafer 표면에 빛을 집중시키려면 Focus를 맞춰야 한다. Focus는 사진을 찍어본 사람은 누구나 알듯이 사진이 선명하게 맞춰지는 Lens와 Wafer=Screen 간의 거리이다. 인물 사진을 촬영할 때 조리개를 활짝 열고 찍으면 인물은 매우 선명해지지만 배경은 오히려 흐려지게 된다.

Photo공정은 패턴들을 선명하게Resolution 표현함과 동시에 Out Focus

에 의한 Blur 현상이 일어나는 것을 막아야 한다. Lens를 통과한 빛이 모두 한 점에 모이게 하는 위치를 Best Focus라 부르며 이 Best Focus를 벗어나게 되면 빛이 Lens를 통과하는 위치에 따라 조금씩 다른 곳으로 이동하여 점이 아닌 원 형태로 퍼지게 된다. 이렇게 되면 Contrast가 나빠져 패턴이 선명하지 않고 흐리게 나타날 수 있다. Best Focus로부터 패턴이 문제 없도록 형성이 가능한 Focus Range를 Depth Of Focus라 부른다. 장비 자체가 가지고 있는 산포와 Wafer가 Stack을 쌓으며 생기는 단차로 인하여 Focus는 미세하게 흔들릴 수 있으며 패턴이 안정적으로 형성될 수 있도록 DOF가 확보되어야 한다.

파장이 큰 경우 회절이 크게 일어나므로 회절각이 커져서 Focus가 조금만 이동하더라도 Focus가 맞지 않는다. 반대로 패턴 사이즈는 클수록 회절이 작게 일어나므로 DOF는 커질 것이다. DOF는 Lens의 중심에서 들어오는 빛과 Lens의 끝에서 들어오는 빛의 경로차가 파장의 1/4 이하가 되는 영역으로 정의되며, 수식으로 풀이하면 파장과 비례, NA의 제곱과 반비례한다.

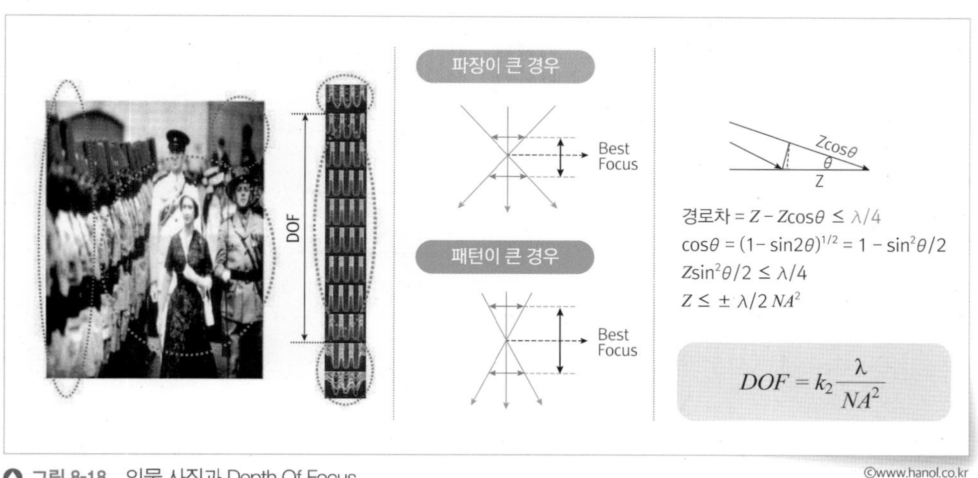

그림 8-18 인물 사진과 Depth Of Focus

©www.hanol.co.kr

Dose

Focus를 맞춘 상태에서 빛을 정확한 위치에 Energy를 주어 원하는 만큼의 패턴 Size를 형성시켜야 할 것이다. 1J의 빛이 $1cm^2$에 들어오는 총량을 Dose라고 하는데 단위는 장비 회사마다 다를 수 있으며 이 Dose량에 따라 패턴이 크게 형성될 수도 있고 작게 형성될 수도 있다. 우리가 관심 있는 패턴 Size를 Critical Dimension이라 부르며, Positive PR을 기준으로 빛이 더 많이 들어올 경우Over-Exposure CD는 작아지고, 빛이 더 적게 들어올 경우Under-Expose CD는 커진다. 따라서 CD를 일정한 수준으로 유지하기 위해 공정 조건에 따라 주기적으로 CD를 계측하며 CD를 원하는 Target에 맞추기 위해 Energy를 맞추는 작업을 해야 한다. CD가 Targeting되는 지점의 Energy로부터 ±10%에 해당하는 영역을 Exposure Latitude라 부른다. EL 영역 내에선 Energy에 따른 CD의 변화량이 선형을 이루며 EL 구간 내 CD 변화량이 큰 경우 CD 관리선을 벗어날 수 있으므로 EL 영역이 넓어야 한다.

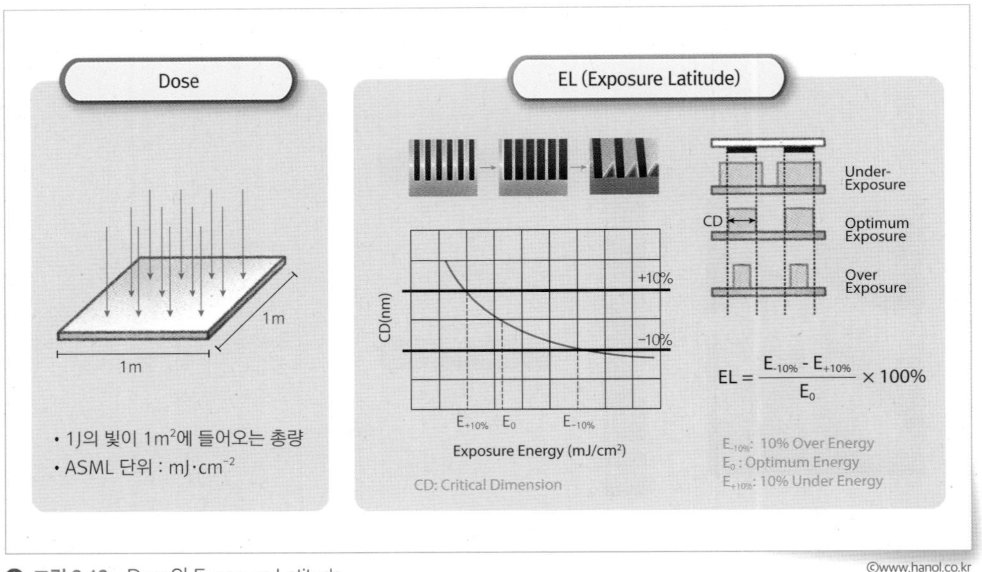

©www.hanol.co.kr

그림 8-19 Dose와 Exposure Latitude

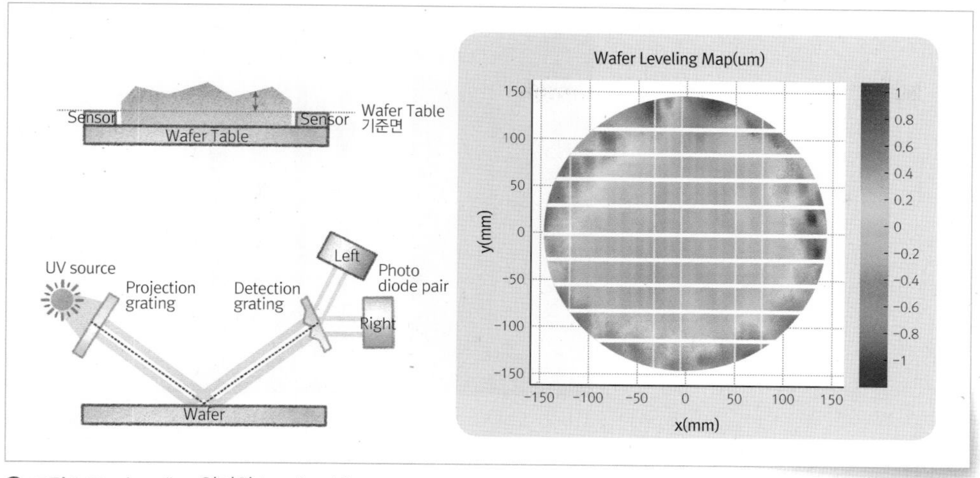

▲ 그림 8-20 Leveling 원리와 Leveling Map

©www.hanol.co.kr

Leveling

Focus는 Lens와 Wafer 간의 거리에 해당하므로 Wafer의 단차도 파악해야 한다. 이 과정을 Leveling이라 하며 원리에 대해 ASML 장비를 기준으로 간단히 설명하자면, Interferometer나 Encoder를 통해 기준 평면을 구하고 그 기준 평면으로부터 빛을 비스듬한 각도로 반사를 시켜 Wafer의 단차에 따라 Detection Grating에 의해 편광빛의 비율이 달라지게 되는데 이 비율을 계산하여 Leveling을 구하며 Wafer 전체를 Scan하고 나면 Leveling Map을 뽑을 수 있다. 이 지도를 통해 Focus가 취약한 부분을 파악할 수 있으며 장비가 보상 가능한 범위 내에 보상을 하며 노광이 가능하다.

Overlay

Photo에서는 정확한 패턴 Size를 구현하는 것 외에 한 가지 더 해야 할 것이 있다. 그것은 각 공정마다 동일한 위치로 쌓는 것이다. 건축물을 쌓을 때 중심을 잘 잡지 않으면 붕괴의 위험이 있을 수 있듯이 반도체도 중심을 잘 잡지 않으면 상하 패턴이 어긋나게 되고 동작을

그림 8-21 건축물과 Stack Wafer 단면

ⓒwww.hanol.co.kr

하지 않게 된다.

Photo에서 동일한 위치로 쌓기 위해 하는 작업을 Alignment와 Overlay 크게 2가지로 나누어 하고 있다. Alignment는 이전에 진행한 Photo공정의 Alignment Mark를 읽어 노광을 하기 전에 위치를 맞춰주는 작업이고, Overlay는 노광을 진행한 이후 정상적인 위치에 쌓였는지 검사를 하는 작업을 말한다. 실제 Cell 위치의 어긋남을 Photo공정에서는 알 수 없으므로 Alignment Mark나 Overlay Mark를 통해 파악하는 것이며, 회로의 구동과 관련되지 않는 측정 Mark들은 Scribe lane에 위치해 있다. 실제 Cell 위치를 측정하는 것이 아니라 Mark에서 읽은 값으로 대변하는 것이기 때문에 차이가 발생할 수 있으며 Etch공정 이후 Cell 위치에 대해 파악이 가능한 공정이 있는 경우 직접 Cell의 위치 차이를 측정하여 보상에 활용하기도 한다. Alignment는 노광 전 해당 Wafer를 대상으로 위치를 찾아 장비 자체에서 보정하는 Feedforward의 Feedforward의 개념으로 Scanner 장비에서 진행되는 모든 Wafer에 대해 적용이 되며, 별도의 System이 필요하지 않다. Overlay의 경우 노광 이후에 이전 공정과의 위치 차이를 Overlay 계측 장비에서 읽은 다음 Lot을 진행할 때 반영을 하

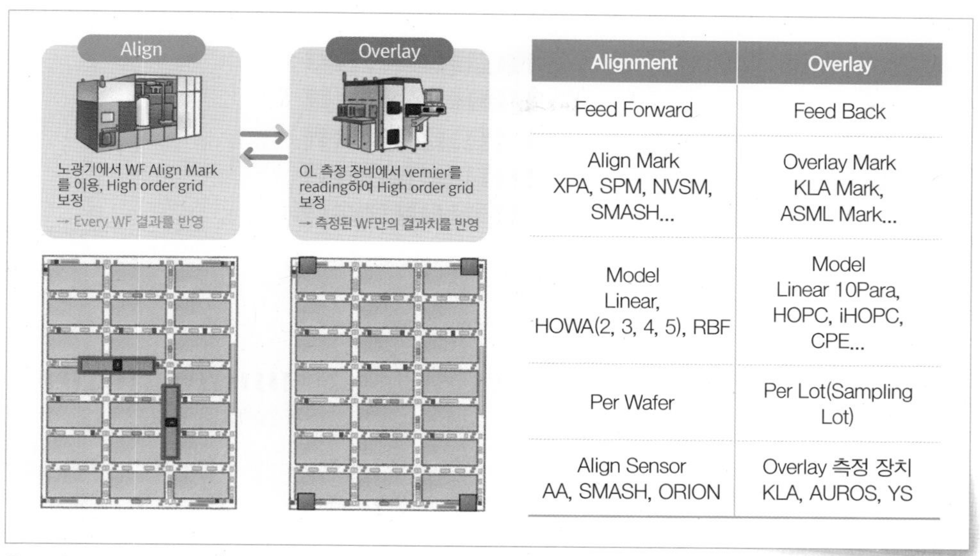

Alignment	Overlay
Feed Forward	Feed Back
Align Mark XPA, SPM, NVSM, SMASH...	Overlay Mark KLA Mark, ASML Mark...
Model Linear, HOWA(2, 3, 4, 5), RBF	Model Linear 10Para, HOPC, iHOPC, CPE...
Per Wafer	Per Lot(Sampling Lot)
Align Sensor AA, SMASH, ORION	Overlay 측정 장치 KLA, AUROS, YS

그림 8-22 Alignment와 Overlay

는 Feedback의 개념으로 측정한 Wafer에 대해서만 결과 반영이 가능한 Sampling이며, Overlay 측정 결과를 Scanner에 Feedback하기 위한 Overlay Model과 별도의 System이 필요하다. Overlay Model에 대한 자세한 내용은 2, 3, 3 Overlay Control에서 다루도록 하겠다.

Alignment

Alignment는 Scanner가 노광을 진행하기 전에 수행하며, 목적은 현재 Wafer상에 새겨진 Pattern의 배열 위치 파악이며, 이전에 진행한 공정에서 생성한 Alignment Mark를 읽어 들인 다음, 수집된 Data로 수학·통계 작업을 수행하는 것으로 이루어진다. Scanner 장비 제작 회사별로 방식이나 사용되는 Mark가 다르며, 여기서는 ASML 장비를 기준으로 설명하도록 하겠다. ASML Alignment의 경우 Phase Grating Type으로 계측을 하고 있으며, 회절을 이용하여 계측하는 방식으로 추후 설명할 Overlay의 DBO와 유사하다.

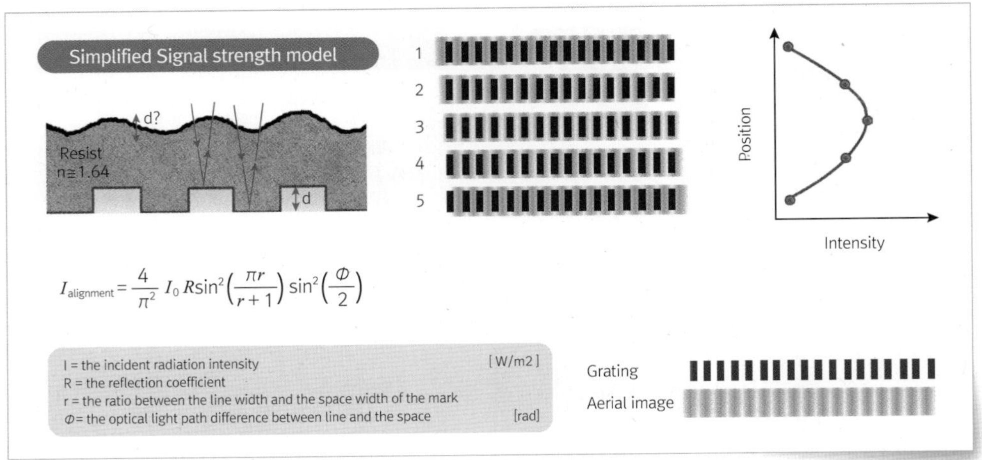

그림 8-23 Alignment Signal Model

Alignment Laser의 Signal Strength는 Align Laser의 초기 Intensity 값과 Sub Layer의 Reflectivity, Alignment Mark의 Line과 Space의 비율, Line과 Space에 각각 맞고 돌아오는 Align Laser의 경로 차 등에 의해 결정되며, Position에 따라 Wave 형태로 Intensity가 커졌다 작아졌다를 반복한다.

Alignment Mark는 Pitch가 16um인 패턴과 17.6um인 패턴으로 구성되며 각각 8.0um, 8.8um의 파장이 반복되어 Signal이 잡히게 된다. 8.0 Mark와 8.8 Mark가 동일한 위상을 갖는 위치를 찾아 Align Position으로 잡으며 이 동일한 위상을 갖는 위치는 최소공배수인 88um마다 나타난다. 동일한 위상이 반복되면 위치 파악을 할 수 없기 때문에 ±44um의 Capture Range로 제한하여 Alignment의 신뢰도를 높일 수 있다.

Alignment Mark는 Alignment System에 따라 나뉘게 되는데 ATHENA(Advanced Technology using High order Enhanced Alignment)와 SMASH(Smart Alignment Sensor Hybrid)로 구분된다. 가장 큰 차이는 ATHENA에서 SMASH로 가면서 Reading 할 수 있는 Spot Size가 작아졌으며 X, Y방향에 대한

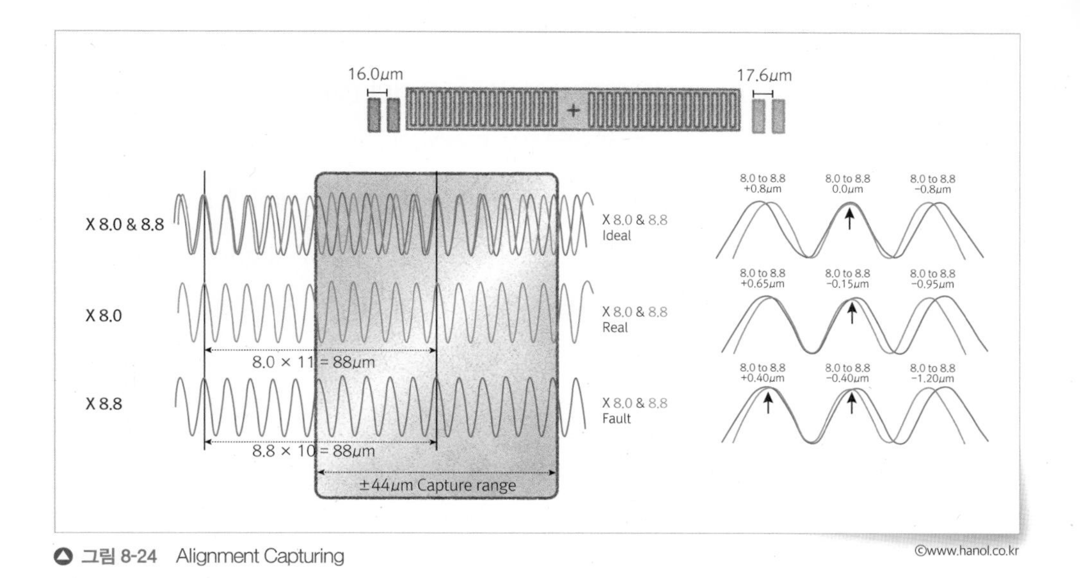

그림 8-24 Alignment Capturing ©www.hanol.co.kr

Detection이 동시에 가능해졌다. ATHENA의 대표적인 Alignment Mark로 SPM이 있는데 1:1 비율이 아닌 3:1, 5:1, 7:1 등 Line에서 작은 Segment들로 나뉘어있다. 기존 Space 영역에서는 다양한 차수의 회절광이 나타나는데 이 중에 0, 2, 4, 6차 등 짝수 차수의 회절광은 서로 상쇄되어 Line과 Space를 구분 못하지만, 1, 3, 5, 7차 등 홀수 차수의 회절광은 누적시키면 Fourier Series의 Square Wave Form으로 더욱 선명하게 Line과 Space 구분이 가능하다. Line 영역에 작게 나누어진 Segment에서는 회절이 더 크게 일어날 것이고 Space의 각 홀수 회절광과 매칭이 되면서 각 차수별 Signal을 Dominant하게 뽑아내어 더욱 정확한 Alignment Position을 잡아낼 수 있다. VSPM으로 가면서 Segment가 더 세분화되었으며 폭이 좁아졌다. SMASH에서는 더 작은 면적으로 Align을 하기 위해 SMASH COWA와 SMASH XY가 제작되었다. SMASH XY에서는 패턴이 사선 방향으로 되어있어 Scan을 하면서 X, Y방향의 Vector를 한 번에 계산할 수 있다. X, Y방향의 Mark를 각각 읽는 기존 Mark에 비해 시간이 단축되는 장점이 있다.

Alignment 신뢰도에 대해서는 대표적인 Parameter로 WQ와 MCC, ROPI & RPN 등이 있다. Wafer Quality는 Alignment Sensor가 장비 내 기준점인 TIS mark를 읽은 Intensity 대비 Wafer의 Align-mark를 읽은 Intensity의 비율을 말한다. 앞서 Alignment Intensity에 영향을 주는 요인들에 대해 언급하였는데 실제 계측되는 Align-mark의 Intensity가 이러한 요인에 의해 너무 작을 경우 Align 신뢰도에 문제가 발생한다. MCC는 실제 계측되는 Alignment Signal이 Ideal한 Wave와 얼마나 근접한지에 대한 비율을 말한다. Alignment를 통해 각 Mark의 위치 정보가 파악되면 노광할 때 그 정보를 바탕으로 보상하여 진행하게 된다. 보상 방법은 Overlay와 동일한 방법으로 2.8 Overlay Control에서 다루도록 하겠다. 각각의 Wafer를 기준으로 Raw Align Map이 산출되면 보상 가능한 Model Parameter를 반영하여 남는 Residual에 대해 Lot 단위 공통 성분을 ROPI라

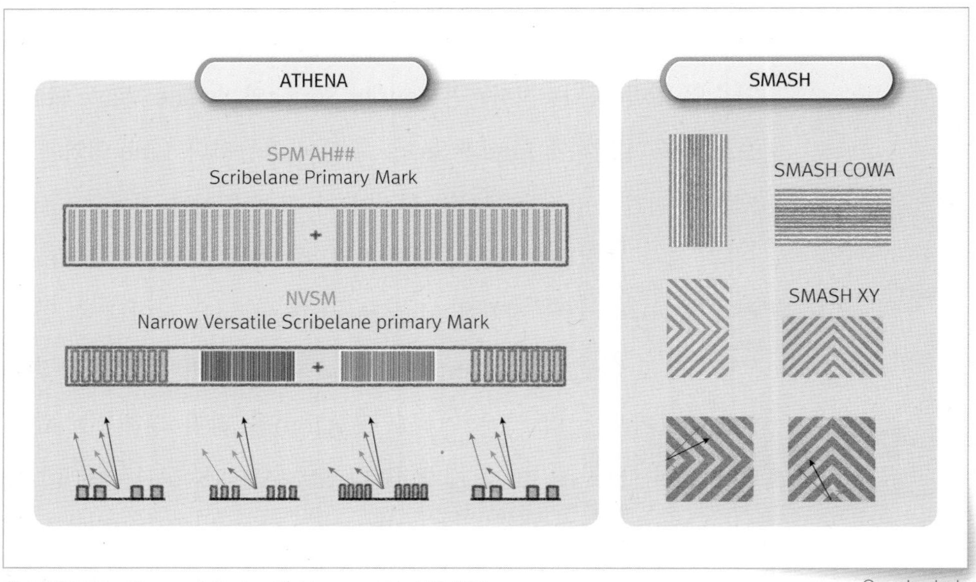

그림 8-25 Alignment System과 Alignment Mark의 종류

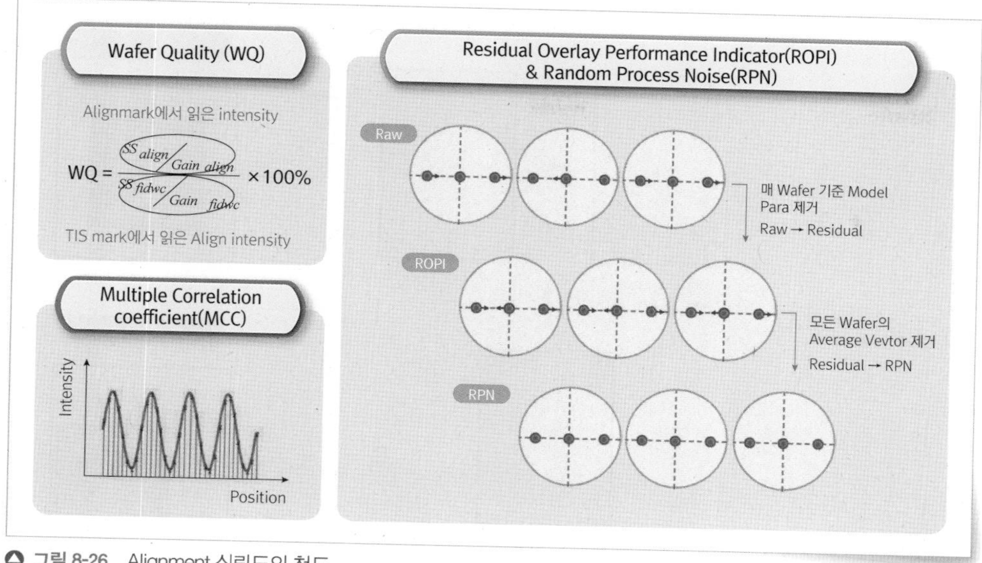

그림 8-26 Alignment 신뢰도의 척도

부르며, Lot 단위 공통 성분을 제외한 Wafer 간 산포를 RPN이라 부른다. 이 밖에도 더 세분화된 Alignment Parameter들이 있으며 매 Wafer마다 나오는 Data이기 때문에 효율적인 활용 방법에 대해 지속적으로 연구를 진행하고 있다.

Overlay

Overlay는 노광 이후 위치가 잘 맞았는지 검사를 하는 작업으로 1st 공정에서 노광을 진행할 때 찍어둔 Mark를 2nd 공정에서 노광을 진행할 때 같은 위치에 Mark를 찍어 Overlap시킨다. 그러면 다음 그림과 같이 Mark 간 중심 차이를 통해 위치 차이에 대해 파악이 가능하며 각 측정 Point별 dx, dy로 Overlay 값을 뽑아낼 수 있다. 아래 그림은 Overlay Mark Type 중 Box In Box에 해당하며 먼저 진행하는 공정의 Mark가 크게 찍혀 Outer Box라 부르고, 이후에 진행하는 공정의 Mark가 작게 찍히며 Inner Box라 부른다. Good과 같은

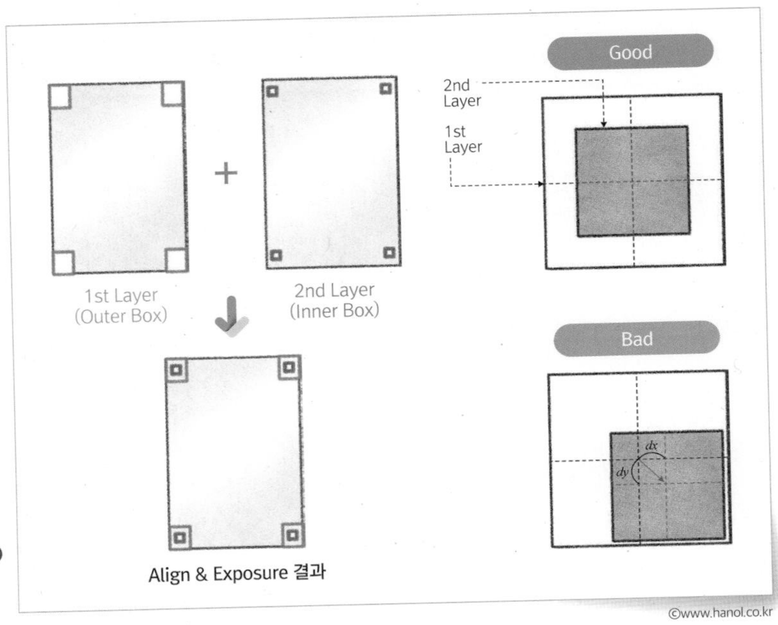

그림 8-27 Overlay 개념 (Box In Box 기준)

경우 Inner Box와 Outer Box의 중심점이 같으므로 정위치에 노광이 되었다고 볼 수 있다. Bad와 같은 경우 Inner Box가 우측 아래에 찍혔기 때문에 다시 진행할 경우에는 기존 진행 조건에서 왼쪽 위로 dx, dy만큼 움직여야 정위치에 맞출 수 있다.

Overlay Mark는 BIB 외에도 다른 종류가 있으며 Overlay Reading 방식에 따라 크게 IBO와 DBO로 나뉜다. IBO는 Image Based Overlay의 약자로 눈으로 보는 것과 같이 CCD Camera에 의해 Capture한 Image의 Intensity Data를 바탕으로 Mark의 위치를 파악하는데, 우리가 눈으로 위치 파악하는 것과 동일하다. IBO Mark의 종류로는 BIB, AIM이 있으며 BIB는 비교적 정밀하지 않아도 되는 공정에서 주로 사용되며, AIM은 정밀한 측정이 필요한 공정에서 주로 사용된다. 3개 공정의 Mark가 각각 찍혀 3개 공정의 위치 관계 파악이 가능한 Triple AIM도 존재한다. $IBO_{Image Based Overlay}$의 경우 1st 공정과 2nd 공정의 Mark 모양과 크기가 다르지만, $DBO_{Diffraction Based Overlay}$의

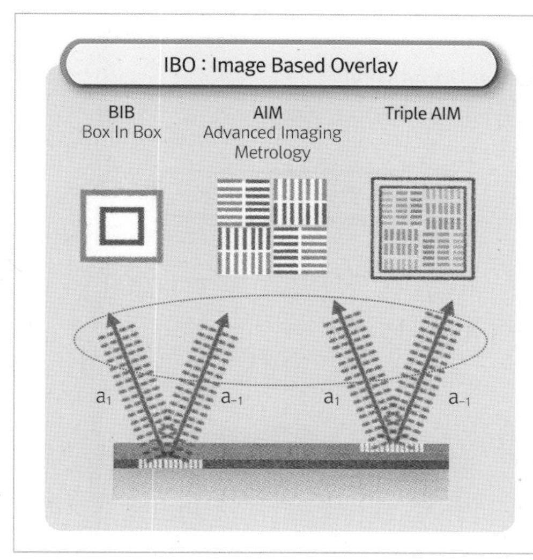

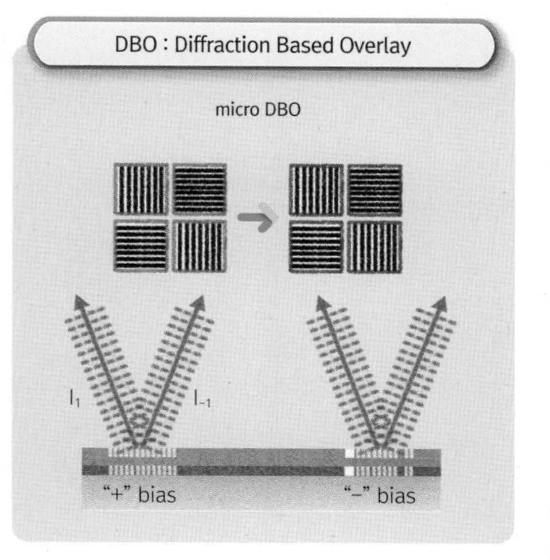

그림 8-28 Overlay 측정 Type과 Mark의 종류

©www.hanol.co.kr

경우 1st 공정과 2nd 공정의 Mark 모양과 크기는 같으며 인위적으로 +/- 위치의 차이를 두고, +쪽과 –쪽 회절광의 차이를 비교하여 Mark의 위치를 파악한다. DBO는 Mark의 위치나 크기가 동일하기 때문에 Vernier Size를 작게 만들 수 있는 장점이 있으나, Image로 계측하는 것이 아니기 때문에 Real Image 확인이 불가능한 단점이 있다.

계측 신뢰도에 대해서는 두 가지 관점이 있는데 측정값이 얼마나 참값에 가까운지에 대한 척도로서 Accuracy가 있으며 측정이 얼마나 재현성 있는지에 대한 척도로서 Precision또는 Repeatability이 있다. 이 중 측정 Point 단위의 재현성은 Static Repeatability, 측정 Wafer 단위의 재현성은 Dynamic Repeatability라 부른다. Overlay에서는 계측 신뢰도를 진단하기 위한 지수로써 Tool Induced Shift가 쓰이는데 Wafer를 회전하지 않는 상태로 먼저 계측한 다음 180도 회전한 상태로 계측 후 비교하여 패턴 비대칭이나 계측기의 이상 유무를 판단할 수 있다. 이 TIS Data에서 3Sigma와 Mean 값을 추출한 다음 Tool Matching 차이, Dynamic Repeatability를 종합하면 Total

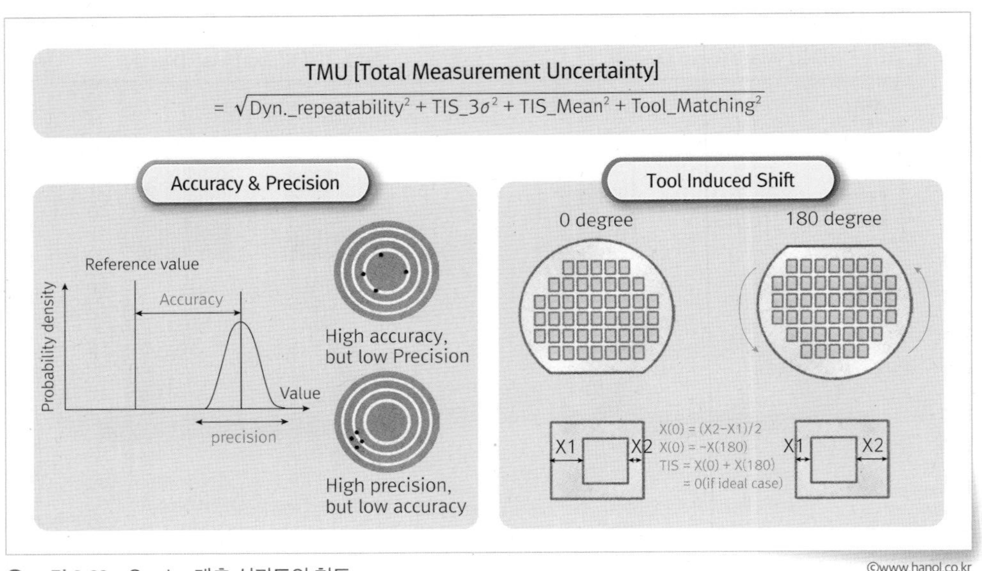

그림 8-29 Overlay 계측 신뢰도의 척도

Measurement Uncertainty로써 Overlay 계측 신뢰도의 종합 지수로써 표현이 가능하다. TMU 값이 Overlay 계측 신뢰도의 전부는 아니며, Accuracy는 결국 Cell을 직접 확인해봐야 알 수 있기 때문에 Overlay 계측에서 얻을 수 있는 정보는 제한적이다. 하지만 TIS 외에도 IBO에서 Raw Overlay의 1차 미분한 값으로 패턴의 기울기를 측정하여 패턴 비대칭을 더 정확히 진단 가능한 Q-Merit이나 DBO에서 Pixel별 Overlay 산포를 측정하여 계측 Quality를 더 정확히 진단 가능한 Target Sigma또는 Pupil Sigma 등 Overlay의 계측 신뢰도를 높이기 위한 개발은 계속되고 있다.

Overlay Control

Overlay는 별도의 측정 장비를 통해 계산되기 때문에 측정된 Wafer에 대해서만 Overlay 파악이 가능한 Sampling이며, 한정된 측정 Data를 통해 최적의 Feedback을 제공하는 System이 필요하다. 측정한 Overlay Data를 어떻게 지수화하고 어떻게 Control을 하는지 알아보자. Overlay 측정 Data는 다음 그림과 같이 Map 형태로 받아볼 수가 있으며 아무런 가공을 하지 않은 측정 그대로의 Data를 Raw Data라고 부른다. Photo는 Wafer를 노광할 때 MASK의 사각형 Shot 단위로 노광을 하기 때문에 사각형 타일을 붙여놓은 듯한 모양이며, 이와 같은 형태를 Intra-Field, 간단히 Intra 또는 Shot이라 부른다. 아울러, Raw Data에서 Shot의 Center만 남겨놓은 형태를 Inter-Field, 간단히 Inter 또는 Wafer, Grid라고 부른다. 이렇게 분류하는 이유는 Overlay 보상을 할 때에도 Inter와 Intra에 대해서 각각 보상을 진행하며, Overlay 분석을 행할 때에도 Inter와 Intra에 대해 원인을 다르게 해석해야 하기 때문이다. 다음은 Overlay 측정 Map을 바탕으로 후속 Lot의 Overlay를 0에 가깝게 만들기 위해 보상을 진행할텐데 무제한 보상이 가능한 것이 아니므로 보상하지 못하는

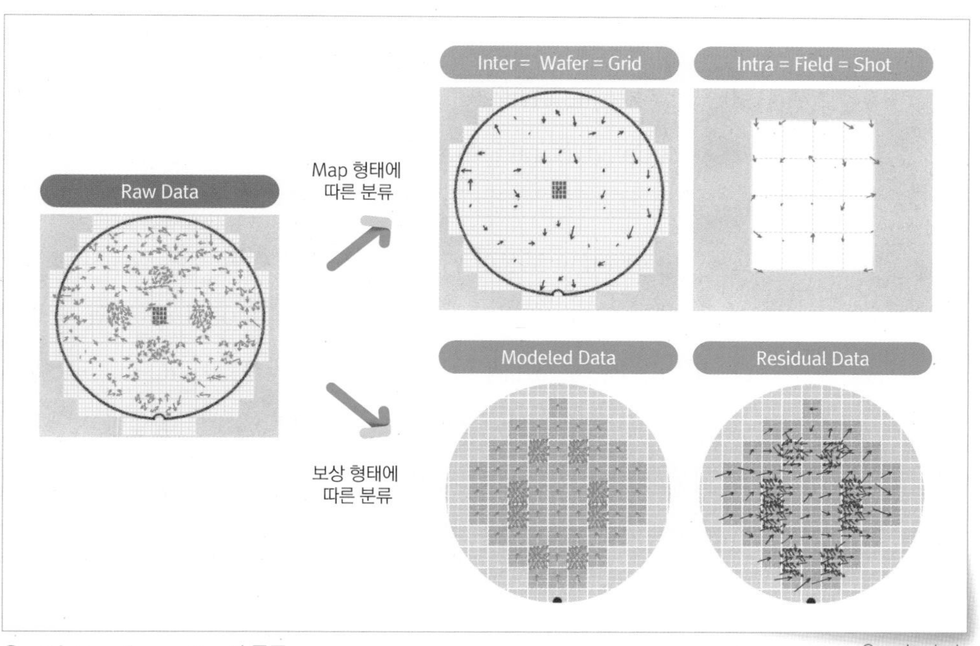

그림 8-30 Overlay Map의 종류

©www.hanol.co.kr

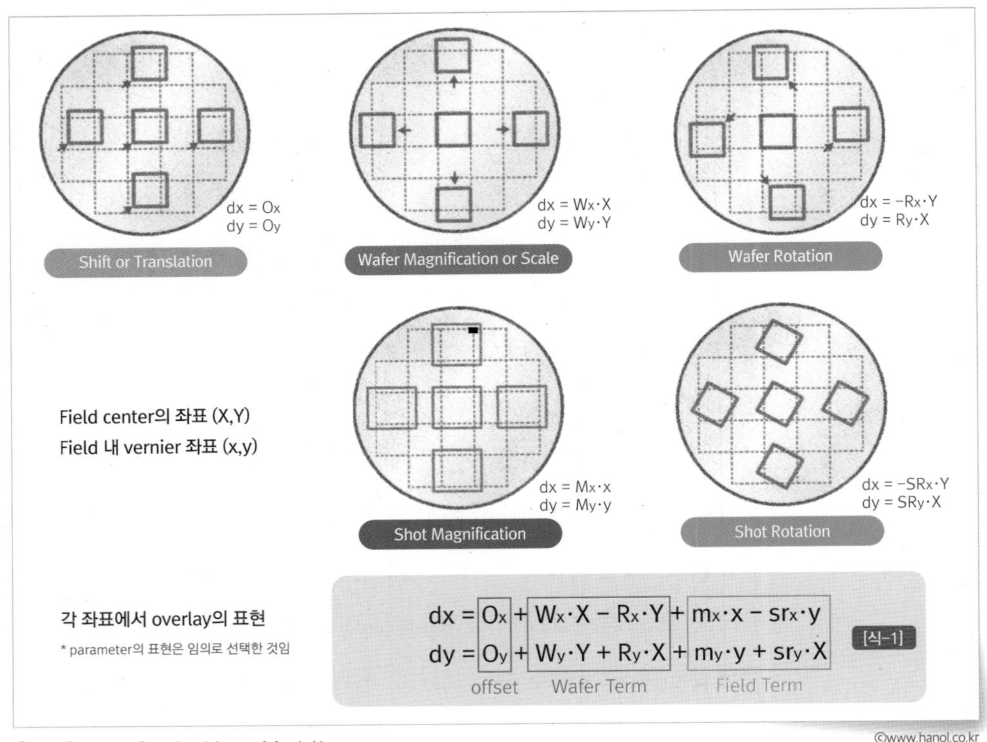

©www.hanol.co.kr

그림 8-31 Overlay Linear Model1

Map도 존재한다. Overlay Modeling을 바탕으로 보상이 가능한 형태를 Modeled Data라 부르며, 보상이 불가능한 형태를 Residual Data라고 부른다.

그렇다면 Overlay 보상이 가능한 성분으로 어떤 것이 있는지 알아보겠다. 〈그림 8-31〉은 가장 기초적인 Linear Model로써 x와 관련된 O_x, W_x, R_x, m_x, sr_x 5개의 성분과 y와 관련된 O_y, W_y, R_y, m_y, sr_y 5개의 성분으로 구성되어 있다. O_x는 모든 위치에 대해서 동일한 X방향으로 이동하는 성분을 말한다. W_x는 Wafer 단위에서의 Field Center 좌표 X에 따라 Scale이 커지는 성분을 말하며 Wafer Magnification 또는 팽창하는 모양으로 Expansion이라 부른다. (0, 0)에서는 0값이 되며 (150, 0)에서는 150 × W_x, (-150, 0)에서는 -150 × W_x이 되고,

Y방향에 따라 값이 바뀌지는 않는다. R_x는 Wafer 단위에서의 Field Center 좌표 Y에 따라 Scale이 커지는 성분을 말한다. X방향에 따라 값이 바뀌지 않으며 회전하는 모양으로 Wafer Rotation이라 부른다. W_x와 R_x는 Wafer 좌표(X, Y)를 따르며 남은 m_x와 sr_x는 Field 단위에서 Vernier의 좌표(x, y)를 따르고 동일한 Magnification과 Rotation 성분이다. 이 5가지 성분을 종합해서 x방향의 Overlay 계측값 dx는 $dx = O_x + W_x \times X - R_x \times Y + m_x \times x - sr_x \times y$로 표현이 된다. y방향의 Overlay 계측값 dy도 x와 마찬가지로 표현하면 $dy = O_y + W_y \times Y - R_y \times X + m_y \times y - sr_y \times x$가 된다.

모든 Point에 대해 dx값은 Modeling 성분으로 표현되지 못하므로 Residual이 남게 된다. Residual을 최소화하는 방향으로 Modeling을 해야함으로 제곱합으로 바꾸어 표현하면 다음과 같이 표현이 가능하다.

$$\Sigma(\text{residual}_i)^2 = \Sigma(dx_i - O_x - W_x \cdot X_i + R_x \cdot Y_i - m_x \cdot x_i - sr_x \cdot y_i)^2 \quad \text{[식-2]}$$

그림 8-32 Overlay Linear Model2

여기서 Residual을 최소화하기 위해 Least Square Method를 활용하여 각 성분별 편미분하였을 때 Zero가 되는 조건을 구한다.

$$\frac{\partial \Sigma(\text{residual}_i)^2}{\partial O_x} = 0, \frac{\partial \Sigma(\text{residual}_i)^2}{\partial W_x} = 0, \cdots, \frac{\partial \Sigma(\text{residual}_i)^2}{\partial sr_x} = 0 \quad \text{[식-3]}$$

그림 8-33 Overlay Linear Model3

여기서 예시로 O_x에 대해 편미분 식을 풀어보면 다음과 같다.

$$\frac{\partial \Sigma(\text{residual}_i)^2}{\partial O_x} = \Sigma - (dx_i - O_x - W_x \cdot X_i + R_x \cdot Y_i - m_x \cdot x_i + sr_x \cdot y_i) = 0$$

$$\Sigma dx_i = O_x \Sigma 1 + W_x \Sigma X_i - R_x \Sigma Y_i + m_x \Sigma x_i - sr_x \Sigma y_i \quad \text{[식-4]}$$

그림 8-34 Overlay Linear Model4

나머지 W_x, R_x, m_x, sr_x에 대해서도 동일하게 편미분 식을 풀면 다음과 같다.

$$
\begin{aligned}
\Sigma X_i dx_i &= O_x \Sigma X_i + W_x \Sigma X_i^2 - R_x \Sigma X_i Y_i + m_x \Sigma X_i x_i - sr_x \Sigma X_i y_i \\
\Sigma Y_i dx_i &= O_x \Sigma Y_i + W_x \Sigma X_i Y_i - R_x \Sigma Y_i^2 + m_x \Sigma Y_i x_i - sr_x \Sigma Y_i y_i \\
\Sigma x_i dx_i &= O_x \Sigma x_i + W_x \Sigma x_i X_i - R_x \Sigma x_i Y_i + m_x \Sigma x_i^2 - sr_x \Sigma x_i y_i \\
\Sigma y_i dx_i &= O_x \Sigma y_i + W_x \Sigma y_i X_i - R_x \Sigma y_i Y_i + m_x \Sigma y_i x_i - sr_x \Sigma y_i^2
\end{aligned}
\quad \text{[식-5]}
$$

그림 8-35 Overlay Linear Model5

이제 5개의 성분에 대해 5개의 연립방정식이 구해졌으므로 연립방정식의 해를 구하면 Residual을 최소화하는 5개 성분의 값을 구할 수 있다. 연립방정식의 풀이를 위해 행렬식으로 전환하여 표현하면 다음과 같다.

$$
\begin{pmatrix} \Sigma dx_i \\ \Sigma X_i dx_i \\ \Sigma Y_i dx_i \\ \Sigma x_i dx_i \\ \Sigma y_i dx_i \end{pmatrix}
=
\begin{pmatrix}
n & \Sigma X_i & \Sigma Y_i & \Sigma x_i & \Sigma y_i \\
\Sigma X_i & \Sigma X_i^2 & \Sigma X_i Y_i & \Sigma X_i x_i & \Sigma X_i y_i \\
\Sigma Y_i & \Sigma X_i Y_i & \Sigma Y_i^2 & \Sigma Y_i x_i & \Sigma Y_i y_i \\
\Sigma x_i & \Sigma x_i X_i & \Sigma x_i Y_i & \Sigma x_i^2 & \Sigma x_i y_i \\
\Sigma y_i & \Sigma y_i X_i & \Sigma y_i Y_i & \Sigma y_i x_i & \Sigma y_i^2
\end{pmatrix}
\begin{pmatrix} O_x \\ W_x \\ -R_x \\ m_x \\ -sr_x \end{pmatrix}
\quad \text{[식-6]}
$$

그림 8-36 Overlay Linear Model6

우리가 구하고자 하는 값은 O_x, W_x, R_x, m_x, sr_x 5개의 값이므로 양변에 역행렬을 취하면 최종 계산식이 도출된다. dy에 대해서도 동일한 방법을 통해 O_y, W_y, R_y, m_y, sr_y 5개의 값을 구하면 Overlay Linear Model 10개 성분의 Modeling값을 계산할 수 있다.

$$
\begin{pmatrix} O_x \\ W_x \\ -R_x \\ m_x \\ -sr_x \end{pmatrix}
=
\begin{pmatrix}
n & \Sigma X_i & \Sigma Y_i & \Sigma x_i & \Sigma y_i \\
\Sigma X_i & \Sigma X_i^2 & \Sigma X_i Y_i & \Sigma X_i x_i & \Sigma X_i y_i \\
\Sigma Y_i & \Sigma X_i Y_i & \Sigma Y_i^2 & \Sigma Y_i x_i & \Sigma Y_i y_i \\
\Sigma x_i & \Sigma x_i X_i & \Sigma x_i Y_i & \Sigma x_i^2 & \Sigma x_i y_i \\
\Sigma y_i & \Sigma y_i X_i & \Sigma y_i Y_i & \Sigma y_i x_i & \Sigma y_i^2
\end{pmatrix}^{-1}
\begin{pmatrix} \Sigma dx_i \\ \Sigma X_i dx_i \\ \Sigma Y_i dx_i \\ \Sigma x_i dx_i \\ \Sigma y_i dx_i \end{pmatrix}
\quad \text{[식-7]}
$$

그림 8-37 Overlay Linear Model7

여기까지가 가장 기본적인 Overlay Linear Model에 대한 계산 방법이다. 현재는 2차, 3차 함수 및 Shot 단위로 다른 값 보상이 가능하여 계산이 매우 복잡해졌다. 측정 Point 수가 장당 몇 백 Point 정도 되기 때문에 직접 계산하는 것은 거의 불가능하며, 전산 System을 통해 Overlay 측정 완료와 동시에 Model 값이 계산되어 다음에 진행할 Lot에 Feedback을 준다.

MASK

MASK는 Wafer에 패턴을 찍기 위한 판화이며 사진과 빗대어 보면 이해하는 데 도움이 된다. 사진을 찍기 전 Film은 Photomask에서는 Blank라고 부르며 Camera로 풍경을 Film에 새기듯이 E-Beam 장비를 통해 패턴을 새기는 작업을 진행하여 상이 담긴 Film과 같은 것이 MASK이다. Blank에서 MASK를 제작하는 공정은 Photo공정과 동일하다고 보면 된다. PR이 도포된 Blank에 E-Beam 노광을 진행하고 현상한 다음 Etch공정을 통해 Cr을 식각 후 PR을 벗겨내면 된다. MASK 종류에 따라 Binary와 HTPSM으로 나뉘는데 Binary는 이 과정을 1번, HTPSM은 2번 진행한다.

일반적인 Binary Blank의 기판으로는 Quartz가 사용되며, 차광막으

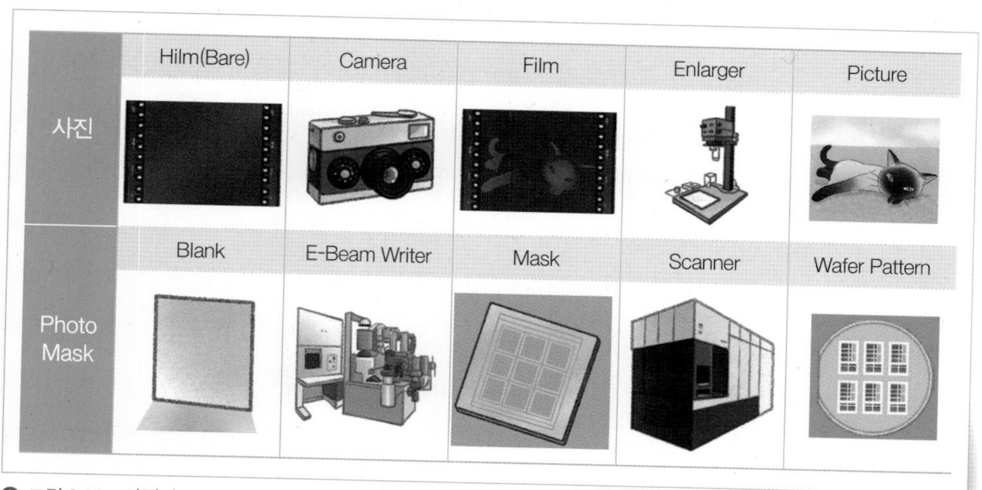

그림 8-38 사진과 Photomask

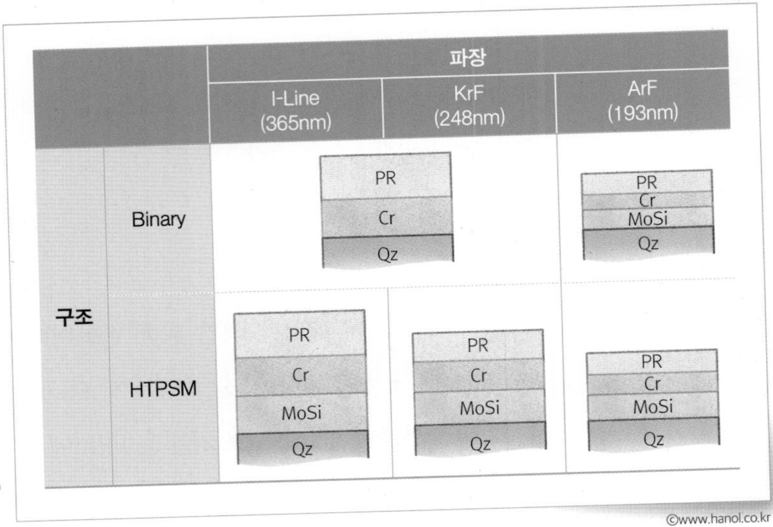

그림 8-39 Blank의 종류

로 Chrome을 쌓고 E-Beam Writing을 위한 PR이 쌓여 있다. 파장이 작을수록 더 작은 패턴을 형성하려면 Etch공정에서 발생될 수 있는 Loading Effect의 영향을 줄이기 위해 두께를 줄여야 하는데 ArF 파장에서는 Chrome을 Hard Mask로 사용하고 하부에 불투명한 MoSi 층을 쌓는 MoSi Binary Blank를 채택하여 안정적으로 두께를 줄일 수 있다. HTPSM의 경우에는 위상 반전을 만들기 위해 MoSi 층 위에 Chrome이 쌓여 있다.

Blank의 종류로써 Binary와 HTPSM이 계속 언급되었는데 무엇이고 어떤 차이가 있는지 설명하도록 하겠다. Binary는 일반적인 빛이 투과되는 영역과 Cr에 의해 빛이 차단되는 두 가지 영역으로 존재하는데 Image 영역에 전부 동일 위상으로 형성되어 패턴이 형성되지 않는 영역에서도 보강이 일어나 Intensity가 남아있다. PSM은 Phase Shift Mask의 약자로 위상을 반전시켜 패턴이 형성되지 않는 영역의 Intensity를 최소화하는 Mask이다. PSM은 크게 Alternating PSM과 Attenuated 또는 Half Tone PSM으로 나뉘는데 Alternating PSM은 빛이 투과되는 영역 중에 위상이 반전되는 영역을 만들어 패

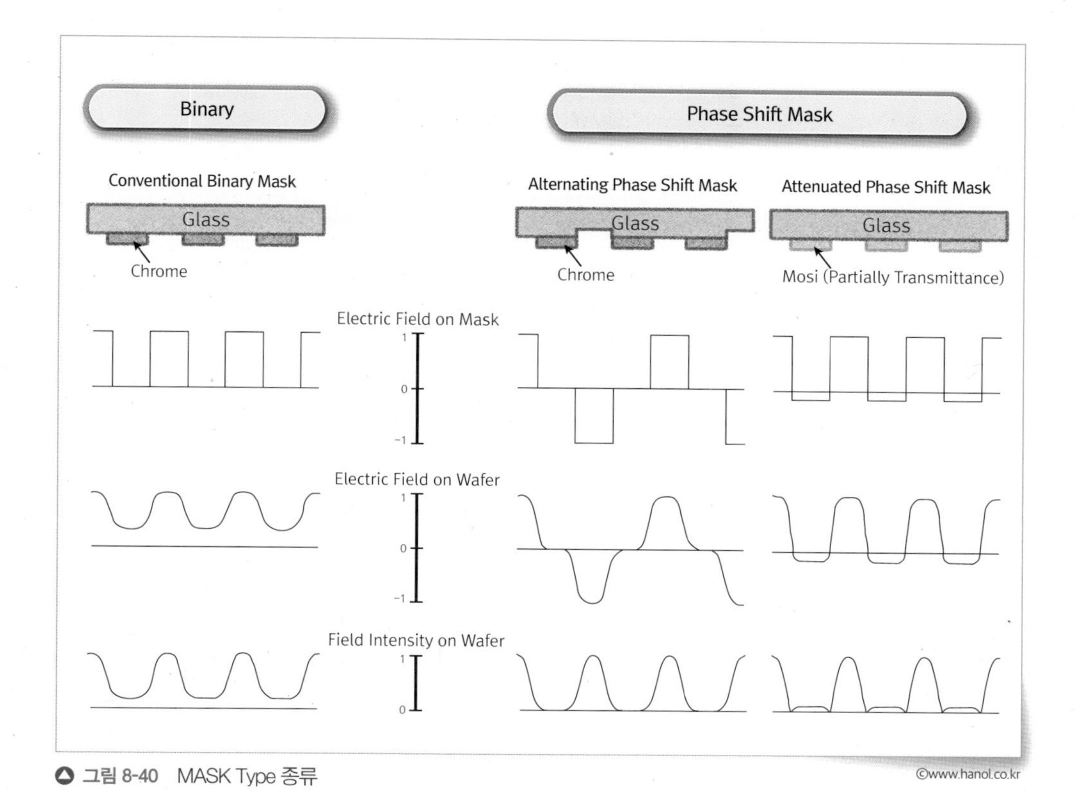

그림 8-40 MASK Type 종류

©www.hanol.co.kr

턴이 형성되지 않는 영역에서 서로 상쇄되어 Intensity를 최소화하는 Mask이고 HTPSM은 Cr 대신 일부 빛이 투과 가능한 MoSi로 패턴을 만들어 위상이 반전되는 영역을 약하게 형성시켜 동일하게 패턴이 형성되지 않는 영역의 Intensity를 최소화하는 Mask이다. Alternating PSM은 Quartz 식각에 의한 Defect에 취약하고 Repair 난이도가 높은 단점이 있어 현재 PSM은 HTPSM이 보편적으로 사용된다. Pellicle은 MASK 표면을 Particle에 의한 오염으로부터 보호하기 위한 얇고 투명한 막으로써 MASK를 보호하는 원리는 다음과 같다. MASK에 Pellicle이 있다면 MASK Backside의 패턴 부에 Particle이 붙을 경우 Wafer에 전사될 때 Focusing되는 영역과 동일하기 때문에 Particle이 그대로 전사되는 위험성이 존재한다. 하지만 Pellicle

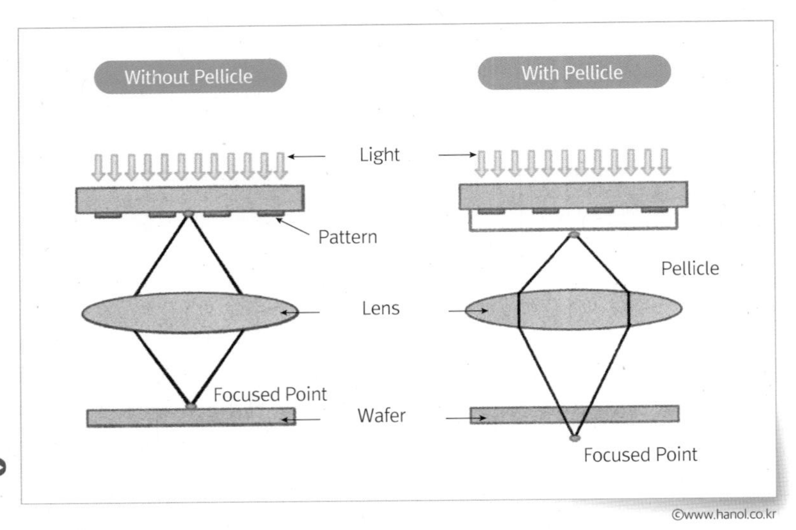

그림 8-41 Pellicle의 원리

이 있는 경우 Particle이 패턴 부에 바로 붙지 못하고 Pellicle에 붙고 Wafer에 전사될 때 Focusing이 되지 않으므로 위험성이 현저히 줄게 된다. Pellicle에 있어서 가장 중요사항은 빛이 투과되기 때문에 Energy 손실이 없도록 투과율이 높아야 한다.

마지막으로 MASK를 제작할 때 패턴이 설계한 대로 Wafer에 Real Image가 형성되도록 보정하는 Optical Proximity Correction에 대해 설명하도록 하겠다. MASK에 새겨놓은 패턴이 실제 Wafer에 전사

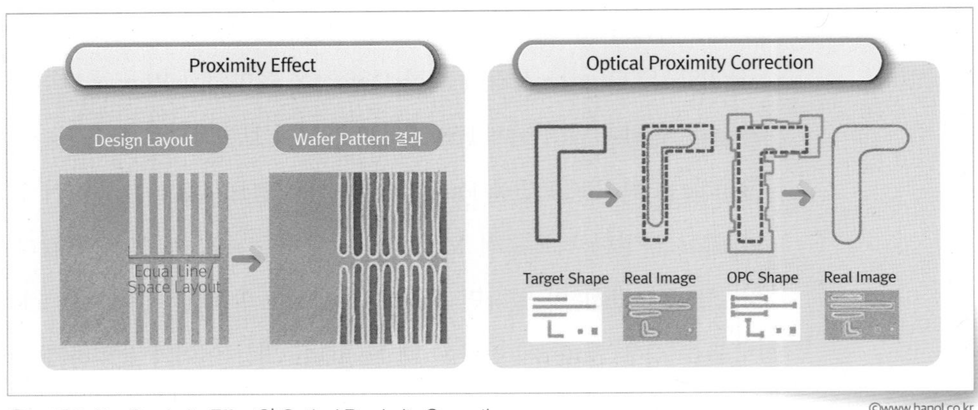

그림 8-42 Proximity Effect와 Optical Proximity Correction

될 때는 빛을 사용하기 때문에 발생하는 Proximity Effect에 의해 다르게 형성된다. Dense한 Line 영역에서는 Pitch가 일정하게 유지되지만 Isolate인 Line과 맞닿는 영역은 Pitch가 일정하지 않아 Lens 수차의 영향을 다르게 받는다. 그 외에도 PR, Reticle 조건이나 Etch Loading Effect 등을 고려해야 하므로 Simulation을 통해 설계한 패턴과 가장 근접하게 구현할 수 있는 OPC 보정을 하여 MASK를 제작하고 있다.

Photo Resist

Photo Resist는 MASK를 통해 선택적으로 빛이 닿게 되면 화학 반응을 일으켜 실제 패턴으로 전사되도록 하는 감광성 물질이다. 대표적인 예로 Positive PR과 Negative PR이 있는데 Positive PR은 빛이 닿은 영역이 현상액에 의해 용해되는 PR로 노광에 의한 보호기 탈리가 주 메커니즘이며, Negative PR은 빛이 닿은 영역이 경화되어 용해되지 않고 빛이 닿지 않은 영역이 용해되는 PR로 노광 후 가교 반응이 주 메커니즘이다. Positive PR의 경우 빛이 닿지 않은 영역이 용해되지 않고 남기 때문에 확실하게 Open이 필요한 Hole 패턴에 Neg-

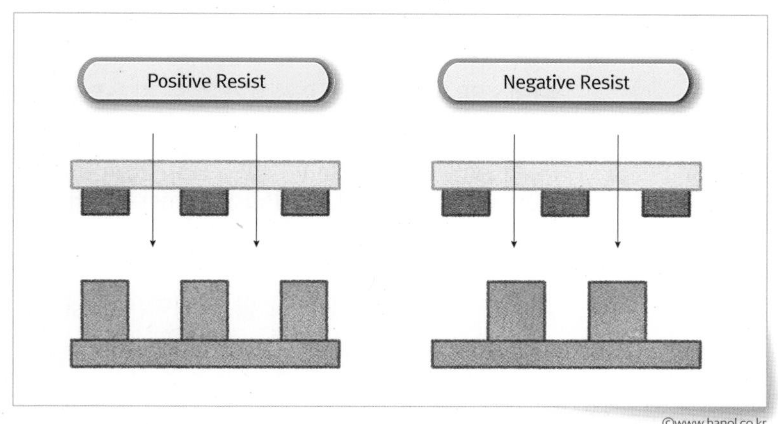

그림 8-43 Positive PR과 Negative PR

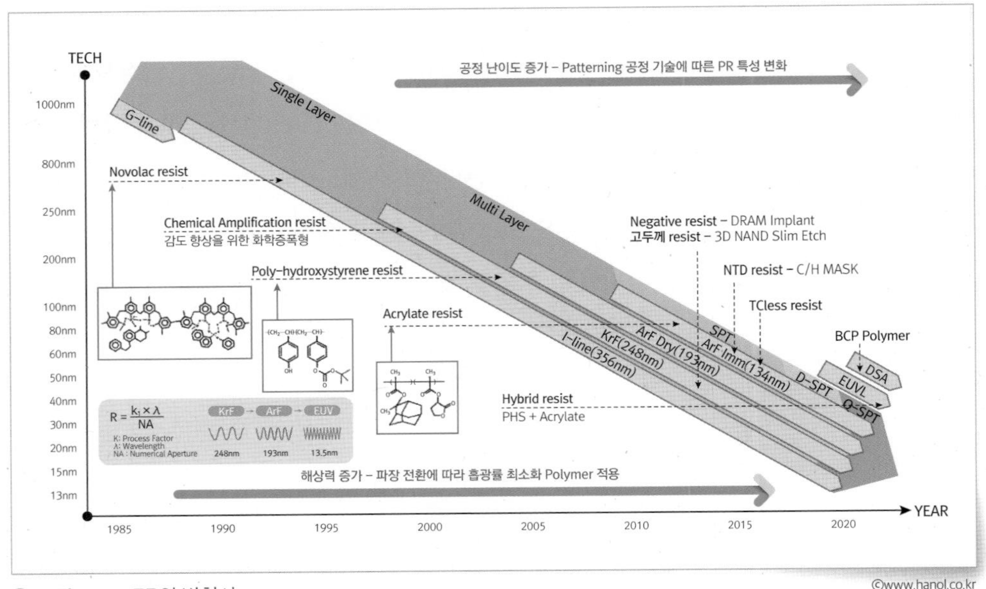

©www.hanol.co.kr

그림 8-44 PR의 변천사

ative PR이 주로 사용된다.

PR은 파장이 전환되면서 그에 맞게 변화하였으며 여러 공정 기법이 도입되면서 PR 특성도 다양하게 개발이 되었다. I-line에서는 Novolac Resist가 주요 PR로 사용되었고, 이후 파장부터는 Chemical Amplification Resist가 주로 사용되었는데 KrF에서는 Poly-hydroxy styrene Resist가, ArF에서는 Acrylate Resist가 주요 PR로 사용되었다.

I-line PR은 Novolac Resist가 주로 사용되는데, 용해억제형 PR로서 구성은 패턴을 형성하는 Novolac Resin과 빛에 반응하는 Photo Active Compound, 그리고 Solvent로 되어 있다. 빛을 받는 영역은 PAC의 보호기 탈리가 일어나 Alkali성 Developer에 잘 용해되는 Acid로 변하며, 빛을 받지 않는 영역은 Resin과 PAC가 결합하면서 Developer에 용해되지 않는 불용성 물질이 된다. PAC가 Resin과 결합하면서 용해 억제 작용을 한다고 하여 용해억제형 PR로 부른다.

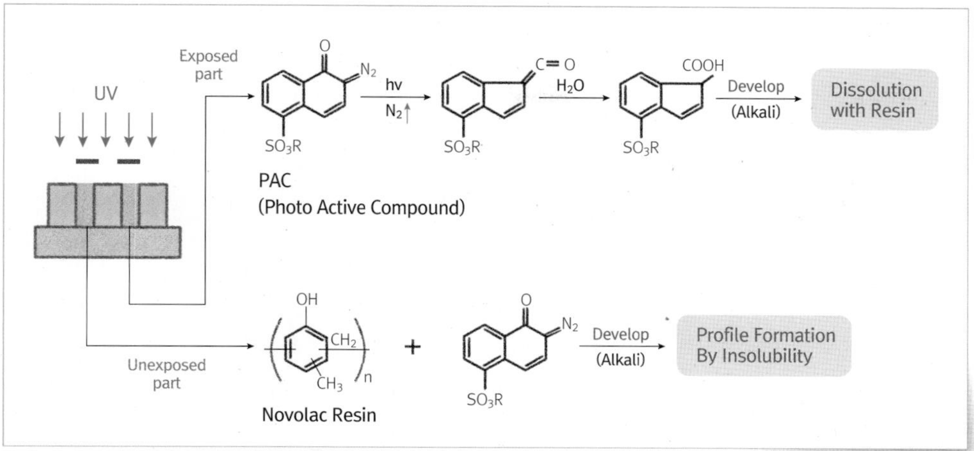

그림 8-45 용해억제형 PR의 반응 메커니즘

KrF부터는 파장이 짧아지면서 그에 비해 Intensity는 줄어들게 되었는데 적은 Intensity에서도 패턴을 정상적으로 형성하기 위해 화학증폭형 PR인 CAR가 개발되었다. 구성은 패턴을 형성하는 Polymer Resin과 빛에 반응하는 Photo Acid Generator, 그리고 Solvent로 되어 있다. PAG가 빛을 받게 되면 Acid를 생성하는데 이후 고온에서 Bake를 하면서 Acid가 Polymer Resin과 반응하여 용해성 물질로 전환시키며, 이때 발생한 Acid가 또 다른 Polymer Resin과 반응하면서 증폭된다.

하나의 Acid가 여러 Polymer Resin과 반응하므로 화학증폭형 PR이라 부른다. 화학증폭형 PR이 정상적으로 동작하려면 Acid가 일정하게 남아있어야 하는데 Post Expose Bake를 바로 진행하지 않으면 공기 중의 Amine이 Acid와 중화 반응을 일으켜 Delay 시간에 따라 성능이 변하게 된다. 이러한 현상을 억제하기 위해 Quencher라는 첨가제가 도입되었으며, Quencher는 염기성 물질로 산의 농도를 미리 떨어뜨려 Post Expose Bake Delay에 따른 영향을 줄이는 역할을 한다.

BARC는 Bottom Anti Reflective Coating의 약자로 빛의 난반사로

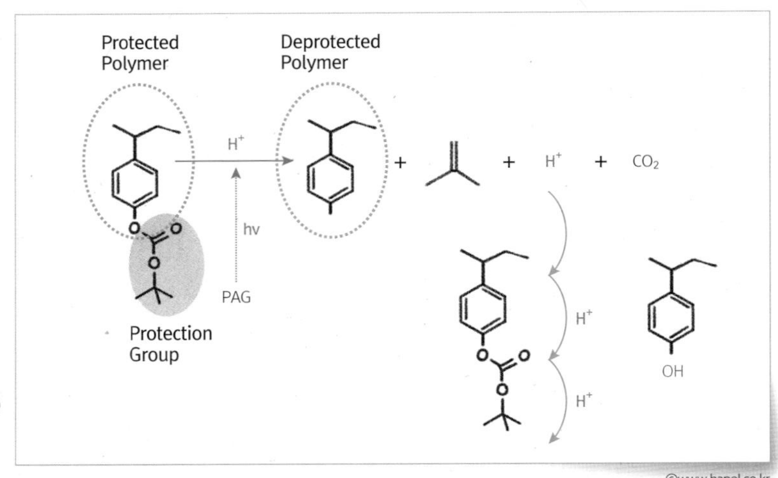

그림 8-46 화학증폭형 PR의 반응 메커니즘

인한 패턴 불량을 방지하기 위해 PR이 Coating 되기 전에 먼저 Coating하는 물질이다. BARC 없이 바로 PR을 Coating하게 되면 PR 하부에서 반사되는 빛을 제어하지 못해 패턴이 형성되어야 할 영역에 반사되어 Notching 현상이 일어나거나 일정한 보강 간섭에 의해 Standing Wave 현상이 일어날 수 있다. BARC를 사용하면 빛 일부는 BARC 층에서 흡수되며 BARC 내에 Optical Path Length를 파장의 1/2로 맞추게 되면 위상이 반전되면서 반사광이 상쇄된다. BARC를 사용하기 전에는 PR을 Coating 하기 전에 Wafer 표면과 PR 간 접착력을 높이기 위해 HMDS(Hexa Methylene DiSilazane) 처리를 하였으

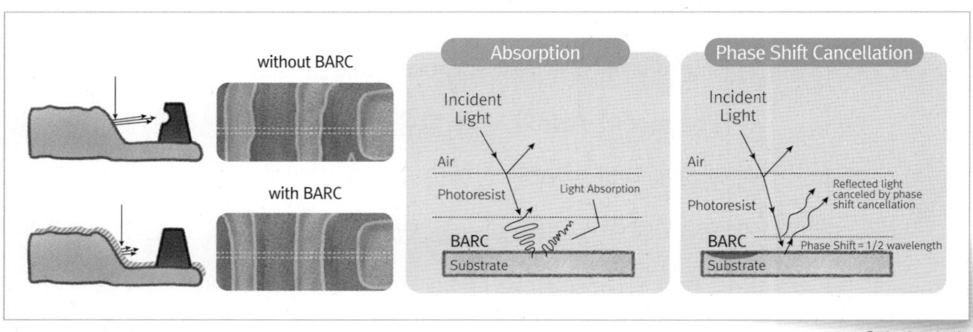

그림 8-47 Bottom Anti Reflective Coating

며, BARC는 HMDS의 역할도 하게 된다. 즉, BARC를 Coating하면 HMDS를 도포하지 않아도 된다.

BARC 외에도 ArF Immersion에서는 물과 PR의 접촉을 차단하기 위해 TARC가 사용된다. TARC는 Top Anti Reflective Coating의 약자로, PR 위에 추가로 Coating 하여 Immersion 노광 시 물이 지나가면서 PR에 침투하는 것을 막고 반대로 PR이 물을 오염시키는 것도 막는다. 또한 Contact Angle이 높은 물질을 사용하여 Water Droplet이 남는 것을 막아준다. 최근에는 비용과 시간을 절약하기 위해 TARC 기능까지 장착된 Tarc-less PR이 출시되고 있으며 Additive Polymer를 첨가하여 PR Coating 후 Soft Oven Bake에서 열에 의해 Top 부분은 극성이 없는 Barrier Layer가 형성되고 Bottom 부분은 극성이 있는 영역으로 분리되어 PR의 역할을 수행한다.

Developer는 노광에 의해 용해도가 높아진 영역을 현상시키는 물질로 Developer에는 크게 두가지 종류가 있는데 Positive Tone용 TMAH Tetra Methyl Ammonium Hydroxide와 Negative Tone용 nBA n-Butyl Acetate가

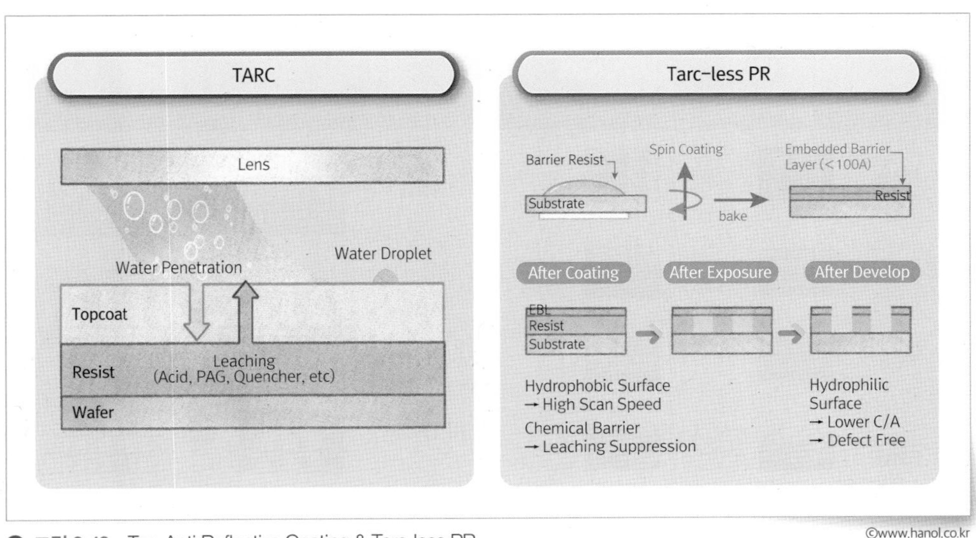

©www.hanol.co.kr

그림 8-48 Top Anti Reflective Coating & Tarc-less PR

있다. 여기서 Tone이란 최종 패턴이 형성되는 방식에 따라 나눈 것으로 패턴이 형성되는 영역으로 빛이 투과되면 Positive Tone, 패턴이 형성되는 영역으로 빛이 차단되면 Negative Tone이 된다. Positive PR이 먼저 개발되고 Negative PR이 나중에 개발되면서 BARC나 Developer를 혼용하였으나 Negative PR에서 Image Contrast나 PR이 용해되는 Swelling 현상이 나타나면서 Negative PR 전용 BARC, Developer 등이 개발되었다. TMAH는 현상액을 씻어내기 위한 DI-Water Rinse나 표면 장력을 낮춰 패턴을 보호하기 위한 Low Surface Tension Rinse가 사용되지만, nBA는 Rinse를 사용하지 않는다. BARC의 경우 NTD에 PTD BARC를 사용하게 되면 Acid가 Bottom부에 몰려 Undercut 현상이 나타나는데 NTD BARC는 Acid를 미리 보충하여 Acid가 Bottom부에 몰리는 것을 방지한다. RELACS는 Resist Enhancement Lithography Assisted by Chemical Shrink의 약자로, RELACS Coating을 한 번 더 입힌 다음 가열하여 CD Uniformity를 향상시키는 방법이다. RELACS도 NTD에

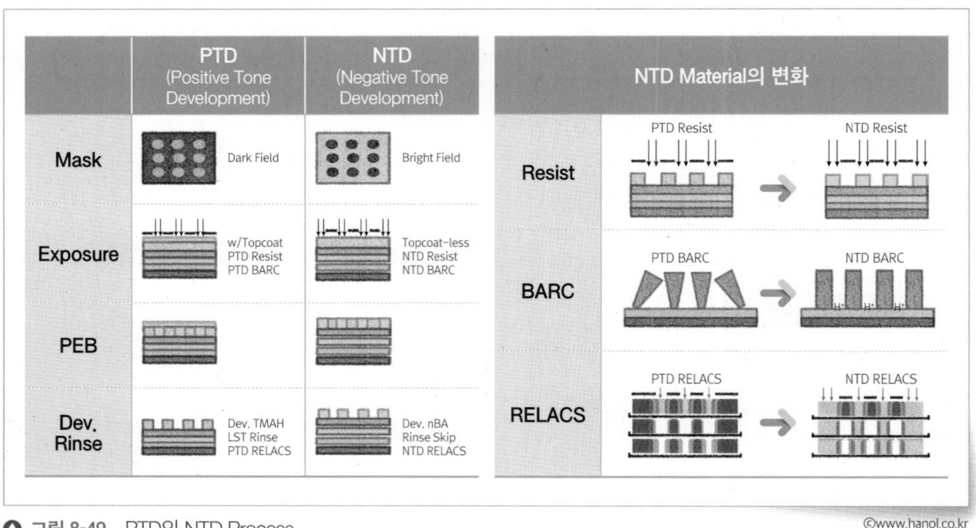

그림 8-49 PTD와 NTD Process

©www.hanol.co.kr

PTD RELACS를 그대로 사용하면 RELACS Shrink량이 매우 커지기 때문에 NTD RELACS가 개발되었다. 지금까지 Photo에 사용되는 Material에 대해 알아보았다. 서두에 언급된 Material에 대해 모두 다루지 못하였지만 그만큼 Photo에 사용되는 Material이 많다는 뜻이다. 다음은 Photo 장비에 대해 좀 더 구체적으로 다루도록 하겠다.

03 Photo 장비

Track

앞서 Photo Process에 대해 소개하였으나 가장 기본적인 과정만 언급하였고 실제 Track Process는 더 복잡한 과정을 거친다. 이 과정 중에 일부는 공정에 따라 생략되기도 한다. 이제 각 과정에 대해 하나씩 간단히 소개하도록 하겠다. ADH는 Adhesion을 말하며, HMDS를 도포하는 과정으로 Wafer와 PR 간 접착력을 좋게 하여 패턴이 떨어져 나가는 것을 방지한다. CPL은 Chilling Plate를 말하며, 고온 처리된 Wafer를 식히는 과정이다. BARC, PR, Top Coater는 각각 BARC, PR, TARC를 Coating하는 과정이며 ADH와 BARC는 양자택일이고, ArF Immersion공정이 아니거나 Tarc-less PR을 사용하는 경우 Top coater는 진행하지 않는다. PAB는 Post coat Apply Bake로 다른 말로 Soft Oven Bake라 하며, 각 Material을 도포한 이후 열을 가하는 과정이다. WIS는 Wafer Intelligent Scanner를 말하며, Track을 진행하는 Wafer에 대해 MACRO Image 검사를 수행하여 Defect 유무를 확인하는 과정이다. WEE는 Wafer Edge Expose를 말하며, Coating된 Wafer의 Edge에 남아있는 PR에 의한 오염을 방지하기 위해 Lamp를 이용하여 Wafer Edge 부분

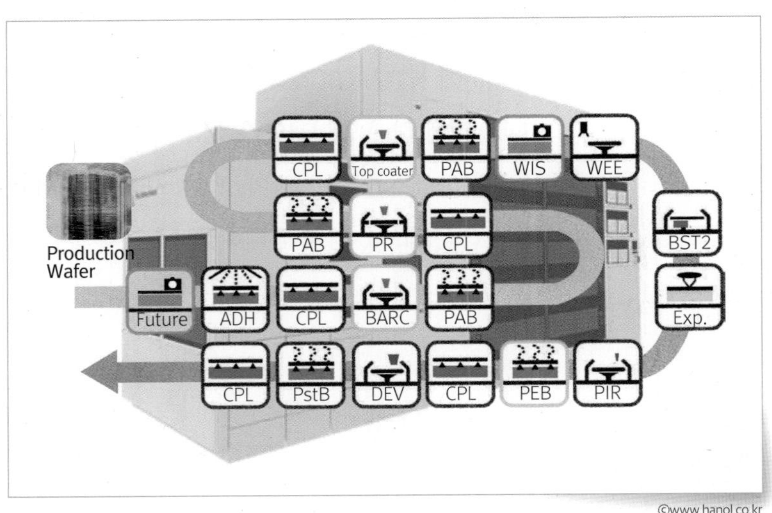

그림 8-50 Track Process Flow

을 노광하는 과정으로 Positive PR의 경우 Develop 과정에서 PR이 제거되나 Negative PR의 경우 사용하지 않는다. BST는 Back Side Treatment로, 노광을 진행하기 전에 Wafer Backside의 이물을 제거하고 평탄화시켜 Scanner Leveling을 좋게 하는 과정이다. BST까지 진행하고 나면 Transfer Unit을 통해 Scanner로 Wafer를 전달하며 노광이 끝나면 다시 PIR Unit에 돌아온다. PIR은 Post Immersion Rinse로 ArF Immersion공정 이후 남아있는 물을 제거하는 과정으로, ArF Immersion공정이 아니면 생략된다. PEB는 Post Expose Bake로, 열에 의해 화학 반응을 촉진시키는 과정이다. 마지막으로 DEV는 Develop을 말하며, 노광 후 용해도가 높아진 영역을 현상시킨다. 다음은 주요 과정에 대해 좀 더 설명하도록 하겠다.

Coating Unit은 BARC, PR, Top Coat 거의 동일한 구성이며 장비 모델에 따라 모습이 다르다. 기본적인 구조는 다음과 같으며, Wafer가 놓이는 Coater Cup, PR이 분사되는 Resist ARM, Wafer Edge를 세정하기 위한 EBR ARM, PR이나 기타 이물질 등이 Wafer를 오염시키는 것을 방지하기 위해 빨아들이는 Exhaust, Coating을 하지 않는 동안

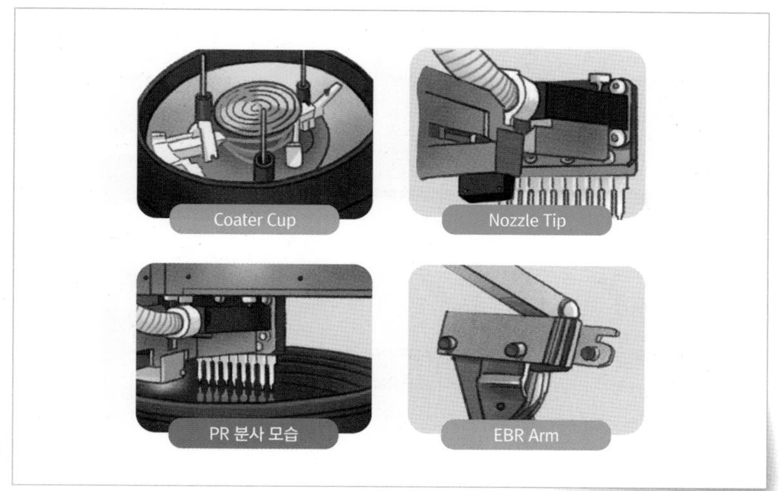

그림 8-51 COT Unit 구조

©www.hanol.co.kr

Nozzle Tip이 굳는 것을 방지하기 위해 Solvent에 담구어 대기할 수 있는 Dry Free Technology Bath가 있다. COT Unit은 여러 개가 있으며 ARM을 공유하기도 하며 독립적으로 사용하기도 한다. 다음과 같은 경우는 Resist ARM은 양쪽의 COT Unit이 서로 번갈아가며 사용하고, EBR ARM은 각각 COT Unit에 독립적으로 사용되는 경우이다. Coating 진행 순서는 Coater Cup 중앙의 Chuck에 Wafer가 Loading이 되면 Resist ARM이 DFT Bath에서 Wafer 중앙으로 이동하여 ARM 끝에 달린 Nozzle Tip에서 PR이 분사되고 나면 Spin Motor가 Wafer를 회전시켜 PR을 고루 퍼지게 하며 마지막에 EBR ARM이 Wafer Edge에 위치하여 Rinse 처리를 하면 Coating이 끝나게 된다.

PR Coating을 진행할 때는 PR을 분사하는 것 외에 별도의 과정이 더 있는데 RRC Coating과 EBR, Back Rinse가 있다. RRC는 Reduce Resist Consumption의 약자로, PR Coating을 하기 전에 Thinner를 먼저 도포하여 표면장력을 떨어뜨리면 적은 양의 PR로 Thickness를 맞출 수 있어 PR Volume을 절약할 수 있다. EBR은 앞서 소개한 것과 같이 Wafer Edge가 PR에 의해 오염되는 것을 방지

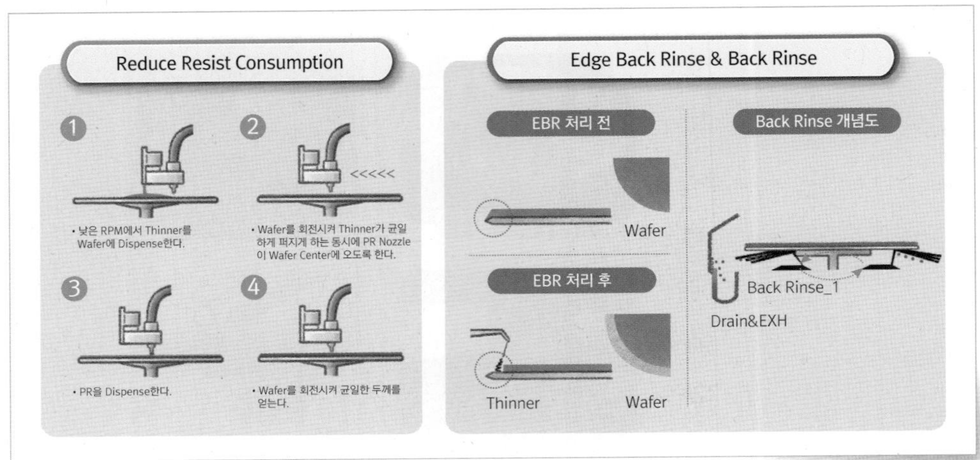

ⓒwww.hanol.co.kr

▲ 그림 8-52 RRC와 EBR, Back Rinse

하기 위해 PR의 용재인 Thinner를 Wafer Edge에 뿌리면서 Wafer를 회전시켜 세정하는 과정이다. EBR 외에도 PR이 흘러 Wafer Backside도 오염시킬 수 있기 때문에 Wafer Backside도 Thinner로 세정하는 과정을 Back Rinse라 한다.

PR은 다양한 Material로 구성되어 있기 때문에 Coating이 끝나면 Bake 과정을 통해 PR의 각 성분들을 확산시키고 Solvent는 증발시킨다. 그리고 노광이 끝나게 되면 빛에 노출된 영역이 화학 작용을 일으켜 명확한 경계를 구분하기 위해 Bake 과정을 통해 화학 증폭을 시킨다. 전자의 Bake 과정을 Soft Oven Bake라 하며, 후자의 Bake 과정을 Post Expose Bake라 한다. 다음 PEB에 대한 그림 설명은 화학 증폭형 PR을 기준으로 나타내었다. SOB와 PEB의 Oven Unit은 큰 차이가 없으나 PEB가 온도 변화에 더 민감하기 때문에 PEB Oven Unit은 온도 Control에 특화되어 있다.

EBR을 통해 Wafer Edge 세정을 끝내더라도 Rinse액 분사하는 것은 미세한 Control이 어렵기 때문에 Wafer Edge를 명확하게 Define하기 위해 WEE가 도입되었다. WEE는 Wafer Edge Expose의

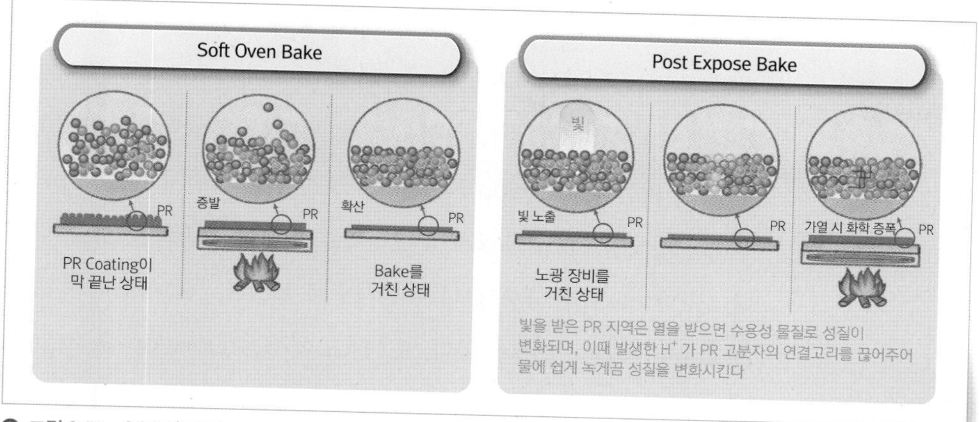

그림 8-53 SOB와 PEB

줄임말로, Scanner에서 사용하는 빛과 유사한 파장을 내는 Lamp를 이용하여 Wafer Edge로부터 원하는 Size만큼 정확히 노광시켜 이후 Devolop 과정에서 깎이도록 해준다. Process에 따라 EBR과 WEE Size는 달라지기 때문에 Stack 구조와 하부 Film의 성분 등을 고려하여 결정하게 된다.

PEB 과정까지 거친 PR은 화학적으로 용해가 되는 영역과 용해가 되

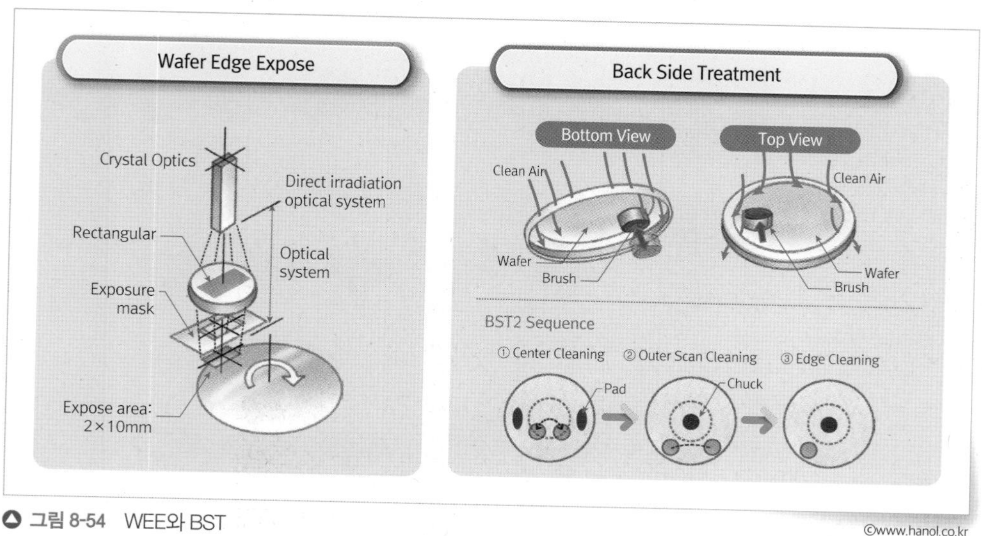

그림 8-54 WEE와 BST

지 않는 영역으로 분리되며, Develop을 통해 용해가 되는 영역을 제거한다. Develop은 크게 Developer를 도포하고 Rinse로 씻어내는 과정으로 나뉘며, NTD는 앞서 Developer에서 언급하였듯이 Rinse는 하지 않는다. Develop Nozzle은 크게 Scan하면서 Developer를 뿌리는 방식인 LD와 Nozzle Tip 하나로 퍼뜨리는 방식인 GP로 나뉜다. GP가 LD보다 나중에 나온 방식으로 Developer 사용량이 줄고 Develop 시간이 단축되었다. 또한 GP에서는 Develop 초기에 DI Water로 Pre-wet 과정을 추가하여 PR 표면을 친수화시켜 Acid가 고루 퍼질 수 있도록 한다. MGP는 Pre-wet을 더욱 최적화하여 소수성 표면에 대응하여 Tarc-less PR에 적합하도록 설계되었다.

Developer 도포 이후 Rinse 처리를 제대로 하지 못하면 PR이 깔끔

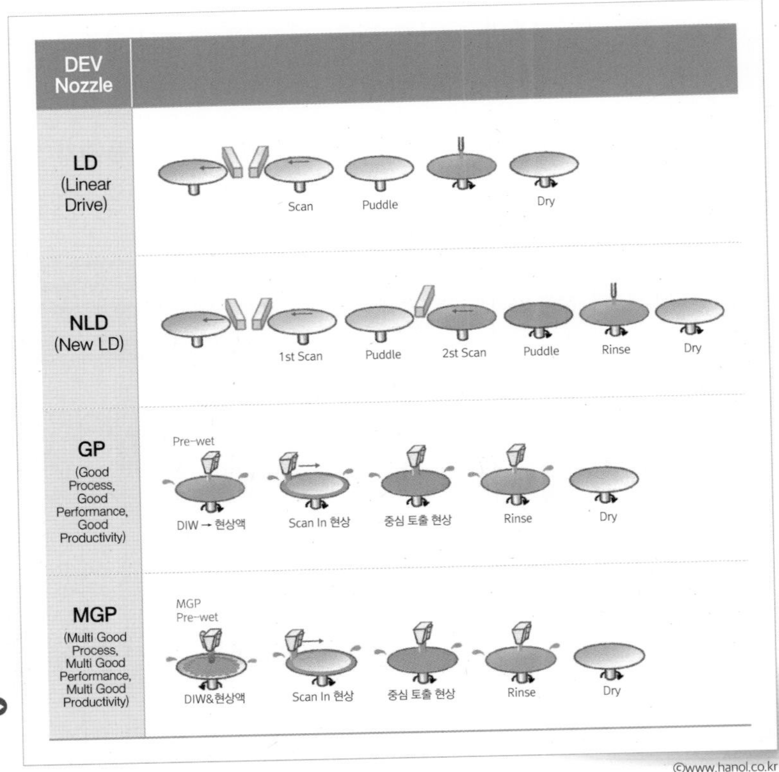

©www.hanol.co.kr

그림 8-55 Develop Nozzle에 따른 Develop 방식

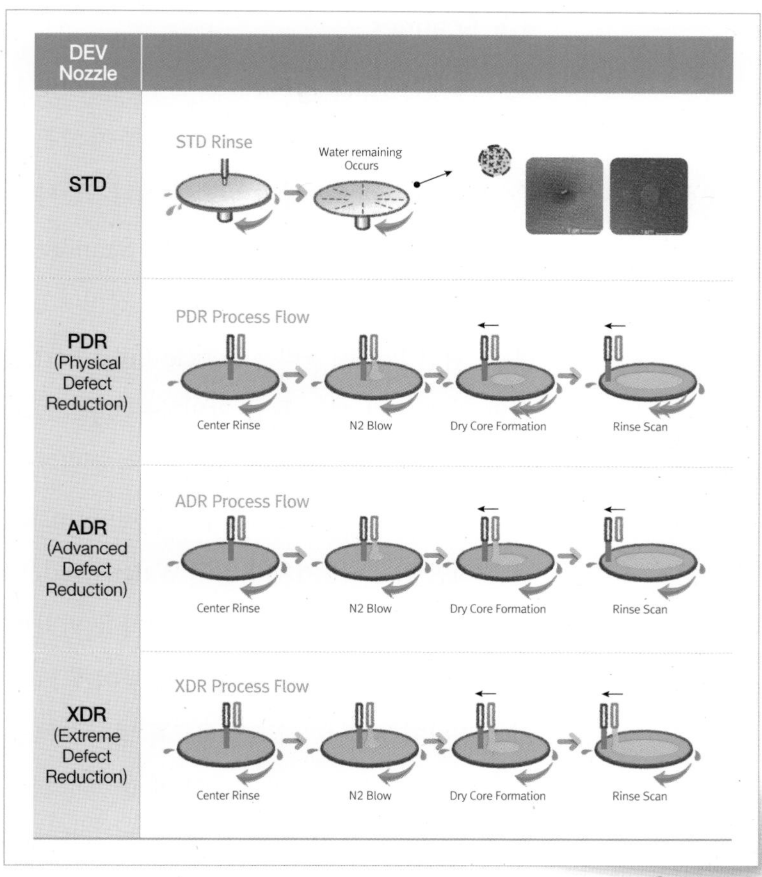

그림 8-56 Develop Rinse Nozzle에 따른 Develop Rinse 방식

하게 제거되지 못하고 일부 잔류할 수 있기 때문에 Rinse로 씻어내는 방식도 다양하게 개발되었다. PDR이 도입되면서 N2 Blowing을 동반하여 용해된 PR과 Developer를 밀어내는 과정이 추가되었고 ADR과 XDR을 거치면서 Nozzle의 분사와 이동 방식이 바뀌게 되었다. 공정마다 효과의 차이가 있으므로 평가를 통해 Develop 방식을 결정하며 이 밖에도 다양한 Develop 방식이 존재한다. 지금까지 소개한 Track Process는 전체적인 이해를 돕기 위해 Main Process에 대해서만 소개하였으며, 이 밖에도 다양한 Unit과 기능이 존재하며 장비 모델에 따라 구성이 다르니 참고하기 바란다.

Scanner

앞서 소개한 Track Process도 매우 다양하여 다 소개하질 못하였는데 Scanner Process 이보다도 복잡하여 모든 내용을 파악하는 사람은 없다. Scanner도 장비 버전이 올라가면서 많은 부분이 바뀌었으니 주요 부분만 설명하도록 하겠다. Scanner 장비는 기본적으로 다음과 같이 구성되어 있다. Reticle을 장비에 Loading하기 위해 Reticle이 담긴 Pod를 올리는 Reticle Load Port, 장비 이력 확인 및 조치와 진행 조건 설정 등을 확인하는 Operation UI, Track으로부터 Wafer를 건네 받아 Wafer Stage까지 전달하는 Wafer Handler, 일반적으로 Inline Process이기 때문에 Transfer를 통해 Wafer를 건네 받지만 Track을 거치지 않고 Wafer Load/Unload가 가능한 Wafer Load Port, Wafer의 위치와 단차를 파악하는 Alignment/Leveling System, Wafer가 노광할 때 놓이게 되는 Wafer Stage, Laser가 발진하여 Wafer까지 도달하도록 빛의 경로를 관리하는 Illumination Module, Reticle이 노광할 때 놓이게 되는 Reticle Stage, 마지막으로 Reticle과 Wafer 사이에 Image를 제대로 형성되도록 돕는

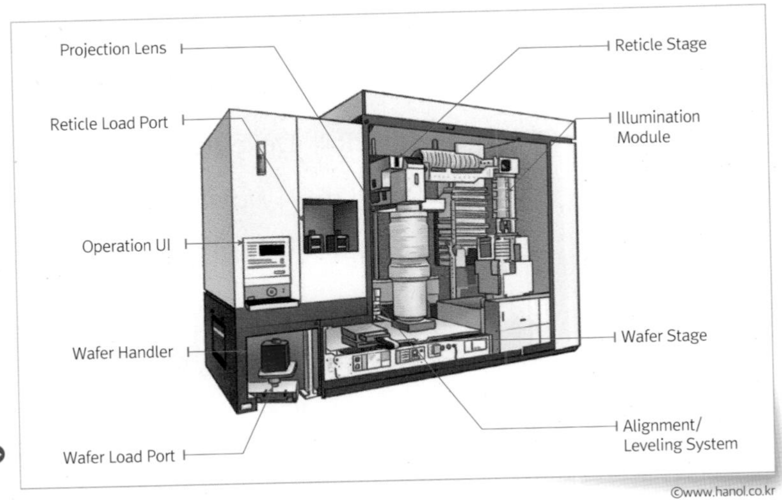

그림 8-57 Scanner 주요 장치

Projection Lens로 구성되어 있다.

처음 노광 장비를 소개할 때는 Stepper와 Scanner를 언급하였지만 편의상 Scanner라고 불렀다. 현재 Main으로 사용되는 방식은 Scanning 방식으로 Stepping 방식과 그 차이에 대해서 언급하도록 하겠다. Stepping은 사진기처럼 Reticle의 Image를 한번에 Wafer에 찍는 방식이고, Scanning은 복사기처럼 Reticle의 X방향은 열리고 Y방향은 일부만 열린 채 Y방향으로 이동하면서 Wafer에 찍는 방식이다. 두 방식의 차이점은 먼저 Stepper의 경우 Reticle이 빛을 받는 면적이 넓어 Lens도 그만큼 크게 제작해야 하며 Lens가 클수록 수차의 영향을 받고 한번에 찍어내기 때문에 Y방향에 대한 자유도가 없어 Overlay나 Focus 보정에 제한적이다. 반면 Scanner의 경우 Reticle이 빛을 받는 면적이 줄어들어 Lens를 상대적으로 작게 제작할 수 있으며 수차의 영향을 덜 받고 Y방향으로 이동하면서 Focus나 Overlay 보정이 가능하다. 파장이 짧아질수록 Lens 크기의 중요성이 높아지고 Scanning 시 Reticle과 Wafer 위치를 동기화하는 기술력이 발달하면서 KrF 파장부터는 Scanner가 Main으로 부상하여 쓰이고 있다.

ArF Immersion은 기존 ArF에서 Lens와 Wafer 사이를 물로 채워 NA를 높인 System으로 EUV가 나오기 전까지 가장 Resolution이 좋은 장비로 쓰이고 있다. Snell의 법칙에 따르면 NA는 입사각 Θ이 동일한 경우 물질의 굴절률에 비례하는데 물의 굴절률이 공기의 굴절률보다 높기 때문에 NA는 상대적으로 커져서 Rayleigh의 Criteria에 따라 Resolution이 좋아지게 된다. Lens와 Wafer 사이에 물이 쓰이기 때문에 Bubble과 물이 잔류할 수 있어 Photo 장비와 소재가 앞서 언급한 것처럼 그에 맞게 개발되었다.

Scanner는 Lens를 사용하는 광학 System이기 때문에 Lens의 수차

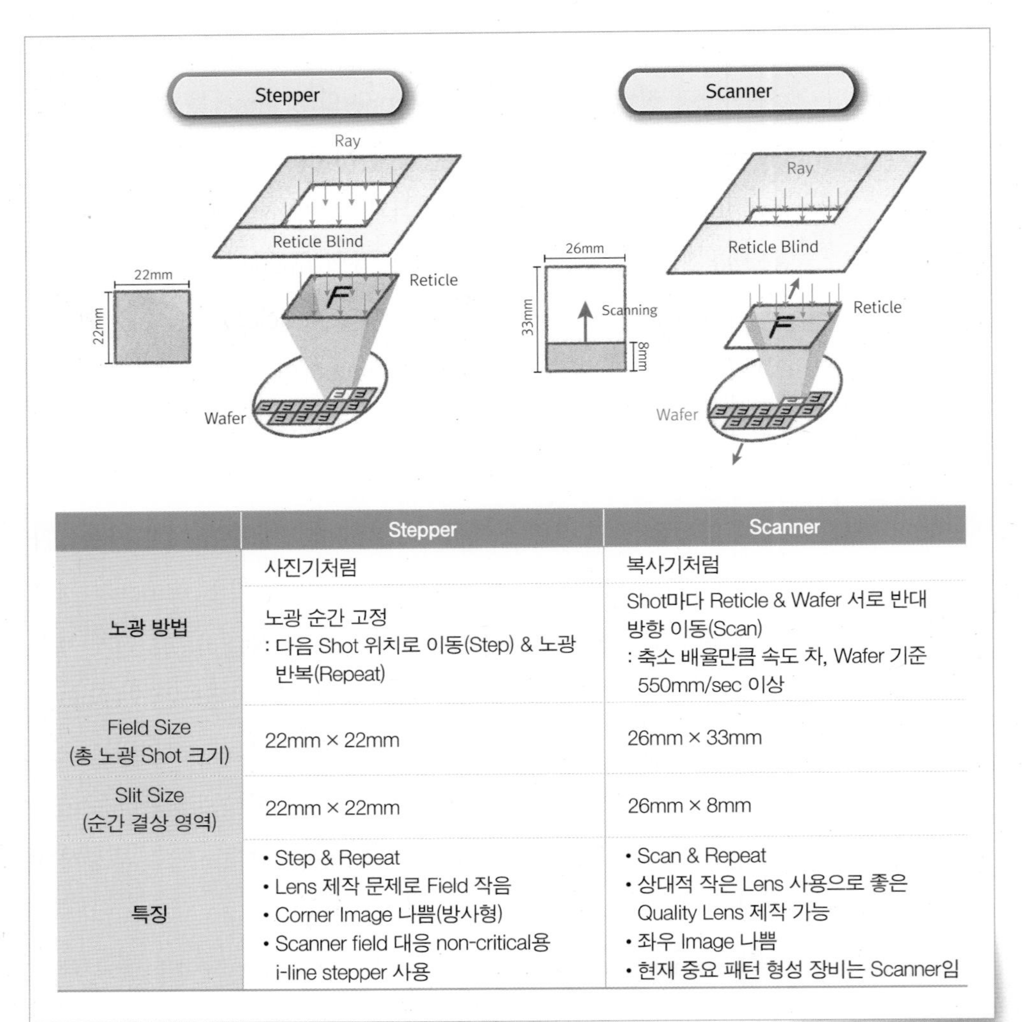

	Stepper	Scanner
노광 방법	사진기처럼	복사기처럼
	노광 순간 고정 : 다음 Shot 위치로 이동(Step) & 노광 반복(Repeat)	Shot마다 Reticle & Wafer 서로 반대 방향 이동(Scan) : 축소 배율만큼 속도 차, Wafer 기준 550mm/sec 이상
Field Size (총 노광 Shot 크기)	22mm × 22mm	26mm × 33mm
Slit Size (순간 결상 영역)	22mm × 22mm	26mm × 8mm
특징	• Step & Repeat • Lens 제작 문제로 Field 작음 • Corner Image 나쁨(방사형) • Scanner field 대응 non-critical용 i-line stepper 사용	• Scan & Repeat • 상대적 작은 Lens 사용으로 좋은 Quality Lens 제작 가능 • 좌우 Image 나쁨 • 현재 중요 패턴 형성 장비는 Scanner임

그림 8-58 Stepper와 Scanner

영향을 받게 된다. 완벽한 Lens가 있다면 점광원을 통과하는 빛은 Lens를 거쳐 파면이 완전한 구 형태로 Wafer의 한 점으로 모이게 될 것이다. 하지만 실제 Lens는 완벽하지 않으며 빛은 Lens의 수차에 의해 굴절이 다르게 일어나 파면이 일그러지게 되며 Wafer의 한 점으로 모이지 않게 된다. Scanner에서는 이러한 왜곡으로 인해 Image가 제대로 형성되지 않는 것을 방지해야 하므로 수차에 대해

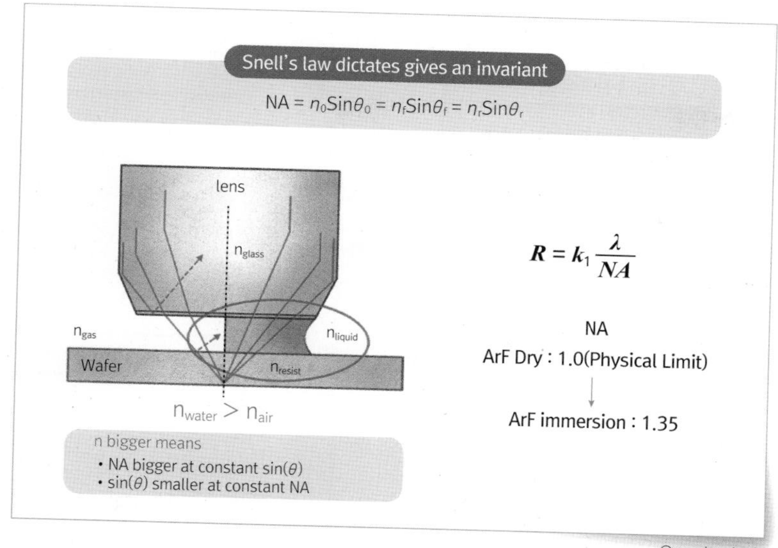

그림 8-59 ArF Immersion

정확히 알고 보정해야 한다. 대표적인 수차로 비점 수차와 구면 수차가 있으며, 비점 수차는 Lens를 투과하는 빛이 Lens의 수평 방향을 통과할 때와 수직 방향을 통과할 때의 초점이 다르게 맺히는 수차를 말하며, 구면 수차는 Lens의 곡률에 의해 Lens에 입사하는 빛의 입사고에 따라 초점이 다르게 맺히는 수차를 말한다.

Scanner에서는 이러한 수차를 정의하기 위해 Zernike가 고안한 Wavefront Polynomial을 사용하고 있다. Zernike Wavefront Polynomial은 Wavefront를 Pupil의 좌표(ρ, Θ)와 Field 좌표(r, Φ)에 대해 반지름과 방위각으로 표현되는 극좌표계로 각 Field의 한 점에 대해 Zernike 계수로써 나타낼 수 있다. Zernike 계수를 표현하는 방법은 다양하며, ASML에서는 WYANT가 정의한 Zernike Scheme을 따르며 Index는 다르게 부여하여 사용하고 있다. 방위각 Θ가 짝수인 경우 Wavefront가 좌우 대칭인 형태로 Even Aberration으로 정의하며, 일반적으로 CD와 Focus에 영향을 준다. 방위각 Θ가 홀수인 경우 Wavefront가 좌우 비대칭인 형태로 Image Distortion인

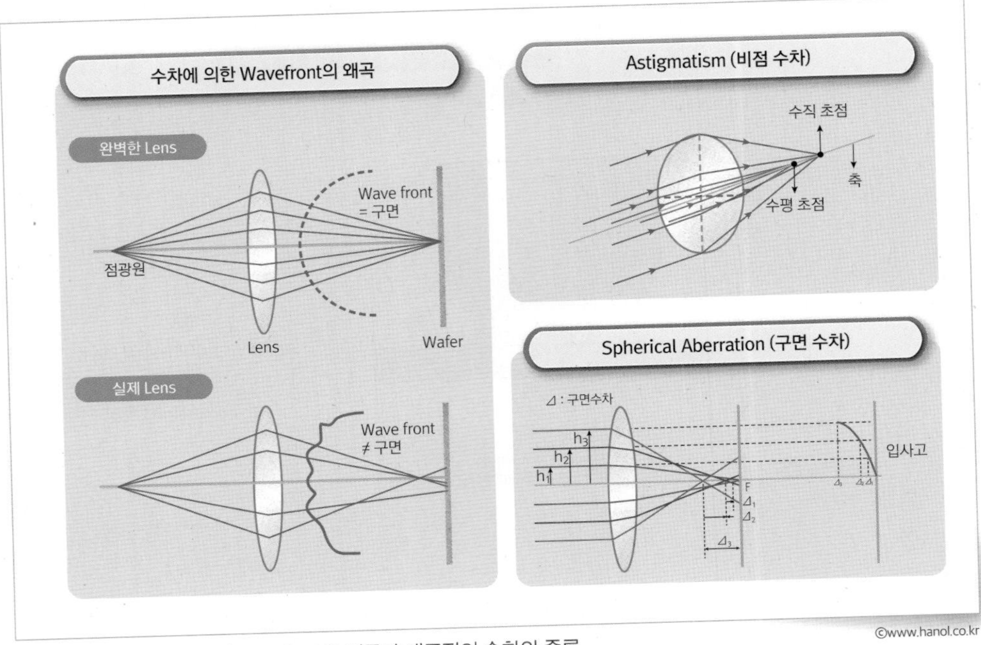

그림 8-60 수차에 의한 Wavefront의 왜곡과 대표적인 수차의 종류

Overlay에 영향을 준다.

현재 ASML Scanner에서는 High Order의 수차 성분까지 관리하고 있지만 이 중에 기본적인 비점 수차와 구면 수차를 기준으로 예시를

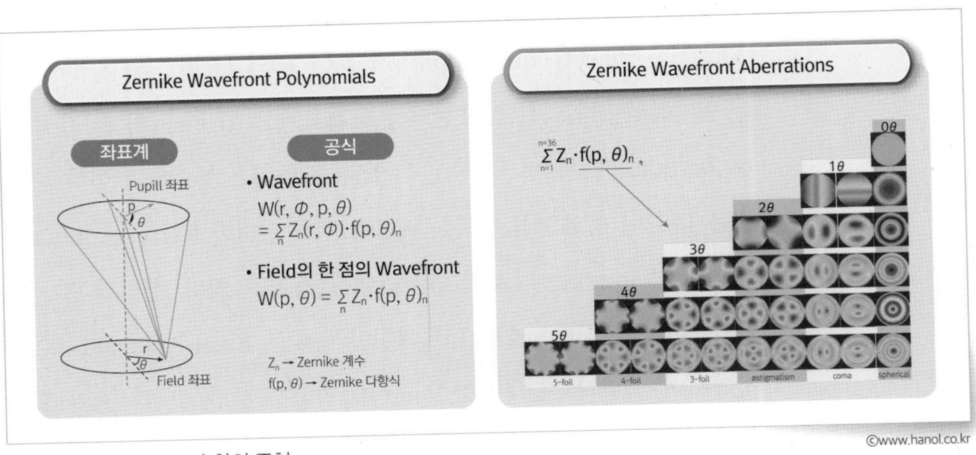

그림 8-61 Zernike 수차의 표현

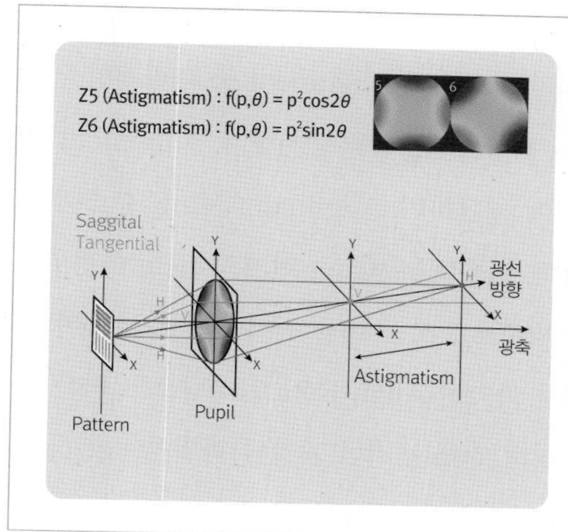

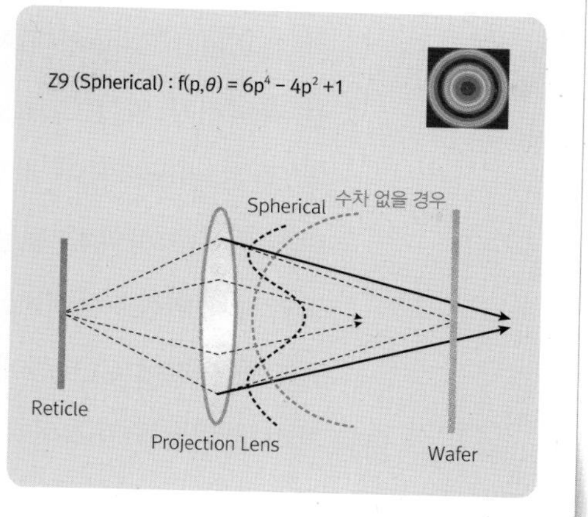

그림 8-62 Zernike 계수에 따른 Image 영향

©www.hanol.co.kr

들겠다. Z5와 Z6은 비점 수차와 관련된 Zernike 계수로 파면 형태가 수직으로 비대칭인 것을 알 수 있다. 이 경우 수평 방향과 수직 방향으로 들어오는 빛의 초점이 다르게 맺히기 때문에 수직 방향과 수평 방향 패턴의 Image가 다르게 형성될 수 있다. Z9는 구면 수차와 관련된 Zernike 계수로 파면 형태가 동심원으로 반지름에 따라 달라지는 것을 알 수 있다. 이 경우 패턴의 Pitch Size에 따라 초점이 다르게 맺히기 때문에 Cell과 Peri 영역의 Image가 다르게 형성될 수 있다.

마지막으로 Scanner Process에 대해 간단히 알아보도록 하겠다. 현재 ASML Scanner는 Twinscan 방식을 채택하고 있다. Twinscan은 Wafer Stage에 Chuck이 2개로 구성되어 한 쪽에서는 Align과 Leveling을 측정하고, 한 쪽에서는 노광을 진행하여 각 진행이 끝나면 서로 Swap하는 방식으로 생산성을 극대화시켰다. 먼저 Track으로부터 Wafer를 전달받으면 Measure Side의 Chuck으로 이동하게 되고 Stage로부터 Chuck의 위치를 파악하기 위해 Zeroing을 실시한다. 이후 Stage Align을 통해 Chuck의 위치와 높이를 정확히 파악하고

Wafer Edge의 단차를 파악하기 위해 Global Level Circle을 진행한다. Wafer Edge의 단차가 파악되면 Alignment 중 대략적인 위치를 파악하기 위한 Coarse Wafer Align을 실시한다. Alignment 설명 중 Capture가 이 과정에 해당하며, Alignment Mark 중 일부만 먼저 위치를 파악해 놓는다. 다음에는 Wafer 전체의 Height 정보를 파악하기 위한 Leveling 계측으로 Z-Map을 실시한다. Z-Map이 완료되면 이전에 COWA에서 파악한 Align Data를 바탕으로 더욱 정확하게 위치를 보정하기 위해 진행 조건이 저장된 파일인 Recipe에 설정된 Alignment Mark를 모두 파악하여 틀어진 만큼 보상하는 Fine Wafer Align을 실시한다. 여기까지가 Measure Side에서 일어나는 일이며, Expose Side의 Wafer 노광이 끝나면 서로 Chuck Swap을 하게 된다. Expose Side에 오게 되면 Expose Side의 Chuck에 대해 다시 Zeroing을 실시하고 Reticle과 Wafer의 위치를 동기화시키기 위해 Reticle Stage와 Wafer Stage를 우선 Align한다.

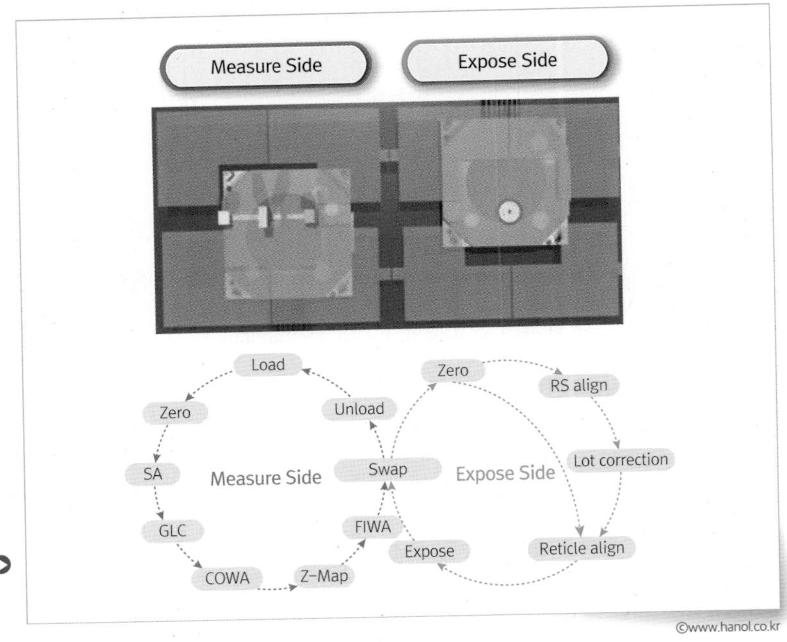

그림 8-63 ▶ ASML Twinscan의 Scanner Process Flow

©www.hanol.co.kr

Stage간 Align이 끝나면 Stage의 Sensor를 통해 Lens의 수차 등을 계산하여 보정하는 Lot Correction을 수행하고 Reticle과 Stage 간 Align을 통해 최종적으로 Reticle과 Wafer를 동기화시킨다. 이제 그 동안 계측한 정보들을 토대로 노광을 진행하게 되며, 노광이 끝나면 다음 Measure Side에 대기하고 있는 Wafer와 교대한 다음 Unload 되어 Track으로 돌아가게 된다. 여기까지가 Scanner Process의 가장 기본적인 구성이며 최대한 간단히 설명하였고 장비 모델이 거듭 Update되면서 과정이 많이 바뀌었다. 이 밖에도 각 장비 Part별 설명 안한 부분이 많지만 매우 복잡하며 너무 구체적인 언급은 피하기 위해 여기까지 설명하도록 하겠다.

04 Photo공정 관리

Overlay

현재 Photo공정에서는 Overlay에 대한 계산을 System에서 지원하기 때문에 Engineer는 Trend를 위주로 관리한다. System이 발전한 만큼 공정 마진도 줄어들었으며, 원가 절감이나 TAT를 단축시키기 위해서는 Overlay 계측도 줄여야 하므로 관리 난이도는 여전히 높다고 할 수 있다. Overlay Control Part에서 Overlay 계산 방식에 대해 다뤘으며, 여기서는 어떻게 보상을 하는지 언급하도록 하겠다. Advanced Process Control은 Engineer의 손을 거치지 않고 공정 제어를 할 수 있게 지원하는 System으로 Photo공정에서는 Overlay 보상을 위한 Main System으로 사용하고 있으며 APC의 기능 중 Lot을 Grouping하고 계측 Data를 바탕으로 후속 Lot에 Feedback

을 하는 Run to Run=R2R Control을 사용하고 있다. 다음은 R2R에서 가장 기본이 되는 공식으로 최종 Feedback 계산값 F는 현 Step의 Feedback을 주는 Lot의 노광 장비 입력값 A에 현 Step의 Feedback을 주는 Lot의 Overlay 측정값 B를 더하고, 여기에 Align Layer가 있는 경우 Feedback Lot의 노광 장비 입력값 E를 더한 다음 Feedforward Lot의 노광 장비 입력값 F를 뺀 값으로 계산된다. 쉽게 와닿지 않겠지만 가장 기본적인 Logic은 Input 값 A에 Overlay를 읽은 Feedback 값 B를 더하여 반영하는 것이다.주 : Overlay 값은 현상을 Data화하지 않고, 보정의 의지를 Data화함 여기에 Field Parameter의 경우 Photo공정에 기인하여 값이 변하기 때문에 Overlay를 읽지 않는 Lot은 이전 Align Layer를 진행할 때 알맞은 Input 값이 들어갔다고 보고, Align Layer의 Feedback참조 Lot과 Feedforward자기자신 Lot의 Input 값을 각각 추가로 반영하여 진행한다. 모든 Wafer에 대해 Overlay로 읽어 보정하면 쉽겠지만 효율적으로 생산을 하려면 Overlay는 Lot 내에서 Wafer를 선별하여 측정하는 Sampling으로 계측해야 하기 때문이다.

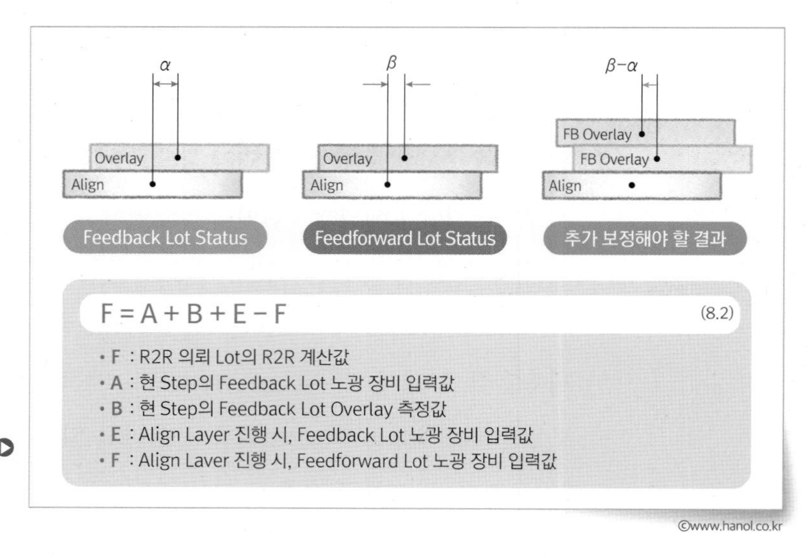

그림 8-64 Run to Run Control의 Basic Formula

Incell

Overlay를 정확히 보정하더라도 Cell과 Overlay Vernier의 Position 차이, Lens 수차에 의한 Distortion 등 실제 Cell 패턴을 확인할 수 있는 공정에서 CD를 확인해보면 패턴이 Shift되어 보이는 경우가 있다. 이렇게 Cell 패턴을 직접 확인하여 Miss Align을 확인하는 것을 Incell이라 부르며, 정량화할 수 있다면 Incell도 Overlay 보정에 사용될 수 있다. 현재 Photo공정에서는 Incell 확인이 가능한 대부분의 공정에서 이런 보정 방식을 사용하고 있다.

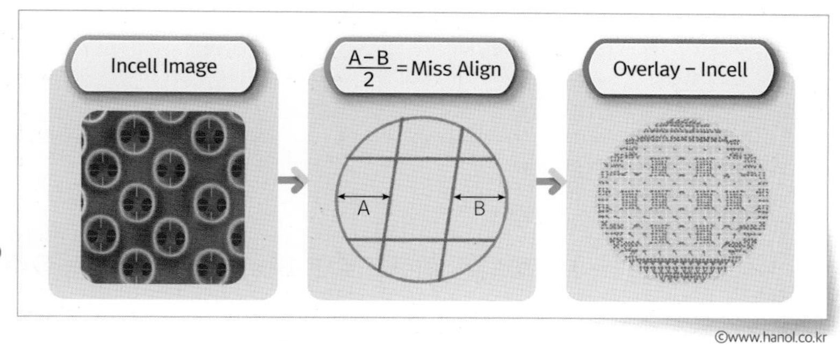

그림 8-65 Incell의 측정 및 보정

CD

CD를 계측하는 공정은 Photo공정 외에도 Etch공정이 있으며 Photo공정에서 측정되는 검사를 After Development Inspection이라 부르고, Etch공정에서 측정되는 검사를 Final Etch Inspection이라 부른다. 최근에는 Double Patterning 기법이 도입되어 Etch가 여러 Step으로 나뉨에 따라 더 다양하게 부르고 있다. 마지막 Etch공정의 CD는 Photo공정과 그 사이 진행된 Sub공정의 종합 결과이기 때문에 각 Area의 Engineer 간 소통이 중요하다.

다음은 CD에 대해 알아야 하는 기본적인 지식이다. 먼저 CD Slimming이란 CD를 측정하는 SEM 장비에 의해 E-Beam Energy를 받

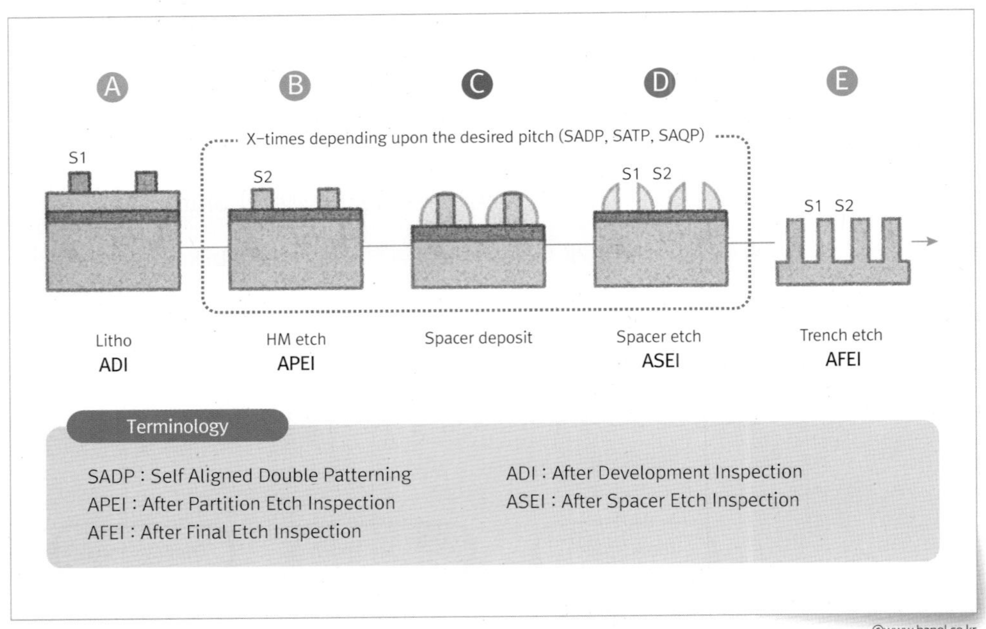

그림 8-66 SADP Process Flow

아 경화되는 현상으로 E-Beam Energy가 높을수록 CD Slimming은 크게 일어난다. 따라서 CD를 계측한 Slot을 다시 계측하면 CD가 달라지는 현상이 발생할 수 있으니 재계측하는 것을 피해야 하며, CD 계측한 위치가 나중에 불량으로 잡힐 수 있으니 CD 측정에 따라 Slimming 영향이 어느 정도 있는지 파악해야 한다. 그리고 일전에 설명한 DOF와 EL을 파악하기 위해 Energy/Focus Matrix라는 평가가 있다. Wafer의 각 Field별 Energy와 Focus를 다르게 입력한 다음 관측된 CD를 바탕으로 Graph를 그리면 나타나는 Curve를 Bossung Curve라 부르며 X축이 Focus인 경우 DOF를 파악할 수 있고, X축이 Energy인 경우 EL과 Dose Sensitivity를 구할 수 있다. Dose Sensitivity는 Energy에 따른 CD의 변화량을 뜻하며, CD Trend 관리를 위한 Energy 보정을 할 때 사용되며, Field 단위 CD Uniformity 개선을 위한 Dosemap을 작성하는 데에도 사용된다.

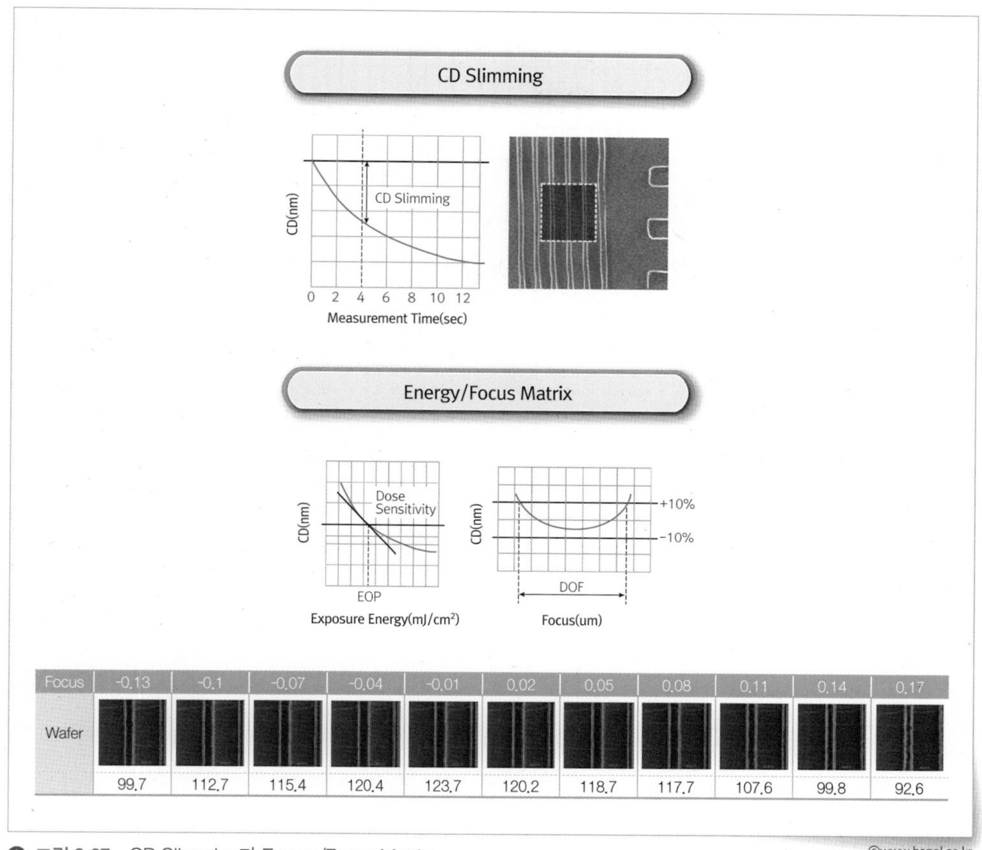

그림 8-67 CD Slimming과 Energy/Focus Matrix ©www.hanol.co.kr

Defect

Photo공정에서 발생되는 대표적인 Defect는 Repeating Defect가 있다. Reticle Size를 Image Size보다 키운 이유도 이 RD의 영향을 최소화하기 위한 것인데 RD가 Critical한 Defect로 분류되는 이유에 대해 알아보겠다. 다음 그림은 RD가 발생한 Lot의 Inspection Map과 SEM Image인데 Reticle에 Particle이 붙으면 Shot 단위로 해당 위치가 Defect로 발현되게 된다. 따라서 Reticle에는 Particle이 하나 붙더라도 Wafer에는 Shot 수만큼 Defect가 생기게 되는 것이다. Photo공정에서는 Reticle의 Particle 관리를 위해 RD를 확인하기

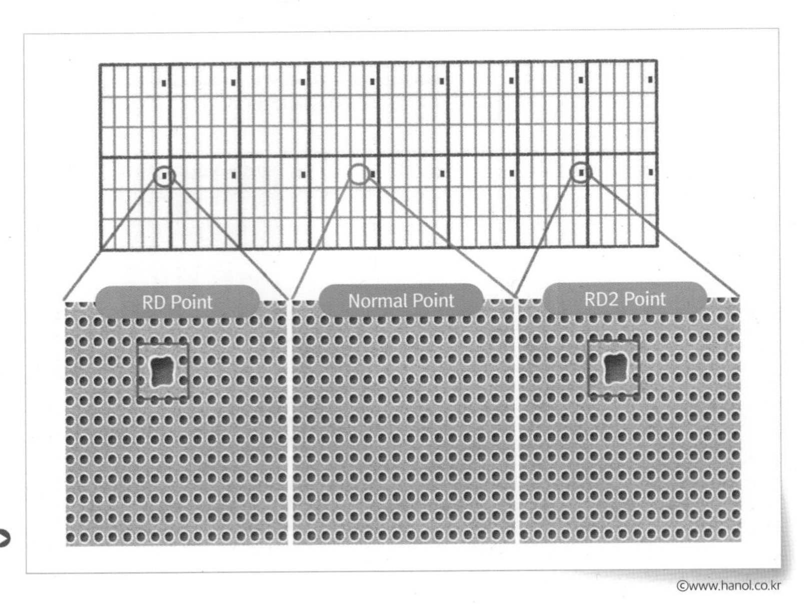

그림 8-68 Repeating Defect

ⓒwww.hanol.co.kr

위한 Monitoring 검사를 진행하고 있다. Monitoring Lot Inspection에서 Shot 단위의 Repeating이 발견되면 SEM Review를 실시하여 Defect Image를 확인하고 옆 Die의 정상 Image와 옆 Shot의 Repeating Image 차이를 비교하여 종합적으로 RD를 판단한다.

05 Photo 미래 기술

차세대 Photo Graphy 기술

ArF 파장을 이용한 Lithography 기술은 더 작은 선폭의 회로를 구현하기에 한계가 있다. 30nm대 선폭까지만 구현이 가능한 ArF공정은 멀티 패터닝공정 기법을 통하여 선폭을 1/2 또는 1/4까지 줄일 수 있지만 그에 따른 공정 Step 수의 증가는 원가 상승 및 생산 시간 상승을 유발하기 때문에 ArF를 대체할 더 작은 선폭 구현이 가능한 새

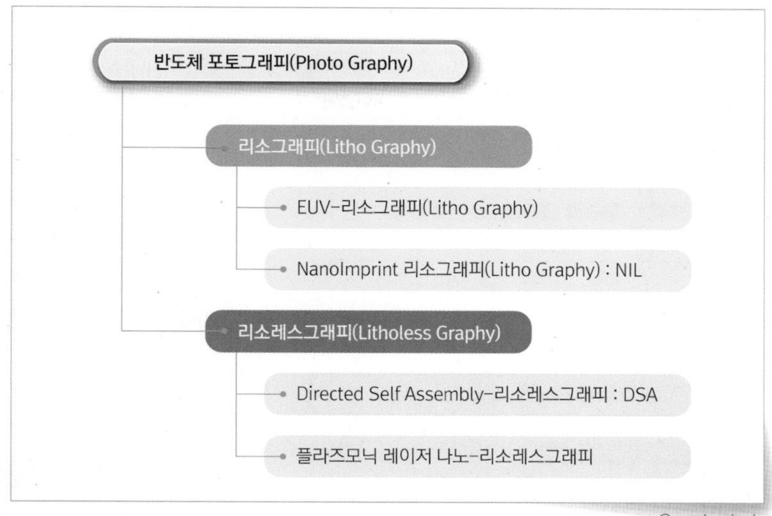

그림 8-69 차세대 포토그래피 기술 요약

로운 Photo Graphy 기술이 필요한 상황이다. 차세대 Photo Graphy 기술로는 크게 MASK를 이용하는 Litho Graphy와 MASK를 사용하지 않는 Litholess Graphy로 나뉜다. Litho Graphy 방식 중 EUV 파장을 이용한 EUV Lithography와 직접 찍어내는 NanoImprint Lithography가 있으며, Litholess Graphy 방식 중 Directed Self Assembly Lithography와 Plasmon 공명 현상을 이용한 Plasmonic Laser Nano Lithography가 있다.

EUV는 Extreme Ultraviolet의 약자로 X-ray와 Deep UV 스펙트럼 영역 사이의 파장대의 UV를 Light Source로 사용하는 Lithography 방식이다. EUV는 비용이 많이 들며, EUV 출력이 낮아 노광하는 시간이 늘어나 생산성이 떨어지는 문제가 있다. Nanoimprint는 MASK를 PR에 찍은 다음 직접 변형을 가하는 Lithography 방식으로 열을 가하는 Thermal NIL과 UV를 조사하는 UV NIL이 있다. 이러한 Contact 방식은 비용은 저렴하지만 MASK가 PR과 직접 닿기 때문에 오염 문제를 해결하지 않는 이상 상용하기 어렵다. Directed Self

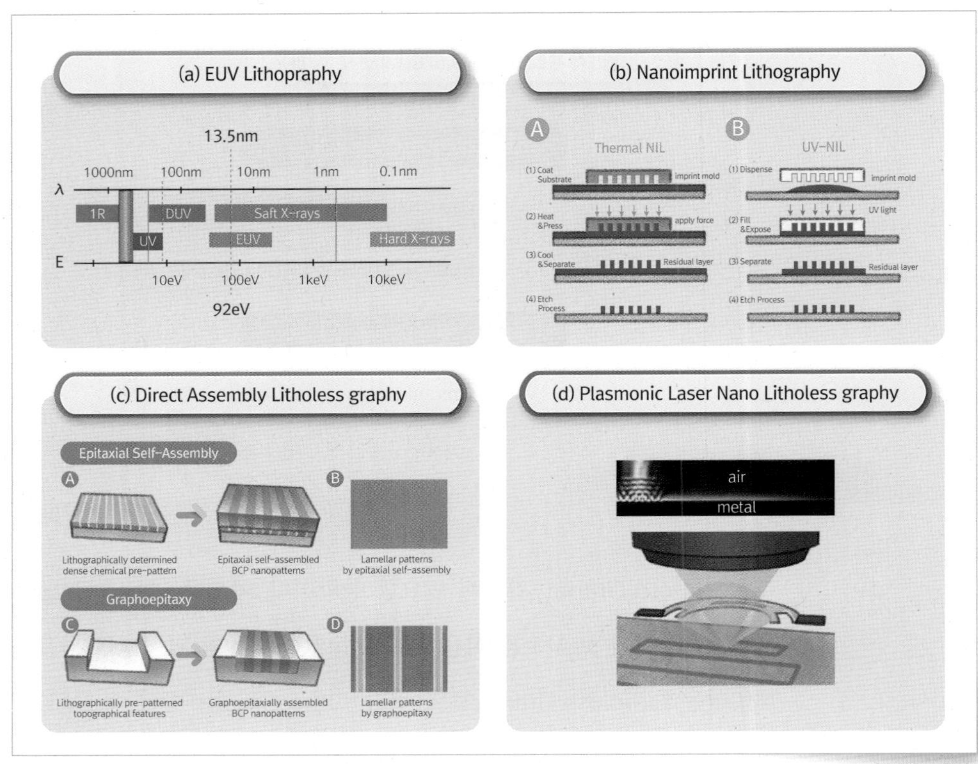

그림 8-70 차세대 포토그래피 기술 설명

©www.hanol.co.kr

Assembly는 MASK 없이 Self-assembly가 가능한 물질을 이용하여 패턴을 형성하는 방식으로 Topography 패턴을 먼저 형성하는 Graphoepitaxy와 유기단분자층을 아래에 먼저 형성하는 Epitaxial Self Assembly가 있다. NIL과 마찬가지로 저렴하며 NIL보다 오염 문제에 대해서는 자유롭지만 복잡한 패턴을 형성하기 어렵다. 마지막으로 Plasmonic Laser Nano는 MASK를 사용하지 않고 직접 노광하면서 발생하는 회절 한계를 극복하기 위해 금속과 유전체 사이 경계에 빛이 입사될 때 빛과 금속 표면의 자유전자가 공명하여 집단으로 진동하는 Plasmon 공명 현상을 이용하여 Resolution을 높이는 방식이다. Plasmonic Laser Nano는 패턴을 자유롭게 형성할 수 있지만

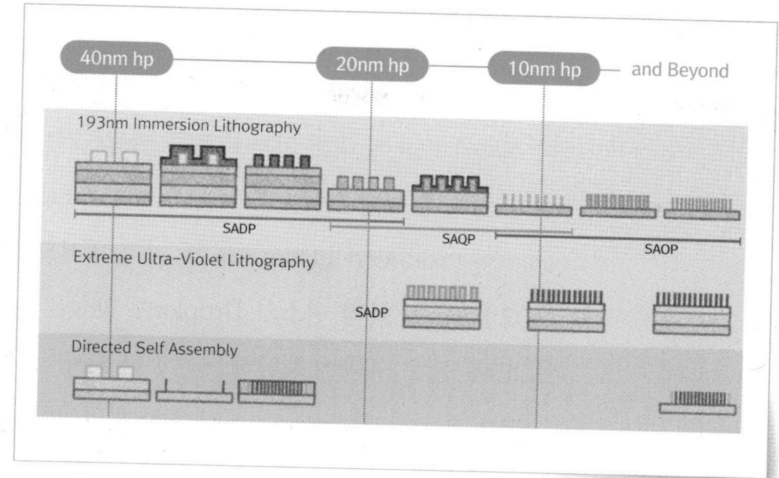

그림 8-71 선폭에 따른 Photo Graphy 기술

Resolution이 아직 EUV에 미치지 못하며 패턴을 직접 새기기 때문에 속도가 느린 단점이 있다.

ArF를 이용한 공정은 이후 20nm 이하의 더 작은 선폭을 구현하는 데에도 계속 사용될 것이다. Double SPT 이후에 Quadruple SPT, Octuple SPT로 Photo공정에서 만들어진 패턴을 계속 2등분하는 기술이 등장하겠지만 그만큼 필요한 공정 수가 늘어나기 때문에 공정 단축이 가능한 차세대 기술과 경쟁을 하게 될 것이다. EUV는 차세대 기술 중 가장 실현 가능한 기술에 근접하였으며 EUV의 효율이 많이 증대하여 생산성이 높아졌다. EUV 기술이 더욱 발전하여 상용화되면 ArF의 멀티 패터닝공정을 대체하게 될 것이며 이후 동일한 멀티 패터닝 기법을 통해 10nm 이하의 선폭 구현이 가능할 것이다. 하지만 결국 Top-Down 방식의 Lithography 기술은 Resolution의 한계에 직면하게 될 것이며 Bottom-Up 방식의 Litholess Graphy 기술과 경쟁을 하게 될 것이다. 다음은 현재 상용화를 앞두고 있는 EUV 기술에 대해 더 자세히 알아보도록 하겠다.

EUV란

EUV Lithography에 사용되는 EUV의 파장은 13.5nm로 해당 파장이 선택된 이유에 대해 먼저 EUV를 발생시키는 방법에 대해 알아야 한다. EUV를 발생시키는 방법은 Laser-Produced Plasma_{LPP}와 Discharge-Produced Plasma_{DPP} 두 가지 방식으로 나뉘는데, LPP는 CO2 Laser를 특정 원소의 Droplet에 맞췄을 때 발생한 빛을 Collector를 통해 EUV에 해당하는 파장만 반사시켜 모아주는 방식이며 DPP는 전극 사이에 전류를 직접 가하여 발생한 빛을 Collector를 통해 동일하게 EUV를 반사시켜 모아주는 방식이다. LPP의 경우 Droplet과 CO2 Laser를 정확히 맞추는 기술적 난이도가 높으며, DPP의 경우 전극의 열부하가 병목 현상을 일으키기 때문에 고출력을 내지 못하는 문제가 있다. 현재는 기술력의 향상으로 인해 LPP의 Droplet과 CO2 Laser의 Sync를 맞추는 기술적 문제가 해결되어 LPP 방식이 사용되고 있다. 고출력은 곧 생산성에 직결하기 때문에 CO2 Laser에 의한 EUV의 전환 효율이 가장 높은 원소로 Sn이 채택되었으며 그중 방출된 빛의 Intensity가 가장 높은 파장대가 13.5nm로

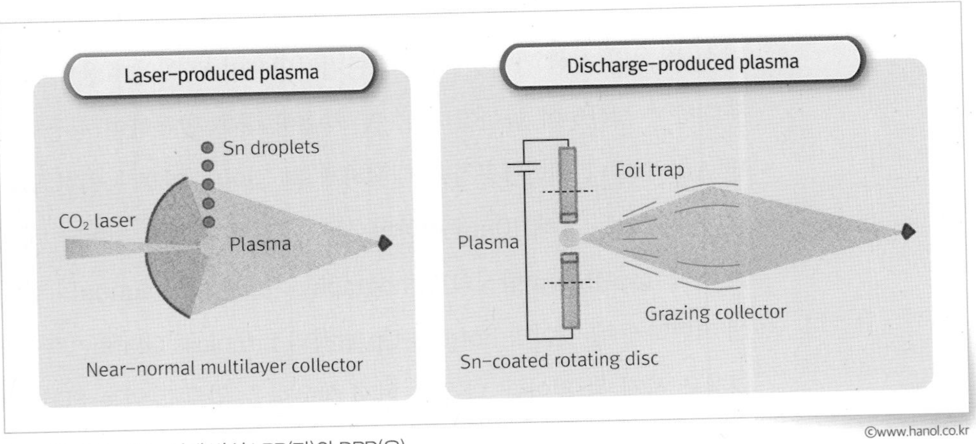

그림 8-72 EUV 발생 방식 LPP(좌)와 DPP(우)

EUV 파장으로 선정되었다.

기존 ArF와의 차이점

앞서 언급한 Rayleigh의 Criteria에 따르면 Resolution을 높이기 위해선 K1 상수를 낮추거나 파장의 작은 빛을 사용하거나 Lens의 상대적 크기인 NA를 키워야 한다. ArF는 기술이 성숙단계에 이르렀기 때문에 OAI나 PSM, OPC 등 공정 기술에 의해 K1이 0.265 정도까지 낮춰진 상태이며, EUV는 아직 최적의 상태가 아닌 0.32 정도이다. 파장은 ArF가 193nm인 반면, EUV는 13.5nm로 ArF의 1/14 수준이다. 마지막으로 NA는 ArF는 Immersion System을 기준으로 1.35지만, EUV는 0.33밖에 되지 않는다. 아래 〈그림 8-73〉을 보면 모양에 차이가 있음을 알 수 있는데 EUV는 Lens가 아닌 Mirror를 사용하고 있

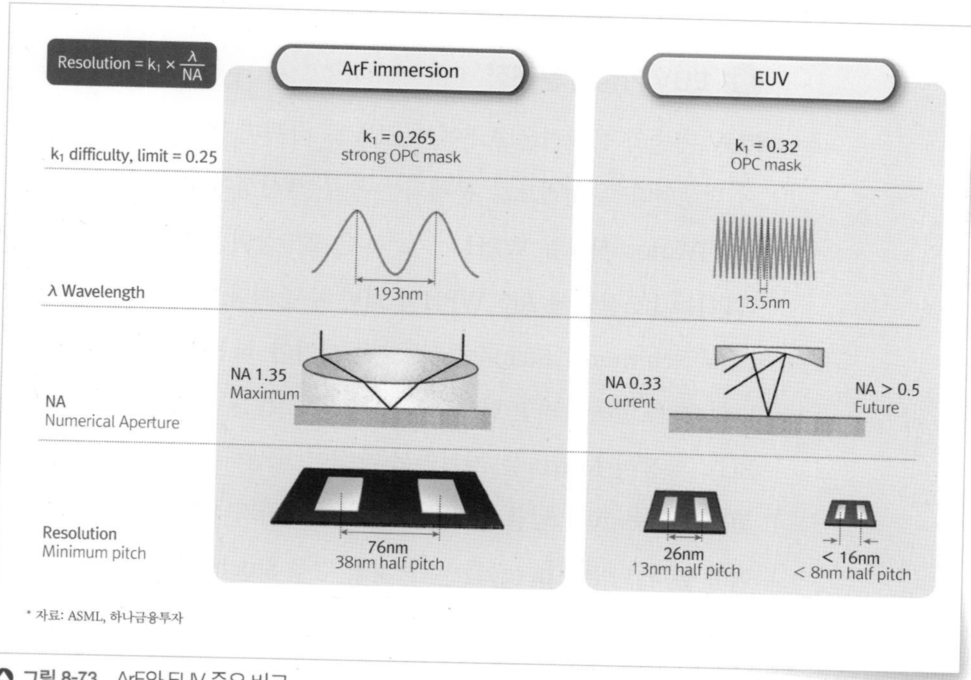

그림 8-73 ArF와 EUV 주요 비교

다. 빛의 파장이 13.5nm 정도로 짧아지게 되면 대부분의 매질에 흡수되고 공기조차 제대로 통과하지 못하기 때문에 EUV 파장이 지나는 공간은 진공처리를 해야 하며 Lens나 MASK도 손실이 발생하지 않기 위해 Mirror로 바뀌게 되었다. NA를 키우려면 MASK에서 반사되는 각도도 키워야 하는데 MASK가 Mirror로 되어 있어서 더 많은 빛이 반사할 때 Pattern에 가려지게 되어 Contrast 저하가 발생한다. 또한 Mirror를 한번 반사할 때마다 최소 30%의 효율 저하가 일어나기 때문에 Mirror의 배치를 바꾸는 것은 상당히 제한적이다. 따라서 NA를 쉽게 키우지 못하고 있으며 향후 0.5 이상의 High NA가 도입되더라도 Contrast 저하를 막기 위해 MASK와 Wafer의 배율을 조정하는 등 추가적으로 고려를 해야 한다. 결과적으로 현재까지 기술을 고려하였을 때 ArF의 Resolution은 38nm 정도이며, EUV의 Resolution은 13nm가 된다.

EUV 기술의 문제점

EUV 기술의 문제점은 ArF에서 EUV로 바뀌며 달라진 구조에 의해서 발생된다. 우선적으로 문제되는 것은 생산성이다. ArF 장비의 시간당 Wafer 처리량 WPH$_{\text{Wafer per Hour}}$은 275장인 반면, EUV 장비의 WPH는 125장인데 ArF WPH의 절반 수준이다. 생산성을 높이려면 EUV Scanner의 Scan 속도를 향상시켜야 하는데 패터닝을 위한 Dose량을 만족하려면 단시간에 높은 Energy를 가해야 한다. 하지만 EUV 파장이 Mirror를 거치면서 손실이 발생하기 때문에 패터닝에 필요한 Energy를 낮출 수 있는 PR을 개발하거나 EUV의 효율을 높여야 한다. 다만, Energy를 너무 낮출 경우 Stochastic Effect에 의해 CD Uniformity의 저하가 발생할 수 있다. Stochastic Effect는 확률에 의한 영향을 말하며, EUV Photon 하나의 Energy는 92eV로 기

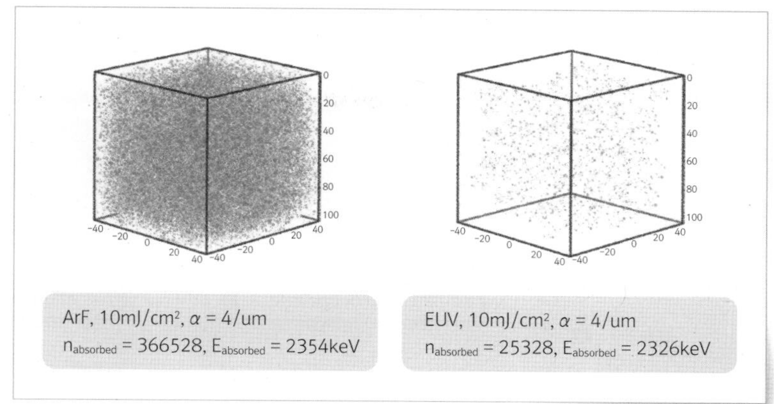

그림 8-74 EUV Stochastic Effect

존 DUV와 동일한 Energy를 가하더라도 더 작은 수의 Photon이 사용되기 때문에 확률적으로 Energy가 고르게 분배되지 않을 수 있다. 다음으로 문제되는 것은 MASK이다. MASK를 투과하지 않고 반사되도록 제작하더라도 Pellicle은 투과해야 한다. Pellicle을 사용할 경우 EUV가 Pellicle을 들어올 때와 나갈 때 각각 투과하면서 손실이 2번 발생한다. 그렇다고 Pellicle을 사용하지 않는다면 MASK 보호를 하지 못하므로 Particle 유입에 취약해진다. EUV는 발생원으로부터 Wafer에 도달하기까지 손실을 줄이기 위해 Open되어 있기 때문에 발생원이나 Wafer로부터 Particle이 유입될 가능성이 높다. 물론 Particle 유입을 막기 위한 각종 기술이 적용되어 있지만, 구조상 ArF에 비해 오염에 취약할 수밖에 없다. 따라서 Pellicle이 사용될 수 있도록 투과율이 높으면서 내구도가 강한 박막 개발이 필요하다.

지금까지 Photo Graphy의 차세대 기술에 대해 살펴보았으며 그중 상용화를 앞두고 있는 EUV 기술에 대해 좀 더 알아보았다. 그동안 반도체 산업에서는 무어의 법칙을 따라 반도체 집적도를 낮추는 것은 숙명이라 여기며 집적도를 낮추기 위해 회로의 선폭을 줄이는 기술을 발전시켜 왔다. ArF 이후로 회로의 선폭을 줄이는 기술은 주춤

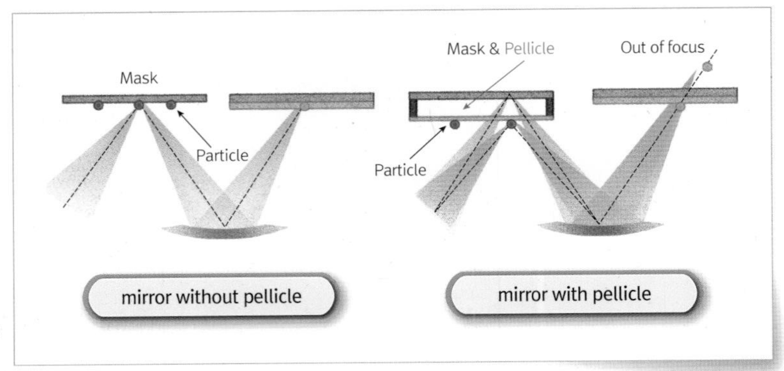

그림 8-75 EUV Pellicle

하였으나 EUV가 등장하면서 다시 한번 발전할 수 있는 원동력을 얻었다. Photo Lithography는 반도체 산업 발전에 빠져서는 안 될 중요한 열쇠이며, 반도체 산업은 Photo Graphy 기술이 있기에 앞으로도 더 많은 발전을 이룰 것이다.

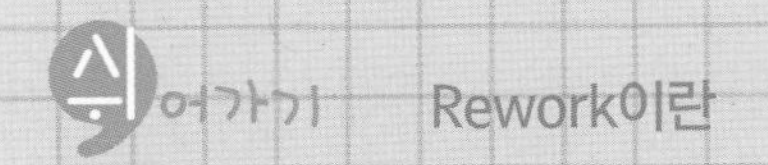

쉬어가기 Rework이란

Photo공정에서는 일부 Layer를 제외하고 Rework 처리를 통해 PR Coating 이후 Coating 불량이 발생하거나 CD 또는 Overlay가 Spec Out 나거나, Defect이 검출되는 등 Lot을 Flow하기에 부적격한 경우 PR을 벗겨냄으로써 재작업이 가능하다. Rework은 Thinner로 하는 경우와 O2 Plasma를 하는 경우로 나뉘며 Thinner로 Rework 하는 경우 PR 제거 능력은 O2 Plasma에 비해 떨어지나 Sub film에 영향을 덜 주며 O2 Plasma로 Rework 하는 경우 광반응에 의해 경화 또는 탄화되는 PR을 제거하는 능력은 좋지만 Sub film에 영향을 줄 수 있다. O2 Plasma를 진행할 때는 Cleaning도 병행하여 Strip 부산물에 의한 Defect 오염 방지를 하고 있다.

반도체 제조기술의 이해

만불실일
끄으응…

스승님 오늘 따라 근심이 많아 보이십니다. 무슨 일이 있습니까?

아니다… 아무 일 없다…

활자들이 이렇게나 널려있는데 무언가 만드시려는게 있습니까? 제가 돕겠습니다.

실은 말이다… 나라에서 이걸 만들라고 전달받았다.

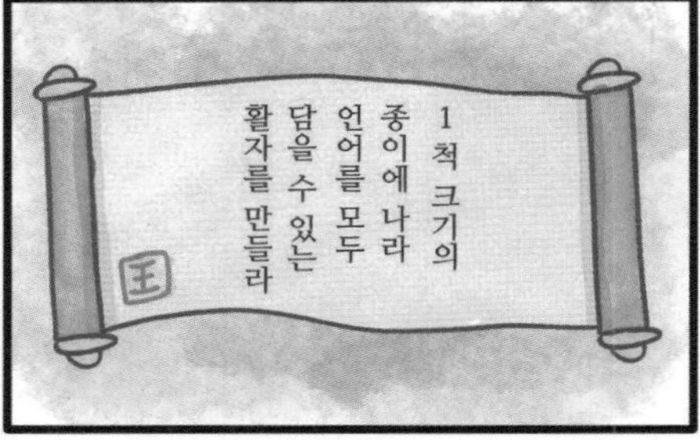
1척 크기의 종이에 나라 언어를 모두 담을 수 있는 활자를 만들라
王

아니 이걸 어찌한단 말입니까?

언어를 보급하겠다는 나랏님의 깊은 뜻은 알겠으나 활자에 담아야 하는 글이 너무나 많습니다.

스승과 제자가 활자에 글자를 최대한 작게 새겨보려 함께 노력하였으나 종이에 찍었을 때 글씨를 알아볼 수 없게되어 실패하고 만다.

여기 제가 도움이 될만한 일이 있는 것같군요
Photo

당신은 누구십니까?

저는 세상에 더 많은 지식이 전파되기를 바라는 사람입니다.
Photo

저희도 그러고 싶습니다. 하지만 저희의 활자술로는 이렇게 많은 내용을 담지 못합니다.

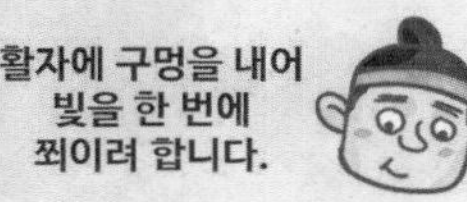

이제 활자만 제대로
만들면 되겠구나

이번 것은 어떻습니까?

여기를 제대로
파야겠구나

넵, 다시 해보겠습니다.

아니… 이렇게 빼곡하면서도
뚜렷하게 표현이 가능하단
말인가. 여봐라, 이 자에게
자리를 마련해주고
앞으로 짐의 입이 되도록
하라!

네, 전하!!!

작은 반도체 안에 더욱 더 많은 정보를 담을 수 있는 것은 파장이 더 짧은 빛을 이용하여 더 작은 선폭을 구현해 내는 Photo의 기술력입니다. MASK(활자)에 문제가 생기게 되면 동일한 위치에 전부 불량이 발생하기 때문에 품질관리가 매우 중요합니다. Photo 공정은 ArF Immersion을 거쳐 EUV를 통해 한 번 더 Tech Shrink에 도전하고 있습니다.

09

Etch 공정

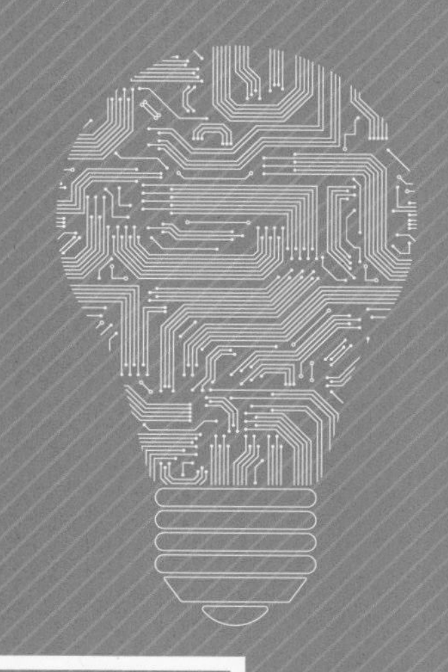

01. Etch 소개

02. Etch 기본

03. Etch 적용과 응용

04. Etch 실전, 양산 FAB에서 Etch 엔지니어 업무

05. Etch Issue 및 향후 개발 방향

09
Etch공정

01 Etch 소개

실생활에서 본 Etch Engineering 개요

초등학교 아이들에게 아빠가 하는 일이 뭐야? 라는 질문을 받았을 때 반도체가 뭔지도 설명하기도 어려웠지만 "아빠는 에치Etch라는 업무를 하고 있는 엔지니어야Engineer."라고 대답하고, Etch라는 용어와 엔지니어가 하는 일을 설명하는 데 어려움을 느꼈다.
이것은 실생활에서 흔히 접하지 않는 말이기 때문인데 사전적 의미가 어려워 실생활과 연계된 비유적 설명의 필요성을 느꼈다.
먼저 'Etch'의 사전적 의미는 '식각[갉아 먹을 식, 새길 각]'으로 용어가 풀이되어 있다. 과거에 금속이나 유리의 표면을 부식시켜 모양을 조각하는 측면에서 사용되었다. 또한, '엔지니어'의 사전적 의미도 '전문적인 기술을 가진 사람'을 통칭하는 낱말로 매우 포괄적인 뜻을 가지고 있다.
많은 반도체 서적이나 자료에서 반도체 공정에 대해 다색 판화를 만드는 과정에 비유한다. 실제로도 모든 기본 개념이 들어가 있고 가장 맞는 비유라고 생각이 든다. 하지만 반도체 공정에서 말하는 Etch식각와 엔지니어링Engineering에 대해 어떤 의미로 사용되고 있는지를 전달하기는 어려웠다. 이를 쉽게 설명할 수 있는 방법에 대해 고민을 하던 중 아파트 현관문에 안전 고리를 설치하다 문득, '아! 이거다. 이 과정의 이미지가 고민하던 부분의 기본 개념을 비유적으로 설명할 수 있겠구나.'라는 생각이 떠올랐다. 물론, 단편적이고 지나친 비유일 수 있지만 새로운 시도로 봐주었으면 좋겠다. 먼저, 안전 고리 제품, 테이프, 전동 드릴, 십자 드라이버의 준비물이 필요하다.
안전 고리를 현관문과 문틀에 설치하려면 위치를 잘 파악해서 똑같

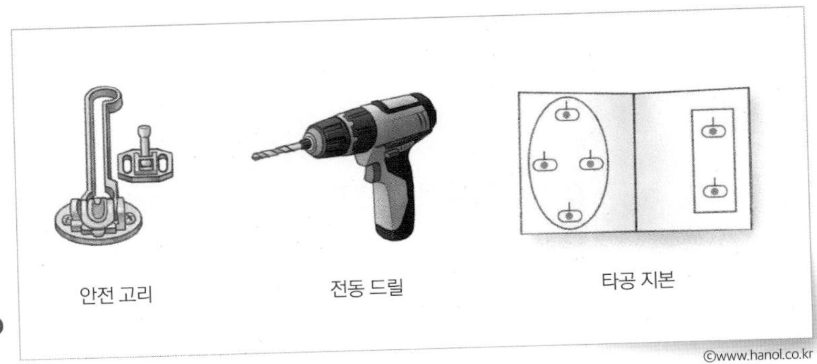

그림 9-1 ▶
안전 고리 설치 준비

은크기로 구멍을 잘 뚫어줘야 한다. 친절하게도 쉽게 설치하기 위한 가이드로 제품 뒷면에 타공 지본이 있다. 절취선 대로 잘라서 문과 문틀 쪽에 신중히 위치를 선정하고 테이프로 잘 붙여준다. 이 과정은 반도체 공정에서 Photo노광공정과 같은 역할을 하며 지본은 마스크mask의 역할을 한다. 자, 이제 종이로 덮여 있는 부분을 제외한 구멍표시가 된 곳에 철판을 드릴로 뚫기만 하면 된다. 반도체 공정에서 회로 패턴의 필요한 부분을 남기고 불필요한 부분을 깎아내는 공정을 바로 에칭Etching 한다고 한다. 실제 반도체 에칭Etching공정에서 드릴 역할을 하는 것이 바로 '플라즈마Plasma'인데 이에 대한 이야기는 다음 장에서 다루겠다. 여기까지의 과정이 반도체 공정만 보면 Photo노광 - Etch식각에 대한 개념적인 측면이라 할 수 있겠다. 이제 어떤 크기로 구멍을 만들었는지, 원하는 위치에 잘 뚫렸는지에 따라 안전 고리의 설치의 성공 여부가 달라질 것이다. 하지만 6개의 구멍을 뚫는데 문제가 생겼다. 집에서 가지고 있는 전동 드릴400rpm은 나무를 뚫을 수 있을지는 몰라도 쇠를 뚫기에는 너무 약해 흠집을 내는 수준밖에 안 되는 것이었다. 아무리 힘을 줘도 안 되었다. 이대로는 설치도 못하고 문짝만 손상시키는 것이 되는 건데…. 어쩌지? 잠시 고민한 결과 분당 회전수가 더 높은 고성능의 전동 공구1,500rpm가 필요하다는 결론이 나왔다. 나는 아파트 관리실에 찾아갔고 거기서 전문가용 전동 공구를

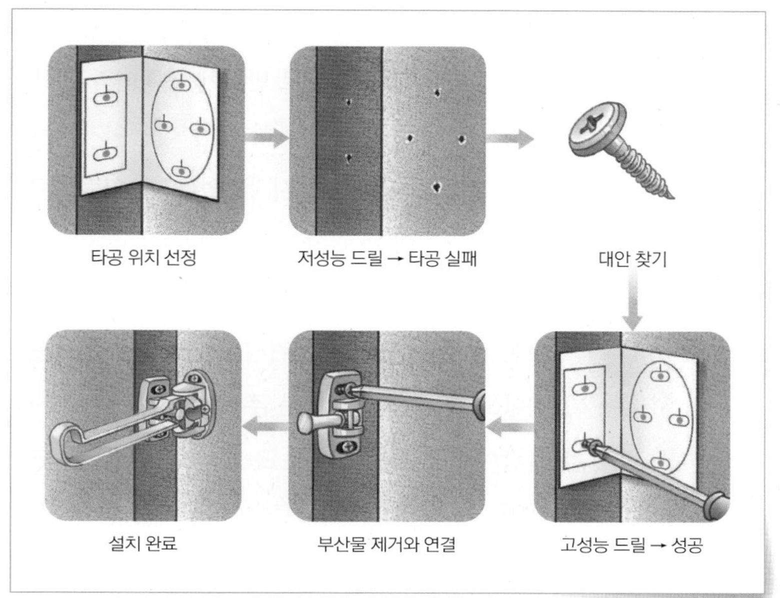

그림 9-2 안전 고리 설치 진행 과정

©www.hanol.co.kr

구해왔지만, '이럴 수가~' 드릴은 없고 십자 드라이버 모드밖에 없는 것이 아닌가? 여기서 또 한번의 고민이 있게 된다. 그러다 동봉된 나사 끝단 모양을 보니 날카롭고, 일반적인 나사와는 다르게 '날개'가 달려 있음이 눈에 들어왔다. 오호, 드라이버에 나사를 곶은 후 힘센 전동 공구로 힘을 주면 되겠네~, 이제 실행을 해보자. 현관문 철판 정도는 뚫고 들어감에 있어 오히려 별도의 홀Hole 타공 작업이 불필요했으며 구멍의 크기도 잘 맞는 것이 아닌가? 마찰에 의해 생긴 쇳가루 부산물만 잘 제거해주면서 작업을 하니 나머지 홀 타공의 작업 속도가 빨라졌다.

가장 큰 문제였던 타공 작업이 완료되면 안전 고리와의 연결을 위해 나사로 채워주는 과정이 필요하다. 이러한 부분은 증착공정의 이미지라고 할 수 있을 것이다. 나머지 작업은 부드럽게 작동되도록 최종 위치를 맞춰주고 안전 고리의 조립을 위해 나사를 체결해주고 작업이 끝났다.

아주 단순한 작업의 예만 들었지만 이런 작업을 아주 작게 쌓고 깎는 반복의 연속 작업을 바로 반도체 공정이라고 할 수 있다. 항상 문제는 발생하고 모든 것이 정확하게 잘 만들어지지는 않는다. 그 잘못되어 있는 부분은 어디에서 시작되었을까? 이런 부분들을 고민하고 해결하는 사람들이 바로 엔지니어이다.

정리해보면, 남아있길 원하는 부분은 가려놓고 그 다음에 없애고자 하는 부분은 노출을 시켜서 없어지게끔 만드는 것이 바로 Etch식각공정이고, 엔지니어Engineer는 주어진 상태를 유지 및 개발, 개선을 하는 사람이라고 볼 수 있다. Etch식각 엔지니어는 크기가 매우 작은 것에 대해 미세 조각 아티스트들이다. 이런 일을 할 수 있는 사람은 많지 않다.

그런데 여기서 궁금한 부분이 하나 생긴다. 모양을 아주 작게 만든다고 하는데 도대체 얼마나 작은 걸 만드는 것일까? 반도체에서는 크기를 나타내는 표현으로 나노미터nm라는 단위로 표현한다. 뉴스에서 가끔은 세계 최초로 10nm 크기의 반도체를 개발했다. 이런 표현을 한 번씩 들어봤을 것이다. 참고로 사실 10nm 반도체라고 하는 것은, 반도체 전체의 크기를 뜻하는 것은 아니고 반도체가 on/off 할 수 있는 소자Gate의 길이를 뜻한다.

나노nano라는 단어는 일반사람들이 느끼기에는 뭔가 과학적이고, 고차원의 신기술의 이미지가 있다. 많이 접하는 단어이지만 무엇을 나타내는 것인지를 사실 감이 잘 안 온다. 1nm는 10^{-9}m10억분의 1의 크기를 이야기한다. 원자 단위를 표현하는 것이 얼마나 작은 것인지 비유적으로 생각할 수 있는 예가 있다. 지구는 둘레가 40,000km인 구체다. 탁구공은 둘레가 40mm, 이것을 우리가 직접 체감할 수 있는 m 단위로 나타내면 지구는 40,000,000m, 탁구공은 0.04m이다. 즉, 지구와 탁구공의 크기 비율이 우리가 10^{-9}m이고, 이 크기가 1nm와

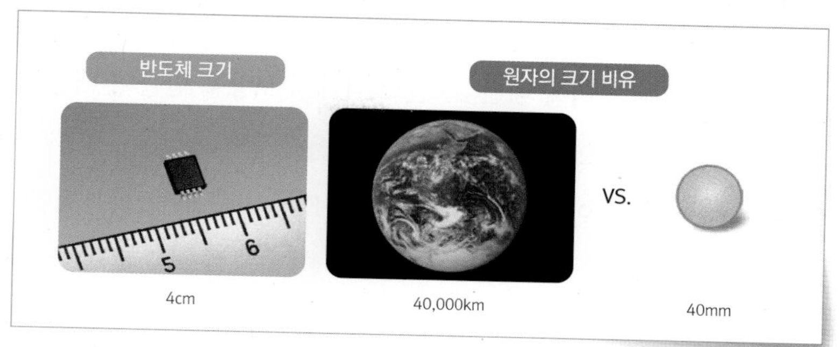

그림 9-3 nm의 비율 비교 (지구 vs. 탁구공)

같은 것이다. 1m보다 작은 크기를 표현하는 단어 명칭과 지칭하는 크기 중 자주 사용하는 크기는 눈에 익숙해질 필요가 있다. 세밀한 반도체 공정에서 자주 사용하는 단위는 다음과 같다.

> 마이크로미터(um : 10^{-6} m), 나노미터(nm : 10^{-9} m),
> 옹스트롬(Å : 10^{-10}m)

CD로 표현되는 선폭 크기를 나타낼 때는 nm를 주로 사용하고, 옹스트롬은 Thickness를 나타낼 때 많이 사용한다. 그 이유는 이 작은 단위가 원자와 분자의 크기를 나타내기에 적합하기 때문이다. 예를 들어 물 분자$_{H2O}$의 길이는 2.8Å의 길이가 된다. 1nm = 10Å이 된다. 그럼 1nm를 조절하는 기술이라는 것은 물 분자를 3~4개를 조절할 수 있는 기술이 있다는 말이 된다.

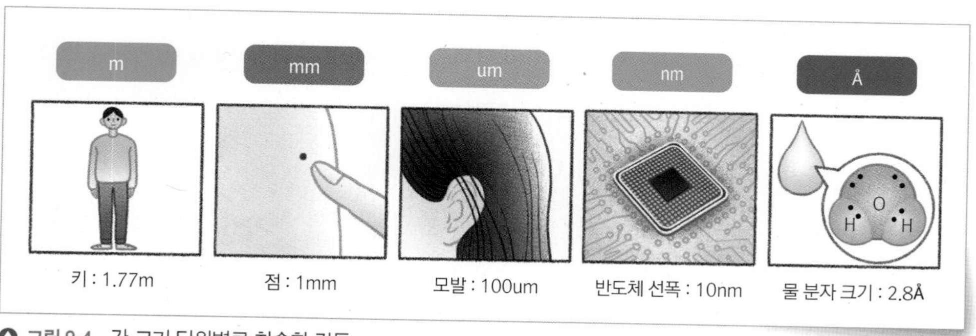

그림 9-4 각 크기 단위별로 친숙한 것들

반도체는 인간이 만드는 것 중에 가장 정교한 제품이고 이렇게 작은 미세 패턴Pattern을 조각해서 모양을 만들어 내는 것은 쉽지 않다.
어떻게 이런 미세 패턴을 만들어 낼 수 있을까?
이것을 알기 위해서는 Etch식각에 대한 기본적인 원리와 용어에 대한 이해가 수반이 되어야 한다. 사실 반도체 공정을 이해하는 데 장벽이 높은 이유는 전문적인 용어 사용과 그에 대한 개념이 없기 때문이라고 생각된다. 한번에 이해되기는 어려워도 Etch식각란 어떤 것이고 어떤 일을 하고 있는지 대략적인 이미지가 머리 속에 그려질 수 있다면 충분한 목적을 달성했다고 볼 수 있겠다.
이제 반도체에서 Etch식각를 성공적으로 만들어 내기 위해 기본적인 원리와 용어에 대해 살펴보고, 양산 팹FAB에서는 어떠한 일을 하는 지 알아보자.

Etch 기본

FAB공정과 반도체 소자

FAB공정 Process

반도체 제조공정은 크게 팹Fabrication공정과 패키지Package공정으로 나뉜다. 팹FAB공정은 베어 웨이퍼Bare Wafer가 투입되어 회로 설계를 기반으로 실리콘Silicon 기판 위에 트랜지스터와 금속 배선의 조합을 통해 가공된 반도체 다이Die를 만드는 공정이다.
즉, FABFabrication은 웨이퍼Wafer를 가공하여 제조하는 라인Line을 가리키는 말이며, 설계된 회로를 바탕으로 각 기술팀은 세부적인 공정작업을 진행하게 된다. 노광Photo – 식각Etch – 증착Diffusion/Thin Film – 세정CLN/평

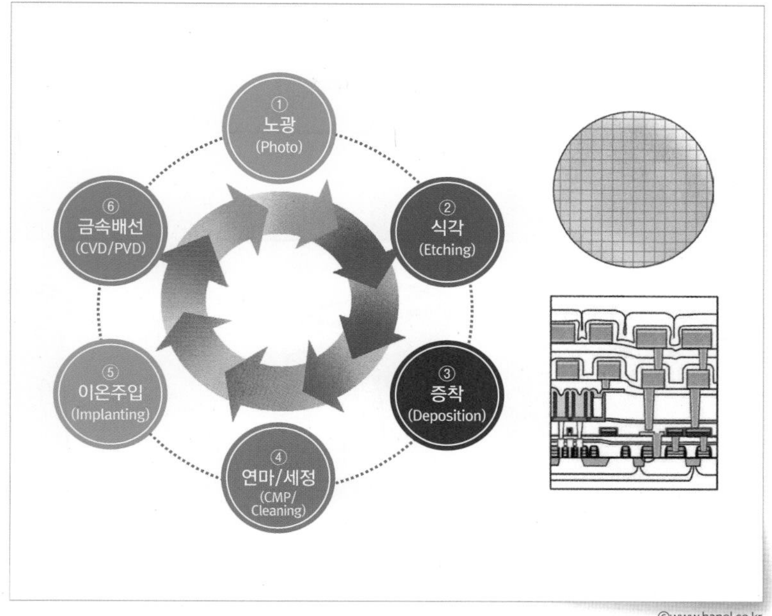

그림 9-5
반도체 Process Flow

©www.hanol.co.kr

탄화 CMP 등의 공정의 반복300~600개 단위 공정을 거쳐 제조가 되는데 해당 공정에 맞는 역할을 진행하게 된다.

예를 들어, 아파트를 짓는데 기둥을 세우거나 골조 작업, 시멘트 작업, 전기 공사 등의 역할이 있듯이 공정 특징에 따라 맡은 역할이 있다. 반도체의 직무도 이런 역할에 따라 나뉜다. 보통 반도체 칩을 짓는 이 가공 과정은 보통 2~3달의 정도의 소요 시간이 걸리는 복잡하고 긴 인내의 시간을 가진다. 하나의 반도체 제품이 나오는 데 수많은 장비,재료가 사용되며 고도의 기술이 적용된 수많은 과정을 거쳐 완성된다.

반도체 소자 구조와 평면도 Layout

반도체 소자의 대표적인 것은 모스펫MOSFET 구조이다. MOSFET은 MOSMetal-Oxide-Semiconductor와 FETField-Effect-Transistor의 합성어인데, 풀이하면 전계 효과를 이용한 금속 산화막 반도체라는 뜻이다. 이를 단순하게

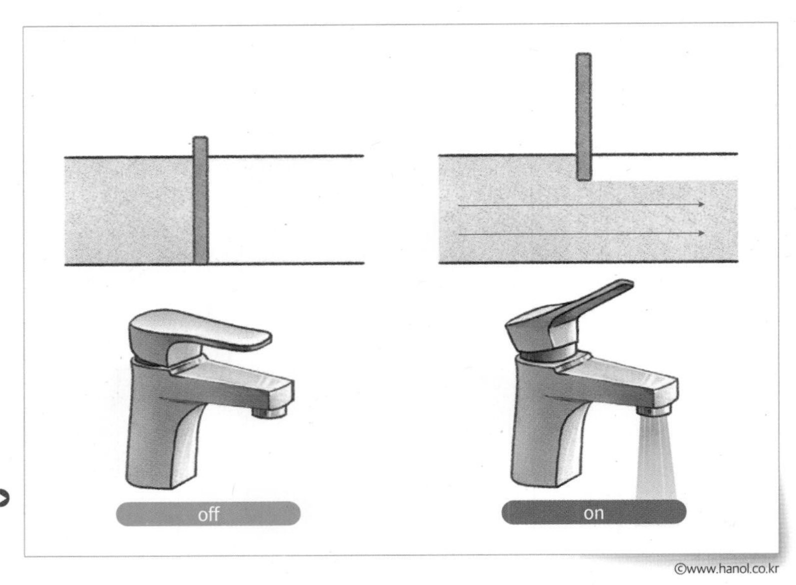

그림 9-6 수도꼭지에서의 물의 흐름

표현하면 스위칭 역할을 하는 소자를 말한다. 스위치의 역할이 무엇인가? 원할 때는 전기를 흐르게 하고, 원하지 않을 때는 흐르지 않게 해주는 역할을 하는 것이다. 전기가 흐르는 모습은 마치 물의 흐름과 같은데 수도꼭지에서 손잡이를 이용해 물을 트는 모습을 상상하면 좋다. 반도체에서 수도꼭지와 같은 소자를 만들 때도 이런 물이 흐를 수 있는 구조를 만들어 주어야 한다. 아무것도 없는 베어 웨이퍼Bare wafer에다가 전자가 흐를 수 있는 땅을 만들어주고 전기가 흐르지 못하게 벽 Oxide과 전자가 지나다니는 문Gate을 만들어 준다. 이런 소자를 트랜지스터Transistor라고 한다.

전자들이 활동하는 영역을 Active라고 부른다.

이런 트랜지스터를 설계에서 그린 평면도Layout를 바탕으로 모양이 형성된 단면도, 입체 구조를 〈그림 9-7〉과 같이 나타낼 수 있을 것이다. 평면도는 위에서 보는 모습이고 실제 공정이 진행될 때 확인할 수 있는 모습이다. 단면도는 평면도Layout를 바탕으로 공정 진행 후 모양이 형성된 최종 결과물의 모습이다. 소스Source는 '전자의 근원'이라는 의미이고, 드레인Drain은 '전자가 빠지는 곳'이라는 의미에서 이름이 붙여

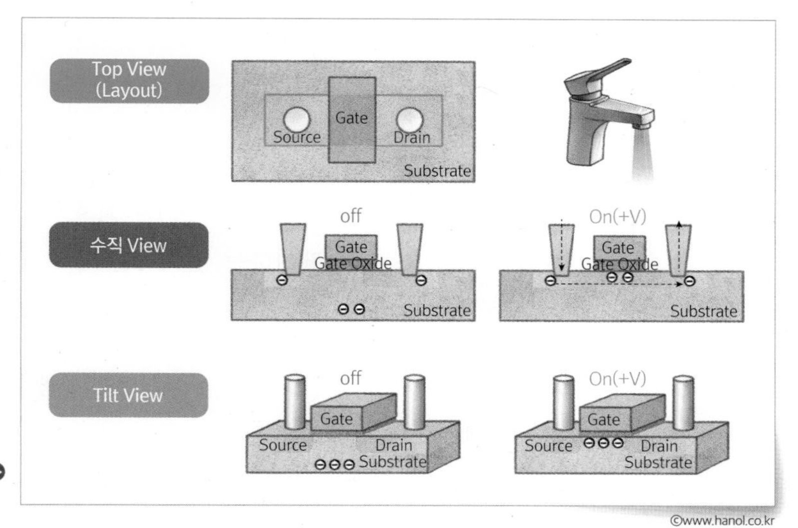

그림 9-7 MOSFET Layout과 구조

졌다. 게이트Gate는 '전자가 지나다니는 문'이며 힘을 줘서 수도꼭지의 손잡이가 올라가서 열리듯이 게이트Gate에서 전압의 조절을 통해 전자의 이동을 조절할 수 있게 된다. 게이트Gate에서는 On/Off의 동작을 확실히 해주는 것이 중요해진다. On 했을 때 확실히 전류가 흘러줘야 하고, Off 했을 때는 누수leakage가 없도록 만들어 줘야 한다.

Etch공정 흐름

MOSMetal-Oxide-Semiconductor의 이름은 초기에 게이트Gate를 구성하는 물질로 금속Metal을 사용했기 때문이고, 지금은 폴리실리콘Poly-Silicon을 사용하는데 관습적으로 모스MOS라는 표현을 쓰고 있다. 〈그림 9-8〉과 같이 트랜지스터가 평면도Layout에 설계된 모습을 웨이퍼Wafer공정이 진행되는 순서대로 설명된 것을 '공정흐름도Process flow'라 한다.

먼저, 폴리실리콘Poly-Silicon으로 게이트Gate를 만들기 위해서는 웨이퍼Wafer 전체에 얇으면서 품질이 좋은 산화막Oxide을 확산공정Diffusion Furnace을 이용해 증착해준다. 그 다음으로 폴리실리콘Poly-Silicon을 증착하고 포토 마스크Photo Mask를 사용해서 노광을 하고, 감광액Photoresist, PR으로 가려진 게이트 패턴Gate Pattern 부분만 남겨두고 노출된 부분은 전부 식각Etch을 진행해서 제거하여 준다. 이렇게 불필요한 부분을 제거해 주는 공정이 Etch이다. 이때 중요한 2가지가 있는데 첫째, 패턴Pattern의 모양대로 올바르게 모양을 만들기 위해서는 감광액PR은 남겨져 있으면서 폴리실리콘Poly-Silicon은 제거하는 선택적인 식각Etch이 필요하다. 둘째, 아주 중요한 부분인데 식각Etch해야 하는 폴리실리콘Poly-Silicon 부분이 남지 않게 완전 제거를 하면서 산화막Oxide이 필요 이상 식각Etch되지 않도록 해야한다.

이는 당연한 말인 것 같지만 구현하기는 상당히 어렵다.

식각Etch 완료 후에 남아 있는 감광액PR을 제거하기 위해 다시 한번 식각Etch을 진행한다. 이때 패턴Pattern을 형성해주는 역할보다 감광액PR을 제거한다는 의미적인 측면에서 'PR Strip'이라는 표현을 써서 구분해 준다. 또는 감광액PR의 주성분이 CCarbon인데, 이를 스트립Strip을 할 때 산소O_2 플라즈마Plasma를 사용해서 제거하는데, 재로 날려버린다는 의

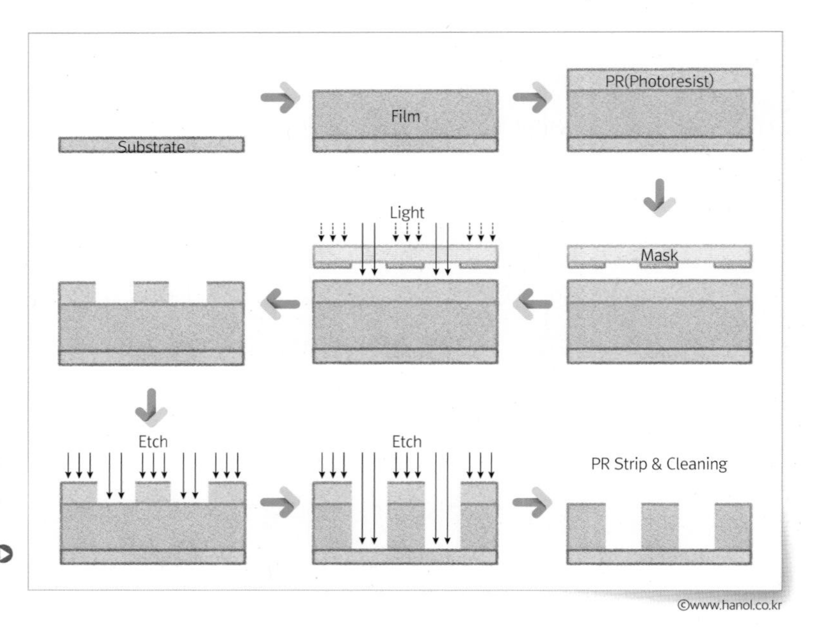

그림 9-8 MOSFET Process Flow

©www.hanol.co.kr

미로 'Ashing'이라는 말을 쓰기도 한다. 두 표현 모두 큰 범위에서는 식각Etch 작업인 것은 분명하다. 마지막으로 남은 불순물을 Cleaning세정공정을 통해 찌꺼기를 제거해 주면 공정이 마무리가 된다. 단순한 트랜지스터로 예를 들었는데 이런 공정 순서Process Flow를 반복하면서 회로를 쌓아가는 과정이 반도체 제조공정의 모습이다.

Etch 패턴Pattern과 프로파일Profile 구분

Etch식각는 Photo노광에서 그린 밑그림에 필요한 부분을 제외하고 나머지 부분을 제거하여 그 밑그림 대로 잘 조각해주는 역할을 담당하고 있다고 했다. 이런 회로의 밑그림을 패턴Pattern이라고 할 수 있는데, 반도체 공정에서 크게 ① 선 패턴Line Pattern, ② 홀 패턴Hole Pattern 2가지로 구분할 수 있다.

〈그림 9-9〉는 웨이퍼Wafer 위에서 본 2차원 평면으로 보았을 때의 패턴Pattern 모습이다. 하지만 실제 Etch식각공정은 3차원의 모양을 만들어 내는 작업의 결과물이다. 설계된 패턴Pattern을 그대로 전사시키는 과정

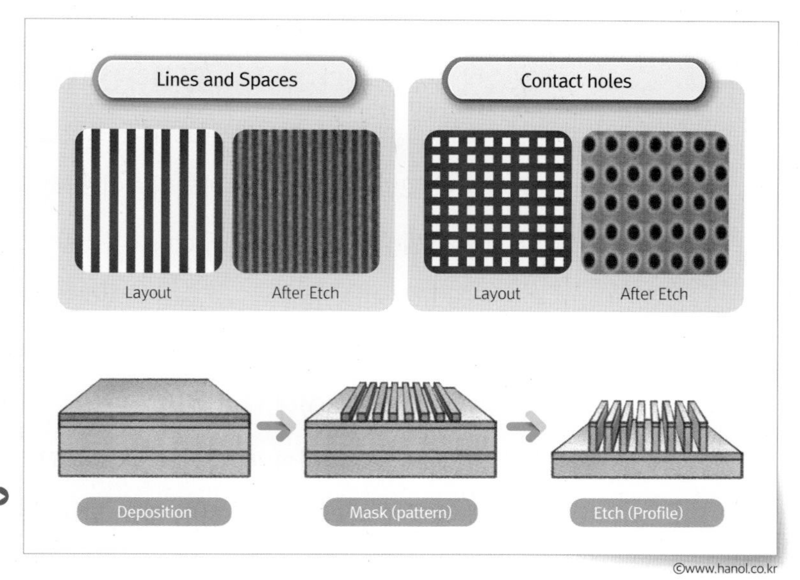

그림 9-9 Pattern의 종류와 Profile의 구현

©www.hanol.co.kr

을 패터닝Patterning이라고 하며, 그 결과물은 모양Profile에 따라서 달라지게 된다. 만약, 우리가 원하는 대로 나오지 않는다면 그것은 바람직한 Etch식각의 모습이 아닐 것이다. 패턴Pattern의 모양을 그대로 만들어 내기 위해서는 얼마나 직각으로 잘 되어 있느냐가 중요해지며 그렇기 때문에 Etch식각는 모양Profile을 굉장히 중요시한다. 패턴Pattern미세화는 선Line의 폭이 점점 촘촘하고 가늘게 되는 것을 의미하는데 이렇게 되면 정교하게 깎아내는것이 어려운 만큼 Etch식각공정은 미세 패턴Pattern 구현과 유지 관리가 핵심적인 요소라고 할 수 있다.

Etch의 원리와 메커니즘Mechanism

방향성에 따른 모양Profile 차이 구분

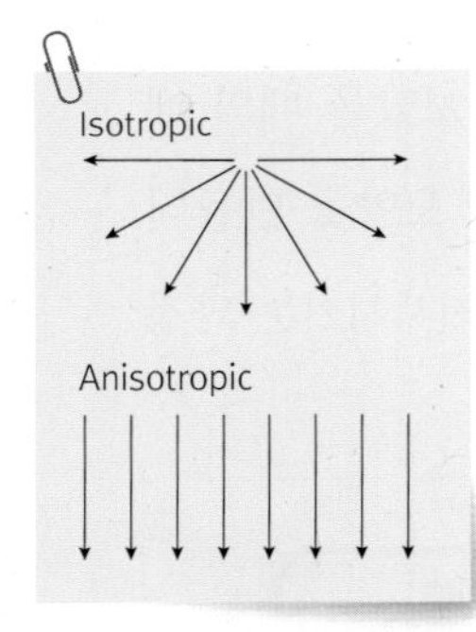

공정이 미세화된다는 것은 회로의 선 폭이 얇아진다는 말이다. Etch식각공정은 마스크Mask에서 형성한 패턴Pattern을 그대로 전사하여 설계되었던 그대로 만들어 내야 한다. 그렇게 만들기 위해서는 모양이 얼마나 직각Verticality으로 잘 되어 있느냐가 중요해진다. 만약, 그 모양이 우리가 원하는 대로 나오지 않는다면 그것은 바람직한 Etch식각의 모습이 아닐 것이다. 패턴Pattern을 원하는 대로 정확하게 만들기 위해서는 모양Profile에 대한 이해가 필요하다. 크게 2가지로 분류해 볼 수 있겠다. 이런 모양은 Etch식각의 메커니즘이 화학적인지 물리적인지에 따라 차이가 발생할 수 있으며, Etch식각되는 방향성에 따라 등방성Iso-tropic, 방향성 없음 또는 비등방성Anisotropic, 방향성 있음이라는 용어를 사용한다. 즉, Etch식각의 모양에 따라 작용하는 성질이 다르기 때문에 기본적인 정의와 특성을 〈그림 9-10〉에 나타내었다.

보통 Etch식각공정를 설명할 때 습식 식각Wet Etch과 건식 식각Dry Etch으로 나누는데 특성에 따라 구분을 하면 맞는 말이지만 지금의 반도체공

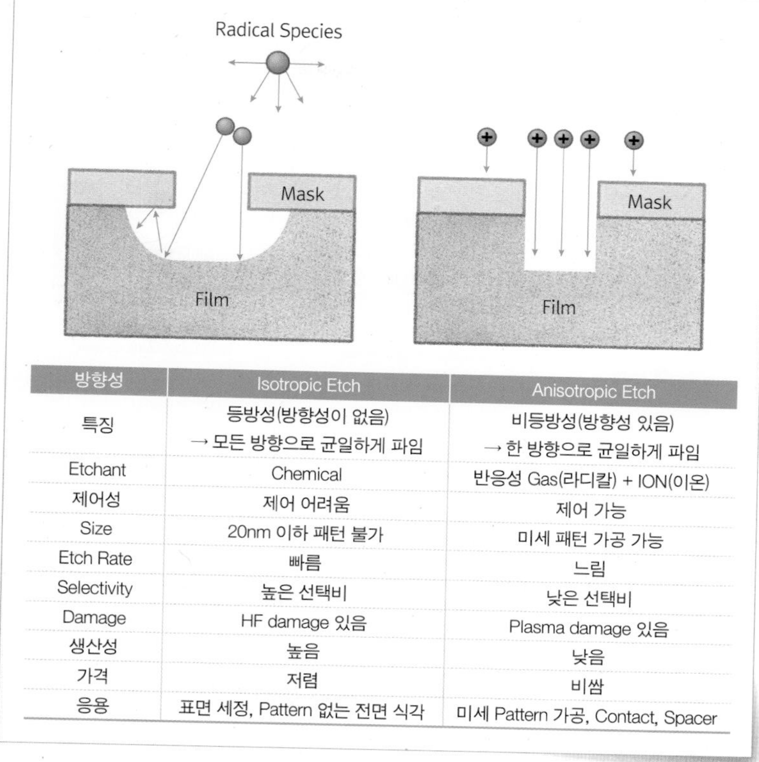

방향성	Isotropic Etch	Anisotropic Etch
특징	등방성(방향성이 없음) → 모든 방향으로 균일하게 파임	비등방성(방향성 있음) → 한 방향으로 균일하게 파임
Etchant	Chemical	반응성 Gas(라디칼) + ION(이온)
제어성	제어 어려움	제어 가능
Size	20nm 이하 패턴 불가	미세 패턴 가공 가능
Etch Rate	빠름	느림
Selectivity	높은 선택비	낮은 선택비
Damage	HF damage 있음	Plasma damage 있음
생산성	높음	낮음
가격	저렴	비쌈
응용	표면 세정, Pattern 없는 전면 식각	미세 Pattern 가공, Contact, Spacer

그림 9-10 Isotropic Etch vs. Anisotropic Etch

정에서의 Etch Process는 건식 식각Dry Etch, 특히 플라즈마 식각Plasma Etch으로 제한하여 설명을 할 필요가 있다. 플라즈마Plasma는 액체를 사용하는 습식 식각Wet Etch으로는 사용할 수 없는 추가적인 제어 기능을 가지고 있기 때문이다. 간략한 소개를 통해 각 장단점을 알아보고 플라즈마 식각Plasma Etch에 자세히 설명하도록 하겠다.

습식 식각Wet Etching의 메커니즘Mechanism

습식 식각Wet Etching은 액체를 사용하여 보통 수조에 담갔다 빼는 방식으로, 화학적 식각 방식을 이용하여 배치Batch 25~50장 단위로 한꺼번에 진행한다. 액체이기 때문에 밀도가 굉장히 높아 식각 속도Etch Rate도 높고, 화학 반응을 이용하기 때문에 식각 선택비Etch Selectivity도 우수한

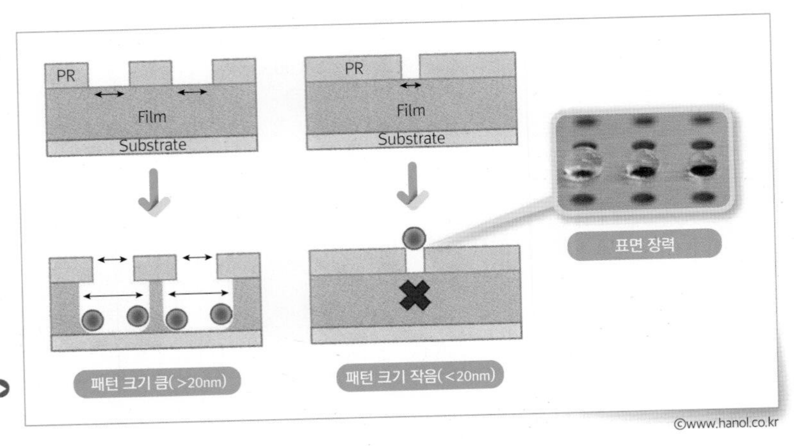

그림 9-11 Wet Etching의 문제점

장점이 있다. 따라서 생산성이나 비용적 측면에서 상당히 유리한 점이 있다. 반면에 액체이다 보니 모든 방향으로 균일하게 파이는 등방성Isotropic 특성 때문에 사이즈Size의 손실이 발생하거나, 20nm 이하의 작은 패턴Pattern에서는 표면 장력으로 용액이 침투하지 못해 적용할 수 없는 문제가 생긴다. 즉, 균일한 방향의 식각 문제는 우리가 원하는 패턴pattern을 만들고자 마스크Mask를 만든 패턴 사이즈pattern size보다 더 크게 형성되는 문제가 있게 된다. 따라서 패턴을 작게 만들려면 마스크 패턴도 작아지게 되는데 나중에는 그 차이를 고려해서 만들어도 아래 패턴이 붙어 버리거나 없어지는 경우가 발생할 것이다. 이러한 이유로 현재 습식 식각Wet Etching은 미세 패터닝Pattering보다는 웨이퍼Wafer표면 처리를 통한 세정이나 패턴이 없는 전면 식각 등에 활용되고 있으며, C&CCLN & CMP 단위 공정에서 관리하면서 전문화와 분업화되었다.

건식 식각Dry Etching의 메커니즘

건식 식각Dry Etching은 액체를 사용하지 않고 기체가스gas를 사용하는 방식이다. 가스gas도 사방으로 확산이 되기 때문에 기본적으로는 등방성 식각Isotropic Etching이라고 할 수 있다. 그런데 어떻게 이방성 식각Vertical

Etching이 가능한 것일까? 이방성 식각Vertical Etching은 수평 방향보다 수직 방향의 식각 속도가 빠른 경우이다. 이런 경우가 언제 생기는가 하면 물리적인 식각인 경우가 많은데 플라즈마Plasma가 대표적인 물리적 식각 중의 하나이다. 그러다 보니 플라즈마 식각Plasma Etch과 건식 식각Dry Etch을 혼용해서 많이 사용하게 되었다. 건식 식각Dry Etch이라는 표현은 넓은 의미에서 포괄적으로 표현하는 것으로 이해하면 된다.

플라즈마Plasma에 대해서는 다음 장에서 좀 더 자세하게 다룰 것이지만, 플라즈마Plasma라는 것은 진공 가스 상태에서 전기장과 같은 에너지를 받으면 전자electron(-), 이온ion(+), 라디칼radical로 분해가 된 상태를 말한다. 이 중에서 이온ion(+)의 존재는 전기장의 영향을 받아 직진 방향성을 가지게 되며, 대상 표면에 물리적인 충격을 주어 때려 뜯어내며 식각Etch이 된다. 이렇게 이온ion(+)으로 Etching이 되는 것을 스퍼터링Sputtering이라고 한다. 이온ion(+)들은 높은 에너지를 가지고 때리다 보니 식각 선택성이 없기 때문에 소자에 물리적인 손상을 줄 수 있다. 또한, 라디칼은 식각하고자 하는 물질과의 화학 반응을 통해 휘발성이 있는 반응물을 생성하여 화학적인자발적 식각Etching을 진행한다. Etch공정에서는 물리적 방식과 화학적 반응의 혼합한 방식을 사용한다. 두 조건의 장점이 혼합되면 2가지 독특한 특성을 이용할 수 있다. 이온ion(+) 충돌을 동반한 상태에서 라디칼radical을 이용하여 식각이 되면 화학 반응이 활성화되는 시너지synergy로 인해 방향성과 식각 속도가 더욱 상승이 되는 효과가 있다. 이온ion(+)은 물질의 결합을 깨뜨리고 결합이 깨졌을 때 라디칼radical은 물질과 반응하여 휘발되어 제거되는 원리이다. 이러한 시너지 효과에 의한 플라즈마 식각Plasma Etching을 특별히 RIEReactive Ion Etching라고 부르기도 한다. 또 다른 특성으로는 증착반응성이 높고 흡착이 잘되는성이 좋은 가스를 사용하면 측면Sidewall과 바닥에 보호막을 형성한 후 화학 반응이 없게 할 수 있다. 이때 바닥은 이온Ion이 들어

사실 이온이 반응하는 것은 아니지만 여전히 RIE (Reactive Ion Etching)라는 이름으로 불리는 이유는 현상을 이해하기 쉽고 관습적인 측면에서 비롯된다

와 폴리머Polymer를 제거하고 반응이 진행 될 수 있도록 해준다. 이때 상대적으로 측면Sidewall은 물리적으로 제거가 쉽지 않기 때문에 뛰어난 이방성 식각Anisotropic Etch 특성을 가질 수 있다.

지금까지 설명한 식각Etching 메커니즘을 4가지로 정리할 수 있다.

① Chemical Etching: 휘발성, 높은 선택비

② Physical Etching: 직진성, 낮은 선택비Sputtering

③ Ion Enhanced Etching: 시너지Synergy 효과, 식각속도Etch Rate 상승

④ Protective Ion Enhanced Etching: 방해 효과

플라즈마Plasma를 생성하기 위해서는 진공 챔버Chamber가 필요하고 웨이퍼Wafer의 가공을 1장씩 진행할 수밖에 없어 생산성이 떨어지는 문제

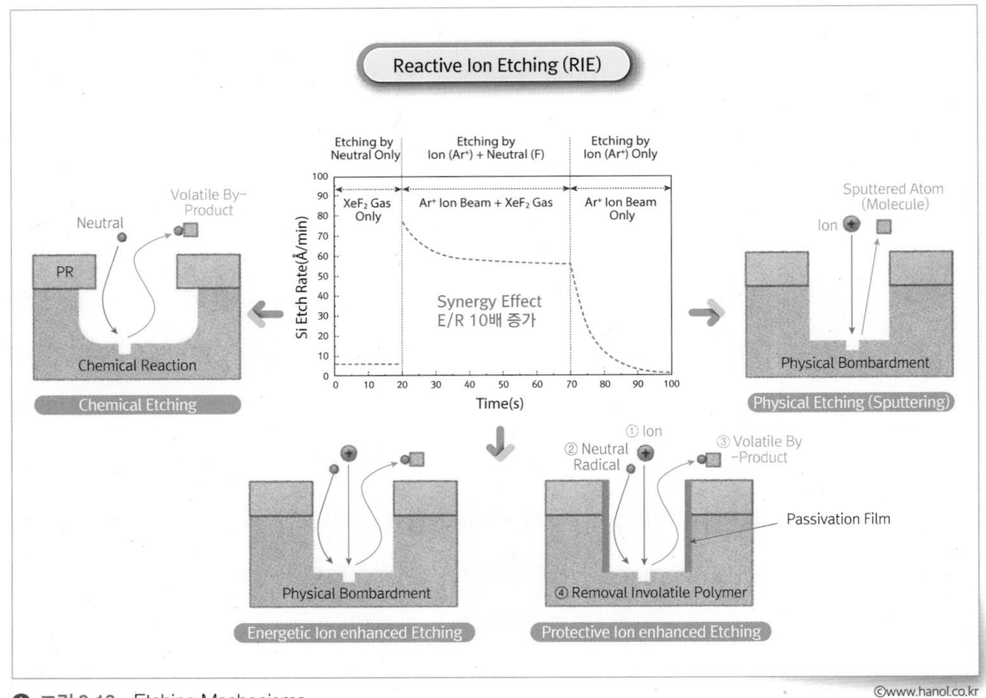

▲ 그림 9-12 Etching Mechanisms

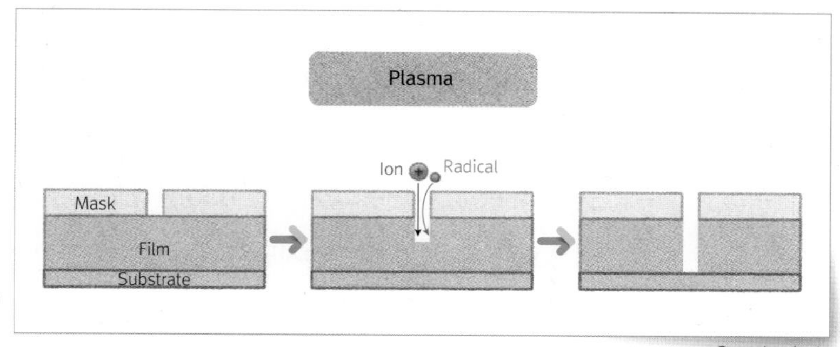

그림 9-13 Plasma Etch의 장점

가 있다. 이러한 단점에도 불구하고 식각Etch공정을 진행하면서 플라즈마Plasma를 사용하는 이유는 물리적, 화학적 반응을 모두 이용하여 막질Film을 식각Etching할 수 있고 무엇보다도 중요한 능력은 조절가능하다는 점에 있다. 이를 통해 측벽Sidewall의 모양Profile을 정밀하게 식각할 수 있으며, 이는 올바른 패턴Pattern을 형성하는 바탕이 된다. 우리가 원하는 대로 모양Profile을 조절할 수 있기 때문에 반도체의 수율과 집적도를 높이는 데 플라즈마 식각Plasma Etching 기술이 필수적이다.

이미 1980년대 이후로 반도체 집적회로가 점차 고기능화, 고집적화가 되어감에 따라 미세 패턴Pattern 가공이 가능한 기술이 더 많이 요구되고 있다. 습식 식각Wet Etch은 등방성 식각Isotropic Etch의 특성으로 미세 패턴Pattern 가공이 힘들며, 현재 고집적화 장치Device에서는 플라즈마 식각Plasma Etch 기술로 미세 회로 패턴Pattern 가공을 위한 기술을 사용 중이다. 이 기술은 어떻게 나노 크기의 구조를 정교하게 깎아내는가에 그 성패가 달려 있다고 할 수 있다.

플라즈마Plasma 정의와 성질

앞서 플라즈마 식각Plasma Etch에 대한 메커니즘을 설명하였으니 플라즈마Plasma에 대해 알아볼 필요가 있다. 플라즈마Plasma는 우리 생활에 밀접한 관계가 있으면서도 직접적으로 다가가는 것이 별로 없다 보니 아직 많은 사람들이 생소해 한다. 이제는 사라진 PDPPlasma Display Panel TV가 있었던 시절에는 간혹 플라즈마Plasma라는 단어를 접했을지 모르겠다. 최근에는 실생활에서 살균 정화, 치료 중심에 플라즈마Plasma를 사용한 제품들이 증가하면서 간접적으로 접한다. 플라즈마Plasma는 밖으로 드러나 있지는 않지만, 다른 산업에 기반이 되는 기술이다. 반도체 장비에서 사용되는 미세 코팅에도 플라즈마Plasma가 사용된다. 또한, 플라즈마Plasma가 없다면 미세 패터닝Patterning을 하지 못해 지금의 반도체가 없었을지도 모른다. 이렇게 많은 분야에서 기반이 되는 것이지만, 막상 플라즈마Plasma에 대한 설명을 찾아보면 형광등, 네온사인을 설명하고, 물질의 제 4상태를 설명해서 표현한다. 당시 필자는 물질의 4의 상태라는 표현 자체가 생소했던 기억이 난다. 대체 왜 다른 상태가 있다는 것일까?

물질은 흔히 세 가지 상태로 존재한다. 고체, 액체, 그리고 기체, 이것은 쉽게 이해가 된다. 열 에너지를 주면 얼음에서 물로, 물에서 수증기로 변하니까. 그런데 기체에서 더 높은 에너지를 가하여 한계치 이상이 되면 어떤 일이 발생할까? 바로 플라즈마Plasma가 된다. 바로 전자electron와 양전하를 가진 이온ion으로 분리되는 현상이 발생하고 빛을 발생하게 되는데 이것을 플라즈마Plasma라고 명명하였고, 지금까지 보지 못했던 새로운 물질의 상태라고 해서 제 4의 상태라는 표현을 쓰

이온화를 한자로 번역하여 '전리(電離)'라는 표현을 쓰기도 한다.

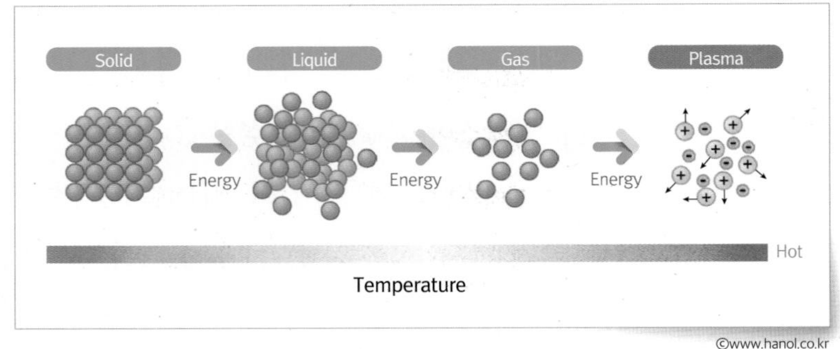

그림 9-14 물질의 상태

©www.hanol.co.kr

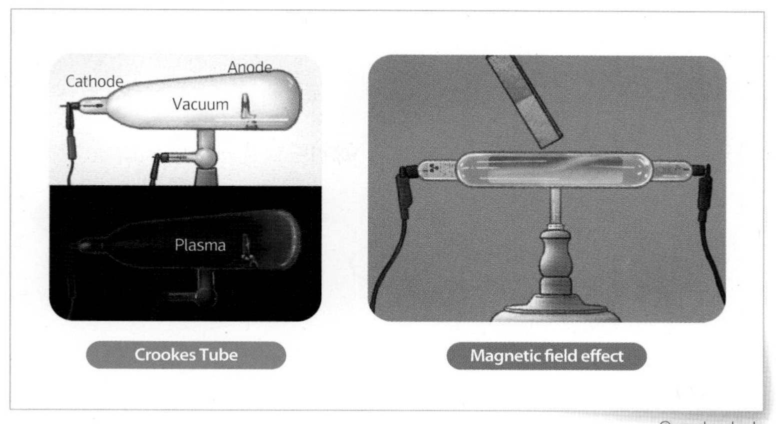

그림 9-15 진공관 속 Plasma와 성질

게 되었다. 18세기에 이미 관 속에 낮은 압력의 기체에 인공적인 에너지를 주어 방전을 일으키면 기체가 빛을 낸다는 현상을 발견하였다. 플라즈마Plasma의 큰 특징 중의 하나는 기체가 빛을 낼 수 있다는 것이고, 이것보다 더 중요한 특징은 기체에 전기가 통하는 것이다. 평상시 우리가 살고 있는 상태의 압력에서는 기체는 이온화된 상태로 존재하지 않는다. 하지만 기체의 압력을 낮춘 후 전기 에너지를 주면 기체가 이온화되어 전하를 띠게 되어 전류가 흐르게 된다. 미국 물리학자 어빙 랭뮤어Irving Langmuir는 이런 방전 기체의 신기함에 이끌려 이 분야의 연구를 시작했다고 전해지고 있으며, 방전관의 형태에 따라 그 모양이 변하는 것을 보고 플라즈마Plasma라는 이름으로 명명하였다고 한다.

① 역사적으로 인공적으로 처음 플라즈마를 만든 것은 패러데이1835년
② 그것을 물질의 제 4상태로 부른 것은 크룩스1879년
③ 그것을 플라즈마Plasma라고 명명하고, 본격적인 연구는 랭뮤어1928년에서 시작되었다.

플라즈마Plasma를 만들기 위해서는 낮은 압력이라는 특별한 조건이 필요한데, 실생활에서 진공 상태가 아니어도 기체 상태에서 더 높은 에

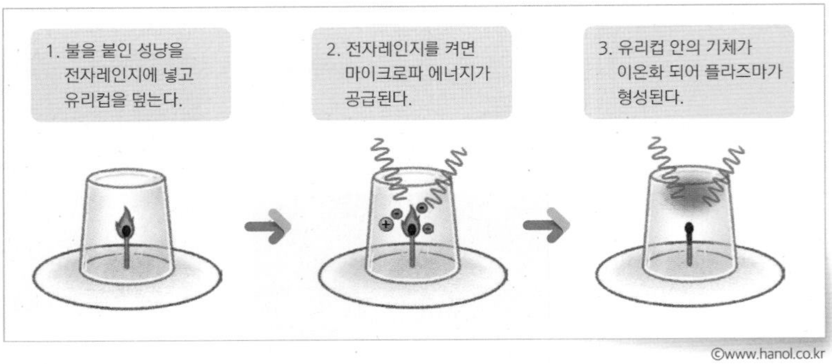

1. 불을 붙인 성냥을 전자레인지에 넣고 유리컵을 덮는다.

2. 전자레인지를 켜면 마이크로파 에너지가 공급된다.

3. 유리컵 안의 기체가 이온화 되어 플라즈마가 형성된다.

©www.hanol.co.kr

그림 9-16 불 붙인 성냥에 에너지를 주어 Plasma 변환되는 실험

너지를 가해 플라즈마Plasma를 만드는 재미있는 실험의 예제가 있다. 만약, 유리잔 안에 불 붙인 성냥을 넣고 전자레인지를 돌린다면 어떤 현상이 나타날까? 놀랍게도 성냥 불꽃이 위쪽으로 튀어 올라서 유리잔 천장에 맺히는 것을 관찰할 수 있다. 성냥 물질이 탈 때 원자가 분해되고 분해된 부분이 빛으로 발현된다. 이때 에너지마이크로파가 더해져 분해된 원자끼리 부딪쳐 뜨거워진 빛 구름을 형성하고 유리잔에 맺힌 채 빛을 내뿜게 되는 것을 관찰할 수 있다.

이러한 새로운 물질 상태에 매료되어 과학자들은 플라즈마Plasma의 기본적인 성질을 해명하기 위해 많은 노력을 하였다. 학문적으로는 '집단적 행동으로 특징지어지는, 중성 입자와 전하를 띤 입자들의 준중성의 기체'로 정의한다. 이런 복잡하고 생소한 표현으로 플라즈마Plasma를 정의하는데 간단하게 정의를 할 필요가 있다. 플라즈마Plasma는 한마디로 '이온화된 기체'로 정의할 수 있다. 〈그림 9-17〉과 같이 이온화는 기체에 에너지를 가하면 기체를 구성하는 원자와 분자로 갈라지고, 이때 가해진 에너지가 많으면 그 원자는 다시 원자핵과 전자로 분해된다. 따라서 Plasma 안에는 이온ion(+), 전자electron(-), 중성입자, 라디칼radical로 되어 있다. 전기적 입자와 중성입자들이 모여있는 상태로서 이는 기체의 특징을 가지면서 전자electron와 이온ion과 같은 전하들

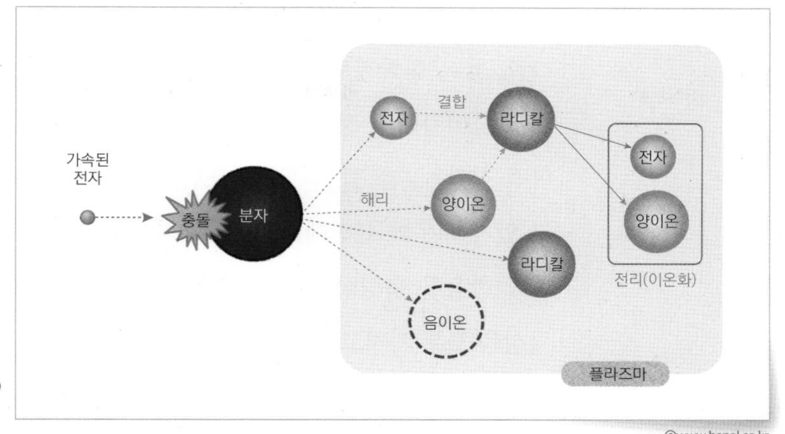

그림 9-17 Plasma 구성

이 균형을 이루고 있는 상태이다. 전하를 띤다는 것은 서로의 입자들이 상호작용을 한다는 것 때문에 전기적으로 연결되어 있다는 측면이 중요하다. 참고로 플라즈마Plasma가 방전된 다음에 일반적으로 공정에서 사용되는 플라즈마Plasma는 1% 수준의 분자나 원자가 이온화되어 있고, 주로 이온화되지 않은 중성입자 기체가 99%를 차지한다.

플라즈마Plasma 발생 과정이나 보다 세부적인 내용으로 접근하면 상당히 어렵기 때문에 '플라즈마Plasma는 대략 이런 것이다'라고 소개하였다. 중요한 것은 플라즈마Plasma가 어떤 역할을 하고 어떤 기능으로 식각할 수 있는 것인지를 응용 관점에서 정리하면 다음과 같이 요약할 수 있다.

Sheath(덮개)는 플라즈마를 둘러싼 챔버와 플라즈마 사이의 경계층으로 전기적 중성이 아닌 양전하 공간을 의미한다.

① **전기적 특성** : 전도성이 있다. → 쉬스Sheath를 활용한 직진성을 얻을 수 있다.

② **화학적 특성** : 이온화된 분자들은 다른 분자들과 쉽게 화학적 반응이 가능하다.

반응성 가스들을 분사한 후 기체를 플라즈마Plasma화시키면 많은 양의 전자(-)와 함께 양이온(+)도 동일한 양으로 생성되고, 이때 분자의 결속에서 떨어져 나온 원자가 발생하는데, 이를 라디칼radical이라 한다. 라디칼radical은 화학적으로 불안정한 상태로 빨리 반응하여 안정화된 상태로 돌아가려는 성질이 있다. 라디칼radical로 인해 플라즈마Plasma는 화학적 식각Eching을 할 수 있다. 또한, 플라즈마Plasma에서 이온Ion을 가지고 있기 때문에 표면에 충격ion bombardmaent을 가하는 데 사용될 수 있고 화학 반응을 활성화시킬 수 있다. 플라즈마Plasma는 물리 화학적 식각 특성을 모두 가지고 있으며 더 중요한 것을 물리적/화학적 정도의 특성을 우리가 제어할 수 있다는 것이다. 실제로 전압의 크기를 통해 물리적인 반응의 크기를 제어할 수 있게 되고, 화학적인 반응은 챔버Chamber에 인가되는 전기 에너지나 압력의 조절로 표면에 반응하는 라디칼radical의 밀도로 제어할 수 있다.

〈그림 9-18〉은 지금까지 설명된 Plasma etch 의 반응 과정을 상징적으로 보여준다.

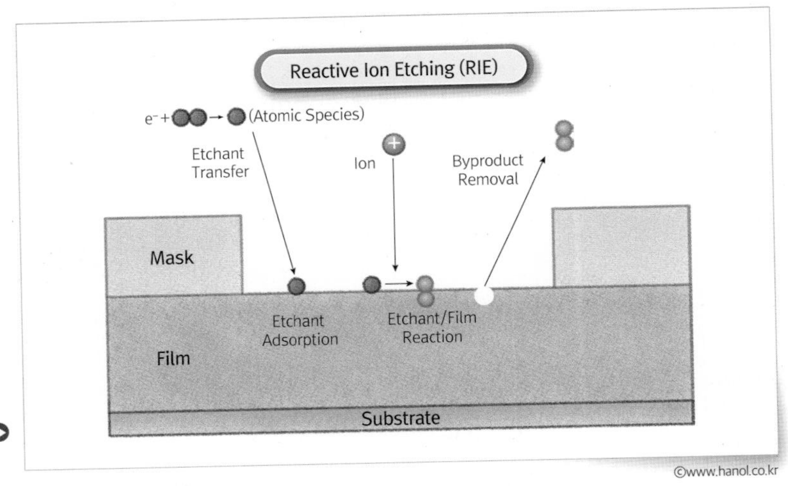

그림 9-18 ▶ Plasma Etch의 반응 과정

① **반응 입자** Ion, Radical**의 형성** $CF_4 \rightarrow CF_3 + F \rightarrow CF_2 + F-$

분사된 기체gas를 이온화 분해 과정을 거쳐 활성화된 이온Ion과 라디칼Radical을 생성

② 반응 입자의 이동

라디칼Radical은 확산에 의해서, 이온Ion은 전기장에 의해 가속되어 웨이퍼Wafer로 이동

③ 표면 반응에 의한 부산물By-Product 생성 및 휘발성을 통한 기체화

웨이퍼Wafer 표면Film에서 이온Ion의 물리적 타격 현상과 라디칼Radical의 화학적 반응에 의해 반응 생성물이 형성된 후 휘발성 물질로 증발

By-product를 제대로 제거하지 않으면 오염의 원인이 된다.

④ 증발된 부산물By-product을 진공 펌프Vacuum Pump로 제거

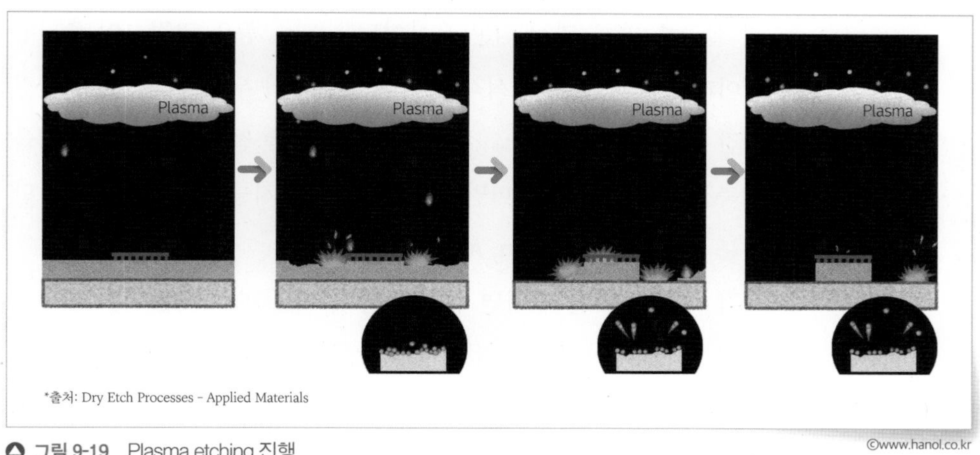

그림 9-19 Plasma etching 진행 ©www.hanol.co.kr

플라즈마는 학문적으로 접근하면 아무리 쉽게 설명해도 어렵다. 〈그림 9-19〉를 통해 식각Etch되는 과정이 동영상과 같은 이미지Image로 기억되면 좋겠다. 식각Etch공정은 플라즈마Plasma 상태를 이용해서 이온Ion의 물리적 타격과 막질Film의 휘발성을 통해 기체화되어 제거된다. 이러한 과정을 통해서 원하는 패턴Pattern을 만들어 나간다.

Etch 고려사항Etch Output Parameters

식각Etching을 할 때 고려해야 할 사항들의 개념을 설명하고 이러한 개념이 왜 필요한지 예시와 함께 설명하도록 하겠다. 현업에서도 자주

사용하며 에치Etch공정을 이해하기 위한 중요한 개념이므로 반드시 이해가 필요하다.

식각 속도Etch Rate

식각 속도Etch Rate는 단위 시간당 식각Etch하고자 하는 막질Film이 어느 정도의 두께로 식각Etch되었는지를 나타내는 지표이다. 즉, 얼마나 빨리 식각Etch이 되었느냐를 의미하다 보니 생산성과 공정/장비의 상태를 대표하는 중요한 요인이다. 보통 팹FAB에서는 베어 웨이퍼Bare Wafer에 폴리 실리콘Poly-Silicon과 실리콘 옥사이드Silicon Oxide 등의 막질Film이 증착된 웨이퍼Wafer를 사용하며 식각Etch 전에 막질Film의 두께를 측정하고 일정 시간 동안 전면 식각Blanket Etch으로 진행한 다음 전체 식각Etch된 영역을 재측정해주면 1분당 얼마만큼 식각Etch되었는지를 계산할 수 있다. 단위는 일반적으로 Å/min, Å/sec를 사용한다.

식각 속도Etch Rate를 구하면 무엇을 알 수 있을까? 만약, 어떤 두께의 막질1,200Å을 깎아내는 데 있어서 식각 속도20Å /sec를 알면 얼마의 식각 시간60sec을 진행해줘야 하는지를 설정할 수 있다. 그럼 식각 속도Etch Rate는 빠른 것이 좋을까? 느린 것이 좋을까? 당연히 식각 속도Etch Rate가 빠른 것이 처리 속도가 빨라지기 때문에 생산성 측면에서 도움이

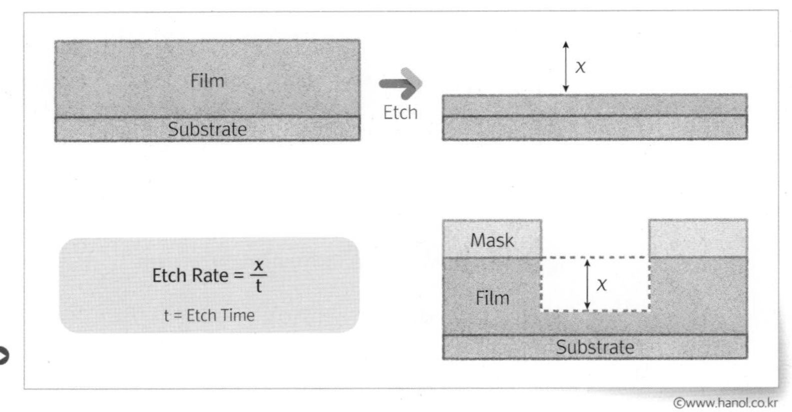

그림 9-20 Etch Rate

되어 유리하다. 하지만, 이후 나머지 고려사항과의 조건도 충족되어야 한다. 또한, 구해진 식각 속도Etch Rate로 시간 설정에 주의해야 할 부분은 패턴Pattern이 없는 전면 식각Blanket Etch 상태와 패턴Pattern이 있는 상태의 식각 속도Etch Rate는 다를 수 있어 반드시 실제 모양Profile의 비교 확인을 통한 검증 작업이 필요하다는 점이 있겠다.

균일도Uniformity %

앞서 구한 식각 속도Etch Rate는 위치별 측정값을 평균을 낸 값을 사용한다. 균일도Uniformity의 기본 개념은 산포흩어진 정도를 나타내며, 웨이퍼Wafer 내 식각 속도Etch Rate의 균일함 정도를 나타내는 방법이다.

즉, 얼마나 균일하게 식각을 했느냐를 나타내는 척도가 된다. 표현하는 방법은 여러 가지가 있지만, 팹FAB에서는 〈그림 9-21〉과 같은 공식으로 활용되고 있다.

웨이퍼Wafer 중앙과 가장 자리를 측정했을 때의 균등한 정도를 나타내기 위한 방법으로 평균 식각 속도Etch Rate 대비 식각 속도Etch Rate의 최대값Max과 최소값Min을 통해 %로 표현한다. 참고로, 평균에 2를 곱한 이유는 +/- %로 나타내기 위함이다. 일반적으로는 3% 이하의 수준이 요구된다. 표준편차를 사용하지 않는 이유는 단위에 대한 문제를 해

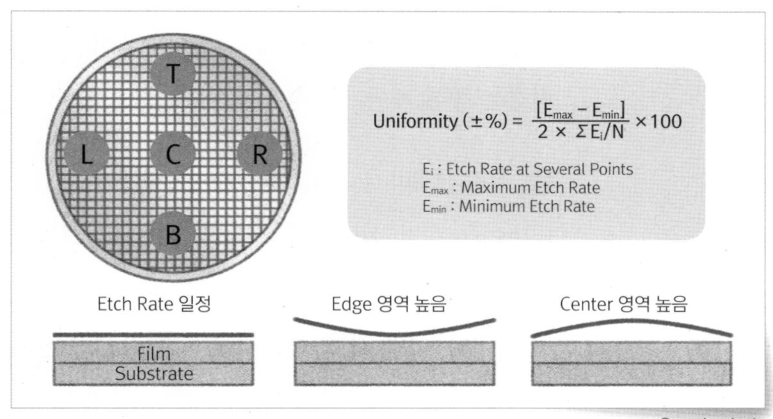

그림 9-21 ▶ Uniformity 정의

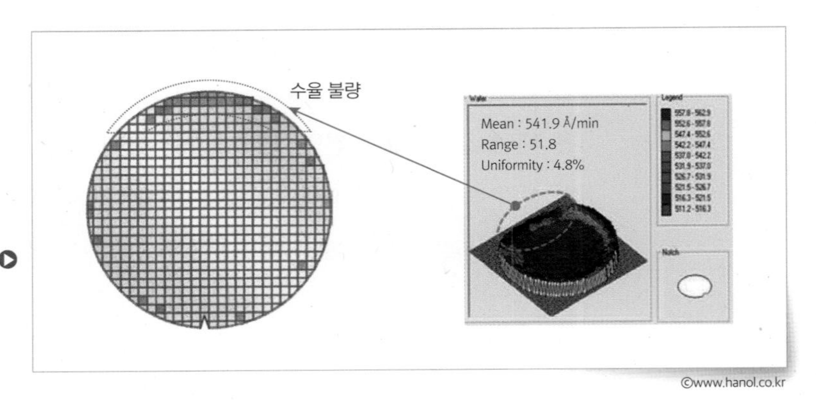

그림 9-22 Etch Rate Uniformity 불량에 따른 수율 불량 (TOP 부 ER 감소 → Under-Etch 발생)

©www.hanol.co.kr

결할 수 있으며, 데이터Data가 많지 않은 경우가 많기 때문이기도 하다. 실제로 전면 측정Full Map으로 많은 데이터를 측정하는 경우는 표준편차로 표현하는 경우도 있다. 추가로 한 가지 짚고 넘어갈 부분이 있는데, 이 공식은 사실 불균일도Non-Uniformity를 의미한다. 이는 분포들이 정상 상태에 들어올 확률적 표현97%보다는 얼마나 불균일한지3%에 대한 관심이 더 많기 때문이다. 이는 통계에서 6시그마를 말할 때 규격 안에 99.9997%가 정상 범위에 있다는 표현보다 불량률이 3.4PPM100만 개 중 3개으로 표현하는 것과 같은 이치이다. 현업에서는 불균일도Non-Uniformity를 균일도Uniformity로 표현하고 있기 때문에 다른 환경에서 일하는 사람과 이야기할 때는 어떤 방식으로 계산된 것인지에 대한 확인이 필요하다. 식각 균일도는 플라즈마 균일도Plasma Uniformity에 영향을 받기 때문에, 플라즈마 변수Plasma Parameter 및 챔버 구성요소Chamber Configuration의 변경을 통해 제어가 가능하다.

식각 선택비Etch Selectivity

이번에는 식각 선택비에 대한 정의를 내려보자. 〈그림 9-23〉과 같이 A를 제거하기 위해서 식각Etch을 할 때 B도 동시에 식각Etch이 진행이 될 것이다. 이와 같이 같은 조건의 식각Etch 상황에서 막질Film 간의 식각 속도Etch Rate 비율을 선택비라 한다. 분자와 분모에 대해 혼동하는

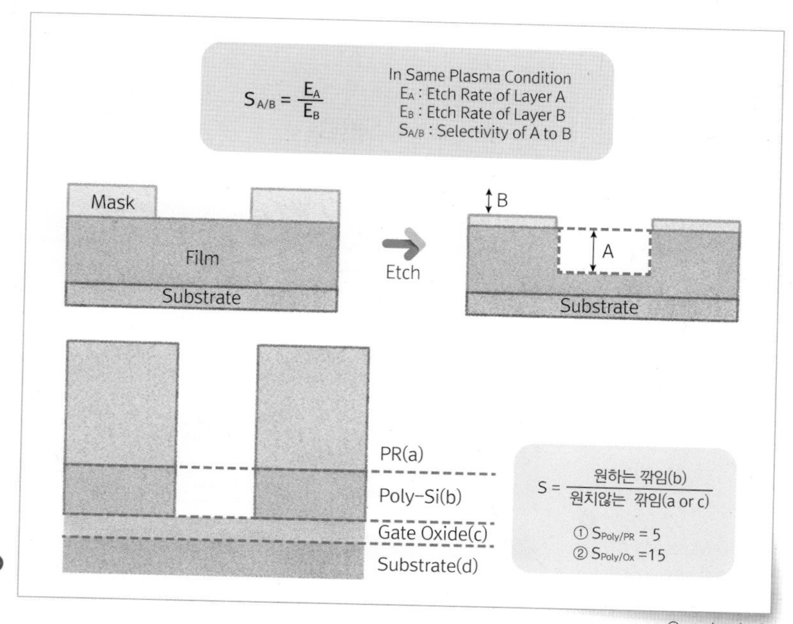

그림 9-23 Etch Selectivity

경우가 많은데 이렇게 기억하면 된다. 분자는 제거하기를 원하는 깎임이고, 분모는 제거되면 안 되는 깎임의 비율이다.

예를 들어, 그림 B와 같이 PR Mask(a), Poly-Si(b), Gate Oxide(c), Substrate(d)가 있다. 제거해야 할 막질Flim은 Poly-Si(b)를 제거한다고 했을 때 만약, $S_{b/a}$=1이라면 제거해야 할 Poly-Si(b)를 끝까지 식각하기 전에 PR(a)이 전부 제거되어 마스크Mask를 한 의미가 전혀 없게 되므로 패턴Pattern이 제대로 형성되지 않는다. 반면 선택비가 10이라면 PR Mask(a)는 덜 되고, 막지 않은 곳은 잘 식각되어 정상적으로 패턴Pattern을 만드는 데 유리해진다. 또한, Poly-Si(b)를 완전히 제거하고 Gate Oxide(c)에 도달하여 식각하고 있다면 선택비가 있어야 그것을 뚫고 지나가기 전에 멈출 수가 있다. 이처럼 우리가 높은 선택비를 원하는 이유는 식각하고 있는 막질Film이 끝까지 도달하기 전에 보호하는 막질Film이 적절히 장벽Barrier 역할을 하는 지를 확인할 수 있는 지표이기 때문에 중요하다. 선택비는 가스 케미스트리Gas Chemistry에 의하여 주로 변화

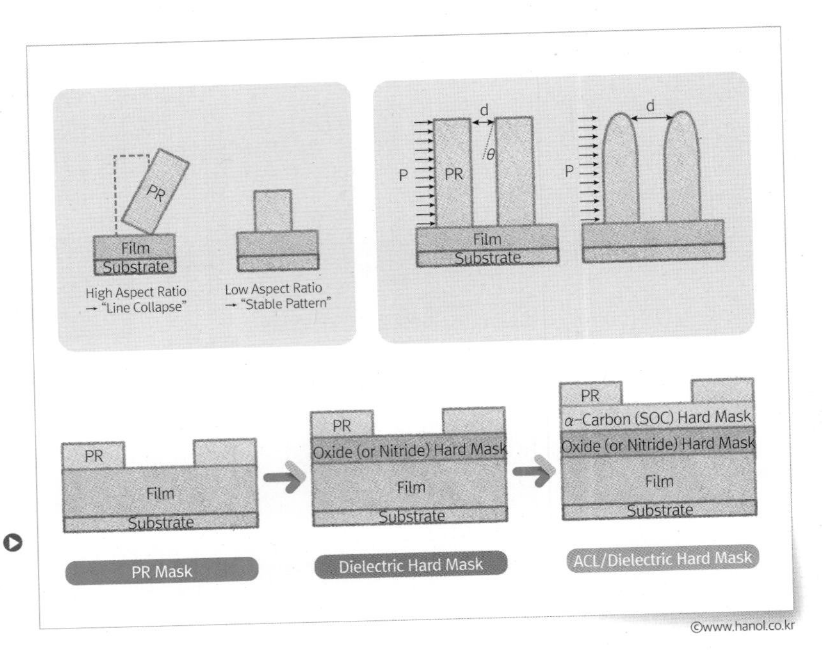

그림9-24 PR Mask Margin 부족 Case와 Hard Mask 적용을 통한 극복 노력

하며, 선택비가 높아야 Over Etch과식각가 가능하며, 공정 마진Margin 확보 및 균일도Uniformity에 대한 극복 전략이 되기 때문에 적절한 가스Gas 조합을 통해 선택비를 최대한 크게 하는 것이 좋다.

그러나 점점 미세하게 패턴 정확도를 구현함에 있어 PRPhoto Resist만으로는 원하는 패턴Pattern을 만들어 낼 수 없는 문제가 있다. 공정에서 요구하는 패턴이 작으면서 깊게 식각Etch을 하려면 PR의 두께도 그만큼 높아져야 하나, 두꺼운 두께>300nm의 PR을 사용하게 되면 〈그림 9-24〉와 같이 패턴Pattern이 쓰러지게 된다. 또한, 파장이 낮아질수록 PR의 내성도 약해진다. 게다가 실제 PR은 직각 형태가 아니라 둥그스름Round하게 되어 있는 형태여서 물리적인 상태로도 취약하다. 이런 문제를 해결하기 위해 PR 패턴을 단단한 물질로 전사해서 만드는 작업을 한다. 이러한 작업을 하드 마스크 패터닝Hard Mask Patterning 작업이라 하며, 하드 마스크Hard Mask의 재료로는 Silicon OxideSiO_2, Silicon NitrideSi_3N_4, Amorphous Carbon LayerACL 등의 증착을 통해 진행한다.

오버 에치Over Etch

식각Etch공정의 핵심은 불필요한 부분을 제거해주면서 올바르게 패턴Pattern을 형성해주는 것이라고 했다. 따라서 제거해 줘야 할 부분이 남으면 절대 안 된다. 식각Etch될 부위를 완벽하게 제거하기 위해서는 막질Film 두께의 균일도Uniformity 및 식각 균일도Etching Uniformity를 감안하여, 적정의 추가 제거시간을 진행해줘야 한다.

그럼 얼마의 추가 시간을 부여해줘야 하는 것인가에 대한 고민이 생긴다. 일반적으로는 오버에치Over Etch는 30% 정도를 진행해준다.

예를 들어, 〈그림 9-25〉와 같이 구조적인 측면Topology, 단차에서의 오버에치Over Etch의 필요성과 웨이퍼 균일도Wafer Uniformity와 같은 공간 분포에 대한 고려도 필요할 것이다. 식각 속도Etch Rate는 평균 식각 속도 ± 시그마Sigma의 오차를 가질 것이다. 막질Film을 제거하는 속도에서 어느 곳은 평균보다 빠르고 어떤 곳은 조금 느리게 될 것이다. 그리고 이것은 앞에서 증착되는 막질Film의 두께Thickness도 마찬가지로 어느 부분은 두껍고 어느 부분은 얇을 수 있다. 제거하려는 막질Film도 평균 두께 ± 시그마Sigma의 오차를 가진다. 다시 강조하지만, 식각하고자 하는 부분이 남으면 안 된다. 남으면 결점Defect에 대한 소스Source가 되기도 하며, 소자가 붙어버리는Bridge 문제도 야기된다. 구조적인 부분과 최악의 경우를 고려해서 추가 시간을 진행해준다. 따라서, 총 식각Etch 진행 시간 =

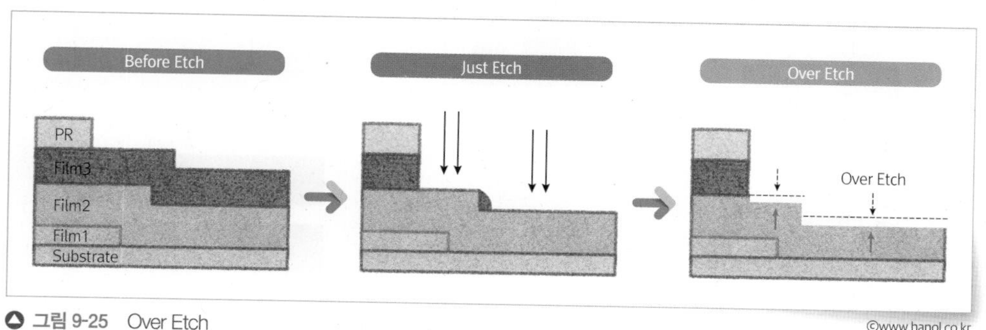

그림 9-25 Over Etch

©www.hanol.co.kr

제일 두꺼운 막질Film 두께 / 제일 낮은 식각 속도Etch Rate + 구조적으로 고려해야 할 추가 시간까지 고려해서 설정을 해주어야 한다. 사실 이로 인한 손실은 선폭Line Width 감소, 하부 막질 손실Sub Loss 등의 영향이 있지만 남으면 안 되는 이유 때문에 이렇게나 위험부담Risk을 짊어지고 진행을 해줘야 한다. 앞서 막질Film 간 선택비를 높이려는 이유도 부작용이 없이 완벽한 제거를 위함이고, 오버 에치는 부작용에 대해 허용 가능한 수준의 확보가 관건이 된다.

EPDEnd Point Detection

앞서 흔들리는 증착 막질Deposition과 식각Etch 균일도Uniformity를 위해 적절한 Over Etch를 진행한다고 설명했다. 그러나 과도한 Over etch는 하부층Under Layer에 대한 심각한 문제Damage를 주기도 한다.

그럼 식각 상태가 적절하다는 것을 알 수 있는 방법은 없을까? 있다. 바로 실시간으로 식각 상태를 모니터링하고자 하는 장치가 EPDEnd Point Defection이며, 신호signal 분석을 통한 알고리즘으로 종료점을 설정할 수 있다. 〈그림 9-27〉과 같이 식각되고자 하는 막질과 그 하부 막질의 경계

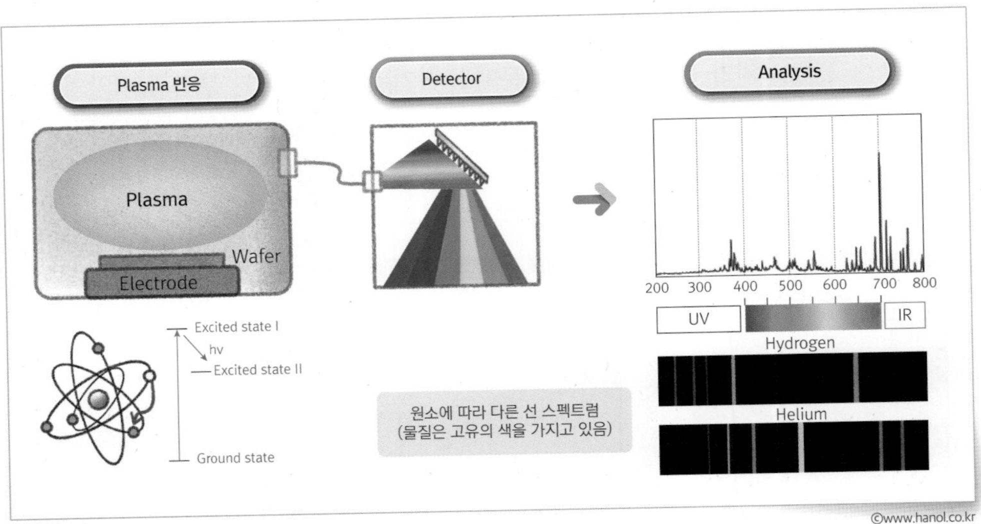

그림 9-26 OES를 통한 Spectrum 분석 과정

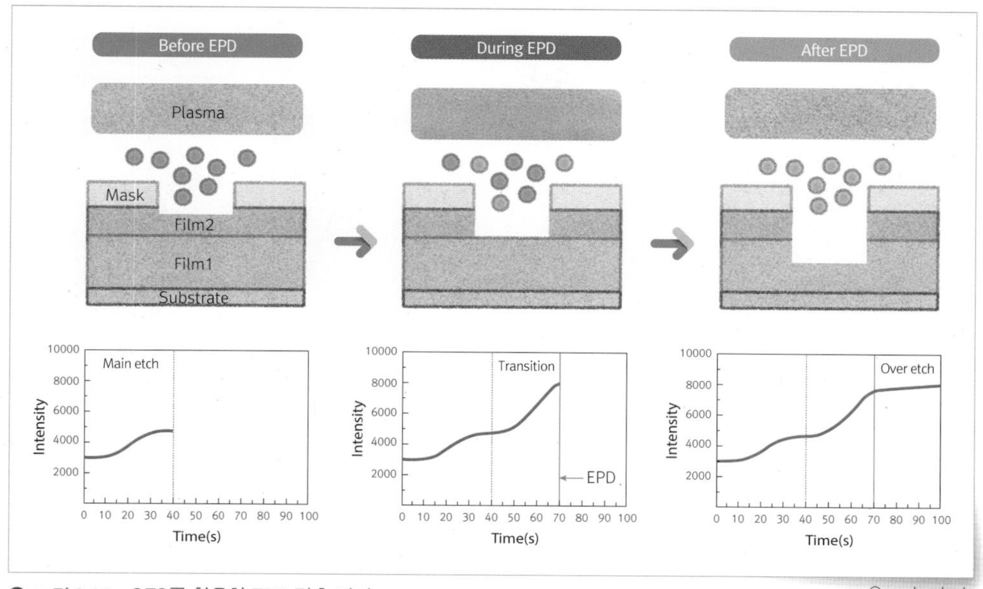

그림 9-27 OES를 활용한 EPD 검출 방법

©www.hanol.co.kr

면에서 식각 종료점을 확인하여 항상 일정량이 식각Etch되게 할 수 있어 불균일도 문제Non-uniformity Issue를 극복할 수 있다. 팹Fab에서는 플라즈마 상태 모니터링을 위해 OES 센서를 활용한다. OESOptical Emission Spectroscopy는 플라즈마 내 광원Light Source의 스펙트럼Spectrum이며 분석을 통해 특정 파장의 크기Intensity 변화를 측정하여 식각 종료점을 설정할 수 있다. 양산 식각공정에서 플라즈마에 대한 실용적인 진단 방법이 되려며 간섭이 없어야 하는데 광학 기법이 이러한 요건을 충족한다. OES는 비침습적 방식과 합리적인 가격으로 가장 보편적으로 사용된다.

종횡비Aspect Ratio

폭가로에 대한 높이세로의 비율을 의미한다. 플라즈마 식각 방식이 높은 종횡비Aspect Ratio를 가진 반도체 식각이 가능하여 식각Etch 방식이 습식Wet에서 건식Plasma으로 변경되었다고 하였다. 그렇다면 식각공정이 진행되는 종횡비는 얼마나 될까?

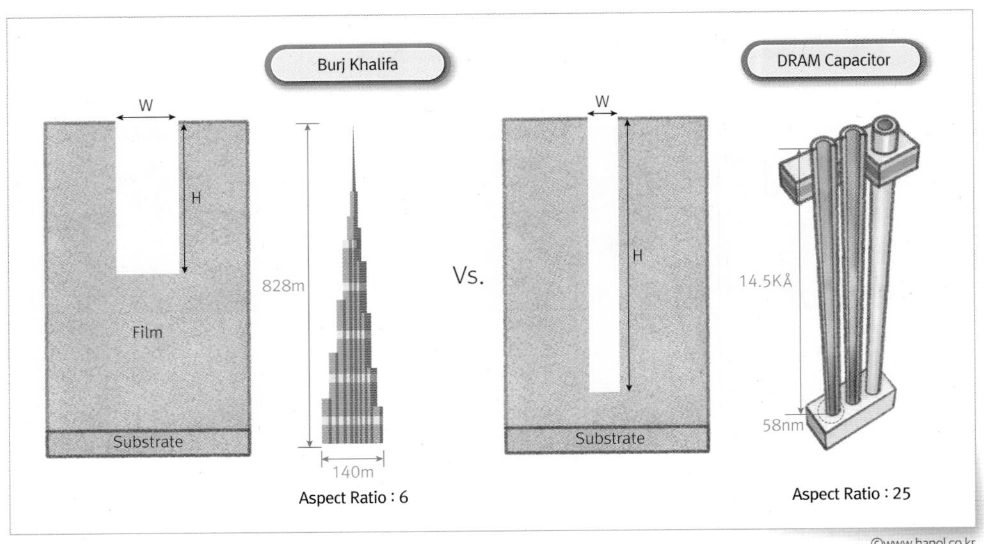

그림 9-28 Aspect Ratio 비교

세계에서 가장 높은 건물인 두바이의 부르즈 할리파Burj Khalifa 빌딩의 종횡비가 6의 값을 갖는데 DRAM의 캐패시터는 3xnm가 25의 값을 가지며 1xnm 수준에서는 무려 2배 이상 증가한 56의 값을 식각해줘야 한다. 이런 공정들은 주로 콘택트 에치Contact Etch가 많고 종횡비가 커져 HARCHigh Aspect Ratio Contact라고 부른다. 당연히 이 값이 높을수록 식각을 하는 데 어려움이 증가한다. 예를 들어 위에서 아래로 조금씩 파내려갈 때 완전 수직인 구멍을 파는 것은 쉽지 않다. 실제로는 깊이 팔수록 상부의 구멍보다는 바닥의 구멍은 좁아지는 모양이 발생할 수밖에 없기 때문에 많은 문제를 유발한다.

로딩 이펙트Loading Effect

앞서 웨이퍼Wafer의 위치에 따른 균일도Uniformity를 이야기했었는데, 패턴Pattern의 크기가 다른 경우에 식각 속도Etch Rate가 서로 다른 경우가 발생한다. 이런 경우 어떤 패턴에서는 식각Etch이 부분적으로 잘못되어 있는 경우가 발생하는데, 이런 현상을 로딩 이펙트Loading Effect라는 용어로 구분하여 표현하고 있다. 로딩 이펙트Loading Effect는 영어 그대로 번역하면 부하 효과라고 하는데, 오히려 그 의미 전달이 어려운 부분이 있다. 그런데 가만히 생각해보면 로딩Loading이라는 단어는 생활에서 매일 접하고 있는 단어이다. 바로 프로그램을 실행시킬 때 "Loading……"이 나온다. 실행할 프로그램을 보조기억장치에서 주기억장치로 가져오는 것이 로딩Loading인데 이것을 수행이 완료 될 때까지의 시간 지연의 느낌을 그대로 가져오면 좋을 것 같다. 즉, 공정에서 말하는 로딩 이펙트Loading Effect는 식각Etch을 수행할 때 어떤 부분에서는 식각Etch이 지연되는 현상을 의미한다. 그럼 왜 이런 현상이 나타나는 것일까? 이는 식각하고자 하는 대상 크기와 밀도 차이에 때문에 발생한다.

다음과 같이 2가지 경우를 생각해 보자.

첫 번째 경우는, 식각하고자 하는 패턴의 크기는 동일한데 어느 쪽은 조밀한 지역이 있고, 다른 쪽은 단독으로 형성되어 있는 부분이 있다. 에천트Etchant의 양은 제한적인데 단독으로 있는 경우보다 밀집된 지역은 열리는 면적이 넓으므로 식각 속도Etch Rate는 떨어지게 된다. 이렇게 대상 면적에 따라 식각 속도 차이가 나는 경우를 마이크로 로딩Micro-Loading이라 한다.

두번째 경우는, 패턴Pattern 크기에 따라 식각 속도의 차이가 나는 경우이다. 그래서 폭/깊이 비율 의존 식각 의미로, ARDEAspect Ratio Dependent Etching라는 표현을 쓴다. 또는 RIEReactive Ion Etching lag이라는 표현을 쓰기도 하는데, 말 그대로 식각 지연을 의미하는 표현이다. 발음의 편의성 때

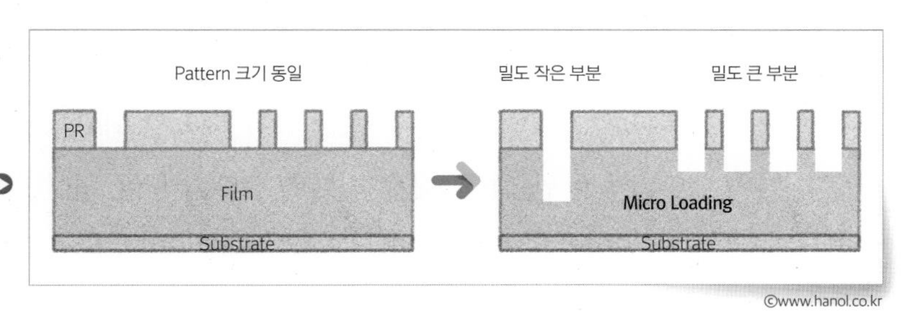

그림 9-29 Pattern 크기는 동일하고 밀도 차이가 있는 경우의 Loading Effect

©www.hanol.co.kr

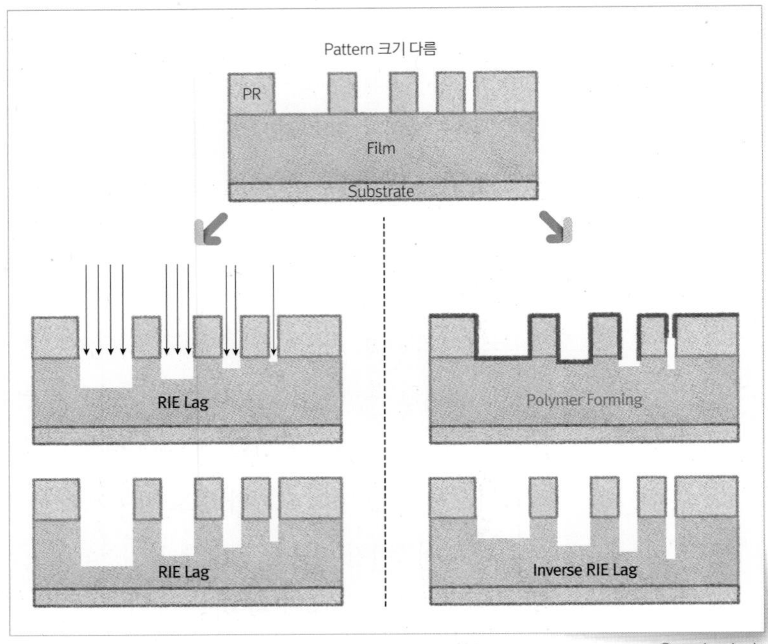

그림 9-30 Pattern 크기는 동일하고 밀도 차이가 있는 경우의 Loading Effect

문인지 RIE lag라는 표현을 조금 더 많이 사용하는것 같다. 이러한 특성이 나타나는 이유는 상식적으로 생각할 수 있다. 예를 들어 〈그림 9-30〉처럼 패턴Pattern의 크기에 따라 폭이 넓은 지역은 에천트Etchant들이 4개 들어갈 때 좁은 곳은 1개 밖에 안 들어갈 것이다. 당연히 많이 들어가는 쪽이 식각속도Etch Rate가 빠를 것이다. 마이크로 로딩Micro-loading과 유사해서 헷갈려 하는 경우가 많은데 면적이 원인인지 크기에 따른 차이인지를 구분해주면 된다. 그런데 입구가 넓은데 오히려 식각Etch이 잘 안 되는 경우도 발생한다. 이러한 경우는 Inverse RIE lag라고 한다. 메커니즘의 4번째 방해효과의 경우이다. 폴리머Polymer 발생이 많은 가스gas를 사용한 경우 식각Etch 방해 물질인 폴리머Polymer가 넓은 쪽에 증착Deposition이 더욱 잘 되고, 좁은 쪽은 증착Deposition이 잘 안 되니까 상대적으로 식각Etch이 잘 되어 반대의 지연 효과가 발생하는 것이다.

Etch공정관리를 위한 결과물

지금까지 성공적으로 식각Etch을 하기 위해 고려해줘야 할 여러 가지 변수들Parameters에 대해 알아보았다. 실제 식각공정Etch Process을 진행하고 나면 공정이 정상적으로 진행이 되었는지를 측정을 통해서 결과물을 확인하여 판단하게 된다. 어떤 결과물들을 확인하는지 살펴보자.

막질 두께Film Thickness 측정 : Remain THK, Delta THK

어떤 막질Film을 식각Etch할 경우 하부 막질Film에 남아 있는 두께를 측정하여 나타내는 것으로 주로 식각Etch된 정도를 나타내는 지수로 활용한다. 웨이퍼Wafer상에서 실제 회로 패턴Pattern에 대해 측정하기는 어렵기 때문에 식각량을 간접적으로 측정할 수 있도록 만들어 놓은 EMEtch Monitoring Box를 활용하여 측정한다. 실제 회로 패턴Pattern과의 차이점은 셀Cell에는 영향을 미치지 않도록 스크라이브 라인Scribe Line 쪽에 만들어지며, 두께를 측정하기 위해 평평한 적층 구조로 되어 있다. 이런 차이는 로딩 이펙트Loading Effect를 유발하기 때문에 EM Box에서 측정된 데이터Data와 실제 데이터Data와는 차이가 발생할 수도 있다. 따라서 엔지니어들은 이러한 부분도 확인하여 공정관리 기준을 설정하게

> Scribe line은 Chip과 Chip 사이에 일정한 간격의 분리를 위한 공간을 의미한다.

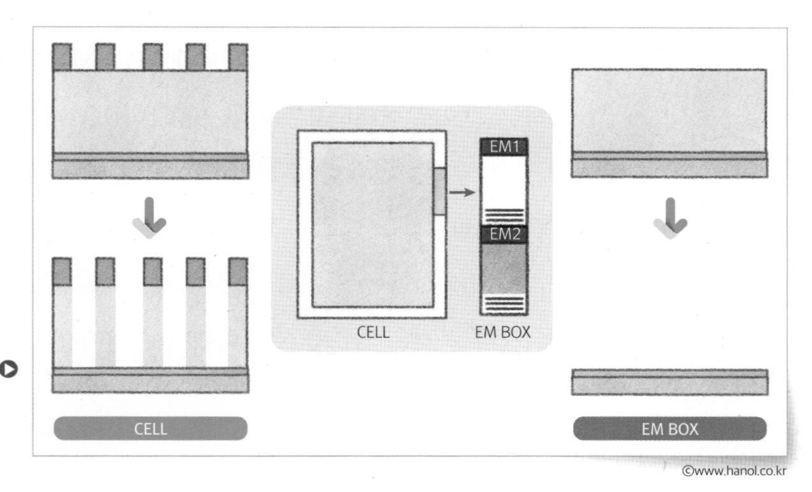

그림 9-31 Film Thickness 측정 방법 (Pattern vs. Monitoring Box 비교)

©www.hanol.co.kr

된다. 모니터링 상자Monitoring Box는 1개만 있는 것이 아니라 여러 개의 상자Box를 두어 상자Box별로 마스크Mask공정 열림Open 여부에 따라서 스택Stack의 차이가 결정되기 때문에 적합한 상자Box의 선정도 중요하다. 두께Thickness의 측정은 Å의 단위를 주로 사용하며, 이는 물질을 구성하는 기본인 원자와 분자의 크기를 나타내기 때문이다.
선 폭 크기를 나타내는 CD는 nm의 단위를 사용한다.
단위는 1nm=10Å의 관계가 있음을 다시 한번 상기시켜보자.

패턴의 크기 측정 - CD 개념 및 종류CD-SEM

CDCritical Dimension, 임계 치수, 임계 크기의 약자로 웨이퍼wafer에 형성된 패턴의 선 폭 크기Size를 의미한다. 이를 측정하는 장비를 CD-SEM이라 한다. 공정이 진행되었다면 nm 단위의 철저한 검증을 통해 회로에서 문제가 발생하는 요인을 살펴보고 관리를 해야 한다. 일반적으로 만들어진 패턴Pattern의 거리를 측정하기도, 간격을 측정하기도 한다. 복잡한 회로에서 균일한 상태를 유지하는 것은 높은 기술력을 필요로 한다.
CD는 공정의 정밀함을 판단하기 위해 확인해야 하는 중요한 요소이다. 빈도수로 따지면 팹FAB에서 가장 많이 사용되는 용어가 CD가 아닌가 싶다. 워낙 자주 사용하다 보니 CD = 패턴Pattern 크기 측정을 의미하는 것으로 이해하고 있지만, 번역을 했을 때 임계 치수라는 표현이 잘와 닿지는 않았다. 추론을 해보자면, 패턴Pattern의 Dimension크기이 특정 임계점을 넘으면 소자에 아주 큰 영향을 미치게 되는데 그 크기를 정의한다는 의미로 사용한 것 같다. 다시 말해 임계 크기를 정의했다는 것은 기준을 정량화했다는 의미가 있기 때문에 이를 공정관리의 기준으로 활용하고 그만큼 정밀한 것을 측정하고 있다는 것을 표현하고자 한 것 같다.

• CD 종류

- DICD Develop Inspection CD 노광 Photo 공정의 마스크 Mask 공정 후 측정되는 CD를 의미한다.
- FICD Final Inspection CD 식각 Etch 공정과 PR Photo Resist 제거공정, 세정 Cleaning 공정 완료 후 측정된 CD로 소자 Device 특성에 영향을 주는 최종 CD를 의미한다.
- CD Bias DICD - FICD로 표현되는 Etch Bias를 의미한다. 노광 Photo 공정 후 식각 Etch 공정을 행한 후 패턴 Pattern 전사 시의 변화 정도를 뜻한다. CD Bias는 식각 Etch 공정 시에 얼마나 패턴을 손실 없이 가공할 수 있는지를 판단하는 기준 중의 하나이다. 단위 공정을 진행 후 CD 변화량를 나타낸다.

노광 Photo 에서 설계된 패턴 Pattern 을 식각 Etch 해 나가면서 이온 Ion 의 충돌과 폴리머 Polymer 상태 등으로 측벽 Sidewall 에 손실 Loss 이 발생하고, 이로 인해 완벽한 수직 형상 Vertical Profile 이 만들어지지는 않는다. 실제로 약간은 기울어진 Slope 모양으로 구현이 되며 바이어스 Bias 에도 차이가 발생한다. 그래서 원래 원했던 패턴 Pattern 크기에서 차이가 발생하여 어떤 경우에는 CD가 크고, 어떤 경우는 조금 작을 수가 있다. 이 차이가

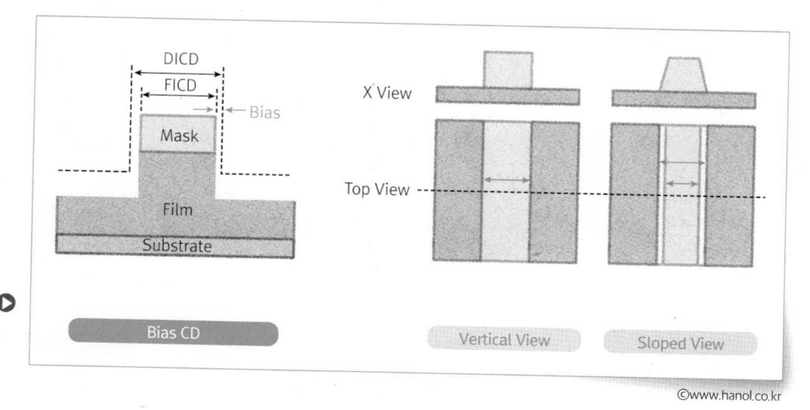

그림 9-32 ▶ CD 측정 방식 Image와 Bias CD 개념

허용되는 범위에 있다면 괜찮지만, 벗어나는 경우가 발생하면 명확하지 않은 부분들을 찾아내고 개선해나가야 한다.

패턴의 모양 측정을 통한 계측 - OCD

OCD는 Optical Digital Profiler의 약자로 광학적인 측정 방식은 기존 측정 장비와 동일하나 소프트웨어Software 기능을 활용하여 CD와 동시에 깊이Depth, 높이Height 등 형태 측정이 가능한 장비이다.

셀 패턴Cell Pattern에서 반사되어 나오는 파장의 형태를 막질Film의 정보와 실제 형상Profile 정보를 결합하여 모델링Modeling을 통해 분석할 수 있게 된다. 이것은 매우 강력한 측정 도구로의 활용이 가능해지는데 Si Trench Depth와 같은 측정이 필요할 때, 인라인In-line에서는 EM BOX로는 직접적인 셀 패턴Cell Pattern을 측정하지 못하는 문제가 있으며, CD-SEM의 경우도 상부 이미지Image를 측정하는 방식이라서 측정이 불가능하다.

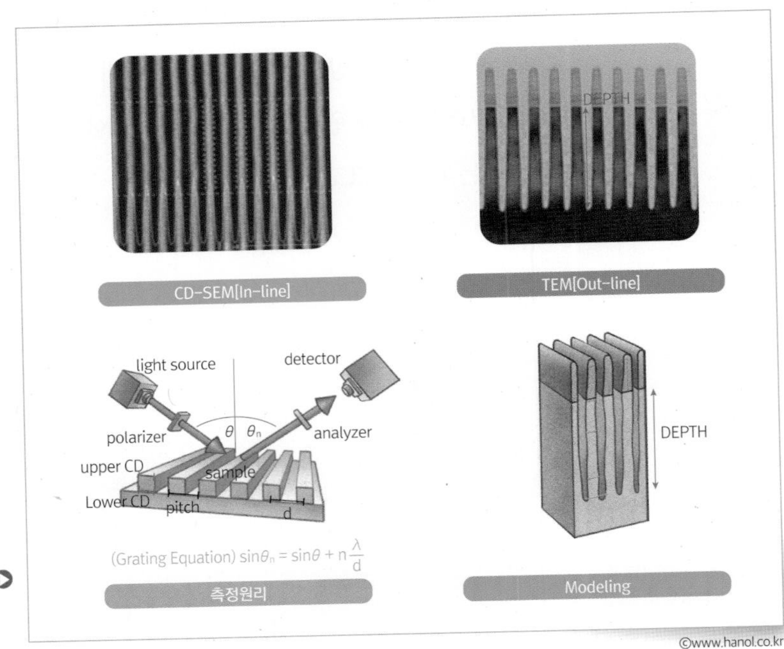

그림 9-33 OCD 측정 원리와 Depth 측정의 예

또한, 이런 결과를 확인하기 위해서는 웨이퍼wafer의 파괴 검사가 요구되고 측정 시간이 오래 걸리는 문제가 있다. OCD 측정을 통해 비파괴적이며 빠른 측정이 라인Line에서 가능해졌다. 다만, 특정 범위 내 평균 값을 보여주는 방식이기 때문에 반복적인 패턴Pattern이 있고 내부층SubLayer이 빛을 흡수해야 가능하므로 적용에 제약 사항이 있는 것이 단점이다.

질량 측정 – Mass

막질film의 증착 또는 제거가 웨이퍼Wafer의 무게를 변화시킬 수 있다. 저울을 통해서 특성이 명확하게 규명된 공정에서 질량 변화를 정확하게 측정하면 적정량이 제거되었는지 판단할 수 있다. 구조가 복잡해질수록 거쳐야 하는 공정 단계도 많고 공정 제어는 더욱 중요해지는데, 기존 계측 방식으로 원하는 감도를 구현하기 어려운 경우가 종종 발생한다. 모니터링 Box는 실제 구조를 잘 반영하지 못하고, 형상Profile을 확인하기 위해 TEM을 통한 계측은 결과 확인까지 시간적 손실Loss과 파괴 검사를 해야 하는 상황으로 적절하지 못하다.

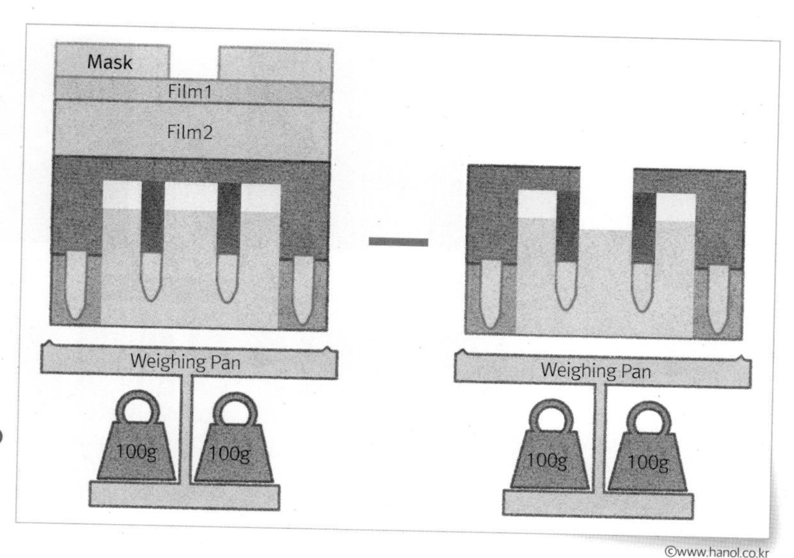

그림 9-34 질량 측정 방식 (공정 전/후 질량 변화량 측정)

©www.hanol.co.kr

최근에는 기존의 광학적 방법으로 측정하기 어려운 3D NAND공정에서 질량Mass 계측을 통해 효과적으로 사용될 수 있다.

레지드 & 파티클 - 검사를 통한 불량 검출

플라즈마 식각Plasma Etch의 원리를 설명하면서 반응물들이 휘발되어 다 펌핑 아웃Pumping Out되어 없어진다고는 했지만, 수직 형상Vertical Profile 형성을 위해서 사용된 폴리머Polymer들이 패턴Patten에 생성이 되면서 식각 후에 잔류물들이 남을 수 있다. 이런 잔류물들이 남는 것을 레지드Residue라고 한다. 또한 부산물들은 플라즈마Plasma를 발생시키는 챔버Chamber 내부에 쌓이게 되면서 오염시킬 수 있다.

챔버Chamber에 쌓인 부산물들은 이물질이 되어 공정 진행 중에 웨이퍼Wafer 쪽으로 떨어지게 되면 식각Etching을 방해하는 역할을 하여 합선이 되거나 단선 불량이 발생한다. 파티클Particle은 라인Line 내 공기 중에 발

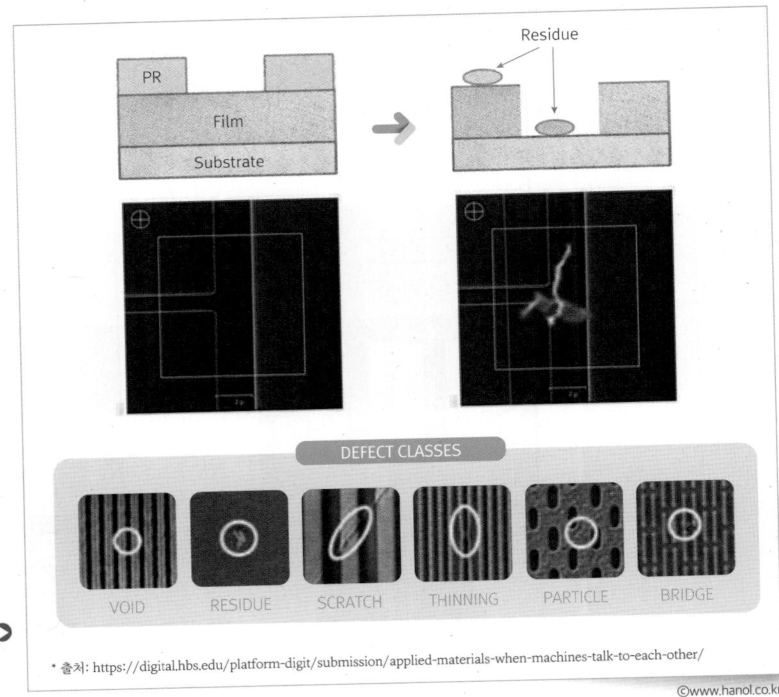

그림 9-35 Contamination 현상과 불량 검출 원리

생하는 먼지나 챔버Chamber 내에 존재하고 있는 작은 입자들을 말한다. 이러한 Residues & Particle이 존재하는 잘못된 공정 상태로 다음 공정이 진행되면 안 되기 때문에 검사를 통해 웨이퍼Wafer의 상태, 챔버Chamber의 상태를 관리한다. 검사 방법은 베어 웨이퍼Bare Wafer를 이용하여 파티클Particle 증감 여부를 확인하는 방법과 PWIPatterned Wafer Inspection 방식이 있다. PWI는 실제 진행된 웨이퍼Wafer의 패턴Pattern을 직접 검사하는 방식이며 불량 검출 원리는 틀린 그림찾기로 이해하면 쉽다.

형상Profile 확인 방법 및 다양한 식각 모양 문제 - SEM / TEM

실제 식각 형상Etch Profile을 확인하기 위해서는 바라보는 관점이 바뀌어야 한다. 수평적 관점Top view, 2D에서 수직적 관점Cross section, 3D으로 변경되어야 실제의 모양을 확인할 수 있다. 앞서 설명한 팹Fab 내In-line에서 측정하는 것은 웨이퍼Wafer 평면 관점에서 측정이 이루어지는 것인데 형상Profile의 확인은 팹Fab 바깥Out-line에서 이루어지고, 웨이퍼Wafer를 잘라서Cutting 원하는 위치의 회로 모양을 살펴볼 수 있다. 이를 '단면을 확인

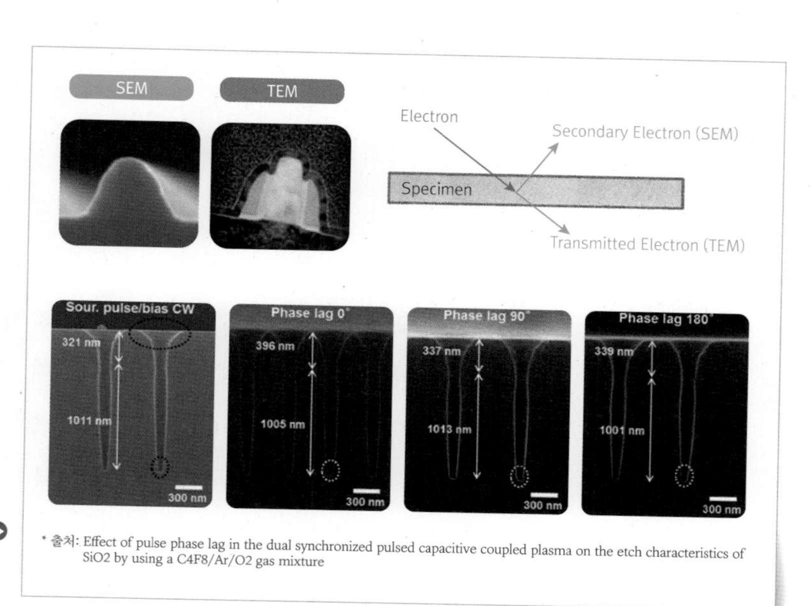

* 출처: Effect of pulse phase lag in the dual synchronized pulsed capacitive coupled plasma on the etch characteristics of SiO2 by using a C4F8/Ar/O2 gas mixture

그림 9-36 Etch Profile 관찰 이미지

한다'라는 표현을 쓴다.

식각 패턴Etch Pattern을 형성한 후 회로 패턴의 형태를 나타내며 이의 관찰을 위해 웨이퍼Wafer를 파괴 방식을 통해 시료를 제작해 SEM주사형 전자 현미경, TEM투과 전자 현미경 등을 이용하여 회로 패턴의 내부 단면을 관찰할 수 있다.

〈그림 9-36〉은 동일 이미지Image에 대해 SEM과 TEM 단면 결과에 대해 획득된 결과이다. TEM의 이미지image는 분해능2Å이 좋고 특정 영역의 성분 분석도 가능하기 때문에 유용하다. 다만, 투과된 전자빔을 이용하여 이미지를 획득해야 하기 때문에 시료를 매우 얇게 만들어야 하므로 시료 제작에 많은 시간이 걸리는 단점이 있다. SEM의 분해능30Å은 TEM보다는 떨어지지만 분석을 하면서 각도를 조절할 수 있어 단면의 형상을 입체적으로 분석할 수 있고 시료 제작 시간이 짧다. 확보된 이미지Image로 식각된 모양Profile을 〈그림 9-37〉과 같이 측정을 통해 여러 가지 모양Profile에 대해 정량화한다. 식각된 형상Etch Profile은 이방성Anisotropy, 고선택비High Selectivity, 좋은 균일도Good Uniformity의 특성이 요구된다. 특히, 수직Vertical 형상을 만들기 위해 많은 노력을 하는데 원치 않는 현상들이 발생한다. 식각 후 형상Profile에 따라서 부르는 명칭이 각각 다른데 다음과 같이 정의할 수 있다.

- 테이퍼드Tapered/Sloped 형상Profile은 상부Top CD가 바닥Bottom CD보다 작게 되며 일정한 각도를 형성하는 모양Profile이다. 후속공정이 위에서 아래까지 잘 채우는 증착을 원활하게 하기 위해 일부러 형성하기도 한다. 이러한 특성을 활용하여 CD 조절Control을 할 수도 있다.
- 언더 컷Under Cut 형상Profile은 상부 막질Film보다 하부 막질Film이 등방성으로 형성된 모습의 형상Profile이다. 오버 에치Over Etch를 많이 하거나 화학적 식각의 비율이 높을 때 발생한다.

- 보잉Bowing 형상Profile은 식각된 모양이 활처럼 휜 경우를 말한다. 일반적으로 폴리머Polymer가 패턴Pattern의 상부 막질Film에 많이 쌓이게 되면 전자에 의해 (-)로 차징Charging된 PRphoto resist에서 (+)이온ion이 반사되어 측벽Sidewall을 쳐서 발생한다.
- 마이크로 트렌치Micro-trench 형상Profile은 식각된 하부 막질Film이 평평하지 않고 측벽Sidewall을 따라서 더 식각Etching된 모습을 말한다.
- 노칭Notching 형상Profile은 식각된 패턴Pattern이 국부적으로 식각Etching이 되어 파인 현상을 말한다. 고선택비 조건에서 오버 에치OverEtch의 과다나 차징Charging 효과로 발생할 수 있다.

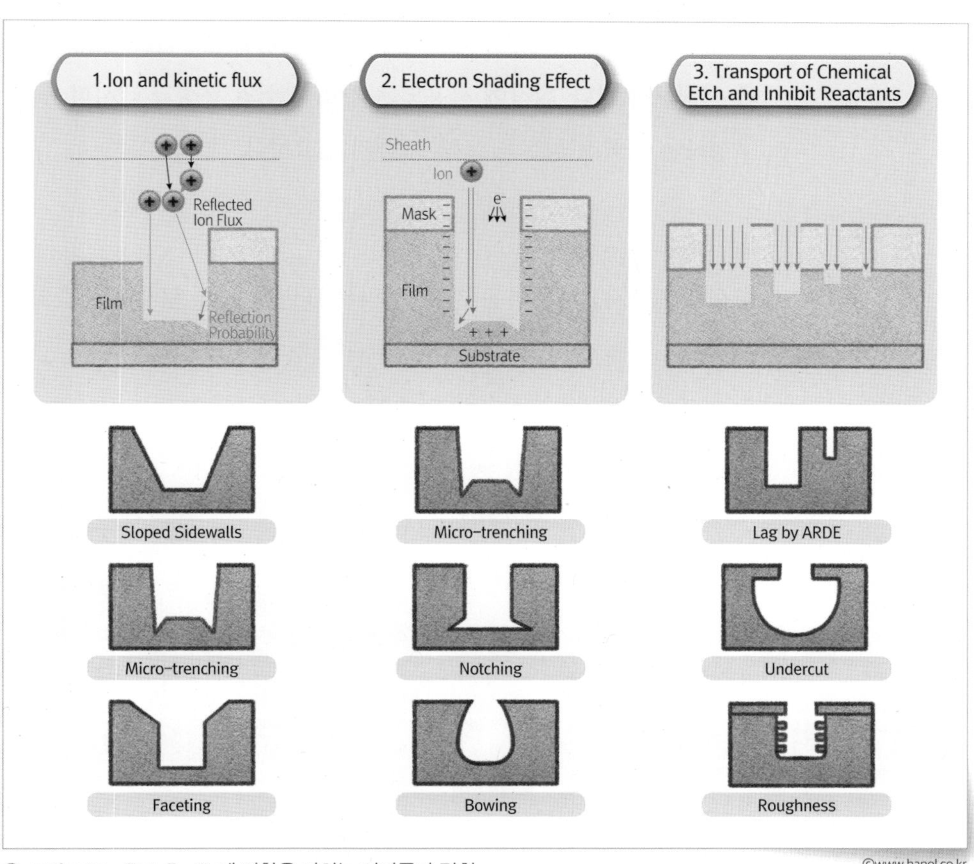

그림 9-37 Etch Profile에 영향을 미치는 인자들과 명칭

©www.hanol.co.kr

이렇게 식각Etch에 참여하는 것은 이온Ion과 라디칼Radical이지만 전자electron의 차징Charging 현상이 모양Profile에 영향을 줌을 확인할 수 있다. 또한, 마스크Mask의 각도Angle, 두께Thickness, 폭Width에 따라 형상Profile의 위치와 모양이 바뀌므로 이러한 변화에도 강건하게 만들려면 하드 마스크Hard Mask를 최대한 수직 모양Vertical으로 만들어야 한다.

식각 가스와 식각 물질Etch Chemistry & Film

반도체에 사용되는 여러 가지 물질에 따른 식각 가스에 대한 설명을 하고자 한다. 주 에천트Etchant는 할로겐 족F, Cl, Br 원소로 구성된 가스를 사용하며, 식각 물질에 따라 O_2, N_2, H_2와 같은 가스를 첨가하여 식각 선택비를 제어할 수 있다. 따라서, 식각 물질에 따른 적절한 가스 조합을 선택해야 한다. 식각에 사용되는 가스 원소의 특성과 레시피recipe를 구성하는 화학적 성질Chemistry의 이해가 필요하다.

SiSilicon or Poly-Silicon

불소계 가스F를 사용하는 경우, 실리콘 표면에 불소 원자가 노출되면

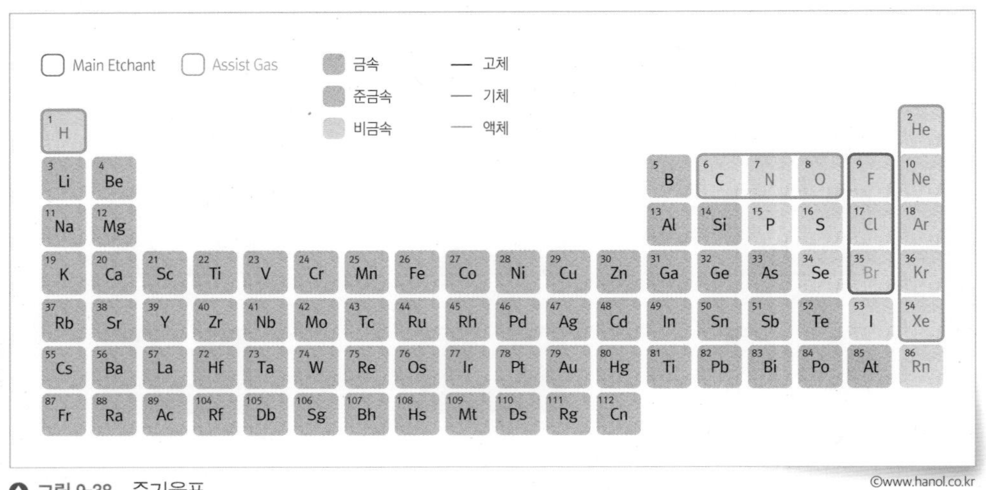

그림 9-38 주기율표

©www.hanol.co.kr

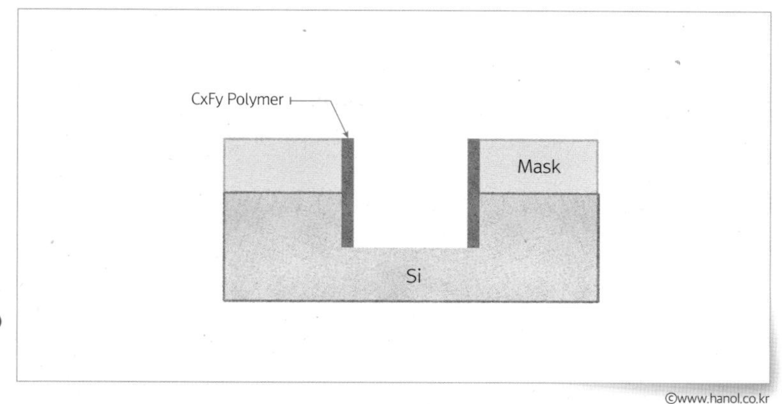

그림 9-39 CF 계열 가스 + H_2 첨가를 통한 Anisotropic etching 향상

©www.hanol.co.kr

SiF_2 및 SiF_4 층이 형성되고, 이 반응 생성물은 낮은 끓는점을 갖기 때문에 상온에서 휘발되므로 자발적인 등방성 식각isotropic etching이 된다. 따라서 실리콘을 식각하기 위해서는 불소가 함유된 식각 가스를 사용해야 한다. 주로 SF_6, NF_3, CF_4 가스를 사용하며, O_2 가스를 첨가하여 불소 생성 비율을 높이고, 실리콘 표면에 형성되는 폴리머 중합Polymerization 형성을 방지하기도 한다. 패턴 식각 시 CF 계열 가스에 H_2를 첨가하여 HF 형성을 통해 F 생성 비율을 억제하고, C_xF_y 폴리머Polymer를 형성하여 패턴 내벽을 패시베이션Passivation시키고, 이방성 식각Anisotropic etching을 가능하게 제어할 수 있다.

염소 계 가스CL를 사용하는 경우, 실리콘 표면에 염소 원자와 공유 결합 또는 이온 결합을 하게 되며, 추가적인 이온 충돌을 통해 식각이 진행된다. 염소 가스는 실리콘 산화막 대비 실리콘에 대한 선택적 식각이 필요할 때 주로 사용한다. 주로 Cl_2, BCl_3 가스를 사용하며, 첨가 가스로 Ar 가스를 혼합하여 식각 속도를 향상시킬 수 있다.

브롬계 가스Br를 사용하는 경우, 이방성 식각anisotropic etching 또는 SiO_2 대비 높은 식각 선택비를 확보하기 위해서 사용한다. 주로 HBr 가스를 사용하며 할로겐 원소 중 실리콘과의 반응성은 'Br<Cl<F'로 가장 낮아 식각 속도는 느리지만, 식각 선택비가 가장 우수하다.

SiO_2 Silicon Oxide

실리콘 산화막 식각 가스는, 할로겐 가스 중 열역학적으로 발열 반응인 플루오르 카본fluorocarbon 계열 가스를 사용해야 한다.

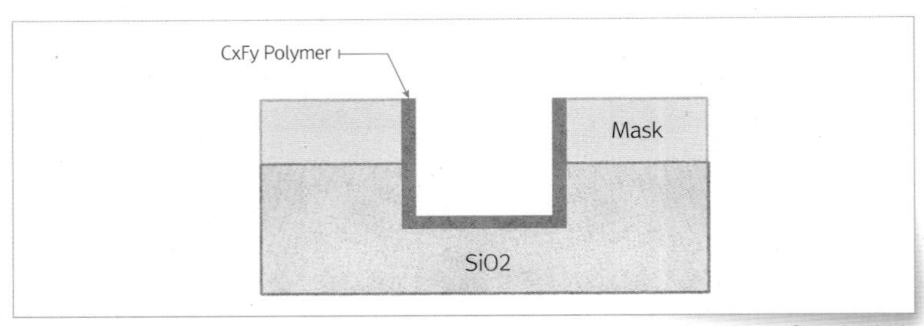

그림 9-40 SiO₂ 식각 특성

주로 CF_4, C_2F_6, C_3F_8, C_4F_6, C_4F_8, CHF_3 가스를 사용하며, 실리콘 대비 식각 선택비를 높이기 위해서 C/F 비율이 높은 가스가 필요하다. 실리콘 산화막 위에 C_xF_y Polymer를 형성하고, 이온 충돌을 통해 CO, CO_2 등과 같은 반응으로 지속적으로 표면에 형성된 C 성분 제거와 동시에 SiF_x 를 제거하면서 식각된다.

Si_3N_4 Silicon Nitride

실리콘 질화막 식각 가스는, 산화막 식각과 유사한 플루오르 카본 CF_x 계열 가스를 사용해야 한다. 식각 특성은 실리콘과 실리콘 산화막의 중간 정도라고 보면 된다. 식각 속도는 실리콘이 가장 높고, C-F 폴리머Polymer 형성도 실리콘이 가장 두껍다. 반대로, 실리콘 산화막은 식각 속도가 가장 느리고, C-F 폴리머Polymer 형성도 가장 얇다. 실리콘 질화막에 대한 식각 메커니즘Mechanism은 아직 정확하게 알려지지 않은 상태이다. 실리콘은 불소와 반응하고, 실리콘 질화막은 N_2, HCN, FCN, C_2N_2와 같은 반응물로 제거되는 것으로 보고된다. 실험적으로도 첨가 가스를 사용하면 식각 속도가 크게 증가되며, 이를 통해 실리콘 질화막의 질소와 결합하여 N_2O 형태로 제거됨을 알 수 있다.

AlAluminum

Al은 염소계 가스를 사용하여 표면에 염화 알루미늄을 형성하고, 이반응 생성물은 상온에서도 휘발성이 크기 때문에 자발적 식각이 일어난다. 반면에, 브롬계 및 불소계 식각 가스를 사용하면, 반응 생성물이 비휘발성이기 때문에 적합하지 않다. 하지만, Al 표면에 형성된 Al_2O_3 자연산화막을 제거해야 하기 때문에, 이를 환원시킬 수 있는 BCl_3 나 CCl_4 가스를 첨가하여 산소 스캐빈저(O_2 Scavenger, 산소제거기) 효과를 나타낸다.

그 외 Films

반도체에 사용되는 대표적 물질 외 W, Ti, TiN, PR 또는 a-carbon 등에 사용되는 식각 가스 및 반응 부산물에 대해서는 [표 9-1]에 작성하였다. 우수한 식각 특성을 확보하기 위해 적합한 가스 조합을 선택해야 한다.

표 9-1 Film에 따른 Plasma Etching Gas 종류

	Etchant	Additives	Inert Gas
Purpose	Primary Etchant	Selectivity Control	Stabilize Plasma, Dilute Etchant
Examples	See Below Table	O_2, N_2, He, etc.	He, Ar, Xe, etc.
Solid	**Etchant**	**By-Product(Tb)**	**Applications**
Si	NF_3, SF_6, CF_4, etc., Cl_2, CCl_4, HBr	SIF_4(-86°C), $SICl_4$(58°C), $SiBr_4$(154°C)	STI, Gate
SiO_2 (Si_3N_4, SiON)	CF_4 C_4F_6, C_4F_8, etc., CHF_3, CH_2F_2, CH_3F, etc.	SiF_4(-86°C) CO(-191°C), CO_2(-57°C) HCN(26°C)	Contact
Al	Cl_2, BCl_3	$AlCl_3$(180°C, Subl.)	Interconnection
Ti, TiN	Cl_2, CCl_4	$TlCl_3$(136°C)	
w	NF_3, SF_6, CF_4, etc., Cl_2	WF_6(19°C), WCl_4(337°C)	
PR(α-Carbon)	O_2, N_2, etc.	CO(-191°C), CO_2(-57°C), HCN(26°C)	Mask
Cu, Fe, Ni, Co, Pt, etc.	Difficult to Etch	Cu_2Cl_2(1,490℃), Cu_2F_2(1,100℃)	Metal

03 Etch 적용과 응용

지금까지 플라즈마Plasma와 식각Etch에 대한 원리와 메커니즘의 기본에 대해 논의하고 올바른 패턴Pattern을 형성하기 위해 고려해줘야 할 점, 다양한 측정장비를 통해 공정 결과물을 확인하는 방법에 대한 설명을 하였다. 이번 장에서는 먼저 실제 회로에서 식각Etch되는 대표 공정에 대한 소개를 통해 실제 식각공정에서 어떻게 응용되는지 알아볼 것이다. 그리고 플라즈마Plasma를 생성하고 식각Etching을 수행할 수 있게 해주는 장치 구조에 대한 이해를 통해 플라즈마 식각에 어떤 입력 변수Input Parameter들이 있는지 알아보자. 이를 통해 공정Process 상황에 따라 적절한 유형의 식각 장비를 선택하는 것의 중요성과 간접 경험을 통해 도움이 되는 정보를 제공하고자 한다.

Etch 대표 구조공정

Etch Back공정

PRPhoto Resist 마스크Mask 없이 전면의 물질을 식각하는 방법을 지칭하는 표현은 여러 가지가 있다. ① 에치 백Etch Back ② 블랭킷 에치Blanket Etch ③ 스페이서 에치Spacer Etch와 같은 표현이 있는데 사용되는 용도에 따라서 미묘한 차이가 있다. 먼저, 에치 백Etch Back은 식각을 진행했더니 기존에 증착되어 있는 막질Film의 표면이 개방Open 되었다는 측면에서 사용한다. 예를 들어, Contact 후 전도성 물질을 매립하고 식각 시 특정 물질에 선택비를 가지는 식각을 진행하여 매립은 유지되고 나머지는 원래 초반의 막질Film 상태가 된다. 둘째 블랭킷 에치Blanket Etch에서 Blanket은 말 그대로 담요를 의미한다.

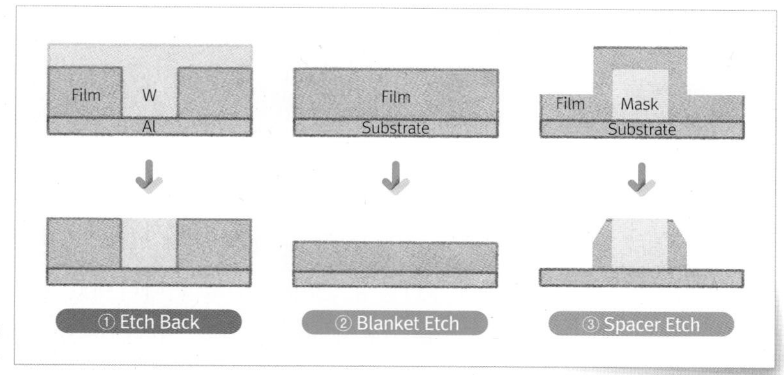

그림 9-41 다양한 Etch Back 공정

©www.hanol.co.kr

무엇인가를 덮는 것인데 반도체를 보호하기 위해 마스크Mask 없이 행해지는 증착공정에서 유래하였다. 보통은 베어 웨이퍼Bare Wafer에 폴리실리콘Poly-Si이나 산화막Oxide Film을 증착한 후 식각Etch을 진행하면 각 막질Film의 식각 속도Etch Rate를 구할 수 있는데, 이런 경우의 식각을 블랭킷 에치Blanket Etch를 수행하는 것이라고 이해하면 된다. 마지막으로 스페이서 에치Spacer Etch는 패턴Pattern이 형성된 상태에서 막질Film을 증착하여 에치 백Etch Back을 수행하기 때문에 표면은 개방Open되나 벽면 쪽에는 식각이 안 된 부분이 만들어진다. 이것을 스페이서Spacer라고 부른다. 이런 스페이서Spacer는 게이트 패턴Gate Pattern 사이를 절연시켜 누설Leak을 방지하기 위한 목적이거나, 고농도 불순물을 주입하는 데 장벽Barrier 역할 목적, 더블 패터닝Double Patterning 형성 등 다양하게 사용된다.

Conductor Etch공정

폴리 에치Poly Etch공정은 실리콘Silicon을 주로 식각Etch하는 공정을 의미한다. 실리콘Silicon은 싱글Single과 폴리Poly 2가지 종류가 있는데 폴리 실리콘Poly-Silicon을 폴리Poly로 줄여서 사용한다. 주로 선 패턴Line Pattern공정이 많으며, 로딩Loading과 선택비가 좋은 식각 장비인 ICP Type을 선택하여 사용한다.

ICP는 유도결합 플라즈마로 9장 467page에 설명되어 있다.

• STI process

웨이퍼wafer 내에는 동일한 여러 소자들이 많이 만들어지는데 이것을 구분해줄 필요가 있다. STI공정은 Shallow Trench Isolation의 약어로 Substrate Si를 아주 좁고 깊게 트렌치Trench로 파내고 절연 물질을 채워 소자 간의 분리를 위해서 진행하는 식각공정이다. 〈그림 9-42〉에 STI공정 순서Process Flow를 나타내었다. 아주 좁고 깊게 파기 위해서는 PR Mask 단독으로는 진행될 수가 없으며 멀티 하드마스크Multi Hardmask의 증착Oxide-Nitride-ACL을 진행하고 마스크mask를 진행한다. 하드 마스크 식각을 통해서 마스크 패턴Mask Pattern을 전사시킨다. STI Etch를 진행하고 PRPhoto Resist과 ACLAmorphous Carbon Layer 제거를 위해 스트립Strip공정을 진행한다. 마지막으로 실리콘Silicon과 적층막 표면에 잔류물들을 세정Cleaning공정을 통하여 제거하게 된다. 공정 순서는 별거 없지만, STI공정에서는 다음과 같은 사항들이 요구된다.

Trench는 도랑을 형성하는 것이다.

① 약간의 테이퍼드Tapered 모양Profile을 통하여 절연막이 보이드Void 없이 잘 채워질수 있도록 한다.

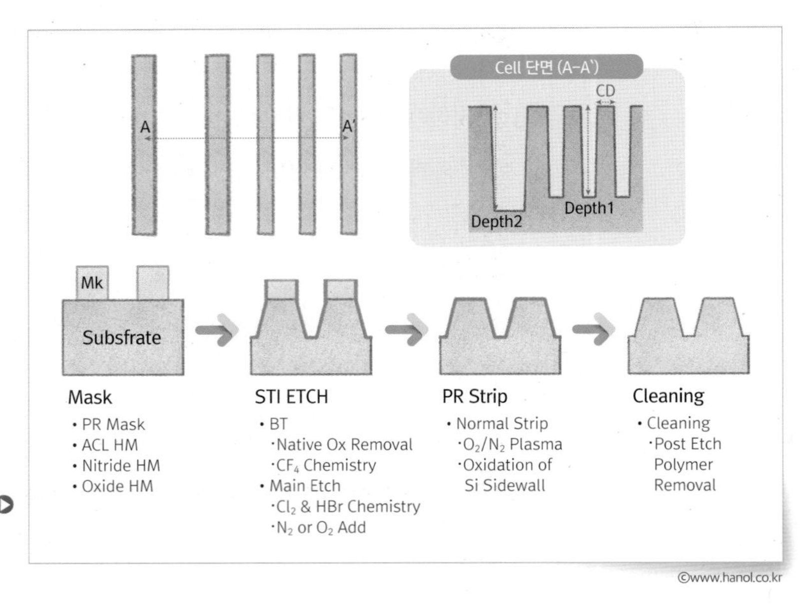

그림 9-42 STI 공정 요구 사항 및 Process Flow

② 깊이 균일도Depth Uniformity와 로딩Loading의 제어가 필요하다.

③ 아이솔레이션Isolation 패턴의 적절한 간격 확보를 위하여 액티브Active CD의 제어가 필요하다.

이런 특성Feature들이 만족하기 위해서는 레시피를 잘 만들고 조절이 되어야 한다. 요리사도 재료의 비율과 조합에 따라 최고의 맛을 낼 수 있는 레시피가 있듯이 공정에도 맞는 비율과 조합이 있다. 엔지니어들도 식각을 진행할 때 최적의 레시피를 고안한다. 예를 들어, STI Main Etch를 진행하기 전에 BTBreak Through와 같은 단계Step를 추가한다.

하드마스크 식각HM Etch 후 전사된 패턴에는 대기에 노출된 O_2로 인해 얇은 산화막이 생긴다. 이 얇은 산화막이 식각을 방해하기 때문에 주 식각Main Etch을 진행하기 전에 산화막을 제거해주는 것이 필요하다. 이는 실리콘Silicon 식각의 가스Gas의 선택에서 깊은 트랜치Trench를 만들기 위해 F보다는 Cl_2와 HBr를 조합한 가스Gas를 사용하는 것이 좋은데 HBr 가스Gas는 산화막을 잘 제거하지 못하는 특성이 있기 때문이다.

- Gate Process

반도체 대표 소자이자 트랜지스터Transistor인 게이트Gate 소자를 만드는 공정이다. 〈그림 9-43〉과 같은 공정 흐름을 갖는데 이는 2장에서 설명한 MOSFET공정 순서도Process Flow와 동일한 구조이다. 공정에 요구되는 조건은 ① 수직 형상Vertical Profile 확보 ② 게이트 절연막Gate Oxide과의 선택비Selectivity ③ 정확한 CD 조절Control 능력이 있다.

수직 형상Vertical Profile 확보를 하면서 폴리실리콘Poly-Si의 완벽한 제거를 위해 얇은 게이트 절연막Gate Oxide과의 선택비가 중요하다. 폴리실리콘Poly-Si 잔유물을 완전히 제거하기 위해 오버 에치Over Etch를 하는 동안

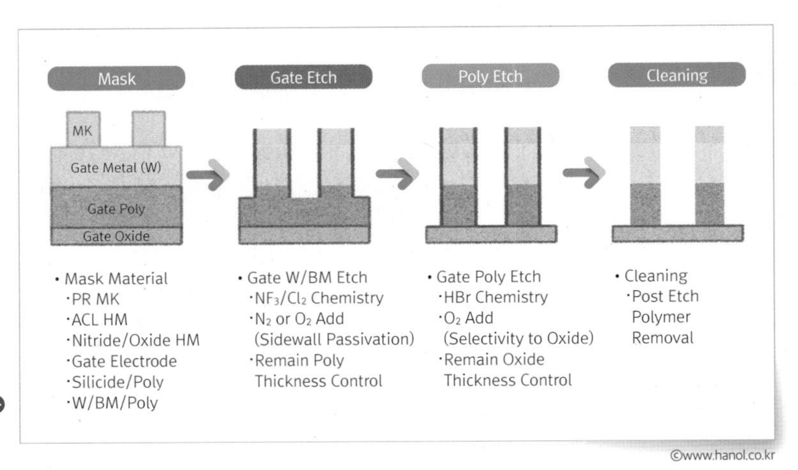

그림 9-43 Gate Process flow

©www.hanol.co.kr

얇은 게이트 절연막Gate Oxide은 플라즈마에 계속 노출이 되는데 선택비를 갖지 못하면 식각이 되어 반도체Device의 성능과 신뢰성을 열화시킨다.

폴리실리콘Poly-Si이 O_2와 반응하여 산화막을 형성하는 것을 역으로 이용하여 HBr과 O_2를 이용하여 고선택비를 확보할 수 있다. 게이트Gate 소자는 고속High Speed의 작동이 필요하기 때문에 저항의 면적을 좌우하는 CD가 굉장히 중요한 문제로 작용한다. 저항을 낮추기 위해서는 저항이 낮은 물질을 사용하면서 수직 모양Vertical Profile 형성을 기반으로 면적 차이를 줄여줘야 한다.

〈그림 9-44〉처럼 오른쪽으로 갈수록 저항은 낮아지지만 패터닝Pat-

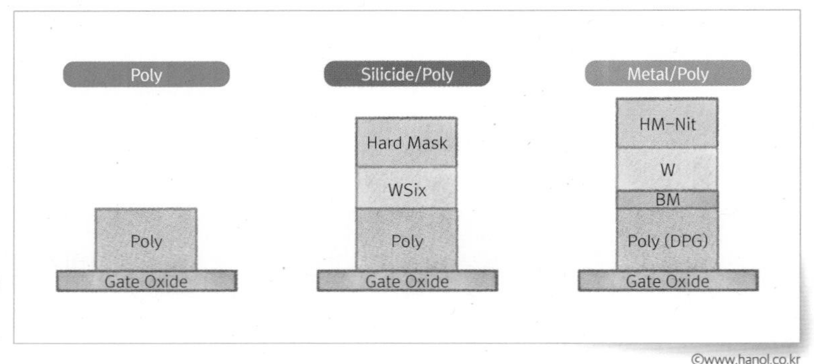

그림 9-44 저항을 낮추기 위한 Gate Stack 구조의 변화

©www.hanol.co.kr

terning은 점점 어려워지는 문제가 있다. 이처럼 게이트Gate는 CD Bias와 패턴Pattern이 똑바로 형성되지 않으면 정션Junction에 누설 전류Leak 등 심각한 문제를 야기할 수 있다. 쉽게 생각하면 수도꼭지를 잠가놔도 계속 누수가 생기는 현상과 유사하다.

Dielectric Etch공정

유전체 식각Dielectric Etch공정은 절연체로 사용되는 SiO_2Silicon Oxide와 Si_3N_4 Sil-icon Nitride를 식각하는 공정을 의미한다. 주로 식각Etch을 하는 물질이 SiO_2이다 보니 옥사이드 에치Oxide Etch라는 표현을 쓰기도 한다. 주로 홀Hole 패턴Pattern공정이 많으며, 깊고 단단한 물질을 제거하기에 용이한 식각 장비 CCP Type을 선택하여 사용한다.

CCP는 용량성결합 플라즈마로 9장 466 page에 설명되어 있다.

- SACSelf-Aligned Contact Process

콘택트Contact란, 전기적인 신호를 받거나 보내는 역할을 수행하기 위해서 구멍Hole을 뚫고 금속 배선을 연결하기 위해 연결선을 만드는 공정을 의미한다.

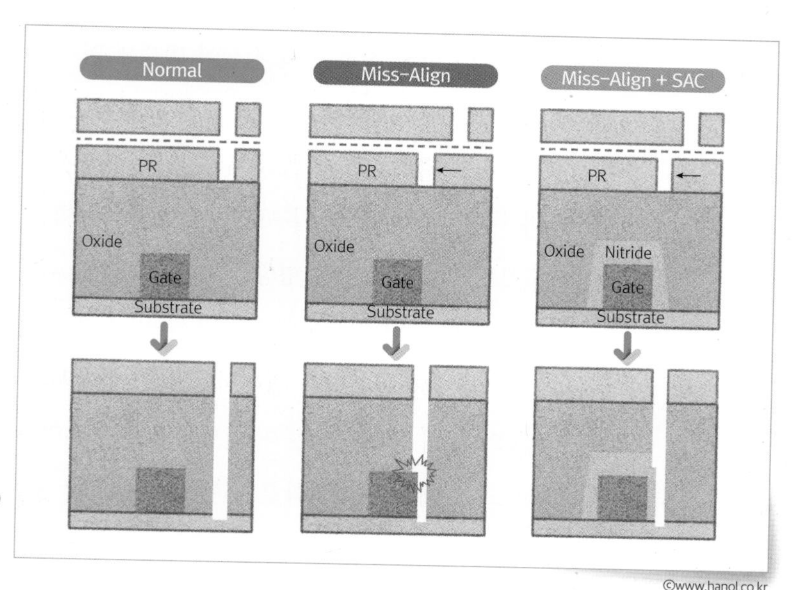

그림 9-45 비교를 통한 Self-aligned Contact 형성 목적

©www.hanol.co.kr

이번에 설명할 SAC Etch는 자기 정렬 콘택트Self-Aligned Contact 공정을 의미한다. 여기서, 자기 정렬이라는 표현이 생소할 것인데 하부의 게이트Gate를 형성하고 비트 라인Bit Line과의 연결을 위해 콘택트Contact하기 위한 구멍을 뚫어줄 때 마스크의 위치가 조금 벗어나 있어도 모종의 조치를 통해 구멍이 스스로 형성되면서 Substrate Si와 연결을 시켜주는 공정을 의미한다. 이러한 SAC Etch공정은 미세화에 의해 발생할 수 있는 정렬 실수Miss Align, 즉 레이아웃Layout의 한계를 극복하기 위해 개발되었다. 이 공정에서 가장 중요한 모종의 조치는 식각Etch하는 막질Film인 SiO_2와 장벽Barrier로 사용되는 Si_3N_4의 선택비이다.

• HARCHigh Aspect Ratio Contact Process

최근 콘택트Contact공정에서 입구는 좁고 깊이가 점점 증가하고 있는 추세이다. 그래서 HARC라는 표현을 많이 듣는다. DRAM의 SN Etch, M1C Etch, 3D NAND GT PLUG, SLIT Etch공정이 대표적이다. 현존하는 세계 최고의 빌딩의 ARAspect ratio이 6의 수준인데, HARC공정은 이미 충분히 어렵지만 그 난이도가 '25 → 36 → 56'으로 점점 증가하고 있다. HARC공정의 어려움은 형성된 구멍이 좁아지거나 막혀 접촉 면적 손실이 발생해 전기적 저항이 커진다는 것이다. 또 하나, 보잉Bowing 형상Profile을 조절하는 것이 어렵다. 이유는 하드마스크 측벽Sidewall에 폴리머Polymer가 쌓이면서 입구가 좁아지는 현상과 이온Ion들이 좁은 입구로 들어오면서 측벽Sidewall에 부딪치게 되면 활 모양의 보잉Bowing을 형성하게 된다. 보잉Bowing은 평면으로는 관찰하기가 어렵고 단면을 확인해야 알 수 있기 때문에 어려운 부분이다. 이런 문제를 해결하기 위해서는 사전에서부터 하드마스크 증착 층Layer의 두께 관리와 더불어 하드마스크 식각의 형상Profile에 대한 영향이 크기 때문에 최적화를 진행하고 철저한 공정 관리를 통해 제어가 필요하다.

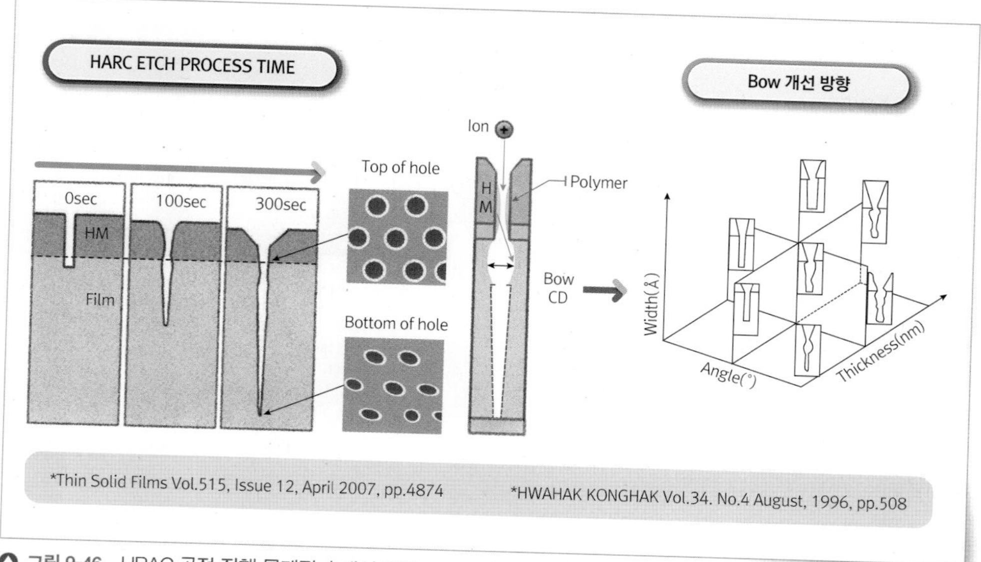

그림 9-46 HRAC 공정 진행 문제점과 개선 방법

Metal Etch공정

외부에서 소자를 연결하여 원활한 전기 흐름을 갖기 위해서는 낮은 저항을 가진 금속으로 연결이 필요하다. 건물 공사로 치면 전기 배선 작업을 수행하는 것이 Metal Etch Process이다. 이때 사용하는 금속Metal으로는 $Al_{2.82\Omega}$, $W_{5.6\Omega}$, $Cu_{1.77\Omega}$를 사용한다. 이 중에서 Cu는 식각을 진행하기에 어려워 다마신Damascene 방식의 공정으로 진행한다.

- Aluminum Etch Process

Al은 쉽게 산화되고 부식이 되는 문제가 있으며 산화막이 쉽게 생기기 때문에 BTBreak Through 진행이 처음에 있어야 한다. 표면이 열린 Al은 BCL_3/CL_2와 같이 Cl 계열을 사용하여 Al 식각Etching을 진행해 준다. 부수적으로 측벽Sidewall 모양Profile을 위해 N_2나 CH_4 Gas를 추가하기도 한다. 하부층에sublayer 손실Loss이 있더라도 충분한 오버 에치Over Etch를 진행하여 Al 간에 쇼트Short가 없도록 잘 절연해 주어야 한다. 주 식각Main Etch을 진행한 이후 Al 부식을 방지하기 위해 인시츄

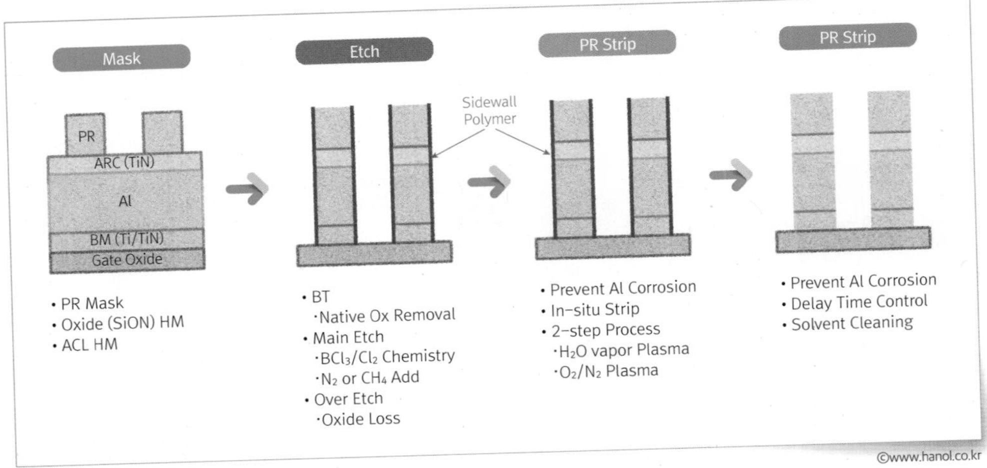

그림 9-47 Aluminum Etch Process

> Main etch를 진행하고 PR을 제거하기 위해 다른 장비를 사용해서 진행하면 Ex-situ이며, 본래의 장비(환경)에서 진행하면 In-situ라 한다.

In-situ로 PR 스트립Strip을 진행할 때 H_2O 증기 플라즈마Vapor Plasma를 생성하여 잔류하는 Cl를 제거하는 방법을 사용하며, 이후 O_2/N_2 플라즈마를 사용하여 PR을 제거해주는 순서로 진행이 필요하다.

• W Etch Process

W 같은 경우는 Al 대비 저항은 높으나 매립 Gap Fill 특성이 우수하고 금속 배선Metal Line 간 연결을 위한 콘택트Contact공정의 매립 물질 로 사용된다. 먼저, 층간 절연막인 옥사이드Oxide에 콘택트Contact 구멍을 형성해준다. 이렇게 연결되는 구멍을 비아Via라고 한다. 그리고 접촉 저항을 줄여주기 위해 Ti와 TiN을 증착하고 CVD Chemical vapor deposition 방식을 통해 W로 콘택트Contact 구멍이 채워지면 채워진 부분을 제외하고 바깥쪽은 전부 식각하여 절연을 시켜주는 것이 필요하므로 에치백Etch Back을 진행해준다. 비아Via 구멍에 W을 일정 수준으로 맞춰주기 위해서는 CMP연마공정를 진행하는 것보다 에치백Etch Back을 진행하는 것이 유리하다. W은 SF_6나 NF_3와 같은 F-based 가스Gas를 사용해서 식각Etching을 해준다.

> via hole은 연결구멍을 뜻함

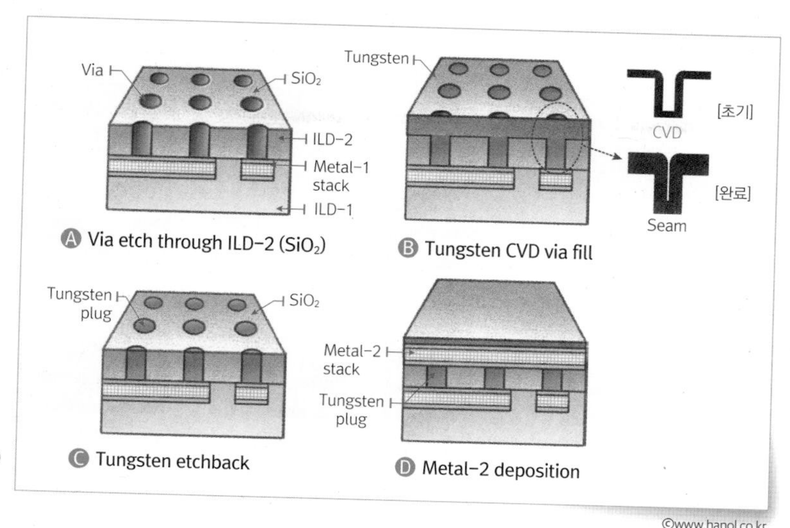

그림 9-48 ▶ W Etch Back Process

• Damascene Process

배선 간의 저항을 낮추기 위해 저항이 가장 낮은 Cu를 도입하게 되었는데, Cu는 식각Etching의 기본 성질인 휘발성을 만들어서 배출하기가 매우 어렵다. 이를 해결하기 위한 방법이 바로 다마신Damascene공정이다. 다마신Damascene은 상감기법을 말한다. 사전적으로 상감은 형상 상象, 산골짜기 감嵌의 한자로 되어 있으며, '금속/도자기/목재 겉면을 파내어 무늬를 만들어 다른 재료를 넣는 기술'을 의미한다. 우리가 잘 알고 있는 고려청자도 상감기법으로 만들어졌다. 이런 원리를 그대로 진행할 수 있는데 Cu를 채울 홈Trench, hole을 만들고 Cu를 채운 후 CMP연마공정를 통해 평탄화 및 절연을 해주는 방식으로 공정Process이 진행이 된다. Cu의 사용 때문에 금속공정Metal Process에 넣었으나 식각Etching 자체만 보면 유전체 식각Dielectric Etch공정으로의 분류가 맞다. 〈그림 9-49〉에 전형적인 Al 식각공정과 다마신공정으로 형성된 공정을 비교하였다. 다마신Damascene 구조는 공정 수가 증가되며 식각하는 방식과 순서에 따라 싱글Single과 듀얼Dual 로 나뉜다. 싱글Single은 앞서 W 에치백Etch back과 같이 비아Via를 형성한 후 절연막을 채워

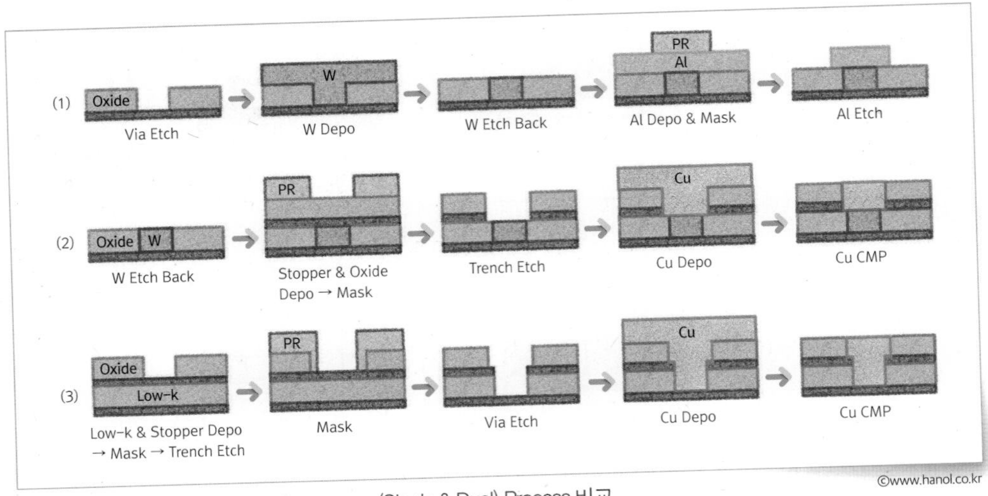

그림 9-49 Conventional vs. Damascene(Single & Dual) Process 비교

전기 신호는 RC(Resistance × Capacitance)에 영향을 받아 지연된다. 이를 감소하려면 금속배선의 저항 감소 뿐만 아니라 배선 간 절연을 위해 사용하는 유전체막의 유전율을 감소해야한다.
왜냐하면 유전체는 필연적으로 전하를 저장할 수 있는 캐패시터의 성질을 가지고 있기 때문이다.

다시 트렌치Trench를 형성한 후 Cu를 증착하는 방식이다. 듀얼Dual 방식은 비아Via와 트렌치Trench를 먼저 식각하고 Cu를 채우고 CMP연마공정를 진행하는 방식으로 만들어진다. 듀얼Dual 방식으로 진행하면 공정이 싱글Single로 2번 반복하는 것보다 단순화와 저항을 최소화할 수는 있지만 마스크 오버레이Mask Overlay 문제 및 RC 지연Delay 개선목적으로 사용된 low-k 절연 물질의 물성이 약해 식각을 진행하면서 필름Film에 손상Damage을 주는 문제가 있다. 이를 개선하기 위한 많은 연구들이 진행되고 있다.

Etch 장비 구성과 종류

Etch 장비 구성

장비 시스템System의 전체 구성 요소를 통하여 기본 개념의 이해가 필요하다. 본체Body는 일반적으로 웨이퍼Wafer의 이동을 담당하는 이송 모듈Transfer Module과 공정을 진행하는 공정 모듈Process Module로 구성된다. 에치Etch는 웨이퍼Wafer를 1장씩 공정용 챔버Process Chamber 내에서 가공하

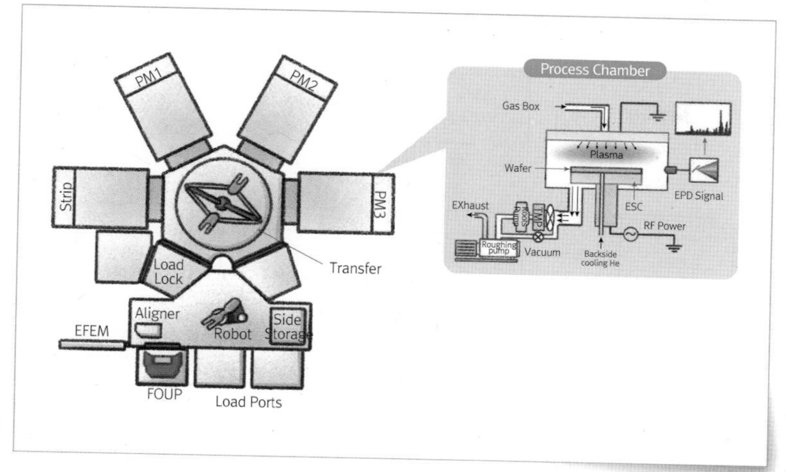

그림 9-50 Plasma 장비 구성

©www.hanol.co.kr

는 단일 처리Single Type 방식으로 이송 모듈Transfer Module을 통해 풉 로딩FOUP loading부터 로봇 시 스템Robot System을 사용하여 진행된다. 공정 모듈Process module은 단위 설비당 생산성을 높이기 위해 여러 개의 챔버Chamber로 구성이 되어 있으며, 각 단위 챔버의 상부는 플라즈마를 발생시기 위한 플라즈마 소스Plasma Source 및 가스Gas 공급장치로 구성되어 있고, 하부에는 웨이퍼Wafer의 안착과 식각을 위한 ESCElectrostatic Chuck 및 진공 시스템으로 구성되어 있다. 측면에는 EPDEndpoint detection 검출을 위한 OES Optical Emission Spectrum가 장착되어 있다.

본체 구성 요소 및 웨이퍼 이동 순서

FOUP은 앞이 열리는 공간이라는 뜻을 가지고 있으며 Wafer를 넣어서 이동할 때 사용된다.

식각공정을 위한 웨이퍼 이동 순서를 통해 진행 순서Sequence를 알아보자. 로드 포트Load Port는 FOUPFront Opening Unified Pod이 놓이는 곳으로 웨이퍼를 로딩Loading하는 장소이다. EFEMEnd Front Equipment Module에서는 대기압 상태에서 동작하는 로봇Robot과 얼라이너Aligner가 있으며, 로봇Robot이 로드 포트Load Port에 놓여있는 풉FOUP에서 웨이퍼를 1장씩 꺼내 얼라이너Aligner에 놓고 웨이퍼가 일정한 방향으로 놓이도록 정렬을 시킨 후 BMBuffer Module으로 이동한다. BM은 대기압과 진공 상태를 반복하는

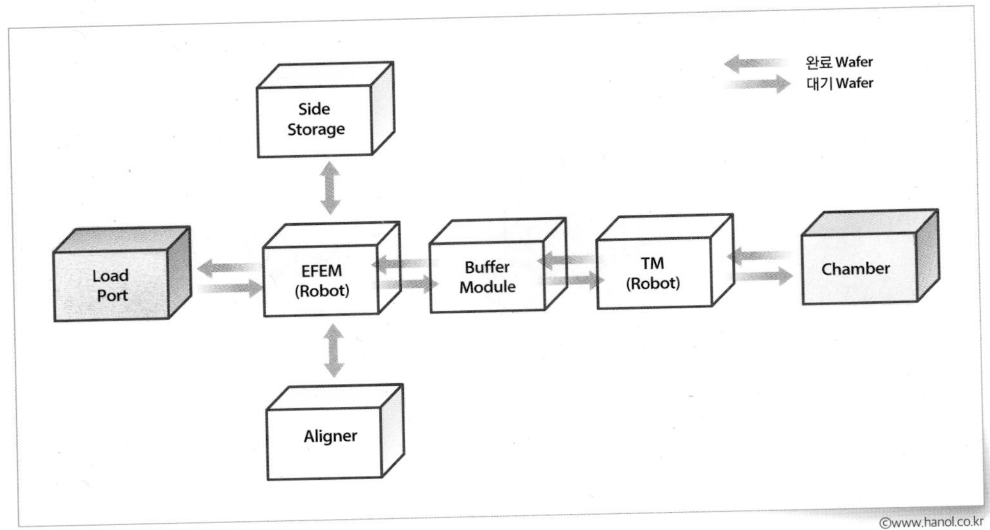

그림 9-51 Etch공정을 위한 Wafer 이동 순서

공간으로 대기압 상태에서 웨이퍼가 들어오면 진공 상태의 TM Transfer Module을 통해 챔버 Chamber로 가기 전에 진공 상태로 전환되고, TM에서는 진공 상태에서 동작하는 로봇 Robot이 BM에 놓인 웨이퍼를 각 챔버 Chamber로 운반한다. PM Process Module은 식각공정을 담당하는 프로세스 챔버 Process Chamber와 식각공정이 끝난 후 PR을 바로 제거할 수 있는 스트립 챔버 Strip Chamber로 구성되어 있다. PM Process Module에서 식각과 PR 제거가 완료된 웨이퍼는 다시 BM Buffer Module을 거쳐 사이드 스토리지 Side Storage에서 웨이퍼에 남아 있는 유독가스 Fume를 제거한 후 원래의 풉 FOUP으로 들어가면 식각공정이 완료된다.

챔버 구성 요소

챔버 Chamber는 플라즈마의 생성과 식각 반응을 통해 공정이 이루어지는 공간을 말한다.

본체 Body의 이동을 통해 챔버 Chamber로 들어온 웨이퍼 Wafer가 정전척 ESC 위에 놓이게 되면, 여러 가지 입력 변수 Input Parameter들이 작용하여 플라

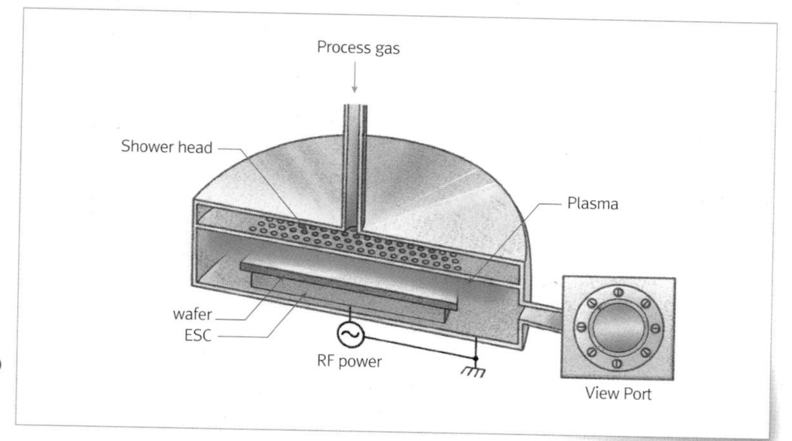

그림 9-52 Chamber 모식도 및 EPD용 Window

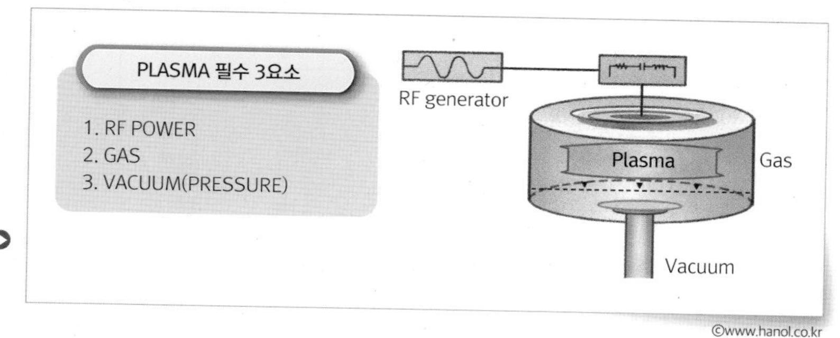

그림 9-53 Plasma 발생의 필수 3요소

즈마를 형성하며 원하는 결과를 얻기 위해 조절을 하면서 식각공정이 이루어진다. 장비의 설계 모양, 챔버Chamber의 부피, 진공의 상태, 가스의 종류와 유량, 장비의 설계 모양에 따른 파워 소스Power Source에 따라 플라즈마 특성에 영향을 준다. 챔버는 플라즈마 발생을 위한 여러 입력 변수Input Parameter들을 운용하기 위해 여러 부품들이 부착되는 가장 중요한 곳이다.

RF GeneratorRF 발생장치

RF는 Radio Frequency의 약자로서 챔버 내에 플라즈마 생성을 위한 고주파 전력공급장치로 13.56MHz 등의 고주파를 생성·공급하는 장치이다.

표 9-2 반도체 공정에서 자주 사용되는 RF 주파수

주파수	사용 장비
400kHz	Strip 및 Cleaning용 RPS 전원 / Etch 장비 Bias 전원
2MHz	Etch 장비의 Bias 전원
13.56MHz	Etch 및 Thin Film용 전원
27.12MHz	Etch 장비의 Source 전원
40MHz	
60MHz	
2.45GHz	PR Strip용 전원

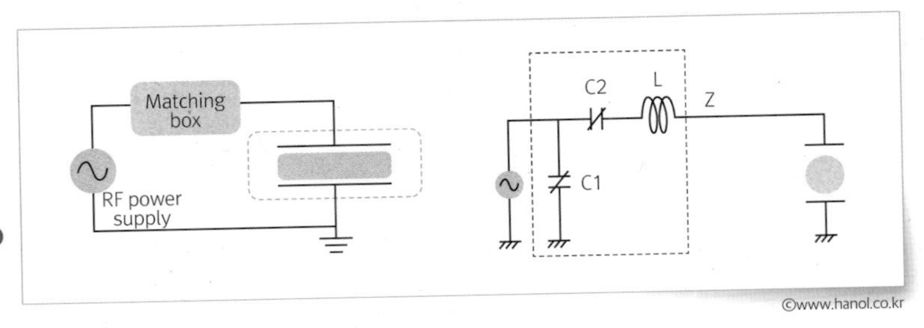

그림 9-54 RF 전원에서 Matching Network의 형태

고주파 발생장치Generator를 좀 쉽게 표현하자면 전원을 공급하는 건전지로 생각하면 쉽다. 플라즈마를 오래 잘 유지하려면 전기장의 방향 변화를 통해 입자 간 충돌이 잘 되게 해줘야 한다. 일반적으로 많이 사용하는 13.56MHz는 초당 13.56M100만번 전기장 방향 변화가 생겼다는 의미이다. 이러한 방향의 변화는 한쪽 방향으로 전력을 공급했을 때보다 10~100배까지 빠르게 이온화가 가능해진다. 또한, RF power가 챔버에 최대로 전달하기 위해서는 실제 공급되는 전력Power과 전력Power을 받아들이고 소모하는 로드Load의 임피던스Impedance, 즉, 플라즈마가 똑같아야 하며 이를 위해 정합회로Matching Network가 필요하다. 정합회로Matching Network의 인덕턴스Inductance와 가변 정전용량Capacitance을 통해서 조절이 가능하다.

Vacuum System Pump의 종류와 역할

진공Vacuum의 사전적 의미는 공기가 존재하지 않는 공간을 의미하나,

실제로는 대기압보다는 낮은 상태의 압력이면 진공 상태로 정의한다. 그래서 진공의 정도를 표현할 때 압력 단위를 사용하게 되며, 일반적으로 torr를 사용한다. 진공의 단위는 수치적인 실험들을 통해서(1)과 같이 정의되며 진공 정도를 압력과 대비하여 정도를 [표 9-3]와 같이 표현할 수 있다.

1기압 = 760Torr = 760mmHg = 101,330Pa -(1)

표 9-3 진공의 단위와 범위

압력	대기압	저진공	고진공	초고진공	완벽한 진공
Torr	760	760 ~ 25	10^{-3} ~ 10^{-9}	10^{-9}~10^{-12}	0

진공 정도는 목적에 따라서 다르고 고진공으로 갈수록 엄청난 비용이 든다. Etch 장비에서도 고진공이 필요한데 높은 진공이 필요한 이유는 플라즈마의 생성을 쉽게 하고, 부산물by-product의 제거를 쉽게 하여 깨끗하고 적정한 환경의 제공이 필요하기 때문이다. 특히, 플라즈마 생성에서 중요한 것은 플라즈마를 한 순간만 발생시키고 없애버릴 것이 아니라 원하는 시간만큼 플라즈마 상태를 유지시킬 수 있어야 한다. 이렇게 플라즈마를 유지하는 데 가장 필요한 것은 전자의 가속과 적당한 압력이 필요하게 된다. 플라즈마는 전자의 가속에 의한 충돌로 이온화가 진행이 되게 되는데 아무리 높은 전기장을 주어 전자를 가속시키려 해도 챔버Chamber 내에 가스Gas의 양이 너무 많으면 수없이 많은 충돌을 하게 되어 충분한 에너지를 얻지 못한다. 반대로 너무 적다면 가속 에너지는 충분하나 가스Gas와 충돌할 수 있는 확률이 너무 적어 플라즈마가 발생하지 못한다. 그러므로 적당한 진공 상태 유지를 통해 가스 압력을 유지하는 것이 매우 중요하다. 참고로, 압력이 높다/낮다는 것은 가스Gas의 밀도가 높다/낮다로 이해하면 좋은

평균자유행로(Mean Free Path)는 운동하는 한 개의 기체 분자가 다른 기체 분자와 충돌하기 전까지의 이동 거리이다.

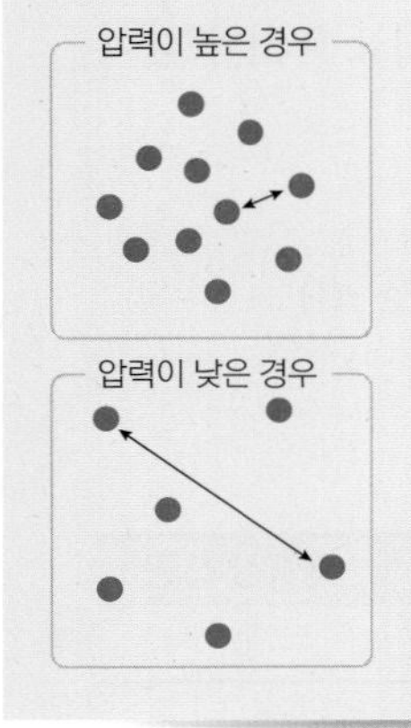

데 우리가 살고 있는 대기압 상태와 공정 진행 상태인 10mT의 상태를 상상해보면 가스Gas의 밀도는 운동장에 10만 명의 학생이 있다가 1명이 된 상태와 같다. 압력과 진공의 관계는 '고압밀도가 높다 → 저진공, 저압밀도가 낮다 → 고진공' 상태의 관계로 정리할 수 있다.

이러한 진공 상태를 만들기 위해서는 진공 펌프Vacuum Pump가 필요하며, 요구되는 진공 상태에 따라 펌프Pump들이 많이 존재한다. 즉, 하나의 펌프Pump로 모든 진공 영역에서 사용 가능한 펌프Pump는 없다. 〈그림 9-55〉는 식각 챔버Etch Chamber의 진공 시스템과 진공을 만드는 과정을 보여주는데, 보통 저진공 펌프와 고진공 펌프 2개의 펌프로 구성된다. 드라이 펌프Dry Pump로 대기압에서 저진공 수준까지 기체를 뽑아내고, 터보 펌프Turbo Pump를 가동시켜 고진공을 만들어준다. 이렇게 하는 이유는 기체의 유동 특성에 따라서 배기Pumping 효율을 극대화하여 비용과 공간적 측면에서 절약할 수 있기 때문이다.

이러한 진공 시스템을 구동할 때 컨덕턴스Conductance와 기체의 유동 특성에 대한 설명도 빠지지 않고 등장한다. 챔버Chamber에서 기체를 빼낼 때 기체의 유동 특성이 달라지며 관을 따라 뽑아낼 것인데 기체의 유량이 시간당 얼마만큼 통과할 수 있느냐가 중요해진다. 컨덕턴스Conductance는 주어진 시간 동안 기체를 통과시킬 수 있는 관의 능력을 의미한다. 예를 들어, 압력이 높은 상태에서 기체는 점성 유동을 한다. 점성은 밀도에 비례해 입자 간 충돌이 많아 마치 유체와 같이 행동을 하며 저진공 펌프의 관처럼 입구가 좁아도 잘 빠져나갈 수 있다. 반면 고진공 펌프의 관의 입구는 넓고 좁은데 압력이 떨어지면 밀도가 적으므로 분자 유동을 한다. 분자 유동은 거리가 멀어 서로의 충돌이 없다. 이런 상황에 좁은 관으로 하면 빠져나갈 확률이 적으니 입구를 넓게 해주어야 잘 빠져나갈 수 있을 것이다. 팹FAB에서 동일한 장비임에도 배관 라인의 길이와 꺾임에 따라서 컨덕턴스Conductance의 차이로

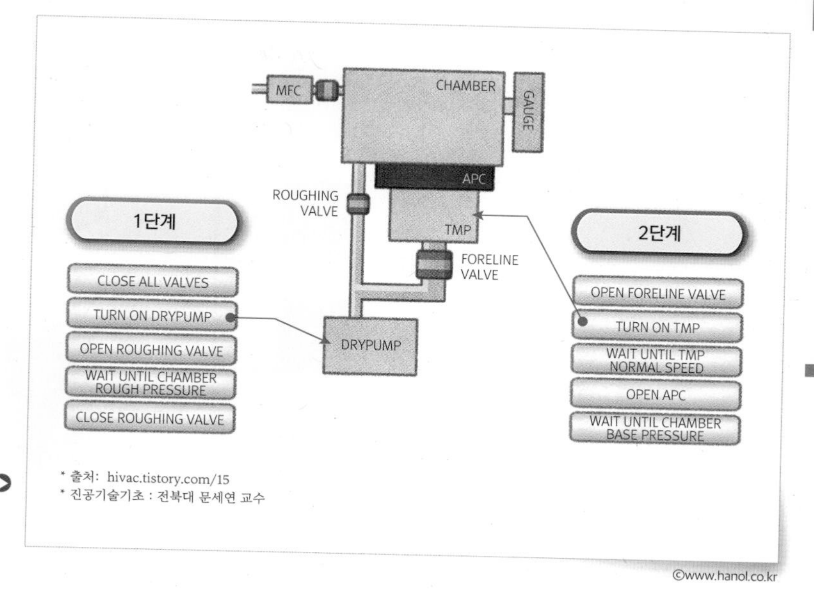

그림 9-55 Etch Chamber에서의 Pumping Sequence

인해 공정의 성능이 달라지기도 하며 진공 펌프와 배기 시스템에 장착되어 사용하는 밸브 등의 기계적 부품이나 공정에 사용되는 물질과 공정 부산물들By-products로 인하여 배관, 배기구가 막히지 않도록 해야 한다.

질량유량계 Mass Flow Controller Gas flow

이제 챔버 내에 진공을 충분히 뽑았으니 플라즈마를 형성하기 위해 가스를 주입 한다. 그런데 가스량을 얼마나 주입하고 있는지 알 수 있어야 한다. 이렇게 현재 주입되고 있는 가스의 양을 정확히 측정 가능하고 제어하기 위한 조절 장치가 필요로 해지는데 이 장치를 MFC Mass Flow Controller라고 부른다. 식각공정Etch Process을 어떻게 할 것인가에 따라 여러 기체를 사용하게 되며 각각의 질량유량계MFC가 필요하고 가스 박스Gas Box를 통해 챔버로 주입할 수 있다. 실제로 식각공정에서는 가스Gas의 양을 변수로 하여 지속적으로 조절을 해주고 있으며 여러 개의 가스Gas 조합으로 레시피가 구성된다.

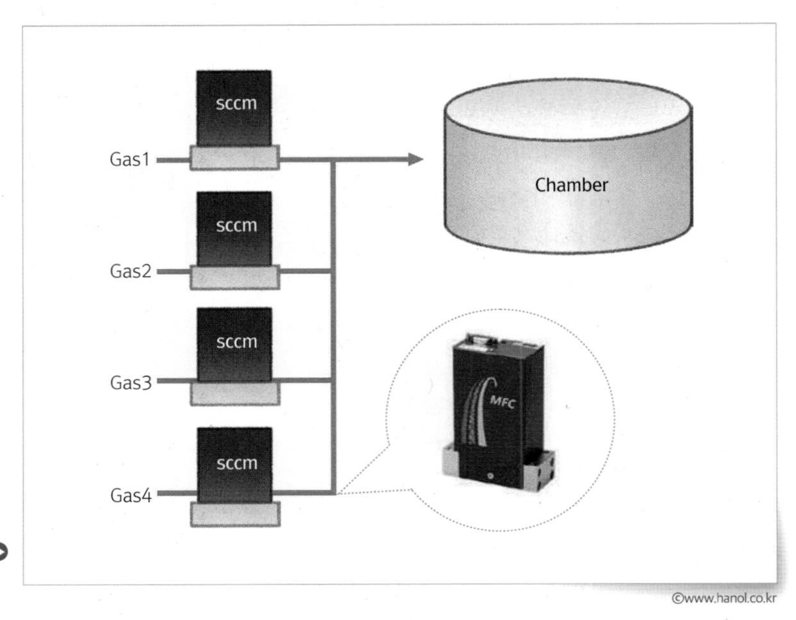

©www.hanol.co.kr

그림 9-56 Chamber에 설치되는 MFC

재미있는 것은 가스Gas라는 것에 질량Mass을 조절한다는 표현이 있다는 것이다. 기체의 경우 각 기체는 서로 다른 질량을 가지고 있고, 같은 기체에서도 온도와 압력에 따라 같은 양의 분자를 포함하더라도 부피가 달라진다. 그래서 질량유량계MFC는 각 기체의 질량에 맞춰 Setting된 것을 장착하여 사용해야 한다. 질량유량계MFC는 유량을 나타내는 단위로 sccm이라는 단위를 사용한다. Standard Cubic Centimeter per Minute의 약자로 다음 3가지로 이해할 수 있다.

- 단위의 의미는 부피/시간이다. 즉, 단위 시간당 얼마의 부피로 흘러가는지를 의미한다.
- Cubic Centimeter는 가로×세로×높이가 1cm인 부피$_{1cm^3 = 1cc}$를 의미한다. 사실 우리는 이 단위가 익숙하다. 자동차에서 배기량을 의미하는 cc와 동일하다. 그러니까 Cubic Centimeter per Minute는 cm^3/min의 의미로, 분당 1cc 흐르는 것을 나타내는 유량 단위가 된다.
- 그런데 조건이 하나 있다. 온도와 압력은 표준 상태0°C, 1 기압를 기준으

로 해야 한다. 같은 기준으로 기체 분자들이 1분 동안 관의 단면을 통해 흘러가는 것을 뜻한다.

그럼 1sccm이란 것은 무엇일까? 아보가드로의 법칙을 통해 1sccm = $6.02\times10^{23}/22.4L\times1000cc/L = 2.69\times10^{19}mol/min$
즉, 1min 에 이만큼의 분자가 이동하는 셈이다. 사실 이런 걸 왜 구하나 싶은 데 이유가 있다. 챔버Chamber 내 주입한 가스는 챔버 내부를 통과하여 펌프Pump로 배출된다. 그런데 가스의 유량을 표현하는 것이 펌프Pump 쪽과 챔버Chamber에서 사용하는 용어와 단위에서 차이가 있다. 펌프Pump 입장에서의 유량은 단위 시간당 흐르는 기체의 양을 의미하는 것은 같으나, 압력과 배기 용량Pumping Speed(S)에 따라 달라지게 되며 $Q=P\times S$의 공식을 얻으며 단위는 Torr×L/sec가 된다. 반면 챔버Chamber 입장에서는 단위 시간당 흘러 들어오는 기체의 양이 되며 앞서 정의된 sccm의 단위를 사용한다. 펌프Pump의 유량 Q를 sccm 단위로 환산하면 $1\ Torr\times L/sec=2.13\times10^{21}mol/min=79sccm$의 관계가 있음을 알 수 있다. 이것의 관계가 중요한 이유는 MFC를 교정할 때 유량과 유속의 이런 관계를 활용할 수 있기 때문이다. 예를 들어, 〈그림 9-57〉과 같이 압력을 유지하는 상황에서는 들어오는 양과 나

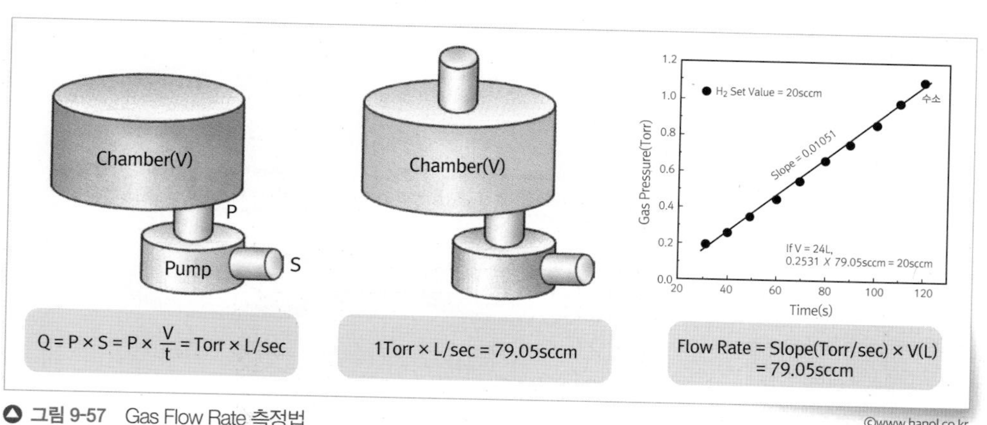

그림 9-57 Gas Flow Rate 측정법

©www.hanol.co.kr

가는 양이 동일하므로 질량유량계MFC가 정상적으로 작동하는지 확인하는 데 사용된다.

ESC

챔버Chamber 내에서 반응이 일어날 때 안정적인 공정 결과를 얻기 위해서 부산물By-product의 효과적인 제어와 이로 인한 불순물Particle 제어를 위해 챔버 벽Chamber wall과 전극Electrode의 온도를 히터Heater와 칠러Chiller를 통해 온도를 일정하게 유지시켜 주는 것이 중요하다. 특히, 식각 장치는 고진공하에서 플라즈마를 발생시켜 공정을 진행하는데 웨이퍼Wafer의 막질Film을 식각할 때 필연적으로 많은 열이 발생하여 웨이퍼의 온도를 상승시키게 된다. 이런 온도 상승은 균일도Uniformity와 선택비Selectivity에 지대한 영향을 주어 공정의 저해 요인으로 작용하기 때문에 웨이퍼Wafer를 일정 온도로 유지하기 위한 방법이 필요하다. 챔버Chamber 하부 전극에 웨이퍼Wafer가 놓이면 척Chuck에 냉매Coolant를 흐르게 하여 쿨링Cooling을 하게 된다. 고진공하에서 웨이퍼Wafer와 정전척ESC 간에 온

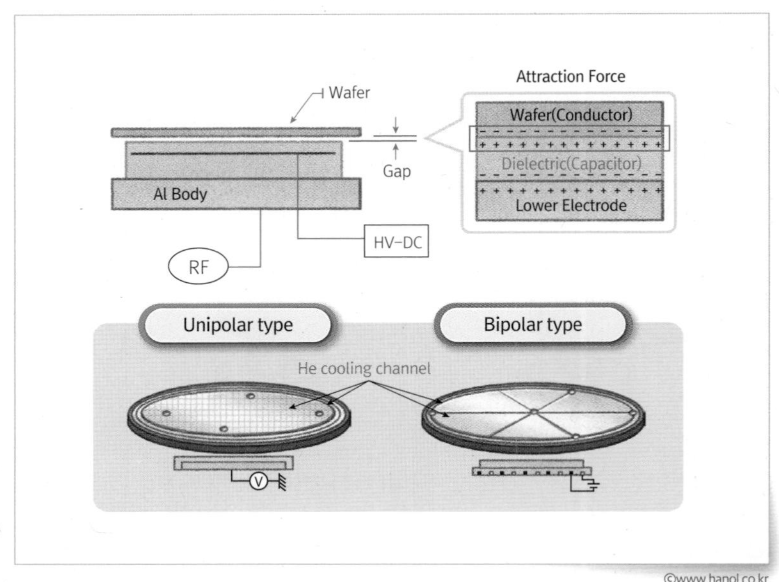

그림 9-58 ESC 사용 이유와 종류

도 전달이 안 되므로 매개체로 열전도도가 우수한 He 가스를 웨이퍼Wafer의 뒷면으로 흘려Flow준다. 이때 흘린 He의 압력에 의해 웨이퍼Wafer가 날아가는 것을 막기 위해 척Chuck에 고주파 전원을 걸어 정전기력을 발생시켜 웨이퍼를 잡아주어 고정시켜준다. 이것을 척킹Chucking이라고 하며, 정전척ESC은 정전기적 힘Electrostatic Force을 이용한 척Chuck 이라는 의미로 이름이 붙여졌다. 공정이 완료된 후 별도의 디척킹De-chucking의 과정이 필요하다. 정전척ESC의 온도의 증감은 부산물By-product의 휘발성에 영향을 주며 중요한 인자가 된다. 웨이퍼Wafer 내 균일도Uniformity를 조절하는데도 매우 강력한 방법이기 때문에 정전척 영역ESC Zone을 세분화하여 조절할 수 있는 방법이 개발되고 있다.

Plasma Source에 따른 Etch 장비 구분

에너지 소스Energy Source에 따라서 플라즈마 발생 원리와 그에 따른 특성이 달라지게 된다. 플라즈마의 특성은 어떤 소스Source를 선택하여 사용하는지가 중요해진다. 플라즈마 밀도를 높게 하면 반응할 수 있는 이온ion과 라디칼radical의 개수 증가로 반응이 빨라져 식각 속도Etch Rate가 빨라지므로 스루풋Throughput의 차이가 날 수도 있다. 다양한 발생 장치가 있고 원리가 있지만, 대표적인 정전결합 플라즈마CCP와 유도결

> Throughput은 일정 시간 내에 처리된 작업량. 즉, 단위 시간당 처리량을 말한다.

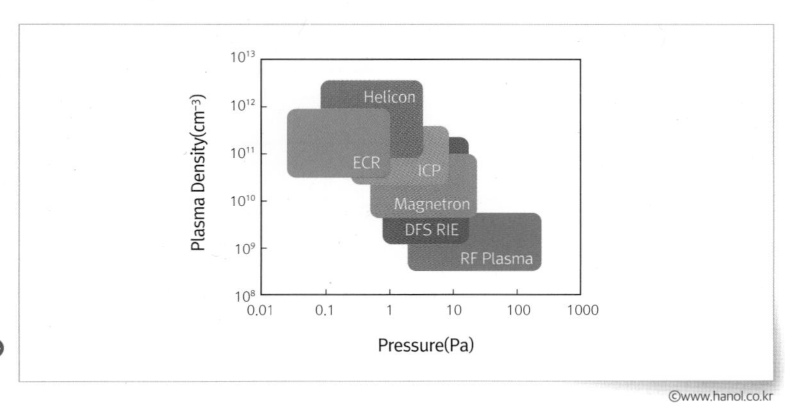

그림 9-59 Plasma 장치 특성

합 플라즈마ICP에 대한 설명을 간단하게 하고 넘어가도록 하겠다. 또한, 식각 막질Film에 따른 공정의 성격에 따라 유전체 식각Dielectric은 CCP, 전도체 식각Conductor은 ICP로 구분할 수 있다.

정전결합 플라즈마 소스 Capacitively Coupled Plasma Source

정전결합 플라즈마CCP는 서로 마주보는 평행 전극 사이에 RF 전력Power을 인가하여 전기장을 형성하고 플라즈마를 발생시킨다. 전극 간의 간격은 20~40mm 정도로 좁아 플라즈마 부피Plasma Volume는 작지만 에너지가 큰 입자를 생성하여 실리콘 산화막Silicon Oxide과 같이 단단한 물질을 식각하는 데 적합하다. 밀도는 $10^{10}/cm^3$ 수준으로 저밀도 플 라즈마Low Density Plasma이며, 압력 Pressure 영역은 15mT 이상의 높은 압력이 필요하다. 주로 하드마스크 식각Hard Mask Etch이나 딥 콘택트Deep Contact공정을 위해서 사용된다. 정전결합 플라즈마CCP 같은 경우는 라디칼radical의 밀도와 이온Ion의 에너지를 따로 제어할 수 없는 단점을 극복하고자 플라즈마 형성을 위한 고주파 RF와 이온 가속을 위한 저주파 RF의 듀얼Dual 주파수 방식 또는 중간 영역 주파수를 추가한 트리플Triple 주파수 RF 방식으로 보완되었다.

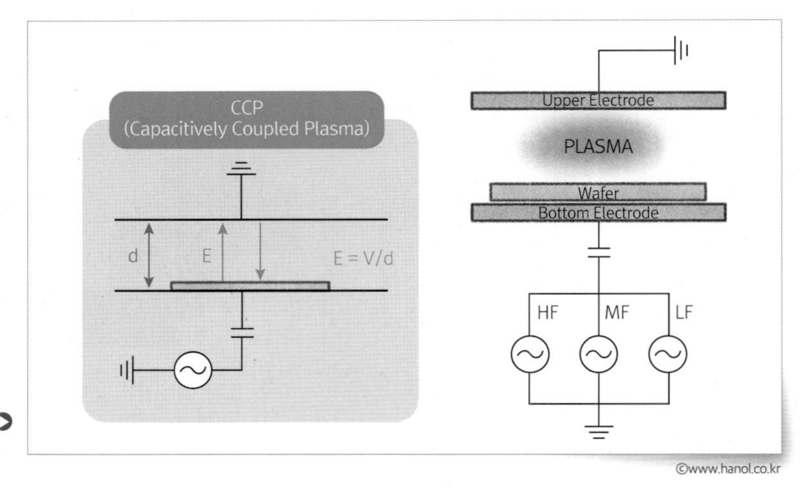

그림 9-60 CCP 장비 구성과 원리

유도결합 플라즈마 소스 Inductively Coupled Plasma Source

유도결합 플라즈마ICP는 외부 코일Coil을 챔버Chamber 밖에 형성하여 가해진 전기장을 이용하여 자기장을 형성시키고 이 자기장에 유도된 전기장으로 플라즈마를 생성시킨다. 전기장이 Circle을 이루어 충돌 확률의 증가로 에너지 전달 효율을 높일 수 있어 낮은 압력P ~ 3mT에서도 고밀도 플라즈마High Density Plasma를 생성할 수 있다. 밀도는 $10^{11}/cm^3$ 수준이고, 간격은 정전결합CCP 대비 자유로워서 150mm 수준으로 큰 편이다. 낮은 압력에서도 밀도가 높아 충분한 식각 속도Etch Rate를 얻을 수 있고 로딩 이펙트Loading Effect도 정전결합CCP 대비해서 상대적으로 적다.

하부 전극에 바이어스 파워Bias Power를 통해 이온 에너지의 독립적인 제어가 가능하기 때문에 이온에 따른 손상Ion Damage을 줄여 선택적 식각 특성에 유리하다. 이런 이유로 폴리실리콘 식각Poly silicon Etch에서 주로 사용한다. 현장에서는 제품명으로 많이 이야기하는데, L사의 경우 TCPTransformer Coupled Plasma, A사의 경우 DPSDecoupled Plasma Source로 표현하여 유도결합 플라즈마ICP의 장점을 표현하려고 하였다. 이처럼 플라즈마 소스Plasma Source에 따라 플라즈마의 기본 특성이 달라지기 때문에 장비 업체에서도 소스 형태Source Type에 따라 〈표 9-4〉와 같이 여러 제품명으로 나눠지는데, 그 배경을 이해하면 그리 복잡하지 않게 받아들일 수 있을 것이다.

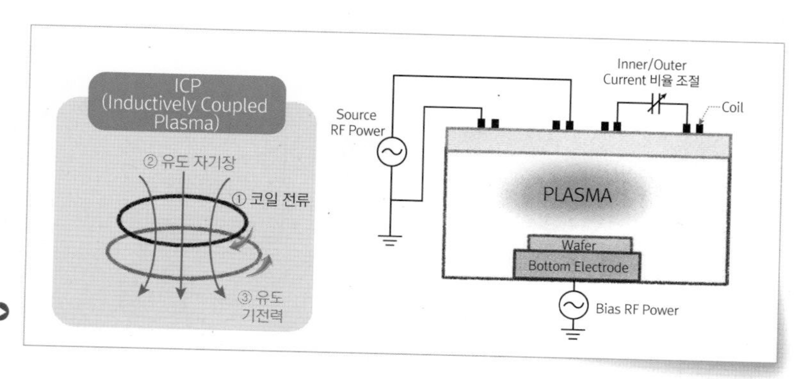

그림 9-61 ICP 장비 구성과 원리

©www.hanol.co.kr

표 9-4 Etch 장비 Maker별 구성도by Source type

Maker \ Source	ETCHER			PR STRIP
	CCP	ICP	ECR	Microwave
L사	Fle** series	KIY* series	-	
A사	Pro****	SYM* series	-	
T사	VI*** series	VES*** series	-	
H사			SEB*** series	
C사		L* series	-	
P사				SUR** series

플라즈마 식각의 공정 변수

플라즈마 식각Plasma Etching이라는 것은 플라즈마와 표면과의 반응으로 이루어지는 것이며, 플라즈마를 제어한다는 것은 결국 라디칼radical과 이온Ion의 밀도를 제어하는 것이다. 따라서 장치 운전 변수에 따라 플라즈마는 어떤 방식으로 변화하며 공정에는 어떤 영향을 줄 수 있는지 살펴볼 필요가 있다. 요구되는 공정 결과 확보와 재현성 있는 결과

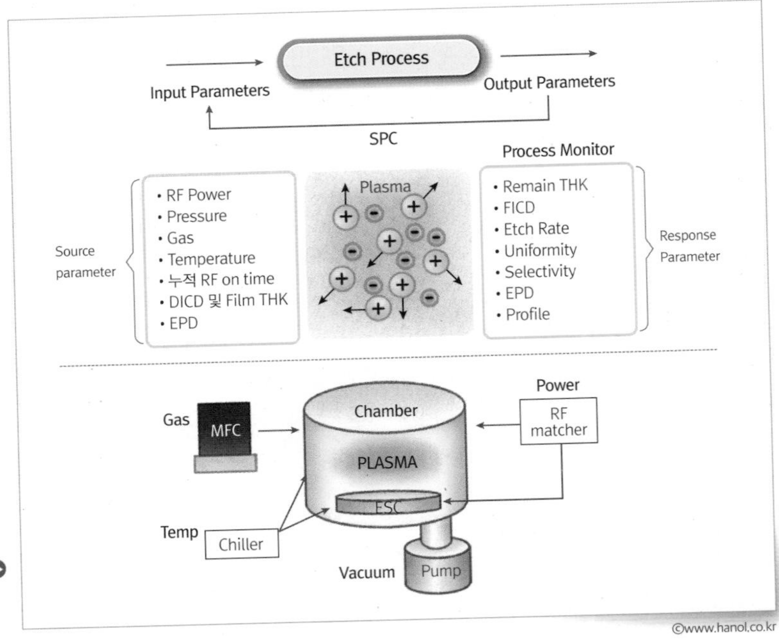

그림 9-62 식각공정을 제어하는 변수들과 장비 구성요소

를 달성하기 위해 정밀한 제어가 필요하기 때문에 운전 변수와 공정의 변화 관계를 이해하는 것은 중요하다. 관련된 주요 변수는 다음과 같다.

압력 변화

공정 압력에 따라 플라즈마 밀도와 이온Ion 충돌 에너지 변화가 발생하게 된다. 〈그림 9-63〉을 보면 압력이 늘어나면 가스Gas 밀도의 증가로 충돌로 인해 이온 에너지Ion Energy가 줄고 라디칼Radical의 양도 증가하므로 화학적 식각이 주효해진다. 또한 확산이 잘 되지 않아 넓게 퍼지게 되어 입사하여 들어오는 이온이 에너지를 잃게 되는데 특히 종횡비가 클 경우 산란된 이온이 식각 내부 표면까지 들어오기 힘들어져 로딩 이펙트가 심화된다. 반대로 압력이 감소하면 입자 간 충돌이 작아져 이온들의 분산이 줄어들어 이온에너지Ion Energy가 증가하여 물리적 식각이 증가하게 된다. 충분한 에너지를 가지고 표면에 충돌하므로 식각률이 종횡비에 크게 영향을 받지 않는다. 그러므로 종횡비가 큰 경우에 RIE Lag 현상을 피하기 위해서는 저압의 식각공정이 필요하게 된다.

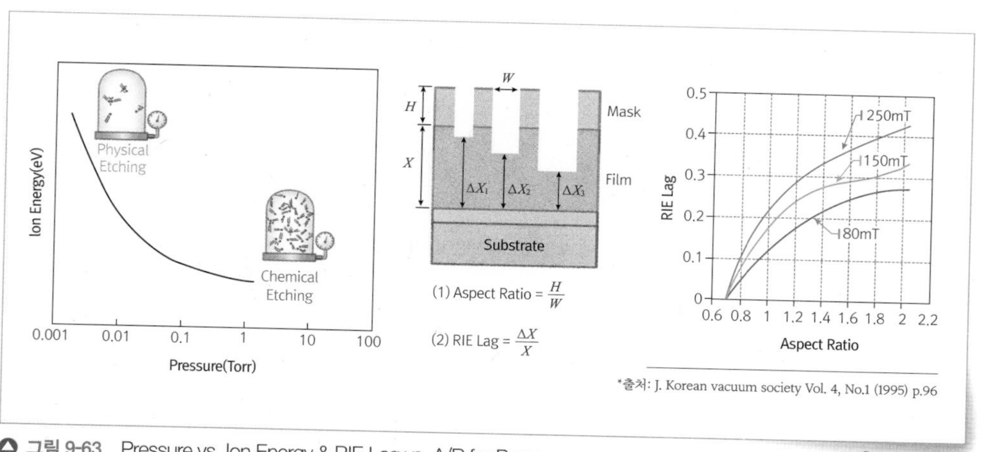

그림 9-63 Pressure vs. Ion Energy & RIE Lag vs. A/R for Pressure

장비에서 압력 변화는 2가지로 바꿀 수 있는데 일정한 배기 속도Pumping Speed에 유량Flow Rate을 변화시키는 방법과 일정한 유량Flow Rate에 배기 속도Pumping Speed를 변화시키는 방법이 있다. 배기 속도Pumping Speed는 밸브 위치Valve Position 변경으로 할 수 있다.

Gas Effect

• **가스 유량** Gas Flow Rate

에천트Etchant 양이 부족했을 경우 반응 가스의 유량을 증가시키면 에천트Etchant가 증가하여 식각 속도Etch Rate가 증가한다. 그러나 일정 부분 선형 관계를 가지다가 오히려 식각 속도Etch Rate가 감소하는 경우가 발행한다. 이유는 기체 유량Flow Rate, 배기 속도Pumping Speed와 압력Pressure은 서로 연관되어 있으며, 전체 압력이 같아도 기체 유량Flow Rate 변화는 챔버 내 잔류 시간Residence time이 달라질 수 있기 때문이며, 이 차이가 화학적 작용에 영향을 준다.

이 잔류 시간Residence Time은 가스가 배기Pumping 전까지 챔버에 머문 시간이며, 다음과 같이 표현할 수 있다. 실제 유효 배기 속도Pumping Speed는 구하기가 어렵기 때문에 아래와 같이 구하기 쉬운 값으로 변환이 필요하다.

$$t(Residence\ Time) = \frac{V(Volume)}{S(Pumping\ Speed)} = \frac{(Pressure \times V)}{(Pressure \times S)}$$

$$= \frac{P(torr) \times V(L)}{Q(Throughput)} = \frac{P(torr) \times V(L)}{\dfrac{Gas\ flow\ Ratio(sccm)}{79(torr \times L/sec)}}$$

앞서 장비에서 기체 유량Gas Flow을 설명할 때 가스의 유동 속도는 챔버의 가스를 주입하는 곳이나 펌프Pump로 나가는 쪽이나 동일한 값을

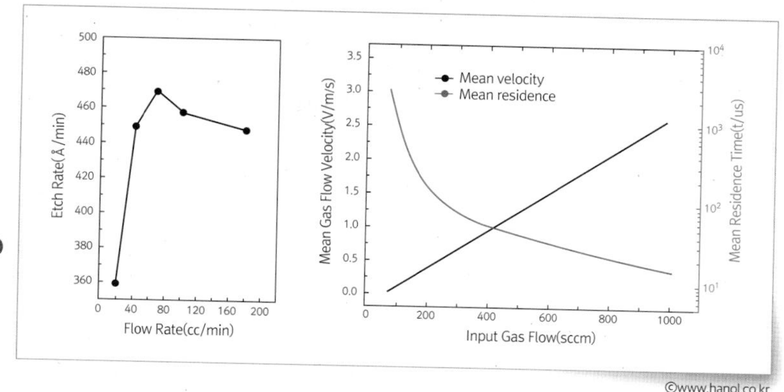

그림 9-64 CF_4 증가에 따른 SiO_2 Etch Rate 및 Input Gas Flow vs. Residense Time 관계

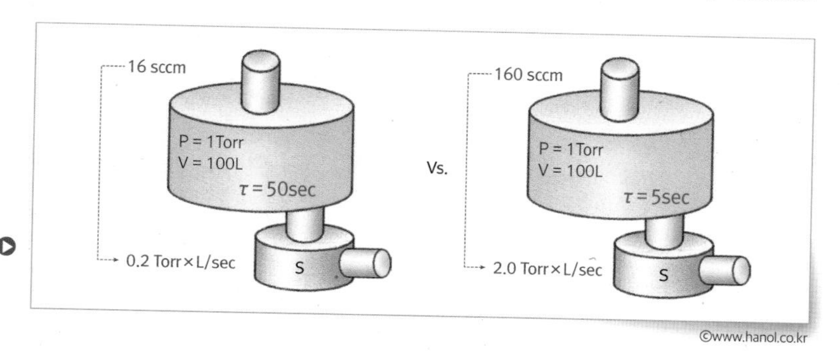

그림 9-65 Gas Flow에 따른 Chamber 잔류 시간의 예

가지므로 '1Torr × L/sec = 79sccm' 관계를 이용해서 변환하면 간단해진다. 공정의 압력과 챔버의 부피는 기본적으로 알고 있는 정보이며, 기체 유량Gas Flow은 내가 조절하는 값이 되므로 쉽게 구할 수 있다.

식각 가스의 종류 및 혼합 가스비율

식각에서 사용되는 가스Gas의 종류는 기본적으로 9장443page에서 언급한 식각 화학구조Etch Chemistry를 기본으로 미세 패턴을 만들기 위해 식각 억제막Inhibitor의 형성과 제어를 위한 첨가 가스를 추가하여 혼합하여 사용하게 된다. 식각이 되려면 반응 후 부산물by-product이 휘발이 되어 날아가야 한다. 식각 억제막Inhibitor을 역으로 이용하면 휘발이 잘 안 되는 부산물들을 만들어 표면에 증착을 시켜 이방성 형상Anisotropic Profile을 만들 수 있게 된다. 이런 것들은 모두 반도체 미세화에 대응하기

표 9-5 C_xF_y 혼합비에 따른 특성

C_xF_y	CF_4	C_2F_6	C_3F_8	C_4F_8	C_4F_6	C_6F_6
C : F	1 : 4	1 : 3	1 : 2.6	1 : 2	1 : 1.5	1 : 1
Polymer	Less					More
특성	Etch Rate ↑					Selectivity ↑

위한 것이며 식각 가스도 이런 흐름에 맞추어 개발되었다. 예를 들어, CxFy Fluorocarbon 계열의 가스는 C와 F 조성비가 동일한 수준이 되는 방향으로 개발이 되었다. 낮을수록 가격이 비싸며 조성비에 따라 식각 속도Etch Rate와 선택비Selectivity가 달라진다. 조절이 어렵기 때문에 단독으로 쓰는 경우는 거의 없으며 적절한 혼합비를 통해 화학 반응과 반응 생성물을 조절한다.

BARC는 Bottom Anti Reflective Coating의 약자로 하부로부터 반사되는 빛을 막아주는 역할을 하는 물질이다.

실제로 CF_4 + CHF_3 + O_2의 조합에서 BARC 식각 시 식각 가스 비율 변화로 CD선폭를 조절할 수 있다. 예를 들어, 산소O_2를 첨가하고 증가시킨 경우 CF_4의 CCarbon과 결합하여 F의 양을 증가시키거나 C-O 형태로 폴리머Polymer를 제거하여 CD선폭를 키울 수 있다.

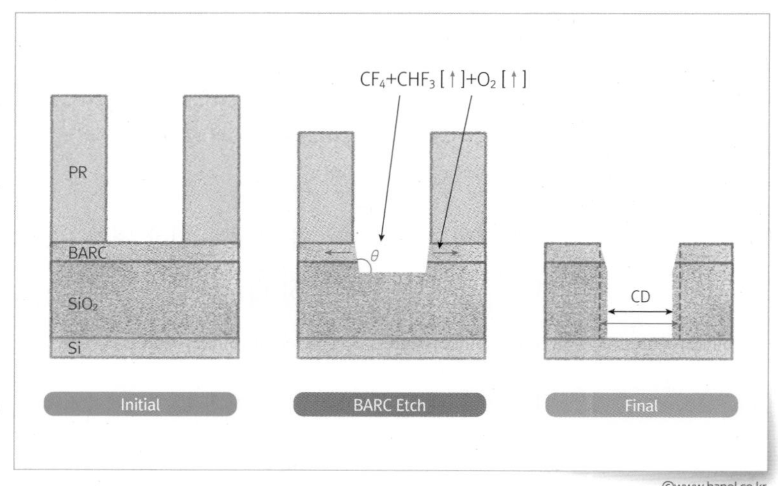

그림 9-66 Gas 첨가와 비율 변화를 통한 CD 조절의 예

반대로 산소$_{O2}$를 감소시키면 폴리머Polymer가 증가하여 CD선폭를 작게 만들 수 있다. CHF_3를 증가시키는 경우 포함되어 있는 수소H가 플루오린F 농도를 감소시키면서 C-F 폴리머 형성을 촉진할 수 있다. 이를 이용하여 의도적으로 약간의 경사를 만들어 CD선폭를 조절할 수 있게 된다.

고주파 전압RF Power

RFRadio Frequency를 다루기 때문에 챔버Chamber 안에 있는 전자electron와 이온ion의 관계성이 중요하다. 전자와 이온의 질량 차이는 약 1,000배 차이가 있으며 이로 인한 주파수 변화에 따라 움직임 속도 차이 가 발생한다.

주파수 Frequency 변화

〈그림 9-67〉과 같이 고주파 파워High Frequency Power를 증가시키면 가벼운 전자가 필드Field를 잘 따라가게 되고 전자 에너지의 증가로 플라즈마 밀도Plasma Density가 증가한다. 저주파 파워Low Frequency Power를 변화시켜야 이온 에너지를 조절할 수 있게 된다. 이온의 입사 에너지는 식각 속도Etch Rate의 증대와 패턴 형상Pattern Profile 제어에 중요한 역할을 한다.

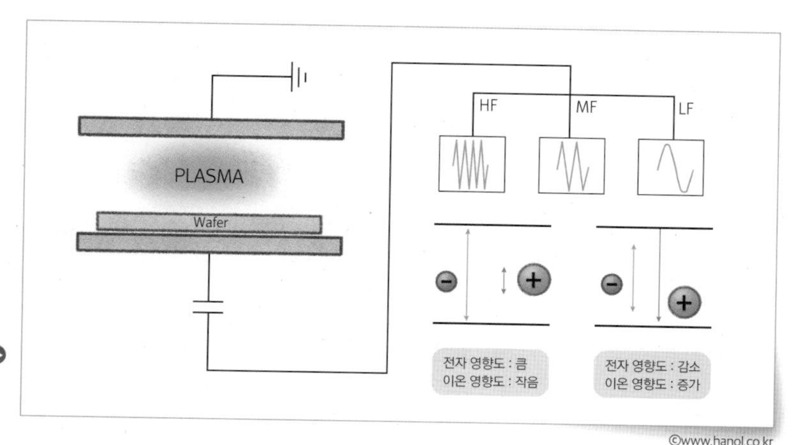

그림 9-67 주파수에 따른 전자 및 이온 영향도

바이어스 파워Bias Power 변화

바이어스 파워Bias Power에 따른 이온 에너지ion energy 제어로 식각 속도Etch Rate 향상과 선택비Selectivity의 제어가 가능하다. 예를 들어, 〈그림 9-68〉과 같이 플로오린F 플라즈마에서 바이어스 파워Bias power 의존성에 따라 막질에 따른 식각 속도 및 형상Profile 차이를 확인할 수 있다. 바이어스 파워Bias Power가 없을 때 실리콘Si 식각은 가스의 화학적 반응으로 등방성Isotropic 식각을 하나 산화막SiO2은 식각이 잘 안 된다. 이때 바이어스 파워를 통해 이온에너지Ion Energy를 주게 되면 산화막SiO2의 수직 식각이 증가하여 이방성Anisotropic 모양을 확보 할 수 있다. 실리콘Si은 자발적 반응률이 높아 측면으로의 식각이 여전히 존재하지만, 실리콘 옥사이드SiO2는 측면의 자발적 반응이 없어 수직한 모양이 나타나게 된다.

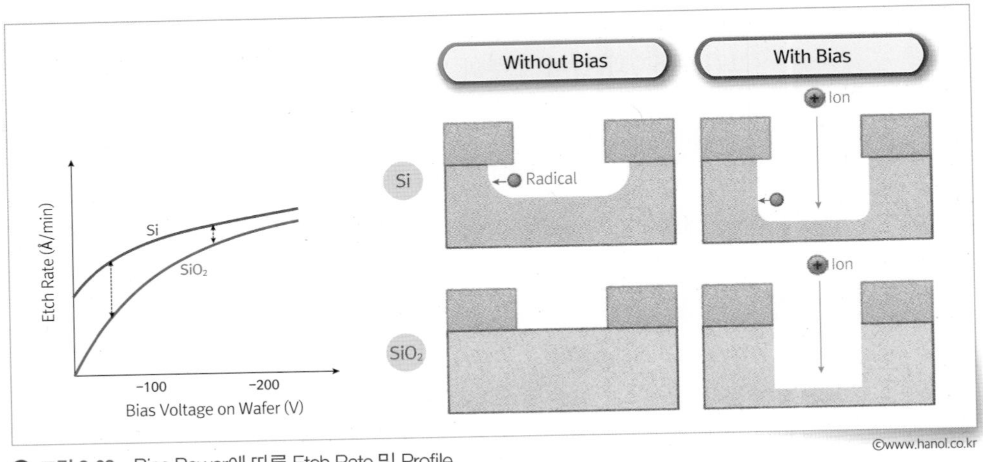

그림 9-68 Bias Power에 따른 Etch Rate 및 Profile

정전척ESC의 온도 변화 효과

플라즈마를 변경하지 않고 정전척ESC 온도를 변화시켜 웨이퍼 표면 위의 화학 반응을 제어할 수 있다. 기판ESC의 온도를 증가시키면 원자나 분자에 에너지를 주는 것이기 때문에 화학 반응이 활성화된다. 반대로 기판ESC의 온도를 감소시키면 표면 응축을 통해 폴리머Polymer가 생

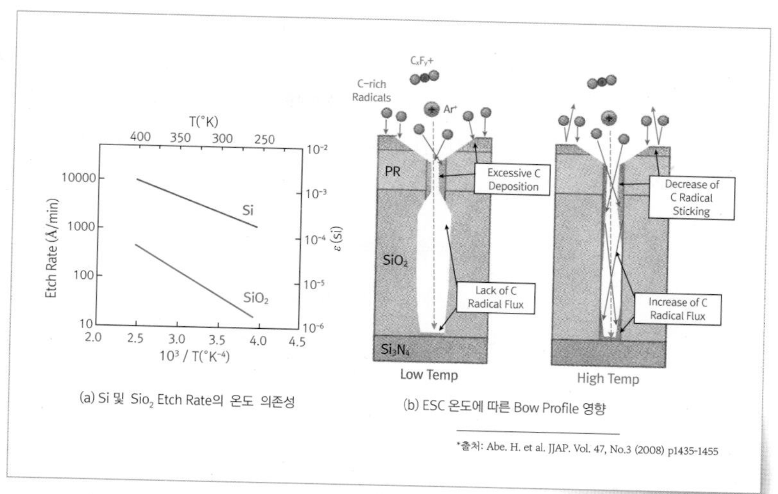

그림 9-69 ESC 온도 효과

성이 된다. 〈그림 9-69〉의 (a)는 온도에 따른 실리콘Si과 산화막SiO2의 식각 속도와 선택비가 제어됨을 보여준다. (b)는 웨이퍼Wafer에 가해진 온도에 따라 폴리머Polymer의 증착 양상 차이를 볼 수 있다. 저온에서 형성된 폴리머Polymer가 홀Hole 입구에 쌓이면서 보우Bow 모양이 형성되는데 보다 높은 온도의 진행으로 폴리머Polymer가 제거되면서 보우 모양Bow Profile을 개선할 수 있다. 지금까지 플라즈마 식각Plasma Etching의 주요 운전 변수를 살펴보았다. 현장에서는 이러한 점들을 고민하면서 공정을 최적화시키며 운전 변수를 조절할 수 있는 레시피Recipe를 장비

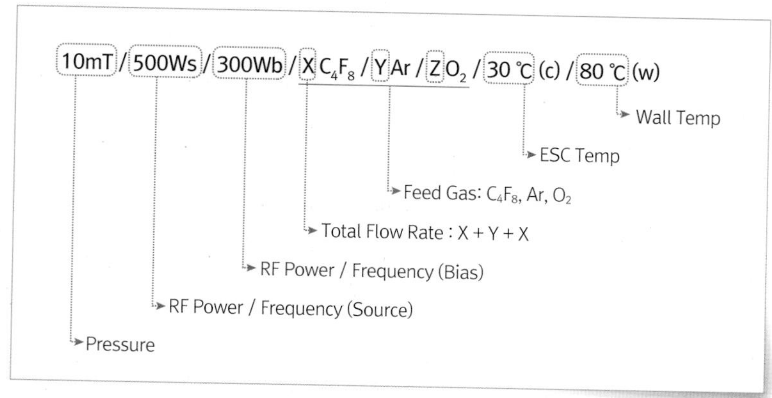

그림 9-70 Etch Recipe 구성의 예

에 작성하여 운영하게 된다. 레시피Recipe란 어떻게 식각공정을 진행할 것인가에 대한 공정 조리법이라고 할 수 있다. 셰프Chef가 맛있는 요리를 만들기 위해 어떤 요소를 첨가하거나 비율과 조합에 따라 최고의 맛을 낼 수 있는 레시피가 있듯이 공정 레시피Recipe도 다르게 꾸밈으로써 다른 결과물을 얻을 수 있게 된다. 이런 정보를 담고있는 레시피Recipe는 회사의 비법이 담긴 내용이라고 할 수 있다.

표 9-6 Plasma Etching Process Trend

Pressure(↑)	Mean Free Path(↓) - Bombardment(↓) → E/R(↓)
Total Flow(↑)	Residence Time(↓) - Etchants Concentration(↑) → E/R(↑)
RF Frequency(↑)	Bombardment(↓) → E/R(↓)
RF Power(↑)	Bombardment(↑) → E/R(↑)
Wafer Temperature(↑)	Arrhenius Behavior(↑) → Chemical E/R(↑)
Chamber Temperature(↑)	Polymer on Chamber(↓)
Feed Gas	Etching Mechanism → E/R Change

ETCH 실전, 양산 FAB에서 ETCH 엔지니어 업무

지금까지 기본적인 Etch 단위 공정에 대해 전반적으로 설명하였다. 이번 장에서는 실제 양산 팹FAB에서 추구하는 바와 어떤 목표를 가지고 운영이 되는지를 소개하겠다.

팹Fab에서의 양산 기술

양산 기술은 품질, 비용, 납기를 균형 있게 유지하면서 대량 생산을 실현하는 기술을 말한다. 공정 프로세스Process와 장비의 이해를 바탕으로 생산계획이나 공정 관리를 철저히 관리하면서 생산성의 효율화를 도모하는 것이 특징이다. 요즘의 말로 표현하자면 가성비가 높은 제품을 만들기 위해 많은 노력을 하는 곳이라고 볼 수 있겠다. 따라서 반도체 제조공정은 24시간 지속적인 생산이 이루어지며 웨이퍼Wafer 들은 각 단위 공정의 인테그레이션Integration 과정을 통해 소자를 형성한다. 이런 과정이 정상적으로만 진행되면 좋겠지만 문제는 필연적으로 발생하고, 엔지니어들은 공정의 오류를 빨리 발견하여 손실을 최소화하고 빠른 시간 내 정상화시키기 위한 업무를 최우선으로 진행한다. 이것은 정비를 하는 동안에도 생산량에 직접적인 영향을 미치고 있기 때문이다. 이처럼 팹FAB에서는 생산성 향상을 위한 활동이 기본적인 특성이며 이를 달성하기 위해 ① 수율 관리투입 대비 양품률 관리 지표 ② 가동률 관리장비의 효율 관리 지표가 필수적인 지표가 된다. 반도체 프로세스Process는 장비에 웨이퍼Wafer가 들어가고 사람이나 기계가 조작하여 공정을 진행하는 무형의 과정들이며 정밀하게 조절Control 할 수 있도록 시스템System 화가 되어 있다. 엔지니어는 프로세스의 이해를 통해 최적의 조건에서 공정 운영을 위한 최적화와 최적 상태가 지속적으로 유지되는지를 관찰하는 업무가 많다. 예를 들어, 반도체는 단위 공정 단위로 랏투랏Lot to Lot 프로세스 컨트롤이 필요하며 오류가 발생한 랏Lot 은 다음 공정으로 진행되지 않게 해야 한다. 이렇게 실시간으로 오류를 검출하여 공정을 제어하겠다는 개념과 이런 것들을 자동화 시스템과 연결하여 사용하겠다는 개념의 접목이 필요하다. 이런 자동화 시스템으로 공정을 진행하면서 실수로 인한 손실을 최소화시킬 수 있기 때문에 양산 팹FAB에는 많은 전산 시스템이 존재하며 엔지니어는 이런 기능을 익숙하게 사용할 수 있어야 한다.

LOT은 제품생산을 위해 투입되어 완제품으로 제조될 때까지 같은 공정 조건하에서 진행되는 일련의 제품 단위를 말하여, 25장의 wafer 묶음을 1LOT으로 한다.

산포 관리 능력이 곧 양산 기술력 공정의 유지 관리방법

생산 프로세스는 인풋Input을 아웃풋Output으로 변환하는 과정이며 우리는 아웃풋Output의 결과를 통해 공정의 품질을 관리한다. 이때 스펙Spec이라는 개념이 필요하다.

어떤 목표하는 값을 중심으로 상한 스펙Spec과 하한 스펙Spec 있을 것이고 이 범위보다 크거나 작으면 불량이라고 할 수 있다. 이때 Output의 특성을 측정을 통해 데이터Data로 관찰한다고 할 때 일정한 값으로 관측되는 것이 아니라 자연스럽게 산포를 나타내게 된다. 이러한 데이터Data의 흩어진 변동성을 산포라고 부른다. 산포가 커지면 불량이 발생할 가능성도 커지게 된다. 따라서 품질 관리의 시작은 스펙Spec을 벗어나지 않게 하는 것이 기본 개념이며 측정이라는 활동을 통해서 시작된다. 300mm 웨이퍼 한 장에는 수백 개에 달하는 칩Chip이 생산된다. 이렇게 생산된 칩Chip이 패키지를 거쳐 최종 제품으로 출하하기에 앞서 웨이퍼Wafer 내의 각 칩Chip의 성능이 요구 수준을 만족하는지 사전에 테스트Test를 하여 불량 칩Chip을 걸러내는 작업을 한다. 당연히 불량 칩의 수가 적어야 웨이퍼에서 만들어 낼 수 있는 수가 많아질 것이고 양품 칩수가 많아지는 것을 목표로 한다. 그런데 여기서 한 가지 의문이 들 수 있다. 웨이퍼 내에서 가운데 위치한 칩Chip과 가장자리에 위치한 칩Chip의 성능이 과연 동일할 수 있을까? 라는 의

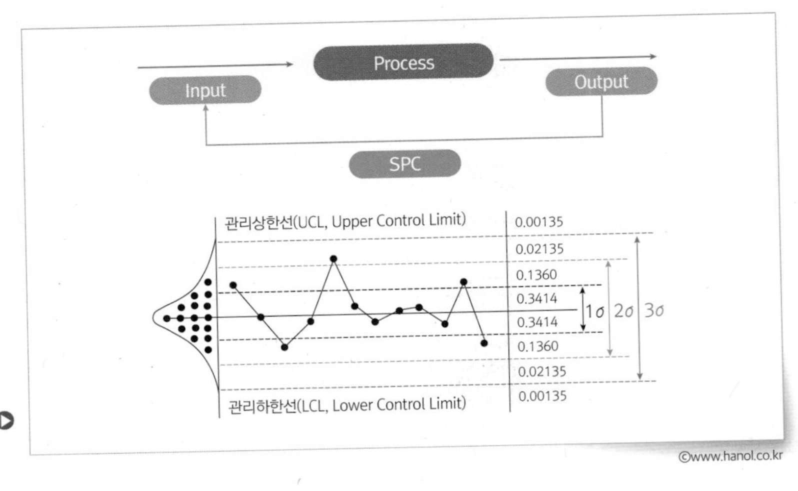

그림 9-71 I.P.O System과 산포

문이다. 아무래도 같을 거라고 상상하기는 어려우며 가장자리의 칩Chip에서 불량이 발생할 확률이 높은 것을 예상할 수 있다. 이것은 9장421 page에서 설명한 균일도Uniformity에 대한 설명과 동일한 맥락이다. 여기서 우리는 양산의 기술력이 무엇인지를 알 수 있다. 웨이퍼 위치별로 특성을 최대한 동등하게 만들어 줄 수 있으면, 한 장의 웨이퍼에서 생산해 낼 수 있는 칩Chip의 개수가 증가하고 이는 최종적으로 가격 경쟁력으로 이어질 것이다. 즉, 이러한 산포 관리의 기술이 양산 기술의 핵심이라고 할 수 있다. 그리고 이러한 기본 개념을 모든 프로세스Process로 확장할 수가 있는데, 보통 25장의 웨이퍼를 한 세트로 구성이것을 Lot이라 한다하여 프로세스를 진행하는데 마찬가지로 25장 간의 차이도 최소화를 해줘야 한다. 대량 생산 방식의 양산FAB은 수없이 반복되는 생산 과정에서 똑같은 품질의 결과물Output을 만들어 내는 것이 핵심이다.

이처럼 다양한 형태의 산포 관리를 위해서는 눈에 보이는 무언가가 있어야 한다. 좀 더 명확히 표현하자면 공정 특성을 반영한 결과물과 그것을 관리할 수 있는 관리 지수가 필요하다. 대표적인 것이 바로 패턴Pattern의 크기를 나타내는 CDCritical Dimension이다. 예를 들어, 29.5 nm 수준의 선 패턴Line Pattern을 형성한 후 제대로 만들어졌는지 CD-SEM 장비를 이용해 웨이퍼 내 위치별로 실제 측정을 한다. 웨이퍼

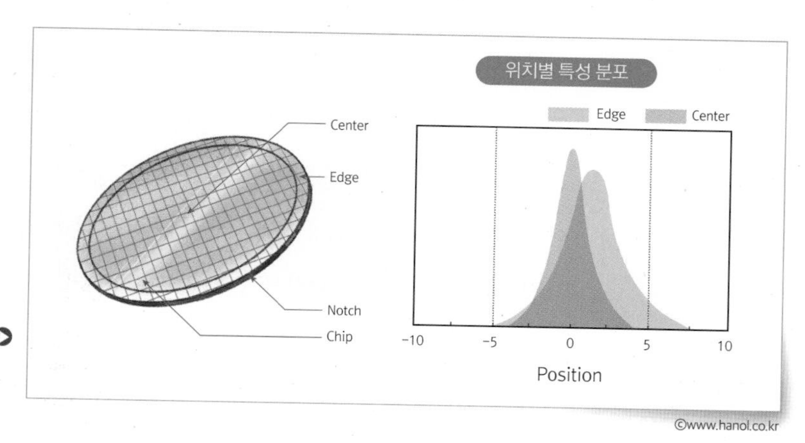

그림 9-72 Wafer 부위별 명칭과 성능 분포 예상

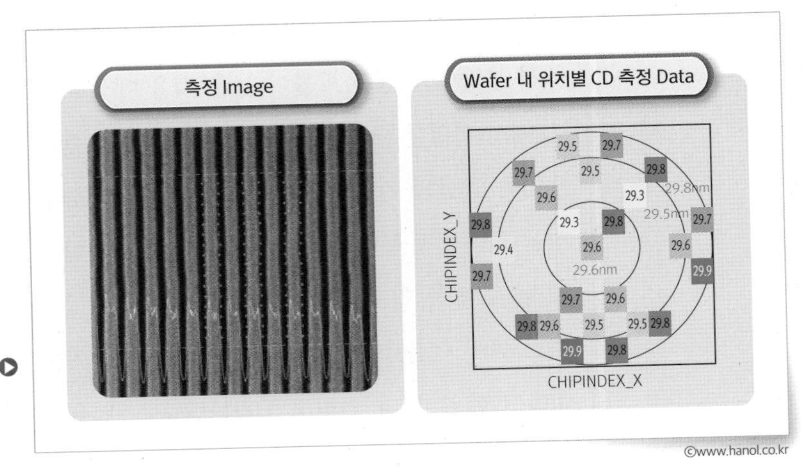

그림 9-73 CD-SEM을 통해 측정된 Line Pattern Image와 Wafer 위치별 측정 Data 분포

내에서 29.5 ± δnm 만큼의 분포를 가지고 패턴 크기의 결과를 확인할 수 있다. 측정 장수를 늘리면 웨이퍼 간의 분포도 확인할 수 있으며 보다 정교한 공정 관리가 가능해진다. 그런데 계측량의 증가는 결과적으로 생산 속도의 저하를 가져오고 한편으로는 계측 장비 투자가 필요하게 되어 제품 비용 증가를 가져오게 된다. 결국, 적게 측정하면서 불량 현상을 더 잘 검출할 수 있는 통계적인 기술이 필요하다. 통계적이라는 것은 샘플Sample을 추출해서 관찰된 결과를 가지고 추정하는 기술을 의미한다. 예를 들어, 앞서 측정된 데이터를 〈그림 9-73〉과 같이 영역별로 구분하여 볼 수 있다. 이렇게 놓고 보니 에지Edge 환형으로 CD선폭 값이 센터Center 영역보다는 값이 큰 것을 알 수 있다. 이런 결과를 피드백Feed-back받아 엔지니어는 영역별로 CD선폭 값의 차이를 발생시킬 수 있는 원인공정을 찾고, 이의 개선 방안을 찾고 지속 관리함으로써 수율 향상을 도모한다. 공정의 특성에 맞게 CD선폭 이외에도 막질Film의 두께Thickness 등의 관리를 추가하기도 한다.

그럼, 측정을 통해서 공정을 진행할 때 측정 스펙Spec 대비 양품Pass과 불량Fail 수준은 어느 정도로 관리가 되어야 할까? 반도체 공정은 개별 단위 공정을 기반으로 여러 개의 공정이 연결되는 연속공정으로 이

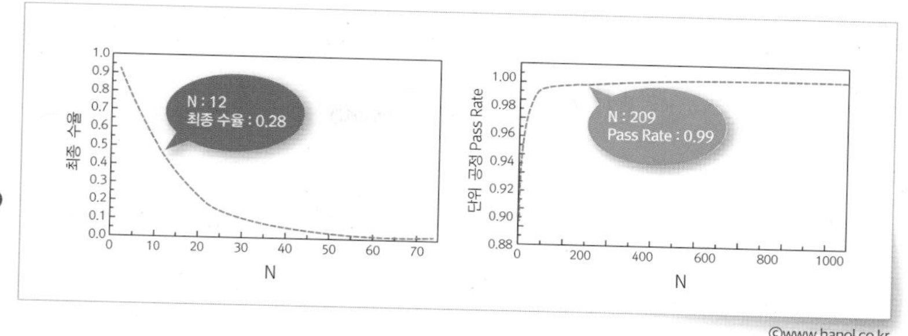

그림 9-74 최종 수율 90% 확보를 위해 단위 공정별 필요한 공정 관리 수준

©www.hanol.co.kr

루어져 있다. 반도체 프로세스 전체로 보면 각 단위 공정의 양품률Pass Rate의 누적으로 수율Yield이 형성되게 된다. 예를 들어 각 개별공정의 양품률Pass Rate을 90%로 가정했을 때, N개의 공정을 진행하면 최종 확률은 0.9^N 이 된다. 반대로 최종 수율을 90%라고 했을 때 N개의 공정을 진행할 때 필요한 각 개별공정의 스펙Spec 양품률Pass Rate은 $0.9^{1/N}$이 될 것이고 진행하는 공정 수가 200개만 넘어가도 0.05% 수준으로 불량률의 관리가 필요하다. 이처럼 공정 수가 증가할수록 품질 관리 난이도가 급격히 증가하는 것을 알 수 있다.

0.05%의 불량률 관리 수준이라는 것은 2,000번 측정했을 때 1번 정도의 불량이 발생하는 수준으로 쉽게 체감하기 어려운 수준의 수치이다. 이는 비단 반도체에만 국한된 이야기는 아니고, 모든 산업에서 동 일하게 나타나는 현상이다. 그래서 이런 문제를 해결하기 위한 다양한 방법론들이 알려져 있고, 그중 대표적인 것으로 6시그마라는 통계적 관리 기법이 활용되고 있다. 6시그마는 산포의 감소에 초점을 두는 원리를 가지고 있고 데이터를 활용해 통계적인 문제로 변환하여 산포를 해석할 수 있게 하는 데 유용하다. 따라서 양산 관리를 위한 엔지니어들은 최소한의 통계적 소양이 요구된다. 특히, 양산에서의 여러 가지 측정은 모든 웨이퍼Wafer, 모든 칩Chip을 측정할 수 없기 때문에, 일부만 선택적으로 측정Sampling하게 되고, 이때 어떻게 하면 보다 적은 샘플링Sampling으로 보다 효과적인 품질 관리를 할 수 있을

것인지에 대한 방법론을 SPCStatistical Process Control, 즉 통계적 공정 관리라고 한다.

Etch 장비의 유지 관리

양산 장비는 24시간 가동으로 인해 높은 부하 상태에 있게 된다. 플라즈마 식각Plasma Etch에서 사용되는 높은 부식성 가스와 높은 파워로 인해 챔버Chamber 내부 부품들도 식각으로 인한 소모 및 오염되는 문제가 발생한다. 이런 문제는 생산 및 안전 사고 등의 위험이 증가하기 때문에 문제가 발생하기 전 예방 정비를 진행한다. 이를 PMPreventive Maintenance, 예방 정비이라고 하고, 식각되는 동안 RF고주파가 켜진 누적 시간이나 웨이퍼를 카운트Count함으로써 인지하며 이때 챔버를 세정하고 소모된 부품을 교체하는 작업을 한다. 예를 들어, 캠핑 가서 고기를 구워먹는 상황을 떠올려보자. 깨끗한 불판에 고기를 굽기 시작하면 기름, 찌꺼기, 양념 등으로 불판은 조금씩 더러워지고 어느 시점부터는 고기가 불판의 영향으로 타거나 그을음이 묻어나는 상황이 된다. 이 시점이 되면 우리는 불판을 바꾸거나, 찌꺼기를 씻어내는 작업을 진행한다. 그런데 씻어내거나 교체한 후에 고기를 바로 굽는가? 아니다. 최소한 예열과 기름칠을 하는 것이 고기를 맛있게 굽기 위한 팁Tip이다. 식각 장비의 PM예방 정비도 동일한 개념으로 생각하면 이해가 쉽다. 진행하는 웨이퍼Wafer가 누적될수록 장비는 오염되거나 소모되고,

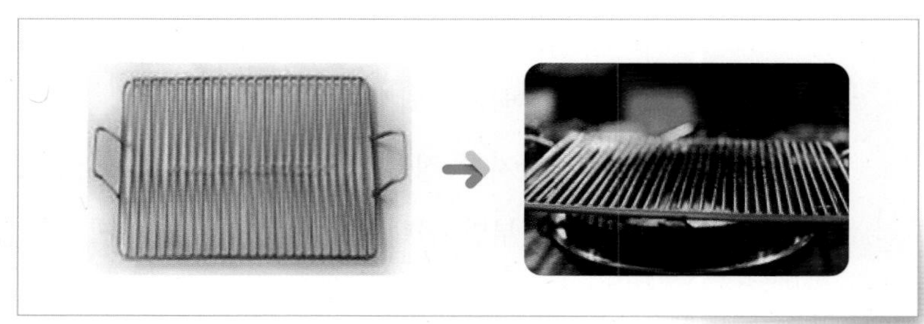

그림 9-75 장비 유지 관리의 필요성의 예

어느 시점부터 웨이퍼 품질에 악영향을 주기 시작한다. 이 시점이 도달하기 전에 엔지니어는 생산을 잠시 멈추고, 장비를 세정Cleaning하고 소모품을 교체한다. 이후 다시 생산을 진행하기 전에 더미 웨이퍼Dummy Wafer를 사용하여 챔버의 상태Condition를 회복하는 작업을 진행하게 된다. 이러한 정비는 일정 주기로 이루어지지만, 주기에 도달하기 전이라도 장비에 이상 신호가 발생하거나 웨이퍼가 정상적으로 진행되지 않는다고 판단되는 경우에는 BMBreakdown Maintenance, 고장 정비을 하여 장비를 정비한다. 이처럼 양산 Etch공정에서는 웨이퍼 품질에 영향을 주지 않으면서 정비 시간 최소화를 통해 생산 극대화를 위한 적정 PM예방 정비 주기를 찾고, 웨이퍼의 이상 신호를 정확하게 인지하고 판단하여 빠르게 정비할 수 있는 유지 관리 기술이 중요하다. 이처럼 반도체의 품질 및 생산성은 웨이퍼wafer를 가공 중인 장비의 상태에 크게 영향을 받는다. 만약 장비에 오류가 있었음에도 불구하고 계속적인 공정이 이루어진다면 수율의 하락뿐만이 아니라 비용적으로도 막대한 손실을 입게 된다. 그렇다면 자동으로 장비에 이상Fault이 있다는 사실을 인지하고 문제가 발생 시 추가적인 확산이 이루어지지 않도록 멈춰주는 방법이 없을까?

팹FAB에서는 장비의 고장을 감지할 수 있는 방법으로 FDCFault Detection-

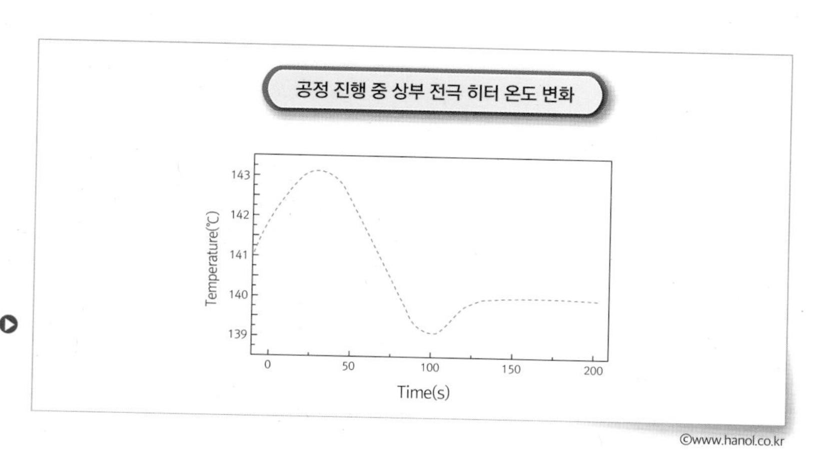

그림 9-76 실시간 FDC Data Sample - 전극 온도 조절을 위해 연결된 Heater의 온도

and Classification 시스템을 널리 사용하고 있다. 장비에서는 공정을 진행하면서 온도, 압력, 파워 등의 수백 가지의 데이터를 수집하고 기준 모델Reference Model과의 비교 분석을 통해 실시간으로 장비의 상태를 판단한다. 이때 어떤 오류가 발생했다면 단순히 감지해내는 것뿐만 아니라 그 오류를 정의하고 분류하여 그 분류에 따른 처방을 할 수 있을 것이다. 예를 들어, 자동차를 주행한다고 했을 때 계기판에는 속도 및 RPM, 냉각 상태 등과 같이 현재 상태에 대한 정보를 구분하여 보여주며, 기름 상태, 타이어 공기압 상태와 같이 안전에 대한 정보도 설정해놓고 문제가 발생하면 경고 신호Alarm를 보내 전자가 인지할수 있게 하는 것을 연상하면 되겠다. 이처럼 FDCFault Detection & Classification란 제조 현상에서 나타나는 고질적인 여러 문제점을 데이터 관점에서 해석하여 문제의 원인을 탐색하고 해당 원인이 나타날 조짐이 보일 때 이를 미리 알려주는 시스템이라고 정의할 수 있다. 이런 시스템을 어떻게 자동화하느냐가 능력이라고 할 수 있는데 양산 팹FAB에는 자동화 시스템으로 구축이 되어 있다. 이렇게 장비에서 나온 아웃풋 데이터Output Data를 소스 파라메터Source Parameter라고 한다. 샘플링Sampling을 통해 일부 웨이퍼wafer에서만 확보가 가능한 반응 변수Response Parameter,공정 결과와는 달리 소스 데이터Source data는 모든 웨이퍼에 대해 자동으로 생성되는 특징이 있어 그 양이 매우 많고 해석하기에는 어려움이 있지만, 잘 활

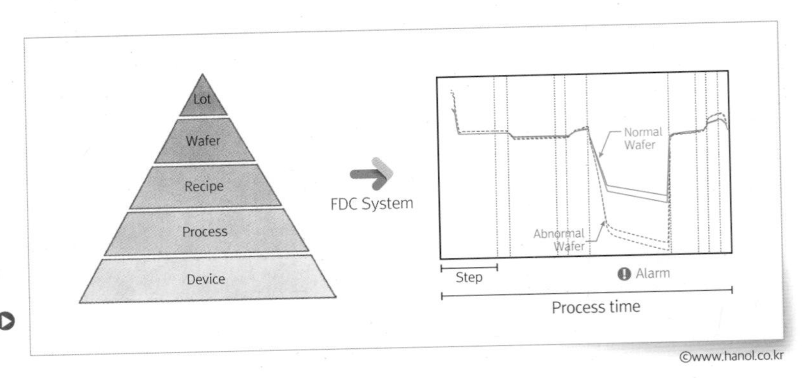

그림 9-77 FDC System의 예제

©www.hanol.co.kr

용하면 공정 산포 개선에 매우 효율적으로 활용이 가능하다.

엔지니어들이 장비를 제어하면서 공정을 제어하기 위해서는 어떤 데이터베이스Database를 통해서 경험치들을 공정에 지속 반영시켜 주면서 공정을 점진적으로 개선하고 모니터링 할 수 있어야 한다. 팹FAB에서는 대표적인 관리 방법으로 전통적인 SPCStatistical Process Control를 활용한 방법과 APCAdvanced Process Control를 사용한 조절 방법들이 자동화 시스템과 연결되어 운영되고 발전되어 오고 있다. 먼저, SPC는 통계적 공정 관리Statistical Process Control의 약자로, 뜻을 풀어보면 다음과 같다.

Statistical 데이터를 통한 통계적 자료와 분석 기법의 도움을 받아
Process 주어진 스펙Spec과 공정의 능력 상태를 파악하여
Control 원하는 상태로 제품이 생산될 수 있도록 하는 관리 방법을 의미한다.

〈그림 9-78〉에서와 같이 아웃풋Output 요소를 SPC 기법을 이용해서 이상 유무를 파악하고 입력 변수Input Parameter를 조절함으로써 관리를 하겠다는 의미이다. 데이터가 생성되는 즉시 '관리도'를 통해 자동으로 정상/비정상을 판단하고 피드백Feed-back과 후속 조치를 해 줄 수 있게 된다. 이로써 현장에서 발생하는 수많은 데이터 중 엔지니어가 보다 관심을 기울여야 하는 데이터에 집중해 효율적인 품질 관리를 할 수 있도록 돕고 있다.

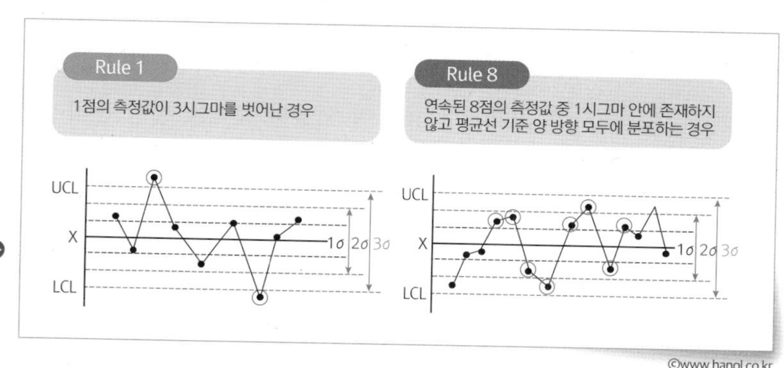

그림 9-78 관리도의 예시 - 효율적 관리가 가능하도록 표준화되어 있다.

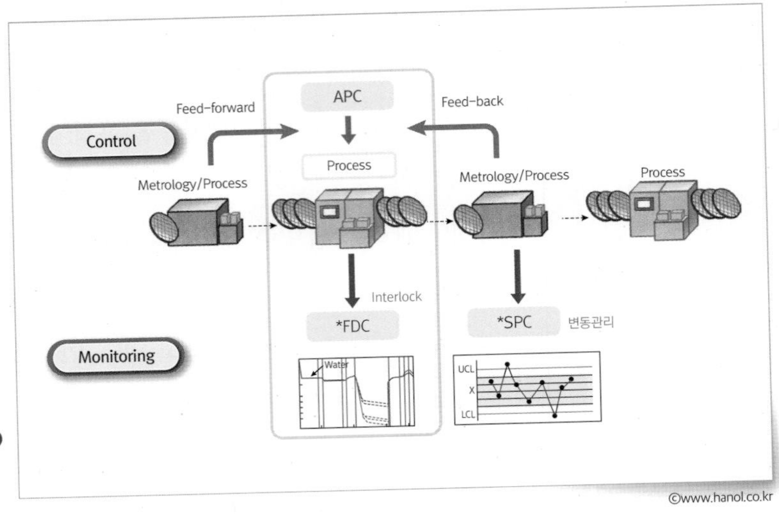

그림 9-79 APC 적용을 통한 공정 관리의 예

또 다른 자동화의 형태로 APCAdvanced Process Control라고 부르는 것이 있다. 진보된 공정 관리라는 뜻인데 실시간으로 센서Sensor를 사용해서 공정을 제어하겠다는 개념을 가지고 있다. 하나의 패턴을 구현하는데 있어 식각공정이 최종 공정이 되는 경우가 많다. 그러다 보면 앞 공정에서 진행되어온 여러 막질Film들의 증착 상태나 마스크Mask CD선폭가 최종 CD선폭에 영향을 주게 된다. 바꿔 말하면 어떤 랏Lot의 사전 공정에 대한 정보가 있다면 식각공정에서 그에 대한 보상 진행을 할 수도 있다는 말도 된다. 공정 별로 최적화가 된 상태에서 아웃풋Output 결과에 가장 영향을 많이 주는 인자를 선별할 수 있으면 모델링Modeling을 통해 자동 보상이 가능할 것이다. 간단한 예로, y라고 하는 결과에 영향을 미치는 x의 관계가 설명이 된다면 'y = ax + b'와 같은 함수 관계를 활용하여 모델링Modeling을 통한 관리가 가능하다. 현재 이런 것들이 자동화 시스템과 연결이 되어 많은 발전이 되어 있고 운영을 하고 있다. 반도체 제품의 공정 난이도가 지속적으로 증가하는 상황에서 양산 관점에서 이를 극복하기 위한 방법은 실시간으로 생성되는 빅 데이터Big data를 어떻게 활용하느냐에 달려 있을 것이다.

양산에서 Etch가 가지는 어려움

Etch가 가진 단 한번의 기회

막질Film을 형성하는 증착공정이나 PRPhoto Resist 마스크Mask를 하는 Photo노광공정은 문제가 발생하면 선택적 식각 작업을 통해 해당 영역만 제거할 수 있다. 즉, 공정 트러블Trouble로 인한 웨이퍼 이상 발생 시 결과가 좋지 않아도 일정 손실을 감소하면 재작업이 가능한 부분이 있다. 매우 높은 웨이퍼의 장당 가격을 생각하면 재 작업을 통해 웨이퍼를 정상화하는 것이 유리하다.

반면, Etch식각공정은 다른 단위 공정들과는 달리 한번 잘못하면 고칠 수가 없다. 그래서 오류가 생기면 굉장히 치명적으로 작용한다. 왜냐하면, 이미 식각으로 파버린 것을 같은 물질로 패턴 형상Pattern Profile까지 고려하면서 채우는 것은 현실적으로 불가능하기 때문이다. 즉, 잘못된 웨이퍼는 버려야 한다. 이는 수십 일에서 몇 달에 걸쳐 진행되는 공정 순서Process Flow 중 단 한번의 오류 발생으로 이전에 진행된 프로세스 전체가 벼려지는 상황이며, 오랜 시간에 걸쳐 진행되어 완성에 가까운 상태에서 웨이퍼 손실Wafer Loss이 발생할수록 그에 따른 손실은 크게 증가한다. 식각공정에서 재작업이 가능한 경우는 공정이 진행 중인 장비에서 어떤 이유로 오류가 발생한 경우, FDCFault Detection & Classification 시스템에 의해 공정이 중단된 웨이퍼는 트러블Trouble 처리가 가능할 수 있다. 예를 들어, 막질 두께Thickness가 두껍게 진행되어 EPDEndpoint Detection의 에러Error가 났을 경우 추가 식각을 진행하는 시퀀스Sequence를 가질 필요가 있다.

Etch를 어렵게 만드는 다품종 생산

반도체 제조는 보통 nm 단위의 기술로 구분한다. '몇 nm의 양산에 성공했다'는 것은 새로운 nm의 제품들이 양산에 투입되는 것을 나타낸다. 팹FAB에서는 이를 테크Tech 단위로 구분하며, 하나의 테크Tech에는 용도에 맞는 다양한 제품들이 존재하게 된다. 간단한 예로, DRAM만 하더라도 개인용 PC에 사용되는 범용 메모리부터 고성능의 서버용 메모리, 전력 소모를 줄이고 최적화한 모바일용 메모리, 그래픽 연산에 최적화된 메모리 등 용도와 고객의 다양한 요구를 충족시키기 위한 여러 가지 제품들이 존재한다. 문제는 이런 제품들의 칩Chip은 밀도가 높은 셀Cell 영역과 밀도가 적은 페리Peri 영역 간 비율 차이가 발생한다.

이러한 차이는 로딩 이펙트Loading Effect를 발현시키며 엔지니어는 각각의 제품별 최적화된 공정 조건을 따로 설정을 해줘야 한다. 장인은 도구환경를 탓하지 않는다고 했던가. 이 말처럼 Etch식각는 사전에 주어진 조건과 Etch식각 진행 공정의 다양성을 모두 만족시킬 수 있는 양산 기술을 확보해야 한다.

공정 미세화와 장비의 재활용

테크Tech의 미세화는 모든 공정을 어렵게 하지만 입체적으로 정밀하게 패턴을 만드는 식각공정의 난이도는 차원이 다르게 증가한다. 미세화를 위한 PRPhoto Resist 해상도 한계로 단단한 막질film을 점점 여러 개를 누적시켜 하드마스크 식각Hard Mask Etch을 통한 전사 패터닝Patterning을 진행하거나, PRPhoto Resist 패턴 위에 증착과 식각을 반복하면서 점점 더 작은 크기로 만들기도 한다. 3D NAND와 같이 수직 식각을 하는 경우 100 이상의 고종횡비High Aspect Ratio 조건이 요구되기도 한다. 이런 식각을 진행하기 위해서는 더 나은 성능을 지닌 장비들이 필요하게 되는데, 여기서 양산 기술은 큰 난관을 맞이한다. 먼저, 절대공정 수의 증가는 동일한 생산량을 위해 팹FAB 내에 식각 장비의 비율이 더 높아져야 함을 의미한다. 그러나 항상 전면 가동Full Capacity으로 양산 중인 팹FAB에서 장치 비율을 바꾸거나 장치 대수를 늘리는 작업은 결코 쉬운 일이 아니며 큰 손실을 감수해야 하는 상황이 된다. 공정을 단순화하는 작업을 하거나 식각 속도를 높여 진행 효율을 높이는 개선 활동을 진행하게 된다. 문제는 난이도가 급증한 상태이기 때문에 균일도Uniformity와 원하는 형상Profile을 맞추는 일은 매우 어려운 작업이다. 또 다른 방법으로는 연구개발되지 않은 구형 장비를 활용하는 방법이 있다. 활용도가 낮아진 구형 장비로 지속적인 가치를 창출할 수 있다면 이는 매우 효율적인 개선 활동이 된다. 다만, 최신 기능을 사용하지 못하는 것을 대체할 새로운 조건을 개발해내야 하며 양산 팹FAB에서 공정 개발을 진행하는 어려움이 존재한다. 반도체 장비는 매우 고가이기 때문에 효율이 떨어지는 것은 곧 손실의 확대를 의미하므로 효율 증가를 위해 연구하고 개선하는 것은 Etch식각 양산 기술과 떨어질 수 없는 필수적인 업무가 된다.

Etch 양산 엔지니어의 하루

최첨단 자동화의 선두 산업인 반도체 공장을 외부에서 바라보고 기대하는 엔지니어의 하루는 어떻다고 생각이 들까? 24시간 쉴 새 없이 가동되는 팹FAB에서의 생활은 응급실과 비슷한 것 같다. 환자들이 쉴 새 없이 들어오고, 위험이 높은 중증 환자를 선별한 후 우선 순위대로 치료와 검사를 진행하고, 여기저기 상황에 따른 간호사들의 요청에 긴박하게 응답하며 피로한 눈으로 모니터를 응시하는 의사의 모습을 상상하면 된다. 물론 생명을 구하는 현장과 비교할 수 없지만, 엔지니어들도 웨이퍼Wafer를 환자와 같이 대하는 의사와 같다.
특히, Etch식각 현장의 엔지니어는 최종 패턴을 형성해주는 곳인 만큼 쉴 새 없이 발생하는 장비의 트러블Trouble과 조치를 기다리는 에러Error 웨이퍼wafer들, 장비 PM예방 정비/BM고장 정비 후 샘플 웨이퍼Sample Wafer의 검증 결과를 확인받기 위한 제조작업자Operator의 끊임없는 요청들에 둘러싸여 대응한다. 그 와중에도 내 담당공정 제품의 생산 상황에서 지연이나 막힘은 없는지, 측정공정에서 과도한 부하가 있는지도 지켜봐야 한다. 틈틈이 담당공정이 정상으로 진행되고 있는지 관리도를 통한 데이터 트렌드Trend를 확인한다. 수율 담당 부서의 분석에 따른 검증은 덤이며, 양산 엔지니어 본연의 개선 평가 업무도 동시에 진행된다. 한마디로 쉴 새가 없이 업무 시간이 지나간다. 이런 업무는 야간에도 이어지며, 야간 대응을 하는 엔지니어들이 빈 자리를 지키며 밤샘 작업을 이어나간다. 테크Tech 발전에 따른 공정 수와 난이도가 가장 증가하는 에치Etch 답게 생산 트러블Trouble과 엔지니어 확인 필요 및 개선 필요 건수도 단연 1등을 놓치지 않는다. 오늘도 힘들고 바쁘지만, 더 효율적인 양산 기술과 환경을 추가하며 남다른 사명감을 가진 슬기로운 엔지니어들을 기대한다.

05 Etch Issue 및 향후 개발 방향

반도체 미세화 트렌트와 식각 이슈

최초의 트랜지스터는 진공관으로 만들어 눈으로 볼 수 있을 만큼 컸지만, 1980년부터 소자를 작게 만들어 집적화 회로 ICIntegrated Circuit를 만들기 시작하면서 반도체의 혁명이 일어나기 시작했다. 이 당시에는 10um마이크로 미터 크기의 수준으로 습식 식각Wet Etching으로도 구조를 만들어 낼 수 있었지만, 이후 고집적화가 이루어지면서 패턴은 더욱 작아져 현재는 1xnm 수준의 트랜지스터로 10um의 크기에 약 10,000개의 단위 셀Unit Cell이 들어갈 수 있을 정도로 미세화되었다. 이러한 미

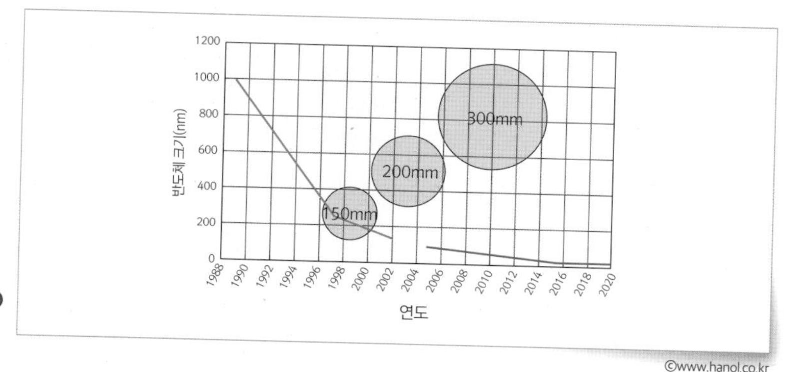

그림 9-80 반도체 미세화 Trend

세화 과정에서 플라즈마 식각Plasma Etching은 반드시 필요한 대체 불가한 기술이 되었다. 그러나 여전히 모든 관련된 문제들은 미세화의 키워드Keyword에서 발생한다. 특히, 제품Device의 상태가 작아짐에 따른 스펙 마진Spec Margin 및 균일도Uniformity는 차원이 다른 상황이 된다. 예를 들어 100nm나노미터를 기준으로 여러 변수로 인해 2~3nm 변화되는 것은 문제가 있다고 판단되지 않지만, 10nm를 기준이 되면 심각한 문제가 발생하는 상황이 된다. 또 다른 예로, EPDEndpoint Detection와 같은 기술이 적용이 안 되는 경우도 발생할 수 있다. 〈그림 9-81〉과 같이 흰색/검정색의 격자 패턴에서 흰색 부분을 식각한다고 했을 때 격자가 컸을 때는 구분이 명확하지만, 촘촘하게 되면 눈으로도 흰색과 검정색을

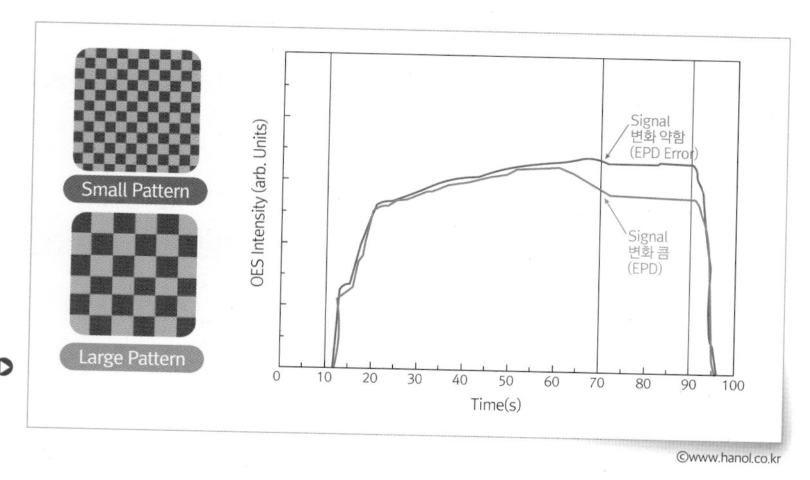

그림 9-81 Pattern 크기에 따른 OES Signal 비교

구분하기 어렵듯이 OES_{Optical Emission Spectrum}에서 보이는 신호Signal대 잡음Noise이 작아지는 상황으로 설명할 수 있다. 이처럼 현재의 식각 기술은 아주 미세한 오차까지도 허용되지 않는 상황에 있다. 이러한 문제를 극복하기 위해 공정 관점과 장비 관점에서 발전되어 온 과정과 새로운 방법을 도입하여 한계를 돌파해 온 사례들을 통해 향후 개발 방향에 대해 알아보도록 하겠다.

기술적 한계 극복 방안과 기술 발전 방향

식각공정은 어떤 조건의 상황에서라도 설계된 소자의 설계도Layout 대로 모양을 정확하게 구현하는 것과 그것을 균일하게 만들어 내는 것이 최종 목적이다. 즉, 더 작은 패턴Pattern이 되어오거나 더 두꺼운 스택Stack이 쌓여도 휘거나 구불거리지 않으면서 일정한 크기로 만들어야 하는 미션Mission이 있는 것이다.

전통적으로 CD선폭를 결정하는 것은 Photo노광 장비에서 결정이 된다. 정확하게는 Photo노광 장비의 파장에 의해 마스크 패턴Mask Pattern 크기가 결정이 되며 [표 9-7]과 같이 계속 발전해 왔다. 현재 가장 높은 해상도Resolution를 가진 장비는 불화아르곤 이머전ArF Immersion으로 만들 수 있는 CD선폭는 40~20nm 수준이다. 지금 양산되어 나오는 제품들은 1x nm 수준인데 이렇게 만들기 위해서는 EVU 장비의 도입이 필요하나 아직은 안정화 전 단계이고 상당한 고가의 장비1대 가격이 BBQ 1년 매출로 사

ArF Immersion은 렌즈와 웨이퍼 사이에 공기보다 굴절률이 높은 물(Water)을 넣어서 유효 개구수를 늘리는 기술이다.

표 9-7 Photo 장비 광원에 따른 CD 구현 영역

광원	파장(nm)	회로선폭(nm)
KrF	248	100~80
ArF	193	70~50
ArF Immersion	150	40~20 후반
EUV	100~10	20 초반 이하

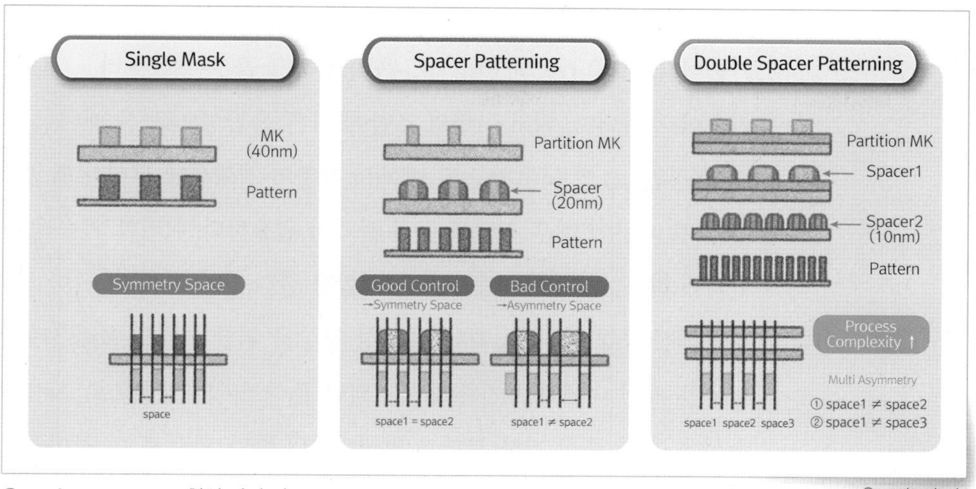

▲ 그림 9-82 Pattern 형성 방법 비교

용이 어렵다.

마스크Mask의 해상도 한계를 넘은 미세 패턴Pattern CD선폭를 달성하기 위해 멀티 패터닝Multiple Patterning 기술이 도입되었다. 이 기술은 증착과 식각 스텝Step의 증가와 반복으로 형성하게 된다. 원리적인 측면은 종이접기를 생각하면 된다. 종이를 한 번만 접으면 두 겹이 되고, 두 겹을 다시 반으로 접으면 2 × 2 = 4겹이 만들어지는 원리와 같다. 〈그림 9-82〉와 같이 PRPhoto resist을 ACLAmorphous Carbon Layer과 같은 하드마스크Hard Mask 물질을 통해 전사된 패턴을 만들어주고, 실리콘 옥사이드Silicon Oxide 막질을 증착한다. 그리고 에치백Etch Back공정을 적용하면 옥사이드 스페이서Oxide Spacer 패턴이 만들어진다. 이렇게 만들어진 스페이서 Spacer를 마스크Mask로 하여 식각을 진행하여 패턴을 만들면 더 작은 패턴을 만들 수 있게 된다.

한 단계 더 작은 패턴을 만들기 위해서는 이 과정을 반복해 주면 기존보다 4배 밀도가 높은 패턴을 형성할 수 있으며 이런 방식을 Double Spacer Patterning Technology 라 한다. 20nm 이하의 공정에서는 멀티 패터닝Multi Patterning 방식이 반드시 적용되어야 하는 필수적인 기술이다. 그러나 선 패턴Line Pattern을 형성하고 끝부분을 잘라Cutting내는 기술이 추가되며, 여러 공정의 조합에 따른 복잡성으로 선 패턴Line Pattern 간 공간Space의 치우침Bias의 변화는 제품의 신뢰성에 문제가 발생할 수 있기 때문에 매우 정밀한 공정 관리가 필요하다. 이러한 기술적 경험과 노하우Knowhow가 현재 중요한 역할을 한다.

부족해진 공정 마진Margin 대비 생산성 향상을 위한 고밀도 플라즈마의 적용은 패턴 미세화로 기존에 무시되던 플라즈마의 영향으로 소자에 손상을 주어 품질 저하 문제가 발생하기도 한다. 앞으로 더 작아지고 더 얇아질수록 심각한 문제를 야기할 수 있기 때문에 이런 공정 마진Margin을 극복하고 통제하기 위해 식각 반응 단계를 분리하여 조절하는 펄스 플라즈마Pulse Plasma 기술과 패시베이션Passivation과 식각을 반복하는Iterative공정 기술과 같은 기술이 개발되고 있다. 2가지의 공정 마진Margin 부족 현상을 예를 들어 적용 사례를 같이 설명을 하도록 하겠다.

첫째, 미세 패턴을 형성하기 위해 마스크의 약한 내성에 대한 선택비의 보상이 필요하다. 약해진 PRPhoto resist은 플라즈마의 낮은 이온 에너지Ion Energy에도 반응을 하여 식각 진행 후 반듯한 패턴을 형성하지 못하고, 찌글찌글한 패턴을 형성하게 된다.

둘째, 패턴 간 로딩Micro Loading이 심한 경우 넓은 패턴에서는 과다한 오버 에치Over Etch가 진행되어 게이트 절연막Gate Oxide에 손상Damage을 주는 취약한 상황이 된다. 예를 들면, 고밀도 플라즈마의 이온Ion의 강한 충돌로 얇아진 게이트 절연막Gate Oxide과 같은 유전 물질의 결합Bonding을 깨거나 결합을 바꿔 손상을 주는 경우를 말한다. 이 경우 얇아진 막의 손상Damage은 3~5nm로 무시할 수 없는 수준이 되며 물리적, 전기적으로 손상이 갈 수밖에 없는 상황으로 이를 극복할 수 있는 대안이 필요해진다.

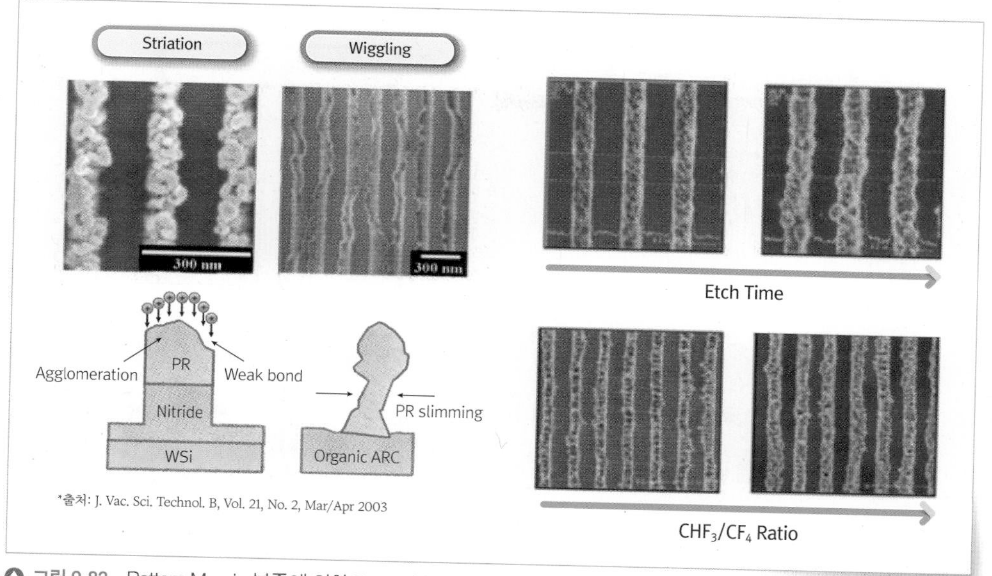

그림 9-83 Pattern Margin 부족에 의한 Profile 붕괴 현상

일반적으로 지금까지 설명해온 Etch식각는 챔버Chamber에 들어가는 입력Input 조건들Gas, Power, Pressure을 연속적으로 유지하고 있는 상황에서 패시베이션Passivation과 식각이 동시에 이루어지면서 식각 속도Etch Rate도 시간 증가에 따라 비례하여 증가한다. 이런 상황에서 공정 마진Margin을 개선하려면 패시베이션Passivation과 식각 단계Step를 구분하고 단계의 반복을 통해서 개선할 수 있다. 펄스 플라즈마Pulse Plasma 기술은 플라즈마 소스Plasma Source는 계속 유지한 상태에서 바이어스 파워Bias Power를 온오프on-off를 반복하는 새로운 방식이다. 온on된 시간에는 식각 반응이 작용하고, 오프off된 시간에는 폴리머Polymer가 증착되거나 낮은 에너지 상태가 되어 손상Damage을 감소시킬 수 있다. 이러한 원리를 잘 조절하게 되면 부산물By-product의 잔류 시간이 조절되어 로딩 이펙트Loading effect도 개선할 수 있게 된다. 그러나 이러한 방식은 공정의 속도가 느려지는 단점이 있으며 스루풋throughput 개선은 양산 과정에 있어 큰 장애요소로 작용한다. 장비 메이커Maker회사에서는 반복되는 개별 단계Step 간

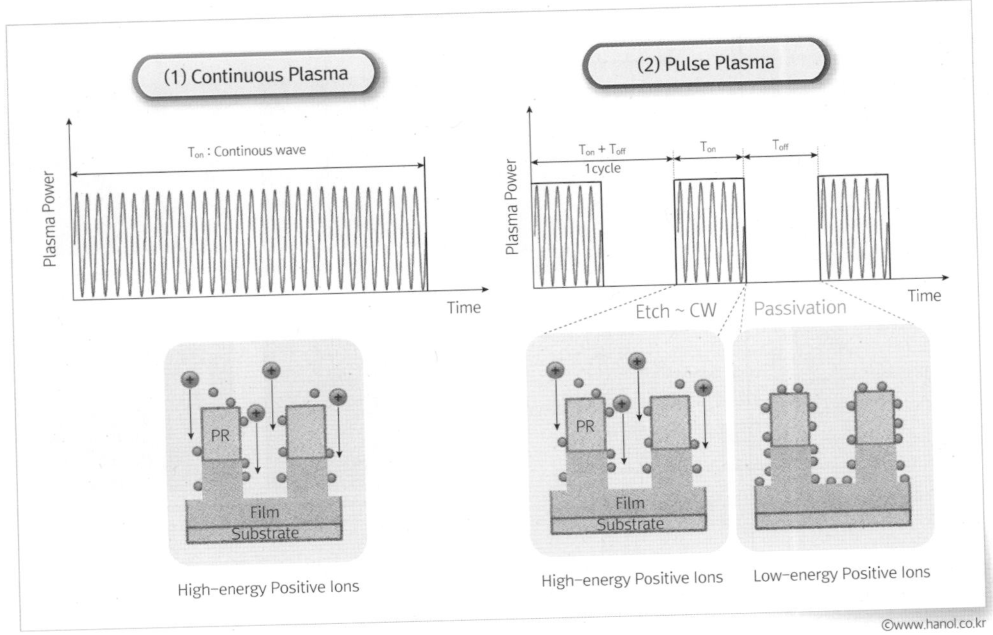

그림 9-84 Pulse plasma의 개념

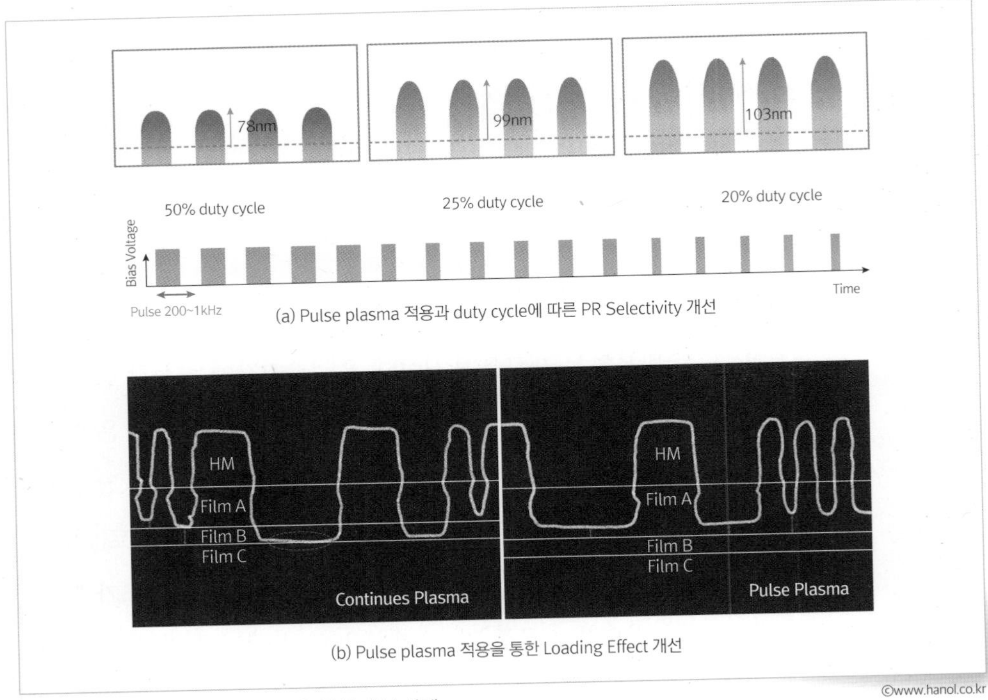

그림 9-85 Pulse Plasma 적용을 통한 개선 사례

더욱 빠르게 응답하고 전환할 수 있는 기술로 개발하여 진행하고 있다.

마지막으로, 장비에서의 공정 조절Process Control 기능 개발이 되어온 방향을 설명하고자 한다. 미세화로 인한 전체적인 스펙 마진Spec Margin의 감소는 웨이퍼 내, 웨이퍼 간 Etch식각 결과물의 균일도Uniformity 개선을 위한 새로운 기술도 필요로 하게 된다. 이러한 웨이퍼 내 균일도Wafer Uniformity 개선은 장비 하드웨어Hardware 관점에서 센터Center 영역과 에지Edge 영역의 특성을 조절할 수 있도록 개발되고 발전되었다. 장비 메이커Maker에서 모델model이 개선Upgrade되어 온 방향 역시 균일도Uniformity와 장비 반응 속도를 개선하는 방법들이 고안되었다. 플라즈마 밀도를 균일하게 제어하는 방법과 온도 제어를 통해 웨이퍼 표면에서의 화학 반응을 유연하게 제어할 수 있도록 개선하고 있다.

Tunable Gas Flow

식각 가스 유량 분사 방향이 플라즈마 밀도의 균일성에 영향을 준다. 각 장비 제조사 및 장비 모델에 따라 가스 유량gas flow 조절 분해능이 약간의 차이는 있지만, 대체적으로 중앙Center/가장자리Edge 지역으로 정해진Set 값에 따라 자유롭게 조정하여 에천트Etchant를 분배하는 방식을 적용해오고 있다. 정전용량 플라즈마 방식CCP Type은 샤워헤드Show-head를 사용하여 가스를 흘리는 방식으로 초기에는 중앙Center/가장자리Edge 2개의 영역Zone 으로 총 가스 유량Total Gas Flow 량에 대해 조절이 가능하였으나, 이후 중앙Center/중간Middle/가장자리Edge 지역 3개의 영역Zone으로 배분이 가능하도록 되었으며, 향후 장비에서는 4개 영역Zone 까지 분배 가능하도록 개발되고 있다. 유도결합 플라즈마 방식ICP Type은 인젝터Injector 방식으로 가스가 흐르는 방식으로 중앙Center/가장자리Edge 분사 비율을 조절할 수 있다. 최근에는 극 에지Edge 영 역 부품Parts 들의

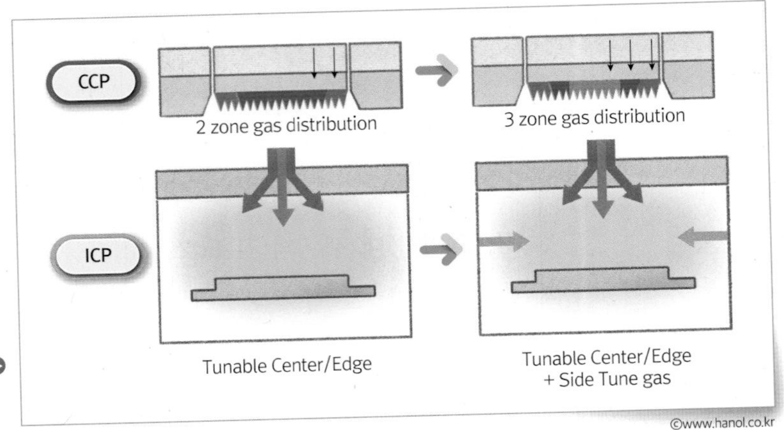

그림 9-86 Source Type별 Gas Flow Configuration

식각 정도에 따른 식각 속도Etch Rate 변화를 보상 가능하도록 측면에서 가스가 흐를수 있도록 가스 라인Gas Line 이 추가되었고, 사용할 수 있는 가스의 종류도 다양해지고 있는 추세이다.

Tunable Source Power

상부 코일Coil이 존재하는 유도결합 플라즈마 방식ICP Type의 장비의 경우에 듀얼 존 코일Dual Zone Coil을 사용해 안쪽Inner & 바깥쪽Outer 파워가 흐르는 양을 조절하는 방식으로 중앙Center & 가장자리Edge 의 식각 속도 조정이 가능하다. 파워가 높게 흐르는 쪽에 플라즈마 밀도를 높일 수 있어 원하는 방향으로 균일도Uniformity 를 개선할 수 있다.

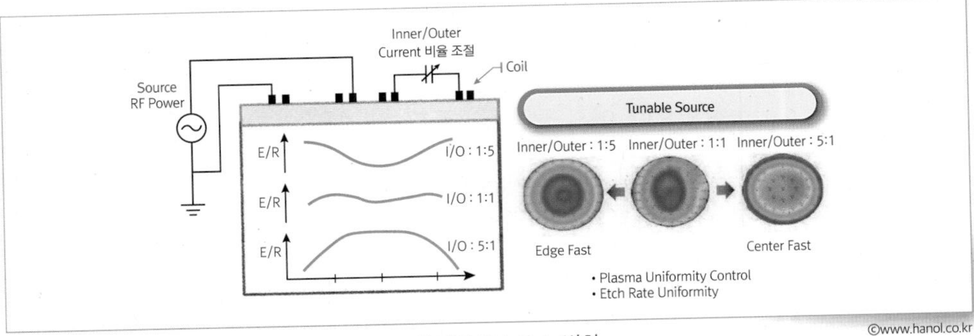

그림 9-87 Tunable Source Power Distribution에 따른 Etch Rate 변화

ESC Temp Control

플라즈마의 조건 변경 없이 웨이퍼를 고정하는 정전척ESC에 다른 히터Heater나 냉각Cooling 기능을 추가함으로써 웨이퍼 표면에서의 화학 반응을 제어할 수 있다. 온도는 식각 균일도Etch Uniformity에 직접 영향을 미치기 때문에 가장 효과적인 방법이 된다. 그래서 정전척ESC을 통해 식각 균일도Uniformity를 개선하기 위해서 영역을 세분화하는 방향으로 개발되었다. 초기에는 1개의 정전척ESC에서 각 식각공정 단계Step 간의 온도만 조절 가능한 상태에서 시작하여 중앙Center/가장자리Edge 지역으로 2개 영역Zone으로 분리하여 각각 조절이 가능하도록 개발되었다. 이후 장비 제조사에 따라 4개 영역Zone, 7개 영역Zone 까지 좀 더 분할된 영역으로 증가했다. 가장 최신의 방법으로는 정전척ESC 전체 면적을 100여 개의 셀Cell 로 분리하여 독립형 히터Heater를 사용하는 것이

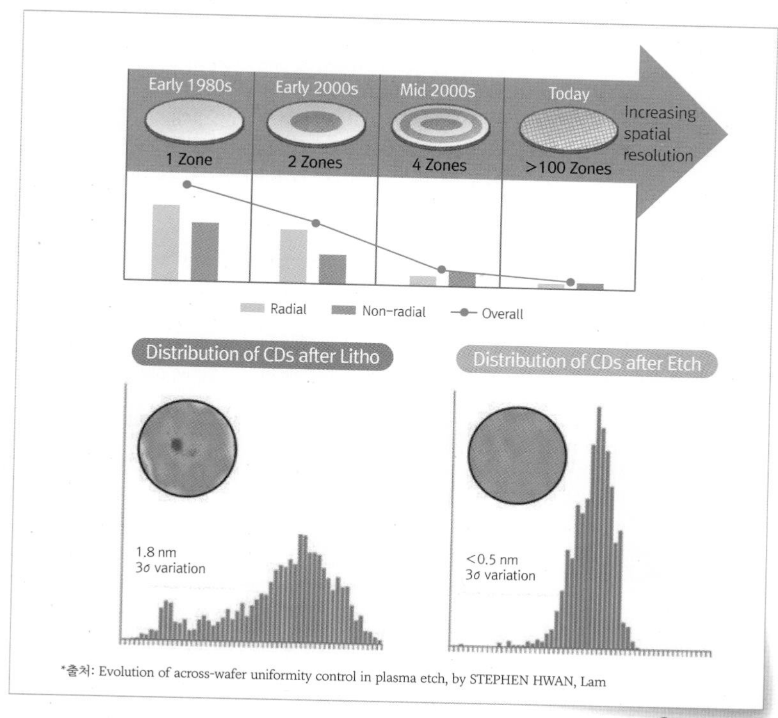

*출처: Evolution of across-wafer uniformity control in plasma etch, by STEPHEN HWAN, Lam

그림 9-88 ESC Temp H/W 변천사

다. 기존의 중심-중간-가장자리Center-middle-Edge의 방사형 영역에서만 조절되었던 한계를 극복하여 국부적인 영역도 세부적으로 조절이 가능한 상태까지 개선이 되었다.

Edge Control

웨이퍼Wafer의 가장자리Edge 10mm 영역은 제어하기가 아주 어려운 영역이다. 정전척ESC에서 웨이퍼가 더 이상 접촉되지 않아 전기적으로도 열적으로도 구배가 생기는 경계가 생기는 부분이기 때문이다. 이런 상황에서 생산을 위해 지속적인 식각공정을 진행하게 되면서 원치않는 에지 링Edge Ring의 식각이 발생된다. 문제는 이 부분에서 전압구배로 인해 원치않는 변동성을 유발한다. 특히, 〈그림 9-89〉와 같이 3D NAND와 같이 좁고 깊은 Etch를 진행할 때 에지 링Edge Ring 높이에 따라 쉬스Sheath 모양에 따른 방향성이 결정되어 식각 형상Profile이 기울어지는 틸트Tilt 현상이 관찰되기도 한다. 이러한 이유로 에지 링Edge Ring 부품의 모양과 두께를 최적화하는 방법으로 진행해 왔다. 최근에는 사용시간RF on Time에 따라서 변하게 되는 틸트Tilt의 정도를 제어할 수 있는 방안이 연구되어 상용화되고 있다. 예를 들어, 전기장의 통제가

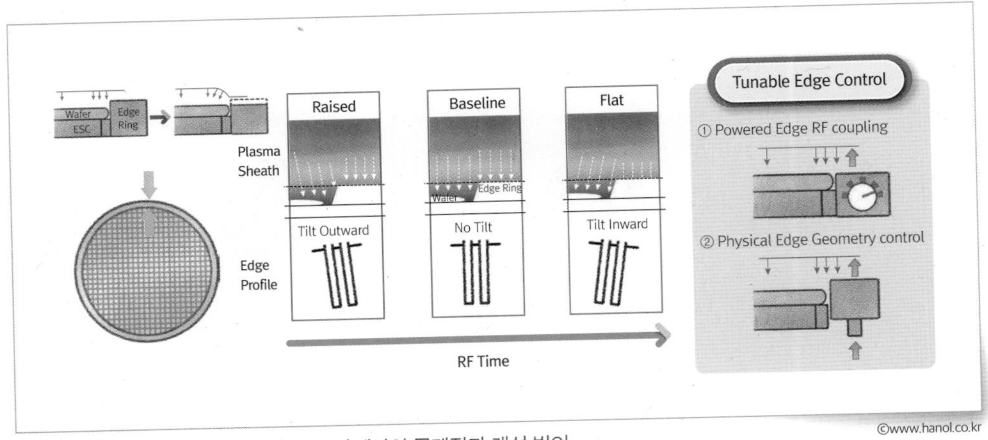

그림 9-89 Wafer Edge 영역(~10mm)에서의 문제점과 개선 방안

되지 않는 에지 링Edge Ring 지역에 추가적인 파워Power를 인가하거나 높이를 조절하여 쉬스Sheath의 두께를 조절하는 방식으로 기술적 발전이 되었다.

쉬어가기 반도체 제품도 1:10:100의 규칙이 적용됩니다.

세계 최고의 품질경영 전문가인 조셉 주란(Joseph M. Juran)이 기업에서 발생하는 비용을 예방 비용, 평가 비용, 실패 비용을 나누어 1:10:100 법칙을 제시한 바 있습니다. 예방 비용은 처음부터 품질 불량이 나오지 않도록 품질관리 활동이나 교육에 투입하는 비용이고, 평가 비용은 제품을 검사해 품질 수준을 일정하게 유지하는데 드는 비용입니다. 그리고 실패 비용은 소비자가 불량 제품을 이미 사용한 후에 기업이 실패 해결에 쏟아 붓는 비용을 말합니다.

반도체 제품도 기회손실까지 고려하면, 이 규칙의 1:10:100 이상의 비율로 적용됩니다. 불량이 나오지 않도록 사전 예방 활동의 중요성이 강조되는 이유입니다. 문제가 확대되어 소비자는 물론이고 기업과 국가적으로도 큰 피해가 일어 날 수가 있습니다. 적은 힘을 들여서 해결할 수 있는 일을 기회를 놓쳐 큰 힘을 들이게 된다는 내용의 우리의 속담 “호미로 막을 것을 가래로 막는다.”는 말과 같은 내용으로 우리 조상의 지혜를 볼 수 있는 부분입니다. 지혜로운 사람과 기업은 악순환이 아닌 선순환의 전략과 대응을 합니다. 그래서, 4차산업, 빅데이터, 딥러닝이 앞으로 더 발전하고 영역이 확대될 전망입니다. 현장에서 반도체 엔지니어로 체험 하면서 배운 부분입니다. 여러분도 행복하고 멋진 인생을 위해서 예방적인 시간 관리를 통해 선순환의 삶이 되시면 좋겠습니다.

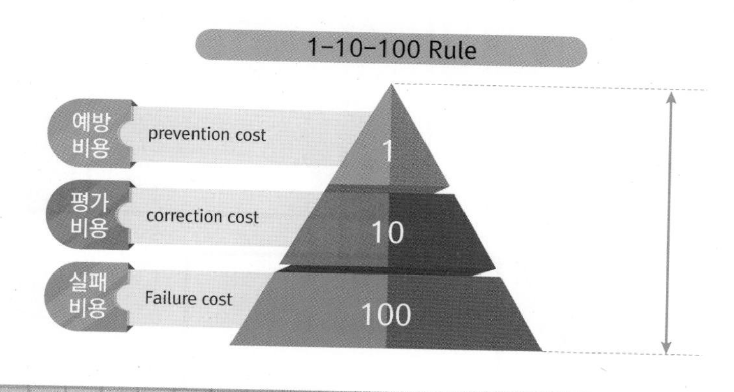

초부득삼
에잇! 뭐 이런 것도 물건이라고 파는 거야!
실수가 있었던 것 같습니다. 죄송합니다요
병환으로 돌아가신 아버지께 보석세공을 어깨너머로 배웠지만 아무리 해도 실력이 늘지 않으니 연로하신 어머니를 모실 수가 없구나…
…
사정이 딱해보이니 내가 도움을 주고 싶구려. 이 강을 따라 백리 넘어 '식각마을'이 있다네. 그곳에 가면 뛰어난 세공사가 되기 위한 큰 가르침을 얻을 수도 있다지 아마…
제가 그 가르침을 받을 수 있을까요?
마을에 한 번 방문해 보게
어머니 조금만 기다리세요 꼭 가르침을 얻어 돌아오겠습니다…ㅠㅠ
식각마을
이 곳이라고 했는데…
아니 저 분은 전에 장터에서 봤던 분이 아닌가???

먼 길 고생했네, 여행 중 너의 사정이 딱하여 몇 가지 비기를 전수해주기로 했네

장인이 되기 위한 핵심 비법을 지금부터 알려 줄 터이니 잘 새겨듣게나
신묘한 비법서
'식각 신공'

은혜를 베풀어 주신다니 감사합니다.

다섯 가지만 알면 훌륭한 세공사가 될걸세… 그 첫째는 모양과 재질에 따라 적절한 힘을 가하는 것이다.

* RF Power는 Plasma를 생성하기 위한 필수 요소 중 하나이다.

둘째는 구성 성분에 따른 적절한 제작 비법 적용이다. 귀금속의 성질과 재료의 특성을 정확히 이해하고 그에 맞는 제작 방법을 사용하는 것이다.

* 식각을 위한 증착된 Film에 따라서 Etch Process를 위해 주입되는 Gas의 양과 종류를 다르게 해야한다.

셋째는 환경이다. 작업에 방해되는 요소를 제거하여 정교한 세공을 할 수 있는 환경을 만들어야 한다.

* 일정한 Pressure를 유지해야만 Dry Etch를 위한 Plasma를 생성할 수 있다.

넷째, 좋은 품질은 미세한 세공 작업에서 나온다. 재료를 고정시켜야 한다.

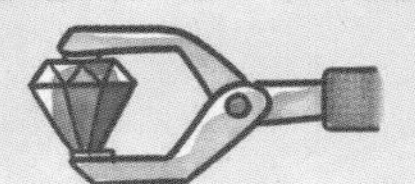

* ESC는 Wafer를 정전기적으로 고정을 시켜준다.

마지막으로, 색깔을 내는 기법은 온도 조절에 있다.

* Temperature를 통해 화학 반응을 제어할 수 있다.

몇 년 뒤

증착된 Film에 새겨진 Pattern으로 '불필요한 것을 버리고 남는 것을 취하는 것'을 Etch라 한다. 한 번의 성공적인 Etch를 위해선 여러 공정 변수를 정해진 산포 내로 유지 관리하는 것이 필수 요소다. Process의 화룡점정 Etch의 성공적인 결과물은 감히, Masterpiece라 불려도 아깝지 않을 것입니다.

10

Cleaning 공정

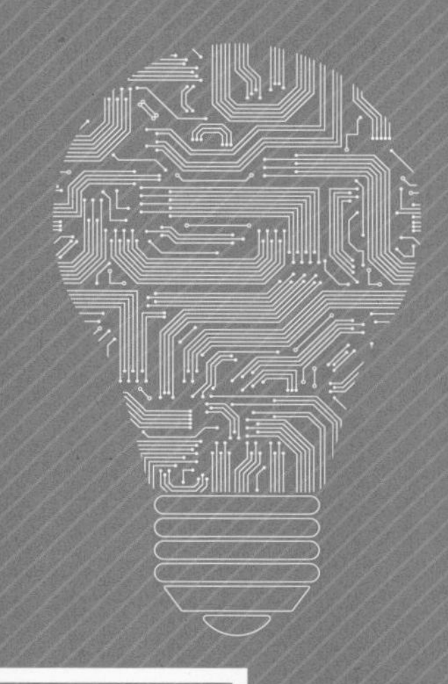

10 Cleaning 공정

01 Cleaning공정

Cleaning공정 소개

Cleaning세정은 사전적 의미로는 고체에 부착한 오염물질을 제거하는 것을 말한다. 웨이퍼wafer에서 반도체를 만들기 위해서는 Photo노광공정, Etch식각공정, Thinfilm박막 공정, Diffusion확산공정, Implant이온주입공정, Cleaning세정공정, CMP연마공정 등 많은 공정을 거치게 된다. 이 중 세정공정은 확산공정, 식각공정, 연마공정 등 각 공정과 공정 사이에 진행되는 공정이며, 반도체 제조공정 중 발생되는 오염물질을 웨이퍼wafer 표면에서 제거하는 공정이다. 반도체 공정이 미세화되고 고밀도, 고집적, 고성능화함에 따라 웨이퍼wafer 표면에 오염물질들은 반도체 제품의 수율 및 품질 신뢰성에 부정적 영향을 줄 수 있다. 따라서 웨이퍼wafer 표면을 깨끗하게 하는 세정공정은 반도체 공정에서 매우 중요한 공정 중 하나이다. 반도체 오염물질로는 〈그림 10-1〉처럼 자연산화막native oxide, 흡수분자absorbed molecules, 유기물organic materials, 무기물inorganic materials, 음이온anion, 양이온 금속cation metal, 입자particle 등이며, 팹fab공정 진행 중에 방해 요소가 된다.

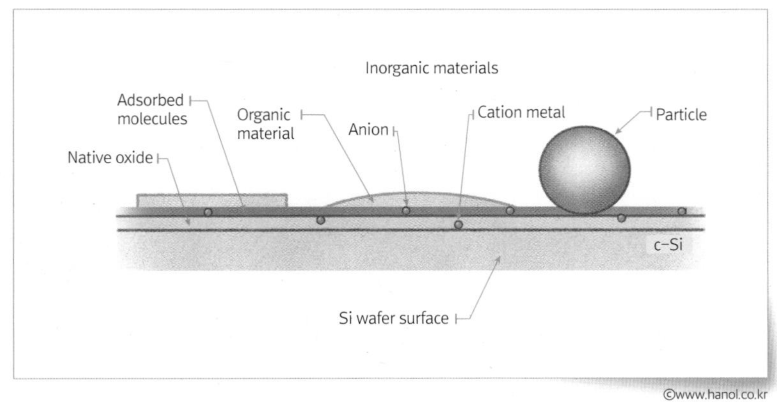

그림 10-1 오염의 종류

©www.hanol.co.kr

한번 더 정리하면, 반도체 팹fab에서 Cleaning세정은 화학적, 물리적 방법을 통해 웨이퍼wafer 표면에 있는 오염물질을 제거하는 공정이다. 세정공정의 목적은 실리콘 웨이퍼silicon wafer 표면에 손상damage을 주거나 표면을 심하게 변화시키지 않고, 표면으로부터 미세입자나 화학적 불순물chemical impurity 등의 오염물질을 제거하는 것이다. 실리콘 웨이퍼silicon wafer에서 반도체를 만들 때, 가공하는 역할이 중요하지만 가공 후 '세정'이라는 작업을 반드시 거쳐야 한다. 과거에 세정공정은 노광공정, 식각공정, 박막공정, 확산공정에 종속된 보조 공정sub process이라는 인식이 많았으나, 최근에는 없어서는 안 될 필수 공정main process이 되었다. 회로가 점점 미세화 되어감에 따라 웨이퍼wafer 가공 전후에 이물질을 제거해야만, 신뢰성 높은 반도체가 만들어지기 때문에 세정공정이 중요하게 된 것이다. 반도체 가공 작업 중 만날 수 있는 오염물은 위에 언급한 것처럼 다양하지만 대표적인 오염원은 파티클particle이다. 이런 오염원 제거에 일등 공신이 바로 세정공정이다. 세정공정의 방식은 〈그림 10-2〉처럼, 습식 세정wet cleaning, 건식 세정dry cleaning으로 크게 구분할 수 있다. 습식 세정은 케미컬chemical을 사용하여 오염물질을 제거하고, 초순수DIW, Deionized Water로 헹군rinse 후 건조한다. 습식 세정의 장점으로는 초순수로 헹굼이 가능하고, 건조 후에도 오염 잔류물이 매우 적다. 제거될 오염물에 따라 다양한 케미컬Chemical을 사용할 수 있다는

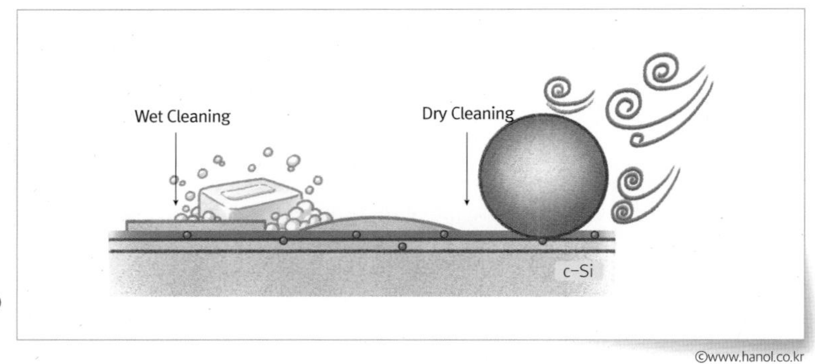

©www.hanol.co.kr

그림 10-2 세정 방법의 종류

점과, 매우 뛰어난 신뢰성 및 재현성이 우수하다는 장점이 있다. 하지만 많은 케미컬Chemical의 소모와 사용 후 폐액 증가 및 엑시추ex-situ 세정 방식이므로 세정 후 다음 스텝step 진행 시 대기 중에 노출되어 유기오염물 또는 파티클particle 같은 불순물에 오염될 가능성이 높다는 단점을 가지고 있다. 건식 세정은 플라즈마plasma나 HF/NH3 같은 가스를 이용하여 웨이퍼wafer의 오염물질을 제거하는 방식이다. 습식 세정과 달리 초순수 헹굼과 건조공정이 필요 없어, 케미컬Chemical 폐액 및 물사용량 측면에서 습식 세정보다 우수하다. 단점으로는 웨이퍼wafer 뒷면backside 세정이 불가능하고, 경금속 제거 능력이 부족하다.

반도체 Fab 세정 장비는 이들 각 공정 사이에서 웨이퍼wafer 표면을 세정하여 불순물을 제거하는 목적으로 사용된다. 세정 장비는 〈그림 10-3〉처럼 케미컬Chemical 사용 여부에 따라 습식 세정wet cleaning 장비, 건식 세정dry cleaning 장비로 구분된다. 먼저 습식 세정 장비는 케미컬Chemical을 처리하는 방법 기준으로 디핑dipping 방식과 스프레이spray 방식으로 구분할 수 있다. 디핑dipping 방식은 한번에 다수의 웨이퍼wafer를 동시에 처리하는 배치batch type 장비로 진행된다. 배치 장비는 다수의 웨이퍼wafer를 동시에 처리하는 방식이며, 한번에 많은 웨이퍼wafer를 케미컬 배스chemical bath에 디핑dipping하여 진행한다. 동시에 많은 웨이퍼wafer를 처리해 높은 생산성을 가지고 있지만, 여러 장 동시 진행에 따른 세정 제거 능력 부족 및 케미컬 배스chemical bath 내에 오염물의 재흡착과 같은 단점을 가지고 있다. 이러한 문제점을 개선하기 위해 스프레이 세정 방식이 개발되었다. 스프레이 방식은 회전하는 웨이퍼wafer에 케미컬Chemical을 분사시켜 불순물을 제거하는 방식이다. 웨이퍼wafer를 한 장씩 처리한다 하여 싱글single type 장비로 불린다. 스프레이 방식은 디핑dipping 방식에 비해 오염물의 재흡착 및 세정 능력이 뛰어나 최근 미세화되어지는 반도체 세정공정에서 비중이 점점 높아지고 있다. 다만, 회전

세정 장비 종류	Batch Type	Single Type	Scrubber Type	Dry Clean Type
세정 방식	습식 세정			건식 세정
Type별 Image		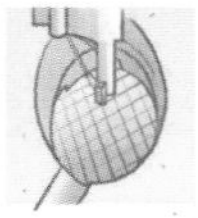	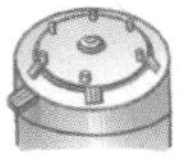	
공정 진행 방식	침지 방식(Dip)	스프레이 분사 방식 (Spray)	스프레이 분사 방식 (Spray)	Gas 흡착 방식
공정 진행 Image	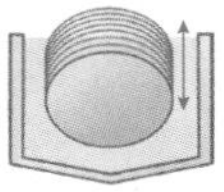	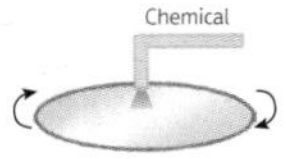 Chemical	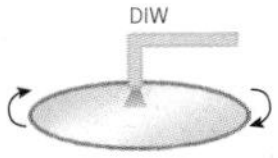 DIW	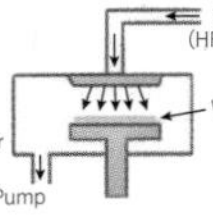 Gas (HF/NH3) Wafer Process Chamber Gas To Pump

그림 10-3 세정 장비의 종류

©www.hanol.co.kr

하는 웨이퍼wafer에 케미컬Chemical을 분사시켜 사용하므로 디핑dipping 방식에 비해 케미컬Chemical 사용량이 많은 단점을 지니고 있다.

건식 세정 방식은 액체 케미컬Chemical을 사용하지 않고 가스 상태로 세정을 하는 방식이다. 건식 세정 방식은 세정액을 증발시켜 진행하는 기상 세정氣相, vapor phase cleaning, 플라즈마를 이용하여 오염물질을 제거하는 플라즈마 세정 방식, 외부에서 가해진 열 에너지를 기판과 유입된

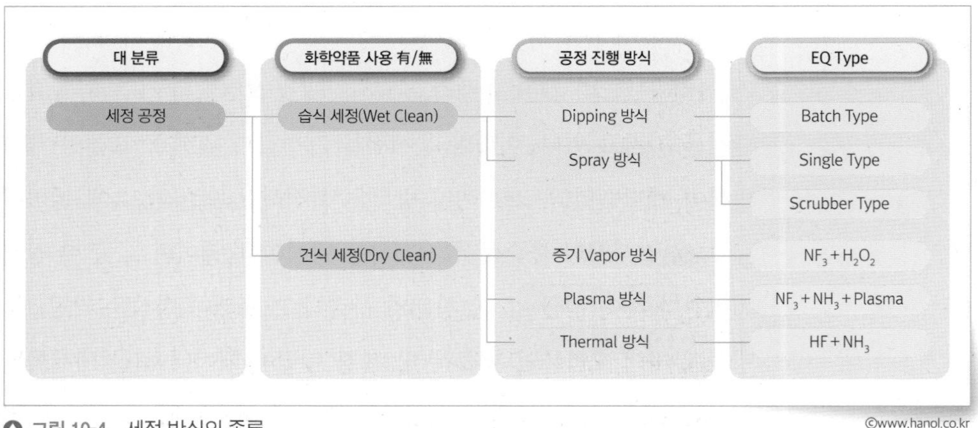

그림 10-4 세정 방식의 종류

©www.hanol.co.kr

가스에 동시에 가해 진행하는 열강화 세정thermally enhanced cleaning이 있다. 세정공정의 목적은 앞에서 언급되었듯이 실리콘 웨이퍼silicon wafer 표면에 손상을 주지 않거나 표면을 심하게 변화시키지 않고, 표면으로부터 파티클particle이나 화학적 불순물chemical impurity 등의 오염물질을 제거하는 것이다. 이를 구현하기 위해서는 원재료 케미컬Chemical의 관리, 장비 상태의 관리가 철저하게 이루어져야 한다. 케미컬Chemical의 상태, 농도, 유량, 온도 등에 따라서 공정의 결과가 다르게 나타날 수 있다. 반도체 산업은 장치 산업이라고 불리며, 반도체 제조 과정은 설비에 많이 의존하는 경우가 있다. 따라서 장비 상태 관리는 매우 중요하다. 장비에 케미컬Chemical의 유량, 온도, 농도, 배기, 압력이 다르면 다른 결과가 나타나기 때문이다. 따라서 반도체를 생산하는 팹fab에서는 케미컬Chemical과 장비 상태를 관리 항목으로 지정하고 매우 엄격하게 관리하고 있다.

02 Cleaning Chemical의 종류와 특징

SPMSulfuric acid Peroxide Mixture 세정

SPM 세정의 정의와 중요성

SPM은 황산H_2SO_4과 과산화수소H_2O_2의 혼합액을 의미한다. 이 SPM은 주로 식각etch 후에 생기는 폴리머polymer 및 감광액 잔류물photo resist residue 등의 유기 불순물 및 금속 불순물을 제거하는 데 사용한다. SPM은 격한 반응성으로 인해 피라냐 용액piranha solution 또는 피라냐 식각piranha etch이라고도 불린다. SPM의 유기 불순물 제거는 세정에 있어 중요한 역할을 한다. 유기 불순물이 제거가 안 될 경우 웨이퍼wafer를 불산HF

으로 식각 시 유기 불순물이 있는 부분은 식각이 제대로 되지 않아 표면이 〈그림 10-5〉의 ⓐ와 같이 불균일하게 된다. 미세 패턴을 형성하는 반도체 공정에서 이러한 불균일한 표면은 반도체의 특성을 저하시키는 요인이 된다.

SPM이 유기물을 제거하는 반응식은 〈반응식 10-1〉 ⓐ와 같다. 황산이 과산화수소와 반응하면 발열반응이 일어나면서 강산화제인 Caro's Acid를 생성하고, 이 Caro's Acid가 유기물을 산화시켜 제거한다.

<반응식 10-1> **SPM의 유기물 제거 반응식**

ⓐ $H_2SO_4 + H_2O_2 \rightarrow H_2SO_5$(Caro's Acid) $+ H_20$

ⓑ $3H_2SO_5$ + Hydrocarbon($-CH_2-$) $\rightarrow CO_2 + H_2O + 3H_2SO_4$

금속 불순물의 경우 〈반응식 10-2〉 같이 염의 형태로 녹여서 제거한다.

<반응식 10-2> **SPM 금속 불순물 제거 반응식**

$2CeO_2 + H_2O_2 + 3H_2SO_4 \rightarrow Ce_2(SO_4)_3 + O_2 + 4H_2O$

SPM의 경우 세정이 진행될 때 노출되는 필름막질, film에 따라 황산과 과산화수소의 비율을 다르게 사용할 수 있다. 예를 들어, 소자의 집적

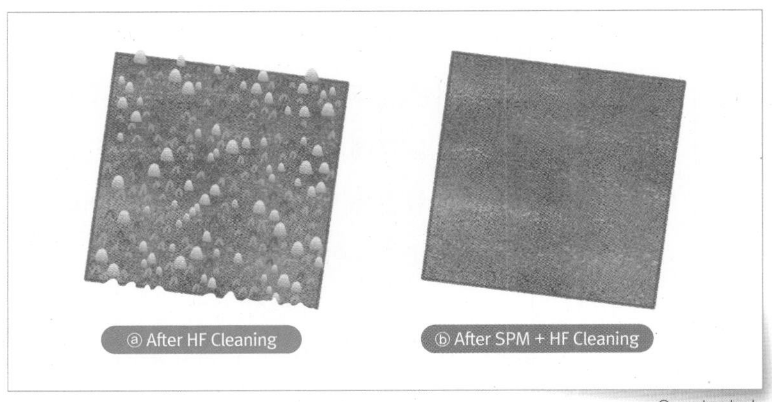

그림 10-5 SPM 세정 유무에 따른 HF 식각 후 웨이퍼(wafer) 표면

화에 따라 게이트Gate 전극 물질이 폴리Poly에서 텅스텐W으로 바뀌면서 텅스텐 노출 세정공정에서는 기존 비율의 SPM 사용 시 텅스텐이 식각되는 문제가 생겼다. 따라서 황산과 과산화수소의 비율을 바꾸고, 처리 온도를 낮춰 문제를 개선한 사례도 있다. 또 게이트 전극 형성 시 텅스텐과 타이엔TIN의 프로파일profile을 맞추기 위해 타이엔TIN 대비 텅스텐 로스loss 양을 높이기 위해, 즉 텅스텐의 선택비를 높이기 위해 특수과수를 써서 공정을 개선하기도 하였다. 또 관용적으로 dSP+dilute sulfuric peroxide HF mixture라고 불리는 약액을 사용한다. 이는 SPM과 불산의 혼합 반응을 이용한 방식으로 금속 식각metal etch 후 폴리머polymer를 제거하는 데 주로 사용한다.

SPM 세정의 어려움과 해법

SPM 세정의 경우 황산과 과산화수소가 반응하면서 100~130℃ 정도의 발열 반응이 일어난다. 이러한 높은 온도 때문에 여러 문제점이 발생한다. 첫째, 황산과 과산화수소가 반응을 해야 세정의 효과가 뛰어나지만, 100℃ 이상에서는 과산화수소가 분해된다는 점이 있다. 따라서 일정한 농도의 SPM을 유지하기 위해서는 지속적으로 공급해야 한다. 또 SPM은 불안정하여 라이프 타임life time이 8~12 시간 정도로 매우 짧다. 이러한 문제점을 해결하기 위해서 웨이퍼wafer를 세정하기 직전에 황산과 과산화수소를 섞어 사용한다. 단순히 섞는 것이 아닌 일정한 세정력을 유지해야 하기 때문에 섞는 방식 또한 고려할 중요한 요소이다. 둘째, 흄fume 문제가 있다. SPM 세정의 높은 온도로 인해 황산 가스가 잘 발생하게 되고, 이는 웨이퍼wafer 표면에 흡착 후 응축된 형태로 존재할 수 있다. 이렇게 흡착된 가스는 시간이 지남에 따라 수분과 반응하여 SPM 흄Hydrogen Sulfate/HSO_4^-을 형성한다. 이는 제품의 불량을 야기하기 때문에 이를 제어하는 것이 중요하다. 이를 억제하기 위해서 수분의 유입을 차단하거나 생성된 흄을 세정하는 방식을 사용한다. SPM 세정 후 나오는 폐황산은 환경오염을 야기한다. 이에 친환경적인 오존수$_{O_3}$가 도입됐다. 오존수는 초순수deionized water에 O_3 가스를 용해시켜 제작한다. O_3 또한 강력한 산화제로 유기물 분해에 우수한 능력을 보인다. 〈반응식 10-3〉 참조

<반응식 10-3> **O_3 유기물 제거 반응식**

$$-C- + 2O_3 \rightarrow CO_2 + 2O_2$$

$$-CH_2- + 3O_3 \rightarrow CO_2 + 3O_2 + H_2O$$

하지만 SPM을 대체하기엔 메탈 로스metal loss의 부분에 있어 부족한 부분이 있다. 따라서 폐황산을 줄이기 위해 세정 시 사용하는 SPM의 양을 줄이는 등의 노력을 기울이고 있다.

APMAmmonium hydroxide and Hydro-Peroxide Mixture 세정

APM 세정의 정의와 중요성

APM은 암모니아NH4OH와 과수H2O2, 초순수DIW를 일정 비율로 섞어서 만든 화학약품chemical으로 주로 파티클particle 제거를 목적으로 한다. 사용 농도 및 온도에 따라 세정 이름이 다양하며, APM 중에서 대표 세정은 암모니아:과수:물을 1:4:20 비율로 섞어서 사용한다. 사용 목적에 따라 과수를 뺀 DAMDilute Ammonium Mixture도 사용하며, 혼합 비율을 사용 목적에 맞게 다르게 하여 사용하기도 한다. APM을 사용하여 주로 제거하는 파티클particle은 대기 중의 먼지나 장비, 사람 등 여러 가지 원인에 의해 발생하는 입자들이며, 이 파티클particle이 웨이퍼wafer에 있게 되면 반도체 소자의 전기적 특성 및 패턴 브리지pattern bridge를 발

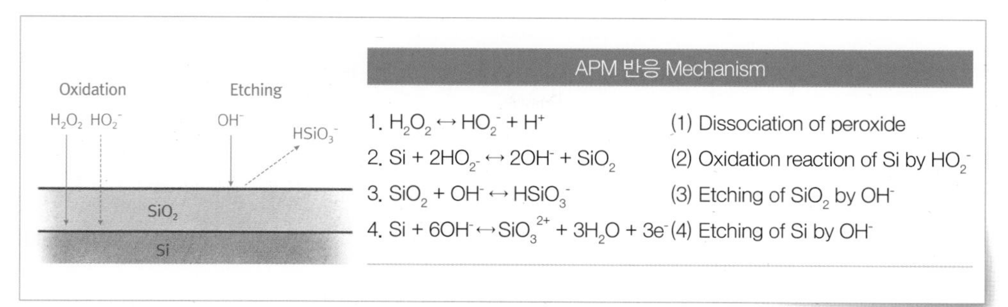

그림 10-6 APM의 반응 메커니즘

©www.hanol.co.kr

생시켜 회로 단락circuit short을 발생시킬 수 있다. 유기물light organic은 유기 화합물, 감광막 잔류물 등을 지칭하며, 산화율oxidation rate 변화나 산화막 질의 특성 저하를 유발하는 물질이다.

APM이 파티클particle 및 유기물질을 제거하는 원리는 다음과 같다. APM의 과수H2O2가 H_2O + O_2로 분리되면서 〈그림 10-6〉의 왼쪽처럼 강한 산화 작용을 통해 웨이퍼wafer 표면에 붙어있는 유기물질들이 산화된다. 이렇게 산화된 파티클particle은 〈그림 10-6〉의 우측처럼 암모니아의 용해 및 식각으로 제거하게 된다. 또한 표면의 유기오염물과 Ni, Co, Cr 같은 잔존하는 금속 불순물들이 함께 식각되어 제거된다.

이렇게 제거한 파티클particle 및 유기물은 재부착되지 않도록 하는 것도 중요하다. 여기서 제타 전위zeta potential라는 개념이 필요한데 제타 전위zeta potential는 액체 상태에서 분산되어 있거나 부유하고 있는 미세 파티클particle들을 콜로이드colloid라고 부르는데 이 콜로이드는 수용액 내의 매질wafer이 존재하면 전기적으로 전하Charge를 띠게 된다. 전하를 띤 입자 주변에는 계면의 전하를 중화시키기 위해서 반대 부호를 가진 이온과 조금의 동일한 부호를 가진 이온이 분포하게 된다.

이러한 이유 때문에 계면에서 전기적 포텐셜potential을 가지게 된다. 따라서 전하를 띤 웨이퍼wafer 표면에는 반대 전하를 가진 이온과 입자들이 모이게 된다〈그림 10-7〉 참조. 세정 용액 내에서의 웨이퍼wafer 표면은 용액 내의 pH와 관계없이 (-)전위를 가지지만 파티클particle 같은 미세입자들은 용액 내의 pH에 따라서 제타 전위가 변한다. 대부분의 미세입자들은 알칼리Alkali 영역에서 (-)전위를 가진다. 그래서 암모니아NH4OH로 용액을 알칼리Alkali로 만들면 미세입자들의 제타 전위가(-)가 되어 웨이퍼wafer 표면의 전위(-)와 척력이 발생하여 재부착이 어려워진다.

APM 세정의 어려움과 해법

APM을 사용한 세정은 80℃ 이상의 조건에서는 파티클particle 제거 효율은 좋으나, 온도 상승에 따른 식각률etch rate이 높아져 안정적 공정 진행을 어렵게 한다. 파티클particle 제거 효율은 70℃ 수준에서 좋아지므로 보통 상온 또는 70℃로 이원화하여 사용하고 있다.

APM 세정에서 물리적 힘을 통해 파티클particle 제거를 도와주는 메가소닉mega sonic이 있다.

배치 타입 장비에서 APM을 사용할 때 〈그림 10-8〉처럼 초음파 진동을 가해 캐비테이션공동현상, cavitation 기포가 압력을 받아 터지면서 충격파가 발생하게 하여 파티클particle을 제거하는 것을 메가소닉이라 한다.

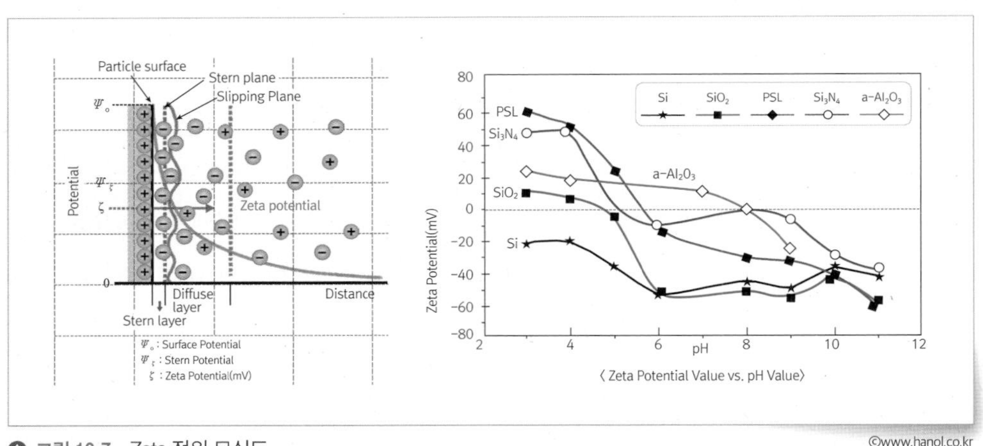

그림 10-7 Zeta 전위 모식도

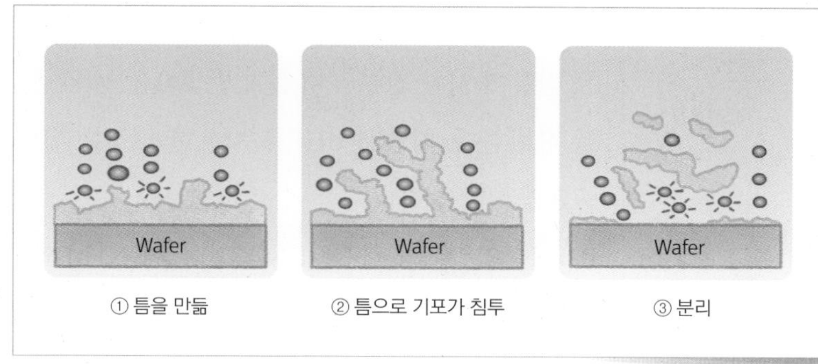

그림 10-8 ▶ 메가소닉 파티클(particle) 제거 모식도

©www.hanol.co.kr

메가소닉의 세정 능력은 주파수와 출력 크기에 좌우된다. 주파수는 1초에 몇 번 진동하는가이며, 출력이 크다는 것은 오염물에 충격을 주는 힘이 크다는 것을 의미한다. 세정 대상물의 크기는 공기방울cavity 크기에 반비례하므로 세정이 가능해서 높은 주파수일수록 더 작은 파티클particle을 제거할 수 있다. 하지만 너무 높은 주파수에서는 오히려 공기방울의 충격력이 약해지므로 오히려 파티클particle 제거력이 떨어질 수 있다. 또한 낮은 주파수에서는 충격력이 너무 강해 웨이퍼wafer 표면에 손상을 줄 수 있기 때문에 적절한 주파수를 선택해야 된다.

DHFDilute Hydrogen Fluoride / BOEBuffered Oxide Etchant 세정

DHF/BOE 세정의 정의와 중요성

DHF는 불산HF 49% 원액에 초순수Deionized water를 희석시켜 사용하는 화학용액을 의미한다. 이 화학용액은 주로 SiO_2 식각, 자연 산화막 제거, 금속 불순물 제거의 목적으로 사용된다. 따라서 필름film 증착 전 진행되는 세정공정과 SiO_2 식각공정에 주로 적용된다. 자연 산화막은 실리콘silicon이 대기 중의 산소와 반응하여 산화막을 형성하는 것을 의미하는데, 이 자연 산화막이 잘 제거되지 않으면 각종 불량으로 인해 웨이퍼wafer의 품질이 저하되는 문제가 있다. 또한 금속 불순물은 각종 약액이나 장비 등으로부터 발생되며, 이를 잘 제거하지 못하면 불순물 접합에 의한 전류의 유실이 발생하는 등 각종 전기적 특성의 저하를 유발한다. 따라서 dHF를 사용한 세정은 웨이퍼wafer 품질 향상에 중요한 역할을 한다.

BOE는 일정량의 불산HF, Hydrogen Fluoride에 NH_4F와 계면활성제surfactant를 일정 비율 혼합시켜 사용하는 약액을 의미한다. 불산HF에 추가 화학물질이 혼합되어 있기 때문에 DHF와 BOE의 반응 메커니즘에는 차이가 존재하며, 이는 [표 10-1]에 명시되어 있다.

표 10-1 DHF와 BOE의 반응 메커니즘

DHF(Diluted Hydrogen Fluoride)	BOE(Buffered Oxide Etchant)
$SiO_2 + 6HF \rightarrow SiF_6^{2-} + 2H^+ + 2H_2O$ $HF \rightarrow H^+ + F^-$ $HF + F^- \rightarrow HF^-_2$ $SiO_2 + 3HF_2^- + H^+ \rightarrow SiF_6^{2-} + 2H_20$	$SiO_2 + 4HF + 2NH_4F \rightarrow (NH_4)_2SiF_6 + 2H_2O$ $NH_4F \rightarrow NH_4^+ + F^-$ $HF \rightarrow H^+ + F^-$ $HF + F^- \rightarrow HF_2^-$ $SiO_2 + 3HF_2^- + H^+ \rightarrow SiF_6^{2-} + 2H_2O$ $2NH_4^+ + SiF_6^{2-} \rightarrow (NH_4)_2SiF_6$

이 화학용액은 주로 깊은 패턴의 산화막SiO_2을 식각하거나 자연 산화막 제거 목적으로 사용된다. 따라서 산화막 식각공정과 감광막 스트립PR Strip 후 진행되는 세정공정 등에 주로 사용하고 있다. 여기서 감광막 스트립strip이란 식각공정 후 남아있는 감광액PR, Photo Resist을 세정 전에 산소 플라즈마로 연소시켜 제거하는 것을 의미한다. 깊은 패턴의 대표적인 예로는 콘택트 홀contact hole이 있는데, 작고 깊게 뚫린 구멍의 모양을 생각하면 이해하기 쉽다. 불산HF만을 이용해 세정할 경우 콘택트 홀의 표면이 소수성화됨으로써 화학용액이 깊은 부분까지 잘 침투하지 못할 수 있는데, BOE는 계면활성제를 포함하고 있어 콘택트 홀의 표면 소수성을 낮춰줌으로써 화학용액이 깊은 부분까지 잘 침투할 수 있다. 즉, 이는 BOE를 이용할 경우 콘택트 홀의 깊은 부분

까지 더 잘 세정할 수 있다는 것을 의미한다. 또한 BOE에는 NH_4F가 포함되어 있어, 서로 다른 필름film에 대한 식각 선택비 차이를 도모할 수 있는 장점이 있다. 선택비에 대한 내용은 552pageSelectivity에 자세히 설명되어 있다. 깊은 패턴의 산화막을 잘 식각하지 못할 경우, 회로 구조에 불량이 발생하여 전류의 흐름에 문제가 생길 수 있다. 자연 산화막 제거의 중요성은517page에 설명해 두었으며, 이러한 이유로 BOE를 사용한 세정공정 역시 웨이퍼wafer 품질에 큰 영향력을 미친다고 볼 수 있다.

DHF/BOE 세정의 어려움과 해법

DHF와 BOE의 사용은 웨이퍼wafer 표면 필름막질, film의 화학적 성질에 영향을 끼친다. 필름film의 종류에 따라, 특정 화학용액을 만났을 때 화학 반응에 의해 〈그림 10-9〉 같이 필름film의 친/소수성이 약해지거나 바뀔 수 있기 때문이다. 두 화학용액을 사용하여 세정한 뒤의 웨이퍼wafer 표면은 H+에 의해 소수성 상태가 되어 파티클particle, 워터마크watermark 등의 디펙트defect 불량 문제로 이어질 수 있다. 이때, 친수성을 띠는 아이소프로필알코올isopropyl alcohol, 오존ozone, APM 등의 화학용액을 적절히 함께 사용하여 세정함으로써 해당 문제점을 보완할 수 있다. 반면에 DHF와 BOE는 금속 오염 제거 측면에서 유리하다는 장점이 있으므로, 이러한 장단점을 종합적으로 고려하여 상황에 맞는

*접촉각(Contact Angle) 액체가 고체에 접촉하고 있을 때 액체 면과 고체면 사이가 이루는 각도. 접촉각은 액체가 완전히 고체면을 적실 때는 0°, 완전히 적시지 않을 때는 180°이다. Wafer 표면이 친수성인 경우 물과 Wafer 사이 계면의 접촉면적이 넓어 Contact Angle이 작아진다. 반대로, Wafer 표면이 소수성인 경우 물과 Wafer 사이 계면의 접촉면적이 좁아 Contact Angle이 커진다.

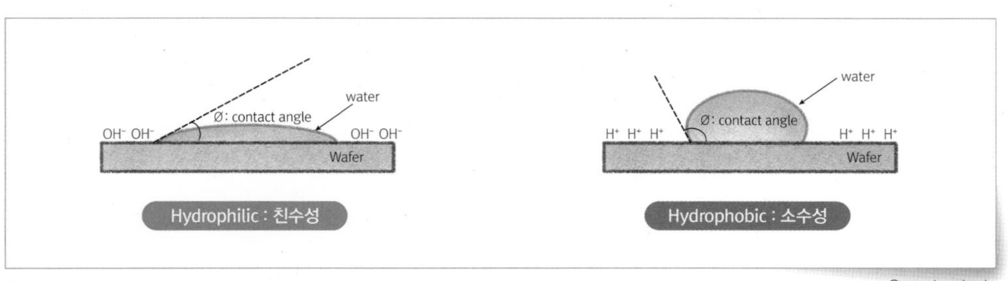

그림 10-9 친수성(Hydrophilic)과 소수성(Hydrophobic)

화학용액을 사용함으로써 세정 능력 향상과 웨이퍼wafer 품질 향상에 기여할 수 있다.

H_3PO_4, Phosphoric Acid인산 세정

인산 세정의 정의와 중요성

인산은 오산화인이 수화水和하여 생기는 일련의 산의 총칭이다. H_3PO_4 + DI86% + 14%, 160℃, 농도85 ± 0.5wt%로 사용한다. 이 화학용액은 웨이퍼wafer 앞면, 뒷면의 질화막 제거를 위해 사용된다. 반응 원리는 웨이퍼wafer 표면 질화막이 제거되는 동안 산화막Oxide Film이 식각되지 않는 것을 이용한다. 인산은 Si_3N_4/SiO_2의 높은 선택비Selectivity를 갖기 때문이다. 반응 메커니즘은 [표 10-2]와 같다.

표 10-2 H_3PO_4의 반응 메커니즘

인산 H_3PO_4(Phosphoric Acid)
$3Si_3N_4 + 27H_2O + 4H_3PO_4 \longleftrightarrow 4(NH_4)_3PO_4 + 9H_2SiO_3$ (Nitride) (Water) (Phosphoric Acid) (Ammonium Phosphate) (Hydrous Silica)
$SiO_2 + H_2O \longleftrightarrow H_2SiO_3$ (Silicon Dioxide) (Water) (Hydrous Silica)

Si_3N_4 Etching Rate, A/minute — Water wt % in H_3PO_4

SiO_2 Etching Rate, A/min — Water wt % in H_3PO_4

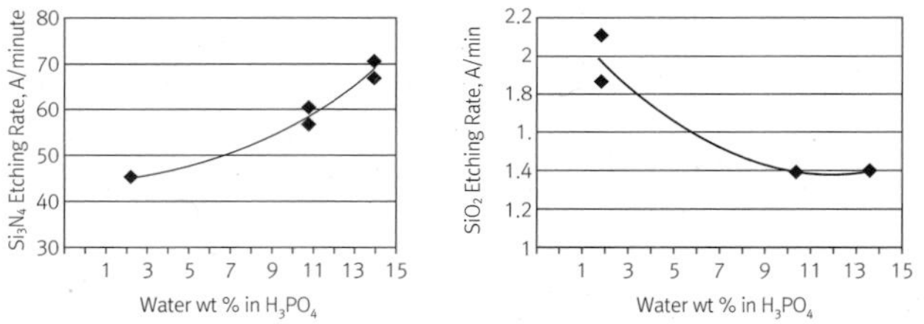

ECS Transactions, 11(2) 63-709 (2007)

인산 세정의 어려움과 해법

인산 세정에서 중요한 요소 중 첫째는 선택적으로 스트립strip을 진행해야 하는 점이다. 질화막이 아닌 다른 필름film을 제거하면 안 되는데,

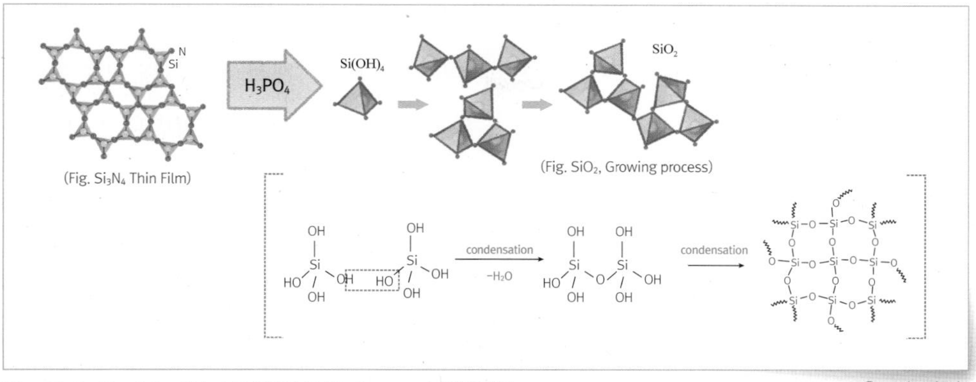

▲ 그림 10-10 Silica의 농도에 따른 Oxide Regrowth 메커니즘

이를 선택비selectivity라고 한다. 그래서 이를 정교하게 사용해야 하는 공정에는 고선택비 인산High Selectivity H_3PO_4을 사용한다. 둘째는, 진행 매수 카운트count에 따른 언스트립unstirp, 리그로스regrowth 발생이다. 스트립strip된 질화막이 인산과 다시 반응하여 실리카silica를 발생시키는데 실리카의 농도가 적정 수준 이상으로 올라갈 경우 산화막이 재성장하여 질화막 스트립strip이 제대로 안 되는 문제가 발생한다. 이를 해결하기 위해 주기적으로 인산의 실리카 농도를 관리해 주어야 한다.〈그림 10-10 Ⓐ〉 참조

Ozone오존 세정

오존 세정의 정의와 중요성

유기성 오염물질 및 탄소carbon 계열의 이물질을 제거하는 방법으로 황산H2SO4과 과산화수소H2O2를 혼합한 SPMSulfuric acid Peroxide Mixture 용액을 이용하였다. SPM 용액은 포토레지스트photoresist와 같이 유기성 오염물질을 제거하고, 반도체 기판 위에 화학적 산화물을 형성시켜, 웨이퍼wafer 표면을 친수성으로 만들어 다른 세정용액이 잘 스며들 수 있도록 하는 장점이 있다. 그러나 SPM 용액을 이용한 세정 방법은 세정 후, 황S

잔류물이 남거나 포토레지스트 계열의 탄소성 물질이 일부 남게 되는 문제점을 가지고 있다. 이러한 단점을 개선하기 위해 오존수$_{O3}$를 사용한 세정 방법이 주목을 받고 있다. 오존 세정 방법은 공기 중의 산소나 순수 산소가스를 액체에 용해시켜 세정액으로 사용하는 방법이다. 세정 방법은 다음과 같은 방식으로 진행이 된다. 액체에 용해되어 있는 오존은 상태가 불안정하여 쉽게 분리가 된다. 이때 분해 시 HO라티컬을 생성하게 된다. HO라디컬은 오존 자체보다 높은 2.7V의 전위차를 가지며, 이는 유기물을 빠르게 산화시키는 특징이 있다. 높은 전위차는 유기물 및 포토레지스트의 탄소성 물질을 빠르게 산화시켜 제거하는 장점을 가지고 있다. 또한 이러한 오염물질은 HO라디컬이 많을수록 이물질과 산화가 잘되므로 오존공정에서의 HO라디컬을 생성하는 양을 결정하는 오존 농도의 관리가 중요한 항목이 된다. 오존을 용해시켜 HO라디컬을 만드는 반응식은 다음과 같다.

<반응식 10-4> **오존 용해 시 HO라디컬 생성 반응식**

$$H_2O + O_3 \rightarrow HO + HO_2 + O_2$$

〈반응식 10-4〉에서 나타낸 바와 같이, H_2O를 용매로 주입하고 오존처리를 하게 되면 과산화수소와 오존이 반응하여 HO, HO_2라디컬 및 산소가 생성이 된다. 이때 만들어진 HO, HO_2라디컬은 산소를 포함하게 되고, 이를 통해 유기물을 산화시키는 역할을 하게 된다. 이러한 내용을 검증하기 위해 관련된 오존수 세정 관련 논문을 참조하였다. 실험 방법은 오존수의 오염물질 제거를 위해 6인치 웨이퍼$_{wafer}$를 대기 중에 수일간 노출시켜 오염시킨 후, 유기물, 무기물, 금속 성분에 대해 구분 없이 세정 실험 전후의 총 미세입자 수를 관찰하여 세정 성능을 분석하였다. 이때 오존 농도를 20ppm, 30ppm 용해시킨 세

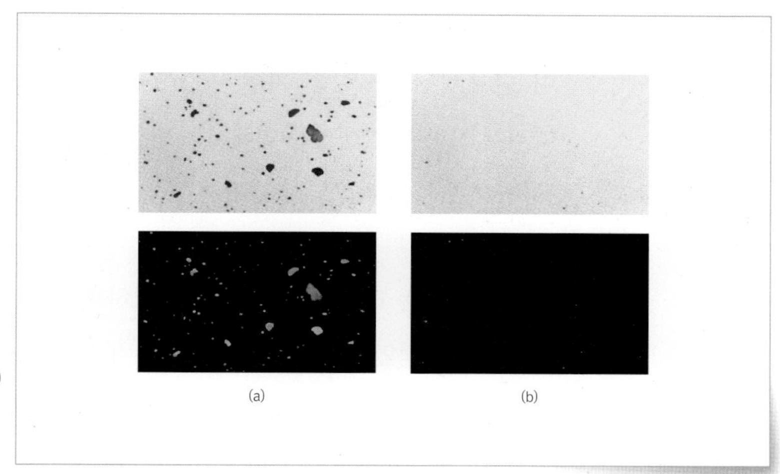

그림 10-11 30ppm 오존수에 의한 미세입자 세정 결과 (a) 세정 전, (b)세정 후

정조에 웨이퍼wafer를 3분간 세정 후, 웨이퍼wafer 표면의 미세입자 세정 정도를 확인 하였다. 오존수 농도가 높을수록 오염물질의 미세입자 수량이 감소하였으며, 오존 농도가 20ppm에서는 85%, 30ppm에서는 94%의 제거 효율을 나타낸다. [표 10-3] 참조

표 10-3 오존수 농도에 따른 미세입자 제거율

실험 조건	세정 전	세정 후	제거율(%)
20ppm 세정	1,050	150	85
30ppm 세정	1,380	80	94

이러한 오존수의 공정은 HO라디컬의 전위차를 이용한 오염물질의 산화 반응을 일으켜 오염물을 제거하며, 기존의 SPM 세정과는 달리 화학약품을 사용하지 않아 폐기물 발생이 적어 친환경적인 세정 방식으로 주목을 받고 있다.

오존 세정의 어려움과 해법

오존수를 제조하기 위해서는 대량의 오존 가스를 제조해야 하며, 제조된 오존 가스를 초순수에 고농도로 용해시켜야 하는 작업이 필요

하다. 오존은 불안정한 가스 상태의 물질로서 주로 방전에 의해 생성이 되며, 산화 반응 후 자연 반감에 의해 소멸되는 특성을 보인다. 따라서 오존수의 생성을 위해서는 방전을 발생하는 장치가 필요하게 되며 오존수 장비 모듈module은 〈그림 10-12〉 같은 형태를 구성하게 된다.

오존의 농도는 HO라디컬 형성에 중요하므로 공정에서의 주요 관리 항목은 안정적인 오존 농도의 형성 및 유지 관리가 필수적이다. 오존 공정을 진행하면서 주로 만나는 문제점은 오존 농도의 변화량 관리이며, 이 중 제너레이터generator에서 생성된 오존의 농도가 장비 내 챔버chamber까지 농도 변화 없이 공급되어야 하는 부분이다. 따라서 안정적인 오존수의 공급을 위해서는 ① 오존 Generator ↔ 장비 내 Chamber 간 거리, ② 오존 유량의 Flow, ③ O3 농도계 관리 등을 주요 소스 파라미터source parameter로 관리하여 안정적인 오존수를 공급하고 있다.

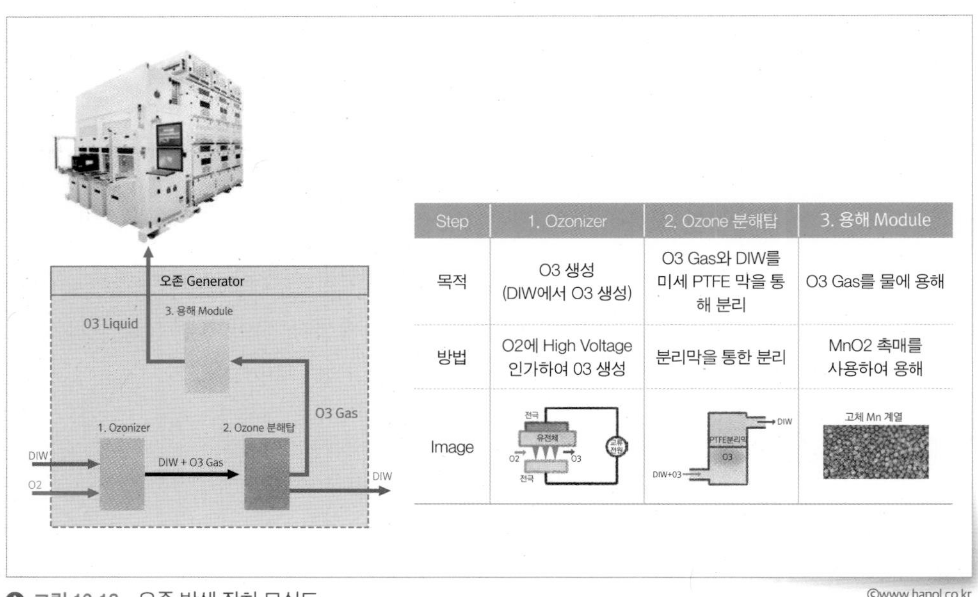

Step	1. Ozonizer	2. Ozone 분해탑	3. 용해 Module
목적	O3 생성 (DIW에서 O3 생성)	O3 Gas와 DIW를 미세 PTFE 막을 통해 분리	O3 Gas를 물에 용해
방법	O2에 High Voltage 인가하여 O3 생성	분리막을 통한 분리	MnO2 촉매를 사용하여 용해
Image	전극 유전체 O2 O3 전극 교류전원	DIW PTFE분리막 O3 DIW+O3	고체 Mn 계열

▲ 그림 10-12 오존 발생 장치 모식도

NFAM 질산/불산/초산 화합물 세정

NFAM 세정의 정의와 중요성

반도체나 액정 등과 같은 전자 부품의 제조공정에서는 산 혼합물을 이용한 식각etching 처리를 하고 있다. NFAM 세정은 반도체 공정에서 폴리 필름polysilicon film을 제거하는 데 사용되며, 원재료의 구성은 질산70% 농도 HNO_3, 불산49% 농도 HF, 초산99.8% CH_3COOH의 물질을 혼합하여 사용하고 있다.

반도체 공정에서의 POLY는 실리콘silicon이라 부르며, 식각Etching 메커니즘은 〈그림 10-13〉과 같다.
질산HNO_3은 규소Si를 이산화규소SiO_2로 산화시켜 표면에 SiO_2층을 형성한다. 그리고 만들어진 SiO_2 층은 불산을 통해 최종적으로 제거된다. 이때 식각 속도는 질산과 불산 농도에 크게 의존하게 된다. 식각 속도가 너무 빠르게 되면 식각 후, 반응물의 이동이 원활하지 못하게 되고 이로 인해 식각된 부분의 표면이 거칠게 될 수 있으므로 적당한 속도로 제어가 되어야 한다. 이때 초산CH_3COOH을 첨가하는데 초산은 질산 분해를 감소시키는 역할을 함으로써 SiO_2층의 생성을 억제해 식각 속도를 조절하는 완충제로 사용하고 있다.

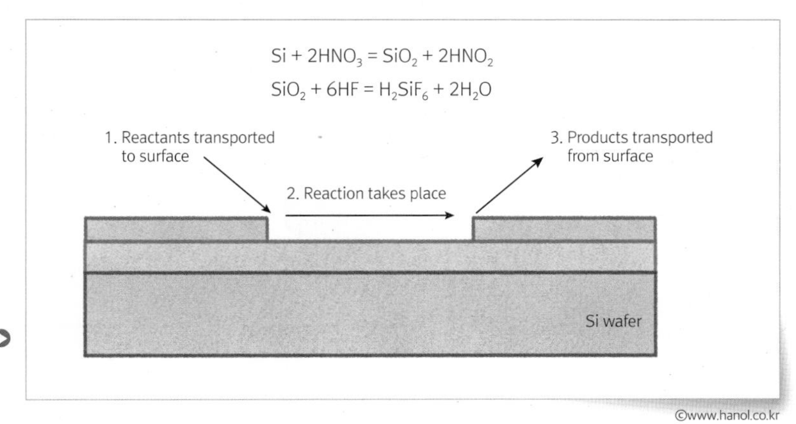

그림 10-13 불산, 질산, 초산 화합물의 Si Etching

©www.hanol.co.kr

NFAM 세정의 어려움과 해법

NFAM 화학용액을 사용하는 공정은 주로 웨이퍼wafer 뒷면의 폴리 필름film을 제거하는 데 사용한다. 뒷면 스트립strip공정은 웨이퍼wafer 뒷면에 증착deposition 되어지는 물질의 양과 종류에 따라 웨이퍼wafer가 휘어지는 현상을 가지고 있다. 이런 휘어지는 현상은 웨이퍼wafer 표면에 패턴을 만들 때, 위치의 변화를 일으켜 불량이 발생한다. 이러한 불량을 개선하기 위하여 웨이퍼wafer 뒷면에 증착되어 있는 물질 중, 불필요한 물질을 제거하기 위해 필수적이다. 따라서 NFAM공정에서의 주된 이슈는 웨이퍼wafer 뒷면 물질의 언스트립unstrip이며, 이는 후속 마스크mask공정 진행 시 마스크 샷shot의 레벨링leveling 불일치를 만든다. 그리고 반응 메커니즘에서 확인 시 질산, 불산, 초산의 농도에 따라서 식각률의 변화가 심하게 일어나므로 해당 화학약품들의 농도 조합 유지가 필수적이다. 만약 농도의 변화가 발생하게 되면 식각률이 변하게 되므로 언스트립unstrip이 발생할 수 있다. 또한 실리콘Si을 식각etching하면서 불산이 소모되므로 시간이 지나면서 식각률이 감소하는 현상도 있다. 따라서 해당 공정의 주요 관리 항목은 질산, 불산, 초산의 농도 및 조성 관리가 매우 필요하며, 시간이 지나면서 식각률etch rate이 감소하는 경시성을 가지고 있어 적당한 공정 관리 지침이 필요하다.

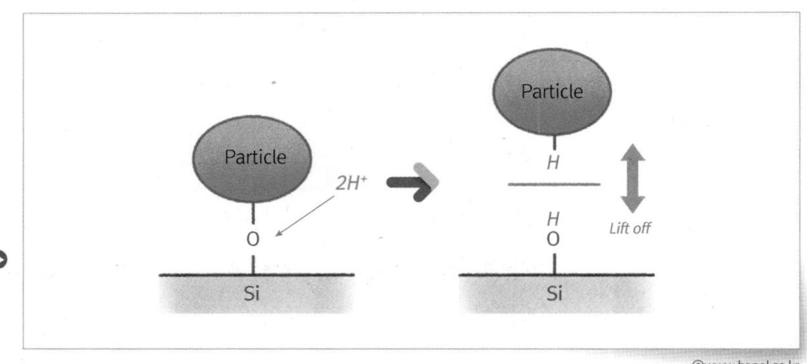

그림 10-14 수소분자에 의한 웨이퍼(wafer) 표면과 미세입자 분리

©www.hanol.co.kr

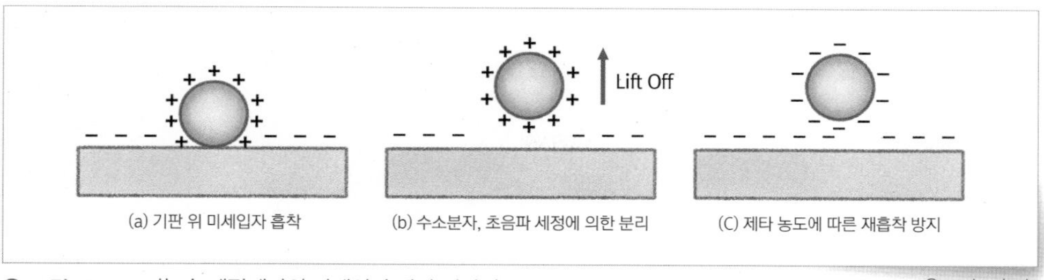

그림 10-15 기능수 세정에서의 미세입자 제거 이미지

©www.hanol.co.kr

Function Water기능수 세정

기능수 세정의 정의와 중요성

반도체 웨이퍼wafer의 세정은, RCA 세정이라고 일컬어지는 습식 세정wet cleaning으로 보통 진행이 된다. RCA 세정은, 황산과 과산화수소수의 혼합액SPM을 120~150℃로 가열해서 이용하거나, 암모니아와 과산화수소수의 혼합액APM을 60~80℃로 가열해서 이용하는 세정 방법이다. 이 세정 방법을 채용한 경우의 고농도 약액이나, 그것을 세척할 엄청난 양의 초순수, 초순수의 비용, 물의 대량 사용, 약품의 대량 폐기 같은 단점이 있다. 이러한 단점을 개선하기 위해서 새로운 친환경 세정 방법의 하나인 기능수공정이 개발되었다. 반도체 공정에서의 초순수는 물속의 전체 불순물을 극한까지 제거한 물로서 일반 물과 비교하여 높은 용해력을 가지며, 반도체 세정공정에서 대량으로 사용되는 물질이다. 기능수Function Water공정은 포화 농도 이하로 수소 가스를 초순수에 용해시켜 후, NH4OH를 넣어서 농도를 pH9~11 정도로 형성시킨 후, 웨이퍼wafer를 초음파 세정을 통해 미세입자particle를 제거하는 세정 방식이다. 미세입자를 제거하는 원리는 〈그림 10-14〉와 같다. 먼저 초순수 내에 용해되어 있는 수소분자는 기판과 미세입자 사이의 연결 부분을 끊어 버린다.

분리된 미세입자는 초음파 세정을 통해 완전히 기판에서 분리가 되

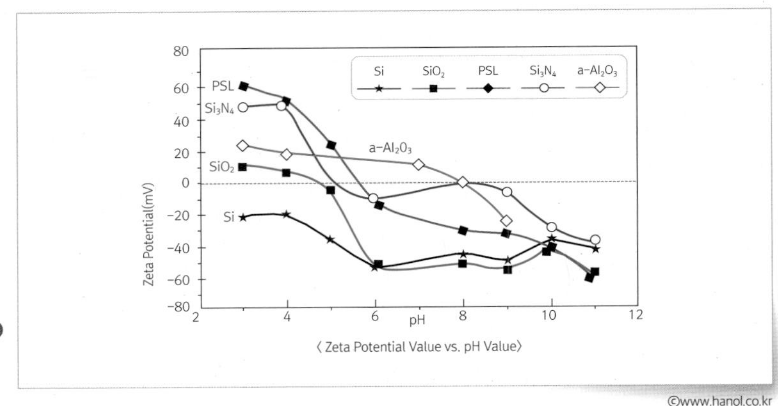

그림 10-16 pH 농도에 따른 Zeta Potential

며, 분리가 된 미세입자는 NH4OH 성분에 의하여 기판의 표면과 같은 분극을 형성해 미세입자의 재흡착을 예방하는 공정이다.

기능수 세정의 어려움과 해법

기능수공정은 초순수에 용해된 수소, 암모니아수NH4OH의 물질로서 미세입자와 웨이퍼wafer 간을 분리시킨다. 수소를 초순수에 용해하기 위해서는 액체는 통과하지 않고 기체만을 통과시키는 특수 기체 투과막을 내장한 모듈로 수소가스 용해수를 제조한다. 그러나 포화 농도의 반 정도밖에 용해시킬 수 없다. 이는 초순수는 산소나 이산화탄소에 용해가 되어 수소의 용해를 방해시키기 때문이다. 수소의 입자수가 많을수록 미세입자와의 분리가 좋아지는 만큼, 초순수에 일정량의 수소를 용해시키며 유지하는 기능은 필수적이다. 많은 연구에서 초음파 세정을 하지 않는 기능수의 진행은 초순수 세정과 동등한 세정 결과를 가져온다. 이는 기능수의 수소 입자의 성분으로 인해 웨이퍼wafer와 미세입자의 분리는 용이해지지만, 완벽하게 제거하기 어렵다는 것이다. 따라서 기능수공정의 세정 효과 극대화를 위해 필수적인 초음파 세정은 다음과 같은 원리로 진행이 된다.

구분	미세 Bubble 발생	Bubble 확장	Bubble 폭발	Pit 발생
	-	초음파 에너지 → 열 에너지	폭발 파장 → Particle 제거	Bubble 폭발 시 Si 표면에 Damage
Image	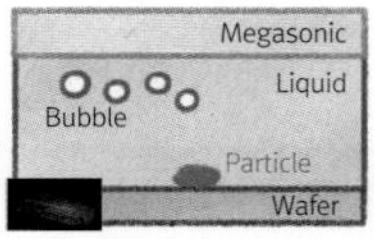 Megasonic Liquid Bubble Particle Wafer	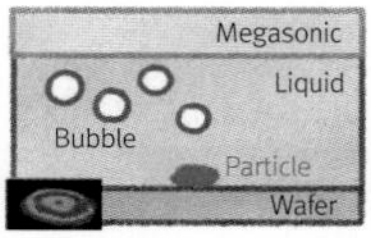 Megasonic Liquid Bubble Particle Wafer	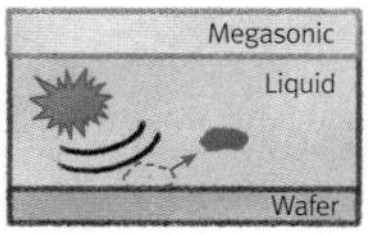 Megasonic Liquid Wafer	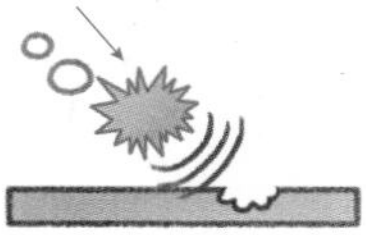

그림 10-17 Megasonic의 파티클(particle) 제거 원리 ©www.hanol.co.kr

기판과 초음파 매질 사이에 액체로 채우고, 이 사이에 초음파 자기장을 형성하여 압력을 주게 되면 공동현상cavitation이 발생한다. 즉, 유체 속에 압력이 낮은 곳이 생기면 액체 속에 포함되어 있는 기체가 물에서 빠져나와 압력이 낮은 곳으로 모여지며 빈 공간을 형성한다. 이때 지속적으로 초음파 자기장을 주게 되면 빈 공간은 점점 커지며, 임의 임계점 이상에서 폭발을 하게 되고 이 반발력을 통해, 웨이퍼wafer 표면에서 미세입자가 떨어지게 된다. 여기서 주의할 점은 기포가 폭발할 시에 웨이퍼wafer 표면에 기포를 모이게 하면 웨이퍼wafer 표면에 손상을 주게 되어 웨이퍼wafer 표면이 폭발한 것과 같은 이미지를 보여준다. 따라서 웨이퍼wafer 표면에 손상을 주지 않고, 미세입자를 제거하기 위해서는 초음파 진동기의 상태 관리가 매우 중요하다. 따라서 초음파 진동 모듈의 동작 소스 파라미터source parameter는 매우 엄격하게 관리 중이다.

초음파 진동 ModuleMegasonic 동작

- 압전체 상태: 음향 세기 단위는 W이며, Megasonic의 Power
- Reflect Power: 압전체에 발생되는 힘이 Wafer or 매질에 반사되어 되돌아오는 에너지

• 매질 상태: Megasonic ↔ Wafer 안에 있는 Liquid의 상태이며, 이 때 Gap, Tilt, RPM 등 기타 조건은 매질의 상태에 영향을 준다. 음압, Bubble 개수

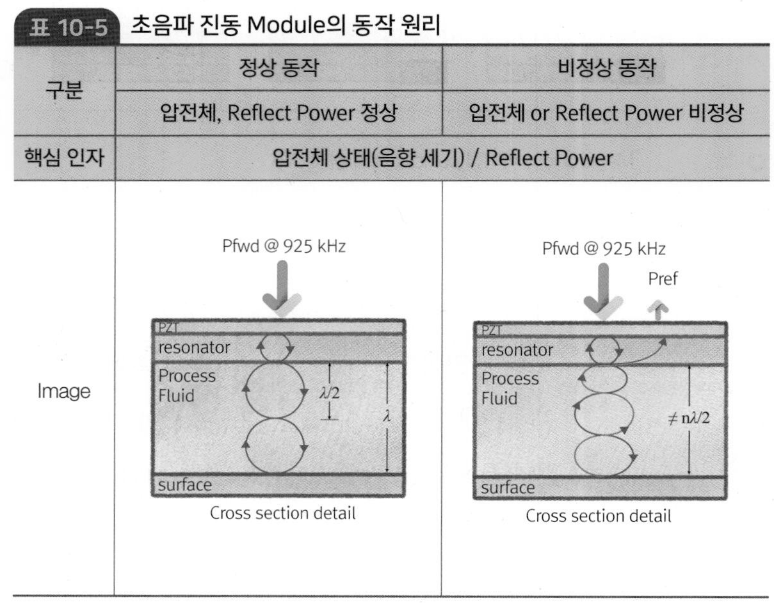

표 10-5 초음파 진동 Module의 동작 원리

구분	정상 동작	비정상 동작
	압전체, Reflect Power 정상	압전체 or Reflect Power 비정상
핵심 인자	압전체 상태(음향 세기) / Reflect Power	
Image		

암모니아 첨가제의 역할은 수용액을 pH >9 이상으로 올리면 거의 모든 물질이 마이너스 제타Zeta 전위를 만들어준다. 이 때문에 웨이퍼wafer와 미세입자의 제타 전위가 동일한 극성이 되어 서로 반발력을 만들고, 분리된 미세입자의 재부착을 예방하는 역할을 수행한다.

결론적으로 기능수공정은 ① 수소분자에 의한 미세입자와 기판과의 분리, ② 초음파 세정을 통한 미립자의 리프트 오프lift off, ③ 암모니아 농도 pH >9 이상 관리를 통한 재흡착 예방이라는 순서로 동작을 하게 된다. 여기에서 어려운 점은 안정적인 수소분자의 용해, 초음파 세정 모듈의 관리웨이퍼wafer 근처에서 기포의 폭발 예방, 암모니아의 pH >9이상의 농도 관리 항목이 매우 중요한 항목이다.

HF/NH3 Gas 건식 세정

건식 세정의 정의와 중요성

반도체 표면 미세가공surface micro-machining에서 중요한 제조공정의 하나는 희생층sacrificial layer인 산화막을 선택 식각하여 미세구조체를 분리하는 것이다. 이와 같이 미세구조체를 기판으로 떼어낼 때 희생층인 산화막의 식각은 HF에 의한 습식 세정wet cleaning공정을 사용 중이다. 하지만 산화막 식각 후, 세정 및 건조 시 미세구조체가 표면장력에 의한 모세관력capillary force 때문에 하부 기판에 달라붙는 고착 현상이 발생한다. 이러한 문제점을 보안하기 위하여 건식 세정 방식이 사용되며, 그 중 HF/NH3 기체를 사용하여 산화막에 흡착을 시키고, 산화막과 반응하는 건식 식각 방식을 주로 사용한다.

HF/NH3 가스의 Thermal 방식은 건식 세정 방식의 대표 중의 하나이다. HF/NH3 Gas를 사용하여 산화막SiO2을 암모늄플루오로실리케이트(NH4)SiF6 화합물로 변환시킨다. 암모늄플루오로실리케이트 성분은 물이나 알코올의 액체에 바로 용해되며, 녹는점은 100℃로 쉽게 제거가 된다. 따라서 HF/NH3의 건식 세정 방식은 ① 희생 산화막을 암

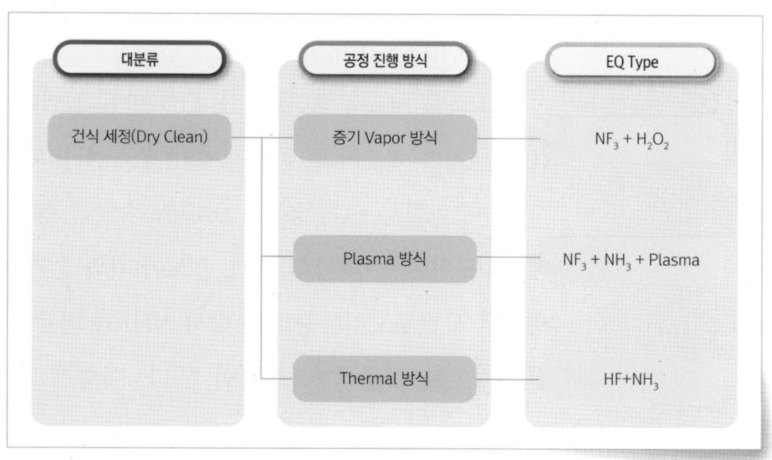

그림 10-18 건식 세정 방식의 종류

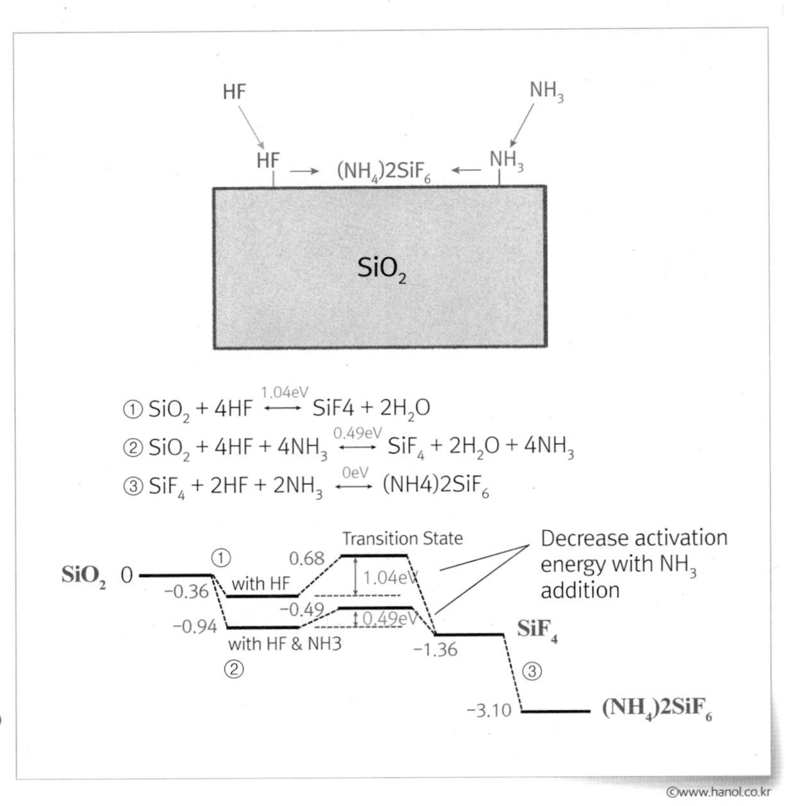

그림 10-19 암모늄플루오로실리케이트 화합물 반응식

모늄플루오로실리케이트 화합물로 전환시키고, ② 암모늄플루오로실리케이트 화합물을 200℃ 이상의 고온에서 분해시켜 희생막을 제거하는 방식이다. 암모늄플루오로실리케이트 화합물 생성 반응식은 〈그림 10-19〉와 같다.

산화막SiO2을 사플루오린화규소SiF4로 만들기 위해서는 1.04eV의 활성화 에너지가 필요하다. 하지만 촉매제로 NH3 Gas를 투입하게 되면, 사플루오린화규소SiF4 생성은 0.49eV의 낮은 활성화 에너지를 필요하게 되며, 이는 공정 압력 조건, 온도에 따라 쉽게 변형이 된다. 이렇게 생성된 사플루오린화규소는 다시 NH3와 반응하여 암모늄플루오로실리케이트 화합물로 생성이 된다. 이렇게 생성이 된 화합물은 200~220℃ 고온의 열처리를 거쳐 제거가 된다.

건식 세정의 어려움과 해법

HF/NH3 건식 세정을 위해서는 희생층sacrificial layer을 암모늄플루오로 실리케이트 화합물로 전환을 시켜야 하는 부분이 매우 중요하다. 이는 HF, NH_3 Gas와 희생산화막 SiO_2 사이의 화합물 반응이 필요하며, 이때 활성화 에너지가 필요하다.

활성화 에너지는 'PV=nRT' 방식으로 계산될 수 있다. 이 중 P는 압력, V는 반응 챔버 Volume, n은 기체입자몰수, R은 보편기체상수, T는 절대온도이며, nR은 상수이므로 변동이 없고, 반응 챔버의 Volume은 제작 시 고정이 되므로, HF/NH_3 건식 세정의 중요 항목은 공정 진행 압력과 온도가 매우 중요하다. 따라서 안정적인 공정 진행 및 재현성을 위해서는 압력과 온도의 안정적인 관리가 필요하다. 대부분의 건식 세정공정에서 이슈issue 발생 시 주요 원인은 압력과 온도의 변화에 기인하며 지금도 해당 항목 관리를 위해 장비 파라미터parameter를 FDC 또는 기타 인터락interlock으로 설정하여 관리 중이다.

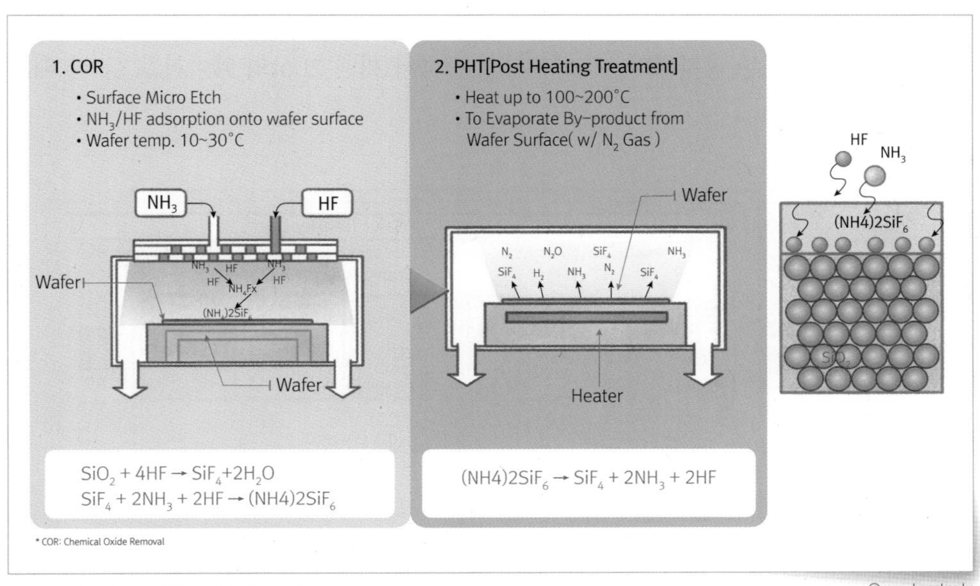

그림 10-20 산화막 제거 Scheme

Cleaning 장비의 종류와 특징

Batch Type배치 장비

배치 장비의 정의와 중요성

배치batch 세정 장비는 화학용액을 사용하여 웨이퍼wafer의 오염물질을 제거하는 습식 세정 장비 중에 웨이퍼wafer를 한 장씩 진행하는 습식 싱글 타입wet single type 장비와는 다르게 여러 장을 동시에 묶어 배치batch로 진행하는 장비를 말한다. 대부분의 300mm 반도체 팹fab공정에선 웨이퍼wafer 25매를 1Lot으로 정의하고, 1Lot을 기본 단위로 공정들을 진행하게 된다. 배치 장비 대부분은 2Lot, 50매를 한 배치로 묶어 세정을 한다.

배치 장비는 〈그림 10-21〉과 같이 크게 버퍼 구역buffer area, 도크 구역dock area, 프로세스 구역process area 3개로 나뉘며, 버퍼 구역은 웨이퍼wafer 25매 1Lot이 담긴 풉foup의 투입loading과 반출unloading 및 이동, 보관을 하는 공간이다. 도크 구역은 풉에서 꺼낸 2Lot의 웨이퍼wafer를 한 배치

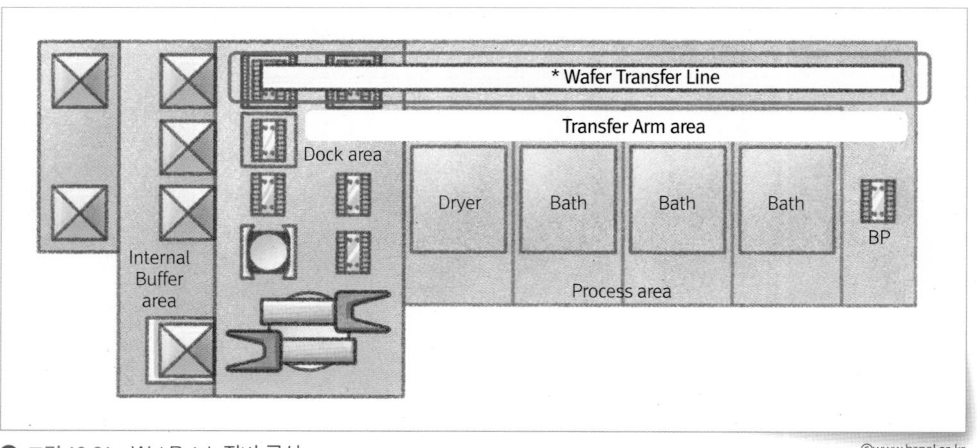

그림 10-21 Wet Batch 장비 구성 ©www.hanol.co.kr

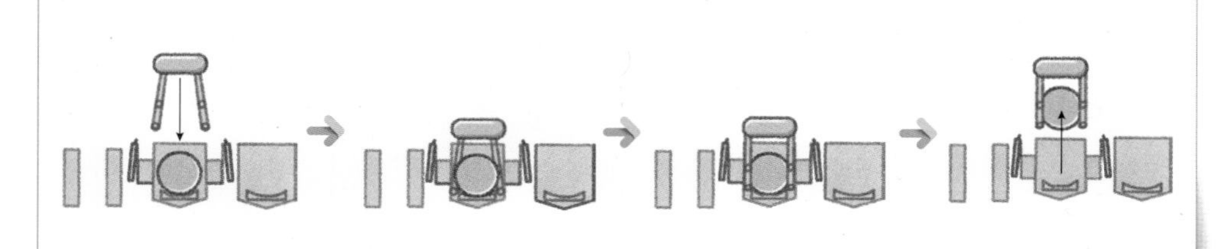

그림 10-22 Transfer Arm을 통한 Wafer의 Bath 간 이동 방법 ©www.hanol.co.kr

로 합쳐 공정 진행이 가능한 상태로 반송해주는 공간이다. 프로세스 구역은 화학용액이 담겨 있는 배스bath와 프로세스process 마지막에 웨이퍼wafer 건조를 진행하는 드라이어dryer가 있는 공간이다. 프로세스 구간에선 〈그림 10-22〉와 같이 트랜스퍼 암transfer arm이 배스bath 간 웨이퍼wafer 이동을 진행한다.

프로세스 구간의 배스bath는 웨이퍼wafer가 습식 세정을 진행할 수 있도록 화학용액이나 물이 담겨져 있으며, 한 장비 안에서 다양한 화학용액을 사용하기 때문에 식각을 하는 화학용액이 담긴 배스bath와 화학용액을 제거하기 위한 물이 담긴 배스bath가 하나의 모듈module로 구성되어 있다. 식각이 필요한 필름막질, film에 따라 사용하는 화학용액이 달라지게 되며, H_2SO_4, H_2O_2, NH_4OH, H_3PO_4, HF, SOLVENT, IPA 등의 다양한 화학용액을 사용하고 있다.

케미컬 배스chemical bath는 〈그림 10-23〉과 같이 펌프Pump - 히터Heater - 필터Filter 구성으로 화학용액을 순환시키고, 적정 온도를 유지하며, 필터링Filtering을 통해 오염물질을 제거한다. 유량계flowmeter를 이용해 화학용액의 유량을 감지하고, 농도계를 사용하며 일정한 농도를 유지한다. 농도 데이터를 통해 화학용액을 실시간으로 추가 보충한다. 배스bath에 담겨 있는 화학용액을 통해 세정공정을 진행하기 때문에 불순물에 의한 오염 증가 및 농도의 변화 등의 이유로 일정 시간life time이나, 진행한 세정 횟수life count를 기준으로 배스bath 내 화학용액을 전부 버리

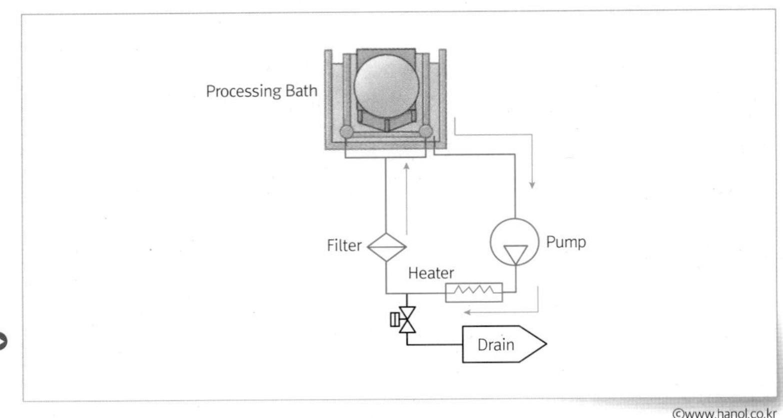

그림 10-23 Chemical bath 순환 구성

고, 새로 바꿔주는 액교환chemical change 기능을 가지고 있다.

프로세스 구역 내부는 파티클particle 및 인접 세정조의 영향을 최소화하기 위해 하강 기류 유지가 필요하다. 천장에선 팬 필터 유닛FFU, Fan Filter Unit을 통해 필터링filtering된 외기를 팬fan을 통해 아래로 불고, 아래에선 배기exhaust를 통해 빨아내며, 하강 기류를 유지한다. 프로세스 구간의 드라이어dryer는 습식 세정공정의 마지막으로 젖어있는 웨이퍼wafer를 건조시키는 모듈module이며, 아이소프로필알코올IPA, Isopropyl Alcohol을 이용해 마란고니 효과marangoni effect를 극대화하여 건조를 진행한다.

배치 장비의 어려움과 해법

배치 장비의 경우 싱글 장비에 비해 한번에 처리하는 웨이퍼wafer의 장수가 많아서 생산성 측면에서 큰 장점을 가지고 있고, 반도체 습식 세정 장비로 많이 사용되었지만, 20나노 이하 미세화공정이 도입되면서, 좁은 패턴 사이의 세정력 저하 및 건조 불량에 따른 디펙트defect 제어가 힘들어지고, 세정조 내 50매의 웨이퍼wafer들이 각자의 세정 영향 차이가 발생함에 있어 많은 주요 습식 세정공정들이 싱글 장비로 전환되고 있는 상황이다.

낸드 플래시Nand Flash 반도체 공정의 미세화가 한계에 달하면서 최근

3D 적층 구조로 방향이 전환되고 있으며, 그에 따라 깊은 패턴deep contact의 세정이나 식각량이 많은 특수 공정, 특정 필름film만의 식각을 위한 높은 선택비의 특수 화학용액 사용에 있어서 싱글 타입 장비의 한계가 보이면서, 다시 배치 타입 장비가 주목을 받고 있는 상황이다. 아직 웨이퍼wafer 건조 불량에 따른 디펙트defect 제어나 웨이퍼wafer 내의 식각 균일도 및 50매 웨이퍼wafer 간의 식각량 차이의 부분에서 풀어야 하는 숙제가 많이 남아 있는 상태이며, 현재도 최적 조건에 대한 평가 및 새로운 방식의 도입, 개선들이 활발하게 이루어지고 있다.

Wet Single Type습식 싱글 장비

습식 싱글 장비의 정의와 중요성

케미컬chemical을 사용하여 웨이퍼wafer의 오염물질을 제거하는 습식 세정을 진행하는 장비 중에서 웨이퍼wafer를 한 장씩 세정하는 장비를 통칭한다. 50장의 웨이퍼wafer를 동시에 진행하는 습식 배치batch type에 비해 한 장씩 진행하여 생산성 측면에서 떨어지나 20나노 이하 미세 공정이 진행되면서 좁은 패턴 사이의 세정력이나 특정 필름film을 식각해주고 특정 필름film과 화학용액의 성질을 이용하여 세정 효과를 극대화할 수 있는 장점이 있다. 그리고 습식 배치의 고질적 문제인 흐름성 파티클particle과 상호 오염cross contamination 이슈를 해결하기 위해 습식 싱글타입 장비의 적용이 늘어나는 추세이다.

습식 싱글 타입의 구성을 확인해보자. 배치 타입과 다르게 한 장씩 웨이퍼wafer를 이동하여 챔버라고 불려지는 모듈module로 옮겨 준다. 〈그림 10-24〉는 챔버의 기본 구성 모식도이다. 장비 모델model별로 8개, 12개, 16개의 챔버로 구성되어 한 챔버당 한 장의 웨이퍼wafer를 동시 다발적으로 진행시킬 수 있다. 챔버에 웨이퍼wafer가 놓여지면 웨이퍼

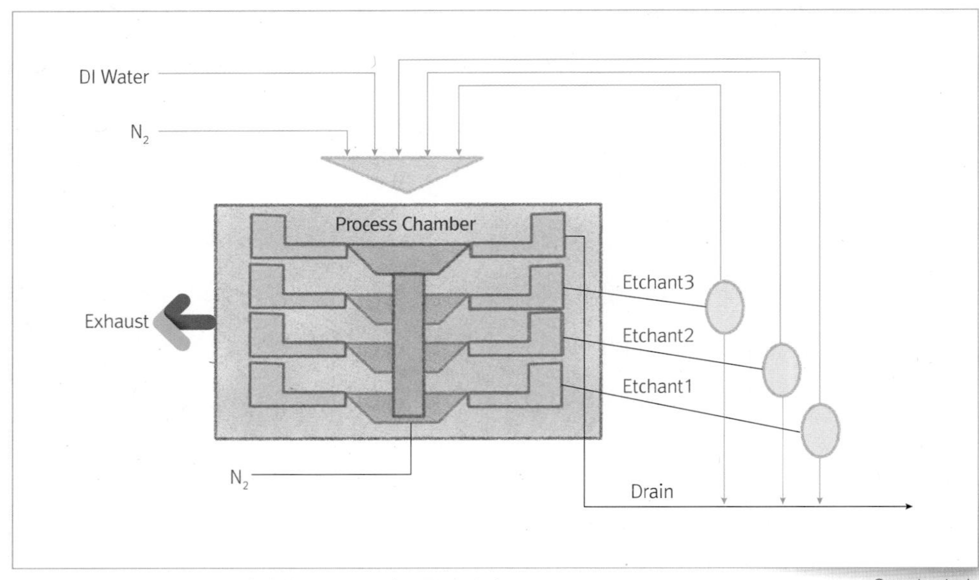

그림 10-24 Wet Single 장비의 Chamber 기본 구성 개념

©www.hanol.co.kr

wafer 바깥쪽을 핀pin으로 잡아 준 뒤 회전을 시켜준다. 회전을 하고 있는 웨이퍼wafer 표면에 노즐nozzle을 통해 케미컬Chemical을 토출하여 특정 필름film에 대한 식각이나 세정을 해준다. 케미컬Chemical 토출 후 해당 케미컬Chemical을 씻어주기 위한 초순수를 후속으로 처리해 준 뒤 고속 회전을 이용한 자연 건조나 N_2 가스를 같이 불어주며 완전 건조를 해주면 세정이 완료되는 방식이다.

챔버 내부에 여러 개의 노즐을 구성하여 각각의 노즐별로 서로 다른 케미컬Chemical을 구성할 수 있어, 원하는 성능을 구현할 수 있는 여러 조합을 만들어 낼 수 있다는 장점이 있다. 한 가지 예로 식각용 케미컬Chemical 스텝 뒤에 세정에 효과가 있는 다른 케미컬Chemical을 추가로 구성하여 원하는 식각과 세정이라는 두 마리 토끼를 잡을 수 있다. 그렇다고 좋은 점만 있는 것은 아니다. 한정된 공간에 최대한 많은 기능을 구성하다 보니 장비를 보수, 정비, 관리하기 위한 공간이 협소하다는 단점도 있다.

습식 싱글 장비의 어려움과 해법

반도체 기술이 고도화되며 점점 더 미세화된 공정이 도입되면서 장비 간 차이뿐 아니라 챔버 간 동일한 성능이 중요하다. 습식 싱글 타입의 경우 케미컬Chemical을 노즐을 통해 미세하게 조정하며 구동을 시켜 웨이퍼wafer 위에 토출시켜 직접 맞게 하는 방식이므로 해당 케미컬Chemical의 유량이나 노즐 자체의 티칭teaching 상태가 조금이라도 벗어나게 되면 공정 불안정 요소가 된다.

공정이 미세화되듯이 기존 갖고 있던 공정 관리 기준을 세분화하고 세밀화하여 재정립하고 있다. 3D 적층 구조로 가면서 깊은 패턴deep contact의 특정 필름film을 식각하거나 세정해 주어야 하는 경우가 있다. 맞춤형 케미컬Chemical을 사용함에 있어 노즐 단위로 제어하기에 부품의 성능과 재질에 한계가 나타나고 있다. 건조 불량 문제들이 발생하면서 다양한 건조 방법들도 개발해 사용하고 있다. 기존 N2 가스를 사용한 건조 방식에서 온도를 높인 N2의 사용, 아이소프로필알코올IPA를 이용한 마란고니 효과marangoni effect를 N2 노즐과 같이 토출시켜 건조 불량을 제거하기 위한 최적의 레시피recipe를 찾고 있다. 챔버 단위로 동등한 성능을 내기 위한 장비 구성 단계부터 재정립하고 있으며, 기존에 없던 새로운 기술을 접목하여 관리 가능한 부분으로 최적의 조건을 맞추기 위한 노력을 하고 있다.

Dry Single Type건식 싱글 장비

건식 싱글 장비의 정의와 중요성

건식 세정dry clean 장비는 HF(g) or NF3(g)와 같은 유독가스toxic gas를 이용하여 원하는 필름film을 제거하거나 웨이퍼wafer 표면의 불순물들을 세정하는 방식을 사용하는 장비를 통칭한다. 건식 세정 장비는 <그림

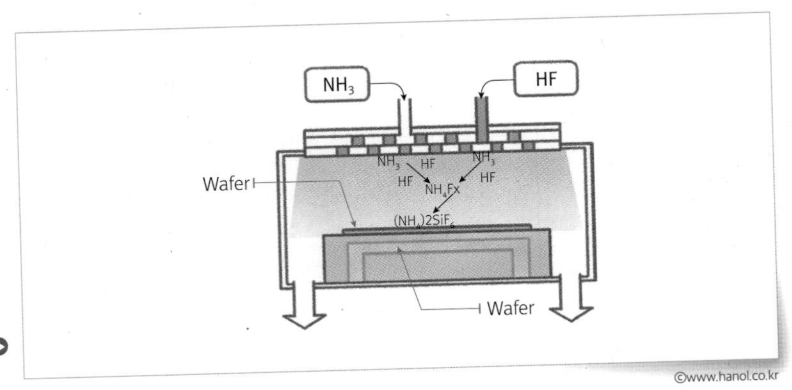

그림 10-25
Etch Step

10-25〉 같이 유독가스를 이용하여 산화막을 식각하는 스텝과 〈그림 10-26〉 같이 식각을 하면서 생긴 불순물을 높은 온도에서 제거하는 어닐 스텝anneal step으로 보통 구성된다. 식각과 어닐 스텝을 하나의 챔버 혹은 두 개의 챔버로 하느냐에 따라 장비 구성이 결정된다.

그 다음으로 건식 세정 장비는 습식 세정 장비와는 다르게 유독가스를 사용하기 때문에 팹fab 및 사람들의 안전과 사용한 가스를 안전하게 배출하기 위해서 드라이 펌프dry pump를 사용한다. 드라이 펌프는 〈그림 10-27〉처럼 공정이 진행되는 챔버와 연결되어 진공 상태를 만들어 주는데, 펌프 내부에 모터가 회전을 하면서 진공을 유지한다. 그리고 펌프 후단은 배기 정화 장비로 연결하여 유독가스를 안전한 공

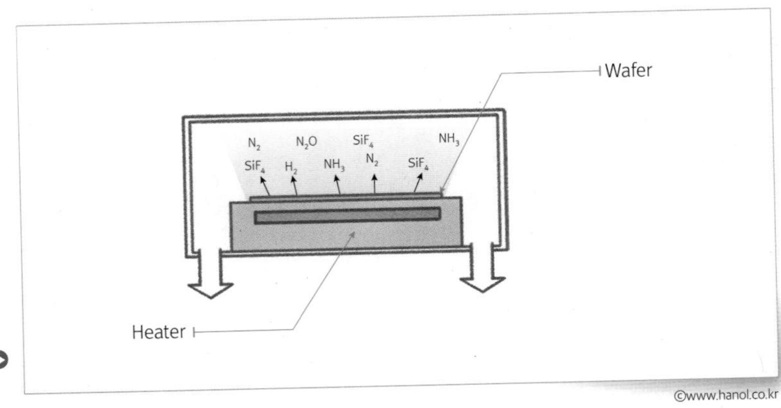

그림 10-26
Anneal Step

그림 10-27 Dry Clean Vacuum 구성도

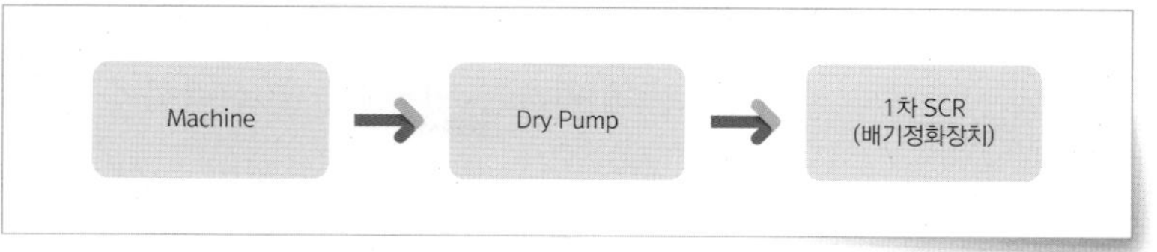

기로 정화시키는 데 일조한다.

반도체의 칩chip 크기는 계속 작아지고 패턴 사이가 좁아지면서 습식 세정으로 진행하게 되면 패턴이 붙어버리는 리닝leaning 현상이 발생하거나, 케미컬Chemical로 인해 패턴이 무너지는 불량이 발생하기도 한다. 좁은 패턴 사이에 미세 불순물이 있어서 케미컬Chemical 처리를 해도 불순물이 제대로 제거되지 않아 가스를 이용한 건식 세정 방식이 중요해지고 있다.

건식 싱글 장비의 어려움과 해법

건식 세정 장비는 습식 세정 장비와 다르게 각 웨이퍼wafer별로 가스를 분사시켜 세정하기 때문에 각 웨이퍼wafer의 세정 성과performance가 상이할 수 있다는 것과 액체가 아닌 기체를 사용하기 때문에 상대적으로 크기가 큰 불순물의 제거력이 떨어진다는 단점이 있다. 또한 각 웨이퍼wafer별로 공정을 진행하면서 공정 시간 자체도 습식 세정에 비해 길기 때문에 장비 생산성 역시 떨어진다는 단점이 있다. 이에 건식 세정 장비에서는 챔버 상태를 고진공으로 유지하기 위해 챔버 바로 밑에 터보펌프turbo pump를 사용하는 추세이며, 챔버의 압력, 온도, 가스 유량 등 공정 진행 시 미세하게 변화하는 파라미터parameter들을 관찰monitoring하기 위해서 각각의 센서sensor 정확도를 더 올릴 수 있는 방법을 찾고 있는 중이다.

세정 성과performance를 개선하기 위해서 오랜 시간을 들여 한번에 처리하기 보다는 공정 시간을 나눠서 진행하는 사이클cycle 진행 방식과

In-situ 진행 방식 등이 추가 개선점으로 나오고 있으며, 최근에는 미세한 공간에 원하는 필름film만을 식각하기 위한 공정이 늘어나면서 케미컬Chemical보다는 가스를 사용하여 습식 세정 장비의 한계를 뛰어넘으려고 하는 시도들이 점점 늘고 있다.

Scrubber 세정

스크러버Scrubber의 정의와 중요성

"Scrub - 문질러 닦다"라는 의미와 같이 스크러버Scrubber 장비는 브러시 brush, 나노 스프레이 유닛nano-spray unit을 활용하여 웨이퍼wafer 표면의 파티클particle을 제거하는 장비를 통칭한다. 스크러버Scrubber 장비가 중요한 이유는 웨이퍼wafer 앞면과 뒷면에 파티클particle이 있다면 연계 공정에 악영향을 주어 패턴 브리지bridge를 유발, 수율 저하까지 야기할 수 있다. 스크러버Scrubber 장비는 크게 두 가지로 나뉜다. 웨이퍼wafer 앞면 스크러버Scrubber와 뒷면 스크러버Scrubber이다. 웨이퍼wafer 앞면을 세정하는 방법은 나노 스프레이 방식이다. 초순수와 N2 Gas를 이용하여 수분입자mist를 만들고 수분입자로 웨이퍼wafer 표면을 반복 이동하여 파티클particle을 제거한다.

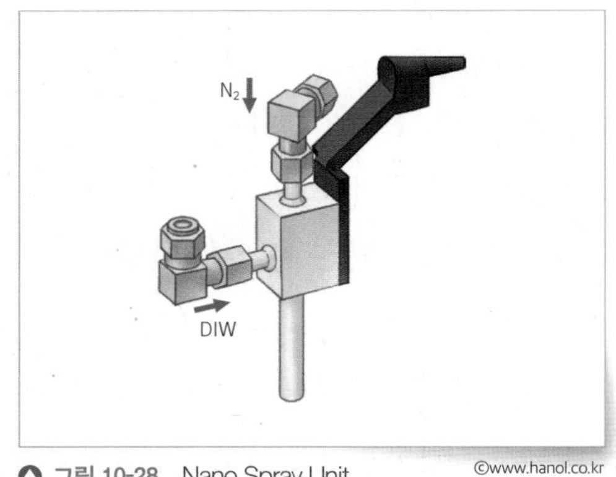

그림 10-28 Nano Spray Unit ©www.hanol.co.kr

그림 10-29 Nano Spray 분사 ©www.hanol.co.kr

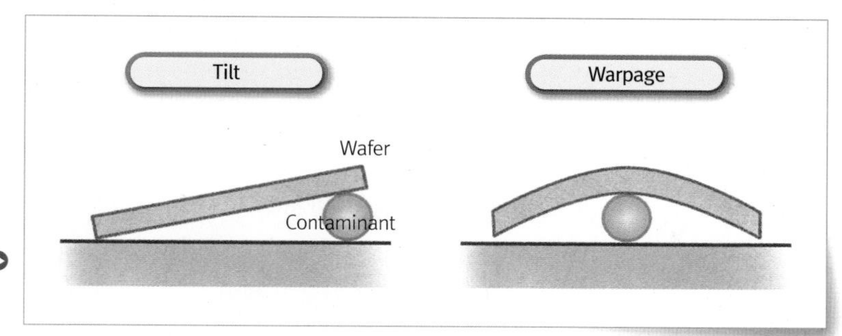

그림 10-30 Back Side Cleaning의 필요성

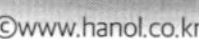

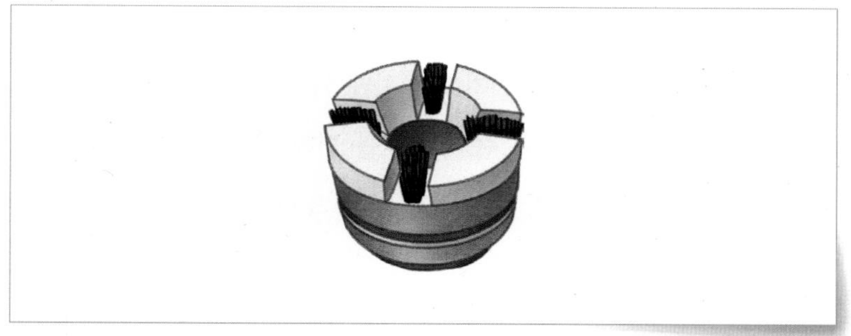

그림 10-31 Brush Module

©www.hanol.co.kr

웨이퍼wafer 앞면에는 패턴이 있기 때문에 물리적인 충격이 가해지지 않도록 적정한 스프레이 분사 압력이 필수 조건이다. 압력을 강하게 하여 세정 효과를 강화하면 좋지만 적정 압력 이상이 되면 패턴을 쓰러뜨리는 등 다른 문제를 야기할 수 있다. 따라서, 현재는 공정 스텝에 따라 다양한 스프레이 압력을 설정하여 공정을 진행한다. 웨이퍼wafer 뒷면을 세정하는 방법은 〈그림 10-31〉 같이 브러시Brush 모듈module이 회전하면서 직접 웨이퍼wafer 뒷면에 접촉하여 파티클particle을 제거한다. 앞면 세정 방식과 다른 이유는 웨이퍼wafer 뒷면에는 패턴이 없기 때문에 직접 접촉하여 진행함으로써 세정 효과를 높이고자 한다. 〈그림 10-30〉처럼 웨이퍼wafer 뒷면에 파티클particle이 남게 된다면 노광Photo공정에서 디포커스defocus를 야기하는 등 연계 공정의 진행에 불안 요소를 제공하게 된다.

반도체 패턴의 미세화가 심화되면서 파티클particle 제어에 대한 중요성이 강조되고 있다. 노광Photo, 식각Etch 등에서 발생한 부산물By-Product의 제거 능력에 따라 후속 공정 능력이 결정되고, 수율에도 영향을 미치기 때문에 지속적으로 발전이 필요한 장비이다.

스프레이공정의 어려움과 해법

스프레이공정의 어려움이라면, 스프레이 방식으로 진행하기 때문에 처리 공간 내에 습도가 높아진다. 습도가 높아질 경우 웨이퍼wafer 표면에 습기가 잔류하게 되면 디펙트defect 같은 공정 불량을 야기하게 된다. 최근 습도 관리를 위해 배기exhaust 상향, 드라이 에어dry air 투입 등의 평가가 이뤄지고 있다. 또한 반도체 패턴 미세화에 따라 과거보다 더 작은 파티클particle을 제거해야 한다. 이를 위해 스크러버Scrubber 장비에 사용되는 초순수 내 오염원 제거도 중요하다. 이에 대해서는 초순수 내 오염원 포집 필터filter의 여과 능력pore size을 강화하여 초순수 자체 파티클particle 제어 방법도 개선 중이다.

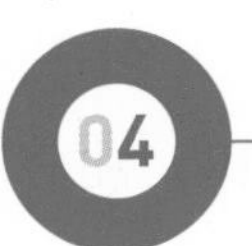

04 Cleaning공정의 품질 관리와 생산장비 관리

defect

디펙트defect의 정의와 중요성

defect의 사전적 의미는 결점이나 결함이다. 팹Fab공정에서 defect는 제품의 불량과 직결되는 요소이다. 팹fab공정은 크게 증착deposition, 패터닝patterning, 식각etching으로 이루어져 있는데, Cleaning은 이러한 단위 공정 사이사이에 위치하여 defect를 제거하는 것이다. 세정공정 입장에서

defect는 크게 두 가지로 나눌 수 있다. 하나는 사전 공정에서 기인한 파티클particle이나 반응성 잔여물, 패턴pattern 불량 등이다. 각 사전 공정에 따라서 생기는 defect의 종류가 다르고 그에 따른 특성이 다르다. 또한, 해당 공정 진행 시 표면에 노출되는 필름film이나 구조도 다르다. 따라서 이 모든 요소를 고려한 세정 방식cleaning type 및 케미컬chemical을 적용하여 defect 제거가 필요하다. 다른 하나는 세정공정 자체에서 유발하는 건조 불량이 있다. 세정공정은 대부분 초순수 헹굼과 건조 과정을 거치기 때문에 일부 건조 불량이 발생할 수 있다. 건조 불량은 건조를 진행하는 스텝의 회전수RPM, 처리시간Time, 처리 속도lift up speed 등 세부 조건을 변경하거나 마란고니marangoni, 스핀spin, N2, 아이소프로필알코올Iso-propyl alcohol 등 건조 개념dry concept을 변경하여 개선할 수 있다. 팹fab 내 다른 공정들은 defect 발생을 억제할 수는 있으나 공정 특성상 제거하기는 어렵다. 그러나 세정공정은 이러한 defect를 제거하여 불량을 줄일 수 있고 제품 수율 향상에 크게 이바지할 수 있어 매우 중요하다.

디펙트defect의 어려움과 해법

세정에서 디펙트defect 관리의 어려운 점은 패턴의 미세화다. 미세 패턴은 세정공정의 마지막인 건조 스텝에서 〈그림 10-32〉 같이 초순수 표면 장력에 의한 패턴 붕괴pattern collapse에 취약하다. 표면장력을 약화하

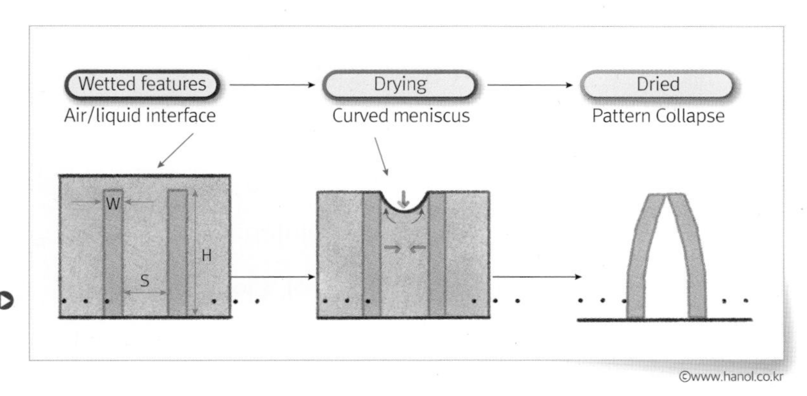

그림 10-32 Pattern Collapse 발생 모식도

©www.hanol.co.kr

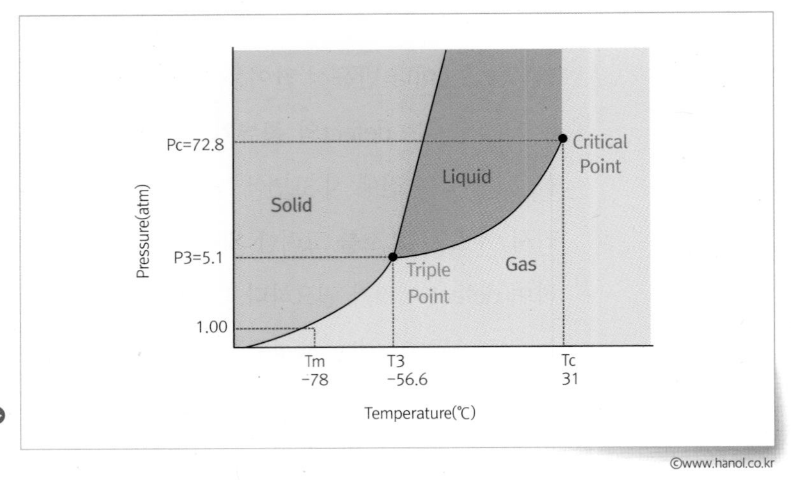

그림 10-33 상평형 Graph

©www.hanol.co.kr

기 위해 아이소프로필알코올을 활용하여 건조 스텝을 진행하고 있으나 그 역시 한계에 다다랐다. 이에 따라 고안된 방법이 초임계 상태를 이용하는 것이다. 〈그림 10-33〉과 같이 물질에 따라 특정 압력 및 온도에 다다르게 되면 초임계 상태에 이르게 된다. 초임계 상태에서는 표면장력이 '0'에 수렴하기 때문에 미세 패턴 건조에 유리하다. 점점 더 미세화로 가는 반도체 시장에서 세정공정의 디펙트defect 제어는 그 어떤 것보다 중요하고 어렵다. 하지만 새로운 세정 방식의 도전과 신소재new material 개발로 끊임없이 발전할 것이다.

Uniformity산포

산포의 정의와 중요성

산포uniformity는 통계적인 의미로 중심점target을 벗어난 정도를 이야기한다. 세정공정에서의 산포는 공정의 영향으로 변화하는 두께thickness, 깊이depth, 무게weight 등을 의미하며, 식각용 케미컬etchant chemical or gas로 인한 웨이퍼wafer 간의 산포 차이, 웨이퍼wafer 내의 산포 차이, 시간에 따른 산포 변화 등이 주된 세정공정의 산포 불량이다.

산포는 수율, 품질의 가장 중요한 척도이다. 각각의 반도체 공정별로 목표로 하는 중심점이 있으며 대표로 웨이퍼wafer 내의 특정 위치들의 값과 그 평균을 관리하고 있다. 이 대표 파라미터들이 중심점에 얼마나 가깝게 분포되어 있는지가 웨이퍼wafer 내 반도체 하나하나의 산포를 의미하고 수율, 품질을 결정한다. 산포 관리는 반도체 생산의 가장 큰 과제이며 품질을 결정하는 주요인main factor이다.

산포 관리의 어려움과 해법

세정공정에서 산포 관리의 어려움은 배치 타입 장비의 존재다. 낸드 플래시Nand Flash 제품에 3차원3D 구조가 적용되면서 식각량이 많아져 공정 시간이 길어지고 싱글 타입 장비에서는 특정 케미컬Chemical 사용이 어려워지면서 배치 타입의 세정공정들이 유지되고 있다.

배치 타입 장비는 웨이퍼wafer 여러 장을 한꺼번에 케미컬 배스chemical bath에 담가 세정을 진행하는 장비로서 웨이퍼wafer가 케미컬 배스chemical bath 내의 위치에 따라 식각량이 달라지는 특성이 있다. 〈그림 10-34〉의 배스bath의 측면side view을 보았을 때 웨이퍼wafer 사이 간격에 따라서 순환 유량이 다르며 이로 인해 산포 차이가 생긴다. 그리고 〈그림 10-35〉의 전면front view을 보았을 경우에도 케미컬Chemical을 배스bath 하부 노즐nozzle에서 분사해 밀어내기 방식으로 진행하는 배치 타입 장비 특성

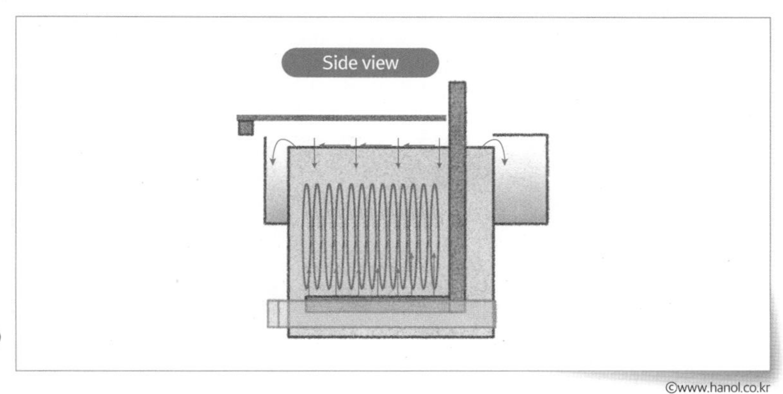

그림 10-34 Bath Side View

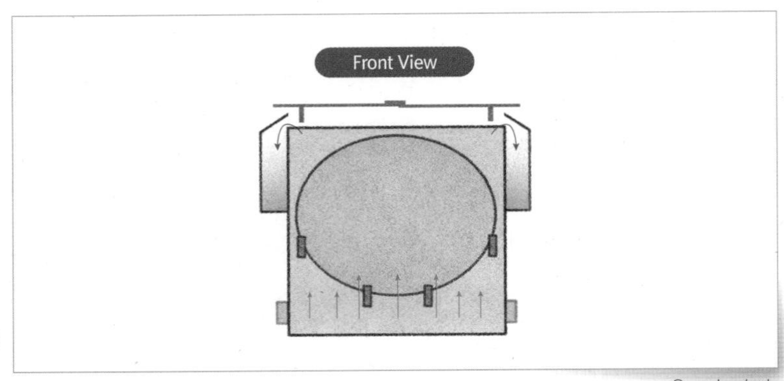

그림 10-35 Bath Front View

ⓒwww.hanol.co.kr

상 배스bath 내부의 순환 유량을 동일하게 유지하기가 어려워 웨이퍼wafer 내의 산포 불량이 발생하게 된다.
현재는 지속적인 케미컬Chemical 개발을 통한 싱글 타입 장비로의 전환과 케미컬 배스chemical bath 내의 케미컬Chemical 순환 유량을 상향하는 방식 등으로 개선 중이다.

Contamination오염

오염contamination은 여러 가지 교호작용에 의해 발생한다. 전/후 공정과의 관계나 장비 상태에 따라서도 발생할 수 있는데, 결국은 웨이퍼wafer가 어떤 환경에 노출되어 있는지가 중요한 포인트다. 세정공정에서는 웨이퍼wafer 노출 환경에 대해 이해하고 최적화된 처리를 통해 보다 안정된 웨이퍼wafer 환경을 만들어주는 것이 중요하며, 대표적인 오염 문제인 흄fume과 혼용 오염cross contamination에 대해 알아보고자 한다.

Fume흄

Fume흄 오염의 정의와 중요성

반도체에서 fume흄은 〈그림 10-36〉처럼 공정 진행 과정에서 사용되

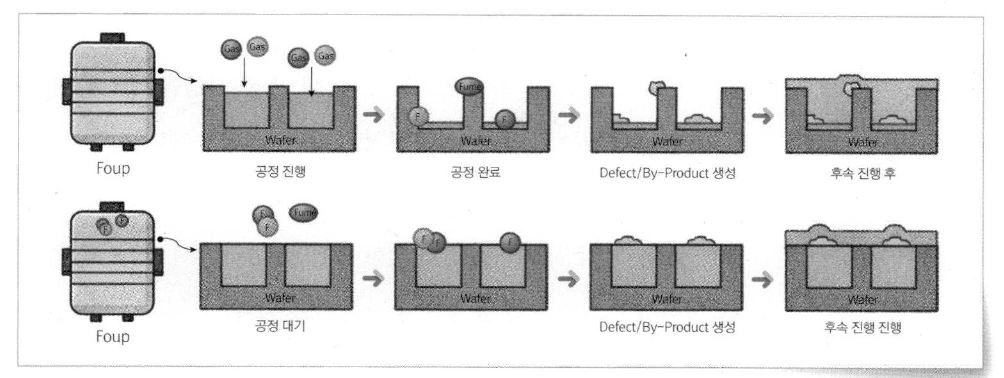

그림 10-36 Fume 반응 모식도

©www.hanol.co.kr

는 케미컬Chemical이 공정 진행 후 웨이퍼wafer 또는 웨이퍼wafer 보관 박스인 FOUPFront Opening Unified Pod에 미세한 입자로 존재하는 것을 의미한다. 이 때 사용되는 화학물질은 가스나 유체 형태로 공정의 목적에 따라 그 성분은 다양하며, 이전 공정의 조건과 현재 공정에서 사용되는 화학 성분에 따라 다양한 종류의 흄 생성이 가능하다.

오염 관점에서 흄이 중요한 이유는 단순하게 잔류만 하는 것이 아니라 이것이 또 다른 반응을 일으키며 문제를 만들기 때문이다. 공정 진행 후 잔류 흄이 박막 성분과 반응하여 디펙트defect가 되거나 FOUP 내부의 흄과 반응하여 디펙트defect를 만들기도 하는데, 이 상태로 다음 공정을 진행하게 되면 흄으로부터 형성된 디펙트defect가 불순물로 작용하여 수율, 품질 불량으로 이어진다. 그래서 세정공정은 이런 디펙트defect나 불순물을 제거하는 측면에서 중요한 역할을 하고 있다.

Fume흄 관리의 어려움과 해법

반도체 테크 슈링크tech shrink가 지속됨에 따라 흄 기인의 불량도 증가하는 추세다. 특히, 패턴이 작아지면서 케미컬Chemical이 닿는 표면적은 증가하고 작은 크기의 디펙트defect에도 공정 불량이 쉽게 발생하고 있다. 세정에서는 흄 제어를 위해 대표적으로 두 가지 측면에서 대응이 가능하다.

① 웨이퍼wafer 표면의 흄을 감소시키기 위해 세정 진행을 최적화한다. 여기서 최적화는 기존에 세정공정이 존재한다면 케미컬Chemical 분사 시간을 늘리거나 종류를 변경하여 진행 과정을 강화하는 것이 가능하다. 만약 세정공정이 존재하지 않는 상황에서 흄 문제로 세정 처리가 필요하다면 공정을 추가하여 강화할 수 있다.

② FOUP 내부 잔존하는 흄을 제어하기 위해 이전 공정 진행 후 빠른 시간 안에 세정 처리를 한다. 공정과 공정 사이에서 웨이퍼wafer가 들어있는 FOUP이 대기하는 시간을 줄여 흄 반응 시간을 최소화하는 관점이다. 예를 들어, 이전 식각공정이 끝나고 평균 3시간 이상 지나 세정을 진행했던 것을 최대 1시간 이내로 강제 진행될 수 있도록 하는 것이다. 이 부분은 FOUP의 이동 시간, 세정 장비의 진행 공정 우선순위 등 생산 환경에 영향을 받기 때문에 팹fab 운영 관점에서 최적화가 필수이다.

Cross contamination혼용 오염

혼용 오염의 정의와 중요성

세정에서 혼용은 한 장비에서 진행하는 공정들 간의 관계이다. 세정 장비는 여러 공정들이 자유롭게 진행이 가능한데 어떤 장비이든 웨이퍼wafer의 동선이 공유되는 공통의 공간이 존재한다. 가령, 배치 타입batch type 장비라면 케미컬 배스chemical bath가 웨이퍼wafer들의 공통 구간이 될 수 있다. 세정을 하는 곳에서 어떻게 오염의 문제가 발생할 수 있을지 의문이 들겠지만, 〈그림 10-37〉처럼 배치 타입 장비에서는 여러 종류의 웨이퍼wafer가 케미컬 배스chemical bath에서 연속적으로 진행되기 때문에 다른 장비 타입에 비해 오염에 상대적으로 취약한 구조이다. 이런 공

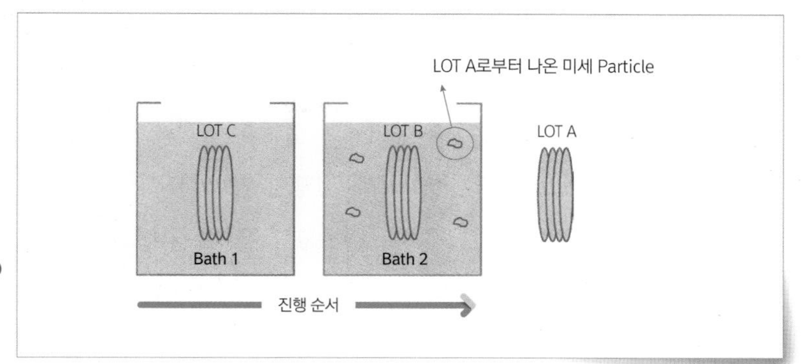

그림 10-37 Chemical Bath에서 미세 Particle 존재하는 모습

통 공간에서 이전 웨이퍼wafer들에 의해 발생되는 오염 문제를 우리는 혼용 오염이라고 한다. 혼용 오염은 공통 구간에서 파티클particle이 잔류하거나 누적되면서 다른 웨이퍼wafer에 붙어 수율, 품질 문제를 만든다.

혼용 오염 관리의 어려움과 해법

혼용 문제 또한 테크 슈링크에 의해 과거 대비 불량 발생 가능성이 높아진 환경에서 선제 대응이 반드시 필요한 문제로 되고 있다. 특히, 배치 타입의 경우 화학용액 교체 주기에 따라 배스bath 속 누적되는 미세 파티클particle 양이 결정되기 때문에 선제 대응은 피할 수 없는 전략이 되었고, 혼용 오염 문제를 개선하기 위해 운영 관점에서 제어가 필요하다.

① 배스bath 내 케미컬Chemical 사용 시간이나 진행 양을 줄이는 방향으로 제어가 가능하다. 예를 들어, 케미컬Chemical을 12시간마다 교체하며 장비를 운영하는 조건에서 2시간마다 교체하는 조건으로 변경하는 것이다. 하지만 여기에는 여러 가지 불합리가 존재한다. 첫째, 케미컬Chemical 사용량의 증가로 폐수 처리 측면에서 환경 문제가 발생할 수 있다. 둘째, 빈번한 교체로 인하여 하루 생산량에도 영향을 줄 수 있다. 12시간 주기로 하루 2번만 교체하다가 2시간 주기로 총 12번으로 교체 횟수가 증가한다면 케미컬Chemical을 교체

하면서 뺏기는 시간에 의해 필요한 생산량을 능력만큼 올리지 못하게 된다.

② 배치 타입 장비에서 싱글 타입으로 전환하는 방법이 있다. 웨이퍼wafer 입장에서 매 진행할 때마다 깨끗한 케미컬Chemical로 진행시켜 오염 문제를 차단하고 수율, 품질 향상에도 높은 효과를 낼 수 있는 관점이다. 싱글 타입 장비에서도 배치 타입만큼의 공정 효과를 얻어야 하기 때문에 이러한 변경 과정은 쉽지 않으며, 이 또한 팹fab 운영 측면에서 최적화가 뒷받침이 되어야 하는 부분이므로 생산 측면에서 많은 고려가 필요하다.

Selectivity선택비

선택비의 정의와 중요성

선택비selectivity는 서로 다른 종류의 물질이 동일한 플라즈마 또는 화학 물질 조건하에서 식각해 나갈 때, 각각의 물질에 대한 식각 속도의 상대적인 비율을 뜻한다. 예를 들어 〈그림 10-38〉에서 B물질을 식각할 경우 A에 대한 선택비가 HF와 BOE가 차이가 있기 때문에 형성되는 구조가 다르게 된다. 즉, HF보다 BOE에서 A/B 간 선택비가 낮아지거나 무력화 된다.

이처럼 반도체에서 식각을 통해 구조 형성하는 공정 및 원하는 물질

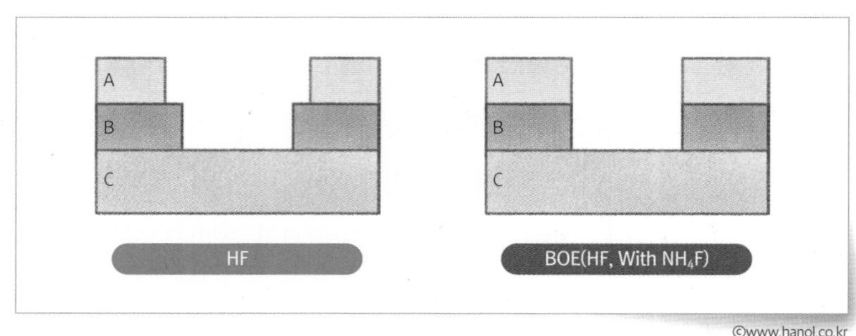

그림 10-38 HF와 BOE의 선택비 차이

만 식각하고 나머지 물질은 유지해야 되는 공정 등이 많기 때문에 선택비가 중요한 이유이다.

선택비 관리의 어려움과 해법

선택비를 좋게 하기 위해선 기존 케미컬Chemical에 첨가제를 추가하거나 새롭게 개발해야 되는 경우가 많다. 여러 소재업체 제품을 평가하여 원하는 선택비가 나오는 제품으로 선정하여 사용하게 된다. 이런 특수 제품들은 초기 독점으로 인해 비용이 높으며 생산량이 증가할수록 수급 측면에서 문제가 될 수 있다. 그래서 공급 다변화를 통해 상기 문제들을 극복해 가고 있다.

Leaning

Leaning의 정의와 중요성

Leaning은 습식 세정 진행 후 잔존하는 케미컬Chemical 및 초순수를 제거하는 건조 단계에서 액체가 마르면서 발생되는 패턴 스트레스pattern stress에 의한 무너짐collapse 현상이다. 웨이퍼wafer 건조 불량의 하나인 Leaning은 후속 연계 공정의 패터닝 불량으로, 특성 불량으로 이어지는 만큼 다른 건조 불량보다 관리가 중요하다.

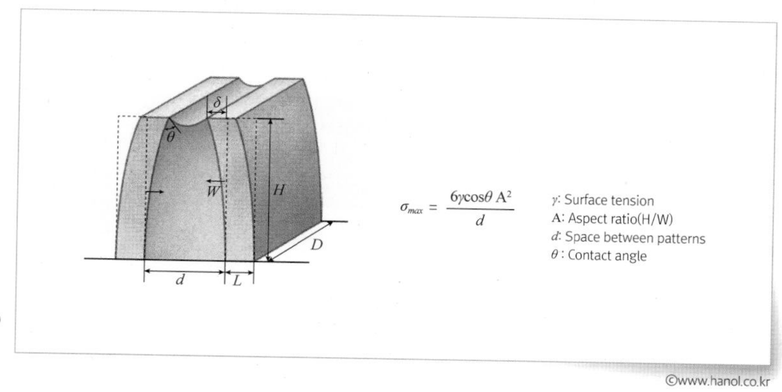

그림 10-39 Pattern Stress

Leaning이 발생하는 패턴 스트레스의 크기는 〈그림 10-39〉와 같은 식에 의해서 결정된다. 액체 내부의 분자들이 서로 동일한 거리를 유지하려는 표면장력surface tension에 비례, 패턴의 면적 대비 높이종횡비, Aspect Ratio의 제곱값과 비례, 패턴과 패턴 사이의 간격에 반비례, 액체가 고체에 접촉하고 있을 때 액체면과 고체면 사이의 각도인 접촉각contact angle에 영향을 받는다.

Leaning 관리의 어려움과 해법

Leaning을 발생시키는 패턴 스트레스의 가장 큰 요인은 패턴의 미세화다. 테크tech가 미세 패턴으로 점차 개발되면서 패턴의 면적이 작아지고 패턴과 패턴 사이의 간격이 좁아지면서 패턴 스트레스 값이 커지면서 세정 후 웨이퍼wafer 건조 시에 제어가 취약해진다. 미세화 개발이 불가피한 상황에서 패턴 스트레스 약화를 위한 해법으로는 표면장력surface tension 감소 및 접촉각contact angle 제어를 통한 방안이 가능하다. 현재 팹fab에서는 표면장력 감소 방법으로 아이소프로필알코올Isopropyl alcohol을 사용하여 웨이퍼wafer의 초순수를 밀어내기 식으로 치환하는 방식을 사용한다. 아이소프로필알코올의 경우 표면장력이 초순수 대비 4배 수준으로 낮아 패턴 스트레스 감소 효과가 있다. 또 다른 제어 방식으로는 아이소프로필알코올 및 초순수의 온도를 상향하여 접촉

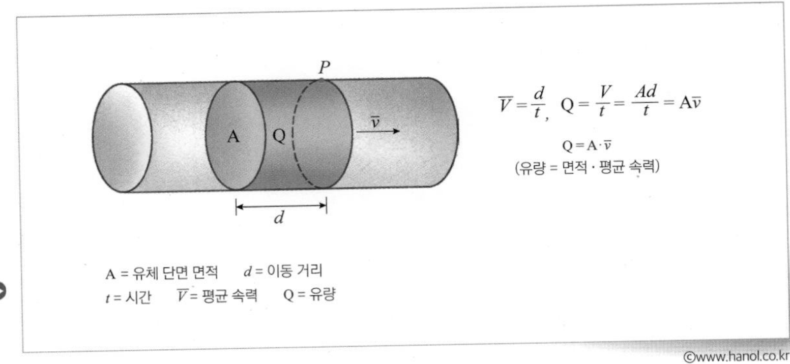

그림 10-40 Flow Rate(유량) / 체적 모식도

각을 낮추는 방식을 사용 중이다. 패턴 미세화로 인한 리닝이 아주 취약한 공정에서는 표면장력 및 접촉각 제어 방식으로 도입된 고온/고압을 이용한 초임계 건조 방식으로 Leaning을 제어하고 있다. 테크 개발이 진행됨에 따른 Leaning 제어 개발을 통한 세정은 필수이다.

Flow Rate유량

Flow Rate유량의 정의와 중요성

Flow Rate유량는 유체의 흐름 중 임의의 단면을 단위 시간 동안 통과하는 유체의 부피 또는 질량을 뜻하며, 특정 시간 동안 어느 정도의 액체가 이동했는지 나타낼 때 사용한다. 유체의 체적을 시간에 대한 비로 나타낸 체적 Flow Rate유량, 유체의 질량을 시간에 대한 비로 나타낸 질량 Flow Rate유량가 대표적이며, 통상적으로는 Flow Rate유량를 표시할 때 체적 Flow Rate유량를 많이 사용한다.

반도체 세정공정에서는 액체와 기체 케미컬Chemical을 이용하여 웨이퍼wafer 표면의 불순물 제거 및 사용 후 남은 케미컬Chemical 잔여물을 건조시키게 된다. 이때 유체들이 웨이퍼wafer에 직접 닿게 되므로 정해진 기준범위, 양에 맞게 유체가 토출되는 것이 중요하다.

기준을 벗어난 유량이 토출되면 연관된 웨이퍼wafer defect가 발생하게 되어 반도체 생산에 문제가 발생한다. 강한 유량의 경우 미세 패턴 무너짐collapse이 발생하며, 약한 유량의 경우 불순물 제거가 충분히 되지 못해 남은 잔여물들이 세정 이후의 공정에서 문제를 야기할 수 있다.

Flow Rate유량 관리의 어려움과 해법

반도체 세정 장비에서는 일정한 Flow Rate유량 관리를 위해 약액이 흐르는 배관에 유량계flow meter를 장착하여 실시간으로 Flow Rate유량 값을 감시하고 있다. 가장 보편적으로 사용되고 있는 유량계의 종류는 접촉식 유량계이다. 접촉식 유량계는 약액에 직접 접촉되기 때문에 Flow Rate유량 측정의 오차 범위가 작고 정밀도가 높은 장점이 있다. 다만, 유량계에서 발생된 파티클particle이 그대로 케미컬Chemical에 포함되어 공정에 영향을 줄 수 있으며 유량계 체결 부위의 약액 누출leak 및 교체 작업 시 유독한 케미컬Chemical로 인해 작업자 안전 문제 등이 발생할 수 있다.

위와 같은 문제는 케미컬Chemical에 접촉되지 않는 비접촉식 유량계 사용을 통해 개선할 수 있다. 배관과 배관 사이에 연결되는 접촉식 유량계와는 달리 비접촉식 유량계는 케미컬Chemical이 흐르는 배관 외부에 클램프clamp 형식으로 고정하여 유량계로 인한 오염 및 약액 누출 문제가 발생하지 않는다. 하지만 장착할 수 있는 기준 배관 사이즈가 한정적이며 접촉식에 비해 측정 정밀, 정확도가 다소 떨어진다는 문제점이 있어 개선을 위한 신규 개발이 지속적으로 진행되고 있다.

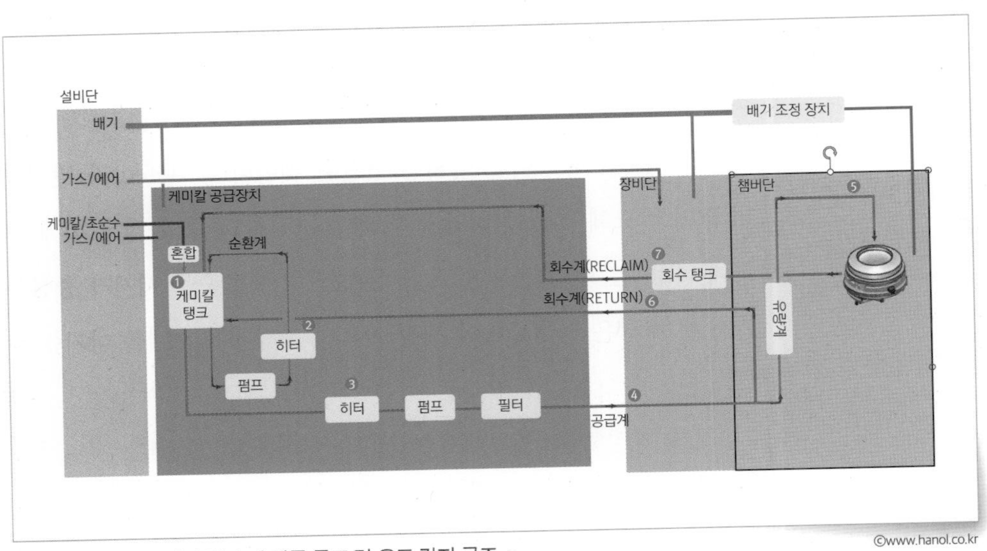

그림 10-41 크리닝 장비 내 계통 구조 및 온도 감지 구조

Temperature온도

Temperature온도의 정의와 중요성

Temperature온도는 물질의 뜨겁고 찬 정도를 나타내는 물리적 변수로 정해진 Temperature온도의 기준에 의하여 만들어진 온도계에서 측정되는 값으로 정의된다. Temperature온도는 다음과 같은 성질을 가지며, 일반적으로 절대 온도K나 섭씨 온도℃와 같은 단위를 사용하여 표현한다.

첫째, Temperature온도가 다른 물체를 열 교환이 일어날 수 있도록 접촉시켰을 때 Temperature온도가 높은 물체에서 낮은 물체로 자발적으로 열이 흐르게 된다. 둘째, 두 물체가 충분한 열 교환을 통해서 열평형에 이르렀을 때 두 물체의 Temperature온도는 같게 된다. 반도체 장비에서 Temperature온도는 일정한 Temperature온도를 유지함을 목적으로 하고, 표시의 단위로 섭씨 온도℃가 주로 사용되며, 온도계는 열전도 원리를 이용한 접촉식 온도계와 백금저항 온도계를 주로 사용한다.

세정공정에서 Temperature온도 관리가 중요한 것은 케미컬Chemical 반응성에 영향을 주는 핵심 요소이기 때문이다. 생산에 필요한 일정한 Temperature온도와 적정한 산포를 실시간으로 유지 및 관리해야 한다. 장비 내 순환계circulation, 공급계supply, 회수계return/drain에 직간접 형태로 설치되어 실시간 Temperature온도를 검출하여 생산관리 범위 이상으로 벗어날 경우 즉시 인터락을 발생시켜 생산환경, 장비, 제품의 피해를 최소화한다.

반도체 세정 또는 식각에 사용되는 케미컬Chemical의 Temperature온도가 관리 범위 밖으로 벗어날 경우 세정력 및 식각률 변화로 품질에 치명적인 영향을 줄 수 있기 때문에 Temperature온도에 대한 상시 관리, 감시, 그리고 인터락이 연동되어 동작될 수 있도록 관리를 필수적으로 해야 한다. 케미컬Chemical 온도는 공정 능력에 영향을 주는 핵심 요소이기 때문에 공정에 사용하는 케미컬Chemical의 Temperature온도를 측정 가능한 온도계, 반도체용으로 검증되고 표준화된 온도계를 사용해야 한다.

① 케미컬Chemical 탱크 내 준비된 케미컬Chemical의 온도를 2개의 센서로 모니터링기준값/실제값

② 순환계 히터의 자체온도/케미컬Chemical 온도/쿨링워터의 온도를 모니터링

③ 공급계 히터의 자체온도/케미컬Chemical 온도/쿨링워터의 온도를 모니터링

④ 공급계 히터를 지나 장비단에 도착한 케미컬Chemical의 온도를 모니터링

⑤ 챔버노즐의 토출전단에서 케미컬Chemical의 온도를 모니터링

⑥ 공정을 진행하지 않을 때 회수되는 케미컬Chemical의 온도를 모니터링

⑦ 공정을 진행하고 난후 회수되는 케미컬Chemical의 온도를 모니터링

⑧ 공정 진행 중 웨이퍼wafer의 온도를 모니터링비접촉 방식

Temperature온도 관리의 어려움과 해법

케미컬Chemical의 Temperature온도는 공정 능력에 영향이 없도록 알맞은 Temperature온도를 항시 유지함이 필수이나, 계절에 따른 설비단 온도영향성, 히터에서 노즐까지의 거리와 유속, 탱크 내 케미컬Chemical의 잔량, 온도계의 제품 품질 편차, 교정 주기 등의 변수로 적정 Temperature온도로 관리 범위 내에서 정확히 제어되는지에 대한 모니터링 구현과 인터락interlock 관리를 꾸준히 보완하고 변수 요소를 제거함으로써 Temperature온도 관리 능력을 개선할 필요가 있다.

상변화 한계에서 사용되는 화학약품, 예를 들어 아이소프로필알코올의 경우 적정온도가 끓는점에 가깝게 사용되고 있어 높아도, 낮아도 품질에 큰 영향을 주기 때문에 공급계의 시작부터 종단까지 안정적인 Temperature온도를 관리해야 하며 그 방법과 관리 수준을 지속적으로 개선해야 한다.

온도계의 교정은 기준값을 변화시켜 공정 능력 변화를 발생시킬 수 있다. 온도계의 무교정은 온도계 경시성 저항값의 오차로 품질 악영향을 발생시킬 수 있다. 따라서 케미컬Chemical별, 온도계별로 표준에 맞는 교정절차, 교체절차, 검증절차를 수립하여 일관성 있게 관리할 방법이 꼭 필요하다.

Concentration농도

Concentration농도의 정의와 중요성

Concentration농도의 사전적 의미는 일정량의 영역 또는 용액 안에 존재하고 있는 물질의 비율이나 양을 말한다. Concentration 농도은 모든 종류의 혼합물에 적용이 되는데 케미컬Chemical에서는 일반적으로 용액에 존재하는 용질의 상대적인 양을 의미한다. 용질의 Concentration농도은 질량 농도, 몰농도, 수농도, 부피 농도 등으로 나타낼 수 있다.

Concentration농도을 나타내는 단위로 퍼센트%, 몰mol/L, 규정 농도N 등을 가장 많이 사용한다. 반도체 세정 장비에서는 Concentration농도 표시의 단위로 wt%웨이트 퍼센트, weight percent 단위가 주로 사용되며, 실제 반도체 세정공정에서 광범위하게 사용되는 두 종류의 케미컬Chemical 혼합액을 예로 설명해본다. SPM황산과 과산화수소수의 혼합액, Sulfuric acid Peroxide Mixture 케미컬Chemical의 경우 일반적으로 4 : 1 비율로 섞어 주로 사용하는데, 4 :

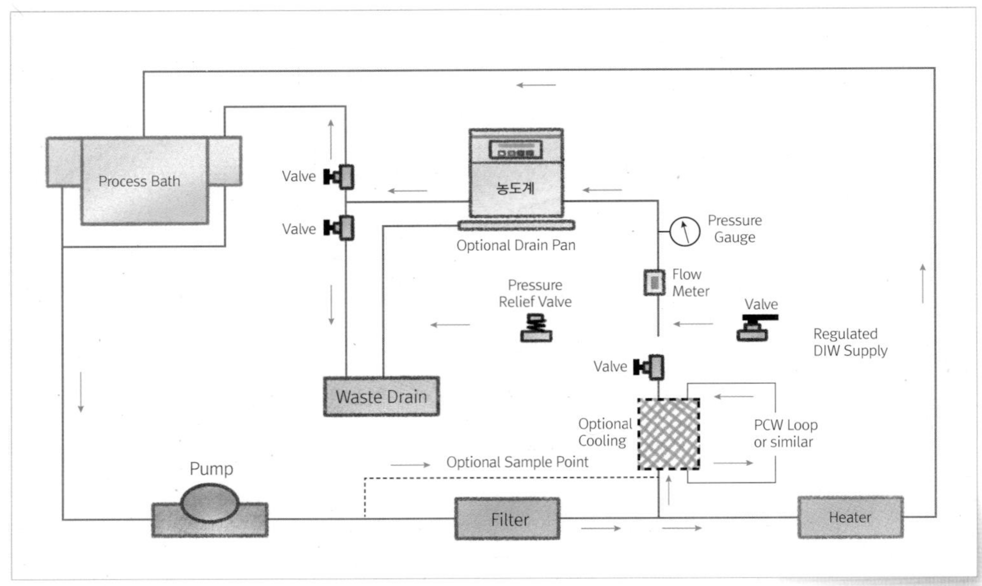

©www.hanol.co.kr

그림 10-42 세정 장비 내 농도계 설치 구조

1 혼합비의 경우 황산이 대략 80~88wt%이고, 과산화수소수가 대략 1~4wt%이다.

케미컬Chemical의 Concentration농도 측정 장치는 〈그림 10-42〉처럼 주로 세정 장비 내 순환계circulation 또는 공급계supply 측 PFA 배관에 직간접 형태로 설치되어 실시간 Concentration농도을 검출하며 관리 범위 이상으로 벗어났을 경우, 즉시 해당 장비 내 인터락interlock을 동작시켜 웨이퍼wafer상 데미지damage를 최소화한다. 반도체 세정 또는 식각에 사용되는 케미컬Chemical의 Concentration농도이 관리 범위 밖으로 벗어날 경우 세정력 저하나 식각률 변화에 지대한 영향을 줄 수 있기 때문에 Concentration농도에 대한 상시 관리, 감시, 그리고 인터락 연동이 필수적이다.

Concentration농도 관리의 어려움과 해법

반도체 세정과 식각용으로 사용되는 케미컬Chemical은 주로 혼합 상태이며, 초기 혼합mixing 시 각 케미컬Chemical의 공급 유량을 감시하고 혼합액 내 Concentration농도이 관리 범위 내에서 정확히 움직이는지에 대한 감시와 인터락interlock 관리가 체계적으로 이뤄지지 않는 경우가 다수 존재하여 이를 보완하고 개선할 필요가 있다.
주로 습식 세정이 끝난 웨이퍼wafer의 건조 단계에서 사용되는 아이소프로필알코올의 경우 정확한 Concentration농도 분석을 위한 기술 및 제품이 현존하지 않으며, 아이소프로필알코올 내 수분 Concentration농도 관리 역시 매우 중요하나, 이를 정확히 검출하고 제어할 수 있는 방법이 마땅치 않다. 두 종류 이상의 케미컬Chemical을 혼합하여 사용하고 고온의 상시 순환 조건에서 사용하는 케미컬Chemical의 특성상 배관 내에서 미세 버블bubble이 지속적으로 발생하고 존재할 수밖에 없다. 이런 상황에서 흡수분광법을 주로 채용하고 있는 현재의 주력 농도계 제품들에서는 농도 검출의 한계가 있을 수밖에 없다. 즉, 적외선infrared 또는 근적외선near infrared을 이용하여 빛의 파장을 분석하고 농도를 측정하는데, 미세 버블은 농도 측정의 정확도를 낮춰 지속적인 연구가 필요하다.

Exhaust배기

Exhaust배기의 정의와 중요성

싱글 타입single type 장비의 프로세스 공간인 챔버 내 배기 관리는 매우 중요하다. fume흄성 Defect 발생의 주요 원인이기 때문이다.
챔버 컵cup 안에서 SPM황산+과산화수소 같은 케미컬Chemical의 프로세스 과정에서 생성되는 작은 입자의 fume흄이 웨이퍼wafer에 재흡착 없이 컵 배기에서 층류laminar flow 형태로 배출되도록 하기 위해 FFUFan Filter Unit에서 유입되는 공기량보다 챔버 배기량이 더 많도록 조건을 설정해야 한

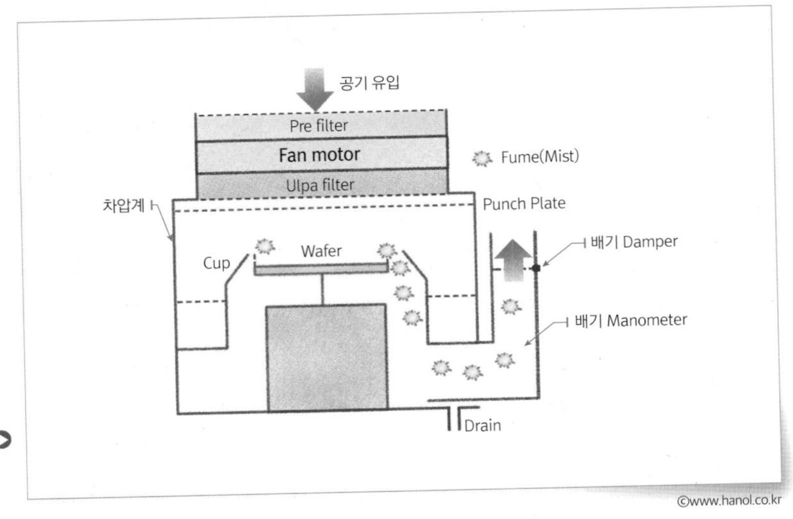

그림 10-43 Single Chamber에서 1단 구성도

다. 이를 위해 풍속m/sec을 측정하여 맞추고, 그 조건에서 챔버 배기측 음압, 즉 보통 수백 파스칼의 압력Pa이 해당 챔버의 관리 기준이 된다. 압력 조정은 자동 제어가 가능한 배기조절판damper이 담당한다. 또한 FFU에서 유입되는 공기를 챔버 전면에 골고루 공급하기 위해 펀치 플레이트punch plate가 있으며, 이는 양압으로 흄 상승을 억제하기 위함이다. 설정한 배기 조건이 틀어지게 되면 웨이퍼wafer에 재흡착성 디펙트defect로 인해 수율과 품질에 영향을 주게 된다.

*컵(Cup)
물컵처럼 Wafer를 직접 붙잡고 있는 챔버 한 부분으로, 보통 여러 종류의 Chemical을 분리, 운영하기 위해 3단(층) 구성을 채택하고 있다. 3단 구성의 이유로는, Cup Layer별 산계(ACID), 알칼리계(ALKALI), 유기계(IPA)로 분리하여 반응성 염기 생성과 화재의 위험성을 억제 차단 하기 위함이다.

*층류(Laminar Flow)
유체의 규칙적인 흐름으로 난류와 반대되는 개념이다.

Exhaust배기 관리의 어려움과 해법

위에서 언급한 적정 배기량을 파악하기 위해서는 컵 배기의 오픈open 면적만큼 개도를 하고, 컵을 덮을 수 있도록 지그jig를 준비한다. 풍속계로 지그의 오픈된 개로의 중앙에 흐르는 기체의 풍속m/sec을 〈그림 10-44〉처럼 측정한다. 요구 조건의 컵 풍속값 시점의 챔버 배기는 음압, 수백 파스칼의 압력Pa 값이 될 것이다. 배기 배출 압력 관리를 ±수 Pa 범위 내에서 관리를 해야 한다. 이때 챔버 내 차압을 확인하여 음압의 정도를 확인한다.

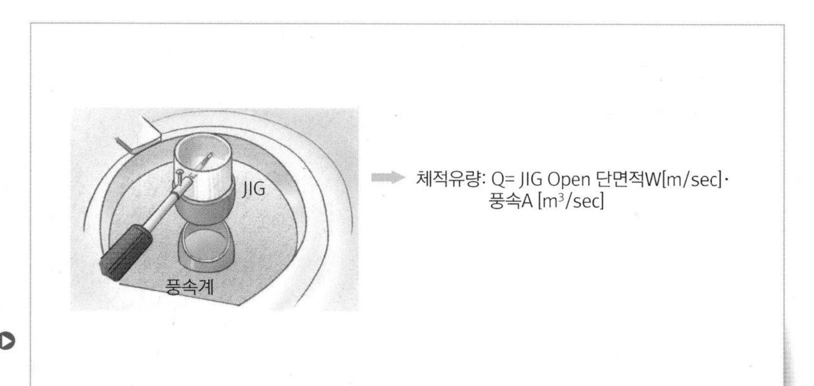

그림 10-44 Chamber의 Cup 풍속 측정 모습

©www.hanol.co.kr

Pressure압력

Pressure압력 관리의 정의와 중요성

Pressure압력의 기본 정의는 단위 면적당 영향을 주는 힘이다. 같은 힘을 주어도 면적이 좁으면 Pressure압력를 많이 받아 세지고, 면적이 넓으면 Pressure압력를 적게 받아 상대적으로 약하다. 세정공정의 대부분은 케미컬chemical을 사용한다. 가스gas를 주로 사용하는 식각, 박막공정과는 다르게 케미컬Chemical 공급 장치에 저장되어 있는 케미컬Chemical이 배관을 거쳐 챔버까지 적정 Pressure압력로 유체를 정상적으로 공급해 주어야 한다. Pressure압력에 따라 배관의 사이즈와 유속을 고려하여 공급 라인 조건에 부합하는 부품들을 설치해야 한다. 만약 높은 Pressure압력로 공급이 된다면 유체 공급 라인에 설치 되어 있는 부품에 손상을 줄 수 있으며, 심한 경우에는 균열crack 및 누수leak 발생을 초래하여 안전상 문제가 될 수 있다. 반대로 낮은 Pressure압력로 공급이 된다면 웨이퍼wafer에 충분한 유량 공급이 되지 않아 디펙트defect 및 파티클particle과 같은 불순물이 제품 품질에 영향을 줄 수 있는 원인이 된다. 따라서 Pressure압력는 세정공정에서 중요한 관리 파라미터parameter이며 소홀히 해서는 안 되는 항목이다.

Pressure압력 관리의 어려움과 해법

화학 용액 공급 저장 장치에서 챔버로 공급하는 압력은 주변 환경의 영향진동, 소음 등으로 인하여 일정하게 유지하는 것이 어렵고 유체의 흐름이 항상 동일하지 않다. 즉, Pressure압력에 따른 유체의 흐름에 순간적인 변화가 발생할 수 있으며, 이러한 순간적인 유체의 흐름 변화 예측이 어렵다.

궁극적으로 장치의 산포까지 영향을 주기 때문에 결국 제품의 품질에도 좋지 않다. 따라서 원하는 Pressure압력로 제어하고 정확하게 제어가 되는지 〈그림 10-45〉에서 처럼 모니터링이 가능한 부품들을 공급 저장 장치 내에 구성하여 압력을 관리해야 한다. 이를 해결하기 위해 압력 측정값을 전기 신호로 변환 출력해주는 압력 센서pressure sensor, 초기 압력을 제어하는 레귤레이터regulator, 특정 부품 전후 Pressure압력 변화를 확인하는 차압 센서differential sensor를 설치하여 제어 및 모니터링하며, Pressure압력 제어를 통하여 정확한 유량이 챔버까지 공급되는지 초음파 유량계digital flowmeter로 최종 확인한다.

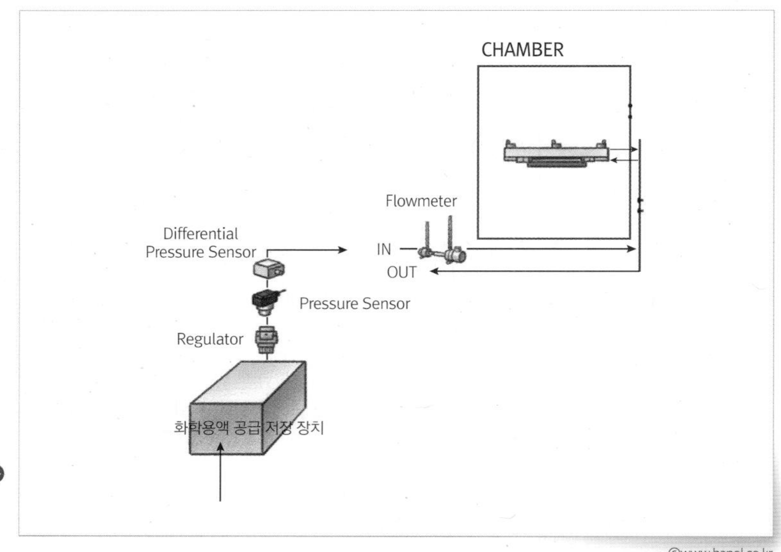

그림 10-45 공급 장치 내 압력 장치 모식도

©www.hanol.co.kr

05 Cleaning의 미래기술

반도체 소자의 고집적화는 반도체 제조공정 중에 발생하는 오염물질들로 인해 제품의 수율과 품질을 저하시키는 주요 항목으로 반드시 제거가 되어야 한다. 더욱이 실리콘 웨이퍼silicon wafer의 표면 품질은 대부분 세정공정에 의존하고 있는 상황이며, 이러한 관점으로 볼 때 반도체 소자의 발전은 세정 기술의 발전을 반드시 필요로 하는 종속 조건이 되고 있다. 현재 세정 기술은 크게 네 개의 관점에서 집중적으로 변화를 하고 있으며, 이 관점에서 미래기술에 대해 알아보고자 한다.

첫째, 싱글 타입single type으로 장비가 구성되고 있다. 반도체 공정은 장치 산업이라고 불리며, 장비의 성능에 따라 공정 능력이 결정이 된다. 따라서 이러한 반도체 세정 장비의 발전은 세정공정 능력을 향상시키는 역할을 한다. 현재 세정공정의 장비는 한번에 다수의 웨이퍼wafer를 처리하는 배치 타입batch type과 웨이퍼wafer 한 장씩 진행하는 싱글 타입으로 구성이 되고 있다. 배치 타입 세정은 케미컬 배스chemical bath에 웨이퍼wafer를 디핑dipping하는 방식이며, 싱글 타입은 고속으로 회전하는 웨이퍼wafer에 케미컬Chemical을 스프레이 형태로 분사시켜 세정하는 방식이

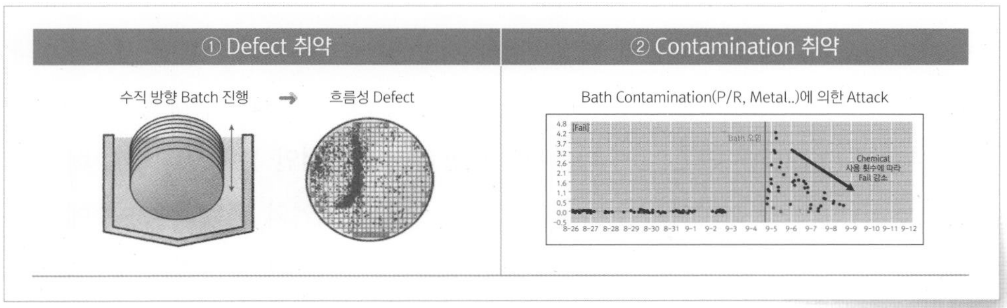

그림 10-46 배치 타입 장비의 Bath Clean 단점

©www.hanol.co.kr

다. 최근 공정의 미세화로 세정공정에서는 25nm 이하의 오염입자 제어를 반드시 해야 한다. 이때 배치 타입의 세정 방식은 여러 장의 웨이퍼wafer를 케미컬 배스chemical bath에 담그는 방식으로 웨이퍼wafer가 수직으로 움직인다. 이때 케미컬 배스chemical bath 세정은 〈그림 10-46〉처럼 공정 진행 중, 불순물이나 기타 유기물이 남아 있는 경우 웨이퍼wafer에 남겨져 위아래로 흐름성 디펙트defect가 발생할 수 있다. 또 케미컬공정 이후, 초순수 배스bath로 이동 시 대기 중에 노출되어 클린룸clean room 안의 미세입자들로부터 오염의 위험이 존재한다. 반면 싱글 타입의 장비는 케미컬Chemical 분사, 초순수 헹굼rinse, 건조까지 한 개의 챔버chamber에서 인시추in-situ로 진행되므로 배치 타입 장비의 위험성으로부터 자유로워져 최근 미세화되는 반도체 공정에서 적용 횟수가 증가하는 경향이 있다. 앞으로의 반도체 세정 장비의 미래는 웨이퍼wafer를 한 장씩 진행하는 싱글 타입이 주를 이룰 것이며, 배치 타입 보다 열세인 생산성 부족을 극복하기 위해 멀티multi 챔버12챔버 이상가 대표적인 모델로 예상된다.

둘째, 친환경 소재의 화학용매 개발이 증가할 것이다. 기존의 화학용매는 RCA 세정법으로 황산/과수/초순수의 SPM과 암모니아/과산화수소/초순수의 SC-1 화합물로 금속 불순물과 유기물을 제거하는데 사용하고 있다. 하지만 RCA 세정법은 많은 화학물과 이를 세정하기 위해 많은 양의 물을 소비하면서 폐액의 증가 등 환경 오염의 문제가 있다. 이에 따라서 세계적으로 환경 오염을 줄이기 위해 친환경 제품의 인증을 진행하면서, 반도체 산업도 이를 피할 수 없게 되었다. 따라서 친환경 세정공정의 개발 및 화학용매의 개발은 필수적이다. 이에 최근 오존 세정ozone clean, 기능수function water 세정이 개발되었으며, 해당은 H or OH 라디컬을 이용하는 화학적인 분해 방식을 통해 별도의 화학약품을 사용하지 않고 있으며, 폐액의 발생도 초순수에 기수분리 방법을 활용하여 공정 진행 후, 폐기물의 발생 없는 세정 방법이다. 따라서 이러한 방식으로의 세정공정은 친환경 세정공정이라는 목표를 달성하기 위해 필수적으로 개발이 될 것으로 보여진다.

셋째, 데미지 프리damage free 표면 구조의 세정 방식이다. 현재 세정공정은 케미컬Chemical을 사용하여 웨이퍼wafer 표면에서의 불순물을 제거하는 습식 세정이 주를 이룬다. 습식 세정 시 사용되어진 케미컬Chemical은 웨이퍼wafer 표면의 불순물 제거를 위해 사용되지만, 이때 웨이퍼wafer 표면의 물질, 배선도 같이 노출되어 데미지를 입을 수 있는 상황에 많이 놓이게 된다. 특히 반도체 공정의 경우 미세 선폭의 길이를 테크tech로 표기하면서 웨이퍼wafer의 선폭은 매우 얇아지는데 얇아지는 만큼 케미컬Chemical 용액에 노출된 경우, 물질이 스트립strip되거나 데미지를 받아 다른 전기적 특성을 나타낼 수 있는 위험성이 있다. 이러한 위험성에 노출된 공정은 선택비가 우수한 화학약품을 사용하거나, 건식 세정dry clean 방식을 사용해 표면 구조의 데미지를 최소화하면서 세정 효과를 극대화하는 방식이 개발될 것으로 예상된다.

넷째, 건조 기술의 발전이다. 건조는 세정 공정에서 매우 중요한 기술이다. 건조 흔적인 물방울 자국water mark 및 종횡비aspect ratio가 높은 패턴pattern 내에서의 패턴 데미지가 없는 건조 특성을 만들어야 한다. 기존에는 스핀 건조 및 아이소프로필알코올IPA 증기 건조가 주를 이루었다. 하지만 반도체 소자의 고집적화로 종횡비가 높은 패턴이 형성되면서, 배치 타입에서는 마란고니 법칙을 활용한 방식 및 IPA의 온도를 높여 표면장력을 낮춰서 건조시키는 방법이 활용되고 있다.

결론적으로 반도체 소자의 표면 품질은 세정 공정에서 결정이 된다. 또한 초기부터 현재까지도 세정 공정의 주목적은 표면 데미지를 최소화하면서 미세입자 등의 불순물을 제거하는 것이 목적이며 이는 미래에도 변함이 없을 것이다. 현재의 세정 공정의 미래기술은 싱글 타입, 친환경 소재, 선택비가 우수한 케미컬Chemical, 건식 공정으로 진행되고 있다.

액기치오
이봐요~ 접시에 묻은 이거 뭐죠? 찝찝해서 도저히 음식을 먹을 수가 없네…
아, 손님… 죄… 죄송합니다. 많은 양을 설거지 하다 보니 제대로 안 씻긴듯 합니다.
자네 너무 속상해 하지 말게… 헌데 요즘 무슨 문제라도 있는건가? 내가 도와 줄게 있으면 말하게…

네… 오늘처럼 손님들이 갑자기 많이 몰릴 때는 정말 정신이 없어요~ 접시를 제대로 확인 못하고…

아, 내가 잘 아는 설거지 무공이 뛰어난 사람을 소개시켜 줄 테니 한 번 만나 보겠나?
예, 제가 한 번 만나 보고 싶습니다.

ㅎㅎ 걱정마세요~ 제가 알려드리는 싱글 공법을 사용시면 해결될 겁니다.
싱글공법? 그게 뭔가요? 그걸 쓰면 정말로 세정 불량이 없을까요?

* 싱글 세정(Single Cleaning) 기술
기존 설거지는 세척기에 접시 50개를 넣고 한방에 다 씻는데, 그러면 일부 접시가 잘 씻기지도 않을 뿐더러 씻겨나온 찌꺼기들이 다른 접시에 다시 묻고… 건조할 때도 일부 물자국이 남고 그래요
그래서 이번에 제가 싱글 공법이라고… 한장씩 씻어주는 기술을 개발했지요 ㅎㅎ 완전 깨끗해요~

네에? 한 장씩 씻으면 좋은 거야 저도 알지만, 어느 세월에 그 많은 접시를 씻어요? 게다가 씻느라 들어가는 세척제며 물값은 또 어떻고…

ㅎㅎ 그건 염려 마세요~ 날씬한 챔버 여러개를 만들어 시간을 단축했지요. 그리고 세척제와 물은 1장 세척에 최적화 시켰어요
흠… 그렇다면야… 한 번 사용해보겠습니다.

와~ 생각보다 공간도 별 차이가 없고 속도만 좀 더디지 세척은 정말 대박인데… 불량이 없어!

하지만 요리가 늦게 나온다고 또 난리 칠텐데… 한 장 세척 시간을 더 최적화 시켜보자… 세척제를 좀 더 효과적인 걸로 바꾸고, 세척 노즐도 다시 디자인하고, 물 헹굼도 최적화하고… 됐어! 이렇게 하면 설거지 속도도 해결!
중얼중얼…

어떤가? 이제 좀 할만한가?

네! 객주님과 가그리님 덕분에 정말 일할 맛 납니다.
ㅎㅎ

ㅎㅎ 다 자네의 노력 덕분이지. 그것 말고 또 다른 걱정은 없는겐가?

실은 딱 하나… 키 큰 와인잔 있지 않습니까… 그 놈을 씻다 보면 다른 잔과 부딪혀 깨지거나 세척 불량이 생기곤 합니다…
허 그런가… 나중을 위해서라도 가그리님을 한 번 더 만나보는게 어떻겠나? 내 뭐든 돕겠네…

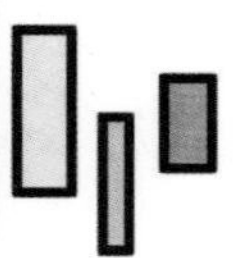
네! 고맙습니다. 객주님

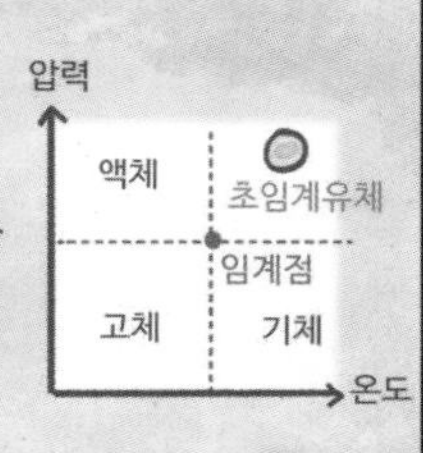

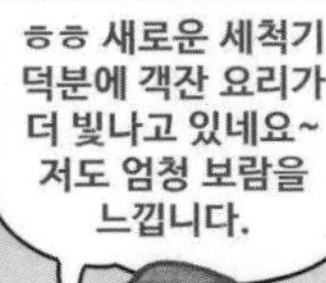

갈수록 미세 회로를 구현하기 위해 새로운 막질이 도입되고 패턴의 굴곡이 심해져 애를 먹습니다. 특히 캐피시터(capacitor) 종횡비(Aspect Ratio)가 날로 커져 세정에도 변화가 필요하게 되었습니다. 기존 세정의 한계를 싱글 세정으로 빠르게 대체중이며, 물만 묻어도 패턴이 붙어버리는 문제로 초임계 세정이 도입되고 있습니다. FAB공정의 3분의 1 정도로 비중이 큰 세정기술의 이해 없이는 수율과 품질은 상상도 할 수 없기에 약방의 감초 같은 공정이 바로 세정기술입니다.

11

“

CMP 공정

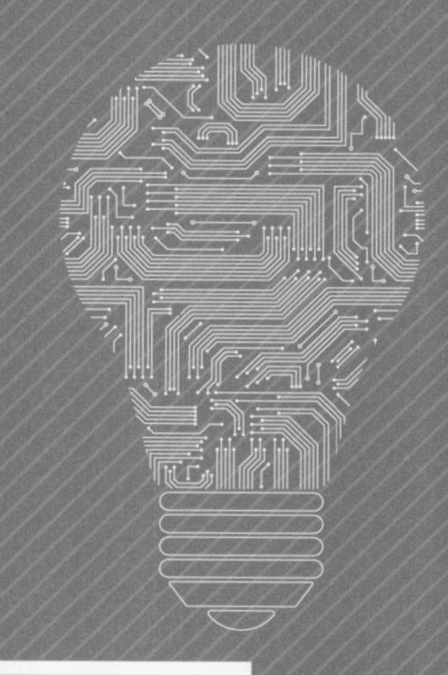

11
CMP
공정

01 CMP공정 소개

화학적chemical 요소와 기계적mechanical 요소를 이용하여, 웨이퍼wafer에 증착된 필름막질, film을 슬러리slurry라고 부르는 연마액으로 평탄화시키는 반도체 팹fab공정을 말하며 사전적 의미는 다음과 같다.

화학적chemical 요소는 산화막에는 염기성을, 금속막에는 산성 슬러리slurry를 사용하여 화학적 반응을 통해, 필름film을 제거하는 것이다. 기계적mechanical 요소는 웨이퍼wafer 영역별로 서로 다른 압력을 주어 상대적으로 높은 압력을 받은 지역부터 먼저 평탄화가 된다. 최근에는 디바이스device가 슈링크shrink됨에 따라, 단순 평탄화 목적뿐만 아니라 디펙트defect 개선, 베벨bevel 지역 필름film 제거 등 다양한 기술 접목을 통해 후속 공정 안정화에 중요한 역할을 하고 있으며 수율 향상에도 기여하고 있다. 그로 인해 디바이스가 업그레이드될 때마다 요구되는 CMP의 공정 수가 늘고 있으며 관리 기준 또한 더욱 엄격해지는 추세이다.

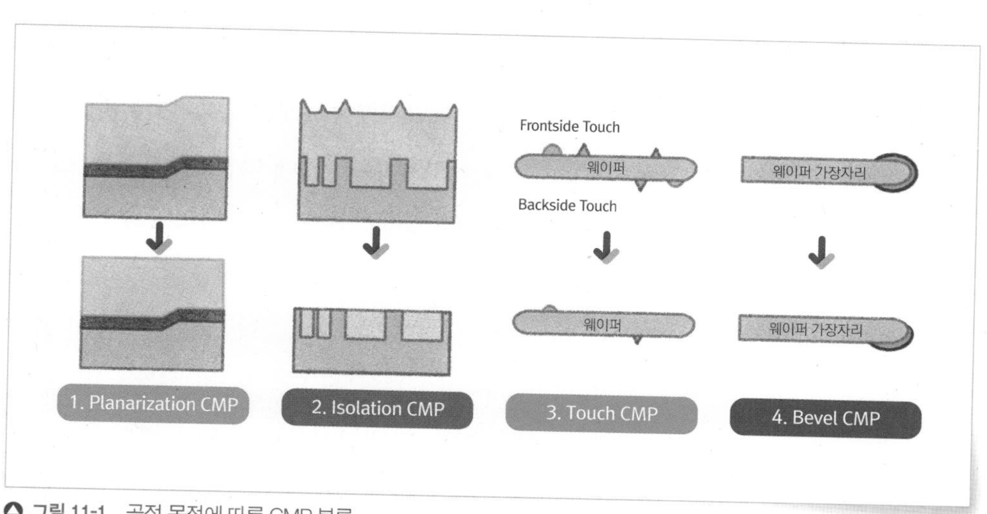

그림 11-1 공정 목적에 따른 CMP 분류

©www.hanol.co.kr

CMP공정은 목적에 따라 크게 네 가지로 나뉘는데 첫 번째로 필름film을 증착한 후 존재하는 단차를 제거하여 평탄화시키는 평탄화planarization CMP, 두 번째로 패턴pattern과 패턴을 전기적으로 고립시키는 아이솔레이션isolation CMP, 세 번째로 필름film 위 토폴로지topology 완화와 표면에 존재하는 디펙트defect 제거를 위한 터치touch CMP, 마지막으로 웨이퍼wafer 가장자리 영역의 불량 필름film을 제거하여 균일도uniformity를 개선하는 베벨bevel CMP가 있다.

최근 기술의 고도화에 따른 선폭 감소로 인해 포토 마스크photo mask공정 진행 시 웨이퍼wafer 내 균일도가 기존보다 더 중요시되고 있으며, 기존과 같은 디펙트defect가 발생해도 더 많은 셀cell에 영향을 주기 때문에 더 큰 수율 저하를 초래하고 있다.

CMP 장비는 역할에 따라 크게 3부분으로 나눌 수 있다. 〈그림 11-2〉에 나타낸 것과 같이 슬러리slurry, 물+연마제+첨가제로 웨이퍼wafer의 필름film을 약하게 한 후, 압력을 주어 웨이퍼wafer의 필름film을 일정하게 갈아주는 역할인 폴리셔연마, polisher와 연마 진행 이후 갈아낸 웨이퍼wafer의 부산물 또는 잔여 슬러리slurry를 케미컬DHF, NH4OH, SC-1 처리 후, 브러시brush로 문질러 웨이퍼wafer 표면을 세정해주는 클리너cleaner, 끝으로 해당 폴리셔와 클리너로 웨이퍼wafer를 이동시켜주는 구동부transfer로 나뉘게 된다.

폴리셔의 경우 웨이퍼wafer가 평탄하게 연마되어질 수 있게 하는 역할이 매우 중요하며, 이는 여러 가지 조건 등에 따라 가장 좋은 조건을 찾아 사용한다. 웨이퍼wafer에서 중앙, 가운데, 가장자리의 구역을 나누어 가해지는 압력을 다르게 하기도 하며, 연마 시간, 슬러리slurry의 유량, 웨이퍼wafer의 회전 속도 등으로 웨이퍼wafer의 표면 필름film의 갈아내는 양을 조절한다.〈그림 11-3〉 참조

웨이퍼wafer는 패드Pad에 압력을 주어 갈아내게 되는데, 패드Pad는 사용 시간이 지나면 변형 때문에 동일 조건에서 연마량이 달라지게 된다.

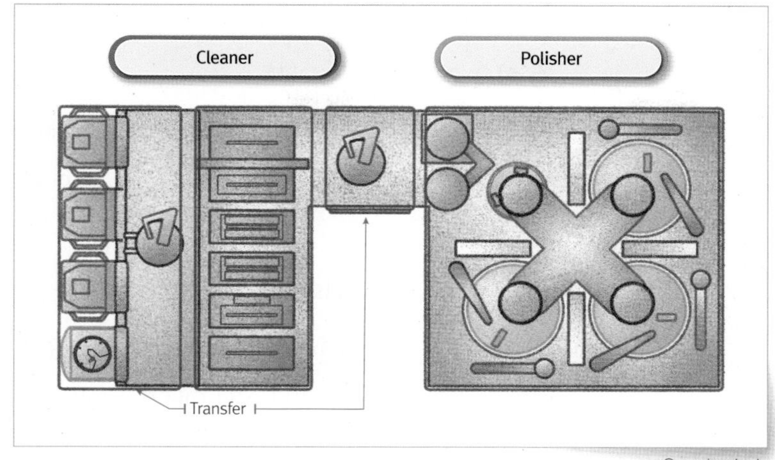

그림 11-2 CMP 장비 모식도

©www.hanol.co.kr

이를 보정해 주기 위해 특정 시간대의 패드Pad의 연마량을 미리 계산해 놓고, 그 패드Pad의 사용시간에 따라 다른 압력값이나, 연마시간으로 웨이퍼wafer 필름film의 갈아내는 두께를 맞춰준다. CMP의 경우에 이러한 연마 두께에 대한 일정한 산포가 중요하다. 이를 위해 추가적으로 많은 기술들이 사용되는데, EPDEnd Point Detect, ITMIn-situ Thickness Measurement, APCAdvance Process Control 등이 사용된다.

세정부의 경우는 웨이퍼wafer 표면에 이물질이 남지 않게끔 하는 역할을 하는데, 웨이퍼wafer를 회전시키며 동시에 케미컬Chemical을 웨이퍼wafer 표면에 분사하고, 회전하는 브러시Brush로 문대어주어, 웨이퍼wafer 표면

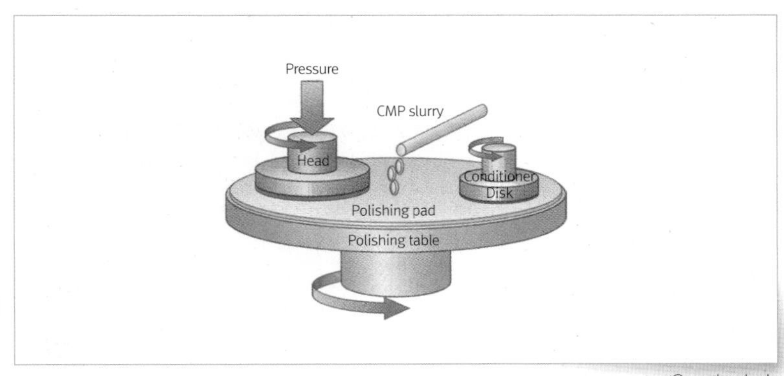

그림 11-3 폴리셔(연마, polisher)의 기본적 구성

©www.hanol.co.kr

에 남아있는 파티클particle을 제거해 주는 역할을 한다. 일반적으로 세정 처음 진행 과정은 DHFDilution Hydrogen Fluoride를 사용하여 웨이퍼wafer 표면에 슬러리slurry로 기인된 금속성 이물질을 제거하는 것이 주목적이나, 생성된 산화막질을 습식 식각wet etch시킴으로 제거되는 불순물의 양도 상당하다.

다음으로는 NH_4OH와 SC-1Standard Clean -1을 사용하는 과정인데, 이는 공정의 종류에 따라 NH_4OH 희석액을 사용할지, SC-1을 사용할지가 바뀐다. SC-1 자체가 일단 NH_4OH가 들어가기 때문에 비슷한 역할을 하며, NH_4OH의 OH^-가 산화막을 용해시키며 동시에 웨이퍼wafer의 Si 표면과 파티클particle을 음전하를 띠게 하여, 브러시Brush로 접촉 및 회전되는 힘에 의해 제거를 시켜준다.〈그림 11-4〉 참조

마지막 과정으로는 해당 세정을 하며 남게 된 액체들을 건조해주는 과정으로 해당 과정을 거치지 않을 경우, 물 입자가 건조 불량으로 후공정에서 결함으로 남게 된다. 건조의 방법으로는 크게 2가지로, 높은 회전수를 통해 웨이퍼wafer의 표면에 남은 액체를 원심력으로 탈수시키는 방법과 아이소프로필알코올의 높은 표면장력을 이용한 마란고니 효과marangoni effect로 웨이퍼wafer를 건조시킨다.〈그림 11-5〉 참조

끝으로 웨이퍼wafer를 이동시켜주는 구동부 경우는 〈그림 11-6〉에서

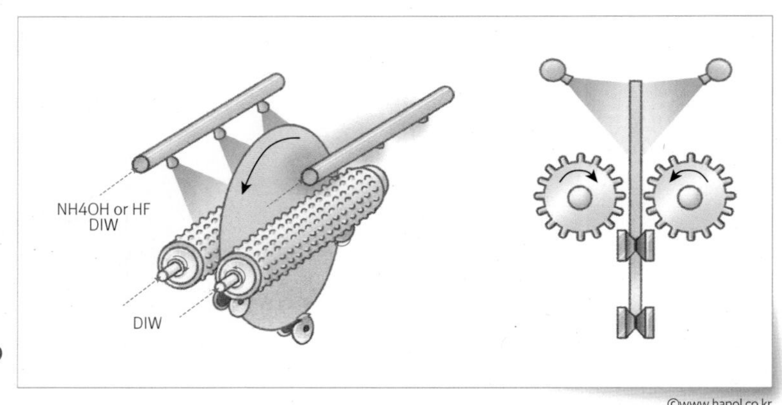

그림 11-4 Cleaner 구성

©www.hanol.co.kr

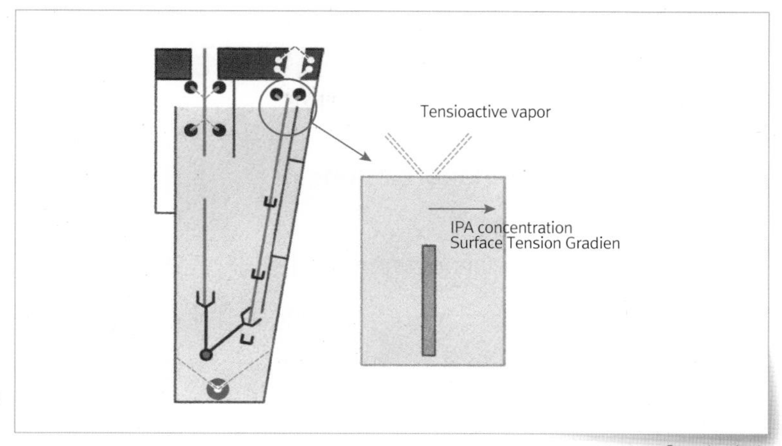

그림 11-5 ▶ Dryer 구성

©www.hanol.co.kr

처럼 일반적으로 로봇robot 또는 트랜스퍼transfer로 이루어져 있는데 웨이퍼wafer를 이동시킬 때 고정시키고 잡아주는 역할을 하는 접촉부 또는 접촉면과 이를 구동 가능하게 하는 실린더, 웨이퍼wafer의 유무를 파악하여 주는 유무센서invalid sensor 등으로 구성되어 있다. 장비 가동 전에 이미 티칭teaching을 통하여, 위치 값을 미리 잡아준 뒤에 사용하고, 반복적 사용으로 해당 값이 틀어지면 다시 티칭해주게 된다.

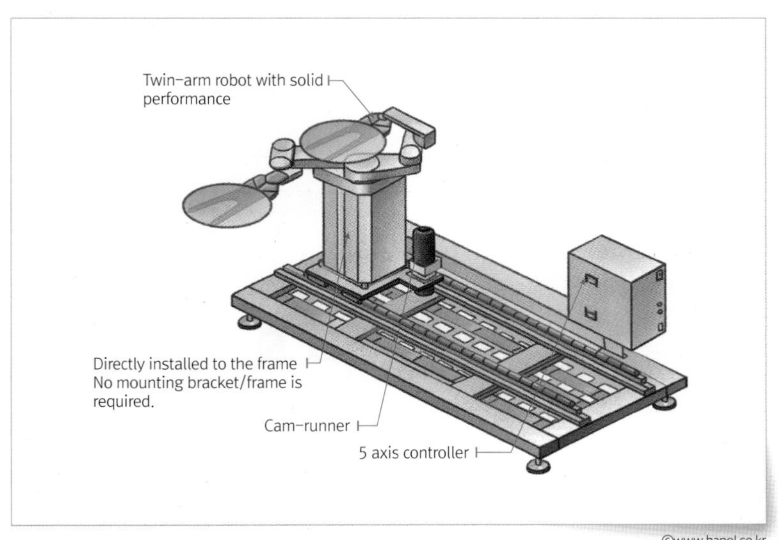

그림 11-6 ▶ 구동부 구성(Dry Robot)

©www.hanol.co.kr

CMP공정의 종류와 특징

Planarization평탄화

Planarization평탄화의 정의와 중요성

Planarization평탄화은 사전적 의미로 "바닥이나 표면이 평평하게 되거나, 그렇게 되게 함"을 뜻한다. 반도체 공정에서도 동일한 의미로 사용이 되고, 이 평평한 정도는 패턴을 디자인하고, 형성하는 마스크mask, 식각etch공정의 정확성과, 균일성에 큰 영향을 미친다. 〈그림 11-7〉은 Planarization평탄화의 필요성을 보여주고 있는데, 특히 반도체 기술이 발전하고 선폭이 감소하면서, 수많은 패턴의 정확성과 균일성이 더욱 중요한 요소가 되어, CMP공정을 통한 Planarization평탄화이 필요하게 되었다.

Planarization평탄화이라는 단어는 흔히 단차를 제거하는 행위를 말한

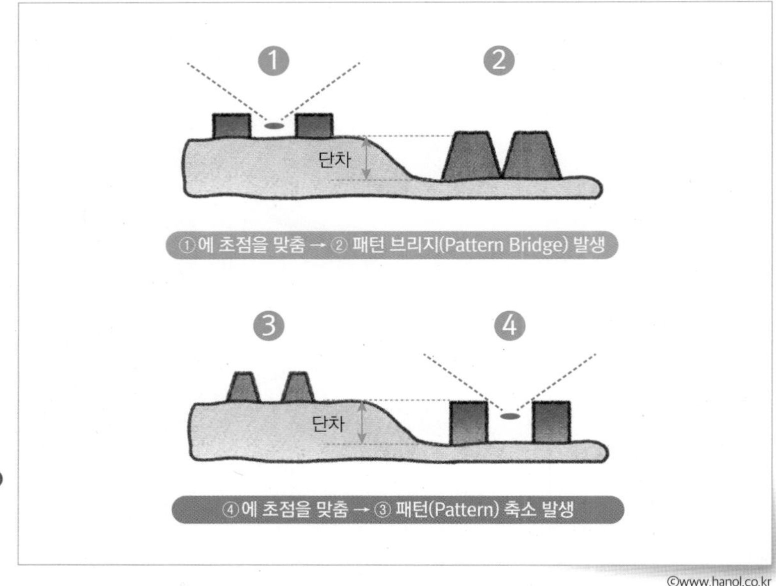

그림 11-7 Mask 공정 진행 시 단차로 인한 패턴 형상 차이 발생 모식도

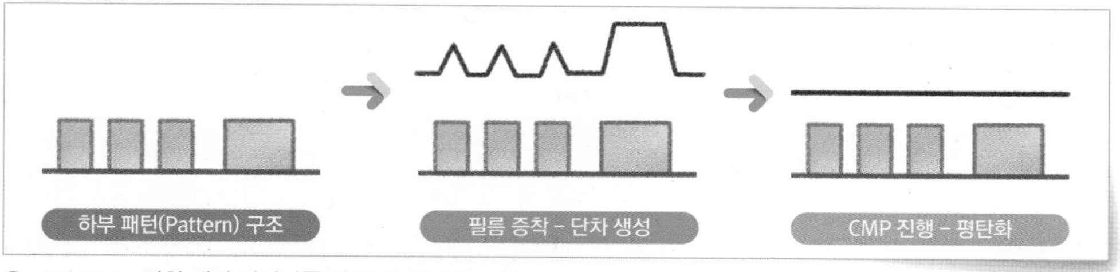

그림 11-8 단차 생성 메커니즘 및 CMP 평탄화 모식도 ©www.hanol.co.kr

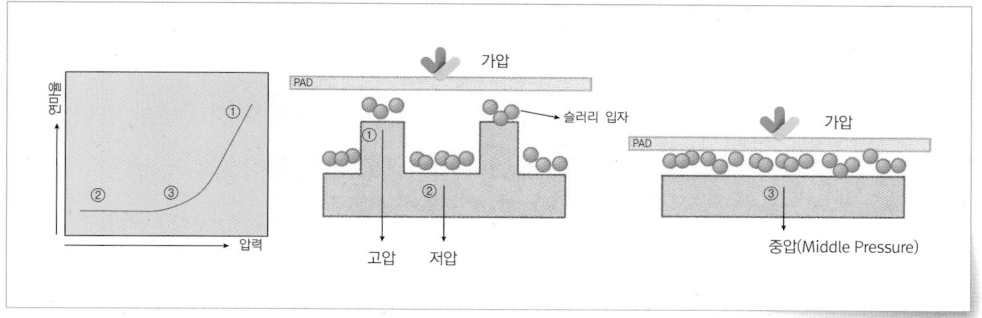

그림 11-9 SSP 슬러리(slurry) 단차 제거 메커니즘 ©www.hanol.co.kr

다. 여기서 단차가 생기는 이유는 〈그림 11-8〉처럼 하부 패턴 구조 위에 필름 증착film deposition을 하면, 하부 구조의 높고 낮음에 따라 단차가 생기게 되기 때문이다. 결국 하부 패턴 구조에 의해 생기는 단차를 CMP공정으로 제거하게 된다.

Planarization평탄화의 어려움과 해법

Planarization평탄화은 하부에 패턴이 없는 영역과 패턴이 있는 영역 간의 단차가 클수록 어렵다. 특히 반도체 구조가 3차원3D 구조로 넘어가면서 이 단차가 더욱 커지고 있다. 이 고단차를 제어하기 위한 새로운 방식의 슬러리slurry가 도입되었다. 새로운 슬러리slurry는 높은 연마율high removal rate과 SSPSelf Stop Polishing가 가능한 소재로 고단차 제어가 가능하다. 〈그림 11-9〉 같이 SSP는 단차에 의해 슬러리slurry 입자에 인가되는 압력 차이에 따라 발생하는 연마율 차이를 이용한다.

Isolation

아이솔레이션Isolation의 정의와 중요성

아이솔레이션Isolation은 사전적 의미로 고립, 분리, 격리 등을 뜻한다. 반도체에서도 동일한 의미로 각 패턴을 전기적으로 분리하여 고립된 상태로 만드는 공정을 의미한다. 아이솔레이션Isolation이 제대로 이루어지지 않으면 패턴 간 간섭으로 인해 불량을 유발하게 되므로 정밀한 아이솔레이션Isolation 기술이 필요하다. 아이솔레이션Isolation을 위해서는 패턴에 물질을 채운 후 해당 패턴이 노출되도록 가공해야 하며, 이를 위해서는 수평 가공 능력이 뛰어난 CMP공정이 필수적이다.

아이솔레이션Isolation CMP공정은 일반적으로 Stopper의 역할을 하는 막질과 패턴을 채운 막질 간의 물성 차이와 슬러리slurry의 선택비를 이용해 진행된다. 예를 들어 〈그림 11-10〉 같이 STIShallow Trench Isolation공정의 경우 질화막이 스토퍼stopper의 역할을 하고, 산화막이 패턴을 채운 필름film이다. 해당 공정 진행 시 산화막의 연마 속도가 높고 질화막의 연마 속도가 낮은 고선택비 슬러리slurry를 사용하게 된다. 공정 진행 간 산화막의 필름film이 연마되어 질화막 필름film이 노출되면, 질화막의 낮은 연마 속도에 의해 질화막 필름film 위의 산화막 필름film 전부가 제거되는 동안 질화막 필름film을 유지할 수 있게 된다. 질화막 위의 산화막을 전

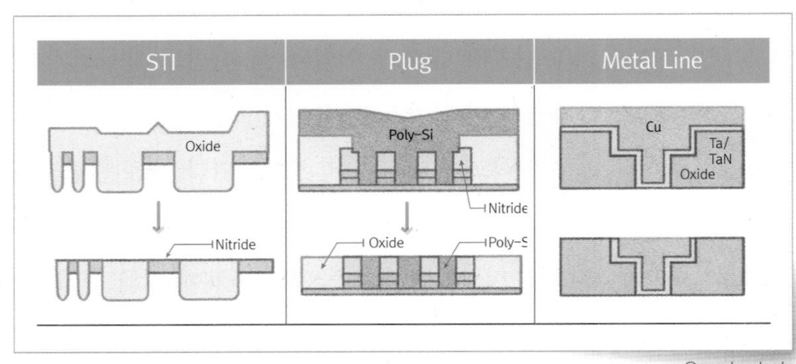

그림 11-10 아이솔레이션(Isolation)공정

©www.hanol.co.kr

부 제거하면 완전한 아이솔레이션Isolation이 이루어지게 되며, 이 시점을 후술할 EPDEnd Point Detect를 통해 감지하여 공정 진행을 종료한다.

아이솔레이션Isolation의 어려움과 해법

아이솔레이션Isolation CMP 진행 시 스토퍼와 연마되는 패턴 필름film 간 연마 속도 차이에 의해 〈그림 11-11〉 같은 디싱dishing 및 에로전erosion이 발생하게 된다. 디싱은 연마 속도가 빠른 패턴이 과도하게 연마되어 접시처럼 움푹 들어가는 현상을 의미하며, 패턴 형상에 직접적인 영향을 주어 전기적 특성에 영향을 줄 수 있다. 에로전은 패턴이 밀집한 지역에서 스토퍼 필름film도 같이 과도하게 연마되는 현상을 의미하며, 이러한 현상은 후속 공정의 평탄도를 나쁘게 하는 요인이 될 수 있다. 이러한 현상들을 방지하기 위해서는 패턴 자체의 크기를 작게 해주고 실제 패턴 이외의 더미 패턴을 넣어줌으로써 과도한 연마 현상을 방지할 수 있다.

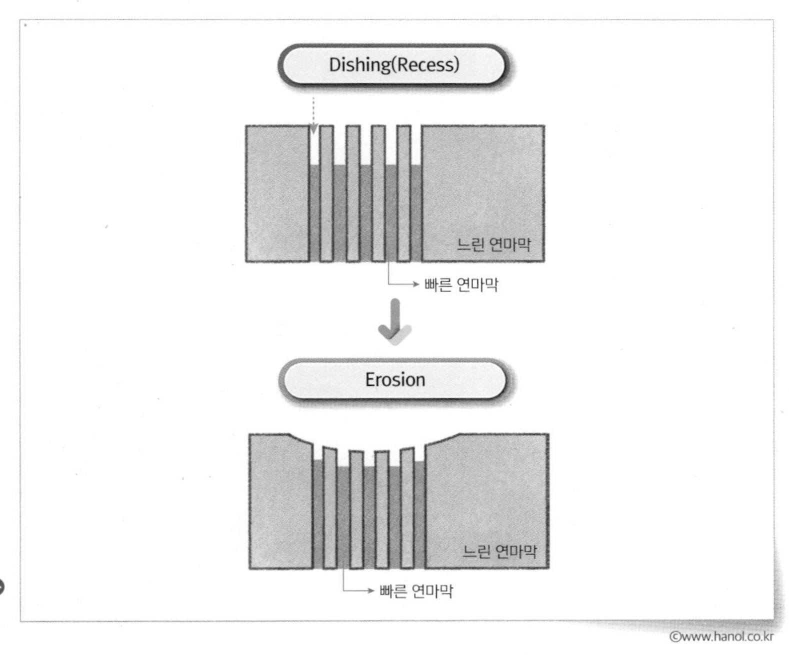

그림 11-11 Dishing과 Erosion

©www.hanol.co.kr

CMP 장비의 구성과 특징

Polisher연마

폴리셔연마, polisher의 정의와 중요성

CMP 폴리셔연마, polisher 장치의 하드웨어 구성은 〈그림 11-12〉와 같이 웨이퍼wafer에 압력을 가해주는 헤드head, 그리고 플레이튼platen, 슬러리slurry 분사 모듈slurry arm, 패드 컨디셔너pad conditioner로 구성되어 있고, 각 모듈의 회전과 압력에 의한 마찰을 통해 웨이퍼wafer 표면을 연마하게 된다. 연마하고자 하는 웨이퍼wafer의 패턴면이 플레이튼 방향으로 향하게 하고, 헤드 구성품인 고무재질의 멤브레인membrane을 통해 웨이퍼wafer에 압력을 가하는 동작을 반복적으로 진행하여 원하는 프로파일, 즉 두께를 컨트롤한다. 원하는 웨이퍼wafer의 프로파일 컨트롤을 위해 최근 헤드의 가압 구역zone 구성이 점점 많아지게 되고, 최근 CMP공정 헤드의 경우 7-zone 이상의 가압 구역을 구성하고 있다.

폴리셔연마, polisher의 경우 슬러리slurry를 이용한 화학적 작용과 패드Pad와 헤드의 마찰력에 의한 물리적인 웨이퍼wafer 표면 연마를 진행하다 보

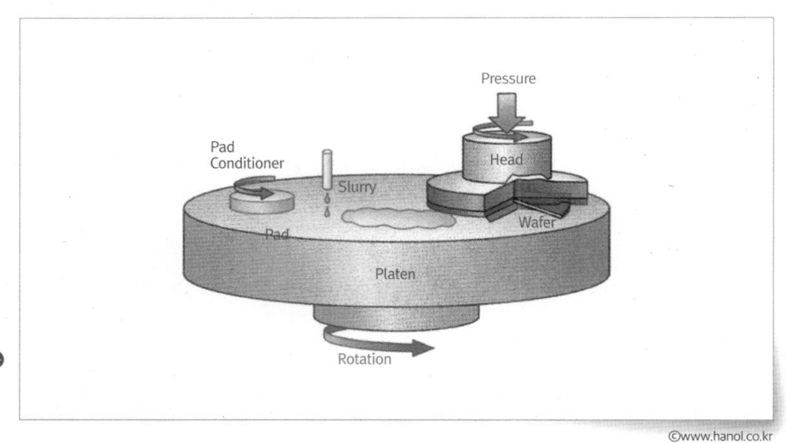

그림 11-12 CMP 폴리셔(연마, polisher) 구성

©www.hanol.co.kr

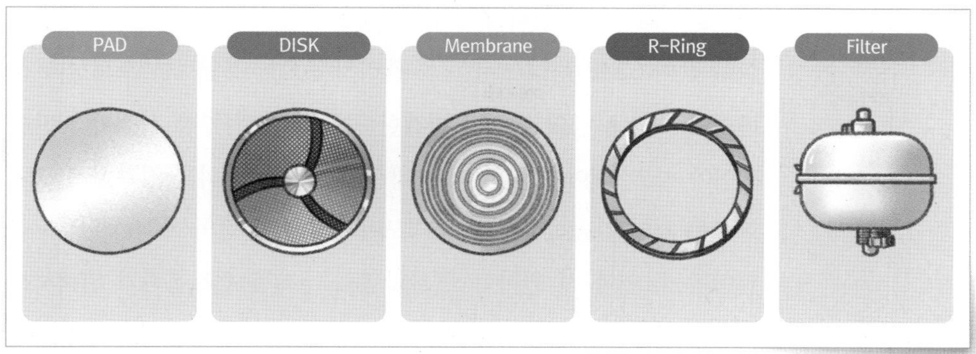

그림 11-13 폴리셔(연마, polisher) 소모성 부품 ©www.hanol.co.kr

니 평탄화 과정에서 발생되는 부산물 제거 및 마찰로 인한 패드Pad, 리테이너링retainer-ring의 성능 관리가 매우 중요한 하드웨어 관리 포인트가 된다. 산화막질공정Oxide CMP, 금속막질공정Metal CMP 등 웨이퍼wafer의 연마 막질에 따라 각각의 소재/부품이 선정되어야 하고, 웨이퍼wafer의 특성에 따라 연마 시 조건이 달라져야 한다. 또한 패드Pad, 리테이너링, 멤브레인 등 웨이퍼wafer 연마 시 중요한 역할을 하는 부품들의 경우 시간 경과에 따른 마모 및 성능 차이가 발생되기 때문에 최적의 컨디션을 유지하기 위해서는 주기를 가지고, PM예방 정비, Preventive Maintenance을 통한 교체가 이뤄져야 한다.

일반적으로 Polisher의 주기 PM 시 교체가 이루어지는 부품은 〈그림 11-13〉처럼 패드Pad, 다이아몬드 디스크, 슬러리slurry 필터 그리고 헤드로 항상 최적의 컨디션을 유지해야 한다. 헤드의 구성품으로는 멤브레인, 리테이너링 외 20여 종 이상의 부품이 합쳐져 구성되다 보니 품질 관리를 위해선 정확한 조립과 분해가 필요하여 이 분야 전문가에 의한 작업이 CMP 평탄공정의 품질을 좌우하게 된다. 이와 같이 장비 유지 관리를 위해서는 정기적으로 폴리셔연마, polisher 내부 소모품 교체가 이루어져야 하고, 소모품이 교체된 후에는 전/후 품질 차이가 발생하지 않도록 각종 데이터를 모니터링하여 관리가 필요하다.

폴리셔연마, polisher 관리의 어려움과 해법

이와 같이 CMP 폴리셔연마, polisher 관리의 중요한 포인트는 소모성 부품 관리와 해당 부품의 특성을 이해한 공정별 소재/부품 선정이 기반이 되어야 하고, 웨이퍼wafer의 패턴 막질의 필요한 부위를 정확하게 평탄화하는 것이 기술적 완성도의 척도이자 CMP공정의 목적이 된다.

웨이퍼wafer 연마 시 원하는 프로파일로 두께를 컨트롤하기 위해서는 소모성 부품 및 하드웨어 구성품모터, 압력/유량컨트롤러의 성능이 뒷받침되어야 하고, 추가로 웨이퍼wafer의 패턴 막질을 실시간으로 읽어들여 원하는 두께에서 연마를 멈출 수 있어야 한다. 이때 사용하는 플레이튼 구성품이 EPDEnd Point Detect 모듈로 크게 모터의 토크 시그널을 읽어들이는 방식과 광원의 파장을 읽어 두께를 모니터링하는 방식으로 나뉜다. 최근에는 두께 모니터링뿐만 아니라 연마 중 발생되는 시그널을 통해 실시간으로 헤드에서 압력 컨트롤을 하는 기술이 CMP 폴리셔연마, polisher의 핵심 기술이라고 할 수 있다.

Cleaner

Cleaner의 정의와 중요성

CMP 장비는 화학적, 기계적으로 웨이퍼wafer 패턴면을 폴리싱연마, polishing하는 공정이다 보니, 공정 진행 간 필연적으로 부산물 찌꺼기가 발생하게 된다. 부산물 찌꺼기가 웨이퍼wafer 표면에 남아있게 되면 스크래치의 원인이 되고, 그로 인한 후속 공정 불량을 유발하게 된다. 따라서 웨이퍼wafer를 폴리싱 후에는 표면에 남아있는 부산물 찌꺼기를 제거하여야 하는데, 화학용액과 브러시brush를 사용하여 웨이퍼wafer 표면의 이물질을 제거하게 된다. 클리너 모듈 구성은 메가소닉magasonic을 이용해 초음파 세정을 진행하는 메가소닉부와 브러시Brush 모듈 2개로 이루어진다. 브러시Brush 모듈에서 불산HF과 암모니아NH4OH 또는 SC-1 케미

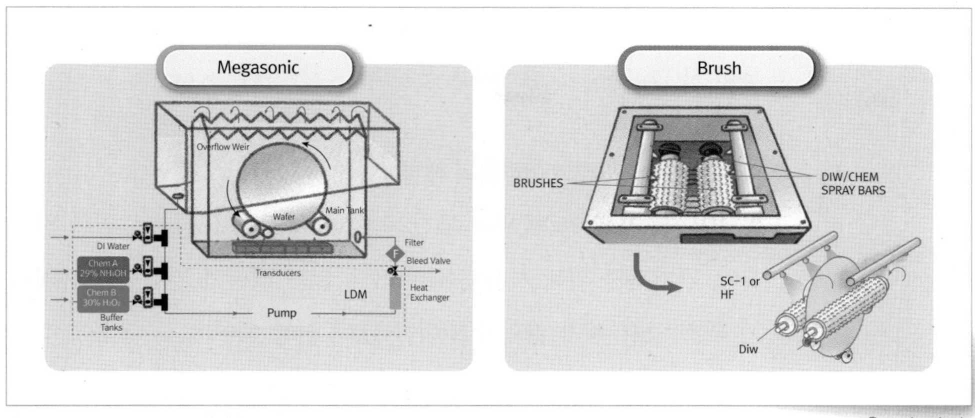

그림 11-14 Wafer 세정 Bath ©www.hanol.co.kr

컬Chemical을 사용하여 오염된 웨이퍼wafer를 세정하고, 이때 브러시Brush 고속 회전 운동을 통해 웨이퍼wafer 표면 이물질을 제거하게 된다.

브러시Brush의 재질은 PVAPolyviniyl Alcohol 재질로 미립자 제거 능력이 크고, 단시간에 세정을 할 수 있어 브러시Brush를 이용한 세정이 CMP공정에서 가장 보편적으로 사용되고 있다.

브러시Brush에서 세정이 완료되면 웨이퍼wafer를 건조 후 최종 공정이 마무리가 되는데, 웨이퍼wafer를 건조하는 방식은 크게 두 가지 방식으로

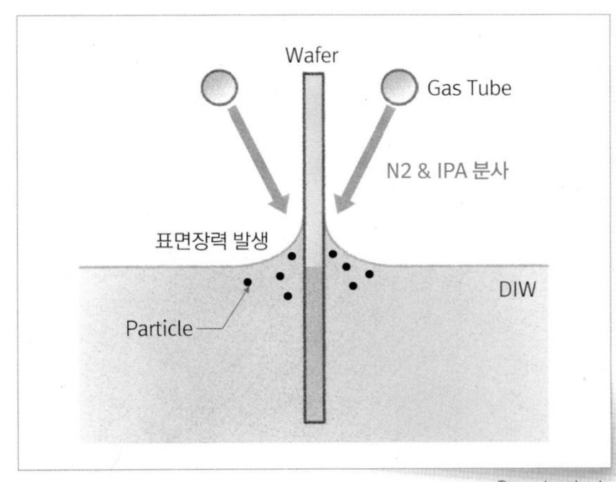

그림 11-15 Vapor Dry ©www.hanol.co.kr

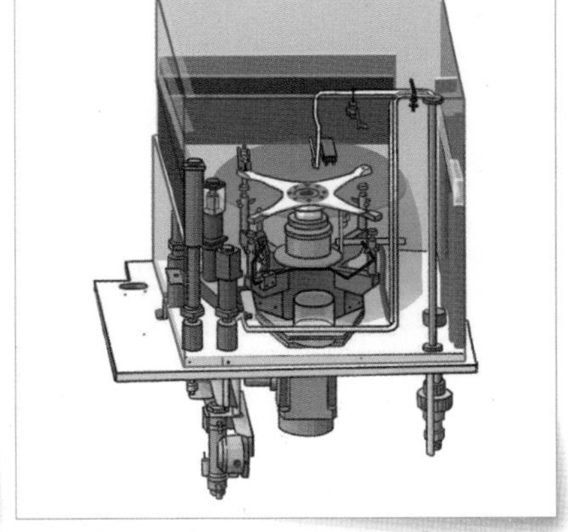

그림 11-16 SRD(Spin Rinse Dry) ©www.hanol.co.kr

증기 드라이를 통한 아이소프로필알코올 건조 방식과 고속 회전을 통한 SRD Spin Rinse Dry 방식이 사용된다.

Cleaner 관리의 어려움과 해법

CMP공정 진행 후 발생한 부산물 찌꺼기와 슬러리slurry로 인한 잔유물을 제거하기 위해 사용되는 브러시Brush는 최상의 컨디션을 유지하기 위해 사용 주기 관리가 되어야 한다. 진행 웨이퍼wafer 매수에 따라 교체 작업을 진행하게 되는데, 보통 10,000매 단위로 주기 관리를 하고, 이는 진행하는 웨이퍼wafer의 패턴 필름film에 따라 텅스텐, 산화막 공정으로 나누어 관리가 되고 있다. 브러시Brush 주기 관리와 함께 중요하게 관리되어야 하는 하드웨어 항목으로 브러시Brush 간에 간격과 웨이퍼wafer에 케미컬Chemical, 초순수를 공급해 주는 스프레이 노즐의 각도가 있다. 위 두 가지 하드웨어 차이에 따른 웨이퍼wafer 세정 효과가 달라질 수 있으므로 동일한 세정력을 확보하기 위해서는 노즐의 각도와 브러시Brush 간격을 잘 유지해 줄 필요가 있다. 따라서 브러시Brush를 교체한 후에는 간결 설정 전용 더미 웨이퍼wafer를 사용하여 브러시Brush 간 간격을 조정해 주어야 한다.

브러시Brush 사이 간격이 넓거나, 좁아질 경우 웨이퍼wafer 세정 효과가

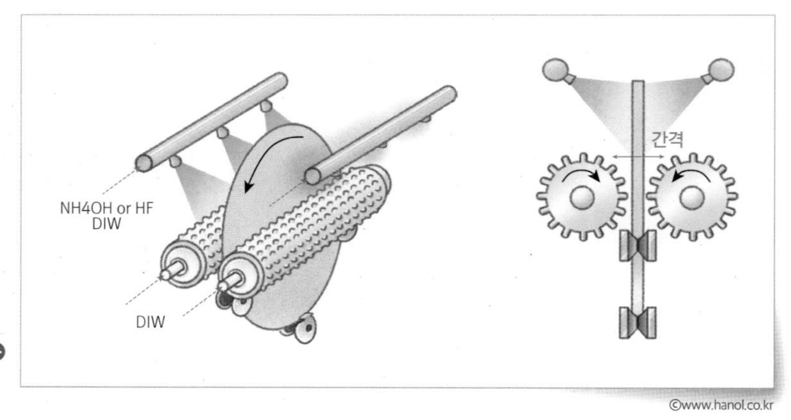

그림 11-17 CMP Cleaner 구성

저하될 수 있고, 특히 간격이 넓어져 브러시Brush가 웨이퍼wafer의 수막과 접촉이 되지 않는 경우에는 세정이 되지 않아 후속 공정에서 불량 발생의 주요한 원인이 되므로 브러시Brush 간격 관리가 무엇보다 중요하다. 최근에는 브러시Brush 간격을 매뉴얼로 조정하지 않고, 자동 보정 기능을 통해 브러시Brush 간격 관리가 가능하므로 CMP 장비 하드웨어 관리 측면이 좀 더 수월해지는 추세이다.

CMP공정에서 웨이퍼wafer를 폴리싱하는 패턴 필름film은 여러 종류가 있고, 연마제로는 보통 실리카를 혼합한 물질을 사용하여 각 공정에 맞는 슬러리slurry를 사용하게 된다. 폴리싱 후 슬러리slurry 잔유물 및 부산물 제거를 위해 더블 브러시Brush를 사용하여 제거하고 있지만, 최근 공정들은 금속오염물이 잔존하는 공정이 많아지는 추세이므로 충분한 제거가 되지 않아 후세정이 별도로 필요하게 되었다. 이를 극복하기 위해 CMP 장비의 클리너도 성능 향상이 되고 있고, 세정액의 개발도 활발하게 이루어지는 중이다. 웨이퍼wafer 패턴 계열에 맞는 세정액과 브러시Brush 종류 선택이 중요하고, 향후에는 후세정공정에 사용하는 케미컬Chemical 및 나노스프레이 노즐 방식이 CMP 클리너에도 채택되어 파티클particle 제거 효율을 높일 필요가 있겠다.

EPDEnd Point Detection

EPD 정의와 중요성

EPD는 End Point Detection의 약자로, CMP공정에서는 상부 필름막질, film에서 하부 다른 필름film까지 폴리싱연마, polishing하는 경우가 있다. 폴리싱하는 동안 다양한 방식에 의해서 실시간으로 웨이퍼wafer의 필름film을 측정하여 나오는 시그널signal의 변화값이나 변곡점을 가지고 폴리싱의 종착점을 찾는 것이다. 웨이퍼wafer를 측정하는 방식은 다양

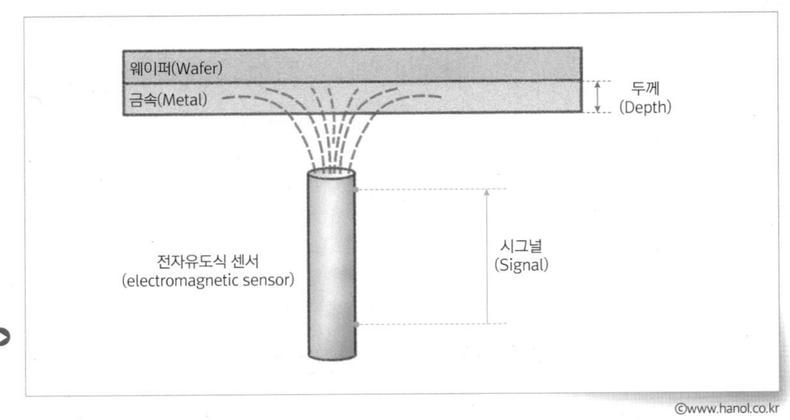

그림 11-18 금속의 유도기 전력을 이용한 방법

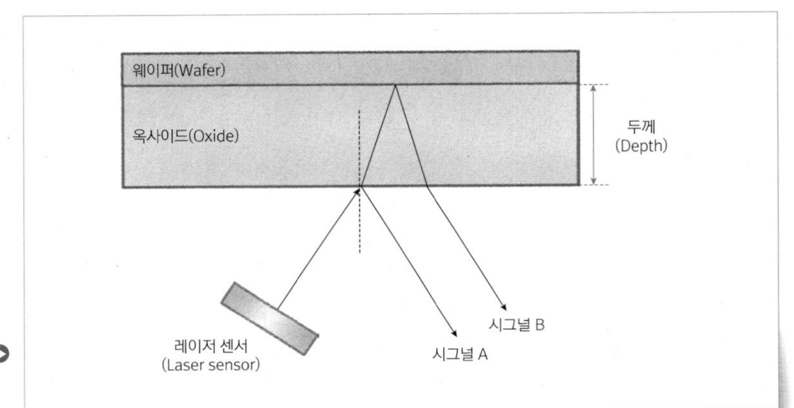

그림 11-19 빛의 반사도를 이용한 방법

한데, 〈그림 11-18〉처럼 표면 막질이 금속일 경우 자기장의 전류 세기를 이용하여 실시간으로 측정하고, 〈그림 11-19〉처럼 산화막, 질화막일 경우 빛을 이용하여 굴절률을 계산하여 종착점을 찾는다. 그 외에도 〈그림 11-20〉처럼 모터motor 전류current로 감지하는 방식도 있다.

CMP공정에서 어디까지 폴리싱할 것이냐는 매우 중요하다. 이전 공정에서 웨이퍼wafer에 필름film을 증착시킬 때 똑같은 두께를 증착하면 좋겠지만 웨이퍼wafer마다 약간의 차이를 가지고 있다. CMP공정에서 같은 시간으로 폴리싱을 한다면, 제거해야 할 필름film이 남아있거나 너무 많이 폴리싱되어 두께가 낮아지는 결과를 초래하고, 후속 공정

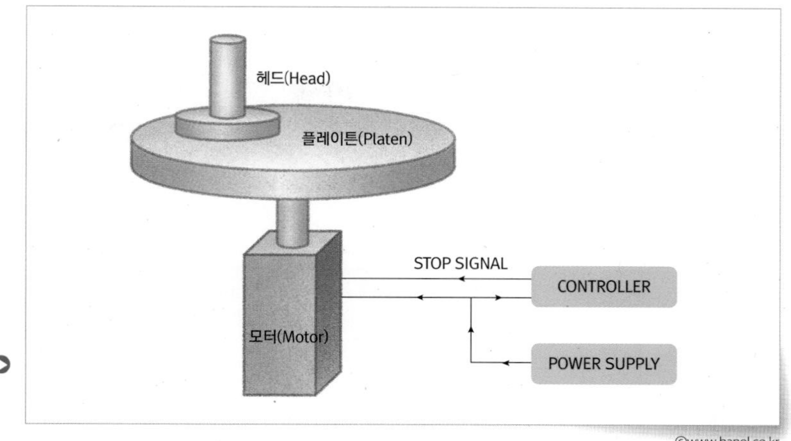

그림 11-20 막질의 마찰력을 이용한 방법

©www.hanol.co.kr

에서도 문제가 된다. 따라서 실시간으로 웨이퍼wafer의 필름film을 측정하면서 폴리싱 시간Polishing Time을 조절하는 것이다.

EPD 관리의 어려움과 해법

EPD를 사용함에 있어 어려운 점은, 시그널이 나오지 않는 파형일 경우 EPD를 사용함에 있어 무리가 있다. 〈그림 11-21〉처럼 명확하게 시그널의 변곡점이 보이는 파형일 경우 ①, ② 중 어디에서 잡을지 선택하여 사용할 수 있다. 반면, 〈그림 11-22〉처럼 선형적으로 내려가는 파

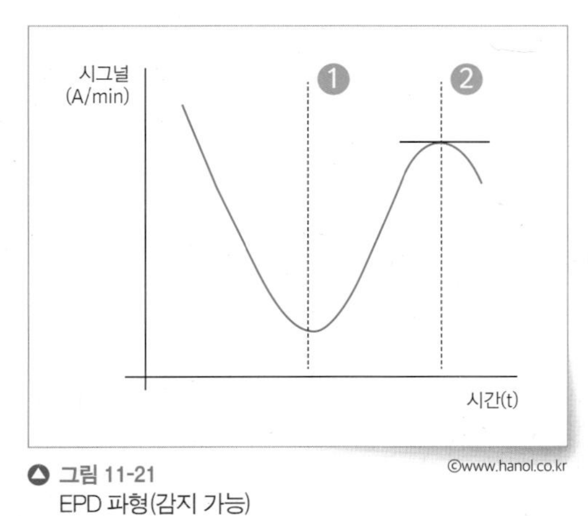

©www.hanol.co.kr

그림 11-21 EPD 파형(감지 가능)

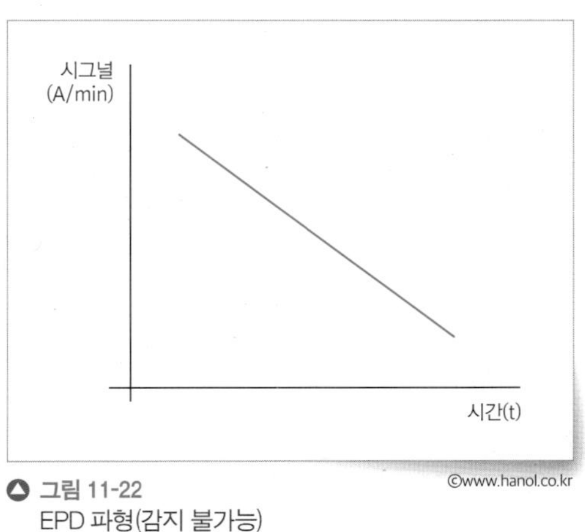

©www.hanol.co.kr

그림 11-22 EPD 파형(감지 불가능)

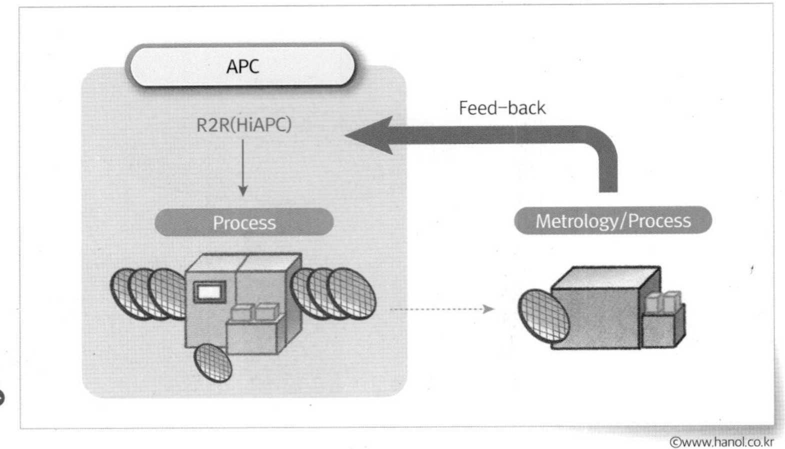

그림 11-23 CTM Feed Back

형일 경우 잡을 수 있는 선택지가 없어 EPD를 사용함에 무리가 있다. 또한, 웨이퍼wafer 구조가 고도화됨에 따라 앞에 언급한 종류의 EPD 만으로는 종착점을 찾기가 쉽지 않다. 예를 들어, 단차가 심한 공정들은 필름film의 변화가 없어도 EPD를 사용하고 있는데, 파형의 변화가 크지 않아 필터링filtering 조건을 많이 넣어 겨우 감지하고 있지만, 웨이퍼wafer의 종착점을 찾지 못하는 경우가 종종 발생한다.

해법으로는 앞에서 언급한 EPD의 종류 말고도 현재 여러 가지 방식의 EPD가 개발되고 있다. 예를 들어, 하나의 파장으로만 데이터를 받는게 아니라, 여러 개의 다파장으로 웨이퍼wafer의 정보를 받아들여 시그널을 좀 더 명확하게 한다. 이러한 EPD 프로그램으로 불안정적인 파형을 좀 더 명확하게 감지하면 웨이퍼wafer의 종착점을 찾기가 쉬워진다. 앞으로 더 높은 수준의 프로그램이 개발되면, 고도화되는 웨이퍼wafer들의 정보를 좀 더 정확하게 받아 웨이퍼wafer 종착점을 찾기가 수월해질 것이다.

CMP공정의 품질 관리와 생산 장비 관리

Defect, Scratch

디펙트, 스크래치Defect, Scratch의 정의와 중요성

CMP공정은 반도체 생산에 있어서, 계면의 평탄화를 위해 적용되는 필수불가결한 기술이다. 다만, 웨이퍼wafer의 표면을 물리적으로 직접 갈아내는 polishing공정이기 때문에 연마 계면에서의 연마입자와 slurry, pad 간의 복잡한 상호작용으로 인하여 웨이퍼wafer 표면 defect에 취약하다. CMP공정 간에 발생하는 대표적인 디펙트defect는 크게 2가지 종류로 구분할 수 있는데, 바로 Residue잔유물와 scratch이다.

Residue잔유물는 〈그림 11-24〉처럼 연마 부산물 또는 슬러리slurry 입자가 연마 계면에 달라붙어 있는 유형의 Defect이다. 연마를 진행하는 동안 많은 부산물이 발생하게 되는데, 이를 제거하기 위해서 CMP공정 직후에는 세정공정이 있다. Residue잔유물는 이 세정공정의 조건이나 처리 시간이 충분치 않아서, 연마 계면에 부산물이 탈착되지 않고 잔존해 있는 것을 말한다.

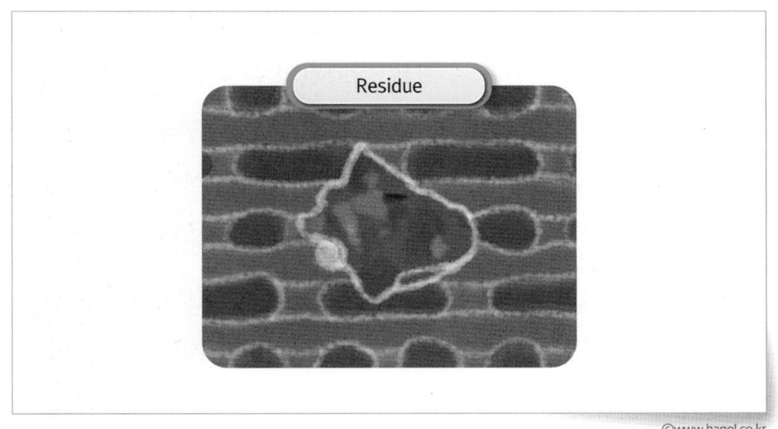

그림 11-24 Residue Defect

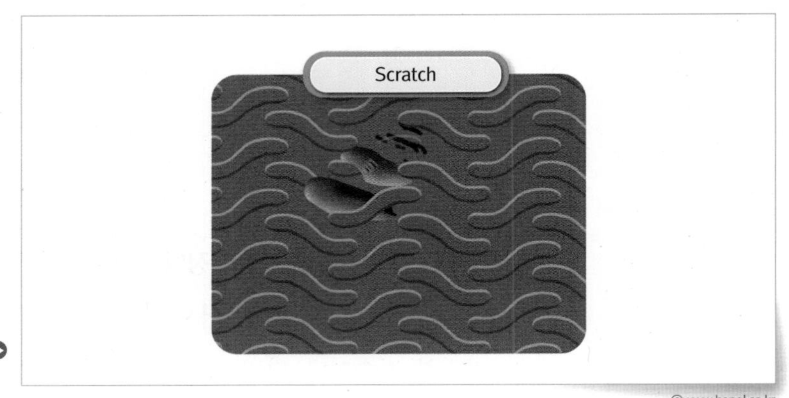

그림 11-25 Scratch Defect

©www.hanol.co.kr

스크래치scratch는 〈그림 11-25〉처럼 연마 계면이 긁히거나 움푹 파인 형태의 Defect이다. 특히 CMP를 진행함에 있어서 스크래치는 고질적으로 개선해야 하는 Defect인데, 앞서 말했듯이 물리적으로 직접 웨이퍼wafer의 표면을 갈아내는 공정이라 부산물이 많이 발생하고, 그 부산물에 기인하여 발생하는 경우가 많다. 웨이퍼wafer와 패드Pad의 접촉 계면에 비교적 큰 부산물이 개입되어 있을 때, 웨이퍼wafer에 가해지는 압력pressure이나 회전rotation 같은 물리적 힘에 의해 발생한다. 이러한 종류의 Defect들은 후속 공정에서 불안정한 공정 진행을 야기시키고, 수율과 품질의 향상을 저해하는 요인으로, 개선되어야만 하는 과제이다.

Defect, Scratch 관리의 어려움과 해법

웨이퍼wafer 표면 Defect의 문제는 반드시 해결해야 하는 문제로 부각되고 있다. 하지만 CMP공정은 슬러리slurry 물성, 연마 입자의 크기, 웨이퍼wafer 계면 막질 물성, 패드Pad의 경도와 모양, 압력 범위 등 복잡한 상호작용으로 공정 제어가 충분히 이루어지지 못하고 있다.

레지듀의 경우는 세정공정의 조건이나 처리 시간을 늘려 감소 효과를 볼 수 있지만, 그만큼 생산성이 저하되므로 연마 계면의 막질 성질에 따른, 적절한 시간과 조건을 찾아 개선하는 것이 중요하다. 스크래치는 복잡한 상호작용에 기인하므로 발생 메커니즘을 명확히 규명하거나 정립하지 못하고 있는 실정이다. 다만, 패드Pad와 웨이퍼wafer 계면의 상대운동에 의해 발생하는 문제이므로 패드Pad의 상태를 최상으로 유지하는 것이 중요하다. 왜냐하면 〈그림 11-26〉에서 알 수 있듯이, CMP를 진행하면 할수록 패드 포어pad pore에는 slurry 입자나 연마 부산물이 침적되어 스크래치를 유발하는 source로 작용하기 때문이다. 따라서 패드Pad의 상태를 최상으로 유지하기 위해, 〈그림 11-27〉처럼 패드Pad를 디스크disk로 긁어서 패드 포어pad pore를 다시 열어주는 패드 컨디셔닝pad conditioning을 하며, 이를 통해 스크래치 발생 빈도를 줄이고 있다.

현재도 스크래치를 비롯한 CMP공정 디펙트defect의 감소를 위한 평가와 연구를 지속하고 있어서 머지않아 디펙트defect에서 자유로운 CMP를 기대할 수 있을 것이다.

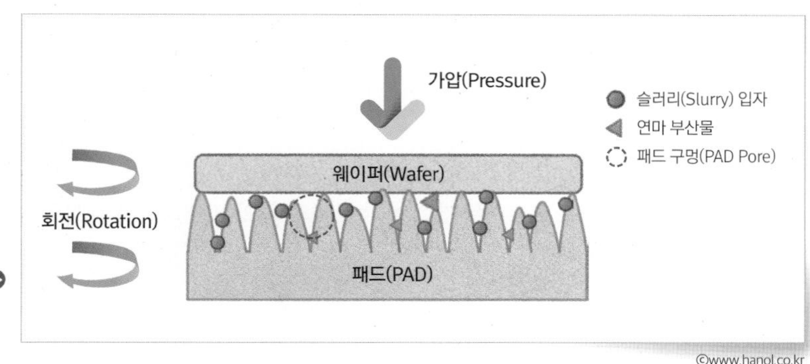

그림 11-26 패드(Pad)와 웨이퍼(wafer) 간, CMP공정 진행 간략 모식도

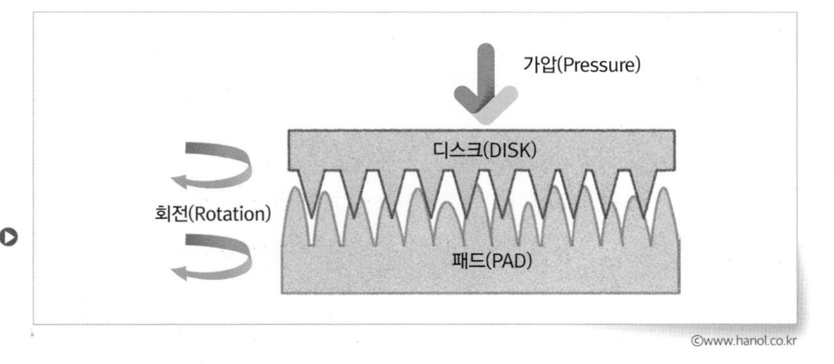

그림 11-27 패드 컨디셔닝(pad conditioning)을 통한 패드(Pad) 상태 유지 모식도

Uniformity, APC산포

산포의 정의와 중요성

산포는 결과값들의 흩어짐, 퍼짐 정도를 나타내는 수치이다. 공정을 진행함에 있어서 그 결과값들이 목표치target에 모이면 모일수록, 공정 산포는 줄어든다. 즉, 불량률을 더 줄이는 방향으로 공정을 잘 진행하고 있다는 것이다. 반도체 생산에 필요한 모든 공정에서는 공정 산포를 줄이려고 노력하고 있고, CMP공정도 마찬가지다.

CMP는 연마 계면의 평탄화에 목적을 두고 있고, 또한 목표치에 맞춰, 수 옹스트롬Å 단위의 일정한 양을 갈아내는 중요한 공정이다. 웨이퍼wafer 전체 영역을 얼마나 균일하게, 일정량을 갈아냈는지가 중요한데, 이를 균일성uniformity이라 표현한다. 〈그림 11-28〉은 현재 팹fab에서 사용 중인 웨이퍼wafer의 크기와 영역별 명칭을 표시하였다. 센터와 에지edge, 극에지 세 영역으로 나눌 수 있는데, 〈그림 11-29〉 같이 세 영역 모두 균일하게 연마가 된다면 균일성uniformity이 좋다고 할 수 있다.

균일성이 좋다면, 후속 공정에서 안정한 진행을 할 수 있을 것이고, 산포도 줄 것이며, 이는 수율과 품질을 향상시키는 발판이 될 것이다.

산포 관리의 어려움과 해법

CMP공정에서 균일성을 좋게 하는 것은 그리 쉬운 문제가 아니다. 사전 증착deposition공정에서부터 영역별 차이가 발생할 수도 있고, CMP 공정 자체에서 영역별로 차이를 유발할 수도 있기 때문이다. CMP에서 연마 계면은 패드Pad와 웨이퍼wafer의 물리적인 힘에 의해서 연마가 된다. 따라서 패드Pad는 물리적인 힘에 지속 노출이 되고, 진행하는 시간이 지나면 지날수록 연마 계면은, 패드Pad에 의해 연마되는 연마량의 차이가 발생한다. 즉, 패드Pad는 소모품이기 때문에 물리적인 힘에

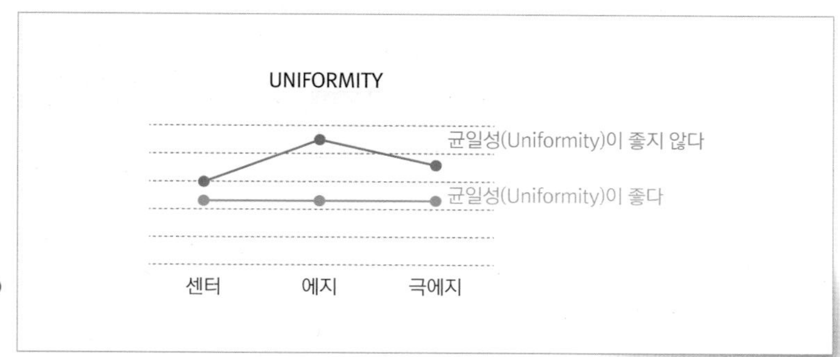

©www.hanol.co.kr

그림 11-28 웨이퍼(wafer) 균일성 판단 기준

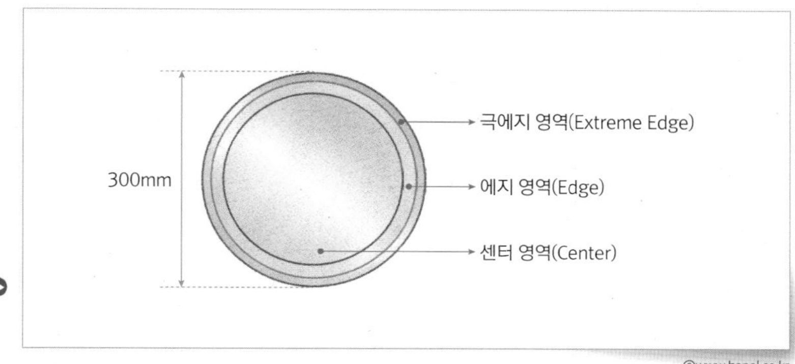

©www.hanol.co.kr

그림 11-29 웨이퍼(wafer) 영역별 명칭

지속 노출됨으로써 표면의 열화가 발생하고, 초기와 동일한 연마량을 내는 것에 웨이퍼wafer 영역별로 차이가 생긴다. 이런 부분을 보완하고자 CMP공정에서는 APCAdvanced Process Control를 사용하여 실시간으로 공정 진행 조건을 최적화하고 있다. APC는 웨이퍼wafer의 계측, 공정 모델 기반의 제어 및 이상 진단 알고리즘을 기반으로 하여, 사전 공정의 경향성 혹은 과거 데이터를 이용하여 규칙성을 찾아 조건을 변동하여 진행시켜주는 시스템을 말한다. 따라서 소모성인 패드Pad의 진행 시간에 따라서, 계측값과 과거 데이터를 활용하여 APC를 적용하여 균일성을 개선할 수 있다. 〈그림 11-30〉은 CMP공정에서 웨이퍼wafer의 균일성을 유지하기 위한 간단한 APC 적용 방식을 나타내었다. 웨이퍼wafer는 헤드에 안착되어, 압력pressure이 가해지는 상태에서 패드

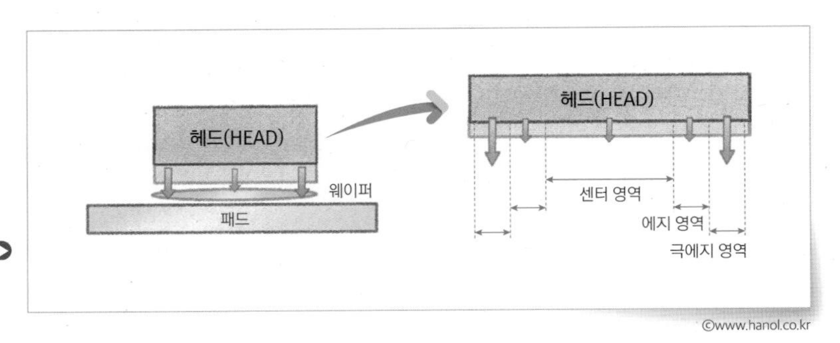

그림 11-30 헤드와 웨이퍼(wafer)의 영역 구분 간략 모식도

Pad와 맞닿아 연마가 된다. 이 헤드에 가해지는 압력을 APC 기능을 활용하여 조절함으로써 균일성을 개선할 수 있다. 이는 반도체 산업에서 산포 개선에 크게 기여할 것이라 예상되며, 많은 연구와 평가가 활발히 진행되고 있다.

Slurry

슬러리slurry의 정의와 중요성

슬러리slurry는 수십, 수백 나노 크기의 연마제abrasive와 각종 첨가제chemicals, additives를 포함하는, 90~99%가 물로 구성된 콜로이드 용액이다. 〈그림 11-31〉처럼 슬러리slurry 내의 케미컬Chemical은 박막 표면과 화학 반응하여 쉽게 제거될 수 있는 레이어layer를 형성하고, 연마제는 이 레이

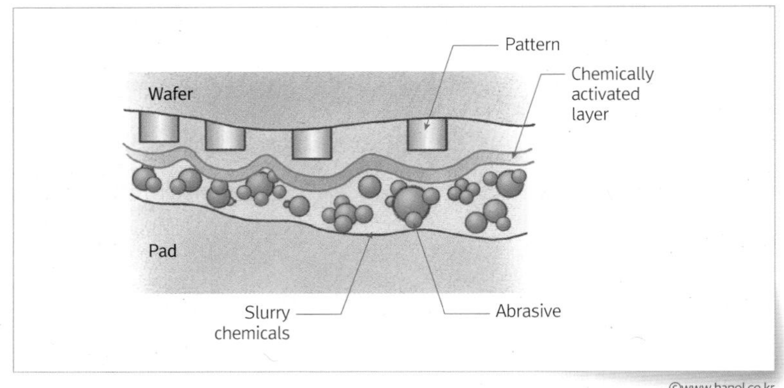

그림 11-31 Slurry 작용 Mechanism

어를 기계적으로 제거하는 역할을 한다.

슬러리slurry는 연마되는 박막의 종류에 따라 Oxide용, Metal용, Silicon 웨이퍼wafer용 슬러리slurry로 분류할 수 있고, 공정 목적에 따라 컨티뉴어스continuous CMP용, 스토핑stopping CMP용 슬러리slurry로 구분되는 등 그 종류와 특성이 각각 모두 다르다. 또한 연마율removal rate과 스크래치에 가장 직접적인 영향을 미치는 인자이기 때문에 CMP를 진행하는 목적과 상황에 맞게 올바른 종류로 적당한 양을 사용하는 것이 매우 중요하다.

슬러리slurry 관리의 어려움과 해법

CMP는 위에서 언급한 바와 같이 연마하는 박막의 종류와 목적이 다양하기 때문에 슬러리slurry 또한 각각의 해당 공정에서 요구하는 특성을 지녀야 한다. 이를 위해 슬러리slurry에는 연마제 외에 첨가제additive, 산화제oxidizer, 분산제dispersant, pH 조절제 등 여러 가지 케미컬Chemical이 혼합된다. 한 예로, 〈그림 11-32〉처럼 서로 다른 막질 표면을 연마할 때 음전하를 띠는 첨가제를 넣으면 첨가제가 질화막 표면에만 선택적으로 흡착해 연마제가 질화막과 접촉하는 것을 방해하여 연마율을 감소시킬 수 있

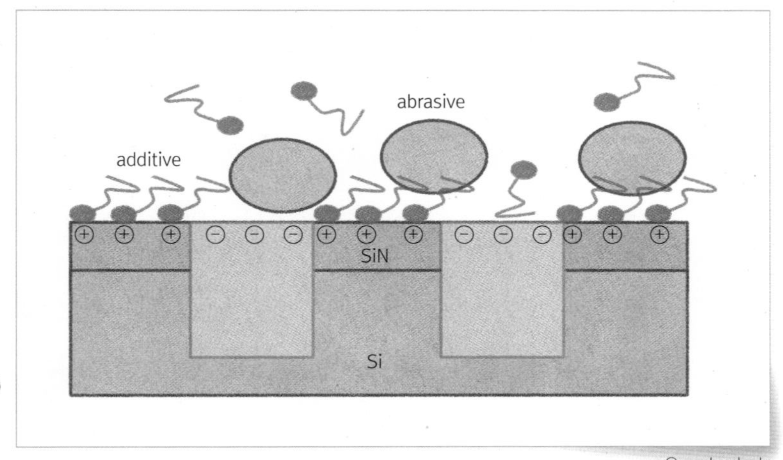

그림 11-32 첨가제에 의한 선택비 조절

©www.hanol.co.kr

다. 즉, 첨가제의 농도를 높여 선택비selectivity를 높일 수 있다.

메탈metal CMP에서는 산화제도 중요한 요소이다. 메탈은 기계적 강도가 크기 때문에 기계적인 요소만으로는 쉽게 폴리싱polishing되지 않는다. 따라서 산화제를 첨가하여 Metal과의 화학 반응을 통해 산화막을 형성한 후 연마하는 과정을 거친다. 또한, 슬러리slurry 내 연마제들은 각각 양극, 음극으로 대전되어 있는데, 만일 그 절대값이 작을 경우 입자 간의 반발 에너지가 감소하고 인력 에너지가 증가하여 서로 응집하려는 성질이 생긴다. 이로 인해 수십, 수백 나노 크기의 연마제들은 큰 파티클large particle로 성장하게 되어 스크래치 소스source로서 작용하게 된다. 이러한 응집을 막기 위해 슬러리slurry에 분산제를 혼합시켜 연마제 간 응집을 억제시킨다.〈그림 11-33〉 참조

이렇듯 보다 개선된 슬러리slurry를 위해 많은 노력이 이루어지고 있지만, 이 외에도 해결해야 할 과제가 아직 많이 남아있는 상태이며, 공정이 다양해지고 복잡해질수록 새로운 슬러리slurry가 요구된다. 때문

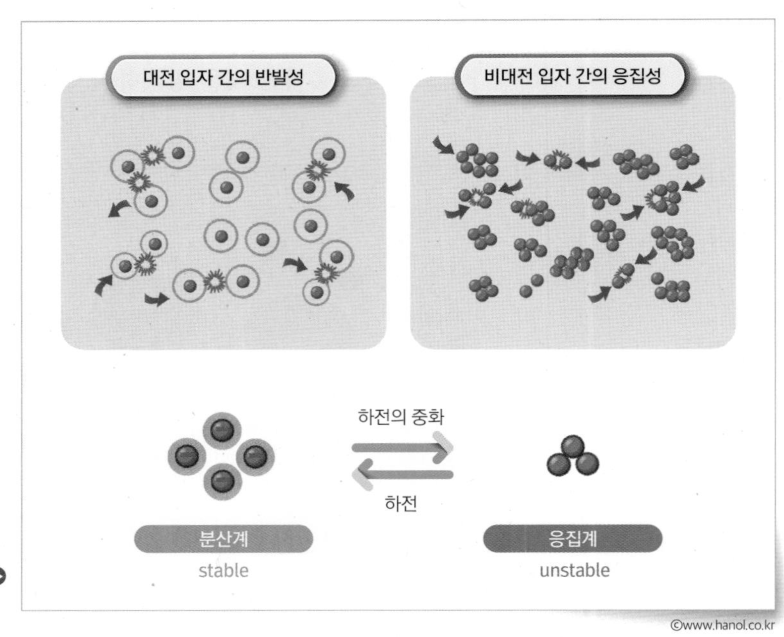

그림 11-33 분산계와 응집계

에 현재까지도 다양한 방면으로 슬러리slurry에 대한 여러 평가와 최적화 과정이 이루어지고 있다.

Selectivity선택비

선택비의 정의와 중요성

선택비는 통상적으로 CMP의 chemical적 요소에 해당하는 slurry의 선택비를 의미하며, 서로 다른 종류의 필름film이 갖는 연마량 속도의 차이라고 요약할 수 있다. 예컨대 A라는 필름film과 B라는 필름film이 존재할 때 동일한 슬러리slurry상에서 A는 10Å/sec, B는 1Å/sec의 연마량을 보인다면 이 슬러리slurry의 A : B 선택비는 10 : 1로 표현된다. 다음 〈그림 11-34〉처럼 우리가 필름film 아이솔레이션Isolation을 위해 좌측 그림 상부의 A필름film을 모두 연마한 뒤, 우측 그림과 같이 B필름film 상부에서 연마를 멈추기 위해서는 슬러리slurry의 선택비가 매우 중요하다 하겠다.

선택비 관리의 어려움과 해법

〈그림 11-34〉를 다시 보면, A라는 필름film을 연마할 때는 높은 선택비가 요구되지 않고 빠른 연마량과 단차 제거 능력이 요구될 것이다. 이후 최종적으로 B필름film 위에서 연마를 멈추는 시점에 이르러서 선택

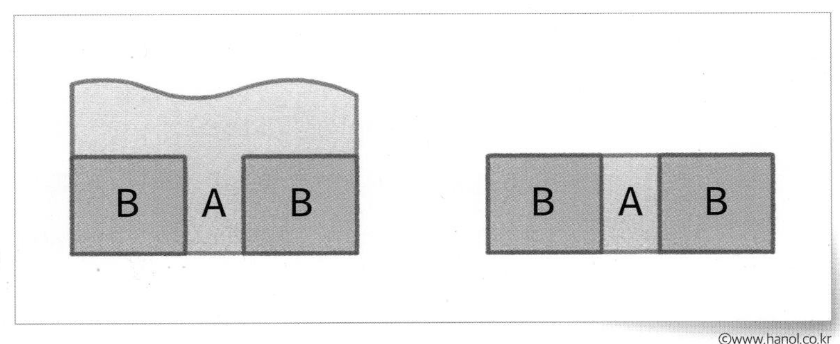

그림 11-34 CMP 아이솔레이션(Isolation) 공정 전후 모식도

©www.hanol.co.kr

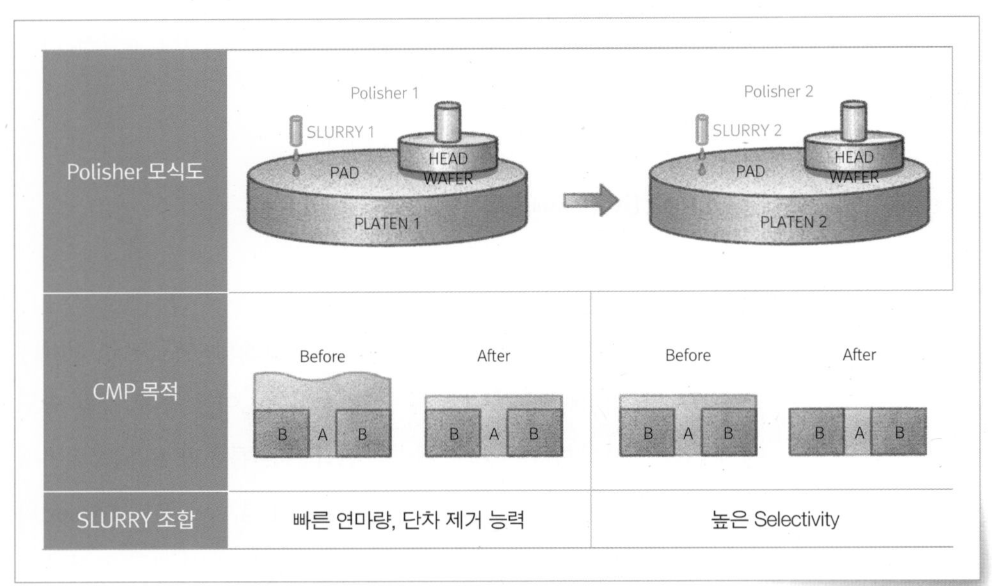

그림 11-35 CMP 목적별 Slurry 조합

비가 중요해지기 때문에 단일 슬러리slurry로 위와 같은 공정을 진행하기는 어렵다. 또한 통상적으로 고선택비를 갖기 위해 슬러리slurry에는 별도의 첨가물과 높은 엔지니어링 기술이 요구되며, 그 수준에 따라 비용이 급격히 증가되는 어려움이 있다. 따라서 공정을 진행할 때에는 단일 슬러리slurry를 사용하는 것이 아니라, 〈그림 11-35〉처럼 CMP 장비의 플레이튼platen별로 그 목적에 부합하는 슬러리slurry를 조합하여 진행하는 것이 해법이라고 할 수 있겠다.

Dishing, Erosion

Dishing, Erosion의 정의와 중요성

Dishing, Erosion은 CMP에서만 일어나는 독특한 디펙트defect의 한 종류로, 서로 다른 필름film에서 슬러리slurry의 선택비selectivity 차이로 인해 발생하는 결함이다. Dishing은 보통 패턴pattern이 넓은 영역에서 이종 필름film 사이의 특정 필름film이 주변보다 깊게 파이는 현상을 말한다. Erosion도 Dishing과 동일하게 서로 다른 물질로 이뤄진 필름film에서 CMP 진행 시 패턴 밀도pattern density가 높은 영역에서 그 주변의 전체가 꺼지는 현상을 말하며, 오버 폴리싱over polishing 진행 시 주로 발생한다. Dishing, Erosion의 결함은 상호연결 단면적interconnect section area을 감소시키고, 금속 저항을 증가시키기 때문에 최소화해야 한다.

*Hardness(경도)
물체의 단단함을 나타내는 척도로 고체에 힘이 가해졌을 때 영구적인 변형에 저항하는 정도를 나타낸다.

*Soft Pad
Pad의 hardness는 물체의 hardness에 따라 Indenter 끝 모양을 다르게 하여 Shore 등급으로 구분한다. Shore D-뾰족(harder), Shore A- 뭉툭(softer)을 의미한다.

Dishing, Erosion의 어려움과 해법

Dishing을 예방하기 위해서는 패턴을 조밀하게 만들어주면 되지만, Erosion에 취약하므로, 두 문제를 동시에 해결하기 위해선 패턴 자체의 크기를 작게 해주고 밀도를 유지하면서 패턴 외에 더미dummy를 삽입하여 절연막 대신 연마가 되게 해주는 것이 중요하다. 그 외 방법으로 경도hardness가 낮은 소프트 패드soft pad를 사용하여도 Dishing이 감소하는 효과가 있다.

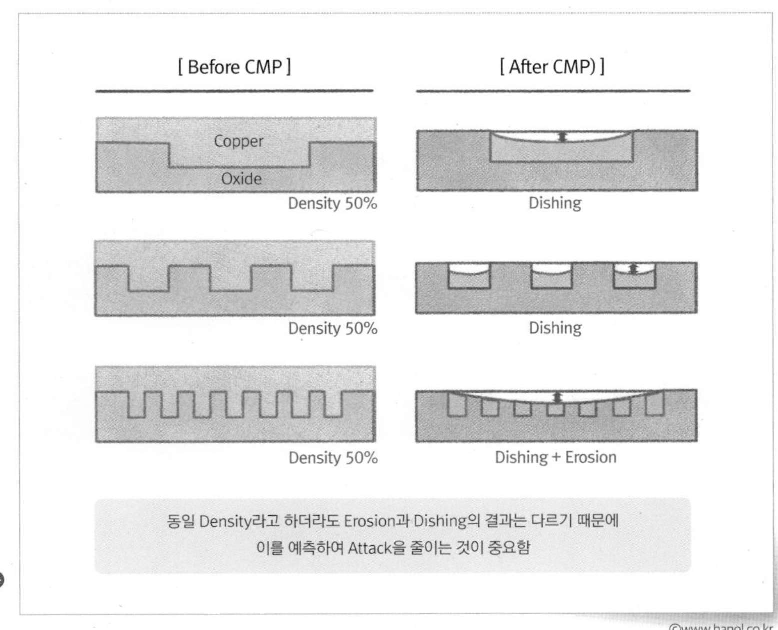

그림 11-36 Dishing, Erosion의 이해

©www.hanol.co.kr

Pad

패드Pad의 정의와 중요성

CMP공정에서 pad는 〈그림 11-37〉에서 나타낸 것과 같이 웨이퍼wafer를 연마하는 부품의 하나이다. 웨이퍼wafer에 직접 접촉하여 압력을 통해 폴리싱이 이루어지며, 연마 입자를 함유하고 있는 슬러리slurry를 웨이퍼wafer 표면으로 이동시키는 채널 역할도 한다. 패드Pad는 원형의 얇은 판 형태로 장비에 부착되며, 폴리우레탄poly-urethane 소재를 베이스로 표면에 무수히 많은 미세 공극micro-pore 및 돌기가 불규칙적으로 분포하는 구조로 이루어져 있다. 이 중 공극은 패드Pad와 웨이퍼wafer 사이로 슬러리slurry를 운반하는 역할을 하고, 돌기 부분은 실제 웨이퍼wafer와 접촉하여 반응하는 역할을 한다.〈그림 11-38〉 참조

웨이퍼wafer와 직접 접촉하여 압력을 통해 가공이 이루어지기 때문에 pad는 웨이퍼wafer의 두께, 평탄도, defect 등 품질에 아주 큰 영향을 끼치게 된다. 이는 pad의 물성에 따라 연마 속도가 영향을 받는 것에 기인하는데, 대표적 요소로는 패드Pad의 표면 거칠기, 공극의 분포,

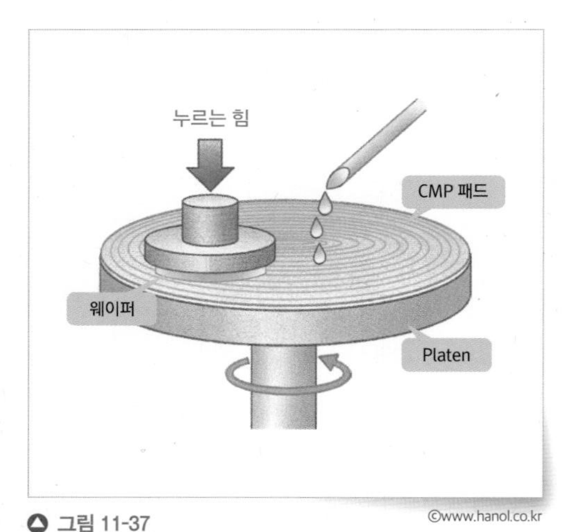

그림 11-37
CMP공정 모식도

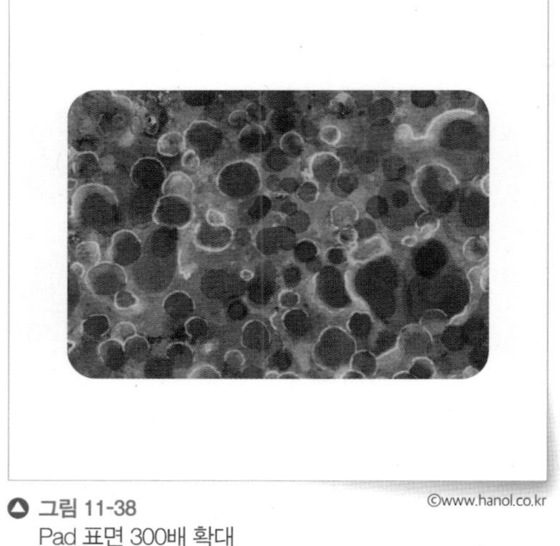

그림 11-38
Pad 표면 300배 확대

그루브groove, 돌기의 분포 패턴 등이 있다. 표면 거칠기는 웨이퍼wafer와의 접촉 거동에, 공극 분포는 슬러리slurry 연마 입자의 이동에 영향을 주며 그루브는 위의 두 가지는 물론, 연마공정 과정에서 발생하는 부산물particle의 배출에까지 영향을 준다.

pad 관리의 어려움과 해법

pad의 성능 관리 핵심은 최적화된 표면 상태를 유지하는 것이다. 연속적으로 연마공정을 진행하면서 패드Pad의 표면은 웨이퍼wafer와의 접촉으로 인해 마모되고, 연마 과정에서 발생하는 부산물과 슬러리slurry 등이 그루브 사이로 침투하여 잔존함으로써 패드Pad의 성능을 저하시키게 된다. 이를 방지하기 위해서 CMP공정에서는 크게 두 가지 방법을 채택하고 있다.

첫번째는 연마공정과 패드 컨디셔닝Pad conditioning공정을 병행하는 것이다. 자세한 내용은 뒤의 디스크disk 항목에서 다루겠지만, 컨디셔닝을 통해 패드Pad 표면의 거칠기를 유지하고 잔존하고 있는 부산물들 을 제거하여 최적화된 표면 상태를 유지할 수 있도록 해준다.

다음은 pad의 사용 주기lifetime 설정이다. 앞서 서술한 것처럼 컨디셔닝을 통해 pad의 표면 상태를 관리할 수는 있으나, 반복되는 연마공정 진행과 함께 결국 pad의 성능은 서서히 저하되어 갈 수밖에 없다. 이를 해결하기 위해서 pad는 사용 주기를 설정하여 일정한 시간 사용 후 교체가 이루어지고 있으며, 연마를 진행하는 공정의 필름film 특성에 따라 별도의 관리 기준을 따른다. 최근 반도체 공정이 더욱 미세화됨에 따라 pad의 성능 향상을 위한 개발도 활발히 이루어지고 있는데, 새로운 그루브 패턴 설계와 소재 개발 등을 통해 성능 최적화를 모색하고 있다.

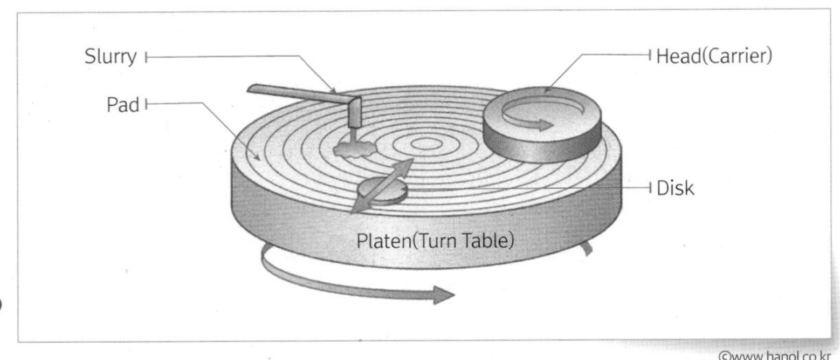

그림 11-39 CMP 모식도

©www.hanol.co.kr

Disk

디스크Disk의 정의와 중요성

폴리싱polishing을 지속적으로 하면, 슬러리slurry 및 부산물이 패드 포어pad pore에 쌓이게 된다. 그로 인해, 패드Pad에 있는 포어pore가 막히게 되고 패드Pad의 표면은 미끄러운 상태가 된다. 이를 글레이징glazing이라 하며, 패드Pad가 마찰을 줄 수 없는 유리와 같은 상태를 뜻한다. 이렇게 패드Pad가 웨이퍼wafer에 마찰을 줄 수 없는 상태가 되면, 단위 시간당 갈아낼 수 있는 필름film의 두께가 떨어지고 더 이상 정상적인 폴리싱polishing이 되지 않는다. 이를 방지해 줄 수 있는 것이 디스크disk이다. 디스크는 일반적으로 원반의 금속판에 날카로운 다이아몬드diamond를 촘촘히 박은 형태로 되어 있다. 이 디스크가 회전rotation과 쓸기sweep 동

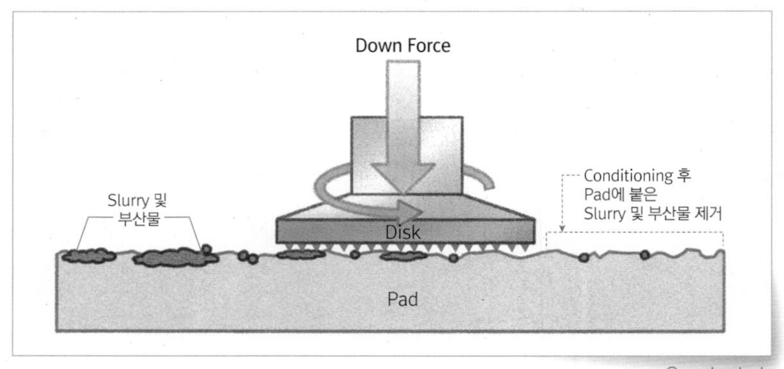

그림 11-40 디스크(disk)의 역할

©www.hanol.co.kr

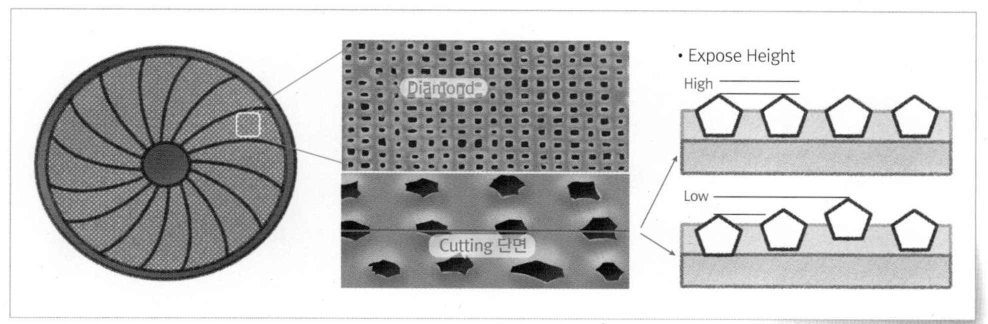

▲ 그림 11-41 Disk 내 Diamond 간의 단차 ©www.hanol.co.kr

작을 반복하며, 패드Pad에 박혀 있는 슬러리slurry 및 부산물들을 제거해 준다.

디스크disk가 패드Pad를 절삭하는 양을 수치화한 것을 PCRPad Cutting Rate이라 하며, 디스크disk에 있는 다이아몬드가 마모되어 PCR이 저하되면 디스크를 교체해야 한다. 이 다이아몬드의 크기/개수/위치에 따라 PCR이 달라지게 된다.

disk 관리의 어려움과 해법

disk에서 주로 발생할 수 있는 불량은, 다이아몬드의 깨짐으로 인한 스크래치scratch 발생과 제작상 다이아몬드 간의 단차 발생으로 동일 디스크 간 성능 차이다. 이러한 다이아몬드의 깨짐과 단차를 제거하기 위해 최근엔 다이아몬드를 일정한 그루브groove에 증착시켜 제작한 CVDChemical Vapor Deposition 디스크가 개발되고 있다.

Membrane

멤브레인Membrane의 정의와 중요성

멤브레인membrane의 사전적 의미는 두 개의 상을 나누는 경계상을 말하며, 여러 가지 물질의 투과를 제어할 수 있는 물질을 뜻한다. CMP

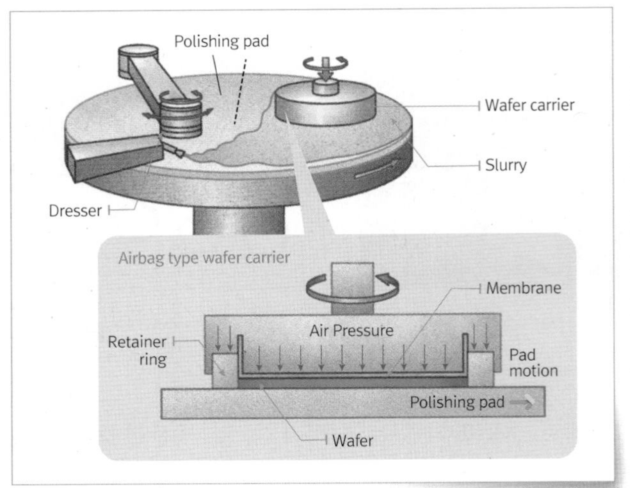

©www.hanol.co.kr

그림 11-42
MEMBRANE 기능

©www.hanol.co.kr

그림 11-43
MEMBRANE 모양

에서의 멤브레인membrane은 웨이퍼wafer 크기의 실리콘silicon 재질로 이루어진 물질을 말한다. 웨이퍼wafer를 부착chuck하여 이송하고, 연마 중에는 웨이퍼wafer를 패드Pad 면에 접촉시켜 압력을 가하는 역할을 한다. 보통 스핀들과 동일한 축을 이루어 회전하면서 웨이퍼wafer에 압력을 가한다. 웨이퍼wafer와 연마 헤드 사이에서 완충 역할을 하는데, 연마 균일도profile에 큰 영향을 미친다. 패드Pad, 디스크disk, 리테이너링retainer ring, 필터filter처럼 CMP 소모품consumable part 중 하나다. 멤브레인membrane의 오염, 웨이퍼wafer 깨짐, 멤브레인membrane 찢어짐, 비정상적인 팽창, 웨이퍼wafer 핸들링handling 관련 알람alarm 발생 시에 비주기로 교체한다.

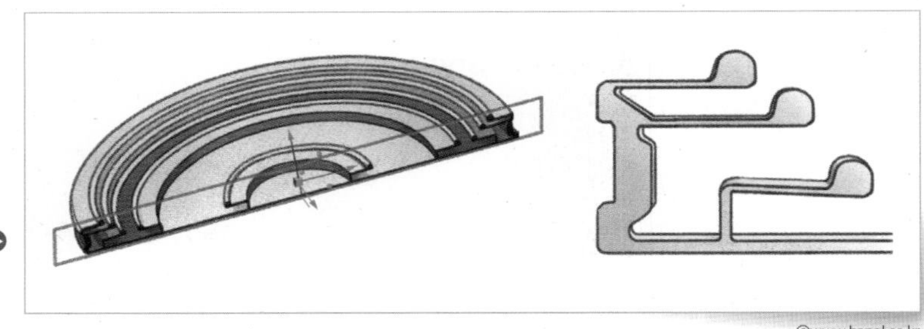

그림 11-44
멤브레인 단면

©www.hanol.co.kr

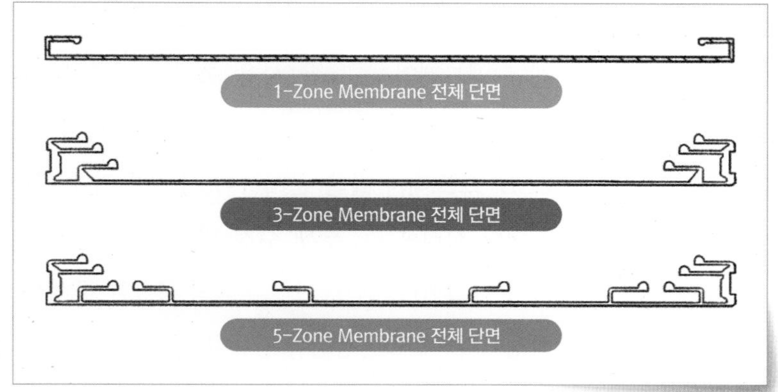

그림 11-45 ZONE별 멤브레인 단면

©www.hanol.co.kr

멤브레인membrane은 장착하는 캐리어carrier 또는 헤드head에 따라 고유 형상이 있다. 멤브레인 원의 중심점부터의 거리에 따라 섹션section이 구분되며, 거리 및 영역의 수는 장착하는 장비의 사양에 따른다. 영역별 가압, 부착 정도를 조절하여 웨이퍼wafer 핸들링을 용이하게 해주며 CMP 프로파일profile을 조절하고 균일하게 하기 위해 구분되어 있다. 제작 방법에 따라서는 크게 압출 성형과 사출 성형 2가지로 구분된다. 제작 방법은 제품, 제조사마다 다르며 각각의 장단점이 있다.[표 11-1] 참조

표 11-1 멤브레인 제작 방법에 따른 차이

구분	압출 성형	사출 성형
사용 설비	• PRESS	• 사출기
사용 원료	• 고상 실리콘	• 액상 실리콘
제조 원리	• 금형에 실리콘을 넣고 가압하여 고온흐름성을 이용하여 형성	• 사출 금형 속으로 액상의 실리콘을 강제 압력을 주어 밀어넣고 경화시켜 형성
장점	• 개발 기간이 빠름 • 개발 비용이 경제적 • 형상 변경이 용이 • 복잡한 형상 구현 가능	• 자동화, 대량 생산 적합 • 재현성 좋음 • 부산물이 없음 • 작업자 영향을 받지 않음
단점	• 금형 조립/해제 자동화가 어려움 • 작업자에 따라 영향을 받음 • 재현성 나쁨	• 장기간의 개발 기간 필요 • 개발 비용 높음 • 형상 변경 어려움 • 복잡한 형상 적용 어려움

멤브레인membrane 관리의 어려움과 해법

신규 멤브레인membrane은 사용 초기에 특별한 주의가 요구된다. 보통 두께 및 프로파일profile 불량과 치수에 의한 장착 불량, 에어 리크air leak, CMP 스크래치 같은 문제들이 사용 초기에 나타난다. 제작 방식 개선이나 실리콘silicon 두께 수정 및 치수에 대한 안정성을 확보하여 문제를 해결한다. 멤브레인membrane의 중요한 물성은 치수 안정성과 내화학성이다. 치수 안정성이 중요한 이유는 웨이퍼wafer와 직접 닿으며 압력을 인가하는 역할을 반복적으로 수행하고 일정한 주기만큼 사용할 수 있도록 성능 구현이 되어야 하기 때문이다. 안정적인 사용 주기 때문에 품질과 비용 측면에서 유리하기도 하다. 내화학성이 중요한 이유는 슬러리slurry와 물리적인 압력에 의해 표면이 벗겨지거나 변형되는 경우가 있으면 안 되기 때문이다. 표면 코팅coating 방식에 따라서 사용 시간이 지남에 따라 코팅 물질이 탈락하여 스크래치, 파티클particle 등의 디펙트defect 소스가 될 수 있다. 코팅 방식은 제조 방식, 제조사마다 다르며, 주기 초반에 가장 두드러지게 나타나는 반응이기 때문에 멤브레인 평가를 진행할 때에는 항상 사용 주기 초반의 데이터 검증이 꼭 필요하다.

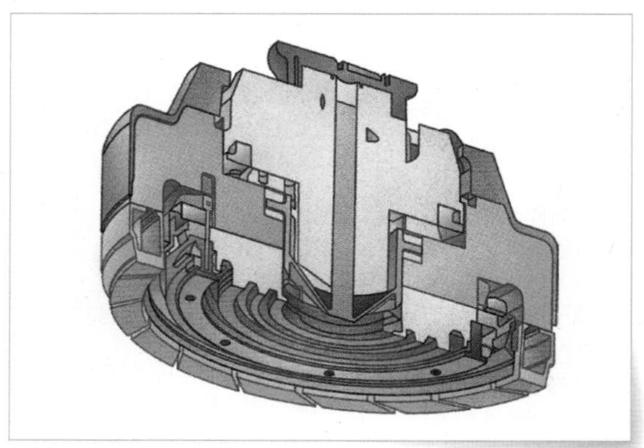

©www.hanol.co.kr

그림 11-46 CMP Head

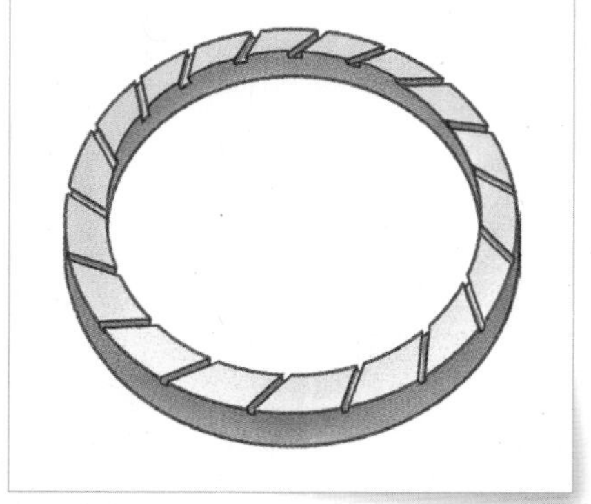

©www.hanol.co.kr

그림 11-47 리테이너 링(Retainer Ring)

Retainer Ring

리테이너 링Retainer Ring의 정의와 중요성

CMP 헤드head는 웨이퍼wafer에 압력을 가하고 회전시켜 연마시키는 부분으로 CMP 프로파일profile을 결정하는 주요 인자 중 하나이다. 리테이너 링Retainer Ring은 헤드에 장착되어 원심력에 의한 웨이퍼wafer의 이탈을 방지하는 역할을 하는 고리ring 형태의 소모성 부품을 의미한다.

리테이너 링Retainer Ring은 웨이퍼wafer 이탈 방지 역할과 더불어 CMP 패드pad와의 접촉면에 존재하는 그루브groove를 통해 CMP를 위한 슬러리slurry가 유입되고 CMP 과정 중 발생한 연마 이물질을 배출하는 역할을 한다. 이 그루브의 방향에 따라 시계방향/반시계방향CW/CCW으로 구분하여 사용한다.

리테이너 링Retainer Ring의 재료로는 결정성이면서 높은 내열성을 가진 플라스틱인 PPS, PEEK와 스테인레스stainless 계열의 금속인 SUS가 사용된다. PPS와 PEEK는 강도와 경도가 좋아 기계적 특성이 우수하며 높은 내화학성을 가진 물질로 CMP공정 중 사용되는 슬러리slurry 등의 화학물질에 대한 저항이 우수하다.

리테이너 링Retainer Ring 관리의 어려움과 해법

리테이너 링Retainer Ring으로 인해 발생할 수 있는 불량은 웨이퍼wafer의 슬립slip, 언더 CMPunder CMP, 웨이퍼wafer 파손broken, 파티클particle로 인한 스크래치scratch가 있다. CMP공정을 진행할 때, CMP 패드Pad와의 마찰로 인해 리테이너 링Retainer Ring이 마모되면 웨이퍼wafer의 노출이 늘어나 웨이퍼wafer가 헤드에서 이탈하는 슬립이 발생할 가능성이 증가한다. 이를 방지하기 위해 리테이너 링의 높이가 일정 수준으로 유지되도록 사용 주기를 관리하고 있다. 리테이너 링Retainer Ring의 외경 또한 중요한 요소인데 외경이 증가할 경우 웨이퍼wafer의 가장자리edge 부분에서 연마가 덜 되는 언더 CMP가 발생한다. 이를 위해 리테이너 링Retainer Ring 제작업체들과의 협의를 통하여 스펙spec을 재조정 및 제작 과정의 정밀화를 통해 품질관리를 진행하고 있다.

Brush

브러시Brush의 정의와 중요성

〈그림 11-48〉에서 나타낸 것 같이 브러시Brush는 CMP 이후 세정 과정에 쓰이는 소모성 부품이다. PVCPoly Vinyl Chloride 브러시Brush 경우 〈그림 11-49〉처럼 오픈 셀open-cell의 다공질 체로서 자신의 무게 12~18배 흡수력을 가지고 있다. 또한 정전기 발생이 거의 없고, 섬유질이나 먼지의 발생이 없다. 또한 내약품성이 매우 우수해, 케미컬Chemical과 함께 사용하기도 좋다. 〈그림 11-50〉처럼 웨이퍼wafer의 세정 과정에서 회전하는 브러시Brush를 웨이퍼wafer 표면에 접촉시키면 입자의 흡착 모멘트보다 브러시Brush의 회전 모멘트가 커서 입자를 떨어뜨려 주는 역할을 한다.

브러시Brush 관리의 어려움과 해법

브러시Brush의 경우 직접적으로 세정에 관여하는 소모성 파트로, 사용

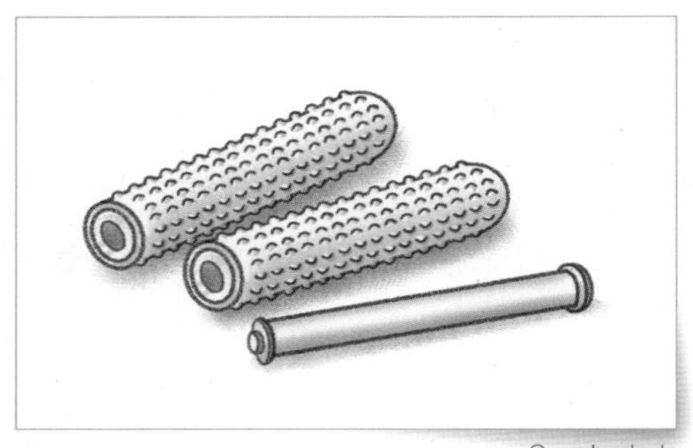

©www.hanol.co.kr

그림 11-48
브러시(Brush) 모양

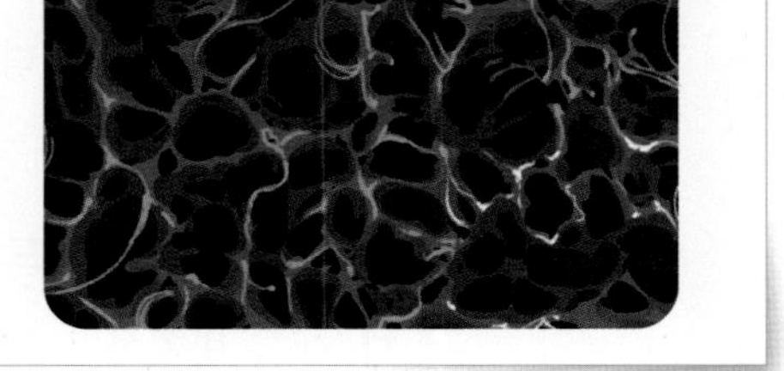

©www.hanol.co.kr

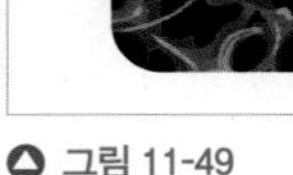

그림 11-49
Open Cell

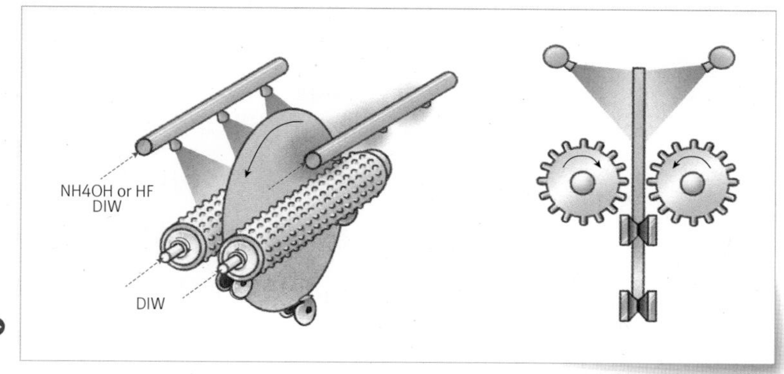

그림 11-50
Wafer 세정 모식도

©www.hanol.co.kr

을 거듭함에 따라 이물질의 제거 능력이 감소하게 된다. 또한 브러시Brush에 문제가 생기게 되면 그로 인한 CMP공정 진행 이후 디펙트defect 발생 가능성도 높다. 예를 들어, 브러시Brush에 이물이 박혀 있을 경우 웨이퍼wafer상의 원형 모양의 결함이 생기기도 하고, 브러시Brush를 고정시켜주는 코어core에서 브러시Brush의 스폰지가 밀려난 경우이럴 경우, 브러시(Brush)가 웨이퍼(wafer)의 가장자리에 접촉을 하지 못함 웨이퍼wafer 전면을 세정해주지 못해 웨이퍼wafer의 가장자리부에 결함을 남기기도 한다. 또한 브러시Brush를 초기에 바로 사용하게 되면 공정에 따라 세정의 능력이 떨어져 결함을 발생시키기도 한다.

Filter

필터Filter의 정의와 중요성

필터Filter의 사전적 의미는 기상이나 액상 중의 작은 고형물을 제거하기 위한 여과기로 CMP공정의 경우, 공정 진행의 핵심 요소인 슬러리slurry의 불순물을 제거하기 위해 주로 사용한다. 필터Filter를 통해 관리되는 슬러리slurry는 미세입자의 액상 혼합물로 CMP공정의 연마율을 결정하는 가장 중요한 요소 중 하나이다. 필터Filter를 통해 슬러리slurry

의 순도를 일정하게 유지하고 관리해 주는 것이 CMP공정의 완성도를 높이는 방법이라고 할 수 있다.

필터Filter의 품질 문제로 슬러리slurry에 불순물이 남아 있을 경우 CMP 공정의 연마율에 영향을 줄 뿐만 아니라, 웨이퍼wafer 표면에 디펙트defect나 스크래치scratch를 발생시켜 웨이퍼wafer의 품질에 악영향을 미칠 수 있다. 또한 필터Filter의 막힘 현상으로 인해 슬러리slurry가 전달되지 않거나 필터 하우징housing 결함으로 슬러리slurry 리크leak가 발생되면 품질 사고 및 환경 안전 사고로 직결될 수 있다. 이런 이유로 필터Filter의 품질 및 관리가 CMP의 중요한 관리 요소가 되고 있다.

필터Filter 관리의 어려움과 해법

필터Filter의 선정과 관리에 있어 가장 중요한 부분은 여과율과 교체 주기를 들 수 있다. 첫 번째, 여과율은 필터Filter 내부에 불순물을 제거하는 포어Pore의 크기로 결정되는데, 일반적으로 μm~nm의 미세한 단위로 사용되고 있다. 더 작은 포어 필터Pore Filter를 사용할수록 더 미세한 크기의 불순물 제거가 가능하게 된다. 하지만 단순하게 필터 포어Filter Pore의 크기가 작다고 하여 CMP공정에 긍정적인 영향만 주는 것은 아니다. 앞서 말했듯이 여과 대상 물질인 슬러리slurry는 미세입자들의 액상 혼합물이기 때문에 불순물뿐만 아니라, 연마에 주요소들이 함께 혼합된 상태로 해당 요소들이 필터에 여과되어 웨이퍼wafer까지 전달이 안 될 경우, 연마율 및 품질 문제가 발생할 수 있기 때문이다. 사용 중인 슬러리slurry의 입자 크기와 불순물의 크기는 모두 개별적으로 각 경우에 대하여 포어Pore 크기별, 필터 업체별 많은 분석과 평가가 필요하다.

두 번째는 필터Filter 교체 주기에 대한 부분이다. 필터Filter의 경우 소모품의 범주로 일정 시간을 사용하게 되면 여과율이 떨어지게 되고 신

*Slurry
미세한 고체 입자가 액체 중에 현탁되어 있는 유동성 있는 진흙 상태의 혼합물

*Housing
부품을 수용하고 있는 부분이나 기구가 놓여 있는 프레임 등 모든 기계 장치를 둘러싸고 있는 상자형 부분

*Pore
촉매, 흡착제, 여과제 등의 다공체 재료의 내부에 존재하는 표면까지 통한 작은 구멍

품으로 교체를 진행하게 된다. 반도체 산업은 웨이퍼wafer를 최소의 비용으로 고품질의 제품을 생산하는 것이 경쟁력이 되는 산업이다. 때문에 필터Filter의 사용 및 교체 주기를 선정할 때 단순히 여과율을 높이기 위해 교체 주기를 짧게 가져가게 된다면 완성된 웨이퍼wafer의 단가 경쟁력에 악영향을 주게 되며, 제작 비용을 줄이기 위해 과도하게 긴 교체 주기를 선정할 경우 여과율 하락으로 불순물 유입 및 필터Filter의 막힘 현상으로 품질에 영향을 줄 수 있다.

이처럼 필터Filter는 상반되는 두 가지 개념에 대해 지속적인 고민이 필요하다. 각 2가지 평가에 대하여 간략하게 설명하면 필터 포어Filter Pore 크기의 선정은 필터링Filtering 전/후 파티클particle의 크기 분포 및 개수의 변화를 측정하여 성능 평가를 하게 된다. 교체 주기는 필터의 사용시간에 따른 필터링 전/후 압력 차이 및 유량 변화를 분석하여 최적의 교체 시기를 설정하고 있다. 필터Filter 관리에 있어 현재도 수많은 필터 제품과 조건을 평가하고 분석하여 슬러리slurry별 최적의 조건을 찾아내는 것으로 문제를 해결해 나가고 있다.

05 CMP의 미래 기술

반도체의 발전이 여러 세대를 거치면서 현재는 10nm나노미터, 10억 분의 1m 대의 제품들이 양산되고 있다. 이에 따라 CMP에서 사용량이 가장 많은 슬러리slurry에서도 많은 변화가 있었다. 슬러리slurry는 〈그림 11-51〉처럼 CMP공정 중 연마에 필요한 화학적 반응을 가속화하기 위하여 사용되는 수중의 작은 고체 입자가 현탁질 상태로 부유하여 존재하는 물질을 말한다. 반도체의 모든 공정이 미세화되면서 슬러리slurry의 입자 크기도 작아지고 있다. 이에 대한 가장 큰 이유는 CMP의 주요

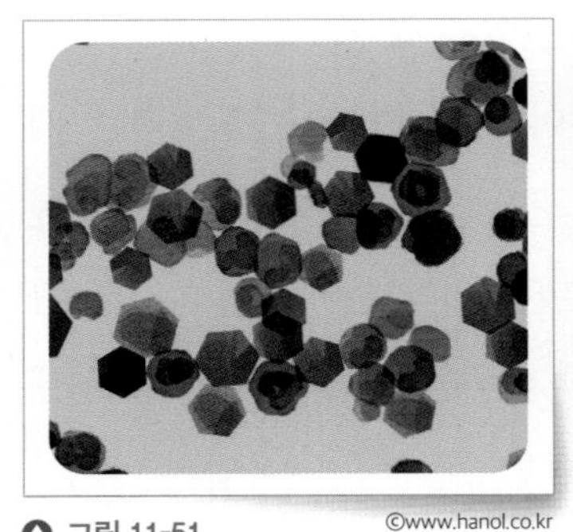

그림 11-51 Slurry 입자

©www.hanol.co.kr

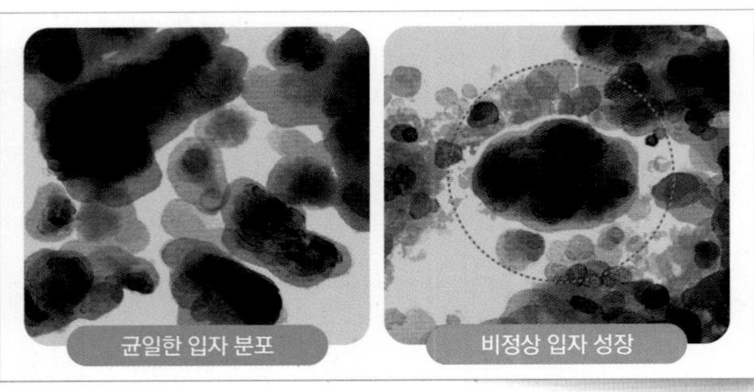

그림 11-52 Slurry 입자 분포

©www.hanol.co.kr

결함defect인 스크래치를 감소시키기 위함으로 이전에는 발생되지 않았던 품질 이슈들이 발생하고 있기 때문이다.

슬러리slurry로 인한 스크래치 원인은 〈그림 11-51〉에서 보듯이 슬러리slurry 입자 모서리의 날카로움, 균일하지 않은 입자 등에 있다. 앞으로 CMP 슬러리slurry의 개발 방향은 현수준의 연마량removal rate을 상향 또는 유지하면서 스크래치에 유리한 작은 입자 크기, 균일한 입자 분포를 보유할 수 있는 제품으로 개발이 이루어져야 될 것으로 보인다.

현재 APC는 CMP의 소모성 교체 부품의 수명lifetime에 따른 경향성, 사전 공정의 경향성 및 변화 등 과거 데이터를 활용하여 규칙을 찾고

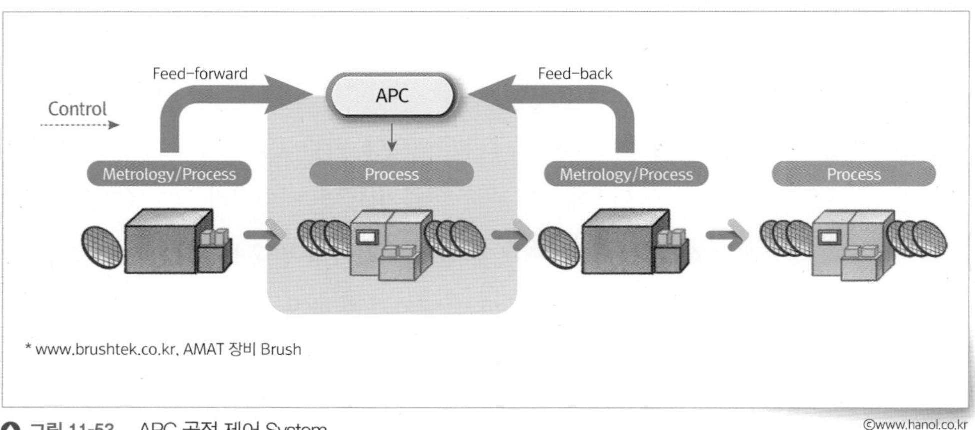

그림 11-53 APC 공정 제어 System

©www.hanol.co.kr

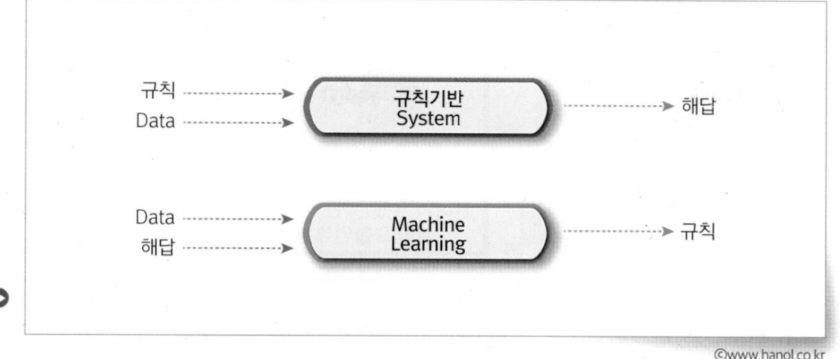

그림 11-54 APC 활용 System 종류

수동으로 알고리즘을 생성하여 제어하는 규칙기반 시스템으로 활용을 하고 있다. 그러나 규칙기반 시스템의 단점은 크게 두 가지로 생각해 볼 수 있다.

첫째, 이전에 활용하고 있던 규칙이 변하였을 때, 사용자가 인지하고 변화된 새로운 규칙의 알고리즘을 보완해 주어야 한다. 그래서 데이터가 급속히 변화하는 상황에는 활용이 제약된다.

둘째, 경향성과 같은 규칙이 없는 상황에는 활용이 제약된다. 위와 같은 제약을 해결하기 위하여 머신러닝Machine Learning 시스템 활용 방법을 도모하고 있다.〈그림 11-54〉 참조

머신러닝 시스템은 인공지능AI의 연구 분야 중 하나로, 인간의 학습 능력과 같은 기능을 컴퓨터에서 실현하고자 하는 기술 및 기법을 말한다. 머신러닝 시스템은 고정된 룰rule대신 자체 시뮬레이션simulation 하여 새로운 규칙을 학습하고 이전에 더 이상 사용하지 않는 규칙을 버리는 등 스스로 작업을 해석, 분류, 수행을 하게 된다. 이와 같은 능력으로 현재 사용하고 있는 규칙기반 시스템을 보완할 수 있게 된다. 향후 미래에는 인공지능 기술 중 하나인 머신러닝 시스템의 반도체 산업에 대한 기여를 기대해 본다.

임금님, 그게… 그 한양 지도가 도무지 완성되지 않고 있습니다. 금속판에 그리는데다 좁은 뒷골목까지 너무 복잡해 그리기가 어렵고 그림이 번지고 또 붙어 버려서…

*세 가지 비법 = CMP(화학적기계적연마)를 위한 3대 요소

1. 최적의 금속 표면 뿔리기 = 슬러리(Slurry)
2. 일정한 압력과 회전으로 연마하기 = Head의 Pressure와 RPM
3. 연마 찌꺼기를 표면에서 확실히 제거하기 = Cleaner

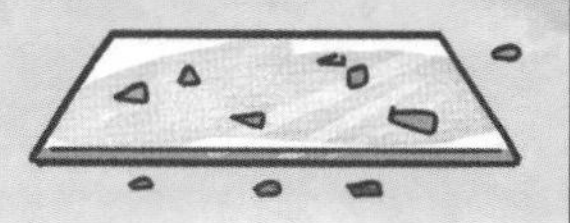

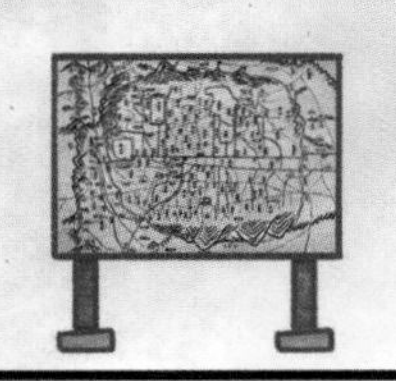

제한된 웨이퍼에 더 많은 반도체 칩을 만들려면 회로의 미세화가 필요합니다. 이를 위해 새로운 막질과 엄청난 막질 평탄도 기술이 요구되는데 이것이 바로 CMP입니다. 최적의 Slurry와 연마 중 발생되는 미세 흠집도 없애야 합니다. 원하는 평탄도를 얻는다 해도 흠집과 연마 찌꺼기가 표면에 남는다면 후속 공정이 어렵습니다. 이에 연마 후 세정 또한 매우 중요해지고 있습니다.

12

MI
(Metrology & Inspection)

01. Metrology

02. Inspection

03. 공정 계측 응용기술

”

12

MI

(Metrology & Inspection)

01 Metrology

Metrology 개론

2020년 기준 Computer CPU Central Processing Unit와 CMOS Complementary Metal-Oxide-Semiconductor Image Sensor는 10nm 이하, 메모리 소자의 경우 20nm 이하 미세패턴 반도체 소자가 생산되고 있으며 공정 미세화에 따라 공정 사고 방지, 공정 단순화, 공정 개발 단축, 품질 확보 비용 최소화를 통한 생산비용 절감 목적으로 Metrology 기술의 필요성이 점점 커지고 있다. 특히 진행 공정이 수백개에 이르는 Memory 반도체의 경우 생산비용 절감과 제품의 품질 확보를 위해 빠른 속도와 비파괴 측정이 가능한 광학, 음파, 전기 신호 Electrical Signal 기반으로 Fab공정에서 요구되는 Metrology 기술을 활용하여 In-line공정 모니터링 Monitoring에 적용하고 있다.

Device 박막 두께 측정

엘립소메트리 Ellipsometry/리플렉토메트리 Reflectometry

엘립소메트리 Ellipsometry는 시료에 빛을 입사하여 반사된 빛의 반사도와 편광 상태의 변화를 측정하는 장치로서 반사도만 측정하는 리플렉토메트리 Reflectometry와 함께 물질의 광학적 성질과 수 옹스트롬 Å에서 수 마이크로미터 µm까지의 단일 또는 적층 구조 박막 두께 계측에 사용된다. 비파괴 광학 방식으로 일반적으로 1포인트 기준 수초 내 측정이 가능하며 옹스트롬 Å 이하 정밀도를 가지고 있기 때문에 반도체, 디스플레이 산업에서 활용도가 매우 높다. 엘립소메트리 Ellipsometry로 계측 가능한 인자는 박막 두께, 굴절률, 표면거칠기 Surface roughness, 조성비, 결정화도, 비등방성 등 다양하나, 높은 신뢰성과 반복재현성이 요구되는 반도체 양산공정에서는 두께 계측에 주로 활용된다. 엘립소메트리Ellipsometry는 입사된 빛의 P-Polarization WaveP파와 S-Polarization WaveS파가 시료를 투과, 반사하면서 생기는 반사도 및 위상의 변화량을 측정하는데 굴절률과 두께와의 관계식을 통하여 원하는 정보를 산출해 낼 수 있다.

〈그림 12-2〉처럼 장비 구조 측면에서 엘립소메트리Ellipsomtry는 P파와 S파의 반사계수비ratio가 매개변수이기 때문에 반도체 분야에서 가장 보편적으로 이용하는 Silicon 기준 편광에 의한 반사율 차이가 최대인 70°로 광입사각이 설계되어 있고 반사율만 측정하는 리플렉토메트리Reflectometry의 경우 편광에 상관없이 반사광량 확보가 용이한 수직 입사 형태로 구성된다. 엘립소메트리Ellipsometry와 리플렉토메트리Reflectometry 모두 박막 두께 계측에 활용이 가능하나, 반사율과 두께 정보에 민감한 위상 정보를 동시에 측정하는 엘립소메트리Ellipsometry 방식은 얇은 박막 두께 계측에, 민감도는 비교적 낮으나 빠른 측정이 가능한 리플렉토메트리Reflectometry는 두꺼운 박막 두께 계측에 적용하는 것이 유리하다.

〈그림 12-3〉은 실리콘 상부에 10, 20Å 두께로 증착된 SiO_2 박막을 엘립소메트리Ellipsometry와 리플렉토메트리Reflectometry로 측정한 Spectrum을 보여주고 있는데 매질 투과거리에 민감한 빛의 위상 관련 엘립소메트리Ellipsometry DeltaΔ Signal의 확연한 차이를 확인할 수 있다. 과거에는 엘립소메트리Ellipsometry와 리플렉토메트리Reflectometry가 독립적인 장치로 공정 모니터링에 활용하였으나, 현재는 동일 장치 내부에 엘립소메트리Ellipsometry와 리플렉토메트리Reflectometry 모두 측정이 가능하도록 집적화되어 있으며 입사각, 분광영역에 따른 세부 모듈을 추가하여 원하는 인자를 측정할 수 있도록 장비개발이 진행되고 있다.

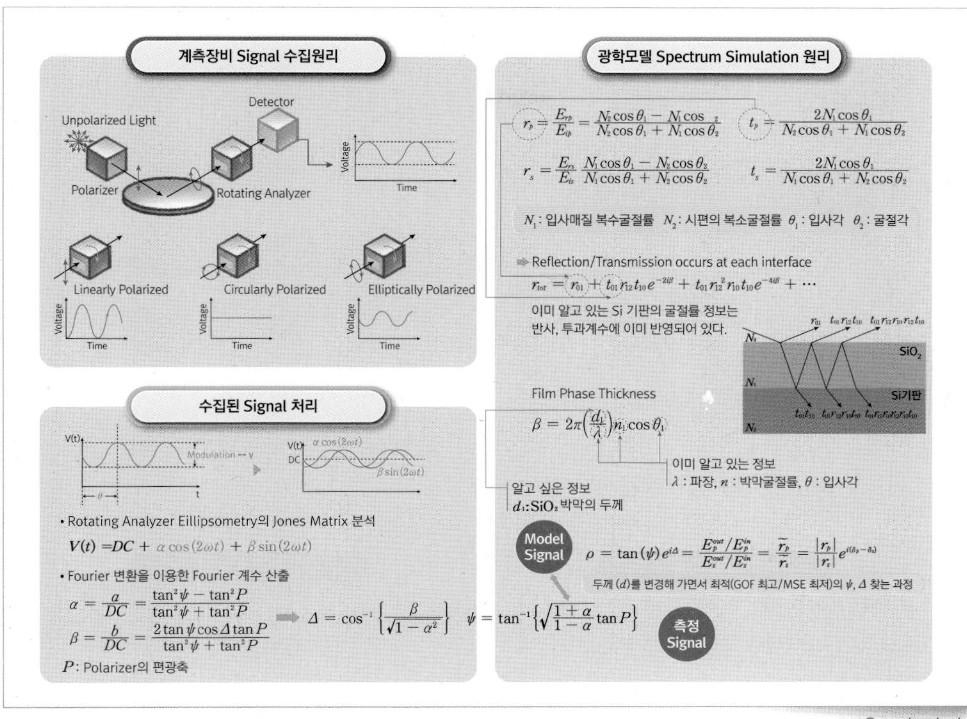

그림 12-1 Ellipsometry 측정과 광학 모델링을 통한 박막 두께 계측 과정

구분	Ellipsometry	Reflectometry
장비 구성	Light Source, Polarizer, Light Polarization State, Analyzer, CCD Detector, Rotating Compensator, Thin film, Substrate (Si)	Detector, Grating, Pattern Recognition, Xenon Lamp, Lens, Wafer
측정 인자	반사된 전기장의 세기와 위상의 변화를 측정	반사된 빛의 반사율(Reflectance) 변화를 측정
편광 상태 / 입사각	편광 / 경사 입사(65~72°)	무편광 / 수직 입사(0~24°)
장점 (상대 비교)	측정 속도 : Normal 반사계수, 위상 측정 기반 계측 신뢰도 : High Beam Spot Size : Normal	측정 속도 : High 반사율 측정 기반 계측 신뢰도 : Normal Beam Spot Size : Small

그림 12-2 Ellipsometry와 Reflectometry 비교

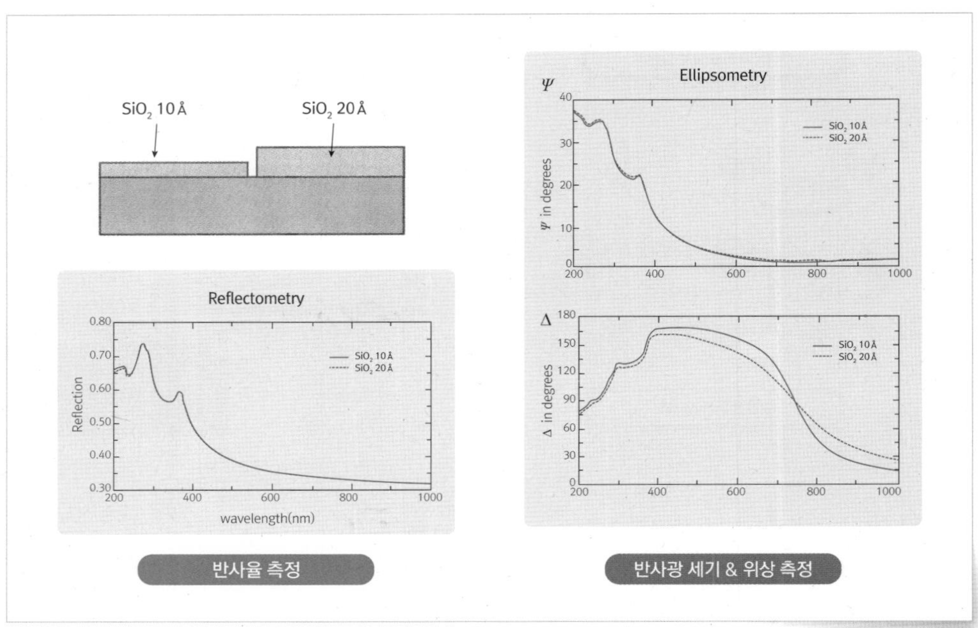

▲ 그림 12-3 Ellipsometry(우), Reflectometry(좌) Silicon Oxide 두께 측정 민감도 비교 ©www.hanol.co.kr

Sonar Scan

엘립소메트리Ellipsometry/리플렉토메트리Reflectometry와 같은 광학적 방식의 박막 두께 계측이 가능하려면 매질을 통과한 입사광이 계면 반사 후 광검출기까지 도달할 수 있는 투명한 매질이거나 광량소실에도 불구하고 매질의 두께가 충분히 얇은 경우광투과 깊이 이하에 가능하다. 반도체 공정에 사용되는 대부분의 물질Oxide, Nitride, Carbon, Poly-Si, Polymer 등이 위 경우에 속한다. 그러나 반도체 소자 전극과 특성 개선 목적으로 사용되는 광투과 깊이 이상의 불투명한 금속 박막의 경우 음파를 이용한 소나 스캔Sonar Scan 방식이 활용된다. 초단파 펄스 레이저Pulse Laser를 금속 표면 입사 시 0.2psPicoseconds : 10^{-12}초 내 10℃ 이하의 온도 상승이 발생하고 급격한 열팽창에 의해 금속 표면에 음파가 발생하는데, 음파가 금속 박막 내부를 왕복하는 데 걸리는 시간을 측정하여 박막 두께 계산이 가능하다. 음파의 박막 표면 도달 검출을 위해 박막 표면의 광반사율 변화를 모니터링Monitoring하게 되는데 박막 표면에 도착한 음파는 금속 원자 간 결합구조를 일시적으로 변화시키고 이로 인한 반사율 차이가 발생한다.

TIPS 광투과 깊이Optical Penetration Depth : OPD

광흡수가 존재하는 매질에 빛투과 깊이는 이론적으로는 무한대이나 검출기에서 충분한 투과반사광 인지가 가능한 e^{-1} 수준으로 빛의 세기가 줄어드는 깊이를 광투과 깊이로 정의한다. 엘립소메트리(Ellipsometry), 리플렉토메트리(Reflectometry) 등의 광학 측정 장비는 OPD보다 작으면 박막으로 인식하고, OPD 보다 크면 벌크(Bulk)로 인식한다.

$$I(z = OPD) = I_0 e^{-\alpha OPD} = I_0 e^{-1} \sim 0.37 I_0$$

I: 깊이 Z의 광세기, I_0:입사광의 세기, α:흡수계수

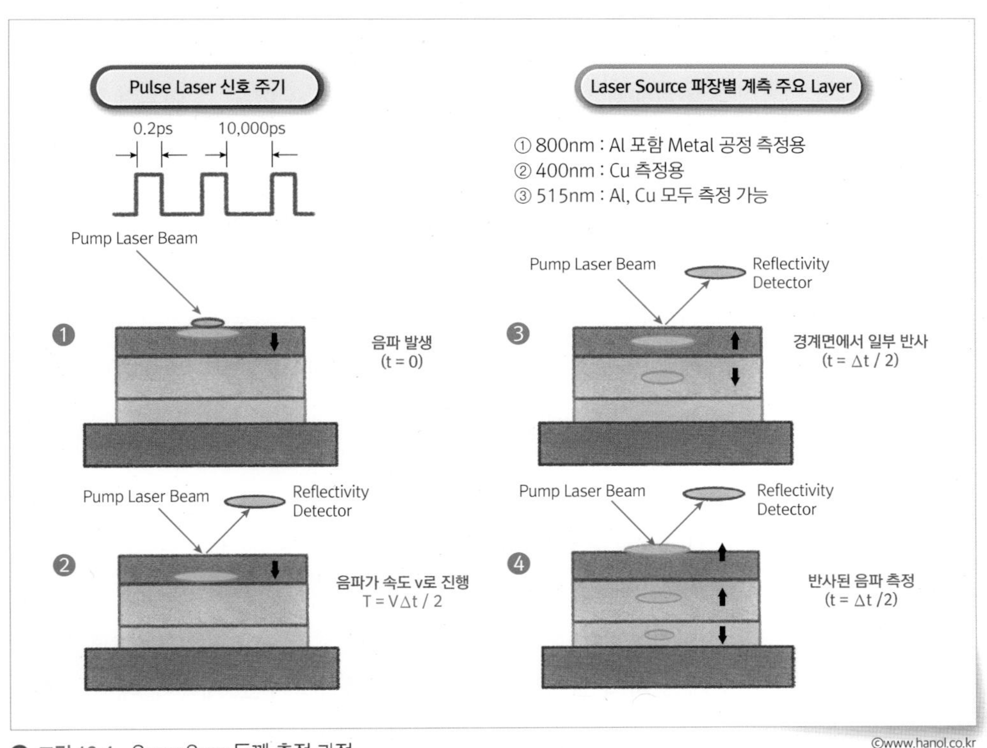

그림 12-4 Sonar Scan 두께 측정 과정

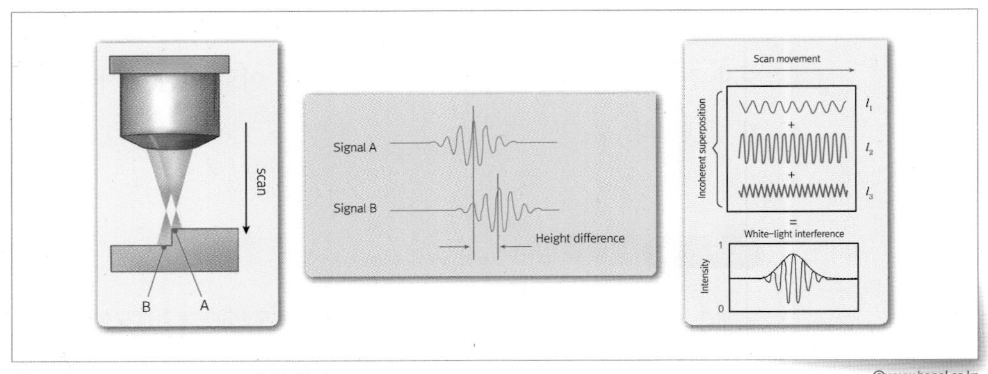

그림 12-5 Interferometry 측정 원리

©www.hanol.co.kr

인터페로메트리Interferometry

거시적 관점㎛ 수준에서 Wafer 표면의 형태 계측이 필요한 경우 인터페로메트리Interferometry를 사용한다. Wafer에 수직 입사된 빛은 표면 높낮이에 따라 광경로차에 의한 각각의 중첩된 간섭파형을 생성한다. 비간섭광인 백색광원 특성상 각 파장 간섭파의 보강 상쇄에 따라 공통 위상 지점에서 최대 크기의 광 시그널Signal을 얻을 수 있는데 시그널Signal 차이를 통해 높이 산출이 가능하다. 반도체 공정에서는 CMOSComplementary Metal-Oxide-Semiconductor Image Sensor를 이용한 대면적 계측이 일반적이며, TSVThrough Silicon Via공정에 주로 이용된다. Bulk 물질에 대한 Topography 분석에 적합하나, 상부에 빛이 투과되는 막질이 존재할 경우 다중 간섭 시그널Signal에 대한 해석의 어려움이 존재하므로 신뢰성에 대한 주의가 필요하다.

Device 구조/형태 측정

OCDOptical Critical Dimension

반도체 소자의 집적화는 소자 내 기하학적 구조 계측에 대한 수요로 직결되면서 Throughput과 계측 가능 정보량을 두 축으로 TEMTrans-

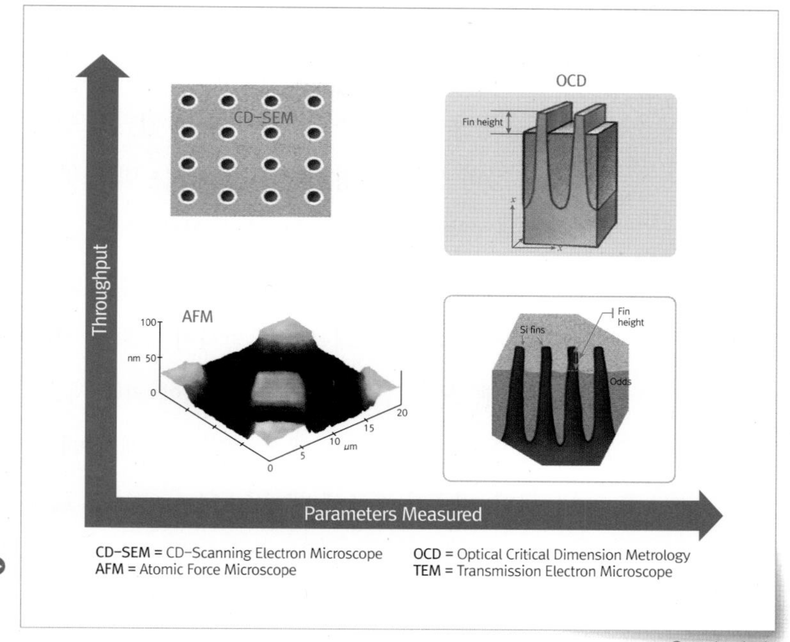

그림 12-6 반도체 회로 Pattern 구조 계측 방식 비교

©www.hanol.co.kr

mission Electron Microscope, AFMAtomic Force Microscope, CD-SEMCD-Scanning Electron Microscope, OCDOptical Critical Dimension Metrology가 활용되고 있다. 소자공정에서 요구되는 계측 수준은 이미 가시광 영역의 광학적 분해능 한계<200nm를 초과하고 있어, 광반사도와 위상정보를 통해 광학적 분해능 이하의 많은 소자 구조 정보를 단시간에 계측이 가능한 OCDOptical Critical Dimension Metrology 계측 수요가 늘어나는 추세이다. OCDOptical Critical Dimension Metrology 계측은 박막 두께 계측과 동일한 엘립소메트리Ellipsometry를 기반으로 하고 있으며 빔 스팟Beam Spot 영역 내 반복 패턴Pattern 구조에서 회절, 간섭되어 나오는 반사광을 분석하여 구조 정보를 산출한다. 높은 민감도를 필요로 하는 구조 계측 특성상, OCDOptical Critical Dimension Metrology 측정장비의 SNRSignal to Noise Ratio 개선을 위해 광량을 증가시키거나 입사광의 위상 관련 광학부품을 추가하여 측정 정확도를 높이는 방법을 활용하고 있다. 반복 패턴Pattern에서 반사광 분석 알고리즘은

FEM Finite Element Method, FDTD Finite-Difference Time-Domain, RCWA Rigorous Coupled Wave Analysis 등이 있으나, 빠른 연산 속도와 효율적인 컴퓨팅 리소스 Computing Resource 활용이 가능한 RCWA 방식을 일반적으로 사용한다.

실제 장비 운용 시 장비에서 지원하는 빔 스팟 Beam Spot 관련하여 다음 사항에 대하여 고려가 필요하다. 첫째, 스팟 Spot 크기가 측정해야 하는 반복 패턴 Pattern 영역보다 작아야 한다. 불필요한 패턴 Pattern 이 포함될 경우 시그널 Signal 의 왜곡을 유발시켜 신뢰성 저하가 발생하기 때문이다. 둘째, 스팟 Spot 영역 내 회절 간섭에 의한 시그널 Signal 확보가 가능하도록 일정 개수 이상의 반복 패턴이 존재할 때에만 광학적 분석이 가능하다. 비주기 구조에 대한 EMA Effective Medium Approximation 모델 Model 등 다양한 광학적 분석 방법이 존재하긴 하나 신뢰성, 재현성 측면에서 운영에 어려움이 있다.

〈그림 12-7〉은 구조물의 피치 Pitch 가 빛의 파장보다 작으면 광학적 분해능의 한계로 이미지 획득이 불가하고, 0차 회절광의 편광 스펙트럼 Spectrum 분석을 통해서만 3차원 구조 정보 획득이 가능함을 보여준다.

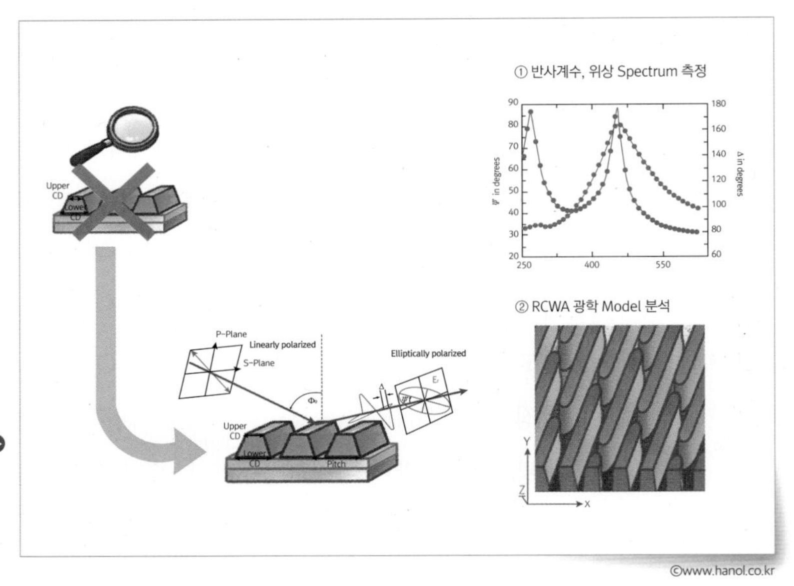

그림 12-7 ▶ 0차 회절광의 편광 Spectrum 분석을 통한 3차원 구조 정보 계측

©www.hanol.co.kr

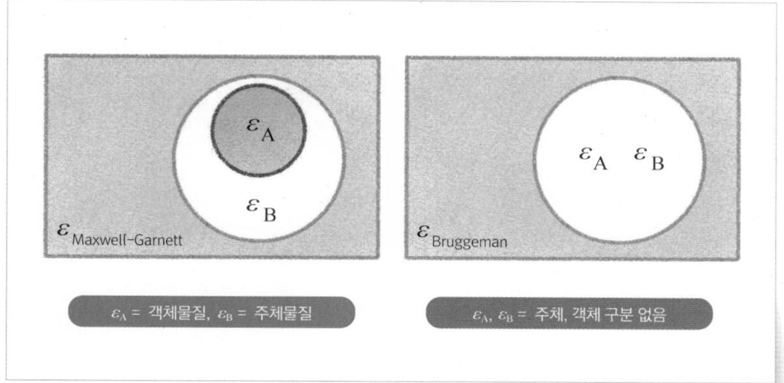

그림 12-8 EMA 모델별 구성물질 구성

TIPS EMA(Effective Medium Approximation) 모델(model)

광특성이 다른 구성요소들로 이루어진 물질의 광특성을 구성 비율에 따른 평균 수치로 나타내는 광학 모델링(Modeling) 방식으로 주체 물질과 객체 물질을 구분하는 Maxwell-Garnett 모델과 구분이 없는 Bruggeman 모델(model)로 구분된다. 반도체 공정 시료의 경우 비정질 또는 객체 구분이 없는 경우가 일반적으로 Bruggeman 모델(Model)이 주로 사용된다.

$$\varepsilon = f_A \frac{\varepsilon_A - \varepsilon_h}{\varepsilon_A + 2\varepsilon_h} + f_B \frac{\varepsilon_B - \varepsilon_h}{\varepsilon_B + 2\varepsilon_h}$$

(f_A = A물질 비율, f_B = B물질 비율, ε = 혼합물의 유전율, ε_A = A물질 유전함수, ε_B = B물질 유전함수, ε_h=주체물질 유전함수로 *Bruggeman* 모델에서는 ε로 간주)

CD-SEM

CD-SEM(Critical Dimension-Scanning Electron Microscope)은 OCD(Optical Critical Dimension)와 더불어 반도체 소자 구조 계측에 가장 광범위하게 사용하고 있는 장치이다. 전자발생장치(Electron Gun)에서 방출되는 입사 전자(Primary Electron)들은 빛과 달리 경로 변경에 제약이 있기 때문에 수직 형태의 컬럼(Column) 내 다수의 전자기렌즈를 통해 전자를 집속(Focusing)하며, 포집(Collecting)된 전자를 측정 위치에 조사하면 시료 구성 원자의 핵과 원자 궤도 전자와 탄성(후방산란전자) 및 비탄성(이차전자) 산란이 발생하고 각각의 산란 전자들을 검출하

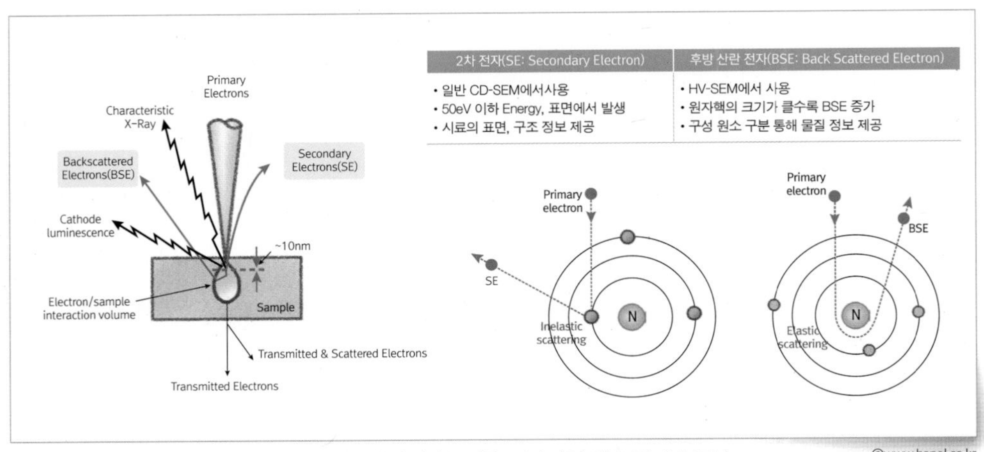

그림 12-9 (좌) 입사 전자에 의해 시료에서 발생하는 방출 전자 (우) 방출 전자별 특성 ©www.hanol.co.kr

여 이미지로 변환한다. 측정 목적에 따라 일반 CD-SEM 외 전자 가속 전압, 해상도, 디텍터 채널Detector Channel 개수 등의 장치 설정을 변경한 장비들이 이용되기도 한다. HVHigh Voltage SEM은 입사된 전자의 시료 내부 침투깊이가 가속 전압이 높을수록 증가하고 물질의 밀도원자번호에 반비례하는 성질을 이용하여 침투 깊이를 극대화함으로써 하부 구조와 층

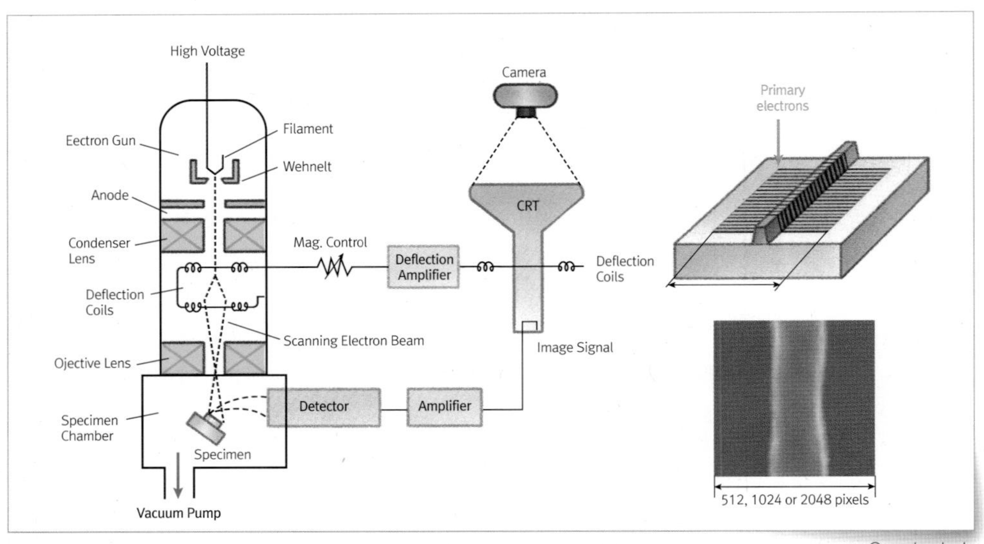

그림 12-10 (좌) CD-SEM 모식도 (우) 반도체 소자 구조 SEM 측정 이미지 ©www.hanol.co.kr

돌 후 산란되어 나온 전자들을 통해 하부 구조를 비파괴 형태로 확인할 수 있다. HT$_{\text{High Throughput}}$ SEM의 경우 높은 전류와 강한 전자 집속을 통해 입사 전자의 밀도를 증가시키고, 이에 따른 2차 산란 전자 발생량을 개선함으로써 높은 계측 처리량$_{\text{Throughput}}$ 구현이 가능하다.

박막 조성/물성 측정

XPS/XRF/XRR/XRD

반도체 공정 계측에서 X-ray 역시 광범위하게 활용되고 있다. 〈그림 12-11〉과 같이 시료에 입사된 X-ray는 원자 내부의 전자와 충돌하면서 Photoelectron을 발생시키고, 코어 에너지 레벨$_{\text{Core Energy Level}}$에서 방출된 전자를 다른 에너지 준위$_{\text{Energy Level}}$의 전자가 채우면서 발생하는 형광$_{\text{Fluorescence}}$ X-ray, 입사된 X-ray 반사광의 반사도와 회절 정보 등을 공정 계측에 이용하고 있다. 대부분의 광학장비와 마찬가지로 비파괴 분석이 가능하며, 별도의 시료 전처리 과정 없이 높은 수준의 정밀 계측이 가능하다는 장점을 갖고 있다.

• **XPS**$_{\text{X-ray Photoelectron Spectroscopy}}$

XPS는 정량적 원자 구성과 화학적 결합 정보를 측정하는 데 사용되

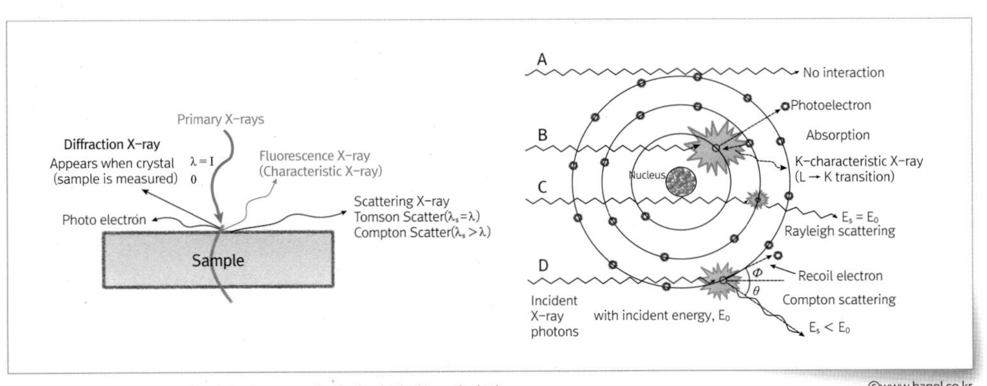

그림 12-11 시료에 입사된 X-ray에 의해 발생되는 방사광

©www.hanol.co.kr

며, 시료 표면에서 약 10nm 깊이까지 정보 획득이 가능하다. 기본적인 원리는 광전 효과에 기반한다. 반도체 공정에 사용되는 대부분의 물질에서 광전자 방출을 위해 필요한 에너지결합 에너지와 일함수의 합보다 입사 X-ray1486.7eV의 에너지가 크기 때문에 방출된 광전자의 운동 에너지를 측정하면 시료 구성 성분의 결합 에너지를 알 수 있다. 결합 에너지는 원소나 화학 결합에 따른 고유한 특성이므로 성분 정량 분석이 가능하며 반도체 공정에는 도핑 원소 계측에 주로 적용한다. 검출력 향상을 위한 진공 사용과 신뢰성 있는 Signal 확보를 위한 긴 Data 수집시간에 기인하여 타 광학 계측기에 비해 Throughput이 낮은 편이다.

- XRFX-ray Fluorescence Spectroscopy

시료에 입사된 X-ray에 의해 방출된 전자로 인해 불안정한 원자 상태를 안정한 상태로 바꾸기 위해 다른 준위Level의 원자가 채우면서 방출하는 에너지를 X-ray 형광Fluorescence이라고 부르는데 원소마다 고유한 준위의 에너지 준위Level를 갖고 있기 때문에 이를 통해 원소 구성 정보를 획득할 수 있다. XRF는 고압의 전류를 X-ray 튜브Tube에 인가함으로써 발생한 X-ray를 시료에 입사하여 반응된 형광 에너지를 각 에너지 대역별로 카운트count하여 스펙트럼Spectrum을 얻는다. 측정된 스펙트럼Spectrum에 있는 원소 라인의 세기는 원소의 농도, 시료의 두께와 관련이 있다. 원소의 농도가 증가하면 그 원소의 특성 형광 복사가 비례적으로 증가하고, 반면에 시료 두께가 증가하면

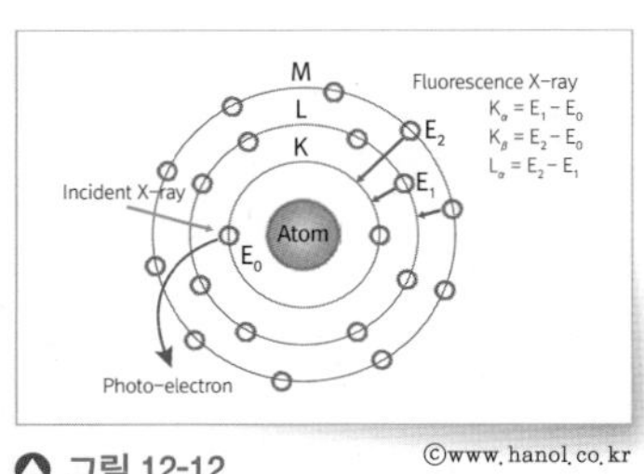

©www.hanol.co.kr

그림 12-12
XRF 측정 원리

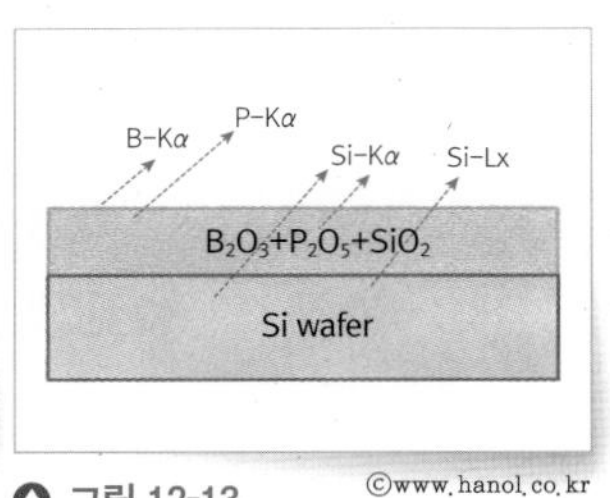

©www.hanol.co.kr

그림 12-13
BPSG/Si 샘플 XRF 모델

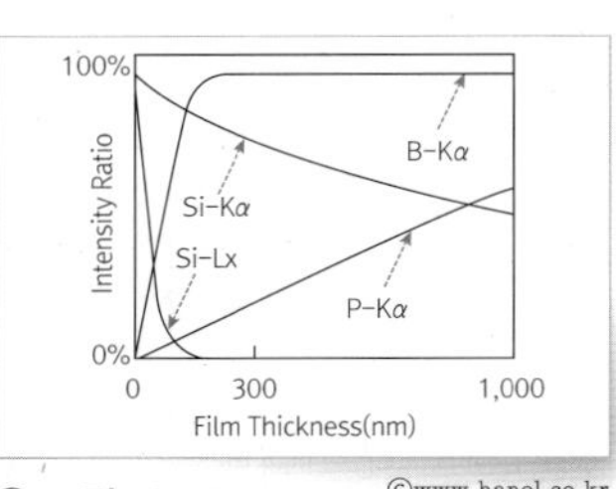

©www.hanol.co.kr

그림 12-14
Film 두께에 따른 XRF 세기 변화

그 세기는 감소하게 된다. 각 원소는 방출 라인의 개별적인 특징을 가지고 있어 측정된 스펙트럼 라인으로 대응 원소를 판별할 수 있고, 광학 모델을 사용함으로써 정성, 정량, 두께 프로파일Profile 분석이 가능하다.

• XRRSpecular X-ray Reflectivity

X-ray Reflectivity 분석법은 물질의 평균전자밀도average electron density와 구조의 차이에 의하여 X-ray의 반사율이 달라지는 원리를 이용하여 박막의 두께, 표면/계면의 Roughness, 평균전자밀도를 측정하는 분석 방법이다. 물질에 따른 X-ray의 굴절률 변화가 매우 작기 때문에 박막의 두께 측정 시 물질의 굴절률 변화에 따른 분석 결과의 오차가 거의 생기지 않으며, 박막의 밀도와 표면/계면의 Roughness를 동시에 비파괴적으로 분석할 수 있다. 전반사가 일어나는 임계각보다 입사각이 커지면 투과에 의한 급격한 반사량 감소가 발생하는데, 이를 이용하여 임계각과 상관관계가 높은 밀도 계측이 가능하다. 투과 깊이에 따른 급격한 광량 감소에 의해 100Å 미만 두께 계측에만 적용이 가능한 한계가 있고, 투과 깊이까지의 정보만

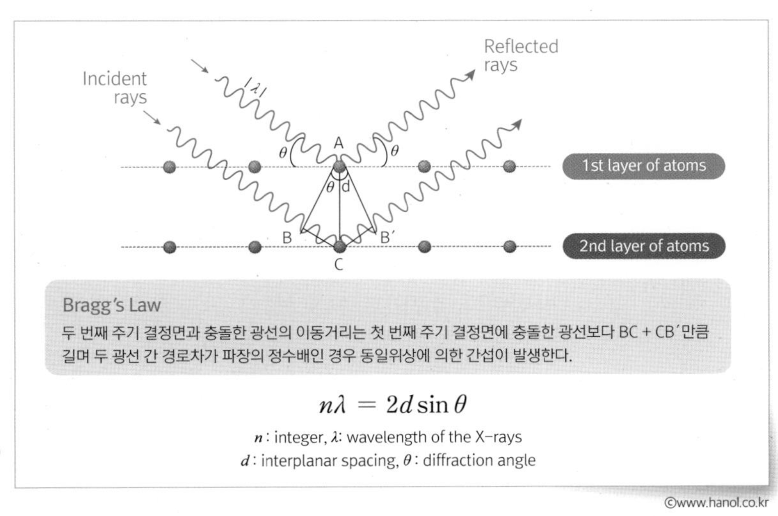

그림 12-15 ▶ X-ray 회절과 반사

취득이 가능하므로 시료의 전체적인 정보가 필요한 광학 분석장비 대비 직접 정량 분석이 가능하다는 장점이 있다.

• XRDX-ray Diffraction

결정질 재료에서 입사된 X-ray 빔이 특정 결정 격자면에서만 회절을 일으키는 원리를 이용하여 수집된 X-ray 세기를 통해 회절 각도를 계측하여 격자 면간거리를 계산할수 있다Bagg's Law. 특정 회절 각도에서의 회절 X-ray 세기를 통해 결정질 재료의 양Volume과 결정화Crystallinity 정도Degree를 알 수 있을 뿐만 아니라 재료의 면간거리 계산을 통해 이론적 면간거리 대비 실제 계측된 면간거리와의 비교를 통해 격자의 스트레인/스트레스Strain/Stress를 분석할 수 있는 기술이다.

FT-IRFourier Transform Infrared Spectrometer

원자 또는 분자의 결합 구조에 따라 적외선 영역2.5~50um 빛의 특정 Spectrum이 흡수되는 성질을 이용한 계측 방식으로, 반도체 공정에서는 전기적인 특성 구현을 위해 첨가되는 원소대표적으로 반도체 특성과 관련된 Boron, Phosphorus 등의 3, 5족 원소나 특정 화학 결합들의 정성광흡수 파장, 정량광흡수량 분석에 주로 사용하고 있다. 반도체 공정 관리를 위한 정량 분석의 경우 Out-line 측정AAS : Atomic Absorption Spectrometry, ICP AES : Inductively Coupled Plasma Atomic Emission Spectrometer, XRF 등을 통해 교정이 필요하다.

RsResistance of Sheet

Rs는 단위 면적당 저항을 나타낸 수치로서, 4포인트 프로브4 Point Probe로 금속층의 Rs를 측정하여 금속층의 두께를 간접적으로 측정하는 방법이다. 4포인트 프로브4 Point Probe 측정 방법은 프루브 팁Probe Tip이나 핀Pin의 배열에 따라 크게 선형 배열 및 사각 배열 두 가지로 나눌 수 있고 Probe Tip의 간격은 약 0.6mm 정도이다. 측정 원리는 두 개의 핀Pin 사이에 흐르는 전류에 의한 전압 강하를 나머지 두 개의 핀Pin에

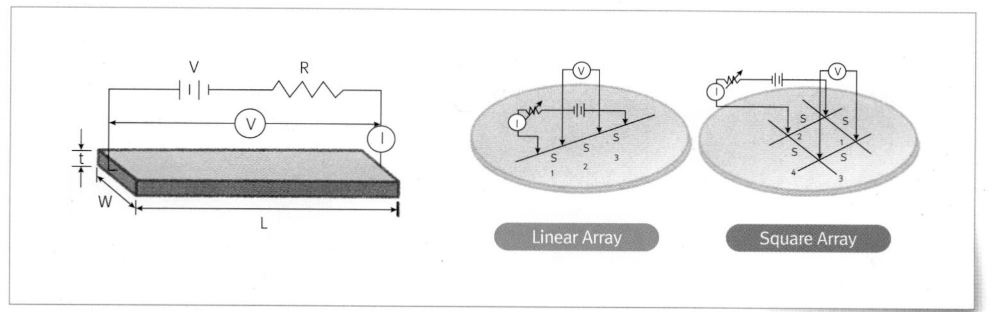

▲ 그림 12-16 4 Point Probe 타입과 Linear 타입 세부 배열 ©www.hanol.co.kr

서 측정하여 저항값을 산출하는 방식이다. 두께 측정 적용 시, 사전에 두께를 알고 있는 금속층의 저항값을 확인 후 측정하고자 하는 금속층의 저항값을 기준 시료의 저항값과 비교하여 금속층의 두께를 간접적으로 측정한다. 반도체 제조 과정에서는 공정 관리를 위한 Rs 저항값 자체를 계측 목적으로 주로 사용하며 금속층 두께 계측은 Sonar Scan 장비를 활용한다.

매스Mass

질량 측정Mass 방식은 모니터링하고자 하는 공정 전/후 시료 전체 질량 변화량을 마이크로그램μg 수준으로 정밀하게 측정하는 기술로서 질량 측정을 통해 공정 진행 시 Wafer에서 발생하는 변화를 간접적으로 확인할 수 있다. 매스 장비는 정밀한 질량 변화량을 감지하기 위해서 로드 셀Load Cell 방식을 이용하여 질량을 측정하게 되는데, 중량팬Weighing Pan 위에 웨이퍼Wafer가 놓여지면 중량팬Weighing Pan이 웨이퍼Wafer 무게로 인하여 아래로 쳐지고 내부의 레버Lever에 의해 증폭되어 포지션 센서Position Sensor에 의하여 레버Lever 위치가 감지된다. 이때 레버Lever의 움직임이 안정되면 다시 원래의 위치로 복귀될 때까지 코일coil에 전류를 증가시켜 중량팬Weighing Pan을 다시 상승시키고 중량팬Weighing Pan이 원위치가 된 상태에서 평형을 유지하기 위한 추가 인가 전류를 기록하여

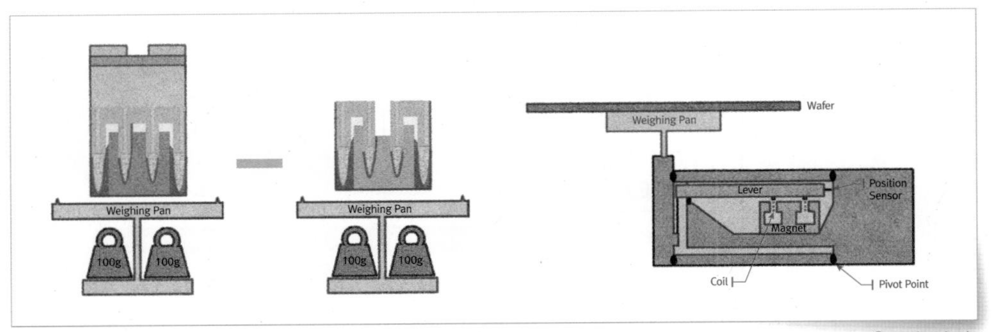

그림 12-17 질량 측정 방식(공정 전/후 질량 변화량 측정)과 Mass 장비 Load Cell 구조 ©www.hanol.co.kr

이를 웨이퍼 매스Wafer Mass로 변환한다. 재미있는 사실은 현재 인류가 사용하는 다양한 도량형 중 수량, 길이와 더불어 긴 역사를 갖고 있는 질량이라는 개념을 반도체 공정 관리에 적용한 것은 극히 최근이라는 점이다. 마이크로그램 수준의 질량 변화까지 계측이 필요할 정도로 공정 미세화가 진행되었기 때문이기도 하지만 마이크로그램 계측 기술 난이도가 매우 높은 것도 또 하나의 이유이다. 질량 계측 기술은 크게 상대적인 변화량 계측과 절대 질량 계측으로 크게 나눌 수 있는데, 반도체 공정에 적용하는 기술은 상대적인 질량 변화량 계측 기술이다. 질량의 정의상 '절대 질량'이라는 표현이 적절하지 않으나 이해 편의상 사용하였다. 절대 질량 계측 기술의 경우 질량 변화량 계측 기술을 포함한 상위 기술로서 전세계적으로 해당 기술을 보유하고 있는 국가는 5개국 정도로 극소수이며 한국도 한국표준과학기술연구원KRISS이 기술을 보유하고 있다.

TWThermal Wave 측정

TWThermal Wave는 2개의 레이저Laser를 이용하여 빛에 대한 물질의 반사율Reflectance 변화를 측정하는 방법이다. 400nm 파장 레이저 소스Laser Source가 Si 격자와 반응할 경우 열Thermal 확산 및 잉여 캐리어Carrier가 발생하며, 이때 670nm 파장 프로브Probe 레이저Laser가 반응된 표면의 반사율을 감

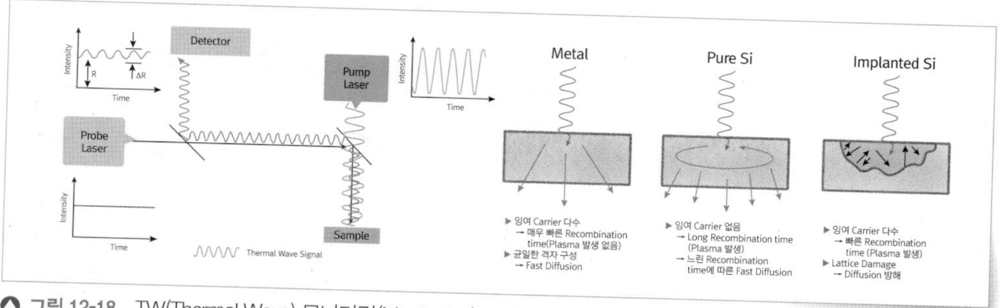

그림 12-18 TW(Thermal Wave) 모니터링(Monitoring) 모식도와 신호 발생 원리

©www.hanol.co.kr

지한다. Si 기판 내 다양한 이온Ion 주입을 하는 반도체 임플란트Implant 공정 적용 시 주입되는 불순물 원소 성분과 양에 따라 잉여 캐리어Carrier의 양과 확산 속도 및 열Thermal 확산 속도가 달라지므로 이에 따른 반사율Reflectance 변화를 측정함으로써 효과적인 공정 모니터링 활용이 가능하다.

박막 강도/경도 측정

박막의 기계적 특성인 하드니스Hardness와 모듈러스Modulus 계측은 제품 Integration 특성에 큰 영향을 미치는 물리 성질 중 하나이다. 박막의 하드니스Hardness와 모듈러스Modulus 측정은 다이아몬드 팁Diamond Tip이 박막과 접촉 후 내부로 일정한 힘을 인가하면서 압력과 내부 이동 디스플레이스먼트Displacement를 통해 로딩-언로딩 커브Loading-Unloading Curve를

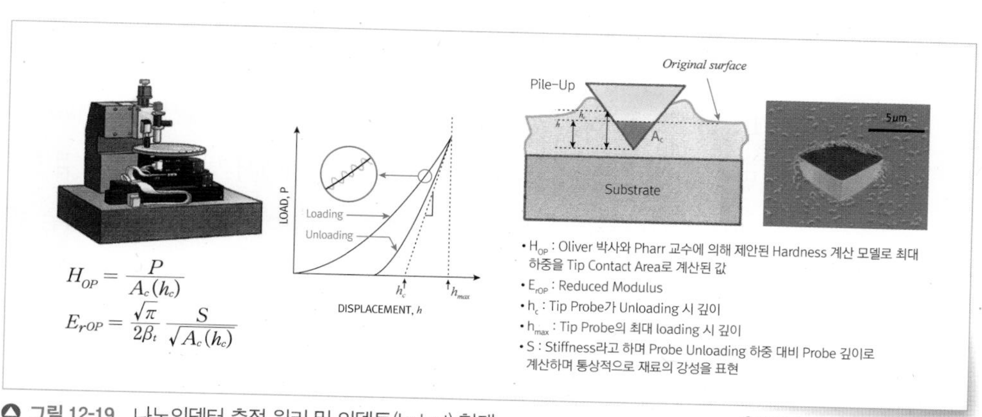

그림 12-19 나노인덴터 측정 원리 및 인덴트(Indent) 형태

©www.hanol.co.kr / Photograph. Bruker

계측한다. 벌크Bulk 시료의 하드니스Hardness와 모듈러스Modulus는 Oliver-Pharr 모델에 의해 산출하는데 반도체 공정에서는 Si 기판 위에 존재하는 박막 구조에서 측정하기 때문에 실제 물성과 측정치 사이에 차이가 존재한다. 즉, 인덴터Indenter 로딩Loading 시 박막 내부에 발생한 디스로케이션Dislocation이 Si 기판에 의해 디스로케이션 스레딩Dislocation Threading을 유발하면서 이론 모델이 이를 반영하지 못하기 때문이며 박막 성분에 따라 차이가 크기 때문에 분석에 주의가 필요하다.

휨Warpage 측정

스트레스 게이지Stress Gauge

팹Fab공정에서 휨Warpage은 웨이퍼Wafer에 적층된 박막 재료의 열팽창 계수차에 따른 스트레스Stress에 의해 발생하며 소자 패터닝Patterning 정확도 저하와 박막 균일도 열화 등의 공정 관리 난이도 상승, 박막 분리와 균열에 의한 디펙트Defect 기인 제품 불량 유발과 연관성이 높다. 특히 고집적 고용량 반도체 소자공정은 적층 구조가 심화되기 때문에 휨Warpage 관리가 안 될 경우 생산 라인 내 웨이퍼Wafer 이동 로봇 암Robot Arm과의 접촉 불량으로 이동이 불가능하거나 이동 중 낙하에 의한 공정 사고로 이어질 수 있다.
박막의 스트레스Stress 변화를 측정하기 위해서 Non-contact Optical Laser Scanning Technique을 사용한다. 레이저Laser가 웨이퍼wafer 표면을 라인 스캔Line Scan하며 웨이퍼Wafer 표면에서 반사된 빛이 검출기 내부에 도달하는 위치정보를 수집하는 데 이를 이용하여 측정된 반사각을 이용하여 곡률반경, 휨Warpage 정보를 공정 전후로 측정한다. 휨Warpage은 RPDRemovable Partial Denture 최대, 최소값의 차이로 정의하며 여기서 RPD는 기준선과 측정되는 대상의 표면의 편차를 의미한다.

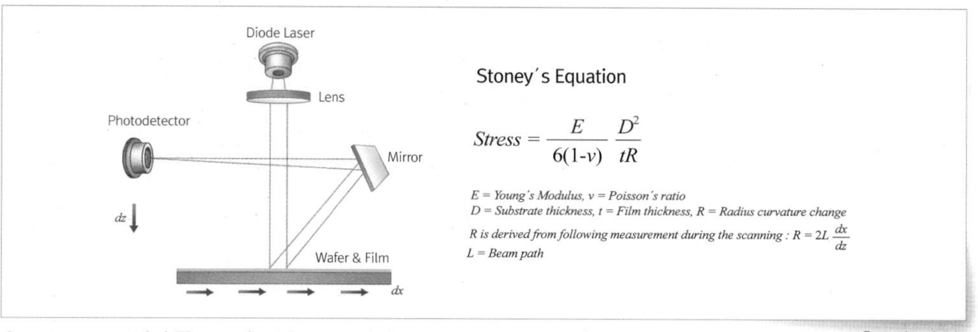

그림 12-20 장비 구조 모식도 및 Stress 정의

Warpage 측정 장비는 장치 구조가 간단하여 짧은 시간에 다수 위치를 측정할 수 있는 장점이 있다.

02 Inspection

Inspection 개론

반도체 Device의 회로 미세화와 고집적화에 따라 양산 제품에 대한 개발, 생산 기간 단축 능력 외에도 제품의 신뢰성 확보를 위한 철저한

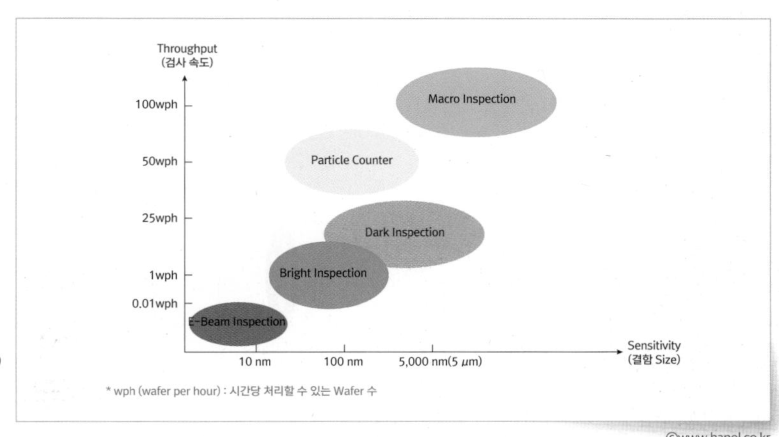

그림 12-21 검사 속도와 검출 민감도에 따른 검사 장비 분류

품질 관리도 반도체 시장에서 매우 중요한 경쟁력이 되고 있다. Fab 공정 품질 관리를 위한 In-line 검사 장비는 검사 속도 및 불량 검출 감도에 따라 E-Beam 검사 장비, Bright Field 검사 장비, Dark Field 검사 장비, Particle Counter 검사 장비, Macro 검사 장비로 분류된다.〈그림 12-21〉 참조

BF/DF 검사Bright Field/Dark Field Inspection

BF 검사Bright Field Inspection

BFBright Field 장비는 레이저Laser나 램프Lamp와 같은 광원Optical Source을 사용하여 웨이퍼Wafer 표면에 빛을 입사시켜 물질에서 반사되거나 산란되는 빛의 차이를 영상Image화하여 패턴Pattern에 대한 미세 결함을 검출하는 장치로 비교적 높은 해상력과 검출 감도를 가지고 있다.

BFBright Field 검사 장비는 ① 입사되는 빛의 파장을 결정하는 라이트 필터Light Filter, ② 입사되는 빛의 광량을 결정하는 NDFNeutral Density Filter, ③ 결함 영상 Signal 차이Image Contrast 확보를 위한 조리개Aperture, ④ 빛의 경

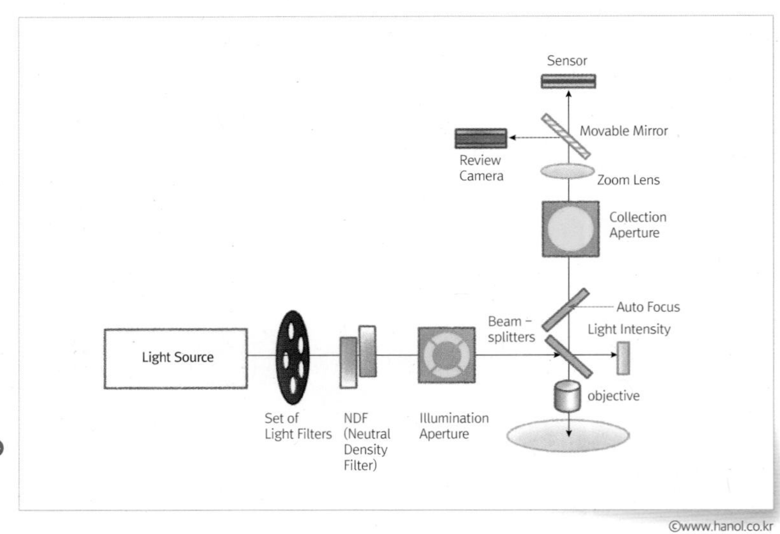

그림 12-22 Bright Field 검사 장비의 Hardware 구성

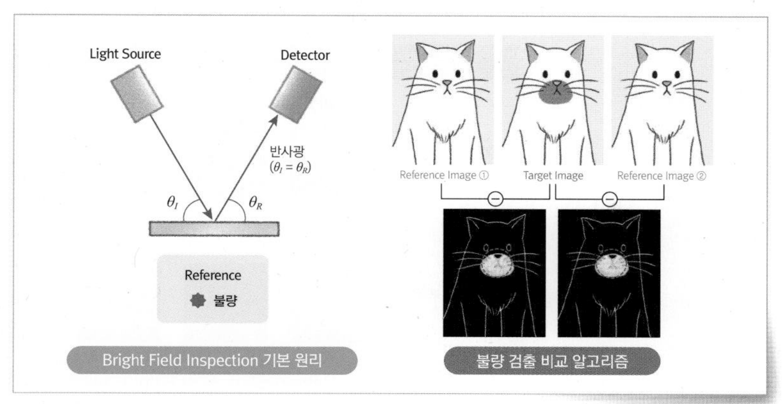

그림 12-23 BF(Bright Field) 장비의 불량 검출 원리

로를 결정해 주거나 빛을 포커싱Focusing해 주는 렌즈Lens, ⑤ 빛의 경로 중 마지막 부분에 위치하여 웨이퍼wafer에서 반사되거나 산란된 빛을 센싱Sensing하는 광센서Sensor로 구성되어 있으며, 광원으로부터 나온 빛은 광학 필터, NDFNeutral Density Filter 및 조리개Aperture를 통과한 후 웨이퍼Wafer에 조사되고 반사된 빛은 조리개Aperture를 통과한 후 광센서Sensor로 들어가게 된다.

BFBright Field 장비는 디텍터Detector에서 검출된 아날로그Analog 신호를 디지털Digital 신호로 변환하고 영상 처리Image process 후 기준 영상Reference Image과 비교함으로써 불량을 판별하는 원리로 동작한다.

BFBright Field 장비는 비교적 높은 감도를 가지고 있기 때문에 주로 미세 패턴Pattern 결함 검사에서 사용되고 있으며, 불량 구조와 형태에 따라 적용 최적 파장을 선택할 수 있다. BFBright Field 장비의 낮은 계측 처리량Throughput 문제로 대량 검사에는 적합하지 않으며 파티클 모니터링Particle Monitoring 등 100nm 크기 이상 결함Defect 검사의 경우 DFDark Field 장비나 매크로Macro 검사 장비를 활용하는 것이 바람직하다.

DF 검사Dark Field Inspection

DFDark Field 장비는 반사광 변화를 통해 결함을 검출하는 BFBright Field 장비

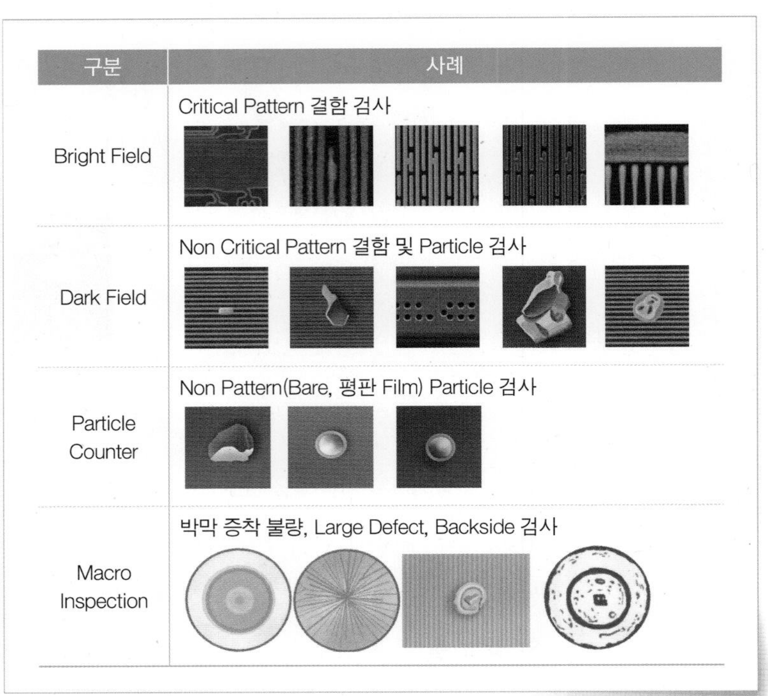

구분	사례
Bright Field	Critical Pattern 결함 검사
Dark Field	Non Critical Pattern 결함 및 Particle 검사
Particle Counter	Non Pattern(Bare, 평판 Film) Particle 검사
Macro Inspection	박막 증착 불량, Large Defect, Backside 검사

그림 12-24 검사 장비군별 불량 검출 사례

와 달리 산란광 측정을 통해 수백 nm ~ 수천 nm 수준의 결함 검출에 이용한다. BF_{Bright Field} 장비는 회절간섭에 의한 결함의 반사광 대비_{Contrast} 차이 기준 검사이며, DF_{Dark Field} 장비는 웨이퍼 표면에서 발생한 산란광 대비_{Contrast} 차이 기준 검사로 간단히 요약할 수 있다. 결함의 종류에 따라 편광에 따른 반사광 차이는 광산란양과도 밀접한 관계가 있으나 편

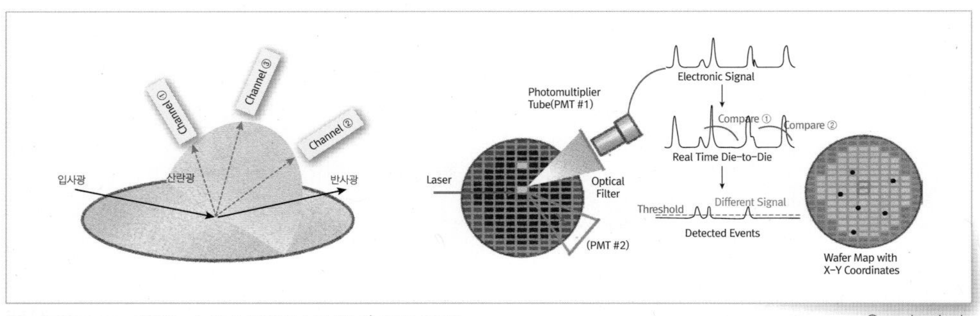

그림 12-25 DF(Dark Field) 장비 모식도와 검사 원리

의상 반사와 산란 기준으로 구분 정의하였다.

파티클 카운터Particle Counter

반도체 공정 자체 또는 공정 진행 장비에서 발생하는 결함Defect 검사 시 활용되는 장비로서 BFBright Field, DFDark Field 장비 대비 빠른 검사 시간과 베어 웨이퍼Bare Wafer 기반 대면적 공정 모니터링이 가능하다는 장점을 가지고 있다. 위상에 따른 산란광 차이를 이용하는 점에서는 DFDark Field 장비와 동일하나, 공정 웨이퍼Wafer의 패턴Pattern에서 발생하는 산란광이 없기 때문에 별도의 시그널Signal 구분작업 없이 결함Defect 검출이 가능하다. 파티클 카운터Particle Counter는 웨이퍼Wafer 전면의 헤이즈Haze를 측정하고 이를 기준으로 결함 시그널Defect Signal을 검출하게 된다. 헤이즈Haze는 표면 거칠기를 나타내는 수치로서 공정 진행 박막의 종류나 두께에 따른 상대적인 인자이므로 분석에 주의가 필요하다. 결함Defect의 크기가 작을수록 표면으로부터 발생하는 시그널Signal과 구분이 어려워지므로 검출력 결정의 주요 요인이다.〈그림 12-26〉 참조

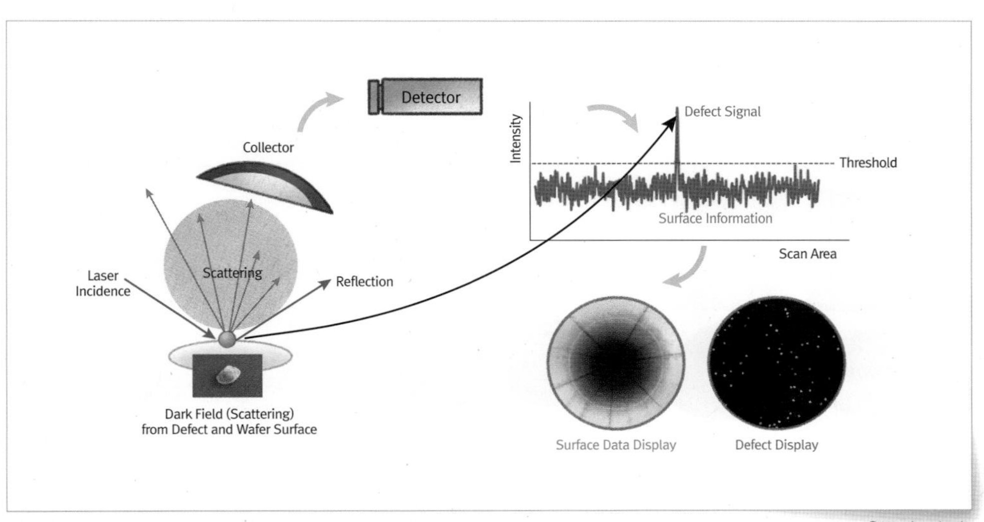

그림 12-26 파티클 카운터(Particle Counter) 검사원리

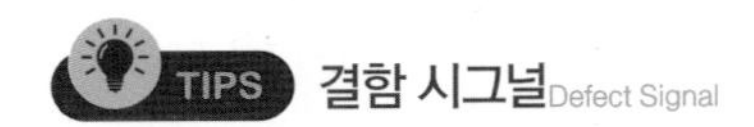

결함 시그널 Defect Signal

결함 유형(Defect Type)과 입사되는 입사 광원(Light Source)의 편광상태에 따라 광산란(Light Scattering) 방향성에 차이가 생기고 검사면 하부에 증착된 박막의 종류와 두께에 따라 결함(Defect) 검출에 필요한 편광 조건이 달라진다.

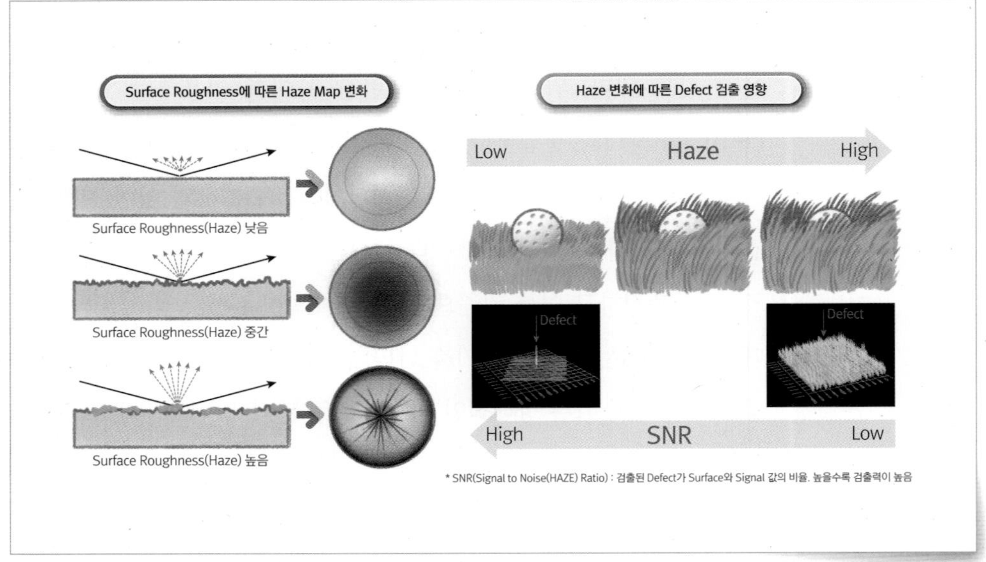

그림 12-27 표면거칠기(Surface Roughness)와 결함(Defect) 검출 상관관계

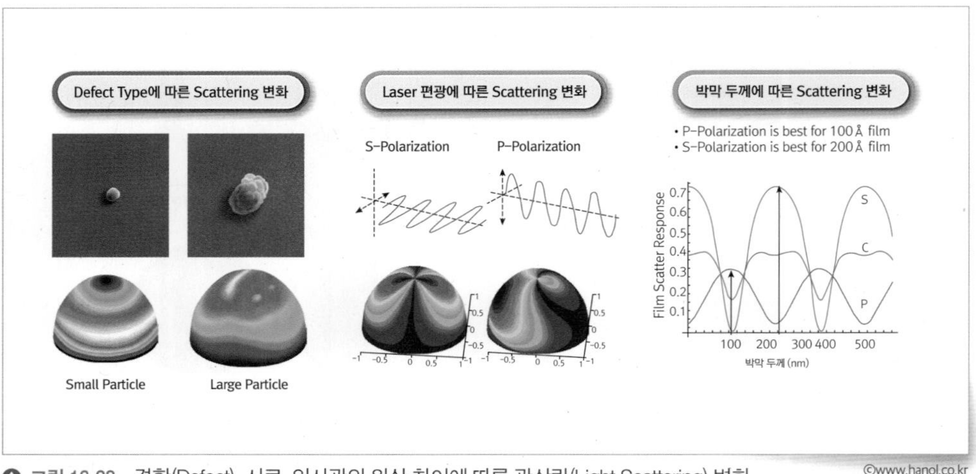

그림 12-28 결함(Defect), 시료, 입사광의 위상 차이에 따른 광산란(Light Scattering) 변화

매크로 검사Macro Inspection

매크로Macro 장비는 고해상도 광학 카메라Camera를 이용하여 단시간에 높은 재현성을 갖는 검사가 가능하며, 웨이퍼Wafer 표면에 증착된 박막 적층 상태, 구조 변화에 따라 다양하게 나타나는 광간섭 컬러Color 분포를 검사함으로써 공정상 μm 단위의 오염이나 불량 모니터링에 활용한다. 측정 원리는 웨이퍼Wafer 표면에서 반사 또는 산란된 빛을 측정하여 획득한 이미지Image와 정상 이미지Image를 비교하여 시료에 존재하는 결함을 검사하는 일반 광학 검사와 동일하다. 매크로Macro 장비는 440~620nm 분광대역을 사용하므로 260~450nm 분광대역을 사용하는 타 광학 검사 장비에 비해 검사 해상도Resolution가 낮아 미세 결함Defect 검출 능력은 떨어지지만, 검사 속도가 상대적으로 빨라 대량 검사에 주로 사용한다. 검출 해상도Resolution 측면에서 수 μm 크기에 해당하는 결함Defect 검사에 적합하며, 장치 구성에 따라 웨이퍼 전면Wafer Front Side 외에 후면/가장자리Backside/Edge 영역 검사에도 활용이 가능하다.

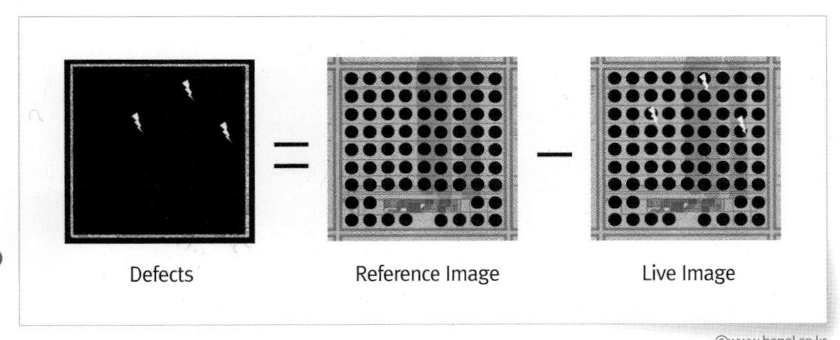

그림 12-29 매크로 검사(Macro Inspection) 결함(Defect) 검출 사례

전자빔 검사Electron Beam Inspection

전자빔 검사Electron Beam Inspection는 웨이퍼Wafer 표면에 전자빔Electron Beam을 주사시켜 물질에서 방출되는 2차 전자secondary electron의 발생량 차이를

영상화하여 패턴Pattern에 대한 미세 결함을 검출하는 장치로 높은 해상력과 검출 감도를 가지고 있다. 특히, 웨이퍼Wafer 표면의 전위 차이를 유발시켜 전기적 특성의 회로 결함을 검출하는 방식은 광학 검사 장비로는 검출이 불가능한 회로 연결부 공정 하부 구조물 간의 결합 상태 또는 연결 층 간 단락Short, 전류 누설Current Leakage 결함 검사에 유용하다.

전자빔 검사Electron Beam Inspection는 전자를 Wafer 표면에 주사하여 시료에서 발생된 2차 전자들을 모아 영상화하는 CD-SEMCritical Dimension-Scanning Electron Microscope 측정과 동일한 원리를 사용한다. CD-SEMCritical Dimension-Scanning Electron Microscope 측정 장비와 차이점은 정상 이미지Image와 비정상 이미지Image를 비교하여 결함Defect 검사를 수행할 수 있는 연산 알고리즘Computing Algorithm과 검사 목적에 따른 특화된 전자 입사 조건전압, 전류, 빔 사이즈(Beam Size) 등 구현 기능으로 볼 수 있다. 일반 광학 검사Optical inspection에서 사용하는 260~450nm 파장의 빛보다 작은 1.24nm1 KeV 기준 파장의

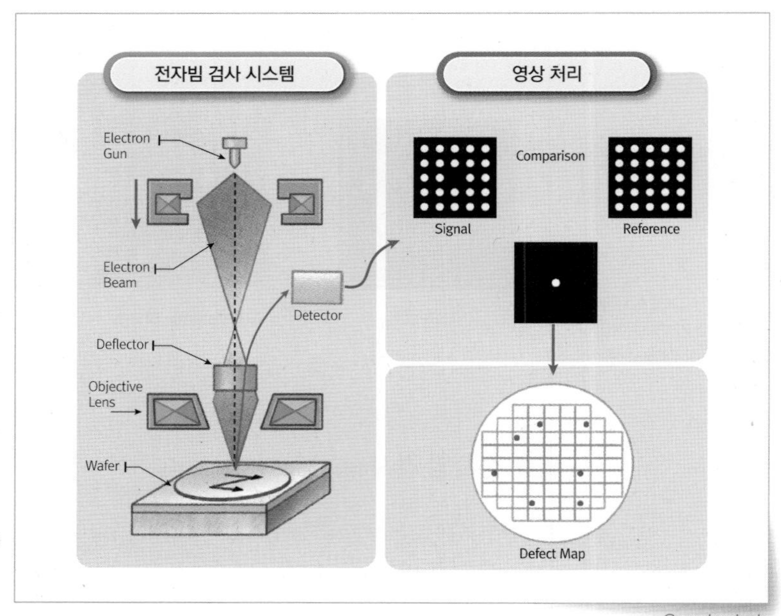

그림 12-30 전자빔 검사 장비 모식도와 검출 원리

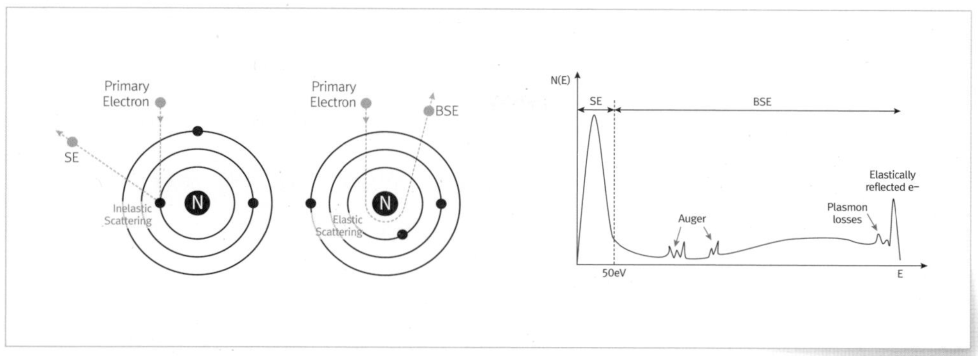

그림 12-31 탄성, 비탄성 산란 원리와 시료에서 발생된 이차 전자 및 후방 산란 전자의 에너지 분포 ©www.hanol.co.kr

전자빔을 사용하기 때문에, 수 nm 크기에 해당하는 미세 불량 검사에 매우 유리하다.

전자빔 검사Electron Beam Inspection는 전자 발생장치Electron Gun에서 발생한 전자가 전자기 렌즈를 통과하면서 전자빔이 가속/편향되어 시료에 도달하고 시료 속으로 입사한 전자는 탄성 및 비탄성 산란 과정을 통해 산란 영역을 넓혀간다. 전자의 침투 깊이는 전자의 에너지에 따라 대략 수 nm ~ 수 μm 수준이다. 전자빔이 시료를 구성하고 있는 원자와 상호작용을 통해 방향이 바뀌어 진행하나 입사한 에너지를 잃지 않은 것을 탄성 산란이라고 하며, 방향과 에너지를 모두 잃는 과정을 비탄성 산란이라고 한다.

비탄성 산란 과정에서 다양한 에너지를 가진 전자, X-ray, Auger 전자 등이 발생하게 되며, 이러한 비탄성 산란 과정을 통해 시료에서 생성된 전자 중 에너지가 50eV 이하인 전자를 2차 전자SE:Secondary Electron, 탄성 산란된 전자 및 50eV 이상의 에너지를 갖는 전자들을 후방 산란 전자BSE, Back-Scattered Electron로 정의한다. 2차 전자 및 후방 산란 전자가 디텍터Detector에 도달하게 되면 검출된 전자의 개수에 비례하여 흑백 명암Gray level contrast 신호로 변환하여 시료의 이미지Image로 구현한다.

전자빔 검사 장비는 nm 수준의 미세 불량 검출 능력 대비 검사에 필요한 신호강도 확보에 기인한 낮은 검사 속도 때문에 웨이퍼Wafer 전체 영역 검사에는 활용에 제약이 있다. 하지만 반도체 소자 미세화에 따른 공정 내 미세 불량 검사 요구 증가로 전자빔 검사 속도 개선을 위해 다중 Beam 적용이나 광학 조명계 결합 등을 통한 계측 처리량Throughput 개선 연구가 활발히 진행되고 있다.

전자빔 장비로 동일 영역을 반복 검사할 경우 대전 효과Charging effect 현상에 의한 측정 이미지Image 왜곡이 발생하는데, 이는 검사Inspection, 측정Metrology 신뢰성 저하로 이어진다. 이러한 신호 왜곡은 전자를 소스Source로 사용한 계측 장비에서 필연적으로 발생하는 물리적 한계로서 장비 운용 시 반드시 고려할 필요가 있다.

공정 계측 응용기술

가상계측

제품의 원가 절감과 품질 확보를 위해 반도체 공정 기준 계측공정 비율이 Wafer 가공공정을 상회하는 수준으로 운영하고 있으나 생산성 저하라는 문제점을 수반한다. 반도체 Chip Maker들은 계측 장치를 사용하지 않고도 동등 수준의 공정 모니터링을 할 수 있는 방법을 필요로 했는데 그중 하나가 가상계측이다. 증착, 식각, 패터닝 등 공정 진행 장비에서 발생하는 장비의 센서 데이터온도, Gas 유량, 압력, 전류 등 공정 가변을 위한 장비 설정에 관여하는 모든 Signal를 활용하여 계측값을 예측하는 방법으로 공정제어 시스템과 연동하여 제품의 품질 향상과 제조비용 절감에 활용한다. 가상계측을 통한 공정제어 연동 시 핵심은 예측치의 신뢰도인데, 신뢰성 확보는 계측 장치로부터 얻은 기준값과 공정 장치 센서

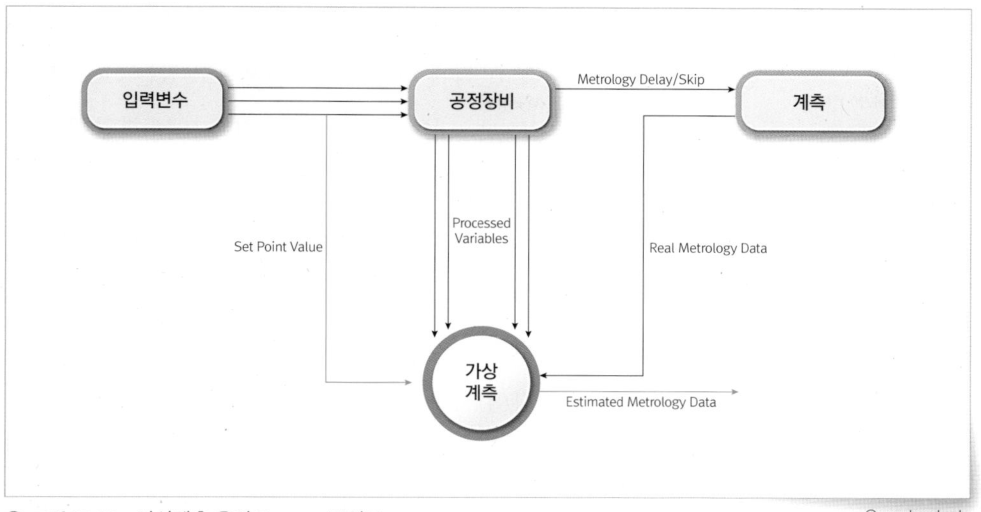

그림 12-32 가상계측 운영 Process 모식도

©www.hanol.co.kr

데이터 간의 상관성을 유의미한 수준의 모수집단에서 산출함으로써 얻을 수 있다. 상관성 산출 방식은 일반적으로 Interpolation Logic과 Data Mining 기법을 조합하여 사용하는데 최근에는 Deep Learning 기법을 도입하여 신뢰성 개선에 활용하는 사례도 있다. 공정 변화가 많은 반도체 소자 생산 시설에서 가상계측 적용 시 가장 큰 문제점은 공정 변화에 따른 가상계측 모델 수정을 위해 계측 장치로부터 일정량의 기준값을 지속적으로 확보하고 상관성 검증을 매번 진행해야 신뢰도 유지가 가능하다는 점이다. 결국 생산성 개선, 제조비용 절감의 장점을 극대화하기 어렵기 때문에 공정 안정화가 충분히 진행된 공정 또는 제품에 선택적 적용이 효율적이다.

측정 검사 기술 동향과 미래

계측 기술 개발은 민감도 개선과 생산성 향상을 목표로 한다. 공정 미세화에 따라 기존 장치로는 측정, 검사가 불가능한 신규 공정 관리 인자들이 발생하고 있기 때문에 민감도 개선 측면에서 새로운 방식의 계측 기술 개발이 요구되고 있다.

공정 관리를 위한 구조 분석에 일반적으로 활용하고 있는 OCD 방식으로 계측이 어려운 Wafer 내부 극미세 구조 변화 또는 복잡한 구조 분석의 경우 기존에 활용되지 않았던 X-ray 기반 고감도 분석법 CD-SAXCritical Dimension Small Angle X-ray Scattering 같은 신기술을 통해 Solution을 확보하고자 하는 사례 등이 대표적인 예라고 할 수 있다.

기존 장치를 이용한 방법으로는 서로 다른 이종 장비를 조합하여 단독 장치만으로는 측정/검사가 불가능한 인자를 추출해내는 하이브리드Hybrid 계측 방식도 고려되고 있는데 실제 운영을 위해서는 장치 간 Data를 동일한 형태로 가공하고 상호작용할 수 있는 전산망과 장비별 기능 구현이 필요하며 이종 장비 간 Data 조합 과정에서 발생하는 예상치 못한 Signal 왜곡을 감지하는 방법에 대한 고려도 수반되어야 한다. 생산성 향상 측면에서는 장비 성능 개선민감도 개선, 기계적 속도 개선을 통한 생산성 개선, 기계 학습을 통한 계측 Recipe 생성 자동화 등 다양한 형태로 인적, 물적 생산성 개선이 진행되고 있다. 과거 계측 장치별 역할 구분이 명확했던 반면 향후 계측이 필요한 영역이 확대됨에 따라 계측 장치별 영역 구분이 모호해지고 영상처리, Deep Learning, 인공지능 알고리즘이 영역 구분 없이 활용될 것으로 예상된다.

계측 분야 기술의 발전은 기존 사람이 하던 상당 부분의 업무를 자동화 영역으로 이동시킬 것이나 이로 인해 발생하는 시간적, 기술적인 공간은 엔지니어들이 채워나갈 영역으로 남을 것이며, 지금 이 책을 읽고 있는 독자들이 그 역할을 해주길 바라면서 본 장을 마친다.

기술 자본 집약 산업인 반도체 산업에서 소재, 장비를 포함한 원천기술의 확보는 원가 경쟁력과 안정적인 제품 공급에 중요한 요인으로 작용하고 있다. 국가간 정치, 경제적 영향력 행사를 위해 기술 무기화가 심화되는 가운데 한일 간 정치 분쟁으로 촉발된 불화수소를 포함한 원자재 공급중단, 한중 정치, 군사 분쟁으로 인한 관광과 무역 수출입 제한, 미중 무역분쟁으로 인한 기술 수출 제한 및 불매 조치 등 시장의 불확실성은 더욱 커지고 있다. 2020년 기준 전세계 반도체 DRAM 메모리 시장의 70%를 점유하고 있는 한국 반도체 제조사의 소재, 장비 기술의 상당부분은 미국, 일본, 유럽 업체에 의존하고 있는 실정이다. 공정 장비의 경우는 주요 공정에서 TES나 SEMES 등의 국내 기업이 높은 기술력을 바탕으로 해외기업과 경쟁하고 있고 국내 소자 제조사와의 긴밀한 상호 협력관계를 유지하고 있는데 반면 계측 장비의 경우 시장을 선점하고 있는 해외 업체와의 기술 격차와 고감도를 요구하는 계측 장비 특성상 개발 시 발생하는 막대한 비용 문제로 국산화에 상당한 어려움이 있는 것이 현실이다. 이러한 현실에도 불구하고 특화된 원천기술과 지속적인 장비 개발에 투자하여 경쟁력을 확보한 국내기업들이 있어 이 자리를 빌어 간단히 소개하고자 한다. 첫번째, 원자 현미경(Atomic Force Microscope) 개발 생산 기업인 파크시스템즈는 세계적인 수준의 기술력으로 이미 Global Market을 선도하고 있으며 반도체 양산향 계측 기술 개발에도 역량을 집중하고 있다. 두번째, 반도체 소자의 회로 제작 공정에서 발생하는 미세 패턴 결함 검사 장비를 생산하는 넥스틴은 미국과 일본 기업이 독점하고 있는 Dark Field 검사 장비 시장에서 지속적인 장비 개발로 해외기업과 경쟁 가능한 기술력을 확보하고 있다. 반도체 소자 집적화와 3D 구조 설계 패러다임 변화 속 새로운 계측 기술이 요구되는 현시점은 오히려 계측 기술 국산화 기회가 될 수 있다. 반도체 양산 계측 기술 국산화에 대한 국가 차원의 지속적인 지원과 소자 제조사들의 적극적인 기술 개발 투자, 그리고 우수한 기술 개발 인력 양성을 위한 산학연 협력 생태계가 형성된다면 충분히 제2, 제3의 파크시스템즈, 넥스틴이 출현할 수 있을 것으로 기대된다.

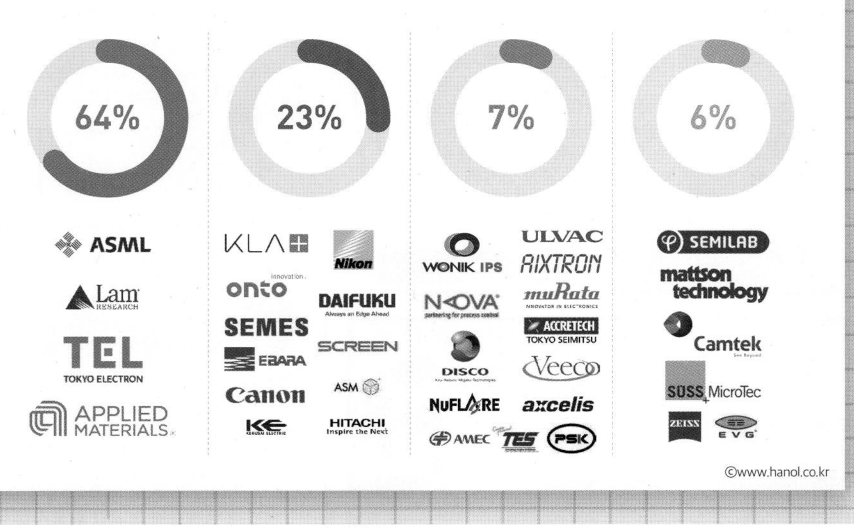

©www.hanol.co.kr

몰라몰라. 맞거나 말거나 많이 쏘면 누군가는 맞을거 아닌가? 우리는 무조건 물량전이야~ 가즈아~

장군~! 이번 전투를 대비해서 평소 대비 2배 물량을 같은 기간에 제작을 완료하였습니다.

(ㅡ ㅡ);;;;;;;;;;

이번 전쟁은 국운이 달린 중요한 전투다. 물량도 중요하지만 우리 병사들의 목숨과 직결된 군수물자의 제대로 만드는 것이 승리로 가는 첫걸음이니라. 모든 역량을 이용하여 제작을 하되 규격에 맞는 양품 생각에 각별히 신경쓰도록 하라!

장군! 지시하신 양품 군수 물자 준비가 완료되었습니다. 다만 적진영 대비 물량이 부족한 점이 염려됩니다.

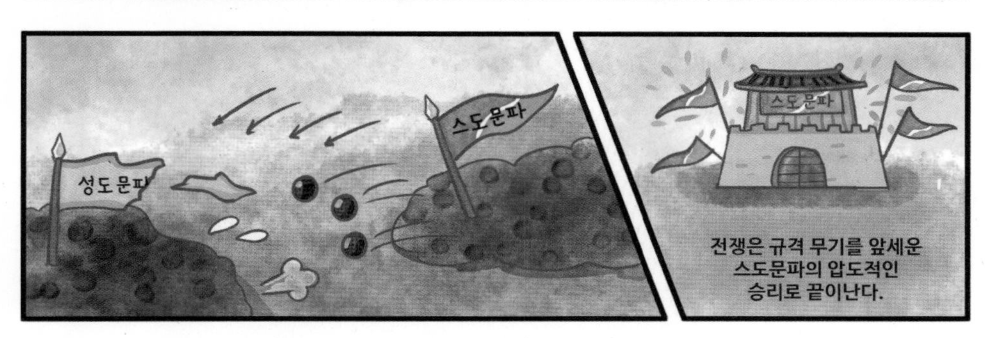

고속처리, 고용량, 고효율 Memory 소자 생산 시 공정 개수 증가와 공정 난이도 상승은 필연적이며 공정 개수 보다도 많은 횟수의 측정과 검사를 통한 극한의 공정관리로 원가 절감과 고객 품질 요청에 대응하고 있다. 특히 1인자가 대부분의 수익을 가져가는 구조인 Memory 반도체 시장에서 계측에 기반한 엄격한 공정 관리 기술 확보는 향후 최후의 승자를 가릴 중요한 경쟁력으로 자리매김할 것으로 예상됩니다.

13

“반도체 용어해설

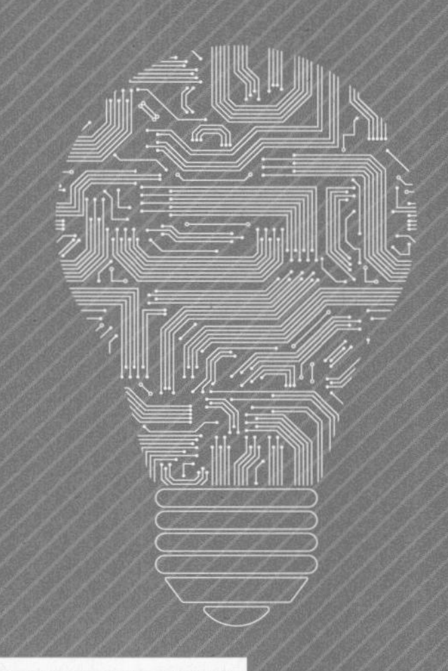

13
반도체 용어해설

3종 화합물 반도체ternary compound

3 종류의 원소로 구성된 반도체를 말하며, 예를 들어 GaAsP

4종 화합물 반도체quaternary compound

4 종류의 원소로 구성 된 반도체를 말하며, 예를 들어 InGaAsP

2차 산란 전자

입사 전자의 탄성 충돌에 의해 발생하고 50eV 이하의 Energy를 갖고 있으며 시료 표면, 구조 정보를 제공함

4 Point Probe

4개의 Pin을 사용하여 시료의 단위 면적당 저항을 측정하는 방법으로 2개는 전류 인가, 2개는 전압 강하 측정에 사용

AASAtomic Absorption Spectroscopy

미량의 금속원소 검출에 널리 사용되고 있는 분석 기술의 하나로 원자들에 의한 복사선의 흡수 현상을 응용하여 시료 중에 존재하는 원소들을 검출 가능함

Accuracy

측정 시 관련되는 모든 요소들에 의한 영향으로 발생하는 측정 오차 및 그 허용 정확도

ACLAmorhpous Carbon Layer

비정질 Carbon 박막을 통칭하는 용어

ADHAdhesion

HMDS를 도포하는 과정으로 Wafer와 PR 간 접착력을 좋게 함

ADIAfter Development Inspection

Photo공정에서 측정되는 검사

AFMAtomic Force Microscope

탐침과 시료 표면 원자 간 힘을 이용하여 나노 단위 이하의 Topography 분석이 가능한 주사 탐침 현미경

AIArtificial Intelligence

인간의 지능으로 할 수 있는 사고, 학습, 자기 개발 등을 컴퓨터가 할 수 있도록 하는 방법을 연구하는 컴퓨터 공학 및 정보 기술의 한 분야로서, 컴퓨터가 인간의 지능적인 행동을 모방할 수 있도록 하는 것을 인공지능이라고 말함

AIMAdvanced Image Metrology

Photo 진행 시 Layer 간 Align하기 위한 Overlay Key Pattern의 하나

Airy Disk

광학에서 원형의 구경을 통과한 점광이 빛의 회절 한계까지 만들 수 있는 최적의 상

ALDAtomic Layer Deposition

원자 증착 방식을 말하며, 선폭 감소에 따른 한계 극복을 위한 증착 방식. Gap Fill 가장 우수함

Align

이미 Pattern이 형성되어 있는 Wafer 표면 위에 또 다른 Pattern을 맞추는 정렬

Alignment

Mask의 Image를 Wafer 위에 옮기기 위해 상호 정확한 위치에 맞추는 작업

Amorphous

비정질, 비결정성 고체(Noncrystalline solid) 또는 무정형 고체는 원자들의 위치에 장거리 질서가 존재하지 않는 고체를 뜻함

AMUAnalyer Magnet Unit

자력분석기. 이온화된 이온을 자력을 이용하여 분리하는 장치

APCAdvanced Process Control

Process 중심의 향상된 관리 방법론. 공정 진행 중에 설정된 파라미터들을 자동적으로 맞춰주는 시스템

APCAuto Polishing Control

Pre THK 및 Pre Run의 경향, 장비의 Removal Rate 능력을 반영하여, Polishing Time을 자동적으로 계산하여 진행하는 System

Aperture

Pattern 결함 검사 시 Pattern의 정보를 가지고 있는 1차 이상의 회절광을 lens의 내부로 가능한 많이 들어가도록 하기 위한 광학부품으로 목적에 따라 다양한 형태를 가짐

application

특정한 일을 하도록 만들어진 프로그램이나 물건

ARCAnti Reflective Coating

난반사를 방지를 위한 용도로 사용하는 박막을 통칭하는 용어

Architecture

반도체 칩의 전체 설계 방식

ArF

Argon Fluoride Laser의 광을 광원으로 하는 노광기로 파장은 193nm에 해당

ArF Immersion

기존 ArF에서 Lens와 Wafer 사이를 물로 채워 NA를 높인 System

Back Side백 사이드

집적회로가 형성될 Wafer 면의 반대쪽 면을 말함. Back Surface라고도 함

Bandwidth

① 신호가 차지하고 있는 주파수 범위(정보를 싣을 수 있는 능력과 비례)

② Data Bus상 1초당 data가 지나가는 개수

BARCBottom Anti Reflective Coating

노광공정에서 Resist의 아래부분에 위치하며, 빛을 흡수하여 산란하지 않도록 Resist의 Patterning을 도와주는 Polymer의 일종, 빛을 흡수하여 Resist Bottom쪽에 상쇄간섭을 주어 Standing Wave를 최소화 시키는 작업을 함

Bare wafer베어 웨이퍼

아무것도 없는 순수한 실리콘 웨이퍼, 반도체 제조를 위한 베이스가 되는 재료

Batch Type배치 타입

25장 또는 50장의 Wafer를 동시에 Wet Cleaning할 수 있는 장치로 DIFFUSION공정 및 PR STRIP, WET SINK 등이 있음

---

bath처리조

습식 세정 용액이 담겨져 있는 용기. 산화막 식각 용액의 경우는 PTFE 재질이며, 그외는 주로 Quartz 재질로 만들어짐. Silicon wafer를 chemical 또는 DI water로 etch 및 세정하기 위한 Quartz(석영) 재질의 처리조

BIBBox In Box

Photo 진행 시 Layer 간 Align하기 위한 Overlay Key Pattern의 하나

Binary Blank
일반적인 빛이 투과되는 영역과 크롬에 의해 빛이 차단되는 두 가지 영역으로 존재하는 Blank MASK

binary code
0과 1로만 표현되는 코드

Bit Line비트 라인
memory에 data를 저장하거나 data를 뽑을 때 data가 이동하는 통로로 사용되는 도선

Blank
MASK의 원재료로 석영 유리 기판에 크롬막과 감광액을 입힌 것

BOEBuffered Oxide Etchant
NH_4F와 HF를 일정 비율로 완충용액 상태로 만든 것으로서 산화물의 식각에 사용하는 용액. DHF와 같은 oxide etching용이나 좀 더 효과적으로 etching uniformity나 oxide etching의 targeting이 요구되는 wet etch 전용으로 사용됨. BOE는 pH가 중성이며 particle이나 표면 처리 능력에서 DHF에 비하여 chemical 특성상 유리함

Bossung Curve
Focus와 Energy가 CD에 미치는 영향을 나타낸 곡선

Bragg 회절
빛의 파장과 결정구조의 폭, 혹은 반사면과 광선이 이루는 각도 사이의 관계를 설명

Bright Field Inspection
레이저(Laser)나 램프(Lamp)와 같은 광원(Optical Source)을 사용하여 웨이퍼(Wafer) 표면에 빛을 입사시켜 물질에서 반사되거나 산란되는 빛의 차이를 영상(Image)화하여 패턴(Pattern)에 대한 미세 결함을 검출하는 장치

Bruggeman Model
Effective Medium 이론의 하나로 구성 물질이 주체/객체 구분 없이 섞여있는 경우에 사용

Brush브러시
Wafer 표면의 PARTICLE 제거 목적으로 Wafer에 회전하며 CONTACT됨

BSTBack Side Treatment
노광을 진행하기 전에 Wafer Backside 이물 제거 및 평탄화하는 과정

buffer

하나의 장치에서 다른 장치로 데이터를 전송할 경우에 양자 간의 데이터 전송 속도나 처리 속도의 차를 보상하여 양호하게 결합할 목적으로 사용하는 기억 영역

Bulk

동일 물질로 구성된 덩어리. 광학적으로는 광투과 깊이 이상의 두께를 갖는 박막을 Bulk로 간주하나, 파장에 따른 광투과 깊이는 차이가 존재함

Capacitance

전하를 저장할 수 있는 능력. 정전 용량에서는 패럿(Farad)이라는 단위를 사용하고 있는데, 1V의 전압을 사용하여 1C의 전하를 저장할 수 있는 능력을 1 패럿(Farad)이라고 함

Capacitor

정전 용량을 얻기 위해 사용하는 부품으로 전자회로를 구성하는 중요한 소자. 다른 말로 콘덴서(Condenser)로 불려지기도 함

CCP Capacitively Coupled Plasma

일정 거리가 떨어진 두 개의 전극 사이의 전위차를 이용한 플라즈마 발생 방식

CD

Wafer에 형성된 Pattern의 선폭 size를 말하며, DI(Develop Inspection) CD와 FI(Final Inspection) CD가 있다. Photo공정이 완료된 후 측정된 CD는 DI CD 이며, Etch공정이 완료된 후 측정된 CD는 FI CD이다.

CD Slimming

CD를 측정하는 SEM 장비에 의해 E-Beam Energy를 받아 경화되는 현상

CD-SEM Critical Dimension-Scanning Electron Microscope

SEM 장비에 기반하여 공정 모니터링 시 2차원 구조 분석에 주로 사용함

Charge Sharing

VBLP Level로 Precharge되어 있는 BL은 Word line이 Turn on되어 Cell에 있는 Data가 Bit line에 실리면서 기존 VBLP Level에서 전위가 약간 상승(High data)하거나 하강(low data)하여 Delta V를 형성하는 과정 혹은 현상

Chemical 케미컬

Wafer 표면에 부착된 유기물이나 무기물 등의 particle을 제거하거나 ETCH 시 사용되는 H_2SO_4(황산), HF(불산), NH_4OH(암모니아) 등의 부식성이 강한 화공약품들을 통틀어 Chemical이라고 함. Line에서 사용하는 화공약품의 총칭

Cleaning클리닝

Wafer나 Carrier 등을 화학약품[불산(HF),질산(NH_4OH),황산(H_2SO_4),인산(H_3PO_4) 등]과 초순수(DI Water) 등으로 처리하여, 산화막이나 이물질 등의 제거 등으로 표면 처리를 실시하는 공정

CMOSComplementary Metal Oxide Silicon

N-Channel형 MOSFET과 P-Channel형 MOSFET을 결합한 Complemental(상보)형의 논리회로로 소비전력이 작음. 프로세서가 복잡하지만 고집적화가 가능하여 DRAM, CPU 등 지금의 ULSI의 주류를 이루고 있으며, 인버터 회로에 p-채널 트랜지스터와 n-채널 트랜지스터를 같이 구성하여 동작 속도는 늦지만 소비전력이 아주 작은 반도체

CMPChemical Mechanical Polishing

Slurry 화합물을 사용하여 wafer를 기판으로 사용하기 전에 그 표면을 미세하게 polish(연마)하는 공정 또는 장비

Coating

감광막, 절연막 또는 금속막을 Wafer 표면에 균일하게 증착하는 (바르는)과정

Conditioner컨디셔너

CMP 연마 패드의 특성(거칠기)을 일정하게 유지하기 위하여 사용되는 소모품. 폴리우레탄 연마 패드의 경우 연마공정 중에 슬러리 residue나 부산물에 의해 연마 패드의 홈이 막히게 되므로 컨디셔너를 이용해 패드의 홈을 그대로 유지하게 만들고 부산물을 제거함으로써 이루어짐. 컨디셔너는 일반적으로 다이아몬드 입자를 전착시켜 사용하는데 금속 표면에 니켈을 이용하여 도금으로 다이아몬드 입자를 지지하여 사용

Contact Printing

MASK와 PR을 접촉시킨 상태에서 노광하는 방식

CPLChilling Plate

Track에서 고온 처리된 Wafer를 식히는 Unit

Crystalline

결정하여 일정한 형체를 이룬 물체. 결정을 이루는 물질. 외형은 가령 특정 다면체를 이루고 있지 않더라도, 원자의 주기적인 배열로 이루어진 결정 격자에 의한 X선 회절 현상이 확인되는 것은 모두 결정질이라고 함

CSBCenter Significant Bit

MSB와 LSB의 가운데 비트 or 바이트

CVDChemical Vaper Deposition
화학 증착 방식을 말하며, 일반적인 절연 박막을 증착하는 대표적인 방법

Damacence
사전적 의미는 상감하다는 뜻이고, 전통적인 RIE 방식이 안 되는 Cu 물질 Process를 지칭하여 말함

Dark Field Inspection
산란광 측정을 통해 수백 nm ~ 수천 nm 수준의 결함을 검출하는 장치

DBODiffraction Based Overlay
빛의 회절을 이용한 Overlay 측정 방법

DDRDouble Data Rate
① SDRAM의 일종, Clock의 Positive와 Negative Edge를 모두 활용. 논리적으로는 SDRAM에 비해 동작 주파수를 두 배 증가시킬 수 있음
② clock signal에는 rising edge와 falling edge가 존재하는데, DDR은 두 edge 모두에서 data를 전송하는 것을 말함. 일부 DDR을 DRAM의 의미로 사용하는 경우가 있음

Deactivation불활성화
전기적인 성질을 잃어버리는 현상

Decoder
① 2진법의 수를 해독(Decode)하여 특정의 출력(10진법)을 선택해내는 회로를 2진-10진 Decoder라고 함 ↔ Encoder
② DRAM 반도체에서는 Cell에 저장된 신호를 읽고 해석하는 역할을 함, Bank를 감싸는 영역에 위치하고 있음. 복수개의 입력단자와 복수개의 출력단자를 갖는 장치로 입력단자에 가해진 신호의 조합에 대응하는 하나의 출력단자에 신호를 나타내는 것

Defect결함
Wafer 제조공정 시 Wafer상에 생기는 결함을 말하며, 반도체 소자의 one chip에서는 결함이 있는 단위 셀들을 이르는 말

Density
반도체 용어로 제품의 용량을 표현함

de-trap
트랩된 전자나 정공이 외력에 의한 trap을 벗어나는 현상

Develop

정렬(Align) 및 노광(Exposure) 후 현상액을 이용하여 필요한 곳과 필요 없는 부분을 구분하여 상을 형성하기 위해 일정 부위의 PR을 제거하는 것

DHF Dilution Hydrogen Fluoride

묽은불산. HF에 물을 희석하여 만든 화합물로 주로 산화막 제거를 목적으로 사용한다. DI : HF 비율에 따라 50 : 1HF, 100 : 1HF, 1000 : 1HF 등으로 혼합비를 달리하여 사용함

Dielectric breakdown

절연 파괴라는 의미로, 전기적으로 절연된 물질 상호 간의 전기 저항이 가소되어 많은 전류가 흐르게 되는 현상

Diffusion

Silicon Wafer 등의 반도체 기판에 열처리에 의하여 불순물(ex. B, P 등)을 첨가(Doping)하는 공정. 불순물 확산

DIMM Dual In-Line Memory Module

PC에 사용되는 memory module의 종류로 PCB 전면과 후면의 pin 수는 같으나 pin들이 기증을 달리하는 제품을 말함. Module PCB의 단자(Pin)가 양쪽에 있으며 각각 독립적인 신호로 동작하는 형태의 Module(↔ SIMM)

Dishing 디싱

Metal CMP공정의 경우, 패턴 사이에서 과도하게 연마된 부분이 접시 모양으로 움푹 들어가는 현상. 패턴 형상에 직접적인 영향을 미치는 결함으로 배선의 단면적 감소에 따른 RC 지연 시간의 증가와 단위 면적당 전류 밀도를 증가시켜 electro-migration 현상을 유발할 수 있음

Disk 디스크

PAD의 CONDITION을 유지하기 위해 DIAMOND를 이용. PAD의 표면 상태를 최적의 조건으로 만드는 역할

DIW Deionized Water

초순수로서 설비에서 복잡한 공정을 거쳐 수중의 이온 및 오염물질을 전부 제거한 순수. 생산 라인의 Wet공정을 비롯하여 반도체 제조공정에서 광범위하게 사용됨

DOF Depth Of Focus

Focus Margin에 대한 허용 정도

Doping

웨이퍼 내부에 이물질을 주입하는 것을 'Dope'라 하며, 이를 공정상에서는 도핑(Doping)이라는 용어로 일반적으로 사용함. 이는 웨이퍼 내부에 불순물[붕소(Boron:B), 인(Phosphorus) 등]을 주입하여 P-Type 또는 N-Type의 반도체 특성을 형성하는 공정과 폴리실리콘(Polysilicon) 박막에 불순물[인(P) 등]을 주입시켜 전도특성을 향상시키는 공정 등을 뜻하는 용어로 함께 사용함

Dose Sensitivity

Energy에 따른 CD의 변화량

DPPDischarge-Produced Plasma

전극 사이에 전류를 직접 가하여 발생한 빛을 Collector를 통해 동일하게 EUV를 반사시켜 모아주는 방식

Drain

Transistor의 전극의 하나로 전하가 나가기 위한 것

DRAMDynamic Random Access Memory

RAM은 읽고 쓰기가 자유로운 computer 기억장치로 data를 임시로 저장하는 데 주로 쓰임. DRAM은 RAM의 한 종류로 저장된 정보가 시간에 따라 소멸되기 때문에 주기적으로 재생시켜야 하는 특징을 갖고 있음. 대용량 임시기억장치로 주로 사용됨

DSADirected Self Assembly

MASK 없이 Self-Assembly가 가능한 물질을 이용하여 패턴을 형성하는 방식

Dummy wafer더미 웨이퍼

양산 제품이 아닌 장비의 안정화 및 공정의 안정화를 위해 사용되는 웨이퍼를 의미함

EBREdge Bead Removal

PR Spin Coating 후 Wafer 외곽의 두껍게 Coating된 부분을 Thinner로 깎는 것

Edge에지

Wafer의 Device가 없는 가장자리 부분으로 Wafer 앞면과 뒷면이 만나는 끝점

EHPElectron-Hole Pair

외부 요인으로 인해 Enegy를 가지고 자유로이 이동할 수 있는 electron이 발생 시 이에 대응하여 동일하게 발생하는hole

---

ELEnergy Latitude

원하는 Pattern 형성(CD, Profile)이 가능한 Dose Range

Electrode

전기장을 만들거나 전류를 빼내거나 하는 막대 모양 혹은 판 모양의 도체, 양극, 음극으로 구분함

Electronic Energy Loss전자 에너지 손실

에너지 손실 이론에 의한, Stopping Mechanism에서 전자들과의 비탄성 충돌에 의한 에너지 손실

Ellipsometry

Wafer에 반사된 빛의 반사도와 위상차를 측정하여 시료의 두께, 물성을 분석하는 장비

EMElectro Migration

Electron의 흐름에 의하여 Metal atom이 이동하는 현상을 말하며, 이로 인한 동작 Fail이 발생 함

EMAEffective Medium Approximation

유전율이 다른 구성 요소들로 이루어진 물질의 광특성을 구성 비율에 따른 평균 수치로 나타내는 광학 모델링(Modeling) 방식

EPDEnd Point Detection

① CMP공정에서 평탄화공정의 완료를 실시간으로 확인하는 것으로 연마공정 중 절연막이나 금속 배선이 Defect 등에 의해 단락 되는 것을 방지하고 Over polishing으로 인한 Dishing, Erosion을 최소화하여 같은 Chip에서 균일도를 유지하기 위함

② Etch공정 중 상층의 박막과 하층의 박막 Film간에 경계를 검출하여 Under Etch(과소 식각)와 Over Etch(과대 식각)를 예방하여 최적의 Etch를 하기 위함

Erosion에로전

Metal CMP공정의 경우, Via나 Wiring 패턴이 없는 곳의 절연막의 두께와 비교했을 때 Via나 Wiring 패턴이 있는 절연막의 두께가 낮아지는 현상. 절연층을 파괴시킴으로써 배선 간의 불완전한 절연 특성을 나타낼 수 있음. 후공정에서 평탄도(planarity)를 나쁘게 하는 요인이 될 수 있음

Etch식각공정

불필요한 부분을 선택적으로 제거하여 반도체 회로 패턴을 만드는 과정

EUVExtreme Ultra Violet

파장이 10~120nm 사이의 전자기파를 말하며, Photo에서 사용하는 EUV는 13.5nm에 해당

Expose

감광물질이 Coating된 Wafer 위에 Pattern을 형성하기 위해 Alingner를 이용하여 빛을 노출하여 PR의 구조를 변화시켜 주는 것

Fabrication팹(FAB)

반도체 소자 개발, 생산을 위한 웨이퍼를 가공하여 제조하는 시설을 통칭하며 목적에 따라 클래스[가로와 세로, 높이가 각 1피트(ft)인 정육면체 공간당 포함하고 있는 0.5μm 크기 이상의 먼지 개수] 단위로 청정도를 구분하여 관리

Faraday Cup패러데이컵

이온 주입되는 이온의 양을 단위 시간, 단위 면적으로 계산하기 위한 Appature

FDCFault Detection and Classification

이상 감지. 생산 설비의 Source Parameter의 변동 여부를 Auto로 Display 및 Detecion을 하여 실시간 Monitoring하는 시스템

FDTD

Finite-Difference Time-Domain의 약자. Grid 기반 미분 수치 모델링 방법으로 OCD 계측 시 전자기파의 경계조건 해석에 적용 가능

FEIFinal Etch Inspection

최종 Etch공정에서 측정되는 검사

FEMFinite Element Method

편미분 방정식이나 적분, 열 방정식 등의 근사해를 구하는 한 방법으로 OCD 계측 시 전자기파의 경계조건 해석에 적용 가능

Filter필터

Slurry를 사용하는 CMP공정 시 Slurry 내에 연마 입자가 Agglomeration되어 Wafer에 원하지 않는 Defect를 발생하며 이러한 현상을 방지하기 위해 Large Size Particle을 제거하기 위해 장착하는 장치

fin-fet

물고지 지느러미처럼 수직으로 형성된 얇은 채널을 2개 이상의 게이트로 제어시킴으로써 채널에 대한 게이트의 영향력을 확대시킨 2차원 소자 구조

FOUPFront Opening Unified Pod

앞이 열리는 공간이라는 뜻을 가지고 있으며, Wafer를 넣어 이동할 때 사용함

Front Side프론트 사이드

연마된 앞면을 말하며, 실제 소자가 제조되는 부분임. 반대면은 Back Side라 함

FT-IR

간섭계를 사용하여 위상 변조한 적외선 영역의 백색광을 시료에 비추어서 쌍극자 모멘트가 변화하는 분자 골격의 진동과 회전에 대응하는 에너지의 흡수를 측정하는 분석법

Gap Fill

사전적 의미 그대로 "사이를 메우다."라는 뜻으로 증착 시 요구되는 특성 중 하나

---

gm

mobility를 의미하는 것으로 수학적으로 저항의 역수

Grain

물질을 이루는 구성 원자들의 배열이 규칙적으로 반복되는 물질의 덩어리를 Crystalline grain이라 하며 보통 Grain이라고 함

Grain Boundary

금속 또는 합금의 다결정 재료에서 구조는 같으나, 방향이 서로 다른 2개의 결정 경계를 말함. 입계는 격자 결함의 일종으로 공공밀도가 높은 영역이며, 벌크의 물리적, 화학적 성질에 여러 가지 영향을 미침

GSTGe-Sb-Te

게르마늄, 안티몬, 텔룰라이드로 구성된 화합물 반도체로 PCRAM의 cell을 구성하는 물질

H_3PO_4Phosphoric Acid

Nitride Strip공정에서 Nitride 제거를 위해 사용되는 Chemcial로 농도 85±0.5wt%. 산화인이 수화(水和)하여 생기는 일련의 산의 총칭

Haze

Wafer 또는 박막 표면 거칠기를 나타내는 수치로 박막의 종류나 두께에 따른 상대적인 인자

HDPHigh Density Plasma

플라즈마의 농도가 높아 Dep - Etch가 함께 구현이 되며, Gap fill을 위하여 고안한 장비의 통칭

Head헤드

CMP공정에서 Wafer를 Catch하여 Platen 위에서 회전하면서 연마하는 장치로 여러 개 Zone으로 구성되어 있으며, RETAINER RING과 MEMBRANE이 장착되는 부분임

High Current Ion Implanter고전류 이온 주입기

이온 주입기 중, 중전류 이온 주입기보다 높은 전류(1E14~1E16)의 이온 주입을 실시하는 이온 주입기

High Energy Ion Implanter고에너지 이온 주입기

이온 주입기 중, 중전류 이온 주입기보다 높은 에너지 영역대(100keV~5MeV)의 이온 주입을 실시하는 이온 주입기

HMHard Mask

식각공정 시 식각 Barrier로 사용되는 Photo Resist Mask의 내성을 증가시킬 목적으로 PR mask된 wafer를 고온 처리하는 공정

HMDS

감광액과 Wafer 표면의 접착력을 높이기 위해 감광액 도포 전 Wafer에 주는 Primer(접착강화제) 중의 대표적인 한 종류

host

인터넷에 연결되어 있고, 개별적인 IP 주소를 가지는 시스템

Hot Carrier

트랜지스터(Transister)의 사이즈가 작아지면서 Channel에서 전계는 커지게 되고 높은 전계를 받아 지나치게 이동성이 커지는 Carrier(주로 이동성이 큰 전자)

Hot Electron열전자

높은 에너지에 의해서 금속이나 반도체 표면에서 방출되는 전자

HT SEM

높은 전류와 강한 전자 집속을 통해 입사 전자 밀도를 증가시켜 높은 계측 처리량을 구현함

Huygens의 원리

파면 위의 모든 점이 새로운 파원이 되어 파원을 중심으로 하는 원을 그렸을 때 모든 원을 감싸는 원이 새로운 파면이 된다는 원리

IBOImage Based Overlay

Image를 직접 촬영하여 읽어내는 Overlay 측정 방법

ICPInductively Coupled Plasma

코일 형태의 전극에 교류 전류를 가하여 자기장의 변화를 유도하고 이로 인해 유도되는 루프 형태의 전기장을 이용한 플라즈마 발생 방식

ICP AES Inductively Coupled Plasma Atomic Emission Spectroscopy

고온의 플라즈마에 의해 방출된 분석원소의 파장별 광세기를 측정하여 구성 원소에 대한 정성, 정량 분석이 가능한 기술

ILDInter Layer Dielectric

반도체 공정상 Metal공정 이전, 이후로 구분되고 Metal공정 이전의 절연막공정을 이야기함

I-line

수은 램프에서 나오는 빛 중 i선을 광원으로 하는 노광기로, 파장은 365nm에 해당

Image Contrast

빛이 반사되거나 산란될 때 입사 매질의 종류, 형태에 따라 빛의 세기가 달라지며 이를 영상화했을 때 명암 대비로 구분

IMDInter Metal Dielectric

반도체 공정상 Metal공정 이전, 이후로 구분되고 Metal공정 이후의 절연막공정을 이야기함

Incell

Etch 이후 Cell 패턴 간 Overlay를 직접 계측하는 것

Inline

2가지 이상의 주공정 생산 설비가 하나의 설비로 결합해 생산할 수 있도록 구성된 시스템. Photo공정에서는 Scanner와 Track을 합쳐 Inline이라 부름

In-Situ인시추

주식각을 진행하고 포토 레지스트를 제거하기 위해 다른 장비로 이동해서 진행하면 Ex-Situ이며, 본래의 장비에서 진행하면 In-Situ라 함

Inspection

Wafer의 이상 유무를 Microscope를 통해 검사하는 것의 총칭

Interferometry

시료에서 반사된 빛은 표면 높낮이에 따라 광 경로차가 발생하며 각 파의 중첩으로 간섭파가 만들어지는데, 간섭파의 보강 간섭 지점을 분석하여 표면 요철 형태를 측정하는 장비

Inter-Field

Wafer를 노광할 때 MASK의 사각형 Shot의 Center만 남겨놓은 형태로 Inter 또는 Wafer, Grid라 부름

Ion Implantation이온 주입

반도체의 실리콘에 원하는 이온을 가속화시킨 이온을 강제 주입하여 필요한 저항을 얻는 방법

IoTInternet of Things

사물인터넷이라는 말로, 사물에 센서를 부착해 실시간으로 데이터를 인터넷으로 주고 받는 기술이나 환경을 의미함

IPAIso Propyl Alcohol

아이소프로필알코올. 99.99% 이상의 순도를 가진 것을 이용하며, Wafer 건조기에 사용되고 또한 장비 Part 세정에 사용되는 휘발성이 강한 화학물질

Isolation아이솔레이션

Active와 Active를 분리시키기 위한 공정 또는 소자와 소자를 전기적으로 분리시키기 위한 공정

ITMIn-situ Thikness Measurement

CMP 장비에 붙어있는 측정장비로서, CMP공정 진행 전/후로 In-Situ로 Thickness를 측정할수 있는 Tool

Junction Leakage

Junction Leakage를 일으키는 성분 중 주요 인자는 Si 격자 결함에 의한 Leakage임. Junction Leakage를 줄이기 위한 대부분의 공정은 Si 격자 결함을 줄이거나 강한 Electric Field가 걸리는 면적을 최소화하기 위한 Implant 및 SD Engineering이 중요

KrF

Krypton Fluoride Laser의 광을 광원으로 하는 노광기로 파장은 248nm에 해당

latency

지연 속도, 네트워크에서 하나의 데이터 묶음이 한 지점에서 다른 지점으로 보내지는 데 소요되는 시간

LDDLightly Doped Drain

고농도 이온 주입된 Source/Drain에 의해 형성되는 강한 전계를 인위적으로 줄이고자 Channel과 Source/Drain 인근 영역의 Doping 농도를 감소시켜 형성하는 기술

Leak리크

밀폐된 용기/배관에서 외부로의 공기나 액체가 유입, 유출이 진행되는 것을 말함

Leakage

Leakage는 규정된 Voltage가 인가되었을 때 Input과 Tristated Output에 누설되는 Current 양

Leaning리닝

습식 세정 진행 후 잔존하는 케미컬(Chemical) 및 초순수를 제거하는 건조 단계에서 액체가 마르면서 발생되는 패턴 스트레스(pattern stress)에 의한 무너짐(collapse) 현상

Least Square Method

측정값을 기초로 해서 적당한 제곱 합을 만들고 그것을 최소로 하는 값을 구하여 측정 결과를 처리하는 방법

Leveling

Photo공정 중 Wafer의 수평 상태를 파악하고 균일하게 하는 작업

LFWLow Fluorine W

저농도의 Fluorine 장비의 명칭이다. W Film에 포함된 F 불순물로 인한 소자 열화 현상으로 개선하고자 하는 목적이다.

Logic Gate논리 게이트

논리 게이트는 디지털 회로를 만드는데 있어 가장 기본적인 요소이다.대부분의 논리 게이트들은 두 개의 입력과 한 개의 출력을 가진다. 기본 논리 게이트에는 AND, OR, XOR, NOT, NAND, 그리고 NOR 등 모두 6개의 종류가 있다.

LOT

제품 생산을 위해 투입되어 완제품으로 제조될 때까지 같은 공정 조건하에서 진행되는 일련의 제품 단위를 말하며, 반도체에서는 25장의 wafer 묶음을 1LOT으로 표현

Low-k

k는 유전상수를 의미하며 기존 절연 물질인 SiO_2는 k~4.0 수준이고, 밀도가 낮은 SiOC 물질은 k~3.0 수준을 가짐. + 저유전체는 일반적으로 4이하의 낮은 유전상수 값을 가진 물질로, 반도체 절연 물질로 쓰이는 산화 실리콘에 비해 향상된 절연 능력을 가지고 있는 유전체 물질을 말함

LPP Laser-Produced Plasma

CO_2 Laser를 특정 원소의 Droplet에 맞췄을 때 발생한 빛을 Collector를 통해 EUV에 해당하는 파장만 반사시켜 모아주는 방식

LSB Least Significant Bit

최소 유효 비트 or 바이트

LSI Large Scale Integration

집적회로를 집적도에 따라 분류한 것 중 하나로, 논리회로의 기본 소자인 Transistor 100개 이상으로 형성된 집적회로로 소자 수 1,000개 이상 소자를 집적시킨 회로

LST Low Surface Tension Rinse

표면장력이 낮은 세정액으로 Develop 시 패턴을 보호함

LTO Low Temperature Deposition of Oxide

LPCVD 방식으로 비교적 저온에서 산화막을 증착하는 방법. 반응 gas로는 주로 SiH_4와 O gas를 이용

MAXwell-Garnett Model

Effective Medium 이론의 하나로 구성 물질이 주체/객체 구분되어 섞여있는 경우에 사용

MCC Multiple Correlation Coefficient

실제 계측되는 Alignment Signal이 Ideal한 Wave와 얼마나 근접한지에 대한 비율

Medium Current Ion Implanter 중전류 이온 주입기

이온 주입기 중, Energy: 10~900keV, 이온주입양: 1E11~1E14(ion/cm^2) 영역의 이온 주입을 실시하는 이온 주입기

Membrane 멤브레인

Wafer의 BACK SIDE에 접촉되는 부분으로 CMP 진행 중 Wafer를 잡아주고, PRESSURE를 Wafer에 전달해주는 역할을 함(탄성 유지 중요)

Metrology

반도체 공정 모니터링을 위해 참값을 정의할 수 있는 모든 정량, 정성 계측 수치를 획득하는 모든 수단을 Metrology로 분류

MLS Multi Layer Stack

Cell당 bits 수를 늘리는 MLC(Multi Level Cell)와 함께 density를 증가시켜 cost를 감소시키기 위한 한 방법으로, Multi Layer Stack의 약자. 다층으로 적층하는 방법

Module 모듈

한 시스템에 여러 개의 기능적 구성요소들을 의미함

MOS Metal Oxide Semiconductor(금속산화물 반도체)

반도체 위에 산화막을 형성하고, 그 위에 금속을 입힌 것으로 N-MOS와 P-MOS 등이 있음. 기판(Semiconductor) 위에 산화막(Oxide)을 형성시키고 그 위에 Silicon 전극(Metal)을 형성하여 전장(Electric Field)에 의한 Silicon 표면의 전하를 조절할 수 있는 구조

MOSFET Metal Oxide Semiconductor FET

실리콘 위의 얇은 산화막 위의 금속 게이트를 가진 전계효과 트랜지스터로, 전계효과 TR 중에서 절연막을 산화막으로 형성시킨 절연 게이트형 FET의 대표적인 것. MOS(Metal 금속 - Oxide 산화막 -Semiconductor 반도체) 형의 구조를 하며, Gate 전압에 의하여 Drain 전압과 Source 전압 간의 전류를 제어하는 전계효과(Field Effect)형 transistor N-channel형과 P-channel형의 2종류가 있음. 비교적 작은 전력으로 동작하고, 고집적이 필요한 Digital LSI에 적합

MRAM Magnetic Random Access Memory

통상 자기 저항 효과를 이용한 메모리를 통칭함. STT 방식과 동작 관점에서 차이가 있음

MSB Most Significant Bit

최상위 비트 or 바이트

MSI Medium Scale Integration

집적회로를 집적도에 따라 분류한 것 중 하나로, 100개 이하 또는 10개 이상의 논리 transistor로 구성된 집적회로로 소규모 집적회로(SSI)보다는 복잡하고 고밀도이며, 대규모 집적회로(LSI)보다는 저밀도인 집적회로

MTJ Magnetic Tunnel Junction

STT-MRAM cell을 구성하는 자성 물질과 절연 물질의 접합

NA Numerical Aperture

렌즈의 Aperture 총 구경비. Lens의 상대적 크기

nBA n-Butyl Acetate

NTD Process에서 사용되는 Solvent 계열의 현상액

NDCNitrogen Doped Carbide

CMP 후 Cu Migration 방지막 역할을 하며, 대부분 Low-k Intergration 목적으로 사용되는 Film

---

NDFNeutral Density Filter

입사광의 세기를 조절하는 Filter

Neclear Energy Loss핵 에너지 손실

에너지 손실 이론에 의한, Stopping Mechanism에서 핵들과의 탄성 충돌에 의한 에너지 손실

Negative PR

빛을 받은 부분이 현상(Develop) 시에 남게 되는 감광제

NH_4OHAmmonium Hydroxide

암모니아수, 수산화암모늄으로 부르며, NH_3wt 30%인 용액. 과수와 혼합하여 SC-1 Cleaning 세정용액으로 사용됨. NH_3의 강한 휘발성으로 인하여 세정 혼합 용액으로 사용되는 중에 농도가 떨어지는 것을 보충해 주기 위하여 일정 간격으로 NH_4OH를 추가해 주어야 함

NILNano Imprint Lithography

MASK를 PR에 찍은 다음 직접 변형을 가하는 Lithography 방식

Notching

Photo공정에서 난반사에 의해 Line에 톱니모양으로 파지는 현상

N-type Dopant Negative Dopant

원소 주기율표에서 최외각 전자 5가의 원소(31P, 75As). 반도체에서는 nMOS 형성에 주로 사용

O3Ozone

Single 장비 도입으로 인한 새로운 Chemical로서 Chamber 내에서 Gas 형태로 활용되어지고, O3 Generater를 통해 생성되어, 장비로 공급됨

OAIOff-Axis Illumination

빛을 비스듬히 입사하는 노광 방식으로 회절각이 작아져 분해능을 향상시킴

OCDOptical Critical Dimension

Ellipsometry Hardware와 반복 패턴에서 발생하는 전자기파형을 분석하는 알고리즘을 결합하여 구조 분석에 활용함

OESOptical Emission Spectroscopy

플라즈마에서 방출되는 빛을 이용하여 플라즈마를 진단하는 광학적 진단 방법

OFF Leakage

Stand-by 상태에서 Word line이 OFF되어 있는 경우, Tr.의 channel을 통해서 Cell의 Data가 Bit line 쪽으로 새는 leakage

OPCOptical Proximity Correction

Optical Proximity Effect에 의한 결상 이미지의 왜곡을 보정하는 것

OPDOptical Penetration Depth

광흡수가 존재하는 매질에 광투과 깊이는 이론적으로는 무한대이나 검출기에서 충분한 투과반사광 인지가 가능한 e-1 수준으로 빛의 세기가 줄어드는 깊이

Optical Proximity Effect

Pattern의 크기가 광원의 파장과 비슷한 정도로 작아지면서 Pattern 크기의 변화 정도가 Pitch에 의존해서 달라지는 현상

Outgassing

공정에서 소스 가스(Source Gas)를 바꿀 때마다 잔류 가스(Gas)를 제거하기 위하여 고열로 태워 Ion Beam 생성부를 세정시켜 주는 형태를 말하기도 하며, 재료에서 공정이나 제품 사용 중에 재료 내부에 있던 가스 성분이 나오는 것을 말하기도 함

Overlay

노광공정이 끝난 후 이전 공정과 현 공정이 얼마나 정확하게 정렬되어 있는가를 검사하는 것

PACPhoto Active Component

용해억제형 PR로 빛을 받으면 산으로 바뀌는 물질

Pad패드

CMP공정 진행을 위하여 Wafer 상부 막질이 Polishing되는 PAD로 POLYURETHANE 재질로 구성되며 SUB PAD 및 표면에 GROOVE가 가공되어 있음

PAGPhoto Acid Generator

빛을 받으면 산을 발생시키는 물질. 화학 증폭형 감광제의 주요 성분

Particle파티클

먼지 또는 이물질이라고 함. FAB에서는 흔히 웨이퍼상에 합선 또는 단락을 발생시키는 모든 요인들을 파티클이라고 칭함

Passivation

Wafer에 적용되는 Silicon Nitride 또는 Silicon Dioxide의 최종 보호막. 회로가 외부의 먼지, 온도, 습도 및 긁힘으로부터 Damage를 맏는 것을 방지하기 위해서 보호층을 입혀주는 공정으로 주로 Plasma CVD Oxide Nitride를 사용하며, 습기나 불순물에 대해서 둔감하게, 즉 불활성으로 하는 방법. Wafer 표면에 외부로부터의 영향을 막기 위하여 산화막 및 질화막을 입혀주는 것

Pattern패턴

부품이나 디바이스의 배선 및 그들의 형태나 배치의 조합에 의해서 소요의 회로 기능을 구체화시킨 평면도형

PCRAMPhase Change Random Access Memory

특정 물질의 상변화를 판단해 데이터를 저장하는 차세대 비휘발성 메모리

PEBPost Expose Bake

노광이 진행된 PR을 열에 의해 화학 반응을 촉진시키는 과정

Pellicle

세정된 마스크에 대해 외부 환경으로부터의 Particle 오염 등에 대해 마스크 표면의 패턴을 보호하는 것

Photoelectron

물질에 빛이 입사될 때, 물질 내의 전자가 광양자의 에너지를 흡수하여 물질의 속박에서 벗어난 자유전자 또는 물질 내의 전도전자

Photon

빛을 양자회한 입자. 광양자(light quantum)라고도 한다. 빛의 진동수가 v(Hz)일 때 1개의 광자가 가진 에너지 hv(J)로 주어진다.

PIRPost Immersion Rinse

ArF Immersion공정에만 해당하며, 노광 후 남아있는 물을 제거하는 과정

Pitch

Line Width와 Space를 더한 수치로 실제 Pattern을 형성하는 길이

PLADPlasma Doping

Doping Gas를 Plasma Chamber내에 공급하여 Plasma를 형태로 이온화를 시킨 후, Plasma상태에서 Positive Ion을 Negative Bias를 인가하여 기판으로 Doping 시키는 기술

Plasma
자유운동하는 양·음 하전입자가 공존하여 전기적으로 중성이 되어 있는 물질상태인데, 기체 상태의 물질에 계속 열을 가하여 온도를 올려주면, 이온핵과 자유전자로 이루어진 입자들의 집합체가 만들어진다. 물질의 세 가지 형태인 고체, 액체, 기체와 더불어 '제4의 물질 상태'로 불리며, 이러한 상태의 물질을 플라즈마라고 한다.

Plasmonic Laser Nano Lithography
MASK를 사용하지 않고 Plasmon 공명 현상을 이용하여 직접 노광하는 방식

Platen플레이튼
연마 패드가 부착된 회전하는 Table로 스테인레스 스틸, 알루미나 세라믹, 주철과 같이 열이나 부식에 변형이 잘 안 되는 재료로 만듦

P-like Polarization Wave
빛의 입사면에 수평한 방향으로 진동하는 파형으로 TE(Transverse Electric Field) 파로도 부름

PMPreventive Maintenance
설비의 관리로 건강 관리라 말할 수 있음. 미리 예방하고 그 예방으로 수명이 연장되며 마찬가지로 설비의 고장을 미연에 방지하여 수명연장에 그 목적을 둠

PNLPlused Nucleation Layer
CVD W공정에서 Dose와 Purge를 1Cycle로 이루어지며, 기존 방식에 비하여 낮은 저항 특성. LRC사의 공정 명칭

Polisher폴리셔
슬러리로 wafer의 film을 약하게 한 후, 압력을 주어 wafer의 film을 일정하게 갈아주는 장치

Polishing폴리싱
공정 진행을 하기 위해 Wafer상에 두께를 깍아내는것을 말함. 연마 플레이튼 위의 패드와 웨이퍼에 압력을 가하여 일정량의 막질을 연마하는 것을 일컬음

Polymer폴리머
분자량이 매우 많은 고분자 화합물을 의미하는 말이지만, 반도체 공정에서 많이 쓰는 폴리머는 Etch공정 중에 반응할 때 생성되는 부산물(By-produect) 중에서 기체로 되어 제거 되지 않고 표면에 남아 있는 물질을 총칭하는 말

Poly-Silicon폴리 실리콘
주 성분은 Si(규소)로 작은 실리콘 결정체들로 이루어져 있으며, 조건에 따라 도체 또는 부도체가 될 수 있는 재료

Pore포어

여러 개의 기공이 모여져 있는 곳을 말하며, 이 기공들이 액을 흡수하여 액 내에 포함된 이물질을 정제하는 곳

Positive PR

빛을 받은 부분이 현상(Develop) 시에 제거되는 감광제

PRPhoto Resist

빛을 받아 Pattern을 형성하는 Polymer

PR Strip

포토 레지스트(PR)를 벗겨내는 공정이다. Ashing이라는 용어를 사용하기도 함

Pre-amorphization선-비정질화

이온 주입되는 이온들의 channeling을 방지하기 위한 목적으로 실리콘 기판의 결정질을 제거하는 방법

Precision

측정 반복 시의 각각 측정값과의 차이 정도. 측정에서의 재현성이 얼마나 좋은가를 나타냄

Process프로세스

Wafer를 가공하는 각 단위 공정 또는 가공 절차로서 반도체 제조기술에 있어서 재료에서 제품까지의 중간 단계의 기술을 총칭하여 Process라고 함

Projection Printing

MASK와 PR이 떨어진 상태로 Lens를 사용하여 축소 노광하는 방식

Proximity Printing

MASK와 PR 사이에 미세한 차이로 띄운 상태에서 노광하는 방식

Psi(ψ), Delta(Δ)

Ellipsometry 분석 시 측정되는 인자로 Psi(ψ)는 타원편광의 장축과 단축의 비, Delta(Δ)는 장축의 방위각을 나타냄

PSM BlankPhas Shift Mask Blank

위상을 반전시켜 패턴이 형성되지 않는 영역의 Intensity를 최소화하는 Blank MASK

P-type DopantPositive Dopant

원소 주기율표에서 최외각 전자 3가의 원소(11B, 49In). 반도체에서는 pMOS 형성에 주로 사용

Pupil

사진기의 조리개 역할로 빛이 Lens에 도달하기 전에 Filter를 달아 Image 형성에 기여하지 않는 영역을 차단하는 장치

PVDPhysical Vaper Deposition

물리 증착 방식을 말하며, 일반적인 Metal 물질을 증착하는 대표적인 방법

Q-Merit

Overlay Raw Data에서 1차 미분한 값을 뺀 Parameter로 Overlay Vernier의 Asymmetry를 측정

Quality

제품이 갖추어야 할 특성을 만족시키는 것을 품질이라고 하고, 안정적으로 만족시키면 품질이 좋다고 이야기 함

Quencher

화학 증폭형 PR에서 염기성 물질로 산의 농도를 미리 떨어뜨려 Acid가 과다하게 Diffusion되는 것을 막는 첨가물

R2R Run to Run Control

Feedback/Feedforward의 개념으로 전후 공정의 값(측정값, 파라미터값)들을 알고리즘에 적용하여 현 공정에 필요한 최적의 조건을 도출하여 적용할 수 있도록 지원하는 시스템

Radical라디칼

불안정한 결합 상태의 입자로 다른 물질과 반응하기 쉬운 상태에 있어 반응성이 매우 큼

RAMRandom Access Memory

원하는 정보를 꺼내어 쓸 수 있는 반도체 기억장치로 Computer의 기본 기억 장치이며 명령에 의해 정보를 꺼내어 쓰거나 넣을 수 있음. 정기적으로 Refresh 동작이 필요한 DRAM과 전원을 끊어도 기억 정보가 유지되는 SRAM 등이 있음

Rayleigh Criteria

별개의 물체로 분해될 수 있는 두 광원 간의 최소 간격인 Resolution을 정의함

RC Delay Resistance × Capaciance

배선 간의 절연을 위해 사용되는 유전체는 전하를 저장할 수 있는 캐패시터의 성질 때문에 전기 신호의 지연이 발생

RCWA Rigorous Coupled Wave Analysis
Sliced Layer 기반 미분 수치 모델링 방법으로 OCD 계측 시 전자기파의 경계조건 해석에 적용 가능

RD Repeating Defect
Reticle상의 결함으로 Water의 각 Chip에서 결함(Defect)이 반복적(Repeating)으로 나타나는 현상

Reflectometry
Wafer에 반사된 빛의 반사도 차이를 측정하여 시료의 두께, 물성을 분석하는 장비

Refresh
DRAM은 시간이 지나면 Capacitor에 저장된 Charge가 유실되어 Data를 상실하게 되므로, Data를 잃어버리기 전에 다시 충전하는 과정을 DRAM의 Refresh 동작이라 함. 즉, Memory Capacitor에 축적된 신호 전하가 누설 전류 등에 의해 방출되어 "1" 또는 "0"으로 판정하는 것이 불가능해지기 전에 해당 Cell에 동일 Data를 다시 Writing(Re-store)하는 동작, Refresh 동작은 Row Address에 의해 선택된 한 Word line에 연결된 모든 Cell들이 S/A에 의해 증폭되어 Re-write됨

RELACS Resist Enhancement Lithography Assisted by Chemical Shrink
RELACS Coating을 한 번 더 입힌 다음 가열하여 CD Uniformity를 향상시키는 방법

ReRAM Resistance Random Access Memory
전기적 신호에 따라 저항이 크게 변화하는 특성을 이용한 차세대 비휘발성 메모리

Residual
회귀 모형에서 실제 측정값과 회귀 모형을 통해 계산된 예측값을 뺀 양

Residue 레지드
Etch되어야 할 부위에 남아있는 각막의 찌꺼기. 각종 공정 진행 후 Wafer상에 잔류하는 Gas 및 공정 부산물

Resolution
Pattern을 Wafer 위의 PR에 Pattern의 변형 등이 없이 선명하게 전사할 수 있는 능력

Response Parameter 리스폰스 파라미터
공정 진행 후, 그 결과로 보여지는 CD, THK, OL 등의 Parameter. 공정 진행이 제대로 되었는지 확인하기 위한 목적으로 설정

Retainer Ring리테이너 링

Polishing Head에 부착되는 Outer Ring으로 연마 도중 Wafer를 적정한 위치에 유지되게 지탱해주는 역할을 하는 부속품(EDGE PROFILE에 영향을 줌)

---

retention

반도체에서 저장된 정보가 cell이 동작하지 않는 상태에서 없어지기까지 걸리는 시간

Reticle

Photo공정에서 사용되는 회로 Pattern이 형성된 유리기판으로 MASK와 동일 의미로 쓰임

RFRadio Frequency

10[KHz]~300[GHz]에 해당하는 무선주파수와 같은 대역의 주파수 신호

RIRefractive Index

빛이 매질(물질)을 통과할 때 일어나는 입사각과 반사각(굴절각)의 비를 이용해 물질의 특성을 파악하는데, 증착 되는 Film마다 요구되는 특성으로 정밀한 관리가 필요함

ROPIResidual Overlay Performance Indicator

Raw Align Map에서 보상 가능한 Model Parameter를 반영 후 남는 Residual 중 Lot 단위 공통 성분

Rp:평균 투사 거리 Projected Range

이온 주입되는 이온들의 다수가 평균적으로 정지하고, 표면으로부터 수직 방향으로의 거리

RPDRemovable Partial Denture

기준면(Wafer 가장자리 3점 평면 또는 라인스캔 median 값의 기하평균값)과의 상대적 거리를 의미

RPMRevolution Per Minute

회전하면서 일을 하는 장치가 1분 동안 몇 번의 회전을 하는지 나타내는 단위

RPNRandom Process Noise

Raw Align Map에서 보상 가능한 Model Parameter를 반영 후 남는 Residual에서 ROPI를 제외한 Wafer 간 산포

RRCReduce Resist Consumption

PR Coating을 하기 전에 Thinner를 도포하여 표면장력을 떨어뜨려 PR Volumn을 절약하는 과정

RsResistance of Sheet

단위 면적당 저항을 지칭하며 유전율을 알고 있는 물질의 경우 면저항 측정치를 박막의 두께로 환산이 가능

RTARapid Thermal Annealing(급속 열처리)

기존 Furnace 대비 빠른 승온(Ramp-Up)을 이용하여 진행하는 열처리 방법

RUN

웨이퍼를 가공하기 위해 Lot으로 구성하여 제조공정에 투입되어 마칠 때까지 여러 공정을 차례로 마치 물이 흘러가듯이 흐른다는 의미에서 쓰여진 말

Rutherford backscattering러더포드 백스케터링

1906년 영국의 Rutherford경이 방사능 동위원소인 라돈(Radon)을 소스(source)로 이용하여 알파(α) 입자인 +2의 전하를 갖는 헬륨(Helium) 이온을 얻고, 이를 알루미늄 포일(foil)에 Ion Bombardment 평가한 실험

Scanning

복사기처럼 Reticle의 X방향은 열리고 Y방향은 일부만 열린 채 Y방향으로 이동하면서 Wafer에 찍는 방식

Scattering Effect산란 효과

높은 에너지로 하전된 이온들이 실리콘 격자 또는 하전된 이온들끼리 충돌하여 흩어지는 현상

SCCO2 Super Critical fluid CO2(Carbon Dioxide)

초임계유체는 임계점 이상의 온도와 압력에 놓인 물질 상태를 일컫는 용어로 기체의 확산성과 액체의 용해성이 있으며, 초임계유체 상태의 CO2를 약자로 SCCO2로 표현한다. Wet Clean공정을 진행하고 건조하는 과정에서 미세 Pattern의 사이가 Surface Tension에 의해 쓰러지거나 붙게 되는 Leaning 현상을 없애기 위한 목적으로 Cleaning 공정에 도입

SCMStorage Class Memory

플래시 플래시 메모리처럼 비휘발성 속성을 제공하면서 동시에 램처럼 고속 바이트 단위로 랜덤 접근을 지원하는 메모리. 플래시 또는 램을 사용하는 스토리지가 소비자용 단말기를 넘어 스토리지 인프라로 활용되면서 SCM이 다음 세대 메모리로 떠오르고 있음

Scratch스크래치

반도체 제조공정에서 발생되는 wafer의 긁힌 상태 또는 전 공정에서 발생된 긁힘에 의해 wafer 표면에 깊고 얇게 파인 홈이 길게 나있는 결함

SDRSingle Data Rate

SDRAM의 일종. 싱글 데이터 레이트로 클럭 사이클 한 개당 한 개의 커맨드(command)를 받거나 한 워드(word)만큼의 데이터(data)를 주고받을 수 있는 것에서 나온 명칭

Selectivity

선택비, 서로 다른 종류의 FILM을 동일한 ETCH 조건에서 ETCH할 때 각각의 FILM에 대한 ETCH 속도의 차이에 대한 비율이며, 이는 Etch공정 제어를 위해서 필요한 인자임

SEMScanning Electron Microscope

전자 빔을 주사시켜 시료로부터 발생된 전자를 검출하여 표면 정보를 나타냄

Shadowing Effect음영 효과

Tilt/Twist 적용에 따라 이온 주입이 되어야 할 영역에 이온 주입되지 않거나, 이온 주입이 되지 말아야 할 영역에 이온 주입이 되는 현상

Sheath쉬스

플라즈마에 이 물질이 들어가면 그 사이에 경계층이 발생하며, 전기적으로 양전하 공간을 의미

SiH4

Silane, 실리콘 수소화물

Silicide

Contact의 접촉 저항을 감소시키기 위하여 Metal과 Silicon을 반응시켜 silicide를 형성시켜 저항을 감소하는 방법을 말하며, TiSix, CoSix, NiSix 등이 있음

Silicon-Oxide실리콘 옥사이드

화학식 SiO_2로 전자의 이동 통로를 막아내는 절연막의 역할을 하는 재료

Single Type싱글 타입

기존의 WET 장비의 틀을 벗어나 Scrubber처럼 chemical을 분사하여 원하는 PARTICLE을 제거. WET 장비 대비 Through Put은 떨어지나, 대형사고 발생률이 적음

S-like Polarization Wave

빛의 입사면에 수직한 방향으로 진동하는 파형으로 TM(Transverse Magnetic Field)파로도 부름. S-like Polarization은 수직을 뜻하는 'Senkrecht'에서 유래했다.

Slurry슬러리

CMP공정 중에 연마에 필요한 Chemical Reaction을 가속화하기 위해 필요한 Solution으로 Abrasive와 Additive가 주성분으로 이루어짐

SMStress Migration

Stress로 인한 Metal atom이 이동하는 현상을 말하며, 이로 인한 동작 Fail이 발생

SNR

계측 Data에 포함되어 있는 노이즈 세기 대비 Signal 세기의 비로 정의되며, 상태적인 수치임. 측정과 검사 과정에서 계측 민감도 확인 척도로 주로 활용

SOBSoft Oven Bake

PAB(Post coat Apply Bake)의 다른 말로, Photo Material을 조포한 이후 열을 가하는 과정

SODSpin On Dielectric

원물질의 액체 도포를 통하여 장비 Spin 방식으로 증착하는 절연막 통칭

Source

Transistor의 전극의 하나로 전하를 공급하는 것

Spec.specification

제품 사양, 즉 물품을 만들 때 필요한 설계 규정이나 제조 방법 규정, 원하는 특성 규정

SSISmall Scale Integration

집적회로를 집적도에 따라 분류한 것 중 하나로, 하나의 칩에 10개 이하 정도의 논리 Gate로 구성된 집적회로로 100개 이하의 소자를 집적시킨 회로

Standing Wave

감광막 내부에서 입사광과 반사광의 간섭 효과에 의해 나타나는 파형

Step coverage

단차비를 의미하며, 각종 박막이 증착될 때 평평한 부분에 대해 경사진 단차(Step) 부분의 증착되는 두께의 비

Stepping

사진기처럼 Reticle의 Image를 한번에 Wafer에 찍는 방식

STIShallow Trench Isolation

Substrate Silicon을 Etch하고 Oxide Film으로 채우고 CMP를 하여 active와 active를 Isolation의 하는 방법을 지칭

Stochastic Effect

확률적 영향. EUV에서는 Photon 하나가 가지는 Energy의 상승으로 인해 패턴 Uniformity가 떨어지는 것을 말함

STT-MRAM Spin Transfer Torque Magnetic Random Access Memory
자기 저항 효과를 이용한 차세대 비휘발성 메모리

Swelling
현상 후 남아있는 감광막이 부푸는 현상

TARCTop Anti-Reflective Coating
노광공정에서 Resist의 위쪽 부분에 위치하며, 빛을 투과하여 산란하지 않도록 Resist의 Patterning을 도와주는 Polymer의 일종으로 BARC와는 대별됨

Target Sigma Pupil Sigma
Region of Interest 영역 내에서 Pixel-Level에서 산출된 Overlay의 산포

TEDTransient Enhanced Diffusion
이온 주입공정을 통해 생성된 많은 실리콘 인터스티셜(interstitial)에 의해 실리콘 기판 내에 주입된 이온의 확산성(diffusivity)이 증가되는 현상

TEMTransmission Electron Microscope
전자선을 집속하여 시료에 조사하여 시료를 투과한 전자선을 전자렌즈에 의해 확대하여 상을 얻는 전자현미경, 투과전자현미경

Thermocouple
열전대. 제베크 효과를 이용하여 넓은 범위의 온도를 측정하기 위해 두 종류의 금속으로 만든 장치

Thin Film씬 필름
TF라고 약어로 쓰기도 하며 wafer 표면에 Al이나 산화막, 질화막 등을 매우 얇게 입힌 것. Thick film과 달리 진공 증착 등의 방법으로 기판 위에 얇은 두께의 박판(두께 약 5Micron 이하)을 형성하는 것으로, 저항콘덴서 등의 소자나 혼성 집적회로를 형성하기 위한 것이다.

Threshold Adjust문턱 전압 조절
MOSFET 또는 Bipolar용 전류 이동 Channel을 형성하는 게이트 인가 전압 조절

Throughput스루풋
일정 시간 내에 처리된 작업량으로 단위 시간당 처리량을 의미한다. 일반적으로 1시간 동안 처리할 수 있는 Wafer 장수(WPH : Wafer per Hour)로 수치화하나 일부 측정/검사 장비의 경우 Wafer 장수가 아닌 계측 가능 Point 개수로 나타내기도 함

Tilt/Twist틸트/트위스트
이온 주입되는 이온들의 channeling을 방지하기 위한 목적으로 실리콘 기판과의 입사각을 조절하는 방법

TISTool Induced Shift

Overlay Vernier 자체의 Profile에 의한 Error를 말하며, (0° 측정 Data + 180° 측정 Data)/2로 계산

TMAHTetra Methyl Ammonium Hydroxide

Trimethylamine이 Methylalcohl과 결합된 물질으로 PTD Process에서 사용되는 현상액

TMUTotal Measurement Uncertainty

Overlay 계측 신뢰도의 종합 지수

Topography

표면의 요철을 분석하는 분석 방법. 반도체 공정에서는 TSV 구조 계측이나 CMP 평탄화 정도 분석 등이 속함

Topology토폴로지

Wafer 표면의 높고 낮은 층의 상태

Track

반도체 공정에서 PR을 도포하여 노광을 하기 위한 밑그림을 그리고, 노광된 Wafer의 Pattern을 나타내기 위한 장치

Tr; transistor

전류나 전압 흐름을 조절하여 증폭하거나 스위치 역할을 하는 반도체 소자. 이미터(emitter)·베이스(base)·컬렉터(collector)의 세 단자를 가지며, 그 한 단자의 전압 또는 전류에 의해 다른 두 단자 사이에 흐르는 전류 또는 전압을 제어할 수 있음. 반도체 소자로 만든 증폭 소자를 일반적으로 transistor라고 하는데, 이는 Transfer Signal Through a Varistor의 약어임. 최초에 만들어진 것이 점접촉형 트랜지스터이며, 그후 PNP 또는 NPN 접합을 가진 트랜지스터와 전계효과 트랜지스터가 등장함

---

trap

반도체에서 단결정의 결함에 기인하여 발생하는 에너지 준위로 전자 또는 정공이 포획되어 운동할 수 없음

Trench트렌치

도랑처럼 아래로 파서 표면적을 넓혀 식각하는 공정 용법

TSVThrough Silicon Via

① 기존의 와이어 본딩을 대체해 실리콘 웨이퍼에 구멍을 뚫어 전극을 형성하는 패키지 방식

② Chip 위쪽 면에 형성된 트랜지스터나 연결선들을 Chip 아래쪽 면으로 연결해주는 구조로 Silicon을 관통하여 연결하는 관통비아(Through Via) 역할로 기존에 Chip 외부로 돌아가는 방법이 아닌 Wafer 내부 Silicon을 관통하여 수직적으로 내려가는 방법을 이용하기 때문에 Chip으로부터 다른 Chip이나 PCB 기판으로 내려가는 최단 거리가 형성됨. 신호 손실이 감소하며 Chip 간 고속 저전력 통신이 가능하고 전력선에 사용될 경우에는 Off Chip Driver의 저전력 설계가 가능하여 Mobie 전자제품 사용시간 증가를 통해 높은 상품성 확보를 할 수 있는 기술

TTTMTool-To-Tool Matching

장비 간 동일 환경을 조성하고 동일한 최대 성능을 구현하는 것을 뜻한다. 즉, 같은 장비, 같은 부품, 같은 유틸리티(utility)로 일치시키는 것

ULSIUltra Large Scale Integration

초고집적회로(VLSI)보다 집적도가 높은 집적회로(IC)의 호칭으로 사용되고, 대략 ~107개 이상의 집적도를 지칭하며 4Mbit DRAM(Dynamic Random Access Memory) 이상의 것에 사용

Uniformity

공정 진행 후 공정이 균일하게 진행되었는가를 나타낸 것. 한 장의 Wafer 내의 식각된 정도를 나타내는 것으로 전체적으로 일정하게 ETCH되는 정도로써 각 부위의 ETCH량을 측정하여 구하는 값

USBUniveral Serial Bus

작은 이동식 기억장치

Utility유틸리티

FAB에서 Chip을 생산하기 위한 환경을 제공하는 제반 설비로 전기, DI, 압축공기, N2, HOUSE VACUUM, GAS 등을 말함

Vernier

Overlay Accuracy를 측정하는 Mark

Via hole비아 홀

회로 기판에서 상/하 두 회로의 전기적 연결을 위하여 층간의 중간 절연층에 뚫어주는 구멍

VLSIVery Large Scale Integration

집적회로를 집적도에 따라 분류한 것 중 하나로, 초대규모 집적회로로 20,000개 정도의 소자를 하나의 칩에 집적시킨 것

Vt(Vth) Threshold Voltage

PN Diode나 MOS Tr.에서 어떤 일정 전압이 되었을 때 전류가 흐르게 되는 전압

Wafer웨이퍼

Si을 고순도로 정제하여 단결정화시킨 후 얇게 잘라낸 것으로서 반도체 소자를 만드는 데 원자재로 사용

Warpage

RPD 최대, 최소값의 차이로 정의하며, 일반적으로 Wafer의 휘어진 정도를 지칭

WEEWafer Edge Expose

Lamp로 Wafer Edge 부분을 노광하여 PR에 의한 오염을 방지하는 과정

WPHWafer Per Hour

시간당 작업할 수 있는 wafer 장수의 단위

WQWafer Quality

Alignment Sensor가 장비 내 기준점인 TIS Mark를 읽은 Intensity 대비 Wafer의 Align Mark를 읽은 Intensity의 비율

XPS

X-ray을 이용하여 정량적 원자 구성과 화학적 결합 정보를 측정하는 장치

X-Ray Tube

X-ray 발생장치에 사용되는 진공관으로 필라멘트에서 발생한 전자가 고전압에 의해 가속되고 Cu 등의 금속판에 충돌하면서 X-ray를 발생시킴

XRD

결정질 재료에서 입사된 X-ray 빔이 특정 결정 격자면에서 일으키는 회절 원리를 이용하여 면간 거리를 측정함으로써 시료의 결정화 정도, Strain/Stress를 분석할 수 있는 장비

XRF

X-ray 입사에 따른 Fluorescence를 측정하여 시료 내 원소를 정성, 정량 분석과 이를 통한 두께 프로파일 계측 활용이 가능한 장비

XRRSpecular X-ray Reflectivity

매우 작은 회절각에서의 반사광 세기를 측정함으로써 박막의 두께, 밀도의 계측이 가능

Yield수율
웨이퍼 한 장에서 나올 수 있는 최대 칩의 개수에 대비해 실제 생상된 양품의 칩수를 백분율로 나타낸 것

Zernike Polynomials
Unit Disk에 직교한 함수들의 집합으로 Lens Wavefront를 표현하기 위해 고안

ΔRpProjected Straggle
이온 주입된 이온들의 Gaussin 분포에서 표준편차의 거리. 이온 주입되는 이온들의 Channeling에 의해 이온 주입 특성을 비교

가간섭
파장이 같고 위상이 동일한 상태

가교 반응
사슬 모양의 구조를 가진 천연 및 합성 고분자를 특정 방법에 의해 결합시켜 새로운 화학결합을 만들어 3차원 그물 구조를 지니게 하는 반응

가시광
사람의 눈에 보이는 전자기파의 영역(400~700nm)을 지칭하며, Broad Band 영역(250~750nm)를 구분하여 사용하기도 함

결정crystal
원자의 배열이 공간적으로 반복된 패턴을 가지는 물질. 결정(Crystal)은 형성 방법에 따라 단결정과 다결정으로 분류

결정화도
물질의 결정화 정도를 비정질, 결정질의 비율로 나타낸 수치로 가공성이 좋은 비정질 물질로 공정을 진행하고 후속 결정화공정을 통해 원하는 특성을 확보

곡률반경
반도체 공정에서는 최소 4방향 이상의 라인 스캔을 통해 Wafer 휘어짐 형태를 측정하고 현을 포함하는 원의 반지름

공정 상수
Rayleigh Criteria에서 NA와 Lambda 외에 해상도를 결정하는 상수를 지칭

광전 효과
물질이 고유의 특정 파장보다 짧은 파장(높은 에너지)을 가진 전자기파를 흡수했을 때 전자를 내보내는 현상

구면 수차

Lens의 곡률에 의해 Lens에 입사하는 빛의 입사고에 따라 초점이 다르게 맺히는 수차

굴절률

투명한 매질로 빛이 진행할 때, 광속이 줄어드는 비율. 진공 중에서의 광속을 c라고 하면 굴절률이 n인 매질 내에서 빛의 속도는 c/n로 줄어듦. 굴절률이 서로 다른 매질의 경계면에서는 빛이 스넬의 법칙에 따라 휘게 되며, 입사각에 따라 일부는 반사하게 됨. 광학 기반 반도체 공정 계측에서 주요 인자 중 하나

내구성Endurance

데이터를 얼마나 많이 썼다 지웠다를 반복할 수 있는지 나타내는 지표

논리 게이트Logic Gate

몇 개의 입력로의 논리값으로 하나의 출력값이 결정되는 논리 회로

누설전류leak current

메모리 제품에서 원치 않게 발생하는 전류를 일컬으며, cell의 누설전류에 의한 data 소실을 막기 위해 Refresh 동작이 필요

다이오드diode

전류를 한 쪽 방향으로만 흐르게 하고 반대 방향으로는 흐르지 못하게 하는 정류 소자, 과거에는 2극 진공관이 사용되었지만 현재는 게르마늄이나 실리콘 등의 반도체 pn접합 소자가 사용. 다이오드에는 교류를 직류로 바꾸는 정류용 외에도 논리 회로에 사용되는 스위칭 다이오드, 정전압 회로에 사용되는 기준 전압 다이오드, 빛을 내는 발광 다이오드, 전압에 따라 정전 용량이 바뀌는 가변 용량 다이오드 등의 많은 종류가 있음

단결정single crystal

단결정이란 시료의 어느 부분을 보아도 결정축의 방향이 같은 것이고, 다결정이란 이런 많은 단결정들이 여러 방향으로 모여 있는 것

단결정 실리콘single crystal silicon

원자가 3차원적으로 질서 정연하게 배열된 실리콘으로, LSI 등 집적회로(集積回路)의 기판으로 이용. 실리콘 원자가 규칙적으로 배열되어 이루어진 결정. 집적회로 등의 반도체 소자의 중심 재료

단락

전기회로의 두 점 사이의 절연이 안 되어 두 점 사이가 접속되는 것

단색성
단일 파장으로만 이루어진 상태

대전 효과
CD-SEM 측정 또는 전자빔 검사를 위해 시료에 전자를 반복적으로 입사할 경우 원자 내 전자의 양이 늘어나면서 음전하를 띠게 되며 생성된 전하와 다수의 전자는 검출에 필요한 전자의 산란 운동을 방해하여 신호의 왜곡을 유발

도체conductor
금속과 같이 비저항이 작아 전기가 잘 통하는 물질, 전도도가 높아서 전기가 통하기 쉬운 재료를 전기 전도체라 하고, 줄여서 도체(導體)라고 부름

디스로케이션
결정 또는 매질 내의 원자 배열이 흐트러지는 것

디스로케이션 스레딩
디스로케이션 발생 시 반발력에 의해 특정 방향으로 원자 배열이 밀려나는 것

디스플레이스먼트
강도/경도 측정 시 Tip이 시료를 파고 들어가는 깊이

디지털 신호
특정한 값을 단위로 불연속적으로 변하는 신호

디텍터 채널
컬럼의 다른 명칭으로 전자 검출기를 지칭

딥러닝
여러 비선형 변환 기법의 조합을 통해 높은 수준의 추상화를 시도하는 기계 학습 알고리즘의 집합

라인 스캔
원의 중심을 기준으로 최소 2방향 이상의 선형 굴곡 측정을 통해 Wafer의 뒤틀림 정도를 측정

로봇암
반도체 공정에서 운용하는 장치 내 Wafer를 이동하는 장치로 목적에 따라 다양한 재질과 형태가 있음

마이크로프로세서Microprocessor

컴퓨터의 중앙 처리 장치(CPU) 기계어 코드를 실행하기 위해 실행 과정을 단계별로 나누어 처리하기 위한 마이크로 코드를 작성하고, 이 마이크로 코드에 의해 단계적으로 처리하는 논리 회로

모듈러스

탄성체가 탄성 한계 내에서 가지는 응력과 변형의 비

무어법칙Moore's law

마이크로칩 기술의 발전 속도에 관한 것으로 마이크로칩에 저장할 수 있는 데이터의 양이 18개월마다 2배씩 증가한다는 법칙. 1965년 페어차일드(Fairchild)의 연구원으로 있던 고든 무어(Gordon Moore)가 마이크로칩의 용량이 매년 2배가 될 것으로 예측하며 만든 법칙으로, 1975년 24개월로 수정되었고, 그 이후 18개월로 정의. 이 법칙은 컴퓨터의 처리 속도와 메모리의 양이 2배로 증가하고, 비용은 상대적으로 떨어지는 효과를 가져왔고, 특히 디지털 혁명으로 이어져 1990년대 말 미국의 컴퓨터 관련 기업들이 정보기술(IT)에 막대한 비용을 투자하게 함

문턱전압threshold voltage

CMOS에서 drain에서 source로 전류가 흐르기 위해 필요한 최소한의 gate 전압

반도체semiconductor

반도체는 도체와 부도체의 중간 물질을 말하며, 전기전도도에 따른 물질의 분류 가운데 하나로 도체와 부도체의 중간 영역에 속함. 순수한 상태에서는 부도체와 비슷하지만 불순물의 첨가 등에 의해 전기전도도가 늘어나기도 함. 일반적으로 실온에서 $10^{-3} \sim 10^{-1}\Omega cm$ 정도의 비저항을 가지나 그 범위가 엄격하게 정해져 있지 않음

반사계수

반사 전후의 전기장 세기의 비를 나타내며, 위상 정보를 포함. 빛의 세기(에너지)의 비를 나타내는 반사율과 구분

반사율

물체가 빛을 받았을 때 반사하는 정도를 나타내는 단위. 반사율은 입사되는 전자기파에 대한 반사량으로 계산되며, 일반적으로 0%에서 100%로 표현

반전층Inversion layer

반도체 표면의 얇은 층에 유기된 Sub와 다른 타입의 캐리어를 가진 반도체 층

분해능
서로 떨어져 있는 두 물체를 서로 구별할 수 있는 능력을 의미. 주로 광학기기의 성능을 나타낼 때에 사용

비휘발성 메모리 Non Volatile Memory
전원 공급이 없는 상태에서도 기록 내용을 유지하고 있는 메모리로 ROM, Masking ROM, PROM, OTP, EPROM, EEPROM, FLASH 메모리가 있음

비등방성
매질을 구성하는 원자 또는 분자의 결합 형태와 구조의 방향성에 기인하여 입사광의 특성에 따라 매질 내 진행 방향과 반응이 달라지는 특성을 나타냄

비점 수차
Lens를 투과하는 빛이 Lens의 수평 방향을 통과할 때와 수직 방향을 통과할 때의 초점이 다르게 맺히는 수차

비정질Amorphous
어떤 고체가 반복적 원자 배열 상태인 결정을 이루지 않고 있는 상태

비탄성 산란 전자
전자가 핵 또는 다른 전자와 충돌 전후 운동계의 운동량 총량이 일정한 충돌 후 산란되는 경우를 말하며, 운동 에너지가 다른 형태로 전환되는 것을 포함. 2차 전자라고 부름

빔 스팟
광학 장비에서 집광되어 시료에 입사되는 빔의 형태로 목적에 따라 크기가 정해지며, 반도체 공정 계측 목적으로 사용 시 동일 성능의 작은 크기의 스팟 크기가 요구

순차sequential
어떤 사건이 시간에 따라 차례로 일어나는 것

스트레스
방향성을 가지고 단위 면적당 가해지는 힘

스트레인
스트레스 조건에서 물질 구조의 상대적인 변화

실리콘 트랜지스터silicon transistor
실리콘을 주재료로 하는 트랜지스터로, 게르마늄 트랜지스터에 비해 내전압, 전류 용량 등이 우수하여 널리 사용

아날로그 신호

빛, 소리 등과 같이 연속적으로 변하는 신호

옹스트롬

옹스트롬(스웨덴어 : Ångström, 기호 Å)은 길이의 단위로서 10^{-10}m 또는 0.1nm를 나타낸다.

용해억제형 PR

PAC가 Resin과 결합하면서 용해 억제 작용을 하는 PR로 주로 I-line공정에서 쓰임

원소반도체elemental semiconductor

단일 원소로서 반도체성을 나타내는 물질. 실리콘(Si), 게르마늄(Ge), 셀렌(Se) 등

위상

반복되는 파형의 한 주기에서 첫 시작점의 각도 혹은 어느 한 순간의 위치

유전체Dielectric Substance

유전체는 절연물을 말하지만 절연물을 평행 전극판 사이에 넣으면 전극 간의 정전용량이 커지는데, 이것은 절연물이 단지 전하를 이동시키지 않을 뿐만 아니라 어떤 종류의 전기 작용이 있는 것으로 생각되며 이러한 의미에서 절연물을 유전체라 부름

유전함수

외부 전기장(입사파) 속에 놓인 물질 내부에서의 전기적 반응으로, 매질에 따라 분극으로 발생한 반대 방향의 전기장을 제외한 순수 전기장이 물질에 가해지는데 매질이 전기장에 미치는 영향을 나타내는 지수. 상대유전율의 다른 표현으로 입사파의 진동수에 따라 수치가 다르기 때문에 유전함수라고 부름

이온

전자를 잃거나 얻어 전하를 띠는 원자 또는 분자의 특정한 상태

일함수

어떤 고체의 표면에서 한 개의 전자를 고체 밖으로 빼내는 데 필요한 에너지. 전도띠가 있는 고체의 특징 중 하나

임계각

전반사가 일어나는 입사각의 최소값

임플란트

반도체 전기적 특성 확보를 위한 캐리어 생성 목적으로 시료에 주입하는 전자를 잃거나 얻어 전하를 띠는 원자 또는 분자

잉여 캐리어

열 또는 광학적 들뜸으로 인해 생성되는 원자 결합에 속박되지 않은 전자 또는 홀(hall)을 지칭

전계 효과 접합 트랜지스터Junction Field Effect Transistor, JFET

반도체 내의 내부 전기 전도 과정에 한 극성(polarity)의 반송자(전자 또는 정공)만 관여하는 반도체 소자로서 단극성 트랜지스터라고도 함. 반도체 중에서의 전자 흐름을 다른 전극으로 제어하는 전압 제어형

전기장electric field

전하로 인한 전기력이 미치는 공간

전기전도율electrical conductivity

도체가 얼마나 전기를 잘 흐르게 하느냐를 나타내는 지표. 한 변의 길이가 1미터인 육면체에서 마주보는 두 면 간의 전기적 흐름도를 도전율로 정의하며, 도체의 고유저항의 역수를 의미. 고유저항의 역수이기 때문에 단위가 Ohm을 뒤집은 Mho가 되며, 단위 길이 체적당 값이므로 단위는 Mhos/M 혹은 Siemens(지멘스)라고 부름

전도대conduction band

전자가 자유로이 운동할 수 있는 상태에 있는 범위

전류current

도체를 따라서 움직이는 전기의 흐름

전류누설

구조 결함, 이물질, 공정 불량으로 인해 단락되어 소자 내 원하지 않는 영역으로 전류가 흘러나가는 것

전반사

굴절률(refractive index)이 경계면에서 낮아질 때, 입사각(incident angle)이 임계각보다 클 경우에 파동은 매질을 통과하지 못하고 모두 반사됨

전자기 렌즈

광학렌즈로 불가능한 전자의 집속을 위해 전자기장을 형성하는 장치

전자발생장치

고체 내의 전자를 고온 및 강한 전기장에 의해 공간에 방출시키고, 이것을 전기장에 의해 가속시키고, 동시에 전자 렌즈에 의해 전자선 빔의 형태로 수렴시켜 CD-SEM, Inspection 장치에 사용

절연체(부도체)insulator

비저항이 커서 전기가 잘 통하지 않는 물질, 전압을 걸었을 때 전류를 흘리지 못하는 물질로, 전기를 통하기 쉬운 도체(전기 전도체)에 비교해서 부도체(不導體)라고도 함

조성비

반도체 소자공정에 사용하는 화합물, 혼합물, 불순물 주입 비율 등을 나타냄

집적회로Intergrated Circuit

고도의 반도체 처리 기술에 의해서 생긴 회로로 반도체만으로 구성. 독립적으로 사용되던 트랜지스터, 다이오드, 저항, 캐패시터 등을 얇은 실리콘 판(wefer)에 형성하고, 이들 소자 상호 간에 전기회로를 구성시킨 것이 IC회로로서 부피가 극소화됨. 초소형 구조의 회로로 집적도에 따라, SSI, MSI, LSI, VLSI, ULSI 등으로 구분

초단파 펄스 레이저Pulse Laser

Sonar Scan 장비에 사용되는 초단파(Pico Second 10^{-12}초) 펄스 형태의 Lasing Laser. Presentation 등에 흔히 사용되는 Laser 포인터는 Continuous Lasing Laser임

치킨 게임Chicken game

자동차로 절벽을 향해 질주해 먼저 핸들을 돌려 차를 세우는 쪽이 지는 경기. 겁쟁이(치킨)라는 낙인을 피하기 위해 끝까지 방향을 바꾸지 않으면 공멸. 반도체 업계에서는 이익을 내지 못하는 상황에서도 상대방이 감산에 나설 때까지 생산을 늘려 압박하는 시장 상황을 설명할 때 쓰임

캐패시터Capacitor

DRAM에서 데이터를 저장하는 곳

컬럼

산란된 전자량 측정 시 사용되는 전자 검출기 형태

코어 에너지 레벨

원자에 속박된 최내각 준위의 결합 에너지를 나타냄

탄성 산란 전자

전자가 핵 또는 다른 전자와 충돌 전후 운동계의 운동 에너지 총량이 일정한 충돌 후 산란되는 경우를 말하며, 운동 에너지가 다른 형태로 전환되는 일이 없는 경우에 발생한다. 후방 산란 전자라고 부름

탈리

분자, 이온 등에서 원자 혹은 원자단이 떨어지는 현상

파티클 카운터

반도체 공정 자체 또는 공정 진행 장비에서 발생하는 결함(Defect) 검사 시 활용되는 장비로서 BF(Bright Field), DF(Dark Field) 장비 대비 빠른 검사 시간과 베어 웨이퍼(Bare Wafer) 기반 대면적 공정 모니터링이 가능하다는 장점이 있음

편광

전자기파가 진행할 때 파를 구성하는 전기장이나 자기장이 특정한 방향으로 진동하는 현상. 일반적인 의미의 전자기파는 모든 방향으로 진동하는 빛이 혼합된 상태를 말하지만, 특정한 광물질이나 광학 필터를 사용해 편광 상태의 빛을 얻을 수 있음

표면거칠기

반도체 소자공정에 사용하는 물질 박막 표면의 물리적인 요철 형태와 구조화 정도

플래너 기술planar technology

선택 확산, 이온 주입, 포토 에칭 등의 기술을 써서 그 표면이 평탄해지도록 기판 결정의 동일 평면상에 소자를 형성하는 반도체 디바이스 제조기술

플뢰밍의 왼손법칙

전자기장 내부에서 자기장이 흐르는 방향이 주어지면 전류가 흐르는 방향을 알 수 있다는 법칙

하드니스

물질의 단단함을 나타내며 경도로 지칭

해상도

두 Data Point 간을 구별할 수 있는 능력을 뜻하며, 검출이 가능한 패턴, 입자의 최소 크기 혹은 식별하여 측정할 수 있는 최소 단위

화학증폭형 PR

하나의 Acid가 여러 Polymer Resin과 반응을 하는 PR로 주로 KrF 이후 공정에서 쓰임

화합물 반도체compound semiconductor

결정이 두 종류 이상 원소 화합물로 구성되어 있는 반도체로, 갈륨-비소(GaAs), 인듐-인(InP), 갈륨-인(GaP) 등의 Ⅲ-Ⅴ족 화합물 반도체, 황화카드뮴(CdS), 텔루르화 아연(ZnTe) 등의 Ⅱ-Ⅵ족, 황화연(PbS) 등의 Ⅳ-Ⅵ족 화합물 반도체 등이 있으며, 3종류 또는 4종류의 원소로 된 화합물 반도체도 있음

확산형 트랜지스터diffusion transistor

캐리어 확산형 트랜지스터에서 이미터에서 베이스에 주입된 소수 캐리어가 베이스 내에서 확산 현상에 의해서만 이동하는 트랜지스터. 편이형보다 캐리어의 이동 속도가 느리므로 고주파에서의 동작이 제한적이고, 저주파용 트랜지스터는 대부분 확산형 트랜지스터임

집필에 도움주신 분

Chapter 01	김동준
Chapter 02	손상호 이화철 신진경 김태겸 김재성
Chapter 03	김경원 이계헌 김경록 박예연 홍정아 강병우 강전근 이현우 이창건 석보라 최현아 권세준 임성필
Chapter 04	조정래 류재헌 문천호 김휘민 금성환 장승관
Chapter 05	배성용 김래언 김형기 이연화 김백준 진승우 정용수 차재춘
Chapter 06	한춘섭 김만호
Chapter 07	최원준 박경배 윤석호 김근영 소병국 최승환 곽경익
Chapter 08	주재욱 김현석 이기령 임창문 정익수 김현준 유태준 유진희 이정형 오창일
Chapter 09	박진우 김범조 장지훈 강신우 장형일
Chapter 10	김경현 김유성 류상민 이건구 정지연 정훈철 사광국 서규진 송덕재 안덕관 이광호 강승현 최수진 배현민 김재후 백종엽 김동진 장원혁 김동우 조규성 이광문 조종영
Chapter 11	김경원 김윤회 유승준 권재욱 김영욱 김지수 김태승 오영석 진재현 최석민 최인현 한건희 박재한 박찬범 유영선 백권인 정한길 최영태 구본헌 김성국 양성지 이인선
Chapter 12	김종태 김진호 김재현 김태휘 신현철 오재형 이곤호 이래서 임광섭 김대종 권재순 최진우 이병호

반도체
제조기술의 이해

초판 1쇄 발행 2021년 3월 30일
2판 2쇄 발행 2023년 1월 20일

저 자 곽노열·배병욱·오경택·윤태균·이성희
임정훈·정용우·진수봉·최호승·홍기환
펴낸이 임 순 재
펴낸곳 (주)한올출판사
등 록 제11-403호
주 소 서울시 마포구 모래내로 83(성산동 한올빌딩 3층)
전 화 (02) 376-4298(대표)
팩 스 (02) 302-8073
홈페이지 www.hanol.co.kr
e-메일 hanol@hanol.co.kr
ISBN **979-11-6647-107-0**